EXPOSITION UNIVERSELLE DE 1851.

TRAVAUX

DE

LA COMMISSION FRANÇAISE

SUR L'INDUSTRIE DES NATIONS.

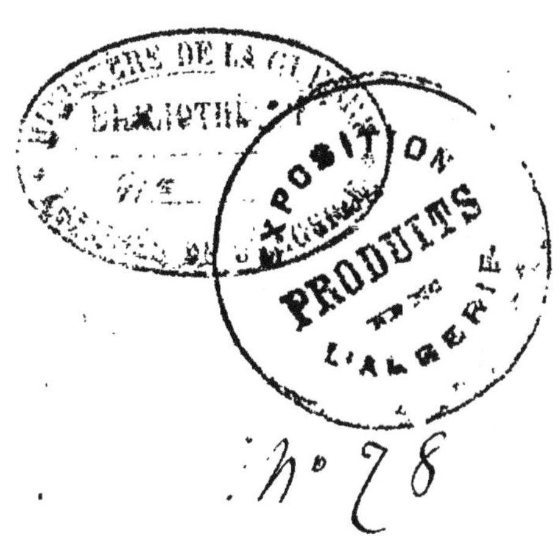

EXPOSITION UNIVERSELLE DE 1851.

TRAVAUX

DE

LA COMMISSION FRANÇAISE

SUR L'INDUSTRIE DES NATIONS,

PUBLIÉS

PAR ORDRE DE L'EMPEREUR.

TOME III.

SECONDE PARTIE.

PARIS.

IMPRIMERIE IMPÉRIALE.

M DCCC LV.

EXPOSITION UNIVERSELLE DE 1851.

TRAVAUX DE LA COMMISSION FRANÇAISE.

IIe GROUPE.

JURYS RÉUNIS DANS LA SECONDE PARTIE.

VIIIe, LES ARTS DE LA MARINE ET DE LA GUERRE;

IXe, LES ARTS AGRICOLES;

Xe, LES INSTRUMENTS DE PHYSIQUE ET DE MATHÉMATIQUES

IIE GROUPE.

PRÉSIDENT DU GROUPE:

M. LE BARON CHARLES DUPIN,

PRÉSIDENT DE LA COMMISSION FRANÇAISE.

2e SECTION.

JURYS.		PRÉSIDENTS DES JURYS.
VIIIe	Guerre et marine	Le Baron Charles DUPIN.
IXe	Arts agricoles	M. PUSEY.
X^e	Arts mathématiques	Sir David BREWSTER.
— 1re subdiv.	Arts chirurgicaux.	
— 2e ——	Horlogerie.	
— 3e ——	Musique.	
— 4e ——	Photographie, électro-télégraphie.	

VIIIe JURY.

ARCHITECTURE NAVALE,

GÉNIE MILITAIRE, ARTILLERIE, PETITES ARMES,

CARTES NAUTIQUES, MILITAIRES,

GÉOLOGIQUES ;

PAR LE BARON CHARLES DUPIN,

PRÉSIDENT DE LA COMMISSION FRANÇAISE EN ANGLETERRE ET MEMBRE DE L'INSTITUT DE FRANCE.

COMPOSITION DU VIIIe JURY.

MEMBRES TITULAIRES.

MM. le baron Charles Dupin, *Président* et *Rapporteur* du VIIIe jury, ancien ministre de la marine, ancien inspecteur général du génie maritime, président du jury central de France..................	France.
le major général[1] sir John Burgoyne, *Vice-Président*, inspecteur général des fortifications britanniques. le lieutenant-colonel Colquhoun, membre de la Société royale de Londres, directeur des travaux de l'arsenal de l'Ordonnance, à Woolwich.........	Angleterre.
Charles Desoinne, ancien négociant, membre de la Chambre des représentants..................	Belgique.
Sir Baldwin Walker, inspecteur général de la marine royale britannique.....................	Angleterre.
M. A. Whitney..	États-Unis.
Isaac Watt, inspecteur général adjoint de la marine royale britannique.........................	Angleterre.

ASSOCIÉS.

Associés	Pays
MM. le capitaine de vaisseau F. W. Beechey, chef du département naval au ministère du commerce...... le lieutenant Creyke, du corps royal du génie...... le colonel Halle, directeur du bureau pour le levé et la construction de la carte de l'Angleterre, à Southampton............................ le capitaine James, du corps royal du génie militaire.	Angleterre.

[1] Aujourd'hui lieutenant général.

MM. Georges Lowell, inspecteur des petites armes, à Londres..................................	Angleterre.
le colonel Morin[1], juré de la Ve classe............	France.
le capitaine Yolland, du corps royal du génie militaire, attaché au bureau de Southampton pour la carte de l'Ordonnance..........................	Angleterre.

Depuis l'époque où le VIIIe jury siégeait à Londres, ses membres les plus importants ont rendu d'immenses services. Nous nous bornerons à citer ici trois noms qui se rattachent à la grande cause aujourd'hui commune entre la France et l'Angleterre.

Le vice-président du jury, M. le général Burgoyne, après avoir dirigé les travaux défensifs ajoutés à ceux de Sheerness, de Portsmouth et d'autres points essentiels sur la côte de la Manche, a fait deux voyages en Orient: le premier pour établir, de concert avec M. Ardant, colonel du génie français, le plan général des ouvrages supposés d'abord nécessaires au salut de Constantinople; le second pour prendre le commandement de l'arme du génie britannique, sous Lord Raglan, dans l'expédition contre la Crimée. Il conduit, en ce moment, les travaux d'attaque de Sébastopol pour la portion du siége réservée à l'Angleterre.

Sir Baldwin Walker, depuis 1851, préside aux travaux par lesquels la marine britannique a créé, dans l'espace de trois ans, la flotte si considérable de vaisseaux et de frégates à hélice qui donne une puissance nouvelle à son pays.

Enfin M. Isaac Watt, inspecteur général adjoint des travaux de la même marine, a donné le plan du vaisseau-modèle *l'Agamemnon,* combinant l'hélice avec la vapeur; vaisseau dont les qualités sont justement appréciées par les flottes alliées qui combattent aujourd'hui dans la mer Noire. Je suis heureux de reconnaître tout ce que j'ai dû de matériaux essentiels à cet éminent ingénieur pour la rédaction du rapport dont le VIIIe jury m'a fait l'honneur de me charger.

[1] Aujourd'hui général de brigade.

PREMIÈRE PARTIE.

ARCHITECTURE NAVALE.

DÉVELOPPEMENTS HISTORIQUES.

Nous essayerons dans cet historique de montrer quels ont été, depuis le commencement du XIXe siècle, les principaux perfectionnements de l'architecture navale et de l'art naval en général, dus aux trois principales puissances maritimes, la France, la Grande-Bretagne et les États-Unis. Pendant tout ce laps de temps, les autres États n'ont été que les imitateurs, plus ou moins empressés, plus ou moins tardifs, des trois nations principales.

Nous parlerons amplement des États-Unis, en expliquant l'application de la vapeur à la navigation.

I.

MARINE MILITAIRE A VOILES.

Au commencement du siècle dernier, les Français avaient acquis, relativement à l'architecture navale, une incontestable supériorité.

Vaisseaux français de Sané.

Depuis les derniers temps de la guerre d'Amérique, terminée en 1783, un ingénieur illustre, M. Sané, avait successivement construit sur ses plans des vaisseaux de 74 et de 80 et des vaisseaux à trois ponts[1]. Ces bâtiments étaient, sous tous les rapports, les plus parfaits qu'on eût encore mis à la mer. Ils

[1] Il suffit de citer le vaisseau *l'Océan*, admiré comme un modèle pour la réunion de toutes les qualités nautiques.

réunissaient à la stabilité suffisante le balancement parfait de la mâture et de la voilure, avec une exquise sensibilité du gouvernail. De telles qualités rendaient faciles et sûres toutes les évolutions, en même temps qu'on obtenait une vitesse remarquable pour les allures essentielles.

Le Gouvernement, frappé d'un aussi grand succès, avait décidé que la flotte entière n'aurait plus de nouveaux vaisséaux que ceux qui seraient construits d'après les plans de M. Sané, qui devint et resta pendant plus d'un quart de siècle premier inspecteur général des constructions navales et du génie maritime.

Outre leurs travaux relatifs à l'architecture navale proprement dite, les Français s'étaient efforcés de perfectionner les arts qui concourent à cette partie de la force publique.

Bouguer, dans son admirable traité *du Navire*, avait depuis longtemps créé des théories qui serviront toujours de base aux travaux, aux calculs des ingénieurs de la marine.

Le célèbre Duhamel du Monceau avait successivement publié son *Architecture navale* et son *Art de la corderie*, ouvrage des plus remarquables pour l'époque où il vit le jour.

Forfait avait publié son traité *de la Mâture*, à la fois neuf, lucide et méthodique.

Vial du Clairbois avait fait paraître son ouvrage élémentaire sur la *Construction des vaisseaux* et pris une part considérable à la publication de l'*Encyclopédie méthodique pour la marine*.

Aussitôt qu'ils voyaient le jour, ces livres devenaient classiques chez tous les peuples de l'Europe.

Anciens constructeurs anglais.

Les Anglais eux-mêmes ont appris par expérience le mérite de nos vaisseaux. Une Commission parlementaire ayant été chargée, dans les premières années du XIXe siècle, d'examiner toutes les parties de la marine anglaise, pour signaler les défauts à faire disparaître et les perfectionnements à produire, s'est exprimée comme il suit, dans son troisième rapport à la Chambre des communes (5e partie) :

« Lorsque nous avons construit exactement d'après la forme des meilleurs vaisseaux que nous avons pris aux Français, joignant ainsi notre talent d'exécution à leurs connaissances théoriques, nous avons obtenu des bâtiments reconnus les meilleurs de notre marine. Mais toutes les fois que nos constructeurs ont été assez égarés par leurs faibles acquisitions dans la science de l'architecture navale pour se départir, en quelque point important, des modèles qu'ils avaient devant eux, et pour tenter des perfectionnements, comme ils connaissaient mal les vrais principes suivant lesquels les navires doivent être configurés, ils en ont fait une application erronée et contradictoire. Aussi, d'après les renseignements qui nous ont été fournis, ces altérations ont produit dans beaucoup de cas un fâcheux résultat. »

L'avantage que trouvait la marine française à ne composer ses flottes que de vaisseaux de qualités supérieures ne pouvait pas échapper aux Commissaires britanniques.

« Pour remédier à ce grand mal (de perdre la supériorité navale), on a proposé que les vaisseaux de chaque rang fussent construits dans tous leurs détails suivant la forme du meilleur de nos bâtiments de chaque rang; de leur donner même creux, même largeur et même longueur; d'établir l'uniformité dans les dimensions et la position des mâts, ainsi que dans la forme et les dimensions des voiles.

« On a combattu cette opinion en disant que l'établissement de cette règle allait fermer la porte aux perfectionnements, et que, même quand les vaisseaux proposés pour modèles pourraient être admis comme les meilleurs existant aujourd'hui, on ne saurait être parfaitement certain qu'il ne soit pas possible d'en découvrir de plus parfaits encore. Mais tout en convenant que des formes préférables à celles qui sont connues maintenant peuvent être découvertes, de cette variété dans les formes des vaisseaux résulte un si grand nombre de conséquences fatales, que celles-ci doivent probablement surpasser de beaucoup les avantages que l'on pourrait attendre des découvertes d'hommes aussi peu instruits que les constructeurs de nos vaisseaux. Les Français mêmes, quoique certainement par leur étude supérieure de la théorie de l'architecture navale ils puissent avec plus de probabilité que nous reculer les bornes de l'art au moyen d'expériences variées, les Français ont été si pleinement convaincus des désavantages qui résultent de cette variété, qu'ils ont d'époque en époque déterminé par des ordonnances les formes d'après lesquelles les navires de chaque classe doivent être construits. »

École des constructions navales à Portsmouth. Ses succès.

Il est de toute justice d'ajouter ici que depuis le moment où ces jugements sévères étaient émis, une école théorique des constructions fut instituée à Portsmouth, vers l'année 1814, sur le modèle de l'école française, alors établie à Brest. Elle a porté les fruits les plus heureux et produit des ingénieurs non moins capables pour la théorie que pour la pratique. Leurs travaux ont renouvelé et perfectionné dans toutes ses parties le matériel naval de la Grande-Bretagne. J'ajouterai que, par leurs talents, ils sont bien au-dessus de la position où des préjugés les confinent dans les arsenaux britanniques.

Perfectionnements de l'architecture navale : principe de la charpente oblique des vaisseaux.

L'excellence des résultats obtenus en France dans la composition et dans le calcul des plans de vaisseaux détournait les esprits de chercher des perfectionnements dont on n'éprouvait pas le besoin, quant à la marche des navires. Pendant une guerre malheureuse, nos flottes n'ayant pas de longues croisières à faire, on n'était pas assez frappé des effets prolongés d'une mauvaise mer pour déformer les vaisseaux. Il y a plus, on négligeait des moyens excellents qu'on avait proposés et même mis en pratique dès le siècle précédent, pour ajouter à la solidité de la charpente des bâtiments de guerre.

Premiers travaux des Français d'après ce principe.

Afin d'empêcher la déliaison et la déformation dans le sens de la longueur du navire, les anciens constructeurs français avaient imaginé de diriger obliquement les bordages intérieurs (les vaigres) suivant les directions où se trouvait la tendance au raccourcissement; d'autres pièces croisaient les premières dans la direction perpendiculaire à celle-là, pour résister à l'allongement. Voilà ce qu'on avait pratiqué, puis abandonné.

On avait proposé, vers le milieu du siècle dernier, de croiser le vaigrage ordinaire de nos vaisseaux par des porques *obliques* en fer (*Architecture navale* de Duhamel).

A l'époque où l'Académie des sciences de Paris cherchait à diriger les efforts des savants et des artistes vers le perfectionnement de la marine, elle proposa trois fois pour sujet de ses prix l'examen des oscillations de roulis ou de tangage, et la recherche des moyens de rendre la charpente des vaisseaux plus propre à supporter les efforts de ces mouvements.

Chauchot, ingénieur de la marine française, remporte le prix de 1755, et, dans un mémoire trop peu connu, renouvelle l'idée de substituer des porques obliques aux porques ordinaires.

Groignard, ingénieur plus célèbre à qui l'on doit la belle forme de construction dans l'arsenal de Toulon, Groignard put encore prendre part avec honneur au concours de 1759, sans obtenir le prix, puisque ce prix fut remporté par le grand Euler. Groignard proposa dans son mémoire, mais pour la proue seulement, un système de bordage, de membrure et de vaigrage qui présente des parallélogrammes fortifiés par des diagonales. Cette idée ne resta point une pure spéculation, puisqu'en 1777 Clairon des Lauriers, autre ingénieur français très-estimé, la mit en pratique dans la construction de la frégate *l'Oiseau*.

Bouguer, dans son traité *du Navire*, et plus tard Chapman, ingénieur suédois, dans son *Architectura navalis mercatoria*, se sont fondés sur le même principe, que tout à l'heure on verra reproduit avec bonheur par les Anglais, pour donner aux vaisseaux plus de rigidité.

Les ponts d'un navire, vu leur peu de courbure longitudinale, peuvent être regardés comme parallèles à la pièce intérieure placée au-dessus de la quille[1]. Les étançons verticaux qui supportent les ponts forment, avec cette pièce et la ligne du milieu des ponts, des quadrilatères presque parallélogrammiques.

Pour empêcher ces parallélogrammes de se déformer et par conséquent pour empêcher le vaisseau de s'arquer, Bouguer a placé, suivant la direction de la diagonale qui tend à s'allonger, des barres de fer fortement unies par leurs extrémités à la carlingue et au premier pont : elles résistent comme *tirants*.

Chapman, au contraire, a placé suivant la direction des secondes diagonales, celles qui tendent à se raccourcir, des pièces de bois bien contenues sur la carlingue et sous le premier pont; ces pièces de bois, qui résistent en s'opposant à toute compression, font office d'*arcs-boutants*.

Système de sir Robert Seppings.

Il faut indiquer maintenant par quels travaux remarquables les constructeurs et les mécaniciens anglais ont fait disparaître toute espèce d'infériorité et sur beaucoup de points ont pris habilement, à leur tour, l'avance sur leurs rivaux.

M. Robert Seppings, lorsqu'il n'était encore que directeur des constructions navales à Chatham, eut l'honneur de prendre l'initiative des perfectionnements dès l'année 1810.

Un compte favorable et mérité fut rendu par les journaux anglais des succès obtenus par cet ingénieur éminent sur les vaisseaux *le Tremendous*, *le Ramillies* et *l'Albion*, radoubés ou

[1] La carlingue.

plutôt refondus suivant ses idées. De tels perfectionnements frappèrent l'esprit de Napoléon, à la lecture de ce récit. Au bas de l'article publié dans un journal anglais, et daté du 29 novembre 1811, il fit écrire en marge : « 5 *décembre* 1811, « *renvoyé par ordre de l'Empereur au ministre de la marine.* »

Quatre ans plus tard, j'ai découvert dans les cartons de la Marine cette pièce remarquable, dont il ne paraît pas qu'on se fût préoccupé.

Suivant le système de M. Seppings, qui, pour récompense, reçut le titre de Sir Robert Seppings et devint inspecteur général de la marine anglaise, pour la première fois, la partie inférieure de la membrure des bâtiments de guerre ne présenta plus de ces vides, appelés *mailles*, où s'accumulait et croupissait au fond de la cale une eau salissante, putride et nauséabonde. Aux alternatives de plein et de vide que présentait cette partie de la membrure sir R. Seppings substituait une masse compacte de bois, depuis la quille jusqu'aux environs de la ligne de flottaison.

Dans le commencement de l'innovation dont nous parlons ici, on répandait beaucoup d'eau dans la cale, pour découvrir si, par mégarde, on n'avait pas laissé dans la membrure quelque issue au milieu de ce remplissage. On a justement préféré substituer à ce moyen de fortes injections avec du goudron, qui pénètre dans tous les joints, remplit les moindres vides et s'infiltre par la surface dans l'intérieur du bois, dont il assure la conservation : les injections s'opèrent avec des pompes foulantes. Au moyen d'un tel procédé, des bordages de la carène pourraient être déchirés et même enlevés, sans qu'il se déclarât aucune voie d'eau périlleuse.

Outre ce grand perfectionnement, l'habile ingénieur anglais fortifiait la charpente entière par le moyen d'un système intérieur de pièces diagonales, qui, jointes au fond plein de la membrure, opposaient une extrême résistance à la déformation auparavant considérable qu'éprouvait la carène du vaisseau. La déformation naissait de l'inégale répartition du poids entre les diverses parties du navire, comparativement à la répulsion en sens contraire de l'eau de la mer. Cette eau se trouve déplacée par la carène de telle manière, que sa résistance, accumulée vers le milieu de la longueur, devient nulle au point où finit la ligne de flottaison; mais au delà de ce point, et vers la poupe et vers la proue, des masses considérables de charpente, de mâture, de voilure, de gréement et d'armes tendent à courber le navire, en abaissant les deux extrémités. Le résultat de tels efforts fait fléchir la quille du navire suivant la forme d'un arc qui tourne sa concavité du côté du centre de la terre. A cette déformation permanente s'ajoutent les déformations variables qui résultent, à la mer, du roulis et du tangage, combinés avec l'action des voiles, etc.

Sir Robert Seppings ne se contentait pas d'appliquer son système de charpente oblique à l'œuvre vive, ou partie immergée de la carène des vaisseaux; il l'appliquait pareillement à l'œuvre morte, entre les ponts et les sabords. Il dirigeait même obliquement, chose beaucoup moins nécessaire, les bordages qui forment les planchers des ponts.

Cette nouvelle structure a considérablement diminué la déformation, *l'arc* des grands bâtiments de guerre.

Les *Transactions philosophiques* (c'est le recueil des Mémoires de la Société royale de Londres) ont fait paraître en 1814 la description que sir Robert Seppings a donnée de son système de charpente navale. On trouve à la suite un rapport très-remarquable rédigé sur ce sujet pour l'Amirauté par le Dr Young, géomètre et physicien illustre.

Mémoire sur le système Seppings, par le baron Charles Dupin.

Dès 1815, l'auteur de cet historique s'est occupé d'étudier ces deux écrits, pour examiner et démontrer l'avantage qu'aurait la marine française à s'approprier ces perfectionnements par un choix intelligent.

Une Commission considérable fut nommée pour juger ce mémoire et les propositions qui l'accompagnaient; cette Commission ne siégea qu'une fois, et ne conclut rien. Dès 1816 je partis pour l'Angleterre, où le même travail obtint un tout autre accueil. Quoiqu'il fût écrit en français, la Société royale de Londres daigna le juger digne d'être imprimé textuellement dans ses *Transactions philosophiques*, année 1817. On y fit alors en France un peu plus d'attention; mais on n'adopta que très-lentement et très-incomplétement les améliorations dont je m'étais efforcé de rendre palpables le bienfait et l'urgence.

Perfectionnements de l'œuvre morte des vaisseaux.

Poursuivons l'indication des perfectionnements introduits par les constructeurs britanniques; j'aurai pour cela peu de peine, puisque je les ai constatés et décrits, comme témoin oculaire, en 1816, 1817, 1818, et jusqu'en 1824[1].

Non contents de rendre plus solide la charpente de leurs carènes, les Anglais ont aussi perfectionné la partie supérieure de la muraille des vaisseaux, et pour la force et pour la configuration.

Au lieu de laisser la poupe ouverte aux feux de l'ennemi, ils l'ont rendue plus solide, en réduisant beaucoup les ouvertures vitrées qui donnent du jour à l'arrière des entre-ponts supérieurs. Ils ont supprimé les formes anguleuses à tribord, à bâbord, en adoptant un contour horizontal demi-circulaire, ou plutôt demi-elliptique, ce contour étant beaucoup plus convenable pour diriger les feux de l'arrière suivant toutes les directions désirables. Un tel moyen ne laisse, en effet, aucun *angle mort* à la jonction de la muraille longitudinale du bâtiment avec l'ancienne surface plane ou presque plane qu'on appelait le *tableau*.

On a pareillement fait disparaître de la proue ce qu'on appelait le *coupis*, espèce de retraite imitée des galères du moyen âge : partie faible et sans défense contre des feux d'enfilade, les plus dangereux de tous.

[1] *Mémoires sur la marine et les ponts et chaussées de France et d'Angleterre*; Paris, 1818. — *Force navale de la Grande-Bretagne*; 2 vol. in-4°, avec atlas ; première édition, Paris, 1821.

Par une amélioration importante, en rapprochant de la direction verticale la muraille des vaisseaux, auparavant si rentrée dans la partie supérieure, les Anglais ont rendu les batteries plus larges, plus militaires et plus commodes pour la manœuvre des bouches à feu.

A ces progrès généraux de l'architecture navale il faut ajouter les progrès spéciaux de l'exécution, ou construction proprement dite. En exigeant des charpentiers de navire une précision plus grande pour tailler et pour assembler les pièces, il en résulte une solidité nouvelle. Alors l'ensemble de l'édifice se disjoint avec plus de difficulté, quand les parties du navire sont alternativement sollicitées en sens contraires par les forces de la mer, de la pesanteur et du vent, et par la réaction de la poudre dans les combats.

Comme conséquence nécessaire, les moyens d'accroître la solidité donnent une plus grande durée à ces machines flottantes, si dispendieuses, et chez lesquelles tant de causes de destruction agissent sans cesse pour en abréger l'existence toujours trop courte.

On ne s'est pas seulement occupé de consolider la charpente des vaisseaux; on a supprimé les assemblages compliqués, et qui faisaient perdre tant de bois, dans la formation des mâts de plusieurs pièces.

On a rendu plus économique et plus solide l'assemblage des mâts les plus considérables, par le moyen de *dez* cylindriques de bois très-dur (le chêne vert ou le gaïac) incrustés par moitié de leur longueur dans chacune des pièces de bois mises en contact suivant des surfaces planes.

Expériences entreprises sur la résistance des bois, en vue des constructions navales.

Pendant longtemps on ne s'est occupé de la résistance des bois que pour déterminer la force capable d'en opérer la rupture. Tel avait été l'objet des expériences de Buffon.

Des recherches d'un ordre plus directement utile sont celles qui concernent la résistance *à la flexion*, et surtout à des flexions très-petites. La rupture est, en effet, un point extrême loin duquel il importe de se tenir dans les constructions civiles et navales; la flexion, au contraire, est l'état inévitable où se trouvent placés les bois soumis à des forces transversales.

Cette flexion a des lois mathématiques. Les expériences entreprises dans les arsenaux de Corfou et de Dunkerque, de 1809 à 1811 et de 1816 à 1818, ont eu pour objet la recherche et la constatation de ces lois pour les essences principales du chêne, du hêtre, de l'orme et des arbres résineux. Ces expériences, accomplies par l'auteur du présent historique, ont été résumées dans un premier mémoire, approuvé par l'Académie des sciences et publié dans le *Journal de l'École polytechnique*, tome X, année 1815, puis dans un second mémoire adressé, en 1818, à la Société royale de Londres.

Ajoutons que les lois qui régissent la flexion des bois régissent à beaucoup d'égards la flexion des fers et de tous les matériaux imparfaitement élastiques.

Substitution du fer au bois dans l'architecture navale.

Une grande source de solidité dans la construction des navires est l'emploi partiel ou total du fer au lieu du bois. Dans un pays tel que la Grande-Bretagne où le fer, produit avec tant d'abondance, est si peu coûteux et si propre à rendre les services les plus variés, il était naturel de l'employer en place du bois. Des navires en fer ont le grand avantage de n'être pas sujets à la détérioration si rapide des bâtiments construits en bois, surtout dans les pays chauds; et le dry-rot ou *pourriture sèche* les détruit dans les pays humides. Le fer également ne peut être attaqué par les vers, si destructeurs des bois immergés.

Travaux de M. Fairbairn sur les constructions en fer.

On doit à M. Fairbairn, célèbre ingénieur civil, d'avoir

obtenu des succès remarquables en cherchant le meilleur système de structure propre à de grands navires en fer. Ses premiers travaux de ce genre remontent à plus de trente années.

Des navires en fer peuvent être plus légers, pour une même capacité de carène, que les navires en bois; ils résistent mieux lorsqu'ils échouent sur la terre ou sur un banc de sable.

Dans la Grande-Bretagne, on construit aujourd'hui pour la marine marchande quelques navires en fer mus seulement par des voiles. On en construit dans une proportion incomparablement plus grande pour les navires à vapeur, ainsi que nous le ferons remarquer en traitant de cette classe de navires.

Occupons-nous maintenant des progrès qui tiennent à la forme même des navires.

Inconvénients du bordage en fer pour la marine militaire.

Pour les bâtiments de guerre, les boulets peuvent déchirer longitudinalement les feuilles de fer qui recouvriraient la carène. Ils opèrent alors d'une manière si désastreuse, qu'il devient impossible d'étancher la voie d'eau et de sauver le navire. Par cette raison, les puissances navales, après des expériences dispendieuses, ont dû renoncer à l'idée de substituer complétement le fer au bois dans les navires destinés au combat.

Système de sir W. Symonds sur la forme et les proportions de la carène des vaisseaux.

En 1832, sir W. Symonds devint inspecteur général, après sir Robert Seppings. Il essaya de perfectionner la configuration même de la carène des vaisseaux. Il se proposa de lui donner des formes et des dimensions telles, que l'on eût beaucoup moins besoin de ces poids morts qui composent *le lest,* pour obtenir une stabilité suffisante. Il y parvint en donnant beaucoup plus de largeur à la surface de la flottaison. Ce système offrait plusieurs avantages : il augmentait la stabilité; il donnait plus de facilité pour l'arrimage dans l'intérieur des bâtiments à formes fines; il élargissait les batteries, et facilitait ainsi la manœuvre des canons.

Cependant des officiers très-instruits et des ingénieurs constructeurs éminents ont trouvé que ce système ne permettait pas que les mouvements du navire fussent assez doux à la mer, ce qui rendait plus fréquents et plus graves les accidents de la mâture et des voiles. On doit néanmoins à Sir W. Symonds une juste reconnaissance pour les efforts qu'il a multipliés dans le dessein de perfectionner l'architecture navale.

Lorsque nous parlerons de la marine à vapeur, nous verrons que les vaisseaux mixtes ont besoin d'une plus grande longueur, comparativement à leur largeur. Cela produit un changement inverse de celui qu'avait créé M. Symonds.

Expériences de M. J. Scott Russel.

Un secrétaire distingué de la Commission royale pour l'Exposition universelle, M. J. Scott Russel, a fait une série d'expériences remarquables et des recherches sur la forme de moindre résistance propre à de grandes vitesses, lorsqu'on navigue en des eaux étroites; il s'est fondé sur l'étude qu'il a suivie de l'amplitude et de la marche des ondes produites en tirant un navire dans un canal avec une vélocité variable. Des expériences nouvelles doivent être faites par cet ingénieux et hardi constructeur pour appliquer sa théorie aux bâtiments qui naviguent en pleine mer; nous formons des vœux sincères pour le succès de tels efforts.

Stabilité des vaisseaux.

On doit à Bouguer, géomètre illustre, la théorie de la stabilité des vaisseaux. Dans ces derniers temps, l'honorable président du Ve jury, le révérend M. Moseley, a repris le même sujet avec des considérations, des expériences et des calculs ingénieux [1]. Il a bien voulu citer avec indulgence les recherches théoriques publiées par nous sur le même sujet dès les premiers temps de notre carrière [2].

Régularisation de l'arrimage.

On a perfectionné l'arrimage des navires avec soin et persévérance. On s'est efforcé de placer les points les plus susceptibles d'être allégés par les consommations quotidiennes dans les parties du navire qu'il importait d'alléger, et de balancer les poids variables par l'effet de cette consommation : de telle sorte que le centre de gravité restât sur la même verticale, et que la différence de tirant d'eau reconnue comme étant la plus avantageuse ne cessât pas d'être la même dans l'émersion successive du vaisseau. En France, M. l'amiral de Missiessy, puis M. le capitaine de vaisseau Lugeol, se sont occupés successivement de cet important objet.

PROGRÈS DIVERS.

Caisses à eau, en fer, de M. le général Bentham.

Dès le commencement du siècle, le général Bentham, frère du célèbre écrivain politique [3], a proposé de remplacer, pour contenir l'eau nécessaire aux équipages, les tonneaux en bois de formes circulaires, et qui faisaient perdre beaucoup de place dans la cale, par des caisses prismatiques en bois doublé de métal. Plus tard, M. Dickenson a fait adopter des caisses complétement faites en tôle de fer : caisses qui furent habilement confectionnées par feu Maudslay, l'exécuteur éminent des machines de Brunel.

[1] *Transactions philosophiques de la Société royale de Londres.*

[2] *Applications de géométrie*, 1 vol. in-4°, pour faire suite aux *Développements de géométrie*, 1 vol. in-4°, Paris, 1813, par M. Charles Dupin.

[3] Jérémie Bentham.

Les caisses a eau cubiques ou prismatiques, proportionnées selon les formes du navire, offrent une grande économie dans les espaces si précieux de la cale. Elles conservent à l'eau sa pureté primitive pendant les plus longs voyages; les tonneaux, au contraire, ont une portion de leur matière que dissout promptement l'eau qu'ils renferment. Par là cette eau devient putride; elle produit des maladies funestes, le scorbut, par exemple: surtout dans les climats chauds.

Dès l'année 1817, j'ai fait connaître à la marine militaire française, et fait passer en France les premières de ces caisses, en signalant leur importance, aujourd'hui confirmée par un usage complet à bord de nos bâtiments de l'État. Le même usage s'étend à tous les navires du commerce, à bord desquels on compte pour quelque chose le bien-être et la santé des passagers et de l'équipage.

Appareils culinaires et distillation de l'eau de mer.

A l'Exposition universelle, nous avons récompensé par la médaille de prix les deux beaux appareils culinaires de M. Sochet et de M. Rocher de Nantes, appareils combinés avec la distillation de l'eau de mer. C'est un autre moyen précieux d'obtenir de l'eau potable, en remplaçant le poids et l'encombrement de l'eau par un cinquième ou un sixième du poids de charbon suffisant pour la distillation.

Art français pour la conservation des aliments: M. Appert.

Signalons avec bonheur une autre grande amélioration dont l'initiative et les perfectionnements appartiennent à la France. Nous devons à M. Appert de conserver dans leur pureté et dans leur fraîcheur, non-seulement les viandes ordinaires, mais les mets les plus délicats, le laitage même.

Aujourd'hui des dîners complets, préparés par le luxe, soit à Paris, soit à Londres, embarqués sur des navires, sont consommés dans la zone torride, sans avoir rien perdu de leur fraîcheur et, si l'on peut parler ainsi, de l'à-point primitif de leur préparation.

La marine militaire mettait un prix très-secondaire à cette recherche pour les hommes en santé; mais on conserve également bien la nourriture choisie qui peut convenir aux malades. Ce n'est plus ici seulement la jouissance d'un luxe qu'on satisfait, c'est l'humanité secourue par le progrès de l'art.

Nouvelle conserve des légumes, par M. Masson.

Dans ces derniers temps, un français, M. Masson a trouvé, pour la dessiccation et l'approvisionnement des légumes verts, un système qui permet de condenser sous le plus petit volume une quantite considérable de matière nutritive; c'est pour la navigation un avantage de première importance[1].

Indication sommaire d'autres améliorations.

Sans offrir une énumération, qui serait considérable, contentons-nous de dire en général que les progrès des arts économiques et des arts domiciliaires (ceux qui concernent l'habitation), ont exercé la plus heureuse influence sur l'architecture navale. Les Anglais, les premiers, en ont profité pour rendre plus saine et plus confortable, plus propre et mieux aérée, l'habitation de leurs vaisseaux. Ils ont introduit de la sorte une foule d'améliorations que je ne pourrais épuiser sans tomber dans des détails trop minutieux; mais dont il me suffit de constater l'ensemble et le résultat général. J'ai fait connaître avec soin chacune de ces inventions, en démon-

[1] Un récent rapport de M. l'amiral Hamelin, qui commande avec tant de vaillance notre escadre de la mer Noire, a constaté que l'usage des légumes si parfaitement conservés par le procédé de M. Masson, exerce l'influence la plus efficace et la plus rapide pour arrêter le scorbut, maladie dont nos équipages commençaient d'être affectés par un usage trop exclusif et trop prolongé des salaisons.

trant l'avantage que la marine française aurait à se les approprier[1], et qu'en effet elle s'est appropriées.

ARTILLERIE COMBINÉE AVEC L'ARCHITECTURE NAVALE.

Nous avons vu comment on s'est efforcé de rendre les vaisseaux plus propres au combat, en diminuant la rentrée de leurs œuvres mortes, en fortifiant leurs murailles, soit à la proue, soit à la poupe.

L'artillerie elle-même est devenue l'objet d'améliorations essentielles.

Plus les poids qu'un vaisseau porte sont éloignés du centre de gravité, plus aussi devient considérable leur moment d'inertie; plus, par conséquent, il est difficile que la charpente résiste à l'action perturbatrice dont ce moment est la mesure, dans les mouvements alternatifs de roulis, et dans ceux de tangage. C'est donc une impérieuse nécessité que les bouches à feu les plus pesantes soient placées le plus bas possible, afin de réduire au minimum leur distance au centre de gravité du navire.

Afin d'obéir à ces principes, nous avions réservé le calibre de 36 pour la première batterie; puis placé, par gradation, du 24, du 18 et du 12 aux batteries supérieures.

On est encore resté fidèle à ces mêmes principes, en plaçant sur les gaillards des caronades, puis des obusiers d'un fort calibre, mais d'un poids comparativement peu considérable.

Comme conséquence de la multiplication des calibres, l'approvisionnement des bouches à feu des vaisseaux devenait, pendant une bataille, très-compliqué et sujet à de fâcheuses méprises. C'était là le moindre inconvénient. Dans les combats à grande distance, les boulets de faible calibre partis des batteries les plus élevées, ou n'arrivaient pas jusqu'à l'ennemi, ou

[1] Voyez les ouvrages déjà cités sur les forces navales de la Grande-Bretagne, et les Mémoires sur la marine et les ponts et chaussées de France et d'Angleterre.

ne portaient que des coups inefficaces. Dans les combats rapprochés, ces projectiles n'avaient pas la force de traverser les épaisses murailles des vaisseaux que l'on combattait.

Unité de calibre proposée, dès 1814, à la marine française.

Dès l'année 1814, j'avais soumis à l'examen d'une commission spéciale, dans l'arsenal de Toulon, les manuscrits de mon *Tableau de l'architecture navale militaire,* où je m'exprimais ainsi :

« La seule comparaison des canons et des caronades doit « nous convaincre d'une grande vérité : c'est que la détermi- « nation des meilleures dimensions et des formes les plus « avantageuses des bouches à feu, présente un grand et beau « problème qui n'est pas encore résolu, qui ne peut l'être que « par le secours de savantes et nombreuses expériences : pro- « blème dont la solution assurerait au peuple qui la trouverait « le premier, une supériorité incontestable sur tous ses rivaux. « Nous en savons assez pour pouvoir prononcer que nous « n'avons pas atteint la perfection à cet égard, et nous devons « nous efforcer d'en approcher sans passion et sans préjugés... « Les plus solides raisons font diminuer graduellement le « poids des bouches à feu, à mesure qu'elles appartiennent à « des batteries plus élevées. En partant de cette base, et cher- « chant d'ailleurs toute la simplicité qu'il est possible de dési- « rer, ne pourrait-on pas n'employer que les canons d'un « seul et même calibre, de 36, par exemple? Ces pièces « ne différeraient que par leur longueur. On placerait « les plus longues à la première batterie, et ainsi de suite, « jusqu'aux caronades des gaillards et aux obusiers de la du- « nette. Les plus longues pièces devraient encore être sensi- « blement plus courtes que les canons ordinaires de 36. »

« De cette uniformité naîtraient les plus grands avantages. « Des pièces plus maniables et plus légères pourraient être « plus rapprochées. On multiplierait les bouches à feu, sans « augmenter le nombre des canonniers; parce qu'il en fau-

« drait moins pour manœuvrer chaque pièce. Chaque dé« charge d'artillerie enverrait donc à l'ennemi un plus grand « nombre de projectiles, tous du plus fort calibre; enfin « toutes les pièces pourraient se servir des mêmes boulets, « ainsi que des ustensiles particuliers à la charge, dont les « dimensions ne dépendent que de la grandeur du calibre.

« Nous offrons cette idée aux habiles officiers de marine « et d'artillerie. Nous demandons seulement qu'on ne se hâte « pas de la condamner d'après des maximes faites qui, sur « de semblables sujets, ne sont trop souvent que des erreurs « consacrées. »

Ces idées, quand elles furent présentées pour la première fois, parurent inacceptables aux hommes les plus spéciaux; elles étaient, à leur égard, prématurément émises. Dix ans plus tard elles ont porté leurs fruits.

Progrès réalisés par M. le baron Tupinier.

Après avoir dirigé avec un grand éclat les constructions navales du royaume d'Italie, de 1806 à 1814, et régénéré le célèbre arsenal de Venise, M. le baron Tupinier, devenu directeur des ports et arsenaux de France, a fait adopter l'unité de calibre avec les gradations de longueur et de poids que j'avais vivement demandées.

On a choisi le calibre de 30, intermédiaire entre le 24 des 2es batteries et le 36 des 1res, dans les vaisseaux à trois ponts. Le boulet de 30 a, sur celui de 36, l'avantage d'être mieux proportionné à la force musculaire de nos canonniers : il est un peu supérieur au 32 des Anglais.

Le même calibre fut adopté, non-seulement pour les vaisseaux de ligne, mais pour les frégates et pour tous les autres bâtiments de guerre.

Artillerie d'une nouvelle puissance, proposée par le général Paixhans.

Quelque temps après l'heureuse innovation que nous venons de signaler, M. le colonel, depuis général, Paixhans, avec des réticences mystérieuses mais habiles, annonçait des moyens nouveaux d'attaque et de destruction [1]. Ces moyens devaient, suivant lui, changer la face des combats de mer. Il a fini pas faire connaître que son moyen consistait à substituer aux canons ordinaires, des canons-obusiers d'un très-fort calibre, des *canons-monstres* qu'on appela de son nom, des *canons à la Paixhans*. Il demandait qu'on armât exclusivement les navires de guerre avec ces redoutables instruments de destruction, qui lanceraient des projectiles incendiaires.

Cette idée obtint par degrés un grand retentissement. Combattue d'abord avec acharnement, on l'accepta, mais en partie. Sans rien changer à la généralité du calibre normal uniforme, on se contenta d'établir, à chaque batterie, une portion seulement de l'artillerie en forts canons-obusiers. On adopta divers calibres, 22, 25 centimètres, etc., pour lancer des obus de 50, de 68, de 80, de 120 livres et même davantage. Ces derniers réservés pour des pièces de chasse ou de retraite aux extrémités du bâtiment.

Aujourd'hui, toutes les marines militaires ont modifié plus ou moins leur armement naval, d'après les idées du général Paixhans; les défenseurs des places fortes en ont profité, surtout pour les batteries des fronts de mer.

Cet officier général pouvait, longtemps encore, vivre pour faire servir le rare mérite de son esprit aux progrès de l'art militaire; il vient de mourir dans sa ville natale, frappé par le choléra : c'est une douleur pour ceux qui furent, comme moi, ses condisciples et ses amis.

Nouvelles dimensions données aux vaisseaux, pour rétablir la hauteur normale de la première batterie, d'après M. le baron Tupinier.

Je dois parler maintenant d'une autre innovation, que la marine française doit à M. le baron Tupinier, qui, pendant

[1] *Nouvelle force maritime.* Paris, 1821.

plus d'un quart de siècle, a rendu d'incomparables services aux ports ainsi qu'aux arsenaux de France. L'innovation dont je vais montrer la nature et la portée fut, pour notre architecture navale, une indispensable et grande amélioration.

Depuis l'époque où les dimensions principales de nos bâtiments de guerre avaient été consacrées officiellement, d'après les plans du célèbre Sané, les officiers de la marine avaient obtenu, tantôt qu'on plaçât dans les batteries ou sur les gaillards un plus grand nombre de pièces, tantôt des pièces d'un plus fort calibre et plus pesantes. Ils avaient demandé tour à tour des munitions de guerre et des munitions de bouche en plus grande proportion; d'autres fois, c'étaient de nouveaux objets de rechange, ou des rechanges plus pesants qu'ils accumulaient à bord.

Il en résultait que les vaisseaux, chargés de plus en plus, s'enfonçaient à proportion dans la mer, et que la hauteur de batterie des pièces du premier pont devenait très-insuffisante.

Dans un combat où le vent aurait porté de nos vaisseaux sur ceux de l'ennemi, même par une brise qui n'aurait eu rien d'excessif mais avec une mer agitée, on pouvait être obligé de fermer les sabords de la première batterie; tandis que l'ennemi nous aurait canonné avec toutes ses pièces.

Le seul remède à ce grave inconvénient, était d'augmenter proportionnellement les trois dimensions des vaisseaux, sans rien changer à la position relative de la mâture et de la voilure, non plus qu'aux formes de la carène.

Les nouveaux vaisseaux français ainsi modifiés, avec moins de rentrée pour faciliter la manœuvre des batteries supérieures, sont devenus des machines de guerre, incomparablement plus efficaces.

Efficacité militaire comparée des vaisseaux de France et d'Angleterre.

Il y a quarante ans, nos vaisseaux étaient moins bien arrimés, moins bien installés, moins bien appropriés à l'armement, et moins bien tenus que les vaisseaux anglais; aujourd'hui, sous tous ces rapports, ils ne craignent plus d'affronter le parallèle.

En 1850, une belle escadre française, aussi parfaitement exercée que bien armée et bien commandée par M. l'amiral de Parseval, se rendit de la Méditerranée dans l'Océan. Elle vint à Cherbourg afin d'être passée en revue par le neveu de Napoléon Ier. L'Angleterre ne put s'empêcher d'accepter le jugement approbateur que portèrent ses connaisseurs, et sur le matériel et sur le personnel de notre flotte. Elle affecta même des craintes exagérées, et sans aucun fondement, contre nos prétendus *préparatifs;* mais sa marine en profita pour élargir son budget. Il semblait qu'un pressentiment, inexpliqué, lui commandât de se préparer à des luttes dont personne alors n'entrevoyait le but final et surtout les motifs!

En ces derniers temps, la France ne s'est plus offerte à l'imagination des Anglais comme une rivale qui fît ombrage, mais comme une alliée nécessaire pour défendre en commun la cause sacrée de la civilisation; pour protéger l'existence des nations faibles et dont on rêvait la mort en les traitant de moribondes; pour maintenir enfin l'équilibre, c'est-à-dire la liberté durable de l'Europe. Les flottes des deux nations ont navigué, ont combattu, ont vaincu de concert, sans qu'aucune d'elles, pour ses hommes ni ses vaisseaux, ait paru le céder en rien à l'autre.

Tel est l'état actuel de l'art naval chez ces deux grandes nations.

ACCESSOIRES DE L'ARTILLERIE NAVALE.

Conservation des poudres.

La conservation de la poudre de guerre exempte d'humidité, si nécessaire au service des bâtiments de guerre, est parfaitement assurée au moyen de caisses en cuivre hermétiquement fermées, ou par des caisses en bois doublées de feuilles d'étain ou d'autre métal. Ce progrès appartient à la marine britannique; nous en avons adopté l'usage dans la marine française.

Étoupilles des canons à bord des vaisseaux, dues à M. de Montgéry.

Au lieu de tirer les canons comme on le faisait anciennement avec les mèches des premiers mousquets, on avait adapté des batteries pareilles à celles des fusils, à la lumière des canons. Un dernier perfectionnement a remplacé, pour les canons comme pour les armes de main, ces batteries à silex, par des étoupilles et des marteaux qui mettent le feu en percutant avec précision et certitude. Ces étoupilles sont l'invention d'un capitaine de vaisseau français, feu de Montgéry, qui les avait inventées il y a plus de trente ans. On lui doit aussi l'usage des *hausses* pour tirer avec précision, suivant les distances. Cet officier, d'une imagination féconde et d'une immense érudition, aurait fait faire de grands progrès à la force militaire des vaisseaux, s'il avait pu se résoudre à n'abandonner chacune de ses idées neuves qu'après l'avoir conduite au dernier terme de la réalisation.

PROGRÈS DU MATÉRIEL AFFÉRENT À LA MANOEUVRE DES NAVIRES.

Nous abordons maintenant une série de perfectionnements de la plus haute importance pour la sûreté des navires.

Les câbles de chanvre primitivement employés avaient beaucoup d'imperfections; ils se détérioraient avec rapidité, surtout dans les pays chauds. Lorsqu'on jetait l'ancre sur un fond hérissé de rochers, et que les câbles de chanvre frottaient contre les pierres anguleuses, ils étaient souvent coupés; le navire, alors, était en danger de se perdre.

Les câbles en fer : capitaine sir Samuel Brown.

Un capitaine de la marine britannique, sir Samuel Brown, a fait adopter des câbles en fer, qui, malgré la forme de leurs chaînons sont aisément manœuvrés. Ces câbles sont aujourd'hui d'un usage universel, non-seulement pour les bâtiments de guerre, mais pour les navires de commerce chez toutes les nations[1]. C'eût été pour nous un bonheur qu'un si grand service eût été rendu dans la limite du temps assignée aux plus hautes récompenses que nous pussions proposer[2], et que le VIIIe jury, sur ma demande, avait en effet proposées. On aurait ainsi rendu justice à l'un des plus puissants moyens de conserver les navires, et l'existence des marins encore plus précieuse.

Les Français ont dû commencer par imiter les Anglais dans les procédés de fabrication des câbles en fer. Ils n'avaient pas comme ceux-ci la ressource d'une industrie privée, habile à travailler en grand ce métal. Il fallut que l'État créât lui-même un établissement considérable (à Guérigny, département de la Nièvre); dans cette usine on a perfectionné tous les procédés de fabrication et d'épreuves. La force des câbles est vérifiée par le moyen d'une puissante presse hydraulique.

Une surveillance incessante garantit la bonne exécution de chaque chaînon. Nos fers du Berry, travaillés au bois, maintiennent leur renommée, dans l'application qu'on en fait à ce nouveau service. Enfin, je crois pouvoir affirmer, grâce à la réunion de tous ces moyens, que l'Angleterre même ne produit pas de câbles en fer aussi parfaits que ceux de notre marine militaire.

Il ne suffisait pas de bien fabriquer de bons câbles; il fallait s'occuper avec un soin particulier de leur manœuvre.

[1] Le principe de leur grande force tient au support transversal dirigé suivant le petit axe de chaque chaîne, dont il empêche à la fois l'allongement et la déformation.

[2] Par décision de la Commission royale, on ne devait pas accorder de récompense à des inventions ou à des perfectionnements qui comptassent plus de *quinze années de date.*

Stoppeur pour arrêter les câbles de fer, par M. Legoff.

La première méthode pour arrêter les câbles dans leur course (to stop) appartient aux Anglais. La dernière et la meilleure appartient à M. le capitaine de frégate Legoff. Nous avons récompensé cet officier en lui décernant la médaille de prix.

Cabestans appropriés à la manœuvre des câbles de fer, par M. le capitaine de vaisseau Barbottin.

M. Barbottin, capitaine de vaisseau, et Français comme M. Legoff, a perfectionné d'une façon remarquable les moyens de manœuvrer au cabestan les câbles de fer. Les chaînons de câble qui se succèdent et dont les plans sont perpendiculaires, s'engagent successivement dans des formes creuses sur le contour polygonal de la base du cabestan. Lorsque le cabestan se meut, les chaînons du câble entrent tour à tour à moitié de leur épaisseur dans les creux qui les attendent, comme s'ils venaient se placer dans leurs moules, et se dégagent ensuite avec une précision mathématique. M. le capitaine Barbottin a reçu pareillement la médaille de prix votée par le VIIIe jury.

Ancres anglaises perfectionnées par M. le lieutenant de vaisseau Rodger.

Des perfectionnements essentiels ont été, depuis peu de temps, introduits par M. Rodger, lieutenant de la marine britannique, pour proportionner la quantité du métal à l'effort qu'ont à supporter les diverses parties d'une ancre de navire. La patte de son ancre, au lieu d'être plane du côté de la résistance, offre, de ce même côté, deux plans inclinés, formant un angle saillant : cet angle est calculé pour couper obliquement en deux le sable ou la vase, au lieu de les pousser perpendiculairement. Il résulte de là que l'ancre prend avec plus de facilité, et qu'elle tient plus solidement. Le comité de

Lloyd (célèbre compagnie d'assurance des navires, à Londres), ce comité, si bon juge des inventions propres à la conservation des bâtiments, a résolu de permettre que les ancres des navires dont il accepte l'assurance, aient un sixième de moins en poids, s'ils sont faits suivant le système de M. Rodger. Nous avons récompensé cet officier par une médaille de prix.

Établissement perfectionné des paratonnerres à bord des vaisseaux, par sir William Snow Harris.

Une autre source de salut, capitale pour les navires, est l'application la plus efficace des conducteurs métalliques, pour les garantir contre le tonnerre. Franklin a fait la découverte immortelle du caractère identique de l'électricité que l'homme produit artificiellement, et de celle qui jaillit du ciel sous la forme des éclairs et de la foudre. Par le moyen du paratonnerre à fils conducteurs, qu'il a proposé, l'on a pu défendre, contre les accidents des orages, les édifices de terre et de mer. Cependant les circonstances si variables et si compliquées dans lesquelles les navires se trouvent forcément placés, rendent l'usage de ces conducteurs très-difficile, et presque impossible. Les mâtures, les seules pièces le long desquelles on puisse les appliquer, sont composées d'un grand nombre de parties très-distinctes, qu'il faut souvent mouvoir les unes contre les autres et parfois retirer, *amener*, tout à fait; les mâts peuvent encore être endommagés par le vent et par d'autres causes perturbatrices. La protection des navires contre l'électricité du ciel avait été confiée à une faible chaîne en corde métallique temporairement appliquée le long des haubans. Par la force des choses, un tel conducteur ne pouvait pas offrir la sécurité complète qui doit résulter d'un conducteur plus puissant, inamoviblement fixé le long du mât.

Sir W. S. Harris a conçu l'idée de rendre de forts conducteurs métalliques partie intégrante des mâts et de la coque du bâtiment. Il établit ainsi le navire entier dans un état parfait de conductibilité, eu égard à la matière de l'électricité céleste, comme si toute la masse était métallique. Il remplit cet objet en incorporant avec les mâts, les ponts et la carène, des plaques en cuivre disposées de manière qu'elles se prêtent à toutes les positions variables de la mâture. Les plaques sont tellement unies entre elles, qu'une décharge électrique frappant le navire, n'importe où, ne puisse pas s'égarer dans un circuit, quel qu'il soit, dont les conducteurs ne formeraient point partie. Par ce moyen, le bâtiment est préservé de l'effet destructeur résultant de l'électricité céleste, dans toutes les circonstances et par tous les temps, sans que les officiers ni l'équipage s'en mêlent d'aucune manière. Sir W. Harris a démontré, dans quelque position que les mâts calés soient placés, qu'une ou plusieurs lignes de ses conducteurs passent de leur sommet jusqu'au navire pour se rendre à la mer, et qu'elles présentent moins de résistance au courant électrique qu'aucune autre disposition qu'on pourrait imaginer.

Sir Baudouin Walker, un de nos honorable collègues, a lui-même éprouvé les précieux avantages du système que nous venons de décrire. Ce fut à bord d'une frégate qu'il commandait et dont le grand mât ainsi que le mât de misaine furent frappés par de très-vives décharges de la foudre, sur la côte du Mexique. Dans cette occurrence, la force de la décharge était si puissante, qu'elle a fondu presque en entier la partie métallique sur laquelle l'éclair vint frapper, et qu'elle a laissé des marques de fusion sur la surface des plaques conductrices; mais, grâce aux conducteurs de sir W. S. Harris, sans que le moindre dommage fût fait aux mâts non plus qu'à la coque, et cela quoique les mâts de cacatois fussent amenés.

Nous avons décerné notre récompense la plus élevée à ce système, que nous considérons comme le meilleur qu'on ait encore imaginé contre les effets de la foudre.

Terminons cette partie en disant que le gréement, les poulies et les voiles ont été perfectionnés et dans leurs combinaisons et dans leur matériel.

Inventions de M. Brunel pour la confection des poulies.

J'ai eu le bonheur d'appeler le premier l'attention, en France, sur les admirables machines inventées par notre compatriote, M. Brunel, et, dès 1804, introduites par lui dans la marine britannique, pour fabriquer les poulies de toutes les dimensions. Les caisses et les rouets sont taillés avec une précision géométrique par des mouvements continus et circulaires. Toutes les séries de mécaniques sont mues par la force de la vapeur. Il en est résulté pour la marine britannique une économie considérable. De plus, l'excellente exécution des poulies, la garniture métallique des rouets, la précision des assemblages, tout a diminué les résistances, et par conséquent réduit à bord les fatigues des équipages.

Inventions de M. Hubert.

En France, M. Hubert, éminent ingénieur des constructions navales, avec des moyens incomparablement plus bornés que ceux de M. Brunel, a néanmoins mis en pratique des inventions qui lui font le plus grand honneur, pour exécuter les parties essentielles des travaux de poulierie, entre autres des machines à mortaiser les caisses, à percer les rouets, etc. Nous les avons décrites, en 1815, dans un mémoire approuvé par l'Académie des sciences [1].

[1] *Mémoire descriptif de plusieurs machines à l'usage de la marine, construites à Rochefort d'après les projets de M. Hubert, officier du génie maritime,* par M. CHARLES DUPIN.

MACHINES DÉCRITES.

I. Dynamomètre pour éprouver la force des cordages et des toiles à voiles.
II. Machine pour compter le nombre de tours que fait un axe se mouvant dans des colliers fixes.
III. Machine pour forer les parcs à boulets.
IV. Machine à percer dans le bois des trous cylindriques.

Nous avons décerné les médailles de prix aux améliorations introduites dans la confection des grandes poulies composées de plusieurs pièces de bois, afin d'obtenir l'économie de la matière, et une meilleure position de leur gréement.

Inventions relatives à la confection des cordages.

La fabrication des cordages est pareillement améliorée. Nous devons à l'industrie britannique, aux inventions de Chapmann et du capitaine Huddart, les moyens d'obtenir une égale tension des fils dont les plus forts câbles sont composés, et l'opération de *commettre* les cordages par une force mécanique et continue, avec une précision mathématique.

J'ai décrit ces machines et calculé l'accroissement de force qui résulte de l'égalité de tension des fils. En s'aidant de ces documents adressés au ministère de la marine, MM. Hubert et Lair, ont gratifié la marine de mécanismes appropriés aux corderies de nos ports.

La marine francaise offrait à l'Exposition universelle des cordages faits suivant de semblables principes, et les jurés les ont reconnus meilleurs que ceux qu'ont présentés les Anglais.

Sur la proposition du XIVe jury, MM. *Lefèvre* et *Merlier,* du Havre, ont reçu, seuls de tous les exposants, une médaille de prix pour l'excellence de leurs grands cordages de chanvre.

V. Machine à creuser les trous pour incruster les dés des rouets de poulies.
VI. Machine à mortaiser les caisses de poulies.
VII. Moulin à draguer établi dans l'arsenal de Rochefort.
VIII. Machines diverses mues par le moulin à draguer.

L'Académie des sciences a jugé ce mémoire digne d'être inséré dans sa collection des *Savants étrangers.* Trois ans plus tard, M. Charles Dupin ayant été nommé membre de l'Institut pour la section de mécanique, elle a choisi M. Hubert à la place de correspondant que cette élection rendait vacante.

La France et l'Angleterre ont amélioré le tissage de leurs toiles à voiles, ainsi qu'il sera montré par le rapport du jury chargé d'examiner ces tissus [1].

TABLEAUX COMPARATIFS DES DIMENSIONS ET DES PRINCIPAUX ÉLÉMENTS DE CALCUL, POUR LES BÂTIMENTS DE GUERRE DONT LES MODÈLES FIGURAIENT À L'EXPOSITION UNIVERSELLE DE 1851.

Nous conclurons nos observations générales sur l'architecture des bâtiments à voiles, en faisant connaître quelques documents pleins d'intérêt sur les diverses classes de bâtiments de guerre britanniques.

L'Amirauté et les constructeurs du commerce ont produit à l'Exposition universelle un grand nombre de modèles, afin de mettre en lumière les formes et les caractères distinctifs des bâtiments de la construction la plus récente. Il nous a semblé très-important de consigner, sous forme *de tableaux, à la suite de ce rapport*, les principaux résultats donnés par des chiffres, afin de faire connaître avec précision l'état actuel de l'architecture navale dans la Grande-Bretagne.

Le *premier tableau* présente les dimensions principales et les principales données mathématiques des bâtiments de guerre à voiles, depuis les vaisseaux de ligne du premier rang jusques à ceux du dernier.

Ainsi que déjà nous l'avons fait connaître, depuis vingt-cinq ans, les navires de guerre britanniques ont été construits avec un notable accroissement de leur largeur principale. Jusques à un certain point, cet accroissement de largeur pouvait être nécessaire pour les rendre susceptibles de supporter, sans trop s'incliner sous voiles, le poids de l'artillerie qu'on a beaucoup augmenté dans ces bâtiments de combat, chez la plupart des nations. Cependant l'opinion la plus générale, fondée sur les expériences faites avec ces mêmes bâtiments, est que la lar-

[1] Le XIᵉ.

geur principale (ou longueur du maître bau), lorsqu'on la porte à l'excès, donne au navire un roulis trop accéléré, et, dans certains cas, trop étendu.

C'est un sérieux danger pour des bâtiments de guerre, et qui porte atteinte à la faculté d'employer sous le vent leur artillerie. Aussi les vaisseaux de la construction la plus récente ont-ils augmenté leur longueur en même temps que leur largeur principale; mais cette dernière dans une moindre proportion; on obtient ainsi la stabilité qui leur est nécessaire, sans les rendre sujets à ces mouvements brusques que produit une trop grande largeur à la flottaison; d'où résulte que la muraille du navire monte et descend d'une trop grande étendue par l'effet du roulis. Les navires auxquels nous faisons allusion n'en forment pas moins une classe remarquable de bâtiments de guerre.

Dans le vaisseau du premier rang *la Reine* (*the Queen* [1]), on a su réunir la grande vitesse, la stabilité, les mouvements doux, faciles; et toutes les autres qualités essentielles aux bâtiments de guerre.

Le *second tableau* contient les dimensions principales et les autres données numériques relatives à douze frégates construites par divers ingénieurs, dans une vue de concurrence. Plusieurs de ces frégates ont fait partie de l'escadre d'expérience commandée par le commodore Martin, afin d'apprécier avec certitude leur faculté de porter la voile et leurs autres qualités. Les résultats de ces expériences, autant qu'on les a déjà constatés, sont indiqués dans un rapport dont la Chambre des Communes a prescrit l'impression le 1er juillet 1851. La supériorité de vitesse appartient au *Phaéton* sur les autres frégates installées de la même manière. Sa supériorité s'est

[1] Le très-beau modèle de ce vaisseau ne figurait pas dans le principe à l'Exposition universelle. J'ai vivement insisté pour qu'on l'introduisît dans le Palais de cristal, et j'ai réussi. Il y figurait au milieu de la grande nef du milieu, à peu de distance du *Koh-y-Nor* : c'était rapprocher les deux emblêmes, l'un de l'opulence et des conquêtes britanniques, l'autre des moyens de combat d'où sont sorties ces conquêtes.

maintenue malgré les modifications diverses opérées dans l'arrimage et dans la position des mâts des frégates rivales, *le Léandre* et *l'Aréthuse*. Cependant *l'Aréthuse* avait l'avantage sur les deux autres, à l'égard de l'arrimage; elle marchait mieux que *le Léandre*.

Le *troisième tableau* donne les dimensions principales et les autres éléments de plusieurs bricks qu'on a comparativement essayés à la mer, afin de constater leurs mérites relatifs, et pour la marche et sous les autres rapports. Ces résultats ont été donnés par le rapport du capitaine Corry, publié dans les papiers du Parlement n° 394 A, session de 1845.

L'architecture navale, en ce qui concerne les bâtiments mus par le vent et les voiles, nous a présenté, comme on l'a pu voir, de nombreux perfectionnements.

Nous avons maintenant à parler d'autres perfectionnements bien plus étendus et d'une conséquence incomparablement plus grande, au sujet des navires mus par la vapeur.

II.

MARINE A VAPEUR.

Ainsi qu'on vient de l'expliquer, pour la structure des bâtiments à voiles, depuis un demi-siècle, c'est à l'Angleterre qu'appartient l'initiative des progrès les plus remarquables. Pour les bâtiments à vapeur, c'est aux États-Unis d'Amérique.

Il y a cinquante ans, l'Amérique entière ne possédait pas un seul navire à vapeur utile au commerce; elle en possède aujourd'hui plusieurs milliers, et déjà les peuples du nouveau monde en ont retiré d'immenses avantages.

Anciens et premiers essais.

Lorsqu'un nouveau genre de forces mécaniques s'introduit d'une manière utile dans quelque branche de l'industrie humaine, il est bientôt mis à profit dans une foule d'autres branches: il accélère le progrès de l'ensemble des arts; il donne au peuple qui s'en empare le premier, ou qui l'exploite sur la plus grande échelle, un puissant moyen de supériorité sur les autres peuples. Quelquefois, enfin, le renversement des rapports de prospérité, de richesse et de puissance, entre les nations, est la suite nécessaire de l'adoption et du progrès des applications d'une espèce nouvelle de forces mécaniques.

Tels ont été les effets produits par l'emploi de la force que l'eau développe lorsqu'elle passe de l'état liquide à l'état de gaz ou *vapeur*. Les Anglais ont, les premiers, employé cette puissance à l'élévation des eaux. On eût dit, dans le principe, qu'ils ne faisaient qu'inventer un nouveau jeu d'imagination, pour ajouter aux curiosités de la physique expérimentale. Bientôt il se trouva que la force alternative adoptée pour remplacer les pompes ordinaires pouvait être employée avec avantage à l'élévation des fardeaux, à l'extraction des minerais et des charbons fossiles, à la conduite des chariots sur des routes, aux travaux d'une foule d'ateliers et de manufactures, etc.

L'Angleterre s'étant armée la première de ce nouveau moyen d'ajouter à l'action de l'homme, son industrie a conquis, en peu d'années, ce degré de supériorité qui fait aujourd'hui la splendeur et la puissance de l'empire britannique.

En voyant l'agent de la vapeur rendre d'aussi grands services à tous les travaux qui s'exécutent à terre, il était naturel de chercher si l'on ne pouvait pas étendre les mêmes bienfaits aux travaux qui s'exécutent sur les eaux, et spécialement à la navigation.

On sait combien est lent le parcours des rivières et des fleuves dont il faut remonter le courant, et quelle immense force d'hommes ou de chevaux il faut employer au dur labeur du halage. La navigation sur les grands lacs et sur les mers, rendue plus facile et moins pénible pour l'homme, par l'impulsion des vents et par le mécanisme des voiles, n'est pas elle-même opérée sans de grandes fatigues; trop souvent elle éprouve des obstacles insurmontables durant les tempêtes, et surtout durant les calmes; elle est toujours lente et pénible, quand règnent les vents contraires. Ainsi des causes nombreuses et puissantes diminuent l'avantage que présente la force des vents pour la navigation.»

C'est un Français, *M. Duquet,* qui le premier fit quelques essais heureux pour suppléer à la force du vent par des moyens mécaniques : ses expériences eurent lieu, de 1687 à 1693, dans le port du Havre.

En 1690, dans l'année même où *le capitaine Savery,* profitant des idées répandues en Angleterre par le marquis de Worcester, faisait connaître la machine à vapeur, il présentait un projet de bateaux mis en mouvement par des roues à aubes; moyen qui devait, un siècle après, être reproduit avec tant de succès dans le nouveau mode de navigation.

Mais le capitaine Savery n'eut pas même la pensée de proposer pour force motrice à la mer celle qu'il avait mise en action par sa machine à vapeur; elle n'était point assez parfaite pour donner un semblable résultat.

Invention de Jonathan Hull.

En 1736, Jonhathan Hull, profitant du progrès que Newcomen avait fait faire à cette machine, crut pouvoir en proposer l'application à mouvoir les navires par le moyen de roues à aubes; il prit une patente à cet effet. Il s'efforça, mais en vain, d'intéresser l'amirauté d'Angleterre en faveur de son invention : son projet fut repoussé. Parmi les objections sur lesquelles était fondé le refus de l'amirauté, se trouvait celle-ci : «La force des lames de la mer ne brisera-t-elle pas en «morceaux toute partie de machine qu'on placera de manière «à la faire mouvoir dans l'eau?» A quoi Jonatham Hull répond aussitôt : «Il est impossible de supposer que cette ma-«chine sera employée à la mer dans une tempête, et lorsque «les lames font ravage.»

Ce que Jonatham Hull, l'inventeur même des bateaux à roues, ne supposait pas qu'on pût regarder comme possible, quatre-vingts ans plus tard l'expérience en a démontré la possibilité et l'avantage. Une semblable particularité montre parfaitement le progrès des idées, depuis la naissance de l'invention jusqu'aux développements que cette même invention a pris de nos jours.

Il paraît que les projets de Jonathan Hull n'ont jamais reçu d'exécution.

Bateau à vapeur de M. Périer.

C'est en 1775, que Périer, de l'Académie des sciences, construisit le premier en France un bateau à vapeur. Ce bateau, mis à flot sur une eau tranquille, aurait marché mais avec bien peu de vitesse, parce que la force de la machine motrice n'équivalait qu'à celle *d'un cheval.* Avec des moyens aussi faibles, le bateau ne put pas remonter la Seine, et Périer abandonna ses tentatives.

Bateau à vapeur du marquis de Jouffroy.

En 1781, le marquis de Jouffroy fut plus heureux; il fit construire à Lyon un bateau à vapeur d'une grande dimension (ce bateau avait 46 mètres de longueur). La Saône, rivière d'un cours très-lent, et que pour cette raison César appelait *lentissimus Arar,* la Saône était parfaitement propre aux essais de ce genre. Néanmoins des accidents, qui n'auraient pas dû faire abandonner l'entreprise au milieu du succès, en arrêtèrent la poursuite. La révolution survint; le marquis de Jouffroy quitta la France et ne sçut pas, comme Brunel, tirer parti de son talent pour la mécanique.

Essais subséquents.

Depuis 1785 jusqu'en 1801, MM. Muler de Dalwinston,

Clarke et Symington, en Écosse, lord Stanhope et MM. Bunter et Dickinson, en Angleterre, faisaient aussi des essais de bateaux à vapeur; mais aucune tentative n'obtenait un succès décisif.

Pareillement, de 1785 ou 1786 à 1790, on voit, en Amérique, MM. Fitch et Rumsey appliquer à la navigation la force de la vapeur. Malgré des essais qui devaient donner beaucoup d'espérances, se voyant mal accueillis dans leur patrie, ils vinrent en Europe pour tenter d'y faire adopter leurs inventions; ils ne réussirent pas.

Vers les dernières années du XVIIIe siècle, M. Desblancs obtient du Gouvernement français une patente pour construire un bateau mû par la vapeur; on n'aperçoit pas qu'il en tire aucun parti fructueux.

Essais gráduels et succès définitifs de Fulton.

Sous le Consulat vint à Paris un mécanicien devenu depuis justement célèbre : c'était Fulton, qui poursuivait avec une indomptable énergie la pensée de réussir dans une entreprise où tour à tour échouaient un si grand nombre de concurrents.

Une guerre implacable était déclarée entre le gouvernement de l'Angleterre et celui de la France dirigée par Napoléon. Le Premier Consul, pour frapper au cœur son ennemi, avait conçu le projet d'une immense *flottille*, afin de conduire en Angleterre l'armée qu'il savait rendre invincible.

Déjà la flottille était construite. Malgré l'effort des croisières britanniques, on l'avait réunie tout entière à Boulogne et dans les ports les plus voisins. Cette flottille était assez puissante pour que Nelson, Nelson même! échouât en l'attaquant, et ne pût pas renouveler sa victoire obtenue contre une flotte de vaisseaux à l'ancre.

Telle est l'époque où Fulton s'adresse à Napoléon, qu'on a depuis accusé d'avoir méconnu l'immense valeur de la proposition que lui faisait un homme de génie.

Voici la lettre que Napoléon écrivit, du port de Boulogne,

au ministre de l'intérieur, en le chargeant de faire examiner l'invention dont il venait de recevoir l'offre indirecte :

« Monsieur de Champagny, je viens de lire la proposition « du citoyen Fulton, que vous m'avez adressée beaucoup « trop tard, en ce qu'elle peut changer la face du monde. Quoi « qu'il en soit, je désire que vous en confiiez immédiatement « l'examen à une commission composée de membres choisis par « vous dans les différentes classes de l'Institut. C'est là que « l'Europe savante doit chercher des juges pour résoudre la « question dont il s'agit... Aussitôt le rapport fait, il vous sera « transmis et vous me l'enverrez. Tâchez que tout cela ne soit « pas l'affaire de plus de huit jours. Et, sur ce, je prie Dieu, « Monsieur de Champagny, de vous avoir en sa digne garde. « — De mon camp de Boulogne, 21 juillet 1804. »

Fulton n'avait pas évité complétement la faute commise par ses prédécesseurs. Il n'avait pas fait usage d'une force motrice assez puissante pour donner de grands résultats; et ceux-ci ne purent pas être constatés sur la Seine.

Les eût-il obtenus dès le milieu de 1804, on n'aurait pas pu *recommencer* la flottille afin de substituer la force de la vapeur à la force du vent. Où donc aurait-on trouvé des ateliers innombrables pour accomplir, *en temps opportun*, une aussi grande entreprise? En combien de temps aurait-on réuni la multitude d'ouvriers expérimentés pour exécuter tant de mécaniques à vapeur? On n'avait pas même entre les mains un seul grand atelier, pour fabriquer des machines, qui présentât un outillage supportable... Voilà le point où l'on se trouvait dans l'été de 1804; et, dès l'été de 1805, à la suggestion de l'Angleterre, l'Autriche et la Russie prenaient les armes; elles nous obligeaient à quitter la flottille, pour aller accomplir les prodiges d'Ulm et d'Austerlitz.

Cinquante ans plus tard, lorsqu'il sera question seulement d'un progrès spécial de notre marine militaire, on verra quel obstacle presque insurmontable nous avons trouvé dans l'insuffisance de nos fabriques de machines à vapeur, après un demi-siècle de progrès et d'agrandissement. Arrêtée, de la sorte pendant quatre années de bon vouloir et d'activité, notre marine militaire aidée, mais trop faiblement, par le commerce, n'a pas pu réaliser un accroissement de flotte à vapeur qui pût porter à la fois vingt mille hommes au lieu de cent mille!.....

Fulton, sans espoir de succès au milieu de la vieille Europe, tourna ses yeux vers sa jeune patrie. Il résolut de transporter en Amérique la nouvelle industrie qu'il venait de créer au sein de la France.

Il fut surtout encouragé dans ce dessein par M. Livingston, alors ambassadeur des États-Unis auprès du Gouvernement français. M. Livingston était lui-même auteur de nombreuses tentatives pour faire naviguer des bateaux en pleine mer avec l'action de la vapeur, en transmettant cette action, tantôt avec des roues horizontales, tantôt avec des roues en ailes de moulin, des surfaces en hélice, des pattes d'oie, des pagaies et des chaînes sans fin.

Privilége offert par un des États-Unis : Fulton l'obtient.

L'importance de la navigation par la vapeur était si bien sentie, et la possibilité de suppléer à la force du vent par des moyens mécaniques, tellement reconnue en Amérique, que, dès 1798, l'État de New-York avait accordé à M. Livingston un privilége conditionnel de vingt ans. On lui concédait ce privilége sous la condition expresse qu'avant le 27 mars 1799, il aurait produit un bateau qui parcourût quatre milles par heure.

M. Livingston, adoptant une machine à vapeur cinq ou six fois plus puissante que celle de M. Périer, obtint des succès moins insignifiants. Cependant il n'atteignit point le degré de vitesse exigé par le législateur, parce qu'il employait une force encore trop peu considérable. Fulton, pour réussir, finira par *tripler* cette force.

Fulton, instruit par l'insuccès de ses tentatives de France, fit exécuter, à Soho, par la compagnie anglaise de Watt et

Boulton, une machine à vapeur dont la force était équivalente à celle de vingt chevaux; il la fit transporter en Amérique pour l'établir sur le premier bateau qu'il construisit à New-York. En 1807, ce bateau commença ses voyages. Pour parcourir la distance de 120 milles, qui sépare New-York d'Albany, il mit trente-deux heures en allant et trente en revenant.

Cette expérience décisive porta la conviction dans tous les esprits. Des associations opulentes se formèrent de toutes parts, afin d'entreprendre la construction et l'exploitation des bateaux à vapeur. Les revenus de quelques-unes des compagnies furent immenses, et les avantages retirés de cette belle innovation par les États-Unis surpassèrent les espérances les plus hardies.

Introduction et progrès de la navigation par la vapeur dans la Grande-Bretagne.

Le succès des bateaux à vapeur en Amérique fut bientôt connu dans toute l'Europe. Alors on vit une découverte, qui s'était transportée d'abord de l'ancien monde au nouveau, puis du nouveau dans l'ancien, puis de l'ancien dans le nouveau, revenir une dernière fois pour se naturaliser sur la terre des inventeurs primitifs.

C'est en 1811 que fut construit, afin de naviguer sur le Clyde, le premier bateau à vapeur qui ait obtenu, dans la Grande-Bretagne, un succès décidé. Dès 1816, quand, pour la première fois, je visitai l'Angleterre, j'y trouvai cette navigation prospère et déjà passablement étendue. Je fis connaître au ministre de la marine et des colonies l'état où l'on avait déjà porté cette navigation, en Écosse, où j'eus le bonheur de trouver le célèbre J. Watt. Ce fut alors qu'il m'apprit le commencement des essais que son fils, le fils de celui qui avait tant perfectionné les machines à vapeur, entreprenait pour perfectionner l'application de ces machines à la navigation.

Études ordonnées par le Gouvernement français.

En France aussi, dès 1815, quelques essais avaient été

tentés; mais la route qu'on suivait était mauvaise. Les machines qu'on employait étaient imparfaites, et les difficultés locales étaient très-grandes. Les tentatives échouèrent, et les associations se trouvèrent ruinées.

Ainsi, le Gouvernement français avait à la fois sous les yeux l'exemple de grands désastres produits par des innovations mal calculées, le tableau fidèle de résultats plus heureux obtenus dans la Grande-Bretagne, et le tableau bien plus brillant des succès obtenus en Amérique, pays dont l'éloignement prêtait davantage à l'exagération des récits, ainsi qu'à la croyance en des prodiges racontés, amplifiés, par les voyageurs.

Dans cet état de choses, le ministère de la marine suivit la seule voie qu'indiquât la prudence. Il résolut d'envoyer aux États-Unis un ingénieur habile et sage, qui prît, sur les lieux, une connaissance complète et détaillée des travaux déjà faits en ce genre et des résultats obtenus. Tel fut le motif de la mission si bien remplie par M. Marestier.

En même temps, le ministère de la marine donna l'ordre à M. de Mongéry, capitaine de frégate, de se rendre, avec le bâtiment qu'il commandait alors, dans les ports de l'Union américaine, et d'examiner les bateaux à vapeur sous le point de vue de leur service nautique et militaire.

Recherches dues à M. Marestier, sur la navigation par la vapeur en Amérique.

M. Marestier a détruit beaucoup d'illusions. Il a ramené dans les justes limites de la vraisemblance et de la réalité les effets extraordinaires que l'exagération proverbiale des Américains, inventeurs du *puff* en tout genre, attribuait à la navigation par la vapeur dans le nouveau monde. Il a tout soumis à des observations rigoureuses, à des mesures exactes, à des formules à la fois savantes, simples et pratiques; il n'a rien recueilli, ni rien présenté qui ne soit digne de croyance et de confiance.

Dès 1823, M. Marestier concluait qu'en réduisant les hyperboles à leur juste valeur, il restait encore d'assez grands avantages au nouveau système de navigation, pour en motiver l'adoption sur les côtes et sur les rivières de l'Europe, comme on l'avait accompli sur celles de l'Amérique; seulement, il ne fallait espérer qu'un avantage relatif dont l'importance devait être beaucoup moindre dans l'ancien monde : l'Angleterre en offrait déjà la preuve.

Influence de cette navigation sur le progrès social des États-Unis.

C'est au moment des grands besoins que naissent les grands services. Jamais maxime n'a mieux été vérifiée que par l'invention des bateaux à vapeur, et pour le pays qui le premier vit cette invention fructueuse réalisée en sa faveur.

C'est peu après que la Louisiane, cédée par la France, eut livré à l'Union américaine le cours entier d'un des plus grands fleuves du nouveau monde; c'est lorsque les sauvages repoussés ou domptés, abandonnent ou concèdent, dans l'intérieur du pays, d'immenses contrées à peine pénétrables par une autre route que par le cours des rivières qui s'y ramifient à d'immenses distances; c'est alors que paraît avec succès un genre de navigation qui triomphe de la rapidité des cours d'eau, qui n'a besoin ni de la force du vent, laquelle s'élève et s'abat sans que l'homme puisse la retenir et la garder, ni d'un chemin de halage, impraticable sur les bords de fleuves très-vaseux, et de toutes parts obstrués par des forêts vierges encore.

En un petit nombre d'années, beaucoup de villes ont été bâties sur les rives où l'on comptait à peine les habitations d'une bourgade; des villages ont entouré les habitations naguère isolées sur une foule de points où les bateaux ont été porter la vie et l'activité d'un commerce qui lui-même a changé son cours en faveur des anciens et des nouveaux peuples de l'Union. Un simple moyen mécanique a rendu possible et commode l'habitation de contrées auparavant désertes; des nations nouvelles s'y sont déjà formées et tiennent leur rang sur la scène du monde.

Dans plusieurs États de l'Union, le charbon fossile se trouve en abondance. En certains endroits, les bateaux qui transportent les voyageurs et les produits de l'industrie passent au voisinage des mines qui doivent leur fournir la force motrice. A défaut de ce combustible, les rives des plus beaux fleuves de la terre présentent d'immenses forêts dont les bois sont, pour ainsi dire, sans autre valeur que la peine de les couper.

Ainsi que nous l'avons avancé déjà, l'Europe, surtout dans sa partie la plus civilisée, ne saurait présenter au même degré toutes ces facilités et tous ces avantages. La navigation fluviale qui procédera par la vapeur ne produira point dans l'ancien monde des changements aussi rapides, aussi fortunés que dans le nouveau, parce que déjà les nations européennes possèdent une foule de moyens de transport qui manquaient à l'Amérique. Mais en beaucoup de circonstances, mais dans beaucoup de localités, le nouveau système de locomotion aura des avantages assez marqués, assez nombreux, pour mériter que le savant cherche à le perfectionner de plus en plus par la théorie appliquée à l'expérience de l'ingénieur, et l'ingénieur par la pratique assistée de la théorie.

Changements successifs dans la forme des navires à vapeur aux États-Unis.

Les premiers bateaux construits par Fulton étaient à fond plat comme le sont nos prames. En 1813, on a commencé d'arrondir la forme de leur carène. Depuis lors on a construit tous les bateaux en donnant à la courbure de leur carène une grande continuité dans le sens longitudinal, et même dans le sens transversal; mais à formes assez pleines au maître couple pour qu'ils tirent peu d'eau sur les rivières et les canaux.

Les premiers bateaux étaient fort étroits; ils n'avaient en largeur que le dixième de leur longueur. Dans une époque intermédiaire on leur a donné pour largeur, du quart au cinquième de la longueur : cela permettait de réduire cette dernière dimension et la profondeur ou le tirant d'eau de la carène, sans en diminuer la capacité. On voulait éviter surtout de nuire à la stabilité, qu'on a même augmentée par ce moyen, lorsqu'on n'a pas diminué la contenance du navire.

Plus tard, cependant, on a de nouveau diminué la largeur relativement à la longueur, pour obtenir plus de vitesse. On a procédé de la sorte, surtout lorsqu'il s'est agi de naviguer en pleine mer : c'est alors le tirant d'eau qu'on a rendu beaucoup plus considérable.

Accroissement graduel de la force de vapeur mise en action.

Une observation fort importante, et que nous avons indiquée précédemment, c'est que les personnes qui tentèrent, à diverses reprises, d'exécuter des bateaux à vapeur, avaient échoué, bien moins pour n'avoir pas imaginé les meilleurs mécanismes qu'il fût possible de concevoir, que pour s'être contentées d'une force motrice trop peu considérable.

Il a fallu se demander, avant tout, quelle est la puissance nécessaire pour animer d'une vitesse donnée un navire aussi donné. Il a fallu tenir compte des pertes de puissance dues à toutes les espèces de résistances; et, d'après cette évaluation, fixer la force de la machine à vapeur destinée à faire mouvoir le bateau.

Cause des succès de Fulton.

Fulton, instruit à ses dépens [1], est le premier qui ait essayé ces calculs, et Fulton a réussi. Il est parti des expériences faites, en Angleterre, par la société instituée pour le perfec-

[1] M. Marestier affirme, dans son Mémoire, que Fulton, voulant placer sur son bateau, celui qu'il voulait faire approuver sur la Seine, un appareil trop pesant, le bateau avait *coulé bas!* (Article II, *De la forme et des dimensions des bateaux à vapeur*, p. 49.)

tionnement de l'architecture navale. Ces expériences ne lui fournirent sans doute que des données approximatives; mais cette approximation était suffisante pour lui montrer entre quelles limites il devait se tenir. Dès lors, le succès de son entreprise acquit la certitude mathématique.

On doit insister sur de tels faits, parce qu'ils montrent à quoi tient la réussite des inventions les plus ingénieuses, parce qu'ils démontrent aux artistes qu'il ne leur suffit pas de combiner avec génie les éléments de leurs machines. Ils ne peuvent compter sur des succès certains, à moins d'éclairer leur marche par l'expérience soumise ensuite au calcul.

On regarde Fulton comme un homme de génie, parce qu'il a le premier obtenu un grand triomphe dans la navigation par la vapeur; et probablement on refuse ce titre à la plupart de ses devanciers dans la même carrière. Cependant ils avaient presque tout fait pour son propre succès. L'un avait consacré l'emploi des roues à aubes, l'autre l'emploi de la machine à vapeur. On avait montré qu'il était facile de changer l'action alternative de cette machine, en mouvement de rotation tel que celui qui convient aux roues à aubes.

On avait fait même des bateaux à vapeur qui, réunissant tous ces moyens, marchaient, quoique avec peu de vitesse : il ne manquait plus que d'accroître convenablement la rapidité de la marche en augmentant la force motrice, sans recourir à d'autres combinaisons mécaniques qu'à celles que déjà l'on connaissait. C'est, nous venons de le dire, ce que Fulton a fini par faire, en s'aidant pour cela des données de l'expérience et des moyens du calcul. Après le succès, tout le mérite de ses devanciers s'est anéanti dans l'opinion vulgaire. Lui seul a recueilli les fruits de la renommée, et les autres sont à peine cités par souvenir dans quelques notices historiques.

Fulton est loin d'avoir poussé ses recherches théoriques autant qu'il aurait fallu le faire, pour amener à la perfection le système de navigation par la vapeur. Il n'a point déterminé rigoureusement la position, la grandeur et la forme qui conviennent le mieux à toutes les parties dont se composent la charpente et le mécanisme d'un bateau à vapeur. Il a laissé ces perfectionnements à ses successeurs.

Bâtiments à vapeur sur la rivière d'Hudson.

Parmi les bateaux ou navires à vapeur les plus remarquables dès 1811, il faut citer *le Chancelier-Livingston*, navire de quatre cents tonneaux, mû par une machine équivalente à la force de soixante chevaux; *le Fulton*, bâtiment qui fait époque en ce qu'il est le premier dont la carène ne fut pas à fond plat et horizontal; *le Washington; le Savannah*, qui portait trois mâts verticaux et qui a fait les voyages de New-York à Liverpool et à Pétersbourg, en employant tour à tour la force de ses voiles et celle de sa machine; enfin *le Paragon*, destiné par l'auteur à présenter le modèle d'un bateau à vapeur qui déployât en même temps des voiles portées par des mâts verticaux.

Bâtiments à vapeur sur le Mississipi et ses affluents.

C'est dans l'État de New-York que Fulton avait obtenu les premiers succès, sur la rivière de l'Hudson. Il étendit bientôt ses vues sur la navigation d'un fleuve bien plus vaste et dont les simples affluents, l'Ohio, le Missouri, surpassaient de beaucoup l'Hudson.

Le seul bassin du Mississipi comprend une superficie égale à six fois celle de la France. Ce fleuve, qui charrie beaucoup de limon, a ses bords trop vaseux, il a des hausses et des baisses trop grandes pour qu'on puisse pratiquer sur ses bords des chemins de halage.

C'était d'ordinaire à force de rames, et quelquefois en se hâlant sur des points fixes au moyen d'un cordage tiré du bord, que les bateliers remontaient le fleuve. On ne pouvait guère parcourir en un jour que quatorze à quinze milles, malgré le grand nombre des mariniers employés et leur attention à naviguer dans les parties du fleuve où le courant avait le moins de rapidité.

On croyait que la vitesse du Mississipi était de trois nœuds et demi par heure, tandis qu'elle n'est, en réalité (terme moyen) que de deux nœuds et demi. Cette erreur a fait qu'on a commandé des bateaux à vapeur qui pussent marcher fort vite, afin de surmonter le courant supposé. Cette erreur même est devenue favorable au progrès de l'art; elle a fait faire des efforts de plus en plus grands pour obtenir de meilleurs bateaux marcheurs. Dès 1811, Fulton mérita d'obtenir un privilége exclusif, qu'il obtint en effet de l'État de la Louisiane, pour naviguer sur ce fleuve avec ses bateaux à vapeur.

Aujourd'hui, sur le plus vaste des cours d'eau, naviguent des bâtiments à vapeur si considérables, qu'ils semblent des villes flottantes. Construits à plusieurs étages, ils portent un nombre prodigieux de voyageurs auxquels ils offrent des chambres, des salles à manger et des salons, dont le luxe, la propreté, le confort sont également remarquables.

Premières machines à basse pression, système de Watt.

Nous avons dit que la première machine exécutée pour les bateaux à succès de Fulton avait été construite dans la célèbre manufacture de J. Watt, à Soho, et d'après le système de l'illustre ingénieur britannique : système que d'abord on suivit aux États-Unis, pour appliquer la vapeur à la navigation. Les Américains ont ensuite profité d'autres perfectionnements imaginés, soit en Europe, soit dans leur propre contrée.

Navires américains mus par des machines à haute pression : système d'Olivier Evans.

Les Américains ont employé les machines à haute pression pour un certain nombre de leurs navires à vapeur. Elles ont été construites par leur concitoyen Olivier Evans, auquel on doit un bon traité sur ces machines qu'il a beaucoup perfectionnées; elles fonctionnent, à bord des bateaux, par l'effet d'une vapeur dont la puissance élastique s'élève jusqu'à celle de dix atmosphères.

En calculant la tension extrême à laquelle des chaudières peuvent résister, Evans exige qu'on leur donne une force de résistance égale à dix fois la force expansive, quand la machine emploiera sa plus haute pression de vapeur.

A moins d'une excessive négligence, il semble impossible que la force de la vapeur s'accroisse au delà des limites calculées, jusqu'à décupler de valeur, et devenir assez grande pour occasionner la rupture de la chaudière. Si, de temps à autre, on ouvre la soupape de sûreté pour s'assurer que rien ne l'empêche de jouer, on doit être sans inquiétude sur des machines qui, par leur légèreté, par le peu d'emplacement qu'elles exigent, l'économie sur les frais d'établissement et sur la dépense du combustible, peuvent être utiles dans beaucoup d'occasions.

En 1818, Evans a soutenu, sans qu'on l'ait réfuté, que toutes les chaudières à vapeur qui ont fait explosion en Amérique, étaint celles de machines à basse pression. La seule exception qu'on ait citée jusqu'à cette époque appartenait au bateau *la Constitution,* dont les chaudières s'écartaient des principes établis par cet ingénieur éminent.

Afin de montrer l'effet avantageux des machines à haute pression, l'on a pu citer la machine établie à Philadelphie pour élever les eaux nécessaires à cette ville. En vingt-quatre heures elle élève à trente mètres plus de vingt mille tonneaux d'eau, en ne consommant que quarante-trois stères et demi de bois, employé directement au lieu de charbon fossile. Cette machine n'a coûté que 125,000 francs; tandis qu'une machine à simple pression, exécutée pour produire les mêmes résultats, aurait coûté (en Amérique) 200,000 francs.

Le savant docteur Lardner a visité soigneusement, dans une époque récente, les bâtiments à vapeur qui naviguent sur le Mississipi et sur ses principaux affluents. Il a reconnu que ces bâtiments ont tous des machines à haute pression, qu'on fait agir sans condensation.

Cette haute pression ne s'élève pas à moins de 8 kilogrammes par centimètre carré, c'est-à-dire à 8 atmosphères.

Depuis peu d'années on a porté cette pression de 8 à 10 kilogrammes par centimètre carré, c'est-à-dire à 10 atmosphères, ainsi qu'Évans l'avait jugé praticable. Il n'est pas rare que les Américains poussent la pression jusqu'à 13 atmosphères, sans prendre pour cela de précautions extraordinaires.

L'immense avantage d'un tel système est que, proportion gardée avec la force développée, le poids, le volume et le prix de la machine, sont très-peu considérables.

Répétons, enfin, que les explosions dues à la haute pression sont pour ainsi dire sans exemple aux États-Unis.

De pareils résultats obtenus pendant nombre d'années, dans une aussi vaste navigation, méritent d'être profondément étudiés par toutes les marines commerçantes et militaires.

NAVIGATION DES BATEAUX À VAPEUR ANGLAIS SUR LES CANAUX.

Après la révolution opérée, en 1830, par la vapeur appliquée au transport accéléré des voyageurs sur les chemins de fer, les esprits se portèrent avec une activité toute nouvelle vers la pensée de transporter par eau les voyageurs, aussi rapidement que pût le permettre le progrès des arts modernes. Ici l'Angleterre prend l'initiative.

Les propriétaires des canaux si nombreux qui sillonnent en tous sens la Grande-Bretagne, justement effrayés de la concurrence qu'apprêtaient contre eux les chemins de fer, auraient surtout désiré quelque moyen économique d'accomplir des transports accélérés.

Par une coïncidence qui parut vraiment heureuse, c'est dans le printemps même de 1830 qu'on avait découvert la diminution très-remarquable de résistance qu'éprouve un bateau, mû sur un canal, aussitôt qu'il surpasse en vitesse la propagation des ondes soulevées par le bateau même.

Expériences de M. Fairbairn.

Ce résultat fut d'abord obtenu par M. William Hauston de Johnstone, sur le canal d'Ardrossan, entre les villes de Paisley et de Glasgow.

Cette découverte arrivant à l'époque même où le chemin de fer entre Liverpool et Glasgow menaçait les canaux de la concurrence la plus redoutable, elle fut accueillie avec un très-vif intérêt par les propriétaires de canaux. Pour tirer parti d'une telle découverte, l'administration du canal qui joint le Forth et le Clyde, chargea M. Fairbairn d'en étudier l'application possible à la navigation. Les recherches furent faites avec autant de soin que d'activité, et les résultats en furent publiés dès le printemps de 1831.

Les expériences furent entreprises en Écosse, sur le canal de Monkland, avec un bateau qui pesait 5 tonneaux 1/2.

Nous en donnons ici les résultats, que nous avons traduits en mesures françaises.

OBSERVATIONS DE M. FAIRBAIRN, POUR APPRÉCIER L'INFLUENCE DES ONDES DANS LA MARCHE DES BATEAUX SUR UN CANAL.

ALLERS et RETOURS.	DURÉE du PARCOURS.	VITESSE par SECONDE.	TENSION DYNAMOMÉTRIQUE de la traction.	FORCE EN CHEVAUX de Watt.
	min. sec.	mètres.	kilogr.	chevaux.
1 et 2	12 24	2 ,159	37 $\frac{19}{100}$	1 $\frac{56}{1000}$
3 et 4	9 38	2 ,785	93 $\frac{12}{100}$	3 $\frac{412}{1000}$
5 et 6	8 16	3 ,254	171 $\frac{67}{100}$	7 $\frac{351}{1000}$
7 et 8	5 10	5 ,199	196 $\frac{57}{100}$	13 $\frac{447}{1000}$
9	4 48	5 ,588	199 $\frac{24}{100}$	14 $\frac{650}{1000}$
10	4 36	5 ,829	176 $\frac{89}{100}$	13 $\frac{568}{1000}$

A la seule vue de ce tableau, l'on est frappé du rapide accroissement des résistances, depuis la vitesse de 2 mètres par seconde jusqu'à celle de 5 mètres. Quand cet accroissement de vitesse est seulement celui de 1 à 2 $\frac{1}{2}$, la force motrice consommée pour un même parcours est presque *décuplée.*

On atteint alors la vitesse de propagation de l'onde soulevée par le bateau.

Lorsqu'on arrive à cette vitesse, l'accroissement de la résistance devient presque nul.

Enfin, lorsqu'on dépasse la vitesse de 5 $\frac{1}{2}$ mètres par seconde, pour approcher de 6 mètres, il faut *moins de force motrice pour parcourir un même espace.*

Afin de montrer d'une manière précise les changements que subit la loi de la résistance en raison des vitesses, j'ai calculé le tableau suivant.

RAPPORT ENTRE LE CARRÉ DE LA VITESSE ET LA FORCE DE TRACTION, DANS LES EXPÉRIENCES DE M. FAIRBAIRN.

VITESSE par SECONDE.	FORCE DE TRACTION divisée par le carré de la vitesse.
mètres.	chevaux.
2ᵐ,159	7,977
2 ,785	12,006
3 ,254	16,209
5 ,199	7,272
5 ,588	6,381
5 ,829	5,206

C'était à coup sûr une découverte intéressante que cet avantage relatif obtenu par une vitesse supérieure à celle des ondes dans les canaux.

Mais il n'en résultait pas moins que, pour parcourir 6 mètres par seconde, il fallait neuf fois autant de force que pour en parcourir 2 $\frac{1}{6}$. La dépense du moteur était quadruplée.

Au delà de ce terme, la résistance croissait comme si le navire avait été dans une eau illimitée, telle que la mer : c'est-à-dire suivant la simple loi du carré des vitesses pour la force de traction; et, pour la force dépensée, comme le cube des espaces parcourus dans une seconde.

Avec des chevaux vivants on ne pouvait pas surpasser la vitesse de 6 mètres par seconde. Il y a plus : les chevaux n'auraient pas pu la soutenir quelque temps, et leur force de traction se serait trouvée considérablement affaiblie.

Il restait à voir si l'on ne pourrait pas, avec des machines à vapeur établies sur des bateaux très-légers, obtenir avec économie des vitesses pareilles et même plus grandes. M. Fairbairn reconnut alors qu'on n'arriverait à la solution d'un tel problème, s'il était possible, que par une construction bien entendue de bateaux en fer. Il en établit une véritable et grande manufacture à Manchester; manufacture qu'il a fini par transporter sur les bords de la Tamise, lorsqu'il s'est occupé de construire pour la mer des navires en fer, mus par la vapeur, et devant avoir les dimensions les plus considérables. Il a fait preuve d'une grande habileté dans l'agencement de la membrure et du bordage métallique : il s'en est servi plus tard pour la construction des célèbres ponts-tubes, sur les chemins de fer.

Ajoutons que les constructeurs écossais des bords du Clyde se sont promptement placés aux premiers rangs pour la grandeur et pour le nombre des navires en fer à vapeur : navires qu'ils construisent avec une rare perfection[1].

Parallèle des transports par les canaux et les chemins de fer.

Pour revenir aux propriétaires des canaux, même avec des

[1] Voyez le mémoire publié sur ces constructions, par M. Dupuy de Lôme.

bateaux en fer, même avec le secours de la vapeur, ils n'ont pu persister dans la pensée de rivaliser de vitesse et de commodité avec les chemins de fer, pour le transport des voyageurs en toute saison.

Mais ils conservent toujours une part considérable dans le transport des marchandises. Expliquons pourquoi :

Considérons, par exemple, Birmingham, la grande cité manufacturière, au centre de l'Angleterre; elle est éloignée de Londres d'environ 230 kilomètres par voies de canaux. En parcourant seulement 5 kilomètres par heure, 1^{m} 4/10 par seconde, il faut 46 heures de navigation. En supposant qu'un train de marchandises parcoure 20 kilomètres par heure, et qu'il suive une voie plus courte, il pourra n'exiger que 10 heures de voyage effectif.

Par conséquent, la préférence en faveur du chemin de fer n'est ici représentée, entre Londres et Birmingham, que par un retard de 36 heures. Combien de besoins à satisfaire qui ne demandent pas une pareille économie de temps! surtout dès qu'il faut la payer.

Entre Manchester et Liverpool, incomparablement plus rapprochées l'une de l'autre, le retard est beaucoup moindre. Il ne mérite pas qu'on y fasse attention, si ce n'est pour certains cas urgents : tel est le départ, à heure fixe, d'un navire à vapeur par lequel on veut faire un envoi; tel est aussi le chômage d'une grande manufacture à laquelle il faut sur-le-champ certaines matières premières.

En réalité, néanmoins, les chemins de fer ont obligé les canaux à perdre moins de temps pour accomplir leurs voyages; ils les ont obligés surtout à réduire considérablement le prix des transports.

Le commerce a, par conséquent, bénéficié sous tous les rapports. Il peut toujours choisir entre les deux voies, suivant ses besoins spéciaux, la plus prompte ou la moins dispendieuse; et toutes deux, par l'effet d'une ardente rivalité, s'efforcent d'abaisser progressivement leurs prix.

Il faut opposer maintenant, aux petites navigations intérieures de l'Angleterre, une des navigations les plus puissantes des États-Unis sur leurs fleuves magnifiques.

. . . .

DES GRANDS ET RÉCENTS NAVIRES À VAPEUR AMÉRICAINS EMPLOYÉS SUR L'HUDSON.

Dans la navigation fluviale, les constructions américaines ont dépassé de bien loin celles des autres peuples maritimes. Il nous suffira, pour en offrir une preuve, de citer le navire en fer *le Wittch,* construit après 1840 pour naviguer sur le fleuve Hudson : ses plans sont dus au célèbre ingénieur Ericsson. Ce navire est un palais à trois étages, offrant toutes les magnificences que le goût du confortable et l'amour du luxe aient pu réunir.

L'extrême vitesse que la vapeur procure à de tels navires et l'incertitude des vents sur les rivières n'ont pas permis de penser au secours des voiles. Les navires à vapeur employés sur l'Hudson n'en portent pas.

Des constructions colossales dont nous donnons ici l'idée, aux plus forts bateaux dus à Fulton, la distance est infinie; et ce progrès n'a pas exigé plus d'un tiers de siècle.

On en jugera par les dimensions que nous croyons devoir constater ici comme exprimant le dernier terme où l'on eût porté la navigation sur les eaux intérieures, à l'époque de l'Exposition universelle.

Le plus grand bâtiment à vapeur construit, avant 1852, pour naviguer sur l'Hudson avait les dimensions suivantes:

NAVIRE FLUVIAL À VAPEUR *LE NEW-WORLD,* SUR LA RIVIÈRE D'HUDSON.

Dimensions principales.

Longueur	114m,6
Largeur......................	10 ,67
Creux de la cale...............	3 ,04
Tirant d'eau..................	1 ,37

Machine à vapeur.

Diamètre du cylindre	2m,316
Course du piston	4 ,072
Nombre de coups de piston par minute	16
Pression dans la chaudière par centimètre carré	6k,229

Système propulseur : Roue à aubes.

Diamètre des roues	13m,556
Longueur des aubes	4 ,880
Largeur des aubes	0 ,933
Révolutions par minute	16

Le *New-World* et les autres navires de premier ordre qui parcourent l'Hudson peuvent faire *quarante kilomètres* ou *dix lieues* par heure! Ils en font huit et demie sans le moindre effort[1]. Ils obtiennent un tel résultat avec des chaudières susceptibles de supporter, par centimètre carré, 2 kilogrammes de pression en sus du poids de l'atmosphère. Ils poussent le feu par *le moyen d'appareils soufflants des plus énergiques.*

Ils font un grand usage de l'expansion de la vapeur, afin de diminuer sensiblement la dépense du combustible, toujours énorme pour de très-grandes vitesses.

La vapeur est maintenue dans la chaudière, et la pression rendue constante est, par centimètre carré, de 2 kilogrammes 812 grammes; son introduction dans le cylindre de la machine est interrompue lorsque le piston arrive au milieu de sa course.

Le travail par minute de la machine du *World*, d'après ces données, est de 12,041,690 kilog., élevés à un mètre de hau-

[1] Docteur Lardner : *Railway Economy*, chap. XVI; *Inland transport in the United-states; form and structure of Hudson steamers.*

teur en une minute; un tel résultat correspond au travail collectif de 2,641 chevaux (sans détente).

Cette immense force est appliquée à faire mouvoir un navire dont le maître couple immergé n'offre de superficie qu'à peu près onze mètres carrés. Cela fait à peu près 120 chevaux de force appliquée à chaque mètre superficiel du maître couple immergé. On ne sera pas surpris qu'avec de pareils moyens on atteigne une vitesse de vingt-deux milles ou dix lieues par heure.

On conçoit qu'il est impossible d'obtenir une aussi grande vitesse à moins de faire une énorme consommation de combustible; ici l'économie de la vapeur devient un objet de la plus haute importance. On obtient avant tout cette économie au moyen de la détente, comme nous l'avons indiqué.

M. Éricsson.

M. Éricsson s'est occupé de perfectionner l'application de la détente.

Lorsqu'on intercepte la vapeur avant que le piston arrive à la moitié de sa course, la puissance impulsive est diminuée de plus de moitié avant que le coup de piston ait achevé son action. L'effet de cette énorme réduction est aggravé par la position corrélative de la bielle et de l'arbre communicateur (*connectives rod*). C'est pourquoi l'on n'a pas trouvé qu'il fût praticable d'interrompre l'introduction de la vapeur avant que le piston ait achevé la moitié de sa course.

M. Éricsson fait agir la vapeur dans deux cylindres de différents diamètres, ce qui rappelle le système de Woolf et Hornblower, mais de manière à ce que les deux pistons agissent par supplément l'un de l'autre. Il résulte de là que, même avec une expansion de vapeur excédant de beaucoup le volume primitif, l'action de la bielle est plus uniforme qu'avec le mode ordinaire, même quand on n'opérerait aucune détente. On prétend que cette disposition ingénieuse produit une si grande économie de vapeur, qu'on ne consomme, dans une heure, pas plus de $\frac{68}{100}$ de kilogramme par puissance de cheval.

Un tel résultat nous semble exiger d'être scrupuleusement vérifié avant d'y croire.

Économie du transport de voyageurs sur les bateaux à vapeurs de l'Hudson.

Les propriétaires des navires à vapeur de l'Hudson, à mesure qu'ils ont augmenté le tonnage et profité du perfectionnement des mécanismes, ont pu réduire, dans une proportion très-remarquable, le prix exigé des voyageurs.

Il y a, d'Albany à New-York, cinquante-huit lieues de 4 kilomètres. Pour parcourir cette distance on payait, avant 1844, la somme de 5 francs 30 centimes.

On ne paye plus aujourd'hui que 2 francs 70 centimes.

C'est par conséquent, par lieue de 4 kilomètres, 46 centimes et demie.

Telle est la dépense pour laquelle on voyage dans des appartements splendides. Ce n'est pas tout : on a la faculté de jouir, moyennant un prix modéré, d'une table servie avec abondance et délicatesse, moyennant 2 fr. 70 cent. par tête; et cela, en parcourant neuf lieues par heure!

L'avantage relatif de l'existence à bord de ces hôtels flottants est si grand, qu'on voit, pendant la belle saison, des personnes amies du bien-être s'établir à demeure sur le beau navire à vapeur. Elles y résident, et ses voyages leur servent de promenades journalières avec une compagnie toujours nouvelle.

Voici quel est alors le détail de leur dépense :

Fourniture, frais de voyage..........	2f 70c
Usage exclusif des chambres de luxe.....	2 70
Déjeuner, dîner et souper.............	8 10
Total par jour............	13 50

NAVIGATION À VAPEUR APPROPRIÉE AUX LONGS VOYAGES MARITIMES.

Il nous reste à parler maintenant des progrès de la navigation par la vapeur, appropriée au service de la mer.

De 1834 à 1840, les essais les plus importants ont eu lieu pour étendre le pouvoir de la vapeur aux longs voyages par mer, et surtout à la traversée de l'Atlantique entre l'Angleterre et les États-Unis. Afin d'accomplir une telle entreprise, il a fallu des machines incomparablement plus puissantes, et des bâtiments d'un tonnage beaucoup plus considérable. L'examen et le jugement de ces machines devait être fait par le cinquième jury. Le huitième, en conséquence, n'avait pas à s'en occuper.

On a fini, dans un court laps de temps, par appliquer très-généralement la vapeur aux navires de guerre et de commerce. Un objet capital, dans cette application, était de combiner la vitesse de la marche avec une économie, une sécurité, qui pussent engager les voyageurs à se confier sur les mers à la puissance de la vapeur.

Il ne suffisait pas, pour obtenir cette vitesse, d'accroître la force impulsive. Il était indispensable de modifier profondément la forme des navires, de diminuer la masse et le volume de la proue et de la poupe, de réduire la largeur principale, et proportionnellement d'augmenter la longueur. Par ces modifications, les proportions et les formes des navires à vapeur ont été rendues singulièrement analogues à celles des galères du moyen âge et des temps plus anciens, lorsque, au lieu du pouvoir de la vapeur, c'était la force de l'homme qu'on appliquait à faire marcher ces navires par le moyen de la rame. Aujourd'hui la rame est remplacée par la force que transmettent, dans le même sens longitudinal, les aubes des roues ou les ailes de l'hélice.

ADOPTION PROGRESSIVE DE L'HÉLICE, COMME AGENT PROPULSEUR DES NAVIRES À VAPEUR.

Il est important de montrer pendant quel long espace de temps l'emploi de l'hélice pour la propulsion des navires est resté comme une idée spéculative, sans résultat fructueux, tandis que, dans ces derniers temps, elle a pris un essor extraordinaire, dont nous montrerons à la fois la promptitude et la grandeur.

Premières idées et premiers essais.

Dès le milieu du dernier siècle, l'Académie des sciences de Paris proposait ce prix, en quelque sorte prophétique : Chercher le meilleur moyen de mettre en mouvement les grands vaisseaux, sans employer l'effort du vent [1]. L'illustre *Daniel Bernouilli*, le quatrième des grands géomètres de ce nom, remporta le prix par un très-beau mémoire, en 1753. Il proposait d'employer des plans inclinés qui, pressant obliquement l'eau, tourneraient autour d'un axe longitudinal et parallèle à la marche du navire. C'était inaugurer l'hélice employée par éléments isolés, système dont on devait finir par se rapprocher, après beaucoup d'essais et de perfectionnements.

En 1768, *Paucton*, dans un *Traité sur la vis d'Archimède*, faisait revivre une idée que *Hook* avait eue le premier et qu'on retrouvait ensuite dans le *Traité du navire* de Bouguer; il proposait de faire servir la vis d'Archimède à la marche des navires, en l'appliquant soit aux côtés, soit à l'avant du vaisseau.

La même idée, mise en pratique en 1792, par *William*

[1] Voici quels étaient les termes très-remarquables du programme de l'Académie : « Trouver la manière la plus avantageuse de suppléer à l'action du « vent *sur les grands vaisseaux*, soit en y appliquant les rames, soit en em- « ployant *quelque autre moyen que ce puisse être.* »

Littleton, sur un bateau et dans l'eau calme d'un dock de Londres, ne produisit qu'une vitesse de trois demi-kilomètres par heure; ce qui la fit abandonner.

En France, dans l'année 1803, Dallery proposa d'appliquer l'hélice à la propulsion d'un navire : ses moyens de transmettre la force de la vapeur étaient très-imparfaits, et le Premier Consul, auquel il s'adressa, ne put les faire pratiquer.

Aux États-Unis, en 1804, *J. Cox Stevens* fait une tentative poussée plus loin, avec une hélice composée d'ailes isolées comme celles d'un moulin à vent, et qui devait manœuvrer à l'arrière du navire. Le généreux Livingston vient à l'aide de l'inventeur; mais les essais restent infructueux. Bientôt après, le même Livingston prête ses secours à Fulton pour employer les roues à aubes, dont le succès devient complet [1].

Ainsi la lutte entre les deux moyens de propulsion, l'hélice et la roue, commençait à l'origine du siècle; elle donnait, de prime abord, au mouvement des aubes parallèles la supériorité, pour aboutir de nos jours à des avantages toujours croissants gagnés par le mouvement hélicoïde.

Des brevets d'invention se multiplient, en Angleterre, en Écosse, en France, à partir de 1811, pour essayer de faire réussir le système de propulsion par l'hélice.

Système de M. le capitaine Delille.

En 1823, Delille, un capitaine du génie militaire, comme l'avaient été Carnot et Coulomb lors de leurs travaux scientifiques, Delille présente un des projets les mieux conçus d'après ce système. A l'arrière et dans le plan milieu du navire il enchâsse, sur un axe horizontal, cinq segments égaux de surface spirale, lesquels laissent au centre un espace vide

[1] On sait qu'en France, longtemps auparavant, M. le marquis de Jouffroy avait fait marcher sur la Saône un bateau à vapeur muni de roues à aubes; mais sans qu'on ait tiré parti d'un essai si remarquable.

circulaire. On doit vivement regretter que cette disposition n'ait pas été l'objet d'une épreuve à la mer; elle aurait réussi, et l'honneur d'un tel succès appartiendrait à la France.

Système de M. Sauvages.

Un autre français, M. Sauvages, muni d'un brevet d'invention, a mis en expérience un système plus compliqué : c'est celui de deux vis d'Archimède, établies à droite et à gauche de la carène, sous les façons de la poupe. Une telle disposition présentait des difficultés d'installation, et d'autres inconvénients qui n'ont pas permis qu'elle fût définitivement adoptée[1].

Système anglais de M. F. P. Smith.

Sans nous arrêter sur un plus grand nombre de projets, arrivons sur le champ au premier système que la pratique sanctionne par un succès toujours croissant.

En 1835, *un fermier* de Middlesex, M. Francis Peter Smith, encadre horizontalement une vis d'Archimède à l'arrière et dans la partie la plus pincée de la carène; cette vis est continue, elle a deux révolutions complètes. L'auteur prend son brevet le 31 mai 1836.

Deux mois après, M. John Ericsson, ce capitaine suédois aujourd'hui si célèbre, proposait un système de propulsion singulièrement analogue à celui du capitaine Delille, quant à la disposition des aubes spirales formant une roue placée à l'arrière. M. Ericsson, malgré son rare talent et des épreuves remarquables, n'est pas accueilli par l'Angleterre. L'amirauté le dédaigne; il porte aux États-Unis son brevet d'invention, et réussit parfaitement.

Revenons au fermier Smith. Aussi peu savant dans le prin-

[1] Voyez les *Comptes rendus de l'Académie des sciences* pour 1842, pages 647 et 730.

cipe que le barbier Arkwright, il avait la même persévérance et le même indomptable courage. Ces deux qualités morales l'ont fait triompher de tous les obstacles. M. Smith, pendant deux années, essaye son bateau sur la Tamise et sur le canal de Paddington. Dans ce canal, par un accident heureux, une révolution de sa vis d'Archimède est brisée, et le navire marche plus vite qu'auparavant. C'est un trait de lumière, et l'on finira par n'employer que des tiers, des quarts, et même de moindres parties de révolution d'hélice, placées dans un même plan, comme des ailes de moulin. Par ce moyen l'on pourra loger le propulseur dans une étroite ouverture verticale, entre deux étambots, en avant du gouvernail.

D'essais en essais, M. Smith se hasarde à lutter contre les difficultés de la mer. Avec un navire extrêmement petit, qui peut seulement porter *six* tonneaux, il s'aventure dans la Manche, et brave une mer toujours si dure, en essuyant des temps mauvais : tant d'intrépidité fait naître à son égard une faveur universelle.

L'amirauté d'Angleterre prend un vif intérêt à des essais tentés si courageusement et couronnés par le succès. Elle demande à M. Smith un effort plus considérable. Elle exige qu'il fasse construire un navire à hélice de 200 tonneaux, d'une marche satisfaisante et dont le succès soit constaté, avant de conclure à l'adoption du nouveau système. En conséquence l'*Archimède*, de 237 tonneaux, est construit et mis à la mer. L'amirauté se serait montrée satisfaite, si, dans les expériences demandées, le bâtiment eût parcouru 5 nœuds par heure; il en parcourut *près du double*. Malgré le vent et la marée, il ne mit que vingt heures pour aller de Gravesend à Portsmouth.

Convaincue par ces épreuves, l'amirauté d'Angleterre accepte l'hélice pour ses propes navires. En 1841, elle fait commencer à Sheerness son premier bâtiment à propulseur hélicoïde, le *Rattler*, du port de 888 tonneaux; ce bâtiment est mis à la mer au printemps de 1843. On multiplie les expériences sur ce navire; elles sont favorables. Enfin l'amirauté, complétement édifiée, ordonne de construire à la fois vingt bâtiments de l'État à propulseurs hélicoïdes; c'étaient des navires pour le transport des troupes, et tout au plus des bâtiments de guerre de bas bord.

Nous parlerons, dans un chapitre spécial, des mesures adoptées pour transformer les vaisseaux de ligne en navires à hélice, dans les deux marines militaires de France et d'Angleterre.

Les Anglais ont fini par faire éclater leur reconnaissance et leur admiration pour la persévérance infatigable de M. Smith.

A l'Exposition universelle il avait présenté une série de modèles propres à faire connaître les différents degrés par lesquels a passé l'application de l'hélice pour arriver à l'état actuel; modèles qui montraient les formes définitives qui satisfont à la fois la théorie et la pratique.

Ce n'est pas le VIIIe jury, mais le Ve qui se trouvait chargé de prononcer sur le mérite de ces applications et, chose bizarre, sur l'importance des services qu'en a retirés l'art naval.

Cela peut-être nous explique comment il se fait, au sujet d'une invention qui change la face de la navigation à vapeur commerciale et militaire, que M. F. P. Smith n'ait reçu pour modeste récompense qu'une médaille *de seconde classe;* tandis qu'on a vu le Ve jury décerner la médaille de *première classe* pour un simple moyen de faire passer des voitures d'une ligne de chemin de fer à une autre ligne croisant la première!

Nous n'avons pu voir sans regret que le savant rapporteur du jury britannique, le révérend docteur Moseley, n'ait consacré que ces mots pour motiver une récompense si modeste :

« N° 3, p. 120. Smith (F. P.), de Greenwich, une série complète de modèles montrant les progrès graduels et les perfectionnements du propulseur en hélice, introduite et mise en usage par ce gentleman. »

Récompense publique décernée à M. Smith.

Deux ans après la publication des rapports britanniques, un comité spécial de constructeurs maritimes et de mécaniciens éminents, d'armateurs, de marins et de membres du parlement, s'est constitué à Londres. Il a déclaré qu'il importait à la gratitude publique de manifester, par une souscription nationale, la reconnaissance de la Grande-Bretagne pour les services éminents qu'a rendus M. F. P. Smith aux deux marines du commerce et de l'État. Dès la première séance, tenue par le comité directeur de la souscription, les sommes offertes par quelques citoyens généreux se sont élevées à près de 50,000 francs: la munificence publique ira, nous l'espérons pour l'honneur britannique, bien au delà de ce premier et noble terme[1].

[1] Je crois nécessaire de présenter l'énumération suivante, afin de montrer quel est en Angleterre le suffrage des juges les plus éminents en faveur de M. Smith.

Parmi les membres les plus célèbres du comité formé pour présider à la souscription, il me suffira de citer MM. Isambard Brunel, le fils de l'illustre mécanicien, ingénieur du beau chemin de fer de Londres à Bristol; Robert Stephenson, l'ingénieur des chemins de fer d'Égypte, de Londres à Holyhead, etc.; George Rennie, digne fils du grand ingénieur civil; J. Nasmith que les Anglais considèrent comme l'inventeur du marteau pilon; les grands constructeurs de navires à hélice, Charles-James Mare, Robert Napier et John Penn; M. Isaac Watt, l'ingénieur constructeur du vaisseau de ligne à hélice *l'Agamemnon;* Joseph Withworth, un des premiers mécaniciens d'Angleterre; les successeurs de James Watt, à Soho; M. Lloyd, l'ingénieur en chef des constructions à vapeur de la marine britannique; des capitaines de vaisseau tels que MM. William-H. Henderson, sir Richard Grant, Édouard Chappel, William Crispin, etc.; le secrétaire du comité, M. John Scott Russel, l'ingénieux auteur d'expériences sur l'influence des ondes dans la marche des navires. Le trésorier est M. Charles Manby, secrétaire de l'institution des ingénieurs civils, et le fils d'un des deux grands manufacturiers anglais, créateurs de l'usine métallurgique de Charenton : usine dont la création rendit un service éminent à notre industrie, de 1820 à 1830.

Des brevets d'invention pris, en Angleterre, pour appliquer l'hélice à la navigation.

1re ÉPOQUE. De 1800 à 1836, quand MM. Smith et Ericsson prirent leurs brevets :

Brevets d'invention, en 36 ans............ 13

2e ÉPOQUE. De 1837 à 1851, au moment de l'Exposition universelle de Londres :

1837 à 1838....................	4
1839 à 1840....................	7
1841 à 1842....................	3
1843 à 1844....................	11
1845 à 1846....................	13
1847 à 1848....................	10
1849 à 1850....................	16
1851 jusqu'en mai.................	5

Brevets d'invention, en 15 ans............ 69

Nous avons eu la patience d'examiner en quoi consistaient ce que les solliciteurs d'un si grand nombre de brevets ont appelé leurs inventions. Nous avons été surpris de voir à combien peu d'idées nouvelles, et surtout praticables, se réduit un si grand nombre de projets.

Nous en avons distingué cependant quelques-uns dont nous donnons ici l'indication succincte. Si le lecteur désire plus de détails, il les trouvera dans un ouvrage intéressant et que nous citerons plus d'une fois : *Traité sur le propulseur en hélice*, par M. J. Bourne.

1839. M. George RENNIE, membre de la Société royale de Londres. — Propulseur en hélice développée sur une surface de révolution, à méridien ayant la forme d'une courbe logarithmique, et la surface de l'hélice formant partout le même angle avec l'axe : conception à la fois ingénieuse et savante.

1843. Comte DE DUNDONALD. — Ailes de l'hélice dont les côtés font avec l'axe un angle aigu, disposées de manière à repousser l'eau vers l'arrière, suivant la direction d'*un cylindre* et non suivant celle d'un cône, disposition ordinaire où l'on perd une partie de la force vive.

1843. M. James HAMER. — Emploi du genou brisé, pour communiquer à l'axe de l'hélice le mouvement de l'arbre de couche de la machine à vapeur.

1844. M. William FAIRBAIRN. — Communication perfectionnée du mouvement de l'arbre de couche, pour accélérer le mouvement de l'hélice. C'est une extension à la navigation, des moyens très-importants du même auteur pour augmenter la vitesse dans les filatures mues par la vapeur.

1846. M. John PENN. — Moyen ingénieux de renouveler graduellement le support contre lequel presse et frotte l'extrémité de l'arbre qui transmet le mouvement à l'hélice, afin d'empêcher l'usure, l'échauffement et l'écrouissage des parties en contact.

1846. M. John BUCHANNAN. — Moyen de placer les ailes d'une hélice dans le plan longitudinal, quand le navire substitue la voile à la vapeur.

1848. M. Joseph MAUDSLAY. — Moyen d'amener les ailes de l'hélice dans le plan longitudinal, quand le navire est sous voiles.

1849. M. Robert GRIFFITHS. — Mécanisme ingénieux, mais très-compliqué, pour varier à volonté l'inclinaison des diverses parties d'une roue hélicoïde.

1850. M. Georges-Henry PHIPPS. — Moyen jugé très-bon de soulever et d'abaisser à volonté l'axe de l'hélice, suivant les exigences de la navigation et des atterrages.

Les juges sévères qui prendront la peine d'étudier les inventions que nous mentionnons ici, et qui sont réduites à la huitième partie du nombre total, ces personnes trouveront peut-être que nous n'avons pas encore assez restreint le cercle de nos indications.

PARALLÈLE DU PROGRÈS DES NAVIRES :

1° A roues ;
2° A hélice.

Pour montrer avec quelle rapidité s'accroît la proportion des navires à hélice construits pour le commerce britannique, nous citerons en parallèle les constructions de bâtiments à vapeur sur les bords du Clyde, en Écosse : c'est-à-dire sur les bords du fleuve où l'on construit plus de navires à vapeur que dans tous les autres ports réunis des trois royaumes britanniques.

CONSTRUCTIONS COMPARÉES DANS LES DEUX SYSTÈMES DE PROPULSION, PAR LES ROUES ET PAR L'HÉLICE, SUR LES BORDS DU CLYDE.

ANNÉES DE LA CONSTRUCTION.	NAVIRES	
	À ROUES.	À HÉLICE.
1846	14	3
1847	21	5
1848	23	11
1849	17	6
1850	14	18
1851	22	20
1852	30	43
1853	"	"

Tel est donc l'énorme changement opéré dans le court espace de sept années : au commencement, les navires à hélice n'étaient construits qu'en nombre égal au cinquième des navires à roues; et, dès 1852, le nombre des constructions à hélice outre-passe de moitié le nombre des constructions à roues. Aujourd'hui la disproportion continue d'augmenter dans le même sens.

EXPÉRIENCES FRANÇAISES ET THÉORIE DE L'HÉLICE.

La marine militaire française ne pouvait pas rester indifférente à des essais si nombreux, à des succès si remarquables.

Travaux de MM. Bourgois et Moll.

On exécuta, dans l'arsenal à vapeur d'Indret, plusieurs séries de propulseurs hélicoïdes, et M. Bourgois, alors enseigne de vaisseau, fut chargé de les essayer. Les résultats de ses expériences ont été l'objet d'un rapport du plus haut intérêt, rédigé par M. le général Poncelet. Ces premiers travaux, qui datent de 1844, ont été publiés en 1845.

Des études subséquentes ont complété celles-ci de la manière la plus satisfaisante. En 1847, 1848 et 1849, MM. Bourgois, aujourd'hui capitaine de frégate, et Moll, sous-directeur des travaux d'Indret, ont fait, avec le secours du *Pélican*, navire à vapeur de 120 chevaux, une très-belle série d'expériences sur la propulsion opérée par le moyen de l'hélice.

Ils déterminent, au moyen de formules vraiment simples et pratiques, le rapport entre la force transmise par la vapeur à l'hélice et la résistance du navire.

La fraction d'unité qu'on obtient ainsi représente *l'utilisation de la vapeur*.

Les auteurs ont calculé séparément l'utilisation du travail de l'hélice, c'est-à-dire le rapport de la force qu'elle reçoit à celle qu'elle transmet, et le recul qui représente la perte opérée par l'effet de la transmission. Ils ont fait varier la courbure de l'hélice, le nombre de ses ailes, le diamètre du cylindre enveloppant l'espace parcouru par les ailes comparativement à la surface du maître couple, etc.

Dans un rapport très-développé, notre savant collègue M. le général Morin, au nom d'une commission qui comptait pour membres MM. Arago, Ch. Dupin, Poncelet et Duperrey, a fait connaître la nature des expériences, le système des formules qui s'en déduisent, et les résultats principaux que les auteurs en ont conclus.

Ajoutons que ces expériences ont beaucoup servi M. Dupuy de Lôme dans la construction du vaisseau *le Napoléon,* ainsi qu'à M. Moll lui-même dans l'établissement des mécanismes à vapeur destinés à ce bâtiment.

Traité de M. Bourne sur les navires à hélice.

Les Anglais ont témoigné toute l'estime qu'ils accordent aux expériences faites par les officiers français. Dans son ouvrage remarquable *sur le propulseur à hélice*[1], M. Bourne, constructeur civil de la marine anglaise, s'est empressé d'insérer avec étendue les résultats des expériences faites à bord du *Pélican* par MM. Bourgois et Moll, et d'en reproduire la théorie avec de justes éloges.

Nous allons actuellement faire connaître les progrès de l'architecture navale, accomplis par de puissantes associations commerciales pour les transports maritimes accélérés, en adoptant successivement les roues à aubes et l'hélice comme moyen de propulsion. Nous expliquerons ensuite la transformation des grandes marines militaires par l'adoption de l'hélice, et la combinaison fructueuse des forces du vent et de la vapeur.

PRINCIPALES COMPAGNIES SUBVENTIONNÉES PAR LA GRANDE-BRETAGNE, POUR LA NAVIGATION À VAPEUR APPLIQUÉE AUX TRANSPORTS DES VOYAGEURS ET DES DÉPÊCHES.

Communications à l'orient de l'Angleterre.

Il est remarquable que l'Angleterre ait dirigé ses encouragements du côté de l'Orient, non vers le nord, mais vers le

[1] Londres, 1 vol. in-4°, 1852.

midi de l'Europe. Elle n'entretient pas une seule compagnie subventionnée pour la Baltique, cette mer qui n'est qu'une impasse; elle paye seulement une faible redevance à quelques paquebots qui desservent Rotterdam et Hambourg.

Compagnie péninsulaire orientale.

La *Compagnie péninsulaire orientale*, connue d'abord seulement sous le premier de ces titres, avait commencé, dès l'année 1837, à faire le service postal maritime entre l'Angleterre et la *péninsule* espagnole. Elle mettait en communication Falmouth avec Vigo, Oporto, Lisbonne, Cadix et Gibraltar. Quoique ses engagements envers l'État ne l'obligeassent qu'à donner à ses navires une force de 140 chevaux, elle employa dès le principe une puissance de 200 chevaux: puissance que bientôt elle surpassa.

Quelque temps après, on a prolongé cette ligne dans toute la longueur de la Méditerranée jusqu'au port d'Alexandrie.

Dès 1839, les Anglais ajoutaient à cette correspondance un autre service à vapeur entre Alexandrie et Marseille: c'était afin de recevoir un peu plus tôt leurs nouvelles de l'Inde, en traversant la France.

Pour ne pas être vaincue par les exploitants de cette ligne amphibie, la Compagnie péninsulaire double tout à coup la capacité et la force motrice de ses navires; elle emploie des bâtiments mus par 410 et 450 chevaux, à la communication directe et sans arrêt entre Alexandrie et l'Angleterre.

La distance à parcourir s'élevait à 5,300 kilomètres, qu'elle franchissait à raison d'à peu près 15 kilomètres, ou 8 nœuds par heure. C'était en septembre 1840 que la compagnie déployait cette nouvelle activité, dans un moment où les destins de l'Égypte menaçaient d'exciter une guerre universelle.

Extension de la compagnie, pour desservir l'Hindoustan.

L'Angleterre étendait ses vues bien au delà de la Méditerranée. Elle avait déjà prescrit des études très-sérieuses pour passer de cette mer à l'Océan oriental, par la Syrie et par l'Euphrate; elle avait fait monter et descendre sur ce fleuve un navire d'essai savamment conduit. Les lenteurs, les périls et les obstacles de tout genre l'avaient dégoûtée de cette voie, à cause surtout du long trajet qu'on est obligé de faire par terre.

Ce fut alors que la Compagnie péninsulaire orientale entreprit un nouveau service à vapeur, dans toute la longueur de la mer Rouge, et de là jusqu'à l'Hindoustan.

La compagnie accomplit ce nouveau service avec des navires mus par une force de 520 chevaux, ayant une vitesse moyenne de 8 nœuds 1/2.

Ce qui rend très-dispendieux les voyages de Suez à l'Asie orientale, c'est qu'il faut transporter d'Angleterre le combustible nécessaire au service de la mer Rouge et de l'Océan indien [1].

Grâce à l'emploi de la vapeur, les voyageurs et les lettres ont fini par ne plus mettre que quarante-sept jours pour traverser trois mers et l'Égypte, entre l'Hindoustan et la Grande-Bretagne.

Je ne voudrais pas signaler le succès obtenu par la Compagnie péninsulaire orientale sans rendre justice à l'activité merveilleuse, à la persévérance, au courage de Warden, lieutenant de la marine britannique. Il s'était fait l'agent volontaire de la correspondance accélérée entre l'Angleterre et l'Inde, à travers l'Égypte. Repoussé longtemps par les courtes vues de la Compagnie des Indes, *qui déniait l'avantage d'une correspondance rapide par Alexandrie,* c'était un Turc qui jugeait mieux l'avenir! Le vice-roi d'Égypte, Méhémet-Ali, confiait à Warden la correspondance entre Alexandrie, le Caire et Suez. L'infatigable novateur établissait des diligences en osier, traînées par des chameaux à travers les sables du

[1] Prix moyen de la houille à la sortie des ports d'Angleterre, époque de l'Exposition universelle (1851), par tonneau, 9 fr. 37 cent.; prix moyen du tonneau de houille à Suez et dans les ports de l'Indoustan, de 75 à 100 fr. Cette différence de prix est énorme.

désert; il y construisait des stations où les voyageurs trouvaient des aliments, des secours, et des soins confortables.

Quand le moment est venu pour l'Angleterre d'étendre sa correspondance d'Alexandrie à Ceylan, à Bombay, à Calcutta, on a compté pour rien le dévouement, les succès du pauvre Warden, et quelque temps après il est mort le cœur brisé.

Le gouvernement britannique a dû se préoccuper du moyen le plus efficace de franchir l'isthme de Suez qui sépare avec désavantage les deux grandes sections, l'européenne et l'asiatique, de la navigation orientale.

Après de longues difficultés, les Anglais ont obtenu de construire, au compte du pacha d'Égypte, *un chemin de fer* qui sera fini dès l'année prochaine, depuis Alexandrie jusqu'au Caire : on aura déjà franchi 200 kilomètres. Il ne restera plus qu'à continuer cette voie dans une étendue un peu supérieure à 100 autres kilomètres, pour atteindre Suez. Alors on aura mis l'Angleterre et l'Inde en communication complète par la vapeur, dans un temps qu'on peut espérer de réduire à quarante jours de voyage effectif; tandis qu'il faut quatre mois aux navires à voiles qui contournent l'Afrique en doublant le cap de Bonne-Espérance.

Terminons ce qui concerne la Compagnie péninsulaire orientale en disant qu'aujourd'hui son service s'étend à Bombay, à Madras, à Calcutta, à Ceylan, à Singapore et jusqu'en Chine, à Canton, à Shanghaï; elle a même un service accessoire pour l'Australie.

La dernière convention passée entre cette compagnie et l'amirauté d'Angleterre montre bien le progrès de la navigation par la vapeur. Elle stipule que, sur la ligne principale, les bâtiments parcourront en moyenne 10 nœuds ou 18 kilomètres 1/2 par heure; ce qui suppose à peu près 12 nœuds dans une épreuve où la mer et le vent sont calmes.

Pour compenser les sacrifices que de telles vitesses comportent, le Gouvernement anglais paye chaque année 5 millions à titre de subvention. Ajoutons que ce Gouvernement retire annuellement du service postal opéré par la compagnie,

3,680,000 francs; son déboursé définitif est ainsi réduit à 1,320,000 francs par année. Moyennant cette somme, les navires à vapeur de la compagnie parcourent, en douze mois, 1,234,000 kilomètres, c'est-à-dire cent vingt-trois fois le quart du méridien ou *trente et une fois le tour entier de la terre.*

Le capital social de la Compagnie orientale est de 31,250,000 francs.

Parmi les navires les plus récemment construits pour cette compagnie, signalons *le Bengale,* bâtiment en fer à hélice. Il a de longueur $94^{m},5$ et seulement 12 mètres de largeur; c'est presque le huitième de cette longueur. Il a $5^{m},4$ de tirant d'eau pour un déplacement de 3,250 tonneaux, et la section immergée de son maître couple est seulement de 50 mètres carrés. La vitesse moyenne de ce navire s'est élevée à 11 nœuds, c'est-à-dire à 19 kilomètres 1/4, ou près de 5 lieues à l'heure. Pour obtenir cette vitesse, il fallait dépenser 48 tonneaux de charbon par vingt-quatre lieues, c'est-à-dire presque *un tonneau par mètre carré de la section principale immergée.*

Dans les mers de l'Inde, les ravages occasionnés par l'espèce d'insecte appelé la *fourmi blanche,* et les effets redoutables du *dry-rot,* la pourriture sèche, rendent d'un très-grand avantage la construction des navires en fer.

Les expériences faites en rade de Portsmouth, en 1850, par les officiers[1] de *l'Excellent,* ont montré combien étaient graves et difficilement réparables les avaries causées par les boulets dans les navires en fer: navires qu'on a repoussés définitivement de la marine militaire à vapeur.

Malgré cela, l'amirauté a fini par tolérer que la Compagnie orientale adoptât le fer pour ses navires à vapeur; mais on ne les choisira pas, en cas de guerre, afin de les convertir en bâtiments de la marine militaire.

Nous mentionnerons ici l'un des bâtiments de la Compagnie péninsulaire que les Anglais voient maintenant servir

[1] *L'Excellent* est le vaisseau-école de l'artillerie anglaise.

très-efficacement aux transports de l'armée anglaise à Constantinople et dans la mer Noire.

L'Himalaya ne déplace pas moins de 3,500 tonneaux, avec une machine de 700 chevaux à hélice. On en commençait la construction en 1851, lorsque nous étions à Londres pour l'Exposition universelle. Sa vitesse est de 11 nœuds par heure. En moins de cinq mois, ce puissant navire a transporté, de l'Angleterre dans la mer Noire, plus de cinq mille hommes d'infanterie, un grand nombre de chevaux et des approvisionnements considérables.

Compagnie générale de la navigation par la vapeur à hélice (*General-Screw-Steam-Shipping Company*).

Cette compagnie s'est formée vers 1846 pour commencer à naviguer entre Londres, Dunkerque et Rotterdam. Ses premiers navires étaient d'une faible capacité, 250 à 300 tonneaux, avec des machines dont la force nominale était de 30 chevaux. Ils dépensaient 6 à 7 tonneaux de charbon par 24 heures; ce qui démontre une force effective d'au moins 60 chevaux. Ces navires sont en fer et leurs manœuvres dormantes sont en fil de fer; ils ont une hélice; leur voilure est celle d'une goëlette à deux mâts.

La réunion du transport des marchandises et des voyageurs, grâce à la rapidité, à la sûreté des voyages, procurèrent à cette compagnie des cargaisons suffisantes et d'honnêtes bénéfices : quoiqu'elle n'ait reçu, dans le principe, aucune subvention du Gouvernement d'Angleterre.

Enhardie par ses premiers succès, elle s'est décidée à tenter de naviguer dans *la Méditerranée*. C'est ce qu'elle a fait avec des navires beaucoup plus grands que les premiers, consacrés à de courtes traversées. Tels ont été *le Bosphore, l'Hellespont* et *la Propontide*.

Ces derniers bâtiments déplacent environ 600 tonneaux. Leur consommation s'élève à 10 tonneaux de charbon par 24 heures; ils ont au moins la force de 100 chevaux. Leur vitesse moyenne est de sept nœuds et demi.

Ces navires ne mettent pas moins de quatorze jours pour aller de Londres à Constantinople, et quelques traversées ont exigé jusqu'à vingt-quatre jours.

A partir de 1850, la Compagnie générale des vapeurs-hélice a reçu du Gouvernement d'Angleterre une subvention de 768,250 francs, pour opérer un voyage mensuel entre Londres et le *cap de Bonne-Espérance*. La traversée devait être de 37 jours, y compris le temps de toucher au *cap Saint-Vincent* et à *Sierra-Leone*.

La compagnie, toujours plus ambitieuse, avait résolu de prolonger jusqu'à *Calcutta* sa ligne de navigation. Elle a construit des navires suivant son système, en fer avec hélice, d'un déplacement de 2,650 tonneaux. La machine à vapeur consomme, par vingt-quatre heures, 40 tonneaux de houille, et l'on prend entre chaque relâche pour 16 jours de combustible.

Ces navires ont l'avantage de pouvoir embarquer des cargaisons de 650 tonneaux, c'est-à-dire deux fois autant que les navires à grande vitesse mus avec des roues à aubes et tels que ceux dont nous parlerons dans un moment (compagnies chargées du service postal entre l'Angleterre et l'Amérique du Nord).

Remarquons néanmoins que ces bâtiments, lorsqu'ils embarquent 650 tonneaux de cargaison, ne portent pas en marchandises même le quart de leur déplacement total.

C'est seulement en 1852 que le Gouvernement anglais a subventionné la Compagnie générale de la navigation par la vapeur à hélice, pour le service entre Plymouth et le cap de Bonne-Espérance, l'Ile Maurice et Calcutta, en touchant au cap Saint-Vincent, à l'Ascension, à Ceylan et à Madras.

La subvention accordée à cette compagnie s'élève,

Pour la première année à..........	1,250,000f
Pour la seconde année, à...........	1,125,000
Pour chaque année subséquente, à....	1,000,000

Voilà donc le Gouvernement britannique qui salarie en

concurrence, les deux grandes lignes qui conduisent de l'Europe à l'Inde : la plus courte par l'Égypte, et la plus longue en faisant le tour de l'Afrique.

On aura l'idée de l'importance respective qu'offrent aux yeux de l'Angleterre ces deux voies rendues rivales, par les chiffres comparés des subventions qu'elles reçoivent.

SUBVENTIONS.

I. *Compagnie péninsulaire orientale, voie d'Égypte.*

Subvention annuelle............ 5,000,000 fr.
Revenu postal................. 3,421,450

II. *Compagnie générale de l'hélice, par le cap de Bonne-Espérance.*

Subvention annuelle, 1,250,000 fr. à 1,000,000 fr.
Revenu postal.................. 360,000

Enfin, la Compagnie générale de la navigation par l'hélice, toujours plus entreprenante, voulait se charger de desservir l'Australie par la voie du cap de Bonne-Espérance. Heureusement pour ses intérêts elle n'a pas été préférée.

Compagnie royale australienne des paquebots à vapeur (Australian royal-mail steam packet Company).

Cette compagnie s'est constituée en 1852, pour desservir l'Australie directement, en passant par le cap de Bonne-Espérance. Malgré les efforts considérables de cette association, malgré la grandeur des navires à vapeur dont elle a fait usage, 1,800 à 2,000 tonneaux avec une force de 300 chevaux, elle n'a guère éprouvé que des désastres, des naufrages ou des retards infinis.

Jusqu'à ce jour une incontestable supériorité est acquise, pour aller en Australie, aux navires purement à voiles appelés *clippeurs*. Nous parlerons plus tard de ces navires.

COMPAGNIES OCCIDENTALES.

Communications avec l'Amérique du Sud.

A partir de 1839, on a remplacé par des navires à vapeur les paquebots à voiles qui desservaient la ligne de l'Angleterre à l'Amérique méridionale ainsi qu'aux Antilles. La compagnie chargée du nouveau service a pris un nom que pourraient envier, pour sa longueur, les plus fiers hidalgos de l'ancien et du nouveau monde : l'association dite *Royal-India-Mail-Steam-Packet-Company* s'est engagée à parcourir annuellement, avec ses paquebots, entre les Antilles et l'Angleterre, 636,000 kilomètres, équivalents à seize fois le tour du globe. Elle reçoit une subvention de 6 millions, c'est-à-dire 9 fr. 43 cent. par kilomètre que parcourt chaque paquebot à vapeur supposé de 400 chevaux.

Précédemment, l'État dépensait 4,090,000 francs pour les paquebots à voiles. Il a donc ajouté seulement 1,910,000 francs pour le service incomparablement plus régulier et plus rapide des paquebots à vapeur.

La Compagnie des paquebots à vapeur pour les Indes occidentales s'est obligée, par contrat, à faire usage de navires mus par une puissance d'au moins 400 chevaux, et capables de porter au besoin des bouches à feu du plus fort calibre.

Le service des communications postales, étendu des Antilles au Brésil, a dû s'opérer avec de plus petits bâtiments, beaucoup moins coûteux, et, par conséquent, avec une moindre subvention : 3 francs par kilomètre et par navire.

Subventions comparées pour chaque kilomètre parcouru et par cheval de vapeur.

Avec des bâtiments d'au moins 400 chevaux, la *ligne principale des Antilles* reçoit......... 2 centimes $\frac{2}{10}$

Avec de moindres bâtiments, la *ligne secondaire des Antilles au Brésil* reçoit........... 1 centime $\frac{2}{10}$

Les paquebots de cette première entreprise étaient nécessairement les plus imparfaits. Ils étaient en bois, avec des roues à aubes, et n'atteignaient pas à la vitesse de 8 nœuds; ils parcouraient au plus 14 kilomètres par heure. La compagnie perdit, dans les premiers temps, six de ses principaux navires : ce fait démontre combien de périls il fallait vaincre pour arriver à quelque sécurité dans les transports.

Le rapide accroissement du commerce entre l'Amérique et l'Angleterre, en multipliant de plus en plus le nombre des voyageurs et le poids des cargaisons, a fini par rendre profitable cette entreprise, qui fut longtemps ruineuse.

A quelque chose ont servi les naufrages que nous avons mentionnés; on a remplacé les navires perdus par d'autres plus perfectionnés.

Dès la fin de 1851, la Compagnie avait construit, en bois, cinq navires à vapeur de 2,250 tonneaux de charge, mus chacun par une force de 800 chevaux; c'était le double de la force primitive. De tels bâtiments étaient plus grands que ne l'exigeait le service auquel on les employait.

C'était l'amirauté d'Angleterre qui faisait aux compagnies une obligation de construire en bois leurs navires, afin qu'ils pussent, au besoin, être convertis en bâtiments de guerre. L'amirauté, dans ces derniers temps, a cessé d'ériger ces conditions en règles absolument obligatoires.

En contraignant les compagnies à construire des navires d'une forte charpente, telle qu'il la faut pour la guerre, on obtient des paquebots moins rapides, et dont la dépense est disproportionnée avec le service qu'ils rendent au commerce. Dans un pareil cas, les compagnies trouvent toujours le moyen de se soustraire à des conditions trop désastreuses.

Communications avec l'Amérique du Nord.

D'un côté, la grandeur du commerce qui s'effectue entre l'Angleterre et les État-Unis, de l'autre, l'importance des colonies britanniques dans le nord de l'Amérique, placent au premier rang la ligne de navires à vapeur qui correspond avec ces contrées si rapidement prospères.

Cette ligne, dans le principe, ne s'étendait qu'entre Liverpool et Halifax, port militaire dont la position défensive pour les provinces canadiennes, est la plus rapprochée de la Grande-Bretagne et fait face aux États-Unis.

Bientôt une même association a desservi Liverpool, Halifax, Boston et New-York, le port le plus commerçant de l'Union américaine.

C'est depuis 1846, que cette compagnie a complété la communication entre les quatre grands ports que nous venons d'indiquer. Elle est obligée de faire au moins quarante-quatre voyages par an : un par semaine pendant les neuf mois de bonnes saisons, et seulement un par deux semaines pendant les trois mois d'hiver.

I. *Compagnie Cunard.*

On doit cette belle entreprise à M. Cunard, habile constructeur de Halifax.

Son contrat avec l'amirauté ne l'obligeait à donner aux paquebots que 400 chevaux de vapeur; il leur en a donné 650 au minimum. Afin d'atteindre des vitesses de plus en plus grandes, il n'a pas seulement accru la force motrice, il a porté le rapport entre la largeur et la longueur des navires, à 5, à 6, à $6\frac{1}{2}$, et même au delà.

Vitesses d'aller et de retour.

Enfin, en augmentant la tension habituelle de la vapeur, il a porté la vitesse effective :

	Nœuds.
En allant de Liverpool en Amérique, à..............	$9\frac{7}{10}$
En allant d'Amérique à Liverpool, à................	$10\frac{9}{10}$
Vitesse moyenne.....................	$10\frac{3}{10}$

c'est-à-dire 19 kilomètres, ou 5 lieues moins un quart par heure.

La compagnie Cunard, pour satisfaire aux besoins du continent européen, et pour empêcher la création d'une compagnie française, emploie des navires à vapeur de 200 à 300 chevaux qui se rendent périodiquement au Havre; ils transportent *gratis* à Liverpool les voyageurs qui, de ce port, veulent s'embarquer pour New-York sur les bâtiments Cunard.

Cette même compagnie, afin d'étendre ses entreprises, n'a pas craint d'établir un nouveau service pour l'orient de la Méditerranée; en partant de Liverpool, elle touche successivement à Gilbraltar, à Malte, à Syra, à Smyrne, à Constantinople. Avant la guerre présente, elle allait jusqu'au Danube, à Galatz, à Ibraïla.

Elle rattache ainsi ses opérations à celles de la *Compagnie du Lloyd autrichien,* chargée d'exploiter la belle voie du Danube.

Revenons à la ligne principale et primitive de la compagnie Cunard, celle du nord de l'Amérique.

La subvention accordée pour le service postal de cette ligne, par l'amirauté d'Angleterre, est de 8 fr. 32 cent. $\frac{1}{3}$ par bâtiment et par kilomètre parcouru. Cela donne par kilomètre et par cheval de vapeur :

	centimes.
Pour des navires de 400 chevaux..........	2 $\frac{7}{10}$
Pour des navires de 650 chevaux..........	1 $\frac{1}{3}$
Pour des navires de 800 chevaux..........	1 $\frac{1}{10}$

Concurrence des États-Unis. Compagnie Collins.

Dès 1850, nous voyons les Américains entrer en lice par les efforts de M. Collins, afin de rivaliser avec la Grande-Bretagne entre New-York et Liverpool.

Les Américains, en employant des paquebots d'un tonnage et d'une force de vapeur extrêmement considérables, ont contraint par leur concurrence la compagnie britannique de M. Cunard à leur en opposer de comparables, afin de ne pas perdre ses voyageurs. Elle a fini par construire des navires qui, pour 2,400 tonneaux de jauge anglaise, ont une force motrice de 960 chevaux. Ces derniers navires, *l'Arabie* et *la Perse*, sont construits sur les bords du Clyde, et les machines sont l'œuvre de M. *R. Napier*, de Glasgow, constructeur renommé. Le navire *la Perse* est en fer. Enfin, pour ces deux bâtiments, on a porté la longueur jusqu'à sept fois la largeur principale.

En même temps on élevait considérablement la pression moyenne de la vapeur.

Avec tant de moyens réunis, on a fini par obtenir en construisant le navire *l'Arabie*[1] :

Vitesses d'aller et de retour.

	Nœuds.	Kilom. par heure.
De New-York à Liverpool................	10 $\frac{1}{2}$	19,444
De Liverpool à New-York................	12 $\frac{1}{4}$	22,645
Vitesses moyennes..............	11 $\frac{3}{8}$	21,545

c'est-à-dire plus de 5 lieues et quart par heure.

Pour arriver à ce haut degré de vitesse, d'après la loi connue des cubes, il a fallu comparativement plus que tripler la force motrice obtenue quand la vitesse était seulement de 8 nœuds par heure.

Les Américains, dans leurs plus célèbres traversées, n'ont pas égalé celles du navire anglais *l'Arabie;* mais il paraît que la moyenne générale des vitesses pour les trois dernières années est à leur avantage.

[1] Ce puissant navire est un de ceux qu'emploie l'amirauté d'Angleterre, pour opérer ses transports de troupes en Crimée.

Vitesse moyenne obtenue pendant les trois années 1851, 1852, 1853.

	Nœuds.	Kilom. par heure.
Par les Anglais, compagnie Cunard.......	10,92	20,222
Par les Américains, compagnie Collins....	11,36	21,037
Différence par heure...........	0,44	0,815

La distance de Liverpool à New-York est ici comptée pour 3,080 milles, ou 1426 lieues de 4 kilomètres.

Il est juste de dire que la compagnie des États-Unis n'a pu soutenir avec un tel succès la concurrence, qu'en ajoutant à ses revenus une subvention très-libérale, accordée par le gouvernement fédéral; cette subvention a permis de grands sacrifices.

Un savant officier français, auteur d'un très-bon travail *sur la navigation commerciale à vapeur en Angleterre*[1], M. Bourgois, montre avec sagacité combien l'emploi de bâtiments d'une grandeur démesurée, pour obtenir des accroissements de vitesse renfermés après tout dans des limites modérées, a jeté les compagnies loin du maximum d'avantages économiques, maximum auquel on aurait dû s'arrêter.

En réalité, proportion gardée avec le service qu'elle est chargée d'accomplir, la compagnie américaine reçoit de son gouvernement une subvention *double* de celle qu'obtient la compagnie anglaise.

Nous allons maintenant exposer des faits intéressants à la fois pour la science, pour le commerce et pour l'administration, sur la concurrence si remarquable de l'Angleterre et des États-Unis, dans leur navigation transatlantique à vapeur.

[1] Paris, 1854, 1 vol. in-4°. L'Académie des sciences a donné son approbation à cet ouvrage, dont le manuscrit avait été présenté par nous au nom de l'auteur.

TABLEAU COMPARÉ DES DEUX COMPAGNIES CONCURRENTES SUBVENTIONNÉES, L'UNE PAR LE GOUVERNEMENT BRITANNIQUE, L'AUTRE PAR LE GOUVERNEMENT DES ÉTATS-UNIS.

CONDITIONS FINANCIÈRES.	GRANDE-BRETAGNE. — COMPAGNIE de M. Cunard.	ÉTATS-UNIS. — COMPAGNIE de M. Collins.
Capital engagé	22,500,000ᶠ	16,750,000ᶠ
Nombre de voyages par an	44	26
Capital correspondant à chaque voyage	511,363	644,231
Subvention totale annuelle	4,333,500	4,468,750
Subvention correspondante à chaque voyage	98,489	171,875
Rapport de la subvention au capital engagé	19 $\frac{1}{4}$ p. 100	26 $\frac{2}{3}$ p. 100

Ce tableau fait voir : 1° que, *tous les cinq ans*, le gouvernement britannique paye à la compagnie qu'il subventionne une somme égale à la valeur complète de son matériel et de son capital circulant; 2° que le gouvernement des États-Unis paye une somme égale à tout le matériel, plus le capital circulant de la compagnie qu'il subventionne, *en moins de quatre ans !*

On commettrait une grave erreur, si l'on supposait que ce soit à la vapeur qu'il faille exclusivement attribuer l'énormité de tels sacrifices.

Les documents essentiels recueillis par M. Bourgois, que nous avons déjà cité, nous permettent de jeter sur ce point une lumière importante, toujours en prenant pour terme de comparaison les deux compagnies concurrentes qui naviguent entre Liverpool et New-York.

D'après les relevés détaillés des dépenses annuelles pour le service de ces deux compagnies, j'ai calculé le rapport de chaque genre de frais avec la dépense totale. Il en est résulté le tableau comparé qui suit :

ÉNUMÉRATION DES PRINCIPAUX GENRES DE FRAIS POUR LA NAVIGATION TRANSATLANTIQUE À VAPEUR, ENTRE L'ANGLETERRE ET LES ÉTATS-UNIS.

GENRE DES DÉPENSES.	COMPAGNIE	
	BRITANNIQUE.	DES ÉTATS-UNIS.
Assurances	$0{,}11\ \frac{25}{100}$	$0{,}11\ \frac{92}{100}$
Frais divers de toute nature	0,13	$0{,}09\ \frac{25}{100}$
Entretien et réparation des navires	$0{,}15\ \frac{75}{100}$	$0{,}16\ \frac{69}{100}$
Solde et vivres de l'équipage	$0{,}17\ \frac{75}{100}$	$0{,}19\ \frac{23}{100}$
Amortissement	$0{,}18\ \frac{10}{100}$	$0{,}19\ \frac{78}{100}$
TOTAL des dépenses diverses	$0{,}75\ \frac{85}{100}$	$0{,}76\ \frac{87}{100}$
Dépenses additionnelles du combustible	$0{,}24\ \frac{15}{100}$	$0{,}23\ \frac{13}{100}$
SOMME	1,00	1,00
Subvention	$0{,}43\ \frac{335}{1000}$	$0{,}63\ \frac{85}{100}$

Ainsi, comme subvention, le gouvernement d'Angleterre paye à sa compagnie presque *le double* du combustible consommé, et le gouvernement des États-Unis paye presque *le triple* de ce que vaut ce combustible!

Si l'on divisait les dépenses annuelles par le nombre de voyages, on trouverait :

DÉPENSE ET SUBVENTION PAR VOYAGE MOYEN DES COMPAGNIES CONCURRENTES.

NATIONALITÉS.	VOYAGE MOYEN.	
	DÉPENSES annuelles.	RECETTES annuelles avec subvention.
Compagnie anglaise	227,159f	270,190f
Compagnie américaine	270,190	359,375

Il semble ici que les Américains font de bien plus grands bénéfices que les Anglais; il faut en indiquer la source.

Recettes par voyages, la subvention déduite.

Compagnie anglaise	184,689
Compagnie américaine	187,500

La différence entre ces deux recettes provenant des voyageurs et du matériel commercial est, comme on le voit, insignifiante.

La comparaison à laquelle nous nous sommes livré conduit donc à ce résultat remarquable : quoique, dans l'ensemble, les bâtiments américains soient d'un plus fort tonnage et d'une plus grande puissance de vapeur, le fret provenant des personnes et des marchandises transportées ne surpasse, par voyage, que de 2 $\frac{8}{10}$ pour 100 la recette des bâtiments britanniques.

De semblables rapprochements démontrent qu'au point de vue d'une économie bien calculée, dans les grandes navigations à vapeur, *il est une limite de tonnage qu'il ne faut pas outrepasser.*

Mais, entre les Anglais et les Américains, c'était à qui présenterait aux voyageurs les navires les plus rapides, les plus grands, les mieux installés et les plus luxueux. On a prodigué partout l'acajou, le cuivre doré, les glaces, les cristaux, le satin, le damas, le velours, afin d'embellir des salons et des chambres que nos cités les plus somptueuses admireraient pour le luxe et pour l'élégance. C'est une manière agréable, en attirant l'affluence, de restituer au public d'énormes subventions accordées, sans trop compter, par des gouvernements rivaux!

Enfin, au point de vue maritime, n'oublions pas ce que l'art naval et la science ont gagné par ces magnifiques expériences, où l'on accroissait à l'envi la grandeur des bâtiments et leur force motrice, sans s'arrêter au maximum précis des bénéfices.

La lutte de peuple à peuple, dont nous venons de présenter les résultats, s'est soutenue entre des navires à aubes, suivant le système primitif. Il fallait faire un pas de plus du côté de l'architecture navale.

Compagnie écossaise.

En dehors des somptuosités que nous venons de signaler, il devait s'élever, il s'est en effet élevé une concurrence de navires à vapeurs construits sans luxe, avec tous les perfectionnements de ces derniers temps, l'hélice remplaçant les roues motrices, et le fer remplaçant le bois pour la carène des navires.

C'est en Écosse, dans la patrie de James Watt, et sur les bords du fleuve auprès duquel il est né, que s'est formée la nouvelle entreprise, et qu'on a construit les nouveaux navires. Les bords du Clyde offraient pour cela tous les avantages, par le voisinage d'excellents gîtes de houille, et par les grandes exploitations d'un fer qui réunit le bas prix à la qualité : citons surtout parmi ces exploitations la fonderie célèbre de Carron.

L'Écosse, ainsi favorisée par ses trésors naturels et par le génie de ses habitants, construit aujourd'hui un plus grand tonnage de bâtiments à vapeur, et surtout en fer, que l'Angleterre et l'Irlande réunies [1].

C'est à partir de 1850 que s'est formée à Glasgow la Compagnie qui navigue, sans subvention, entre l'Angleterre et l'Amérique du Nord, avec des bâtiments tels que nous venons de les indiquer. Elle se contente d'une force de 300 chevaux pour 1600 tonneaux de jauge, et d'une vitesse de 8 nœuds par heure, au lieu des 10 et 11 nœuds que parcourent les navires subventionnés. Il n'y a pas là de mystères ; elle écono-

[1] Nous pouvons en offrir les preuves : De 1846 à 1852, dans le court espace de six années, les Écossais des bords du Clyde ont construit 247 navires à vapeur, dont 233 à coques en fer. Le tonnage total de ces bâtiments s'élève à 147,604 tonneaux, et la puissance motrice est celle de 38,332 chevaux. Cette quantité surpasse le quadruple des navires de même nature construits dans tous les autres ports des trois royaumes.

mise en réduisant la vitesse, et par conséquent la force motrice, l'équivalent de la subvention qu'elle n'a pas.

Compagnies anglaises.

Liverpool, le port le plus actif du commerce de l'Angleterre, ne pouvait pas laisser à Glasgow l'exploitation exclusive de la navigation à voiles avec une force de vapeur auxiliaire.

Une compagnie anglaise s'est formée, à Liverpool, sur les mêmes bases que la compagnie écossaise; elle dessert comme celle-ci la ligne de New-York pour le transport des marchandises et des voyageurs.

On peut citer encore l'association qui s'est formée pour aller de Liverpool dans l'Amérique du Sud, sous le titre de *South-American and general screw navigation.*

Cette compagnie, qui ne reçoit jusqu'à présent aucune subvention, construit des navires en fer très-légers, très-allongés, et qui, par ces avantages, obtiennent des vitesses encore remarquables avec une force modérée de vapeur.

On a cité *la Brésilienne,* de 1,100 tonneaux, avec une force nominale de 200 chevaux; ce navire, affirme-t-on, parcourt un peu plus de dix nœuds par heure en moyenne.

Cette compagnie, par ses succès, paraît faire une concurrence fort redoutable à la compagnie subventionnée qui dessert l'Amérique méridionale et les Antilles.

Un résultat curieux et qu'a fait bien ressortir M. Bourgois dans son excellent rapport au ministre de la marine, c'est qu'en tenant compte des bâtiments de réserve que les compagnies subventionnées sont obligées de posséder pour que leur service ne manque jamais, les navires à moyenne vitesse et mus par l'hélice font, dans une année, autant de voyages que les paquebots accélérés.

FRET COMPARÉ, AU COMMENCEMENT DE 1853, ENTRE L'ANGLETERRE ET LES ÉTATS-UNIS.

NATURE DES BATIMENTS.	PAR TONNEAU,	
	EN SCHELLINGS.	EN FRANCS.
Par bâtiments à voiles..................	20 à 25 + 10 p. 100	31f00
Par bâtiments à hélice et moyenne vitesse...	60 + 5 p. 100	78 75
Par bâtiments à roues et de grande vitesse..	80 + 5 p. 100	105 00

Remarquons bien que les bâtiments à voiles transportent à deux cinquièmes de prix des bâtiments à hélice en fer, et ceux-ci aux deux tiers de prix des bâtiments subventionnés. Cela démontre d'abord que les seules opérations possibles jusqu'à ce jour, en employant la vapeur pour de longues traversées, ne peuvent convenir qu'au transport des voyageurs et des marchandises de prix, ou des marchandises dont l'arrivage exige beaucoup de rapidité.

Cette observation nous fait comprendre la raison pour laquelle on a réduit, sur les plus grands navires de la compagnie Cunard, à 350 et même à 300 tonneaux la partie réservée pour la cargaison; tout le reste est absorbé par le transport de la houille et le logement des voyageurs.

La compagnie anglaise subventionnée, celle de M. Cunard, pour résister à la concurrence écossaise, s'est elle-même déterminée à construire des navires supplémentaires en fer, à hélice, d'une force motrice modérée; il le fallait, afin d'obtenir aussi, pour transporter des marchandises, des vitesses moyennes et des dépenses réduites.

C'est ainsi qu'elle a fait construire les trois bâtiments qui suivent :

Les Andes et *les Alpes*, de 1,300 tonneaux et 300 chevaux;
Le Taurus, de 1,100 tonneaux et 180 chevaux seulement.

La compagnie Cunard s'est encore proposé de prolonger

la ligne qui s'étend de Liverpool à Boston, d'un côté jusqu'à Montréal, de l'autre vers Chagres et l'isthme de Panama. Elle veut employer pour ce service des navires en fer à hélice, ayant de longueur huit fois la largeur, avec une capacité de 2,000 tonneaux et 450 chevaux de force motrice. Il n'y a que des bâtiments en fer qui puissent, sans cesser d'être légers, être néanmoins assez solides pour comporter une aussi grande longueur relativement à la largeur.

Afin de faire bien comprendre les différences capitales que présentent les deux systèmes : 1° des roues à aubes, exploité primitivement par la compagnie Cunard; 2° des navires avec hélice, avec une puissance modérée de vapeur, je vais présenter ici comparativement quelques données principales de deux navires des plus remarquables, *l'Arabie* et *le Manchester.*

PARALLÈLE DE DEUX NAVIRES À VAPEUR, L'UN À GRANDE ET L'AUTRE À MOYENNE VITESSE.

DIMENSIONS PRINCIPALES.	COMPAGNIES	
	CUNARD. — *L'Arabie.* — En bois, à 3 mâts	DE LIVERPOOL à New-York. — *Le Manchester.* — En fer, à 4 mâts.
Longueur	86m,00	79 ,60
Largeur	12 ,35	11 ,00
Tirant d'eau moyen	6 ,02	5 ,50
Surface immergée au maître couple	63 ,00	50 ,00
Déplacement	3750t	3240
Force nominale de la machine	960ch	380
Poids des machines	680t	275
Espace occupé par la machine	928 m. c.	800
Combustible consommé par vingt-quatre heures	90t	35
Poids réservé pour la cargaison	400	1200
Force de l'équipage	105h	86
Vitesse moyenne des traversées	11 nœuds 37	8

DU PARTI QUE L'AMIRAUTÉ D'ANGLETERRE A CRU POUVOIR TIRER DES NAVIRES À VAPEUR CONSTRUITS PAR LES COMPAGNIES SUBVENTIONNÉES.

Il importe de constater à quel point l'amirauté d'Angleterre a vu ses prévisions déçues au sujet des conditions nombreuses et gênantes qu'elle avait imaginées, dans la construction des paquebots à vapeur. Elle espérait qu'au moment du besoin ces navires pourraient être convertis en bâtiments de guerre.

Commission spéciale d'examen instituée par lord Raglan.

Dès 1852, lord Raglan, celui qui commande aujourd'hui l'armée anglaise en Orient, et qui dirigeait alors le département mixte de l'artillerie de terre et de mer (département de l'Ordonnance), lord Raglan, dis-je, avait fait étudier par une commission mixte d'officiers de vaisseau et d'artillerie, la transformation de ce genre qui pouvait être opérée, et dont il ne semblait pas qu'on dût avoir si prochainement besoin.

D'après les rapports officiels publiés par ordre de la Chambre des Communes, sur quatre-vingt-onze navires à vapeur possédés par les compagnies que l'amirauté subventionne, il s'en est trouvé *seize* seulement susceptibles d'être appropriés pour le combat. Mais la commission constate qu'il faudrait pour cette appropriation des dépenses très-considérables; elle affirme que, vu le faible échantillon de leurs murailles, ces navires n'offriraient que peu de résistance aux coups de l'ennemi.

Les conclusions de la commission mixte sont remarquables; il faut en citer quelques points :

1° *Jamais les navires transformés ne pourront être considérés comme de bons bâtiments de guerre;*

2° L'inclinaison (la *quête*) du tableau rendrait dangereux le tir d'un canon dans la direction de l'arrière;

3° Les navires des compagnies ont beaucoup trop peu de mâture; des entre-ponts trop élevés; des salons, des logements de luxe trop spacieux pour les besoins austères de la guerre.

Il y a trop d'espace occupé par la machine à vapeur, ainsi que par le charbon, dont la dépense serait énorme et d'un remplacement perpétuel;

4° Les machines et les chaudières sont exposées aux boulets ennemis, de même que les roues; celles-ci sont d'un poids et d'un volume extrêmes qui nuiraient beaucoup à la marche sous voile : elles seraient très-vulnérables;

5° L'artillerie, ajoutée aux poids supérieurs, diminuerait la stabilité, surtout sous voiles, etc., etc.

En définitive, il faudrait changer les installations et les emménagements, fortifier les ponts et les œuvres mortes; en un mot, faire d'énormes dépenses, afin d'obtenir des bâtiments inférieurs à ceux que la marine militaire construit et qu'elle arme pour faire la guerre.

En présence de semblables conclusions, nous comprenons que cette année, malgré les besoins urgents *d'armements immenses*, l'amirauté n'ait pas transformé les paquebots à vapeur en bâtiments de guerre; elle s'est contentée d'en choisir un certain nombre comme bâtiments de transport, surtout pour les troupes et les chevaux. Sous ce point de vue, ils pouvaient offrir la ressource la plus précieuse, et l'ont en effet procurée avec une admirable efficacité.

Il est essentiel que l'on connaisse de tels faits. Par ce moyen, dans le cas où la France croirait devoir subventionner à grands frais des lignes de paquebots à vapeur, elle sera prévenue de ne pas prodiguer de trop larges sommes pour imposer des conditions militaires qu'on trouverait certainement illusoires, lorsque arriverait l'instant du besoin.

NAVIRES DE COMMERCE À VAPEUR AUXILIAIRES, APPLIQUÉS AU CABOTAGE.

L'association écossaise, que nous avons déjà citée pour des voyages à moyenne vitesse, a réussi dans plusieurs navigations lointaines et surtout dans les navigations rapprochées.

Des constructions analogues aux siennes (navires en fer à

hélice) sont très-employées par le cabotage, qui les fait servir avec un succès spécial au transport des voyageurs et des animaux domestiques.

On préfère, pour les voyages ordinaires à distances rapprochées, des bâtiments où la vapeur ne fournit qu'une vitesse modérée, à laquelle s'ajoute l'action des voiles : on combine ainsi l'économie des transports avec une accélération de temps sensiblement plus grande que par le seul emploi des voiles.

Application au cabotage pour le transport de la houille en Angleterre.

Un nouveau genre d'entreprises s'est formé pour le transport énorme de la houille entre Newcastle et Londres, avec des naxires mixtes en fer, à hélice, et suffisamment pourvus de voiles. Par la régularité des voyayes, et par leur rapidité, on obtient des résultats satisfaisants au point de vue de l'économie.

Afin de voir quelle part la vapeur occupait dans le transport de la houille, à l'époque de l'Exposition universelle, j'ai voulu déterminer quelle est la proportion du tonnage des navires à voiles et des navires à vapeur sortis chargés, en 1851, des ports principaux qui fournissent la houille à presque tous les autres ports du Royaume-Uni.

COMPARAISON ENTRE LES NAVIGATIONS PAR LA VOILE ET PAR LA VAPEUR DANS LES PORTS HOUILLERS D'ANGLETERRE.

CABOTAGE.	TONNAGES	
NAVIRES SORTIS CHARGÉS.	DES NAVIRES à voiles.	DES NAVIRES à vapeur.
	Tonneaux.	Tonneaux.
Hartlepool	775,649	65
Newcastle	1,475,753	71,991
Shields	157,530	263
Sunderland	1,321,997	205
Swansea	353,125	58,690
TOTAUX	4,084,054	131,214

De ces nombres nous déduisons les nombres comparables qui suivent :

Tonnage général des navires à voiles....... 1,000 tonn.
——————————— à vapeur...... 31

On voit par là quel immense progrès il faut que la vapeur réalise pour égaler les transports de houille opérés par les navires à voiles.

Un navire à vapeur accomplit, entre Londres et Newcastle, trente-six voyages, pendant qu'un charbonnier à voiles en accomplit neuf. Voilà certainement un grand avantage, et qui doit tenter vivement les armateurs.

Concurrence britannique soulevée contre la navigation pour le transport de la houille, par la voie des chemins de fer.

Les chemins de fer ont essayé de faire concurrence à la navigation pour apporter la houille à Londres; jusqu'à ce jour, ils n'ont guère pu transporter plus d'un septième de ce combustible[1]. Le transport à la vapeur, par les bâtiments mixtes, est incomparablement moins coûteux et suffisamment rapide. Ajoutons que les transports opérés sur les chemins de fer ont l'avantage particulier d'apporter à Londres des charbons beaucoup moins éloignés de la capitale que ceux qui viennent de Sunderland et de Newcastle.

Une telle expérience doit rassurer les Français sur l'avenir

[1] APPROVISIONNEMENT ANNUEL DE HOUILLE POUR LA VILLE DE LONDRES.

VOIES CONCURRENTES.	ANNÉE 1852.	ANNÉE 1853.
Par la voie de mer................................	924,972t	926,411t
Par la voie des chemins de fer....................	108,862	154,980
TOTAUX...............	1,033,834	1,081,391

de leur cabotage. Ce genre de navigation, aidé d'ailleurs par la vapeur, pour de bons navires mixtes, l'emportera par le bon marché sur les chemins de fer parallèles à nos côtes.

NAVIRES MIXTES FRANÇAIS.

Les Français ont essayé, pour la navigation côtière et pour remonter les fleuves, un genre de navires mixtes à vapeur, vraiment digne d'attention. Nous pouvons citer spécialement le navire *le Laromiguière,* construit par M. Armand, le plus habile constructeur de Bordeaux. On a vu ce navire à quilles glissantes, avec des mâts qui peuvent s'abattre pour passer sous nos ponts, apporter à Paris un chargement considérable en vins de la Gironde, moyennant un fret très-modéré.

On ne saurait trop encourager ces innovations heureuses. *Le Laromiguière* à membrure en fer, bordé en bois et consolidé par des vaigres obliques en fer, a réuni la solidité à la légèreté : combinaison qui permet un grand chargement relatif.

Je me suis contenté de signaler les associations les plus importantes subventionnées par l'État; de plus amples détails deviendraient fastidieux et n'apprendraient rien au lecteur. Il me paraît préférable d'offrir les résultats généraux du système adopté par l'Angleterre, pour étendre partout les communications postales accélérées.

Résumé de la situation des compagnies subventionnées par le Gouvernement britannique pour le service postal des navires à vapeur, dans toutes les parties du monde.

Service de cabotage.................. 768,750f

Service extérieur à l'orient *de la Grande-Bretagne.*

1° Pour le nord de l'Europe (Océan).... 290,500

2° Pour le midi de l'Europe (Océan).... 512,500

3° Méditerranée, mer Rouge, océan Indien	6,240,000[f]
4° Afrique occidentale, le cap de Bonne-Espérance, île Maurice jusqu'à Calcutta	1,841,250

Service à l'occident de la Grande-Bretagne.

1° Les États-Unis et le Canada.........	4,701,000
2° Les Indes occidentales............	6,000,080
3° Le Brésil et la Plata..............	750,000
4° L'océan Pacifique.................	625,000
Total des subventions du Gouvernement....	21,729,000
Recettes postales touchées par le Gouvernement	13,048,475
Balance faite de toutes les dépenses accessoires, il se trouve que, pour les douze mois financiers (1853-54), les déboursés du Gouvernement britannique se sont élevés à.......	9,143,850

AVENIR DE LA NAVIGATION À VAPEUR DANS LA GRANDE-BRETAGNE.

N'est-ce pas un résultat admirable de voir, en si peu d'années, dans les trois royaumes britanniques, la force totale de la vapeur appliquée à la navigation maritime s'élever à celle de 144,761 chevaux (année 1851), et cette force transportant par année plus d'un million de voyageurs[1] dans toutes les parties du monde? On est frappé de penser que cette immense puissance est le résultat d'une progression qui la fait doubler en dix ans. L'imagination, impatiente de lire dans

[1] En 1851, le total des voyages accomplis par ses navires à vapeur dans les trois royaumes s'élève à 22,769. Lors même qu'on réduirait à 50 le nombre moyen de voyageurs par traversée, on trouverait encore un total de 1,138,450 voyageurs dans une année. Aujourd'hui ce nombre est accru d'environ 30 pour 100.

l'avenir, aime à s'associer en quelque sorte à la rapidité des progrès de la force nouvelle; elle se plaît à supposer que la vapeur achèvera, dans un temps assez prochain, de remplacer, comme un moyen suranné, l'antique force du vent.

Essayons de substituer quelques faits démonstratifs à ces prévisions abandonnées au pur caprice de l'imagination.

TONNAGE DES NAVIRES BRITANNIQUES EN ACTIVITÉ DANS L'ANNÉE 1851.

EMPLOI DES NAVIRES.	NAVIRES	
	À VOILES.	À VAPEUR.
Le cabotage seulement	685,641t	78,820t
Service mélangé de cabotage et de navigation extérieure.	242,656	4,926
Navigation exclusivement extérieure	2,287,897	60,995
Tonnages totaux	3,216,194	144,741

De ces données numériques nous déduisons le tableau suivant, qui mérite d'être étudié :

PROPORTIONS ENTRE LES DEUX GENRES DE NAVIGATION.

EMPLOI DES NAVIRES.	NAVIRES	
	À VOILES.	À VAPEUR.
Tonnage exclusif pour le cabotage	1,000,000t	114,958t
Tonnage mixte de cabotage et de navigation extérieure.	1,000,000	50,770
Navigation exclusivement extérieure	1,000,000	26,660

On sera frappé certainement de la diminution si rapide présentée par le tonnage des navires à vapeur, aussitôt qu'on s'éloigne du cabotage exclusif.

Arrêtons notre pensée sur la navigation extérieure, la plus remarquable des trois pour les difficultés à vaincre et pour le tonnage des navires qu'elle exige. C'est, comme on le voit, celle qui laisse encore à la force nouvelle le champ le plus large à parcourir, avant d'arriver à remplacer en entier la force du vent, si cette conquête est possible.

Afin qu'on se forme une idée un peu précise de l'état actuel de la navigation opérée par les deux genres de force, nous divisons en quatre parties cette navigation :

1° Navigation avec l'Europe occidentale ou rapprochée, dont les distances moyennes aux principaux ports des trois royaumes britanniques, sont par nous évaluées à 1,200 kilomètres ;

2° Navigation avec l'Europe éloignée et l'Asie occidentale, ce qui comprend la mer Blanche, la Baltique et la Méditerranée, suivant une distance moyenne de 4,000 kilomètres;

3° Navigation avec l'Afrique et l'Amérique, des deux côtés de l'Atlantique, suivant une distance moyenne évaluée à 7,000 kilomètres;

4° Navigation avec l'Asie orientale, suivant une distance moyenne évaluée à 22,000 kilomètres.

Pour la première fois, les Tables de commerce et de navigation britanniques (année 1851) donnent distinctement les tonnages, par puissance, des navires à vapeur et des navires à voiles. Nous en avons déduit les nombres qui suivent, pour les quatre grandes divisions que nous venons de définir.

TONNAGE RÉUNI DES ENTRÉES ET DES SORTIES POUR LES NAVIRES BRITANNIQUES AYANT FAIT LE COMMERCE ENTRE LES PORTS DES TROIS ROYAUMES ET LES PORTS ÉTRANGERS (ANNÉE 1851).

DESTINATION DES NAVIRES.	NAVIRES	
	À VAPEUR.	À VOILES.
Europe rapprochée	1,546,472[t]	1,935,321[t]
Europe éloignée, Asie rapprochée	117,880	1,611,200
Afrique, Amérique	226,944	3,217,313
Asie orientale	4,444	1,056,882
Totaux	1,895,740	7,820,716

De ce tableau nous concluons le suivant, dont les résultats sont dignes d'être médités.

PROPORTION DES TONNAGES TOTAUX QUI REPRÉSENTENT LA PUISSANCE DE TRANSPORT COMPARÉE DES NAVIRES À VAPEUR ET DES NAVIRES A VOILES.

SPÉCIFICATION DES PARCOURS.		DISTANCES MOYENNES de parcours.	NAVIRES	
			À VAPEUR.	À VOILES.
		Kilomètres.	Tonneaux.	Tonneaux.
Entre les Trois-Royaumes et	Europe rapprochée	1,000	850,748	1,000,000
	Europe éloignée, Asie rapprochée.	4,000	73,162	1,000,000
	Afrique, Amérique	7,000	70,204	1,000,000
	Asie orientale	22,000	4,205	1,000,000

NOUVELLE UNITÉ DE MESURE POUR LE TRAVAIL ANNUEL DU VENT ET DE LA VAPEUR DANS LA NAVIGATION MARITIME.

Les divisions géographiques dont nous venons de faire usage et les distances moyennes approximatives qui leur correspondent, vont nous permettre d'offrir une évaluation numérique du travail maritime accompli, dans une année, par les forces respectives de la vapeur et du vent.

Afin de comparer ces deux forces, j'ai proposé à l'Académie des sciences de prendre pour unité du travail accompli par la vapeur et par le vent le transport opéré sur une route ordinaire par un cheval de trait, doué d'une force moyenne et faisant parcourir à 1,000 kilogrammes 32 kilomètres, ou 8 lieues par jour, pendant six jours de chaque semaine [1].

Ce travail annuel, en négligeant une fraction très-minime, égale 1,000 kilogrammes, ou le tonneau de mer, transporté à 10,000 kilomètres; c'est-à-dire exactement la distance du pôle à l'équateur. Telle est la force annuelle que nous prendrons pour unité. Si l'on omet l'image sensible offerte par une force vivante, il reste une *appréciation purement mathématique, comme unité de mesure en harmonie avec notre système décimal.*

Si, maintenant, nous multiplions les tonnages donnés dans le tableau précédent, par les moyennes distances que nous avons établies en kilomètres, et si nous divisons par 10,000 les produits, nous obtiendrons les résultats du travail annuel opéré séparément par la vapeur et par le vent. On suppose ici le tonneau anglais égal au tonneau français; la rigueur absolue exigerait 16 pour 1,000 en plus. Cela, d'ailleurs, ne changerait rien aux rapports que nous voulons mettre en évidence.

[1] Voici, d'après ces données, le travail du cheval de trait: 1,000 kilogrammes $\times$ 32 kilomètres $\times \frac{365+6}{7} =$ 1,000 kilogrammes $\times$ 10,011 kilomètres.

Si l'on prenait l'année de 52 semaines, ou 364 jours, on aurait: 1,000 kilogrammes $\times$ 9,996 kilomètres. Nous adoptons 1,000 kilogrammes $\times$ 10,000 kilomètres.

TABLEAU DU TRAVAIL ANNUEL DES NAVIRES À VAPEUR ET DES NAVIRES À VOILES EMPLOYÉS PAR LA GRANDE-BRETAGNE DANS SON COMMERCE AVEC LES NATIONS ÉTRANGÈRES.

Année 1851.

Nouvelle unité de mesure : un cheval de trait qui, dans un an, traîne 1,000 kilogrammes à 10,000 kilomètres de distance.

PARTIES DU MONDE PARCOURUES.	NAVIRES	
	À VAPEUR.	À VOILES.
	Chevaux.	Chevaux.
Europe rapprochée	154,647	103,532
Europe éloignée, Asie occidentale	47,152	644,480
Afrique, Amérique	158,861	2,252,119
Asie orientale	9,777	2,325,140
TOTAUX	370,437	5,415,271

Proportion du travail annuel accompli sur les mers.

Par les navires à vapeur 68,406
———— à voiles 1,000,000

Construction colossale à vapeur pour communiquer entre l'Angleterre et l'Australie.

C'est dans l'Asie orientale, c'est surtout dans l'Océanie et dans l'océan Pacifique qu'auront lieu les plus grands efforts pour rendre moins exiguë la proportion de la navigation par la vapeur. Déjà, depuis 1851, des progrès considérables sont opérés, et de plus importants sont en préparation.

Nous ne ferons qu'indiquer ici l'entreprise du plus grand navire, soit à voiles, soit à vapeur, qu'on ait jamais tenté de construire. Il servira pour naviguer d'Angleterre en Australie. Ce navire aura trois fois la longueur et sept à huit fois le déplacement d'un vaisseau de ligne du premier rang : on n'emploiera dans sa construction que le fer. Le seul combustible embarqué *pèsera deux fois autant qu'un vaisseau à trois ponts,* et servira tant pour l'aller que pour le retour[1]. Ce navire colossal sera mixte sous tous les rapports; en effet, il réunira, pour la vapeur, les roues à aubes et l'hélice; et la vapeur avec les voiles : celles-ci seront portées par quatre mâts verticaux, indépendamment du beaupré. C'est le fils d'un Français illustre, et lui-même ingénieur éminent, M. Brunel, qui dirige ces travaux dans l'établissement de M. Scott-Russel, sur les bords de la Tamise.

Nous ne pouvons que former des vœux pour le succès d'une entreprise aussi gigantesque; elle fournira des faits nouveaux et considérables à l'art nautique, ainsi qu'à l'architecture navale.

Progrès simultanés de la vapeur et de la voile.

D'après les calculs qui viennent d'être présentés, on voit qu'en 1851 le travail accompli par la vapeur n'était pas encore égal à la *quatorzième* partie du travail accompli par la force du vent.

Les perfectionnements qu'on apportera dans l'application et surtout dans l'économie de la vapeur accéléreront, et le progrès de la navigation qui l'emploie pour force motrice, et la part toujours croissante de cette nouvelle navigation dans la marine commerçante ainsi que dans la marine militaire.

EFFORTS POSSIBLES DU CÔTÉ DES NAVIRES À VOILES POUR LUTTER AVEC LA VAPEUR, DANS LES LONGUES NAVIGATIONS.

Il faut pourtant se garder d'admettre que la navigation opérée par la seule force du vent n'emploiera pas elle-même

[1] On veut éviter par là le grand inconvénient de payer des prix fabuleux, en Australie, pour le charbon que nécessite le retour en Angleterre.

de nouveaux efforts pour se perfectionner et conserver une large part du travail maritime.

Des progrès spéciaux auront lieu, et ce seront peut-être les plus importants, par la réunion plutôt que par l'antagonisme des deux forces motrices.

Aujourd'hui, l'on ne voit plus que dans la navigation sur les rivières ou sur les canaux, quelques bateaux qui fassent usage uniquement de la vapeur. Partout, à la mer, on réunit les deux forces de la vapeur et du vent.

Dans quelques bâtiments à grande force de vapeur, la superficie des voiles est égale seulement à douze fois la section maxima transversale de la carène; déjà, dans d'autres navires de cet ordre, elle s'élève à vingt fois la section principale.

A bord du *Napoléon*, vaisseau de ligne à grande vitesse, auquel l'Académie a décerné le prix extraordinaire proposé pour les progrès de la navigation par la vapeur appliquée aux bâtiments de guerre, la superficie des voiles égale *vingt-huit fois et demie* la section transversale maxima de la carène.

Des clippeurs.

En dehors de cette alliance des deux forces sur les mêmes bâtiments, on construit, depuis quelques années, des navires purement à voiles, dont on s'efforce d'augmenter la vitesse, en se rapprochant de la forme allongée des navires à vapeur. C'est ce que la marine militaire faisait, à des degrés différents, pour les galères, dès le moyen âge, et pour les frégates, les corvettes et les avisos, dans les temps modernes.

Le désir ardent éprouvé par l'Angleterre de pratiquer à la Chine le commerce de l'opium, au moyen d'une contrebande qui fût de moins en moins périlleuse, ce désir a fait construire des navires fins marcheurs, construits d'après les principes dont se sont si bien trouvés les marines militaires et les navires armés pour la course, connus sous le nom de corsaires; tels sont les marcheurs rapides qu'on a nommés des *clippeurs*, nom dérivé de la tonte des brebis, tonte qui les rend plus aptes à passer sans arrêt et sans perte, au milieu des épines et des obstacles.

Le tableau qui suit fera voir à quel point on peut abréger les longues traversées, en construisant des navires à voiles de plus grandes dimensions, surtout lorsqu'on en rapproche les formes de celles qui donnent tant d'avantages aux bons navires à vapeur.

TABLEAU PROGRESSIF DONNANT LA DURÉE DES VOYAGES DES CLIPPEURS ENTRE LIVERPOOL ET L'AUSTRALIE.

TONNAGE MOYEN.	DURÉE MOYENNE DES TRAVERSÉES.	
	1852.	1853.
	Jours.	Jours.
Navires à voiles au-dessous de 200 tonneaux	137	133
——— de 200 à 300	122	122
——— de 300 à 400	123	113
——— de 400 à 500	118	112
——— de 500 à 600	113	112
——— de 600 à 700	107	103
——— de 700 à 800	108	101
——— de 800 à 900	103	100
——— de 900 à 1,000	102	95
——— de 1,000 à 1,200	96	91
——— de 1,200 et davantage	91	90
——— exceptionnels	68	67

D'un autre côté, les marins, dans les navigations lointaines, ont fait une étude de plus en plus approfondie des vents périodiques et des courants dont peut profiter la navigation. M. Maury, lieutenant de la marine militaire américaine, est auteur d'un très-beau travail entrepris afin de réunir et de systématiser l'ensemble de ces connaissances, qui tendent à diminuer l'infériorité relative de la navigation à voiles : la navigation par la vapeur peut elle-même en profiter[1].

[1] M. Maury a publié des Cartes de courants, et des vents et des eaux, très-justement estimées.

Conditions particulières de la France pour la navigation commerciale à vapeur.

En France, où le combustible est plus cher qu'en Angleterre, la navigation à vapeur est comparativement moins avantageuse; et la navigation mixte avec une moindre proportion de vapeur est celle qui nous convient davantage, si nous consultons les lois de l'économie.

De même, le fer étant chez nous d'un prix plus élevé qu'en Angleterre, la combinaison du bois avec le fer, pour construire des bâtiments de commerce perfectionnés, aura pour nous plus d'avantages que le pur emploi du fer. Ces principes semblent avoir dirigé les constructeurs français dans les navires mixtes à hélice, avec lesquels ils ont, en dernier lieu, navigué sur l'Océan et sur la Seine, entre Bordeaux, Paris et Londres.

DÉVELOPPEMENTS PROGRESSIFS

DES MARINES MILITAIRES À VAPEUR.

Lorsque les essais persévérants et courageux de M. P. F. Smith eurent obtenu des succès pleinement reconnus par l'amirauté d'Angleterre, on s'aperçut qu'un ordre nouveau d'applications devait s'ensuivre pour les marines militaires.

Aussi longtemps que la force de la vapeur se transmettait par l'intermédiaire de roues à aubes, il en résultait une presque impossibilité d'adapter un système pareil à des bâtiments de guerre. L'énorme diamètre des roues, tel qu'il le fallait pour des vaisseaux ou des frégates, rendait impossible l'armement de la plus belle portion des batteries, de celles où les ponts ont la plus grande largeur. En outre, le volume considérable des roues et des tambours qui les recouvrent présentait à découvert des superficies exposées aux feux ennemis; ce qui mettait les bâtiments en danger d'être privés, pendant le combat, de leurs moyens de propulsion.

Mais, aussitôt qu'on eut trouvé le moyen d'établir l'hélice entre le gouvernail et la carène, au-dessous de la flottaison, la question militaire changea de face.

. On put appliquer la vapeur comme puissance motrice, en laissant les batteries complétement libres et dans leur pleine efficacité.

De plus l'hélice, étant cachée sous l'eau, se trouva presque tout à fait hors de l'atteinte des projectiles ennemis.

On n'eut plus à craindre que, dans une tempête, les aubes fussent brisées, et les roues mises hors de service par un choc violent des lames de la mer.

Au lieu de l'inconvénient excessif d'avoir tour à tour une roue trop immergée et l'autre tournant à vide lors des mouvements de roulis et dans l'inégalité de l'élévation et de la dépression des ondes obliques, l'hélice exerce la continuité de son action régulière et symétrique dans une eau comparativement tranquille.

Ce furent les Anglais qui, les premiers, de 1843 à 1844, commencèrent d'appliquer l'hélice aux vaisseaux de ligne. Ils y procédèrent en silence avec une circonspection remarquable.

Lorsqu'on avait appliqué la vapeur à la navigation par le moyen des roues à aubes, c'était pour le service du commerce, et l'on se préoccupait avant tout de la rapidité des traversées. Naturellement, pour naviguer sur les rivières, on n'avait senti nul besoin d'employer la voile.

On continua de s'en passer dans les voyages maritimes, surtout pour les compagnies chargées du service rapide des malles-postes.

Un certain nombre de personnes s'imaginaient qu'il fallait agir de même pour les bâtiments de guerre. Elles se plaisaient à concevoir une marine militaire où l'on n'aurait plus besoin de la vieille expérience des marins manouvriers, qui savent tirer si merveilleusement parti de l'action du vent sur les voiles.

On regardait donc comme des machines vieilles, surannées et dignes d'oubli les anciens et meilleurs vaisseaux à voiles; et cela, dans un moment où commençaient à peine les premières expériences sur les plus petits vaisseaux, avec des succès douteux.

On alla si loin dans ce système, qu'on ne craignit pas de proposer en France, à la Chambre des députés, d'interrompre complétement la construction des vaisseaux; de laisser finir de leur vétusté naturelle les vaisseaux déjà construits; et d'attendre ce que les progrès de la vapeur appliquée à la navigation révèlerait sur les formes nouvelles les plus appropriées à ce genre de force impulsive.

Pour abonder dans le même ordre d'idées, on regardait comme un progrès de diminuer toujours davantage le nombre des vaisseaux devant former l'établissement normal de la France.

Dans cet état de la question, j'écrivis rapidement des observations qui seront reproduites dans ce travail historique, afin de porter la lumière sur la conséquence d'une décision vitale pour la marine française.

Pendant plusieurs années, dans le désir de persuader à la France de renoncer, pour les guerres futures, à former des armées navales redoutables par le nombre des vaisseaux, des personnes influentes atténuaient le chiffre des gens de mer dont la France peut disposer.

Il a fallu, par des calculs positifs, démontrer, sous ce point de vue, la puissance réelle de la France. Il a fallu montrer que, pour un règlement normal de force navale à compléter en neuf ans, il était indispensable qu'on fît entrer en ligne de compte le progrès annuel du commerce maritime et l'accroissement des matelots employés par ce commerce. Nos prévisions, très-modérées et très-acceptables aux yeux d'un observateur attentif, appuyées sur des faits constants, ont été reçues avec confiance: aujourd'hui l'expérience a justifié ce compte fait avec l'avenir. J'établissais la progression suivante.

Chiffre progressif des gens de mer, calculé pour servir de base à l'armement naval de la France.

Effectif immatriculé, en 1836............. 90,511

Progrès accomplis de 1836 à 1845, 12 $\frac{8}{10}$ p. o/o en neuf ans révolus.......................... 112,452

Progrès égal de 1845 à 1854, 12 $\frac{8}{10}$ en neuf ans à venir........................... 139,720

Eh bien, dès le 1er juillet 1854, d'après les états officiels de l'inscription maritime, l'effectif total s'éleva à 139,698, même en excluant les apprentis et les mousses. Nous n'osions pas espérer que les faits accomplis justifieraient avec tant de précision l'évaluation donnée par nos calculs[1].

[1] M. de Lamartine, à la Chambre des députés, s'est particulièrement appuyé sur notre appréciation, dans le discours éloquent qu'il a prononcé.

On n'admettait pas en 1845 que l'inscription maritime pût arriver à fournir 40,000 marins, et, dès le 1er juillet 1854, il y avait au service 46,510 marins immatriculés, non compris les mousses. Or, loin qu'on eût épuisé l'inscription maritime, à la même époque le commerce et la pêche étaient desservis ainsi qu'il suit :

Long cours	19,774
Cabotage	16,228
Petite pêche	19,199
Total	55,201
Marins à terre disponibles,	14,193
	69,394

Tel est l'état florissant où se trouve aujourd'hui le personnel des deux navigations de l'État et du commerce.

Pour revenir à 1846, les démonstrations que nous avons présentées ont porté la conviction dans les esprits; les orateurs les plus illustres ont bien voulu les faire valoir à la tribune de la Chambre élective, où l'on discutait en première instance la loi des 93 millions. Cette chambre, alors, a, d'un mouvement unanime, chargé sa commission de lui soumettre des propositions nouvelles, où toute réduction fut supprimée, et dans le nombre des vaisseaux et dans la dotation demandée par le Gouvernement: c'étaient 93 millions de francs, pour réparer un matériel systématiquement appauvri depuis dix ans.

C'est à cette résolution salutaire et capitale que la marine

Voici le texte de ses paroles, séance du 16 avril 1846. On dit : Il n'y a pas équilibre entre notre recrutement naval et nos vaisseaux. « Messieurs, un « membre illustre de l'autre Chambre, pour qui les chiffres ont une signifi- « cation de plus que pour nous, et qui a voulu éclairer encore dans ce sujet « ses anciens collègues de ses conseils, M. Charles Dupin, porte à 140,000 « le nombre des marins inscrits que nous aurons en 1854, en admettant, « comme le fait l'atteste, un accroissement de 12 ½ pour 100 en neuf « ans. »

française doit aujourd'hui de paraître avec éclat et grandeur dans une lutte où les destins de l'Europe réclament les forces unies de la France et de l'Angleterre.

Lorsque ce projet de loi parvint à la Chambre des pairs, il fut fait un rapport[1] où l'on trouve l'historique du matériel naval depuis 1814. Nous y puiserons ce qui concerne les emprunts que le Gouvernement français a faits à la vapeur jusqu'à l'époque où l'on allait commencer la transformation des vaisseaux de ligne.

Premiers progrès de la vapeur dans la marine française.

En 1820, lorsqu'on rédigeait le plan d'un budget normal en traçant un ensemble de travaux qui devait embrasser onze années, il n'était pas même dit un mot de la navigation à vapeur : *elle était encore en dehors de toutes prévisions pour la marine militaire.*

Cependant les efforts du commerce continuaient avec une ardeur infatigable en Angleterre et surtout aux États-Unis.

Par degrés on triomphait des difficultés maritimes pour de courtes navigations, au voisinage des côtes; en choisissant les moments où la mer est calme et favorable, on s'essayait à braver les tempêtes.

En France, vers 1823, la marine royale ordonnait la construction des premiers bateaux à vapeur qu'elle ait possédés.

Au 31 décembre 1830, elle avait déjà quinze navires à vapeur, tant à flot qu'en construction, représentant une valeur de 6,422,646 francs.

Au 1er janvier 1840, le nombre des navires à vapeur de la marine militaire avait triplé, et la force totale en chevaux

[1] Rapport à la Chambre des pairs, séance du 15 juin 1845, sur le projet de loi relatif aux crédits extraordinaires pour les constructions navales et les approvisionnements. Membres de la commission : le vice-amiral Halgan, le comte de Castellane, aujourd'hui maréchal de France; le marquis de Barthélemy, le baron Tupinier, M. Persil, le baron Charles Dupin, secrétaire et rapporteur.

avait presque quadruplé; déjà la flotte à vapeur, nous pouvons la nommer ainsi, présentait dans les comptes en matières pour 1840, une valeur totale de 21,022,716 francs.

Les plus forts bâtiments que possédât la marine royale en 1830 n'étaient que de la force de 160 chevaux; en 1840, ils ne dépassaient pas la force de 220 chevaux.

Bientôt après la première de ces époques le commerce d'Angleterre s'apprêtait à prendre l'avance de toutes les marines militaires par l'entreprise la plus audacieuse, entreprise que le succès allait justifier.

On regardait comme possible désormais la navigation la plus prolongée dans les mers européennes, par tous les temps et dans toutes les saisons; tandis que les marins des États-Unis obtenaient, de leur côté, des succès comparables sur la rive occidentale de l'océan Atlantique.

Une plus grande navigation restait à tenter : c'était de franchir périodiquement l'Atlantique elle-même, et de conduire des bâtiments à vapeur d'Europe en Amérique et d'Amérique en Europe: voilà ce qu'on a fait en 1836, avec un succès qui remplit les deux mondes d'admiration et d'enthousiasme.

Les Gouvernements ne pouvaient pas rester spectateurs oisifs en présence d'une activité si féconde en grands résultats.

Ils ont compris que la vapeur leur offrait des moyens de communication accélérée et certaine, indépendante du caprice des vents et de l'immobilité des calmes.

La même pensée qui portait, au xve siècle, les Gouvernements à s'approprier les communications accélérées et régulières des postes sur terre, les a portés, dans ces derniers temps, à créer sur les mers un service de postes à vapeur.

Nous l'avons fait surtout avec succès, dans la Méditerranée, entre la France, l'Italie, la Grèce, l'empire ottoman et l'Algérie[1].

[1] Depuis peu d'années nous avons remplacé le service, si satisfaisant pour les voyageurs, que faisaient les paquebots de la Méditerranée sous le commandement de lieutenants de vaisseau, par une entreprise commerciale.

Navires prétendus transatlantiques, entrepris par le Gouvernement français.

Dès 1840, quatre ans après le succès des Anglais pour la traversée de l'Atlantique, une loi hardie décida que 28,400,000 francs seraient consacrés à construire des *paquebots* appelés *transatlantiques*, d'après le nom de la mer qu'ils serviraient à traverser. Ces bâtiments durent être construits par la marine royale; ils l'ont été.

On avait émis une opinion prudente au sein de la Chambre des pairs; c'était de ne construire, en premier lieu, que les paquebots indispensables pour desservir une première ligne, et de s'éclairer par l'expérience; de construire ensuite les paquebots indispensables pour une seconde ligne avec des perfectionnements nouveaux, perfectionnements certains dans un art naissant qui fait, pour ainsi dire, un pas chaque jour; enfin de n'exécuter les paquebots de la troisième ligne qu'après avoir mis à profit l'expérience des deux précédentes et les derniers progrès de l'art.

Il est à regretter que la loi n'ait pas fait une obligation de cette marche progressive. Des perfectionnements considérables, obtenus dans les appareils producteurs de la vapeur, auraient pu rendre meilleurs encore des bâtiments remarquables déjà par d'excellentes qualités.

Le ministère des finances devait exploiter en régie les lignes de paquebots transatlantiques entre la France et les Antilles, le Mexique et l'Amérique du Sud : ce ministère s'est effrayé de la dépense et n'a pas entrepris ces navigations nouvelles. Il a fait remise ou concession provisoire des dix-huit paquebots transatlantiques au département de la marine, qui les a reçus comme un don magnifique.

Ces paquebots ont rendu les services les plus signalés, en transportant avec une extrême rapidité plus de douze mille hommes de troupes en Algérie, lors de la révolte inopinée et générale des tribus arabes, au milieu même de la plus mauvaise saison de l'hiver de 1844. Plus tard, ils ont transporté l'armée française envoyée, avec un grand matériel, pour assiéger et prendre Rome.

Le premier article de la loi de 1840 autorisait le ministre des finances à contracter un engagement avec une association commerciale, afin d'ouvrir une autre ligne de communication, laquelle eût été bien autrement fructueuse, entre le Havre et les États-Unis. Nous sommes en 1846, et, disait la Commission de la Chambre des pairs, nulle entreprise de ce genre, à notre grand regret, ne s'est encore formée.

Voilà par quel triste concours de circonstances les Anglais, depuis 1837 jusqu'à ce jour, sont restés maîtres exclusifs des communications par la vapeur entre l'Europe et l'Amérique. Ils transportent les dépêches de notre Gouvernement pour nos colonies, dès que ces dépêches sont importantes et pressées.

La marine militaire française a vu tout à coup doubler la force en chevaux de sa marine à vapeur, par l'abandon que le ministère des finances a fait des paquebots transatlantiques. Ce ministère n'aurait-il pas dû, tout au moins, essayer lui-même la ligne du Havre aux États-Unis, la plus riche de toutes, en attendant qu'une compagnie, éclairée par l'expérience déjà faite aux frais de l'État, consentît à s'en charger? Jamais entreprise n'eût été plus politique et plus nationale; jamais sacrifice momentané n'eût été plus fructueux. Voici ce qui le prouve.

Revenus publics perçus par l'administration américaine dans le port de Boston, sur les transports opérés par les bâtiments à vapeur.

Année	1840	2,929 dollars.
—	1841	7,809
—	1842	120,975
—	1843	640,572
—	1844	916,198
—	1846	1,022,993

Depuis 1840, le ministère de la marine, en construisant

des bâtiments de 540 chevaux et de 450, ainsi que des corvettes de 320, a de plus en plus accru sa flotte à vapeur.

Nous avons essayé d'en calculer la valeur au 1er janvier 1846, en y comprenant les paquebots transatlantiques; et nous avons trouvé qu'elle s'élève à la somme considérable de 85 millions de francs, pour une force de 20,224 chevaux.

En résumé : de 1830 à 1840, la force de la flotte à vapeur a presque quadruplé; de 1840 à 1846, elle a plus que quadruplé.

La loi proposée en 1845 eut pour effet d'élever à près de 30,000 la force en chevaux de la flotte à vapeur, telle qu'elle devait être complétée pour le 1er janvier 1854.

Les dépenses affectées, dans le projet, aux constructions et aux armements des navires à vapeur, s'élèvent à 33,560,000 fr.: jointes à la valeur de la flotte à vapeur en 1846, elles donneront, en 1854, pour valeur totale de la flotte à vapeur 128,920,000 francs.

Dans l'escadre d'évolution que les Anglais avaient à la mer, en 1846, on comptait neuf vaisseaux de ligne à voiles et sept bâtiments à vapeur, dont voici les forces en chevaux ainsi qu'en équipages.

Bâtiments à vapeur devant former une division de l'escadre anglaise d'évolution en 1846.

	Chevaux.	Équipages.
2 frégates à vapeur, 1re classe...	1,600	520 marins.
2 ——— 2e classe...	770	350
2 sloops..................	820	290
1 petit bâtiment............	220	110
Totaux......	3,410	1,270

Équipage pour 1,000 chevaux, 372 hommes.

Cette proportion de marins n'est pas les deux tiers des équipages employés sur l'ensemble de nos bâtiments à vapeur, pour une même force de chevaux.

DES BÂTIMENTS DE GUERRE MIXTES.

Quoique la force de la vapeur soit le moteur principal des navires à vapeur proprement dits, on se garde cependant de repousser tout secours offert par la force du vent.

Les navires à vapeur ont par conséquent une voilure qui peut leur offrir, en beaucoup de cas, d'importants secours.

Cette alliance a fait naître une autre pensée; c'est d'ajouter aux bâtiments de guerre à voiles, une force auxiliaire à vapeur, qui pourra leur rendre des services infinis : tel est le système des *bâtiments mixtes*.

La substitution d'une vis mobile et cachée sous les eaux, aux systèmes des roues à aubes, rend beaucoup plus acceptable la pensée d'ajouter aux bâtiments à voiles la force de la vapeur, pour la marine militaire.

PROGRÈS DES ANGLAIS À PARTIR DE 1844.

Aujourd'hui, dans la Grande-Bretagne, le commerce et le Gouvernement s'occupent d'introduire cette force auxiliaire transmise par un appareil à vis.

Nous allons faire connaître l'exécution d'un plan considérable, que le Gouvernement anglais poursuit, selon son usage, avec une discrétion merveilleuse, et qui ne peut manquer d'avoir une influence infinie sur la généralisation du système mixte, dans toutes les marines militaires.

Vaisseaux de guerre mixtes d'essai préparés par les Anglais, sous le titre de garde-côtes.

L'amirauté d'Angleterre a pris quatre anciens vaisseaux de 72 canons et quatre frégates, pour en faire un premier objet de grandes expériences : ces huit bâtiments doivent servir spécialement, affirmait-on en 1844, *à la défense des côtes* britanniques. Ils sont désignés sous le titre modeste de *steam-guard-ships, navires gardes-côtes à vapeur.*

On rase les œuvres hautes; on donne aux vaisseaux une

simple mâture de frégates; puis on calcule la force de la vapeur pour procurer à ces bâtiments, à sec de voiles, une vitesse de six nœuds, 11 kilomètres 11/100 par heure.

On évalue à 450 chevaux la force auxiliaire de la vapeur nécessaire pour les vaisseaux rasés de 72.

Les quatre anciennes frégates, dites de 44, auront aussi leurs œuvres hautes rasées. Elles recevront une mâture et une voilure de grande corvette.

Pour ces frégates, la force auxiliaire de la vapeur ne sera pas moindre de 575 chevaux, et la vitesse qu'elle devra communiquer au bâtiment sera d'au moins 9 nœuds.

On suppose que les vaisseaux pourront porter assez de combustible pour dix jours de propulsion continue par la vapeur, et les frégates pour cinq jours. On admet que ces bâtiments pourront rester quinze jours à la mer sans aucun ravitaillement.

Avant de montrer les conséquences inévitables de ces vitesses et de ces approvisionnements, constatons l'armement des navires gardes-côtes à vapeur.

Artillerie des navires gardes-côtes à vapeur.

	Pour un vaisseau.		Pour quatre vaisseaux.
Batteries couvertes,	48	canons obusiers de 68[1]......	192
Batterie barbette,	6	.... *idem*...........	24
Batterie barbette,	2	canons bombes de 112 (à pivot).	8
	56		224

	Pour une frégate.		Pour quatre frégates.
Batterie couverte,	20	canons obusiers de 68.........	80
————	2	canons bombes de 112 (à pivot).	8
————	4	caronades de 32.............	16
	26		104

Total des bouches à feu incendiaires, de l'escadre réunie des quatre vaisseaux et des quatre frégates........ 312

[1] Il s'agit ici de livres anglaises égales à 454 grammes.

Total des projectiles incendiaires qui peuvent être lancés par *bordée* d'un seul bord :

Obus de 68.................................. 136
Bombes de 112............................... 16

Les travaux qu'exige un armement si respectable seront terminés cette année même : *on croît qu'il seront doublés l'année suivante* [1].

Ainsi, dès la fin de l'année 1847, l'amirauté d'Angleterre pourra tenir aux ordres du Gouvernement une force navale à vapeur qui lancera des deux bords :

En projectiles incendiaires, obus de 68......... 272
——————————— bombes de 112..... 32

Si l'on compare cette puissance de destruction aux batteries les plus formidables qu'aient employées les armées de terre pour incendier de grandes places assiégées et pour écraser les édifices, on verra ce qu'on peut penser de l'armement qu'on prépare sous la désignation inoffensive et protectrice de gardes-côtes à vapeur.

A ces observations j'ajoutais, dès 1845 : c'est pour la France une indispensable nécessité d'accomplir un armement de même nature et de même force ; afin que nous n'ayons rien à redouter dans le cas futur, quel qu'il soit, d'une mésintelligence avec l'Angleterre.

Les considérations qui suivent ont surtout pour but de démontrer l'action nouvelle et possible de la Grande-Bretagne sur d'autres États que la France.

Sphère d'action des nouveaux vaisseaux.

Avec l'approvisionnement en combustible et la vitesse imprimée par la vapeur, sans compter la voile,

[1] Cette espérance ne s'est pas vérifiée ; l'Angleterre a procédé beaucoup moins rapidement.

1° Les frégates à vapeur pourront parcourir un espace égal à 18 degrés du méridien ou 500 lieues de 4,000 mètres.

2° Les vaisseaux à vapeur parcourront un espace égal à 24 degrés du méridien ou 677 lieues de 4,000 mètres.

Voyons jusqu'où les Anglais pourront atteindre en parcourant la moindre de ces deux distances.

Distances à partir de la Tamise, mesurées en degrés du méridien pour arriver par la ligne la plus courte.

A Drontheim, dernier port considérable de la Norwége vers le nord, moins de........................ 15°
A Copenhague, moins de........................ 12
A Stockholm, moins de........................ 18
A Dantzick, à Kœnisberg, moins de.............. 15

Par conséquent, du côté du nord, la flotte à moyens incendiaires menacera tous les ports considérables, militaires ou commerçants, de la Belgique, de la Hollande, du Hanovre, du Danemark, de la Norwége, de la Suède, de la Prusse et du Zollverein.

L'exposition qui précède et les calculs qui vont suivre des avantages prévus des navires mixtes de guerre inaugurés par les Anglais, sont tels que je les ai présentés dans mon rapport à la Chambre des pairs, en 1845. Il est remarquable que les mêmes petits vaisseaux, dits *gardes-côtes*, ont tous fait partie de la magnifique flotte que l'amiral sir Charles Napier a conduite, en 1854, dans la mer Baltique : à raison de leur faible tirant d'eau, ils étaient précieux pour cette mer dont les abords et les méandres infinis offrent tant de bas fonds.

Distance, à partir de l'embouchure de la Tamise, évaluée en degrés d'un grand cercle de la terre pour arriver :

Devant la Corogne, moins de................ 14°[1]

[1] Longueur du degré pris pour unité, 111 kilomètres.

Devant Lisbonne, moins de.................... 17°
Devant le cap Saint-Vincent, moins de............ 18
Devant Gibraltar, moins de.................... 22

Par conséquent, du côté du midi, l'Espagne, le Portugal, et l'Espagne encore jusqu'au cap de Saint-Vincent, seraient atteints par la seule marche de l'escadre à moyens incendiaires, à sec de voiles.

En admettant que les deux forces du vent et de la vapeur agissent ensemble, l'escadre ira beaucoup plus vite, et les limites, déjà si prolongées de sa sphère d'action, seront incomparablement étendues.

Un premier ravitaillement de combustible à Gibraltar mènerait cette escadre :

Devant les ports d'Espagne, en parcourant moins de. 10°
Devant Gênes, moins de........................ 16
Devant Palerme, moins de...................... 16
Devant Naples, moins de....................... 17
Devant Malte, moins de........................ 18

A partir de Malte, second centre d'approvisionnement, il faudra parcourir, pour aller :

Devant Venise et Trieste, moins de............... 14°
Devant Athènes, moins de...................... 9
Devant Smyrne, moins de....................... 12
Devant Constantinople, moins de................. 15
Devant Alexandrie, moins de.................... 18

Par conséquent, à partir de Malte, second centre de ravitaillement, l'escadre incendiaire atteindra sans exception tous les ports de l'Adriatique, de l'Archipel, le Bosphore, l'Asie Mineure et l'Égypte.

Les bâtiments dont nous venons d'expliquer l'action possible, c'est-à-dire l'action certaine, aussitôt qu'arrivera l'instant du besoin, ces bâtiments répondront à la pensée du premier ministre d'Angleterre, au sujet des *ports de refuge*, lorsqu'il a prescrit qu'on les conçût de manière à réunir tous les moyens de défense *et d'attaque*, dans la mer qui sépare la Grande-Bretagne du continent européen.

Si les Anglais établissaient aux Bermudes un centre de ravitaillement pour leur escadre à moyens incendiaires; de ce seul centre elle comprendrait dans son rayon de 18°, tous les ports des États-Unis depuis le Saint-Laurent jusqu'au golfe du Mexique.

Remarquons ici la sagesse de l'Angleterre; ce sont de vieux vaisseaux et de vieilles frégates qu'on radoube et qu'on remet à neuf au lieu de les démolir, comme nous nous empressons de le faire; ce sont là, dis-je, les bâtiments qui vont devenir pour ses côtes un nouvel élément de forces offensives et défensives.

Cette force existera sans rien coûter à l'armée des vaisseaux de ligne, constituée pour dominer sur les mers les plus lointaines, sans être bornée dans ses navigations par un petit nombre de jours de combustible en approvisionnement.

Vues de la Commission de 1845, à la Chambre des pairs.

Il y a maintenant, disions-nous en 1845, pour les vaisseaux de la flotte ordinaire, une tentative à faire. C'est de leur donner une force de vapeur auxiliaire très-modérée et qui serait néanmoins très-précieuse en certains moments décisifs : soit pour accélérer des chasses ou des retraites, soit pour retirer du combat un bâtiment désemparé, soit pour suppléer pendant des calmes à l'absence du vent, pour relever d'une côte périlleuse un bâtiment qui s'y trouverait poussé par une double action de vents et de courants, etc.

Ici se présente à résoudre un des problèmes les plus délicats, les plus difficiles, que puisse renfermer l'art naval.

Au premier abord il semble que plus la force auxiliaire sera considérable, meilleur en sera l'usage.

Mais l'encombrement, mais le poids des mécanismes et du combustible, sont autant de pris sur l'espace et le poids réservé pour l'équipage et ses vivres, pour l'artillerie et ses munitions.

Si l'on veut, avant tout, que le vaisseau de ligne reste ce qu'il doit toujours être, la plus forte puissance combattante que puissent comporter ses dimensions, il faut modérer sa force auxiliaire et rester en deçà du but, plutôt que de le dépasser.

En arrivant à ces conclusions, la Commission dont nous étions l'organe formulait ainsi sa pensée : c'est au ministre, aidé par les Conseils d'amirauté et des travaux, qu'il appartient de décider la question que nous venons de soulever.

Programme du concours proposé dans la marine française.

Les opinions de la Chambre des pairs, dont nous venons de présenter l'expression en 1845, portèrent des fruits salutaires.

Dès la fin de l'année suivante, le ministre de la marine française avait posé le programme de vaisseaux qui devaient, à l'exemple des soi-disant gardes-côtes britanniques, unir à la fois l'action du vent sur les voiles et celles de la vapeur. Le concours demandait l'application d'une force auxiliaire et modérée de vapeur aux vaisseaux de ligne existants. Chose curieuse! ce problème, le plus facile en apparence, ne fut résolu chez nous qu'après celui des vaisseaux de ligne à grande vitesse.

DU VAISSEAU DE LIGNE À VAPEUR, À GRANDE VITESSE.

Sans s'arrêter à ce premier pas, un ancien élève de l'école polytechnique, M. Dupuy de Lôme, officier supérieur du génie maritime, se proposa de résoudre un problème plus difficile. Il entreprit de faire les plans et les calculs d'un vaisseau neuf de 90 canons, qui serait muni d'une machine assez puissante pour procurer une vitesse de moitié supérieure à celle que les Anglais n'avaient encore obtenue que pour leurs plus petits vaisseaux; de donner au sien un approvisionnement de vivres pour trois mois, et cent coups à tirer par bouche à feu.

Au lieu de céder au préjugé qui, sous prétexte de progrès, prétendait abandonner la force du vent pour tout sacrifier à la vapeur, M. Dupuy de Lôme voulut conserver en entier cette force gratuite et par là si précieuse.

Dès le mois d'avril 1847, il présenta ses plans et ses calculs, qui furent examinés par le Conseil d'amirauté. Au mois de janvier 1848, son projet reçut l'approbation définitive. On éleva seulement de 90 à 92 le nombre des canons ou obusiers de son vaisseau qu'on prescrivit de construire à Toulon, sous sa direction personnelle.

On décida que la machine motrice à vapeur, ayant la force théorique de 960 chevaux, serait confectionnée dans l'arsenal d'Indret. M. Moll, habile et savant officier du génie maritime, fut chargé de ce travail, dont il composa les plans, et dont l'exécution n'a laissé rien à désirer.

Dans l'été de 1850, lors du séjour à Toulon de la Commission d'enquête de la marine, on mettait à la mer le nouveau vaisseau à vapeur, qui s'appelait alors *le Président,* et qui, peu de mois plus tard, s'appela *le Napoléon.*

Les dimensions principales de ce vaisseau, nécessairement considérables, ajoutaient beaucoup aux difficultés à vaincre, du côté de l'architecture navale.

Afin qu'on puisse mieux juger de l'innovation, nous mettons en parallèle les dimensions principales de la carène du vaisseau de 90, simplement à voiles, et celles du vaisseau de 92, unissant les voiles à la vapeur.

DIMENSIONS COMPARÉES DU 90 À VOILES ET DU 92 À VAPEUR.

DIMENSIONS COMPARÉES.	VAISSEAU de 90, seulement à voiles.	VAISSEAU de 92, à voiles et à vapeur.
Longueur principale à la flottaison	60m,271	71m,230
Largeur principale à la flottaison	16 ,210	16 ,800
Tirant d'eau moyen	6 ,070	7 ,850
Volume de la carène, le vaisseau complètement armé..	4,058t	5,120t

Avec son armement complet, la batterie basse du vaisseau s'est trouvée de 2^m,03 au-dessus de la flottaison : hauteur jugée suffisante pour le combat, même avec une mer assez fortement agitée.

Il était à craindre qu'un vaisseau simplement à deux ponts, et néanmoins plus long que les plus grands bâtiments à trois ponts, ne prît à la mer un *arc* considérable, c'est-à-dire une déformation fâcheuse occasionnée par l'inégalité des masses prépondérantes aux extrémités, et de la répulsion de l'eau prépondérante au milieu du navire.

Application du système Seppings.

Pour obvier à ce danger, M. Dupuy de Lôme a mis en usage les moyens que peut offrir le système de constructions diagonales. Il ne s'est pas contenté du remplissage ordinaire et complet entre les membres, dans tout le fond de la carène. Il a fixé, sur le vaigrage longitudinal, des bandes obliques en fer, représentant les diagonales qui tendent à s'allonger, dans les parallélogrammes formés par les directions des membres et des bordages.

Voici quels ont été les résultats de ces dispositions. Après la mise à l'eau du vaisseau, lorsqu'il était lége encore, l'arc qu'il a pris était mesuré par une flèche de 1 décimètre, pour une corde de 60 et quelques mètres.

Après l'armement complet du vaisseau, l'arc s'est trouvé mesuré par une flèche qui n'a pas excédé 11 centimètres.

On se formera l'idée d'une aussi faible courbure par cette simple observation : le rayon d'un cercle qui passerait par le sommet et les extrémités d'un pareil arc, aurait 4 kilomètres 827 mètres, c'est-à-dire cinq quarts de lieue de longueur.

Les épreuves d'une mer agitée ont ensuite démontré que la charpente du *Napoléon* n'était pas seulement capable de résister à d'énormes différences de pression, dans l'état de repos. Sans que ses liaisons aient souffert, il a supporté les plus énergiques efforts de lames profondes. Enfin, pour éprouver sa solidité dans le sens perpendiculaire à la quille, on l'a fait courir parallèlement à de fortes lames, afin d'obtenir les roulis de la plus grande amplitude. Ces roulis ont été doux; ils n'ont pas dépassé des limites modérées, et la construction du navire a bien supporté cette épreuve.

Les conditions de stabilité se trouvaient favorisées par le tirant d'eau considérable du vaisseau, et n'offraient, pour être remplies, aucune difficulté.

Il n'en était pas de même des autres qualités nautiques de vitesse et d'évolution, considérées dans leurs rapports avec les actions séparées du vent et de la vapeur.

QUALITÉS DU VAISSEAU MÛ PAR LE VENT.

Depuis plusieurs années les officiers de la marine française se plaignaient que la voilure des vaisseaux était trop considérable, ce qui rendait trop volumineux et trop pesants les mâts, les vergues et les voiles. De là résultaient, dans les gros temps, des difficultés extrêmes pour des marins d'une taille ordinaire, lorsqu'il s'agissait de prendre les ris ou de serrer les voiles. On a maintenant résolu d'opérer une réduction notable dans la surface de la voilure des vaisseaux : nous formons des vœux pour qu'on ne dépasse pas le but désirable.

En suivant cet ordre d'idées et par anticipation, dès 1847, la voilure du *Napoléon* recevait des proportions considérablement réduites.

Pour des navires d'un même rang, toutes choses égales d'ailleurs, on proportionne la superficie totale des voiles principales à la surface de la plus grande section transversale et verticale de la carène[1]. La première superficie représentant la force du vent, et la seconde représentant la résistance de l'eau.

Si nous comparons, comme nous l'avons déjà fait, le vaisseau normal à voiles de 90 canons, et *le Napoléon* de 92, nous trouvons, par mètre de section transverse maxima de la carène[1] :

Voilures comparées des vaisseaux.

	Mètres carrés.	
Pour le vaisseau normal à voiles.....	31	de voilure.
Et pour *le Napoléon*................	$28\frac{44}{100}$	

Dans les épreuves qu'on a faites du *Napoléon* pour comparer sa marche avec celle des vaisseaux à voiles, il est juste de remarquer que ceux-ci conservaient toute leur ancienne voilure.

Il en est résulté que, par de beaux temps et lorsque le vent était faible, les anciens vaisseaux à voiles marchaient un peu plus vite que *le Napoléon* réduit au seul usage de ses voiles.

Mais voici le fait important : à mesure que le vent devenait plus fort, la différence de marche diminuait, et *le Napoléon* déployait des qualités croissantes.

Il s'est montré facile et sûr dans ses évolutions ; surtout pour l'opération, toujours délicate, de *virer vent devant.*

[1] C'est la partie immergée du maître couple.

Le seul inconvénient qu'on ait remarqué, c'est qu'à raison de la plus grande longueur du navire, il évoluait en parcourant des arcs d'un plus grand cercle ; ces arcs, pour un même nombre de degrés, exigeaient un temps proportionné pour être parcourus.

Cette difficulté d'évoluer, sans trop perdre de temps, empêchera qu'on donne aux vaisseaux de ligne à vapeur une aussi grande longueur, comparativement à la largeur, que pour les grands navires de commerce affectés au transport des voyageurs et des dépêches.

QUALITÉS DU VAISSEAU MÛ PAR LA VAPEUR.

Nous venons de voir comment on a résolu la première moitié du problème : celle qui présentait le moins de difficultés nouvelles. L'on avait obtenu d'un vaisseau de ligne à vapeur que, réduit simplement à ses voiles, il pût tenir son rang au milieu d'une escadre où tout était sacrifié à la seule force du vent.

Établissement du mécanisme à vapeur.

Examinons actuellement la solution de la seconde partie, celle qui concerne l'application de la vapeur.

Nous commencerons par dire que M. Dupuy de Lôme et M. Moll n'ont pas eu la faculté d'atteindre à des résultats aussi complets qu'ils auraient désiré de le faire. Ils n'ont pas eu la permission d'employer plus de deux cylindres à vapeur, ni de communiquer la force des pistons à l'hélice par une transmission immédiate. Il en est résulté plus de poids dans les mécanismes, plus de frottements, et des vibrations plus fortes, occasionnées par les mouvements alternatifs de pistons énormes, dont les diamètres étaient de $2^{m},49$ chacun.

L'appareil entier des machines à vapeur et de leurs chaudières est au-dessous du plan de flottaison. Entre ces machines et la muraille du vaisseau sont établies les soutes ou magasins au charbon; elles servent d'abri contre les projectiles, afin que les boulets de l'ennemi ne puissent atteindre aucune partie de l'appareil moteur. C'est la première fois qu'un vaisseau de ligne présente cet avantage capital dans un combat.

Les soutes à charbon sont divisées en compartiments revêtus en tôle de fer, et parfaitement étanches. Par ce moyen, lorsqu'on opère de fortes dépenses de charbon, l'on peut, dès qu'une soute est vide, remplacer la houille consommée par de l'eau de mer : il suffit pour cela de tourner un robinet.

On s'est ainsi procuré le moyen de maintenir toujours le plan de flottaison entre les limites de hauteur qui conviennent à la stabilité d'une part, et de l'autre à la marche la plus avantageuse.

Au point de vue de l'exécution, la précision rigoureuse des assemblages pour les parties fixes, le forage parfait des cylindres et le travail des arbres de couche les plus volumineux que nous eussions encore forgés et tournés, tout a présenté le résultat d'une précision mathématique. Les juges compétents, après un examen sévère, ont reconnu que les meilleurs ateliers d'Angleterre n'auraient pas accompli pareil ouvrage mieux que ne l'ont fait les ouvriers et les maîtres de notre arsenal d'Indret, sous l'enseignement et la direction de M. Moll.

La machine est à basse pression, d'après le système de Watt. La solidité du système permet d'élever dans les cylindres la pression jusqu'à 119 centimètres de hauteur de mercure, c'est-à-dire jusqu'à une atmosphère et 43 centièmes.

Il y avait des dispositions difficiles et délicates à prendre pour assurer la transmission d'une force dont le maximum dépasse celle de 180,000 kilogrammes élevés à 1 mètre par seconde ; transmission qu'il faut opérer à la distance de 30 mètres qui sépare la machine de l'hélice; et cela, non-seulement pour un navire au repos, mais pour un navire agité simultanément par le vent et par les lames de la mer, sous tous les degrés possibles d'obliquité de ces forces perturbatrices.

Les dispositions imaginées par M. Dupuy de Lôme pour communiquer le mouvement de l'arbre de couche à celui de l'hélice, en admettant que les deux arbres fassent un angle variable suivant les diverses déformations et les changements de position du vaisseau, ces dispositions sont ingénieuses; ajoutons que leur succès ne laisse rien à désirer.

Permanence de l'hélice.

Le même ingénieur a le premier mis en pratique le système de la permanence de l'hélice. Au lieu de la retirer de l'eau quand on veut substituer la force du vent à celle de la vapeur, il en dégage, ou, comme on dit, il en *désembraye* l'essieu; l'hélice alors est libre de tourner sur son axe, comme une aiguille affolée.

Ce système ayant réussi dans une première expérience sur *le Caton*, petit navire à vapeur de 260 chevaux, construit par M. Dupuy de Lôme; on en a fait usage ensuite pour le *Napoléon* et pour d'autres bâtiments de guerre.

C'est un service considérable rendu à la solidité des grands bâtiments à propulseurs hélicoïdes, et nous souhaitons qu'une expérience prolongée en continue le succès. Il fallait, auparavant, affaiblir l'œuvre morte de l'arrière par une énorme coupure transversale; dans la cavité de cette coupure on remontait l'hélice, autant de fois qu'on voulait substituer la voile à la vapeur.

Ces dispositions expliquées, il nous reste à faire connaître les qualités du navire mis en mouvement par la force de la vapeur.

Estimation des vitesses.

Le Napoléon n'a pas atteint dès le premier jour sa vitesse maxima : elle était diminuée par des frottements accidentels contre l'essieu de l'hélice, ainsi qu'en d'autres parties; ces frottements n'ont été réduits et supprimés que successivement, à mesure que l'expérience les a révélés.

On a fini par obtenir le plus grand résultat dans le trajet entre Marseille et Toulon, fait par le prince Louis-Napoléon au mois de septembre 1851, sur le vaisseau qui porte son nom.

Les machines à vapeur donnant $25\frac{1}{3}$ coups de piston[1] par minute et l'indicateur à mercure adapté aux cylindres marquant $106\frac{1}{2}$ centimètres de hauteur, *le Napoléon* a parcouru par seconde $7^{\text{mét.}}$, $129^{\text{mill.}}$, ce qui fait par heure 25 kilomètres $\frac{644}{1000}$.

C'est-à-dire plus de 6 lieues et quart par heure.

Dans le langage des marins, c'est une vitesse de 13 nœuds $\frac{86}{100}$ par heure.

Il est juste de remarquer que cette vitesse, conclue mathématiquement d'après l'espace parcouru entre deux points déterminés, dépassait de $\frac{93}{100}$ de nœud la vitesse indiquée par l'observation du loch. Cela semblait révéler qu'un faible courant ajoutait quelque chose à la vitesse qu'aurait eue le vaisseau dans une mer immobile.

Effectivement, pour une partie du même voyage, entre le cap Sicié et le sommet de l'île Riom, les deux méthodes offrent des vitesses un peu moindres et presque identiques, savoir :

	Nœuds.
Observations par la distance des objets fixes.	13,77.
Observations par le loch................	13,50.

On peut donc établir avec certitude que, dans une mer immobile, la vitesse maxima du *Napoléon*, mû par la seule force de la vapeur, n'est pas moindre de 13 nœuds et demi par heure.

Les paquebots transatlantiques des Anglais et des Améri-

[1] La course du piston est de $1^{m}63$.

cains, favorisés par des courants dont ils profitent, accomplissent en onze jours le trajet compensé d'aller et de retour entre Liverpool et New-York, avec une vitesse moyenne de 10 $\frac{1}{2}$ nœuds[1].

Voilà, par conséquent, un vaisseau de ligne dont les murailles ont une épaisseur calculée pour résister aux combats, avec un lourd armement de 92 bouches à feu, sa carène plongée dans la mer assez bas pour qu'un mécanisme de 900 chevaux soit complétement au-dessous de la flottaison. Le vaisseau qui satisfait à de telles conditions dépasse encore la vitesse d'excellents paquebots transatlantiques, construits avec autant de légèreté qu'il en faut pour la marche et dans les proportions les plus favorables de longueur, sans que cette dimension soit limitée par aucune condition au point de vue de la durée des évolutions.

Utilisation de la vapeur.

L'ingénieur constructeur du *Napoléon* n'avait compté que sur une vitesse de 11 nœuds, en prenant pour terme de comparaison les expériences de MM. Moll et Bourgois, sur des bâtiments à vapeur ayant une force comprise entre 100 et 200 chevaux.

L'expérience du *Napoléon* a mis en évidence le fait le plus précieux pour l'application de la vapeur aux armées navales.

Prenons la plus grande section verticale et transversale de la carène (c'est la partie plongée du maître couple); multiplions sa superficie exprimée en mètres carrés par le cube de la vitesse du vaisseau, nous aurons un premier produit approximativement proportionnel à la résistance que la mer fait éprouver au navire.

Formons un second produit en multipliant le nombre de kilogrammes qu'élève à un mètre de hauteur, dans une se-

[1] Il faudrait augmenter de deux nœuds par heure cette vitesse, pour avoir la vitesse maxima, par un temps calme et dans une belle mer.

conde, la force motrice de la vapeur; abstraction faite des frottements, ce produit sera proportionnel à la force transmise par l'arbre de couche à l'hélice, et par l'hélice au navire.

On n'espérait pas que ce second produit fût exactement proportionnel au premier, et qu'ainsi leur rapport fût constant. On admettait cependant que la différence ne serait pas considérable, et c'est d'après cette idée que M. Dupuy de Lôme et M. Moll avaient fixé la force de la machine qui devait donner au *Napoléon* la vitesse de onze nœuds par heure.

En divisant le premier produit par le second, MM. Bourgois et Moll avaient trouvé, pour le petit navire soumis à leurs expériences, un rapport dont le *maximum maximorum* avait été 0,08877

Les mêmes calculs, appliqués aux voyages du *Napoléon*, donnent un résultat moyen de 0,1793[1].

Ainsi *la mesure d'utilisation* de la vapeur fait voir qu'on obtient, sur la vitesse du vaisseau de 92, un effet utile plus que double de celui qu'on obtenait sur un petit navire de 120 chevaux.

On comprend ainsi comment la vitesse effective *maxima* du *Napoléon*, au lieu d'être de 11 nœuds, s'est élevée à 13 nœuds

[1] Les nombres suivants feront connaître le mérite du degré d'utilisation auquel M. Dupuy de Lôme est parvenu sur *le Napoléon* :

UTILISATION SUCCESSIVEMENT OBTENUE SUR LES VAISSEAUX GARDES-CÔTES QU'ON A MUNIS DE MACHINES À VAPEUR, EN ANGLETERRE.

DATE DES ÉPREUVES.	VAISSEAUX.	RAPPORTS INDICATEURS de l'utilisation.	VITESSES OBTENUES en nœuds.
Décembre 1848	*L'Ajax*, minimum	0,038. 240	6,458
6 août 1849	*Idem*	0,057. 942	7,147
Juin 1849	*Le Bleinheim*	0,026. 281	5,816
1850	*La Hogue*	0,079. 872	7,809
Idem	*Idem*	0,098. 839	8,328

et demi; et cela quoique la force nominale de la machine, au lieu de s'élever à 960 chevaux nominaux, n'eût pas dépassé 900.

Il ne suffisait pas que la grandeur du navire eût été favorable à l'obtention de pareils avantages.

Forme perfectionnée de l'hélice.

Pour qu'on ait atteint la vitesse *maxima* de 13 nœuds 1/2, il a fallu que l'hélice fût calculée d'après les meilleures proportions, et composée, non pas simplement d'ailes engendrées, comme la vis ordinaire d'Archimède, par une génératrice rectiligne tournant en spirale autour de l'axe; mais par une génératrice concave et d'une courbure donnée concurremment par l'expérience et le calcul.

Formes spéciales de la carène au voisinage de l'hélice.

Il a fallu, de plus, que l'ingénieur constructeur dirigeât les lignes d'arrière de sa carène suivant les inclinaisons les plus favorables à l'action de l'hélice.

Expérience importante empruntée aux Anglais.

Pour faire apprécier l'importance de cette dernière condition, il nous suffira de rapporter le fait suivant :

En 1846, les Anglais possédaient un navire à vapeur, le *Dwarf*, éprouvé comme bon marcheur.

On rendit sa carène plus volumineuse, *plus renflée* à la poupe, en appliquant trois couches de doublage en bois sur son bordage; on eut soin, d'ailleurs, que les nouvelles lignes d'eau ne cessassent pas d'être régulières, continues, et ne changeassent rien à la surface du maître couple.

Primitivement le navire, avec toute sa force de vapeur, filait 9 nœuds 1/2 par heure. Après ce simple changement fait à l'arrière, la vitesse fut réduite à 3 nœuds 1/4.

Cette épreuve achevée, on retira le doublage extérieur, en laissant les deux autres doublages appliqués sur la carène; le navire alors devint susceptible de parcourir 5 nœuds 3/4 par heure.

Proportion du cercle d'action de l'hélice avec la surface immergée du maître couple.

D'autres éléments sont aussi d'une haute importance; par exemple, la surface du cercle décrit par les points de l'hélice les plus éloignés de l'axe doit être la plus grande qui puisse être produite, proportion gardée, avec la surface transverse principale de la carène.

Pour *le Napoléon*, ce rapport est $\frac{26^{m},448}{99,5} = 0,2658$.

L'hélice a quatre ailes, et son diamètre égale $5^{m},143$.

Faculté de gouverner malgré l'hélice.

On pouvait craindre que l'hélice, avec son mouvement giratoire, n'imprimât à l'eau de la mer, en avant et si près du gouvernail, un mouvement perturbateur qui rendît le navire moins sensible à l'action de ce gouvernail; l'expérience faite sur *le Napoléon* a prouvé qu'une telle crainte était sans fondement.

Faibles déperditions de la vitesse quand l'hélice est affolée.

L'on pouvait craindre aussi, quand le navire marchait seulement à la voile avec son hélice affolée, que l'on perdît une portion notable de la force, par ce mouvement devenu sans effet utile. Après divers perfectionnements pour réduire au *minimum* les frottements que l'essieu de l'hélice éprouve entre ses coussinets, l'on a reconnu que la perte devenait extrêmement peu considérable.

Que l'hélice, en poussant la mer libre, n'a qu'un très-faible recul longitudinal.

L'expérience a fait voir un dernier résultat de la plus haute importance; c'est la petitesse du ralentissement dans la marche du navire, par le jeu de l'hélice dans un milieu parfaitement libre, comme l'eau de la mer.

Si l'hélice, au lieu de tourner dans un fluide, tournait dans un corps solide qui fût pour elle un écrou fixe, à chaque tour complet d'hélice le navire avancerait d'une longueur égale *au pas* de cette hélice.

Ici le pas est variable; il diffère pour toutes les spirales dont se compose la surface hélicoïde de propulsion.

Le pas d'entrée de ces spirales est de.....	7,30 mètres.
Le pas du milieu....................	8,50
Le pas de sortie....................	9,40

La spirale intermédiaire, qui pourrait représenter la force concentrée de toutes les autres, en évaluant leur action par les moments d'inertie, est d'un pas plus grand que celle du milieu, mais l'excès est peu considérable.

Dans la réalité, l'eau étant libre, elle recule un peu quand le navire avance par la pression de l'hélice sur le fluide; mais le recul est rendu moindre encore par l'effet d'un remous qui s'opère autour de la poupe[1].

On a soigneusement mesuré, pour chaque vitesse du *Napoléon,* la quantité dont avance le vaisseau par tour d'hélice.

Dans les voyages ayant donné les vitesses les plus grandes, on a trouvé qu'à chaque tour d'hélice, *le Napoléon* avançait de 8 mètres 60.

D'autres expériences, avec des vitesses très-variées, ont

[1] Quelques personnes ont prétendu que l'effet de ce remous procurait à l'hélice un tel avantage, que le navire avançait absolument dans la mer plus que la longueur du pas de l'hélice, à chaque tour qu'elle fait : c'est une erreur qui conduirait au mouvement perpétuel.

donné, pour l'espace moyen parcouru par tour d'hélice, 8 mètres $\frac{22}{100}$.

Comment s'obtiennent et se règlent les moyennes et les petites vitesses.

Le vaisseau *le Napoléon* n'est pas propre seulement, dans des circonstances exceptionnelles et rares, à prendre de très-grandes vitesses, de 12 1/2 à 13 nœuds 1/2; il peut prendre avec facilité des vitesses beaucoup moindres. En allumant le feu de quatre chaudières au lieu de huit, il donnera des vitesses de 10 à 11 nœuds. En ne faisant servir que deux chaudières, il donnera la vitesse de 8 nœuds. Enfin, si l'on combine la détente avec une introduction réduite de la vapeur dans les cylindres, l'on obtiendra des vitesses moindres encore.

Ici la vitesse du navire diminue comme *le cube* de la vapeur employée pendant l'unité de temps.

Il en résulte qu'on peut épargner d'énormes quantités de charbon lorsqu'on parcourt un même espace avec de moindres vitesses; l'économie du combustible est en raison inverse du carré des vitesses obtenues.

Par conséquent, telle doit être la loi impérieuse à laquelle obéira tout capitaine intelligent : accomplir chaque service à rendre par la vapeur, avec la moindre vitesse commandée par la nature de chaque mission que le bâtiment est chargé d'accomplir. C'est le moyen de conserver disponible, soit pour la marche, soit pour le combat, le maximum de la force calorifique emmagasinée, laquelle représente l'efficacité possible du navire.

Du vaisseau à vapeur employé pour remorquer d'autres vaisseaux.

Il nous reste à parler d'un genre de services, très-important, que peut rendre le vaisseau de ligne à la vapeur; c'est celui du remorquage.

On a fait les expériences les plus remarquables sur la puissance de remorquage du vaisseau *le Napoléon*. Il a pris successivement à la traîne deux et trois vaisseaux à la fois, dont un à trois ponts; dans cette opération, le remorqueur imprimait encore à l'ensemble une vitesse de plus de cinq nœuds par heure, quoiqu'on n'eût pas acquis toute l'habileté désirable dans l'attache et la manœuvre de la remorque.

Plus tard, lorsqu'il s'est agi de franchir le détroit des Dardanelles, malgré les résistances réunies d'un fort vent contraire et d'un courant opposé très-rapide, *le Napoléon* a pris à la remorque notre vaisseau amiral à trois ponts; il l'a conduit avec une vitesse supérieure à toutes les remorques données dans la flotte britannique.

On conçoit par là combien quelques vaisseaux ayant la puissance du *Napoléon* offriraient de secours dans une armée navale, soit pour conduire des vaisseaux à voiles aux points d'attaque, avec une extrême promptitude, soit pour retirer du danger des vaisseaux désemparés; soit pour se tirer eux-mêmes des dangers les plus imminents.

Action de l'hélice pour préserver du naufrage les vaisseaux à l'ancre.

Le terrible ouragan du 14 novembre 1854, tel qu'on n'en avait pas eu de pareil depuis sept ans dans la mer Noire, cet ouragan a mis en lumière, avec la dernière évidence, l'avantage incomparable des vaisseaux munis d'une hélice, pour éviter d'être jetés à la côte quand ils sont poussés par les vents les plus violents.

La tempête extraordinaire que nous venons de citer a suffi pour briser successivement les quatre chaînes-câbles sur lesquelles se tenait à l'ancre le vaisseau purement à voiles, *le Henri IV*, qui s'est perdu dans la rade d'Eupatoria, sur la côte de Crimée.

Cette même tempête a trouvé dans une position parfaitement comparable *le Napoléon* et deux vaisseaux mixtes; tous trois à l'ancre ont fait agir leur hélice, comme s'ils avaient voulu s'avancer contre le vent. L'excessive tension de leurs chaînes-câbles a donc été soulagée tout à coup par une force de plusieurs centaines de chevaux. Cette force a suffi pour préserver de tout accident les chaînes-câbles des trois vaisseaux.

PRIX EXTRAORDINAIRE FONDÉ POUR ENCOURAGER LES PROGRÈS DANS L'APPLICATION DE LA VAPEUR À L'ARCHITECTURE NAVALE MILITAIRE.

En 1834, même avant qu'eussent été tentées les grandes expériences de navigation lointaine à vapeur, il me semblait que la marine militaire pouvait être transformée par l'application de la vapeur. J'étais convaincu qu'il fallait appeler vers cette question le génie des hommes de l'art. Je profitai du peu de temps pendant lequel je dirigeai le ministère de la marine pour fonder un prix national de 6,000 francs, que l'Académie des sciences fut chargée de décerner, et qui n'a mérité d'être décerné que vingt ans plus tard pour la marine française.

Au bout de ce laps de temps, j'eus le bonheur de voir ce prix dignement mérité et décerné, sur mon rapport, dont les faits principaux viennent d'être reproduits.

PRIX DÉCERNÉS PAR L'ACADÉMIE DES SCIENCES DE L'INSTITUT DE FRANCE.

Après avoir énuméré, comme on l'a précédemment expliqué, les difficultés à vaincre, et vaincues dans l'expérience heureuse et mémorable du *Napoléon*, voici quelles ont été les conclusions adoptées par l'Académie des sciences en 1853[1].

« Par les efforts réunis de MM. Dupuy de Lôme, Moll et Bourgois, la marine militaire française a fait un grand pas vers le perfectionnement. Il y a dix ans elle ne comptait pas encore parmi les marines qui réussissaient à combiner la vapeur avec l'hélice. Maintenant elle présente le vaisseau à grande

[1] Rapport fait au nom d'une commission composée de MM. Combes, Duperrey, général Piobert, Regnault, baron Charles Dupin, président et rapporteur.

vitesse qui réunit le plus de qualités dans le nouveau système, *et l'utilisation de la vapeur la plus considérable qu'on ait encore obtenue.*

« Le but du prix proposé en 1834 se trouve donc aujourd'hui complétement atteint. Ce but est marqué par un accroissement notable de la puissance relative de notre force navale; le progrès est obtenu par une heureuse combinaison de l'expérience et de la science.

« D'après ces motifs nous proposons d'accorder, sur les 6,000 francs du prix proposé:

« A M. Dupuy de Lôme, un prix de 2,000 francs pour la conception et la construction du vaisseau à voiles, à vapeur, avec hélice, *le Napoléon*, qui réunit l'ensemble le plus remarquable de vitesse et de qualités à la mer;

« A M. Moll, un prix de 2,000 francs pour avoir calculé les mécanismes du *Napoléon*, et construit avec perfection ces mécanismes; et pour avoir fait, de concert avec M. Bourgois, les expériences sur l'hélice, dont les résultats sont aujourd'hui la règle des ingénieurs;

« A M. Bourgois, un prix de 2,000 francs pour l'ensemble de ses travaux persévérants sur l'hélice, et pour ses considérations sur la transformation progressive du matériel de la marine militaire actuelle en marine mixte à voiles et à vapeur. »

Vues d'avenir exprimées au nom de l'Académie des sciences.

« Quel que soit l'éclatant succès obtenu dans cinq ans d'efforts récents, ce serait une grande erreur que d'y voir le dernier terme des résultats qui sont possibles.

« Au contraire il faut n'y voir que le gage de très-grands succès futurs, en continuant les mêmes efforts pratiques, dirigés par le génie de la science.

« Le grave défaut du système actuel d'application de la vapeur à la navigation, c'est la dépense considérable du combustible. Il en résulte que l'approvisionnement, toujours trop restreint à bord, oblige à d'énormes sacrifices d'approvisionnements de vivres, si précieux pour des bâtiments de guerre.

« Dès à présent, par le seul emploi des machines à moyenne pression de quatre à cinq atmosphères, on pourrait épargner considérablement le combustible ; on pourrait fonctionner avec des machines plus légères, moins encombrantes et moins coûteuses. Les Américains emploient ce système pour le commerce, et n'y trouvent pas de plus grand péril qu'avec la basse pression. La crainte de ce danger, que l'expérience dément, ne doit pas pouvoir arrêter des marines militaires.

« D'après des considérations savantes, développées par un de nos honorables collègues, M. Regnault, on peut voir combien est grande la chaleur perdue dans les machines à basse pression, et même dans les machines à pression plus ou moins élevée.

« Il reste à faire de ce côté des conquêtes considérables. Elles seront incomparablement plus précieuses pour nous que pour les Anglais et pour les Américains.

« La cherté de notre combustible est un des obstacles qui, jusqu'à ce jour, ont ralenti et presque paralysé l'introduction de la vapeur dans notre marine commerçante.

« Toute réduction notable dans la consommation de la houille sera donc pour nous une économie beaucoup plus grande que pour nos émules.

« Aussitôt que la dépense du combustible sera notablement réduite à bord de nos bâtiments, l'emploi de la vapeur prendra, dans notre marine commerçante, un essor dont elle est aujourd'hui déplorablement éloignée.

« On en jugera par ce simple tableau du tonnage de trois marines à vapeur, pour la dernière année des expériences auxquelles nous donnons le prix.

Tonnage effectif des bâtiments marchands à vapeur.

1° Des Américains	481,805	tonneaux.
2° Des Anglais	187,600	
3° Des Français	13,925	

« On peut mesurer par là le vaste champ qui nous reste à parcourir, si nous voulons approcher du développement atteint par la navigation à vapeur des deux puissances qui nous ont devancés. Marchons à grands pas de ce côté.

« Nous pourrions parler aussi de la substitution d'autres gaz, et surtout de l'air chaud à la vapeur. Il faut étudier des innovations pompeusement annoncées, exagérées à coup sûr[1], mais qui cependant recèlent le germe de progrès dont il est impossible encore d'assigner le terme réel.

« L'architecture navale doit continuer ses efforts pour adapter la forme des carènes aux exigences du nouveau mode de propulsion; les poupes, et surtout les proues des vaisseaux, ne sont pas encore arrivées au dernier terme de la perfection.

« Il est des vibrations fâcheuses qu'il faut faire disparaître lors des grandes vitesses, surtout à l'arrière[2].

« Des machines à vapeur moins encombrantes et le combustible économisé permettront de diminuer le tirant d'eau des vaisseaux de ligne à vapeur, ce qui sera favorable à la vitesse.

« En présence d'un tel état transitoire, la Commission croit devoir, *à l'unanimité,* émettre le vœu suivant:

« L'Académie des sciences, et par les prix qu'elle a souvent « proposés, surtout dans le siècle dernier, et par les marins, « les savants et les constructeurs célèbres qu'elle a possédés « comme membres ou comme correspondants, les Borda, les « Fleurieu, les Bouguer, les Sané, les Forfait, les Hubert, etc., « l'Académie a rattaché son histoire à tous les progrès notables « de l'art naval. Nous souhaitons qu'elle demande au Gouver- « nement de proposer, sur la meilleure application de la va- « peur à la navigation et à la force navale, un nouveau prix,

[1] Entre autres, le système essayé par M. le capitaine Éricsson, à New-York : nous craignons beaucoup que ce système ne réalise pas les avantages qu'on a tant préconisés.

[2] Un des moyens les plus efficaces serait de poser horizontalement les cylindres, d'augmenter beaucoup la course des pistons; enfin, d'avoir beaucoup plus de détente, en conservant la même tension moyenne de la vapeur, par une plus haute pression.

« dont la valeur ne soit pas inférieure à celle du prix aujour-
« d'hui décerné : ce prix serait réservé pour un grand progrès
« à venir. »

« D'après les connaissances, et théoriques et pratiques, actuellement possédées par les ingénieurs sortis de l'École polytechnique et par de savants officiers de vaisseau, qu'une heureuse harmonie rapproche de plus en plus, nous croyons pouvoir affirmer qu'il faudra, pour remporter le nouveau prix, un temps bien moindre qu'il n'en a fallu pour trouver à décerner celui que nous proposons de donner aujourd'hui. »

Prix futur, renouvelé pour l'application de la vapeur à la marine militaire.

M. le ministre de la marine et des colonies a fait postérieurement connaître que l'Empereur s'est fait un noble plaisir d'exaucer le vœu qui vient d'être relaté, et S. M. donne un nouveau prix de 6,000 francs, pour encourager et récompenser les progrès futurs dont l'Académie offre ainsi l'espérance.

VAISSEAUX FRANÇAIS À FORCE MOYENNE DE VAPEUR.

Nous venons de montrer, avec un développement commandé par l'importance du sujet, le beau succès obtenu par les Français dans la construction des vaisseaux mus à grande vitesse par la force de la vapeur.

Le succès n'a pas été moindre dans l'application d'une force modérée de vapeur. Nous sommes heureux de citer ici le vaisseau *le Charlemagne*, de 100 canons, qu'on a transformé [1], par le moyen d'un mécanisme à hélice, ayant la force de 600 chevaux. La vitesse de ce vaisseau s'est élevée à près de dix nœuds, c'est-à-dire à quatre lieues de quatre kilomètres par heure. C'est un magnifique résultat. Il démontre une réa-

[1] Ce travail fait beaucoup d'honneur à M. Dorian, officier supérieur au corps du génie maritime.

lisation de la vapeur proportionnellement aussi considérable que celle du vaisseau *le Napoléon*, et supérieure à l'utilisation des vaisseaux anglais. Voyez le VIe tableau, à la fin de ce rapport.

DÉVELOPPEMENTS DE LA MARINE FRANÇAISE À VAPEUR, DEPUIS 1851.

Depuis 1851, la marine française a poursuivi, de la manière la plus active, l'entreprise de vaisseaux neufs à vapeur, et la transformation en vaisseaux mixtes des anciens vaisseaux à voiles.

Il est juste de remarquer que l'administration française ne pouvait pas trouver, dans les développements circonscrits de notre commerce maritime, les mêmes ressources que l'administration britannique a trouvés dans l'industrie de son pays. Le nombre et la richesse des constructeurs de machines à vapeur dépendent nécessairement du nombre et de l'importance des navires à construire; or la différence est énorme, à cet égard, entre nous et nos voisins. On en jugera par le rapprochement suivant, que je crois devoir présenter ici :

NOMBRE ET TONNAGE COMPARÉ DES NAVIRES DU COMMERCE À VAPEUR CONSTRUITS ANNUELLEMENT EN FRANCE ET DANS LES ROYAUMES BRITANNIQUES, DE 1848 À 1853.

ANNÉES EN PARALLÈLE.	ROYAUMES BRITANNIQUES.		FRANCE.	
	Nombre de navires.	Tonnage total.	Nombre de navires.	Tonnage total.
1848	114	15,334	6	1,030
1849	68	12,498	3	309
1850	68	14,584	9	599
1851	78	22,723	20	6,027
1852	104	30,742	23	4,040
1853	153	48,215	34	5,347
TOTAUX	585	144,096	95	17,552

En présence du peu de moyens que notre marine militaire trouvait dans les établissements de l'industrie privée, on doit de justes éloges à l'administration française, pour avoir armé, dès 1854, sept vaisseaux de ligne à vapeur; nombre qu'en 1855 elle espère doubler. En continuant avec ardeur, elle compte doubler encore cet effectif, dans une époque subséquente et rapprochée.

Félicitons, avant tout, les ingénieurs français pour avoir atteint, du premier abord, pour les vaisseaux à hélice, un degré de perfection dont les Anglais n'ont approché qu'après plusieurs années d'essais.

Ne croyons pas cependant que le dernier terme soit atteint; mais avec le zèle, avec le talent des hommes d'élite que l'École polytechnique a formés, il n'est aucun progrès futur que nous ne soyons en droit d'attendre.

Quant à l'armement, à la manœuvre de nos vaisseaux, soit à voiles, soit à vapeur, ils ne laissent rien à désirer. Les Anglais eux-mêmes reconnaissent qu'ils ont des égaux, pour le talent comme pour le courage, dans nos officiers de marine, dans notre maistrance et dans nos matelots. L'émulation la plus généreuse s'est signalée entre les deux armées navales, à Bomarsund, à Odessa, à Sébastopol. L'avenir, nous l'espérons, offrira pour ces armées des occasions qui leur permettront de se surpasser encore.

DERNIÈRES TRANSFORMATIONS DE LA FLOTTE BRITANNIQUE, AU MOYEN DE LA VAPEUR.

Éléments fournis par le commerce.

Avant de terminer l'histoire des transformations de la flotte britannique, il est nécessaire de présenter le parallèle des moyens développés par le commerce maritime, cette pépinière de toute marine militaire, pépinière indispensable, quelle que soit la force motrice.

Nous prierons les personnes qui ne sont pas accoutumées à l'étude de tableaux numériques un peu compliqués, de prendre en considération les deux tableaux suivants :

NAVIGATION DE CONCURRENCE ENTRE LA GRANDE-BRETAGNE ET L'ENSEMBLE DES AUTRES PEUPLES.

ENTRÉES ET SORTIES.	NAVIRES À VOILES		NAVIRES À VAPEUR	
	britanniques.	étrangers.	britanniques.	étrangers.
1851 (L'ANNÉE DE L'EXPOSITION UNIVERSELLE).				
	Tonneaux.	Tonneaux.	Tonneaux.	Tonneaux.
Entrées	2,276,336	2,635,472	883,173	162,184
Sorties	2,427,145	2,909,207	842,146	169,510
TOTAUX	4,703,481	5,544,679	1,725,319	331,694
1853 (DERNIÈRE ANNÉE DONT LES RÉSULTATS SOIENT COMPLETS).				
	Tonneaux.	Tonneaux.	Tonneaux.	Tonneaux.
Entrées	2,340,852	2,571,371	1,073,180	158,487
Sorties	2,542,642	3,791,456	963,158	157,534
TOTAUX	4,883,494	6,362,827	2,036,338	316,021

Nous prierons ensuite nos lecteurs d'arrêter leur pensée sur deux simplifications, qui résument les tableaux précédents :

COMPARAISON DES TONNAGES ÉTRANGERS ET BRITANNIQUES DANS LEUR NAVIGATION DE CONCURRENCE.

1er TABLEAU. — *Concurrence des bâtiments à voiles.*

TONNAGES COMPARÉS.	ANNÉE 1851.	ANNÉE 1853.
	Tonneaux.	Tonneaux.
Tonnage des navires britanniques..................	1,000,000	1,000,000
Tonnage des navires étrangers.....................	1,178,846	1,302,941

Ainsi, chose peu soupçonnée, les Anglais ont tant favorisé les navigateurs étrangers, aux dépens de leurs colonies, qu'ils ont fini par concéder la supériorité du tonnage aux marines à voiles des autres nations.

2e TABLEAU. — *Concurrence des bâtiments à vapeur.*

TONNAGES COMPARÉS.	ANNÉE 1851.	ANNÉE 1853.
	Tonneaux.	Tonneaux.
Tonnage des navires britanniques..................	1,000,000	1,000,000[1]
Tonnage des navires étrangers.....................	203,84	155,196

Par conséquent, d'un côté, la supériorité du tonnage étranger sur le tonnage britannique augmente pour les bâtiments à voiles; tandis que, de l'autre, la supériorité du tonnage britannique augmente incomparablement plus vite pour les navires à vapeur. De telles inégalités ne sont pas l'effet du hasard; elles sont, au contraire, les conséquences forcées de la nature des choses, et leur étude mérite la méditation la plus profonde.

TRANSFORMATION RÉCENTE DES VAISSEAUX ANGLAIS.

Dès l'année 1850, les Anglais savaient que la France construisait, à Toulon, un vaisseau de ligne à vapeur à grande vitesse, de 92 bouches à feu ; ils savaient que nous nous préparions à transformer d'anciens vaisseaux de 90 et de 100 canons, en leur donnant une force modérée de vapeur. Ils s'empressèrent d'ordonner qu'un vaisseau neuf, de 91 canons, serait construit expressément pour être mû par la vapeur; seulement, au lieu d'une force nominale de 960 chevaux, ils se contentèrent d'une force de 600 chevaux. Ce fut M. Isaac Watt, inspecteur général adjoint de leur marine militaire, qu'ils chargèrent de dresser les plans et de faire les calculs de ce vaisseau.

Lorsque les membres du Conseil municipal de Londres vinrent à Paris pour assister aux fêtes qui leur furent données au sujet de l'Exposition universelle, M. Isaac Watt y vint également. Il obtint du Gouvernement de visiter nos arsenaux maritimes; il reçut de nos ingénieurs l'accueil le plus libéral, et les communications les plus propres à faciliter ses travaux sur le vaisseau *l'Agamemnon*. C'est celui que monte aujourd'hui, dans la mer Noire, l'amiral sir Edmond Lyons.

Notre IVe tableau présente des données importantes sur les proportions de ce vaisseau.

Depuis l'année 1851, les Anglais n'ont pas cessé de transformer des vaisseaux par le secours de la vapeur. Ils ne se sont plus contentés d'opérer sur de petits et vieux bâtiments de 70, tels que *l'Ajax, le Bleinheim, la Hogue* et *l'Édimbourg;* ils ont transformé, dans le même système, d'excellents vaisseaux de 80, de 90, et même de 120 canons.

En allongeant de 27 pieds, 8 mètres 23 centimètres, un de leurs bâtiments à trois ponts, pour suffire au surcroît de charge qu'entraîne un mécanisme de 700 chevaux et son approvisionnement en combustible, ils ont fait un vaisseau mixte de 131 canons[1]; ces bouches à feu, du reste, me semblent en partie nominales. Les Anglais, en effet, comme les Français, en remplaçant un nombre de plus en plus considérable de canons ordinaires par des canons-obusiers de fort calibre et de grand poids, préfèrent diminuer le nombre des bouches à feu, qu'on manœuvre plus aisément quand elles sont moins rapprochées. C'est l'unique moyen de ne pas immerger déraisonnablement le navire, par un excès de poids additionnels. On conserve ainsi la hauteur de batterie que l'expérience a fait juger nécessaire.

Le vaisseau de 131 canons que nous signalons en ce moment est celui qu'a monté, pendant l'année 1854, l'amiral en chef de la flotte britannique envoyée dans la Baltique.

Depuis le jour où le souverain d'un grand État du Nord a manifesté ses intentions belliqueuses; depuis qu'il a laissé percer le désir d'aider aux obsèques d'un autre État oriental, dont la mort était rêvée avec tant d'amour, l'amirauté d'Angleterre a redoublé ses efforts pour achever en temps opportun les constructions, les transformations et les armements d'un nombre sans cesse croissant de vaisseaux et de frégates à vapeur.

Au printemps de 1854, une flotte à peine soupçonnée des étrangers, est sortie de Portsmouth. Elle présentait les deux tiers de son effectif en vaisseaux mixtes à vapeur, avec un tiers de vaisseaux purement à voiles; en nombre plus grand encore, elle présentait des frégates, des transports et des remorqueurs à vapeur: ces *impedimenta* d'un nouvel ordre, portant avec eux *la vitesse* au lieu du retard. À cette vue, le monde maritime a paru frappé de surprise.

La fierté nationale a voulu que la reine d'Angleterre, comme une autre Élisabeth défiant une autre Armada, vînt entre son île et l'Europe, faire défiler devant elle sa flotte majestueuse, cette armée navale, si moderne, où l'art sait cacher sa force mystérieuse sous l'eau, dans les plis d'une hélice, pour la com-

[1] Ce navire porte le nom de *Duc de Wellington*.

biner sans en rien perdre avec l'antique force des voiles. En ce moment solennel, les hauteurs qui bordent la côte anglaise de la Manche étaient couronnées d'un peuple enorgueilli, mêlant ses cris d'enthousiasme à ceux des équipages montés sur les haubans et sur les vergues d'Albion. Pour l'avenir du Royaume-Uni, c'était un sublime spectacle! La Grande-Bretagne, au bruit de 2,000 canons, saluait une ère nouvelle d'expérience et de génie, ère qui doublera, quadruplera sa puissance sur les mers.

Afin d'accomplir ces récents efforts, l'Angleterre avait-elle donc épuisé les ressources, récentes aussi, que son commerce avait créées pour suffire à la navigation nouvelle, et dans la Méditerranée, et dans les deux Océans? Non! car en ce moment même, elle comptait d'employés avec une immense activité:

1° Pour ses mers intérieures, 388 navires à vapeur, montés par 7,249 gens de mer ou mécaniciens;

2° Pour les mers de l'univers extérieur, 241 navires à vapeur, montés par 10,550 gens de mer ou mécaniciens amarinés. Ces équipages, composés de 17 à 18,000 hommes, manœuvraient 50,000 chevaux de vapeur, réservés au seul commerce.

3° Enfin, pour somme de transports mercantiles, accomplis avec des vitesses toujours croissantes, 5,000,000 tonneaux voiturés sur toutes les mers, en poids partagés ou de marchandises ou de voyageurs.

Voilà ce que faisait le commerce des trois royaumes au moment même où tout semblait accaparé par la marine militaire.

Lorsque la flotte mixte partie d'Angleterre pénétra dans la Baltique, elle était numériquement beaucoup moins nombreuse que la flotte russe, soit pour le chiffre des équipages, soit pour celui des canons. Cependant la mer moscovite, jusqu'au fond du golfe de Finlande, était déserte! La flotte ennemie restait cachée, partie derrière les sept îles fortifiées de Sveaborg, et partie dans l'arrière-port de Cronstadt. Depuis le fond du golfe de Bothnie jusqu'aux rivages de la Prusse, les phares et les feux étaient éteints. Les balises indicatrices étaient arrachées, à l'abord des passes innombrables que visitaient auparavant le commerce et la richesse; les passes mêmes étaient obstruées en maint endroit, pour se garder d'un ennemi redouté : c'était partout l'abandon, la fuite, la consternation et la solitude.

On a célébré pendant trois demi-siècles le génie de Pierre le Grand, pour avoir fait de son empire un empire maritime; pour avoir lancé des navires sur les bords de la Néva, sur les bords du Don, sur les bords du Volga. Ses successeurs, fidèles à ses préceptes, ont dirigé tous leurs efforts du côté des océans. Ils ont envahi tour à tour la mer Noire, la mer Caspienne, la mer d'Azow, et l'Orient de la Baltique. Ils n'ont rien épargné pour créer de vastes arsenaux, que leur argent a fait construire, comme leurs vaisseaux, par des ingénieurs étrangers; ils ont imité les équipages de ligne enrégimentés qu'avait imaginés Napoléon; ils ont eu, si je puis parler ainsi, des vétérans de terre, éternels novices de mer, pour manœuvrer leurs escadres.

Et tout cela n'aboutit, après cent cinquante ans d'efforts, qu'à refuser le combat, même en nombre supérieur de bâtiments, de canons et de matelots, sur une mer essentiellement moscovite; la mer qui reçoit les eaux de Saint-Pétersbourg!

Sur la mer Noire, au lieu de risquer un peu la flotte dans une bataille navale, au débouché d'un port de refuge, lequel est protégé par 700 canons, on aime mieux s'imposer à soi-même une perte qu'eût à peine égalée la plus sanglante défaite. On coule bas sept vaisseaux de ligne, afin de cacher les autres derrière l'obstacle sous-marin de ce rempart désespéré.

Il semble qu'un instinct lumineux révèle à la Russie qu'elle ne sera pas sur les mers un pouvoir d'un ordre élevé, tant qu'elle n'aura pas rangé sous ses lois tous les bords de la mer Noire et le Bosphore, et la position sans pareille de Constantinople au sein de la mer de Marmara. C'est ce que les forces navales de la France et de l'Angleterre ne permettront pas.

Hâtons-nous de passer à des considérations plus étendues.

COUP D'ŒIL GÉNÉRAL

SUR LES PUISSANCES NAVALES, SUR LEURS FLOTTES ET SUR LEURS ARSENAUX MARITIMES.

Sans remonter au delà des temps modernes, des changements prodigieux ont eu lieu dans la puissance maritime des diverses nations.

A partir du moyen âge, c'est l'Italie qui régnait sur les mers méridionales. Ses simples pilotes devenaient les amiraux d'autres contrées. Au temps de la Renaissance, on admirait les Génois et les Toscans qui donnaient à l'ancien monde Améric Vespuce et Christophe Colomb, on admirait Venise d'où sortait la famille de Cabot.

Tandis que ces trois navigateurs découvraient un nouveau monde, Venise dictait des lois dans le Levant, possédait Candie, le Péloponnèse, toutes les îles Ioniennes; et Gênes, qu'illustrait André Doria, se rappelait encore qu'elle avait conquis des ports et bâti des remparts jusqu'au fond de la mer Noire.

Les Espagnols et les Portugais ont eu leur tour de gloire navale et de conquêtes maritimes. En trois générations, le quart de la terre avait été découvert et conquis par eux, depuis l'océan Pacifique, aux bornes de l'Occident, jusqu'aux extrémités des mers orientales. Aujourd'hui les marines de ces peuples sont à peine comptées parmi celles des États du quatrième ordre. Que s'ensuit-il? En plein XIXe siècle, dans le golfe même où fut enfanté le code flibustier, on songe à leur demander l'achat forcé de leur patrimoine maritime, sous peine, en cas de refus, de capturer l'héritage et le déclarer bonne prise, à l'ombre des guidons unis du révolutionnaire et de l'écumeur de mer.

Il y a déjà plusieurs siècles, dans les mers du Nord, les Villes Anséatiques, confédérées en si grand nombre, combattaient et vainquaient les monarques riverains de la Baltique. Aujourd'hui, réduites à trois, elles possèdent encore un commerce opulent; mais elles n'ont pas conservé l'ombre de la puissance navale.

La Suède, affaiblie dans cette même mer par la perte successive de la Poméranie, de la Finlande et d'une innombrable quantité d'îles, ne compte plus que quelques rares vaisseaux et quelques frégates; elle possède cependant une flottille importante et bien conçue. Mais ose-t-elle seulement jeter un regard circonspect sur la restitution possible d'une terre ferme et d'un archipel qui la menacent jusqu'en vue de sa capitale.

Depuis la perte de la Norwége, le Danemark, dont la marine est célèbre à la fois par son courage et ses malheurs, ne possède ni la population, ni la richesse, ni l'intercours nécessaires pour entretenir une puissante armée navale.

La Hollande, qui disputait, dans le XVIIe siècle, contre la France et l'Angleterre, la suprématie de la mer, affaiblie par la perte du cap de Bonne-Espérance, de Ceylan, et de tant d'autres possessions, n'a plus qu'une marine de troisième ordre.

Le réveil de la Turquie pourrait lui rendre une force navale dont le personnel a prouvé devant Sinope qu'il sait mourir avec intrépidité.

Nous dirons quelques mots de l'Égypte qui, de nos jours, s'est rappelée qu'Alexandrie fut longtemps un centre célèbre et de commerce et de puissance navale.

En résumé, l'univers ne présente aujourd'hui que quatre grandes puissances, dont la force navale puisse exercer sur les mers une grande influence : l'Angleterre, la France, la Russie et les États-Unis.

Avant de présenter quelques développements sur ces dernières puissances, élevons-nous à des considérations générales.

Comment sont réparties les forces du monde entre les États maritimes et les États non maritimes.

Ce qui doit frapper un observateur attentif, c'est l'énorme

disproportion qu'offrent à tous égards les États qui s'appuient sur la mer et les États complétement enclavés par la terre.

Parallèle des États européens à frontières maritimes et non maritimes.

1. Population.

États à frontières maritimes....	245,000,000 habitants.
États sans frontières maritimes..	17,000,000

2. Superficie.

États à frontières maritimes....	970,000,000 hectares.
États sans frontières maritimes..	30,000,000

3. Revenus publics.

États à frontières maritimes....	5,500,000,000 francs.
États sans frontières maritimes..	300,000,000

A la seule inspection de ces résultats approximatifs, on reconnaît l'immense infériorité des puissances internes, comparativement aux puissances maritimes. Mais, si l'on réfléchit que les dix-sept millions d'habitants des États internes sont partagés en corps politiques dont le plus populeux ne compte pas cinq millions de sujets, on reconnaîtra qu'aucune lutte considérable ne peut plus avoir lieu dans l'Europe, si quelques-unes des puissances à frontières maritimes n'entrent pas dans le conflit.

Par conséquent, désormais, aucune guerre importante n'est possible, en Europe, sans que la force navale y prenne une part essentielle.

Si nous étendons nos regards au delà de notre continent, nous acquérons encore une plus haute idée du rôle que cette force joue dans l'univers.

Aujourd'hui, les puissances maritimes de l'Europe possèdent dans les autres parties du monde plus du tiers des terres connues, et deux cents millions de sujets.

Ces puissances maritimes par l'ubiquité de leurs forces navales, sont en présence de l'univers. Aucune grande mutation politique ne peut s'opérer sur le globe sans leur intervention, disons plus, sans le consentement ou l'action de quelques-unes d'entre elles; et la force navale a la plus grande part dans cette influence de l'Europe sur le reste de la terre.

Donc, pour les autres parties du monde comme pour l'Europe, aucun conflit entre de grandes nations ne peut avoir lieu sans le concours de quelque puissance maritime.

Ce serait une étude importante que celle de l'instinct ou du génie en vertu duquel les puissances internes destinées à prospérer ont dirigé tous leurs efforts pour arriver, de conquête en conquête, jusqu'à la mer, qui leur ouvrait les grandes voies commerciales de l'univers. Il suffirait de citer pour exemples : la Russie, comme nous l'avons indiquée, poussant ses conquêtes afin d'arriver au littoral de la Baltique, de la mer Noire et de la mer Caspienne; l'Autriche, agissant avec une persévérance infatigable, pour s'étendre en Italie et conquérir la suprématie de l'Adriatique; la Prusse, enlaçant la Pologne dans les filets de sa politique militaire, afin d'envahir avant tout la frontière maritime de ce royaume, etc.

Au contraire, si nous consultons l'histoire des nations séparées de la mer, remarquons comment leur destinée est de s'amoindrir à chaque guerre générale, et de périr victimes de l'ambition des États circonvoisins, isolées qu'elles sont de tout secours que pourrait leur apporter la force navale des nations généreuses?

Ainsi tomba la Pologne une première fois, en 1793. Ainsi tomba-t-elle une seconde fois, en 1831; parce que ni la France ni la Grande-Bretagne ne pouvaient avec leurs vaisseaux porter des secours à son indépendance, défendue par un héroïsme plus généreux que réfléchi. C'était un port qu'auraient dû conserver ou reconquérir à tout prix les Polonais, s'ils avaient connu les seules conditions possibles de leur libération.

Remarquons le triste sort des petits États internes de l'Allemagne, de la Saxe, par exemple, démembrée pour assouvir l'ambition d'un peuple du Nord et grossir l'apanage d'une puissance à frontières maritimes.

La Confédération germanique est-elle autre chose qu'une inféodation subordonnée des puissances internes aux deux grandes puissances à frontières maritimes, l'Autriche et la Prusse ?

La politique profonde des nouveaux traités de commerce entre ces États internes et la Prusse n'a-t-elle pas pour tendance, en réalité, de rendre prussiens, à titre de Zollverein, le commerce et l'administration de ces États ?

La Prusse domine et dominera de plus en plus les puissances internes du nord, et l'Autriche celles du midi; les envahissements viendront avec le temps et les occasions.

Ici nous arrivons aux conséquences que j'avais indiquées, il y a vingt-six années, dans une Chambre élective (séance du 25 juillet 1828).

« Au lieu de vaines idées d'un équilibre stationnaire, qui n'a jamais existé, il faut établir en fait la mutation graduelle des États européens opérée comme il suit :

« 1° La population, le territoire et la force des puissances maritimes s'accroissent par une marche inévitable;

« 2° Les puissances internes s'affaiblissent ou disparaissent à chaque commotion politique. Dès à présent, fussent-elles coalisées toutes ensembles, elles n'offriraient pas la moitié de la richesse et des forces de la France.

« Donc, les puissances internes, réduites à elles-mêmes, ne peuvent porter chez nous la guerre; donc la France n'essuiera plus de guerre purement continentale. Quand il faudra prendre les armes, elle aura toujours à combattre quelque puissance à littoral maritime. Par conséquent, elle n'aura plus la guerre sans que sa marine intervienne par la nécessité des choses. Enfin, comme les puissances maritimes de l'Europe et de l'Amérique vont toujours croissant, il faudra des forces navales de plus en plus grandes aux États qui voudront tenir leur rang parmi les puissances du premier ordre.

« Ne devons-nous pas nous estimer heureux en voyant que,

parmi les seize puissances maritimes que compte aujourd'hui l'Europe, et parmi les puissances de toutes les autres parties du monde, *une seule* l'emporte sur nous; et, comme je l'ai dit, l'emporte par cela seulement qu'elle fait de plus grands sacrifices pécuniaires.

« Si l'on avait apprécié l'importance progressive de la force navale dans l'équilibre des nations, cette force aurait reçu de la France une dotation proportionnelle, de plus en plus avantageuse, dans le partage des fonds alloués pour constituer notre puissance militaire : c'est le contraire qu'on a fait.

« Lorsque la guerre recevait 100 millions, la marine recevait :

En 1788.............. 45 millions.
En 1808.............. 31
En 1828.............. 29[1]

« Ainsi, proportion gardée, la marine reçoit un tiers de moins qu'avant la révolution; elle reçoit moins que sous l'Empire, où la faveur du souverain se portait en entier sur l'armée de terre.

« Je souhaite vivement que ces considérations soient pesées par les ministres du Roi, lorsqu'ils fixeront les bases de leur prochain budget (1829). J'ose dire qu'ils devraient, dès à présent, en faire l'objet d'un sérieux examen.

« Les événements se précipitent; une grande puissance continentale s'apprête à jouer un rôle parmi les puissances maritimes de l'Europe, depuis longtemps riveraines de la Baltique, de la mer d'Archangel et de l'océan Atlantique. Il y a dix mois seulement, elle achevait la conquête de la mer Caspienne, où ne peut plus naviguer aucun bâtiment de guerre indépendant de la Russie. Voici le tour de la mer Noire, et déjà nous apprenons que le dernier port militaire de la Turquie, sur les bords de cette mer[2], est devenu la proie des Mos-

[1] Les armements extraordinaires de 1828 ont changé cette dernière proportion.

[2] Varna.

« covites. Mais, dira-t-on, cette conquête est temporaire. — « Peut-être! pour cette fois. Mais l'avenir la rendra permanente. « La force russe tout entière, avec ses richesses commerciales, « tend à descendre le long des bassins si vastes qui versent « leurs eaux dans la mer Noire. Voilà le débouché que veut la « Russie, et qu'elle veut avec la double énergie de sa politique « et des intérêts de soixante millions d'hommes.

« Il faut donc nous représenter je ne sais quel jour, mais « quelque jour, mais bientôt, la force navale de la Russie se « déployant au milieu de la Méditerranée, en présence des « forces navales de la France, de l'Angleterre et de l'Autriche; « les autres États maritimes sont trop peu de chose pour être « comptés séparément. »

La Russie, dont nous signalions ainsi les projets il y a vingt-six ans, a développé, comme on le verra quelques pages plus bas, ses flottes, ses établissements et ses arsenaux maritimes.

Les États-Unis semblent vouloir se préparer, enfin, à lutter contre les États européens; ils semblent se faire un besoin d'envahir des colonies, en commençant par celles des peuples faibles.

L'Angleterre a pris pour base de son établissement maritime cette règle simple : *avoir en mer, ou désarmée, ou sur les chantiers, une force navale équivalente à celles de toutes les grandes nations, prises ensemble.*

La question qui devait occuper le plus les hommes d'État de France, c'était de fixer la proportion des forces de terre et de mer qui conviennent le mieux à notre pays.

Telle est la question que j'ai tenté d'aborder dès la première des quatre années 1832, 1833, 1834, 1835, où la confiance de la Chambre élective m'avait chargé de lui présenter le rapport des budgets de la marine.

« La guerre et la marine concourent à défendre cinq cents lieues de nos côtes. La marine y tient en réserve onze mille canons et les batteries flottantes qui doivent les porter, avec le cadre du personnel qui doit les commander et les manœuvrer. Par conséquent, dans aucun temps le département de la guerre n'est obligé de tenir sur les frontières de mer la moitié de la force qu'il serait forcé d'y déployer, ni d'entretenir un ensemble de places fortifiées au même degré et en même nombre que sur les frontières de terre, comme il y serait réduit sans la présence et le concours de la marine militaire. Voilà donc une première partie de la dépense exigée *pour la défense nationale*, qui doit être portée au compte de la marine, indépendamment de toute autre utilité propre à la force navale.

« Quant à l'emploi de la puissance française hors du territoire, la marine et la guerre l'ont fait servir de concert, depuis dix ans, pour accomplir de grandes entreprises : l'invasion de l'Espagne et la reddition de l'île de Léon, la libération de la Morée, la conquête d'Alger, l'expédition d'Ancône et la protection de la Belgique. Dans tous ces cas, l'intérêt urgent, essentiel du service de la guerre était de trouver la marine en mesure d'opérer, avec promptitude, des armements proportionnés à la grandeur des coups qu'allait porter l'armée de terre.

« Par conséquent, il existe entre l'étendue des moyens d'agir et l'étendue des crédits, pour la marine et pour la guerre, une proportion qui doit être, non le résultat du hasard ou du caprice, mais la conséquence forcée par la nécessité des choses et par l'harmonie qu'il convient de mettre entre les deux services connexes. C'est le seul moyen praticable pour que l'État développe la plus grande somme de puissance avec la moindre dépense totale.

« Afin de juger ce que peut être, dans les cas les plus divers, la dotation proportionnelle des deux grandes sections de la force militaire, nous avons invoqué les lumières de l'expérience. »

DOTATION COMPARÉE DE LA MARINE MILITAIRE, POUR CENT MILLIONS DONNÉS À L'ARMÉE DE TERRE.

Ancien régime, paix (1783 à 1789).....	45,000,000f
Régime consulaire (1801 à 1805).......	54,170,000

Régime impérial (1806 à 1813).........	31,470,000
Restauration 1re époque (1818 à 1822)...	28,690,000
——— 2e époque (1827 à 1829)...	38,390,000
Transition, 1830....................	39,170,000
Nouveau régime, paix et guerre (1831 à 1833)	19,490,000

Des résultats si divers dépendent nécessairement des circonstances essentiellement différentes où la France était placée, aux principales époques ainsi rapprochées. Mais ces résultats n'en montrent pas moins que, depuis la paix de 1783 jusqu'en 1833, la marine française, mise en parallèle avec la guerre, n'a pas encore été traitée dans une proportion moins avantageuse qu'aujourd'hui, même sous le régime impérial de Napoléon, qui ne pouvait être accusé de favoriser trop la marine, et de trop peu favoriser le service de la guerre auquel il devait sa gloire et son sceptre.

Jusqu'à 1840, la dotation de la marine française était restée beaucoup trop faible. Le désir d'accroître à la fois le personnel et les armements avait fait diminuer la dotation des constructions navales. Par l'effet d'un tel système, le nombre des bâtiments de guerre, surtout celui des vaisseaux, diminuait de plus en plus, ainsi que les approvisionnements. Il était urgent d'apporter remède à cette situation; les graves événements de 1840 avaient montré combien on pouvait tout à coup être surpris par la menace d'une guerre générale à soutenir et par terre et par mer.

Ce n'est pourtant pas avant 1846 qu'a paru l'important projet de loi qui consacrait 93 millions pour compléter vingt-six vaisseaux de ligne à flot, et pour obtenir sur les chantiers quatorze autres vaisseaux portés graduellement aux 22/24 de leur achèvement total. On joignait à cet effectif un nombre suffisant de navires de bâbord, et finalement une marine à voiles de frégates, corvettes, etc.

On ajoutait à ces travaux un riche approvisionnement de prévoyance.

Un tel projet conservera la mémoire de l'administration

active, autant qu'éclairée, de M. l'amiral de France baron de Mackau.

L'heureux système, remis alors en vigueur, pour porter au plus haut degré d'avancement les vaisseaux en construction, ce système a porté des fruits salutaires. Il a permis, lorsqu'est arrivé l'instant du besoin, de multiplier les mises à l'eau et les armements de vaisseaux et de frégates, avec une rapidité qu'on a trouvée merveilleuse.

Il est équitable de partager l'honneur de cette rapidité entre la cause première et le mérite toujours rare de s'en servir avec énergie autant qu'avec intelligence.

Lorsque le projet d'établissement réglementaire de la flotte fut soumis, ainsi que la dotation des 93 millions, à la Chambre élective, ce projet fut combattu dans sa base principale. Sous prétexte qu'une marine à vapeur était sur le point de faire abandonner, disait-on, la marine à voiles, on proposait de réduire à trente-six le nombre des vaisseaux, de n'en plus construire de nouveaux, et de retrancher 20 millions sur les 93. Ce fut alors que je publiai la discussion suivante, pour approfondir et mettre hors de doute la plus grande question qui pût influer sur la puissance de la marine française.

OBSERVATIONS[1] SUR LE NOMBRE DE VAISSEAUX ET DE FRÉGATES QUI CONVIENT À LA FRANCE.

Sous peu de jours, la Chambre des députés va trancher une des plus graves questions qui puissent intéresser la puissance nationale.

Il s'agit de restaurer, dans son matériel le plus important, la force navale de la France.

Depuis 1814, le nombre de nos vaisseaux diminue avec la plus déplorable rapidité.

[1] Adressées, en avril 1846, à MM. les députés au sujet de la loi des 93 millions, par le baron Charles Dupin, pair de France, ancien député, membre du Conseil d'amirauté, inspecteur général du génie maritime.

Pour mettre un terme à la déperdition progressive du matériel de combat, celui des bâtiments de guerre, le Gouvernement a jugé nécessaire de demander un crédit extraordinaire de 93 millions et cent mille francs.

La commission nommée par la Chambre des députés reconnaît l'immensité de nos pertes; mais elle n'admet qu'une partie des moyens de réparation.

Elle diminue à la fois le nombre des vaisseaux, celui des frégates et celui des moindres bâtiments.

Je veux examiner, comme ingénieur français, comme membre, depuis quinze ans, du Conseil suprême de la marine, si ces graves modifications sont utiles ou nuisibles à la force de mon pays.

J'écarte d'abord toute question de personnes, pour ne considérer que l'intérêt public.

Les observations que je veux présenter seraient les mêmes avec tout autre ministre, avec toute autre commission, fussent-ils plus, fussent-ils moins mes amis personnels qu'ils ne le sont. Je reconnais, je déclare leur bonne volonté, leurs bonnes intentions; je rends hommage à leurs lumières; en un mot, je suis plein d'égards pour les hommes; mais mon premier respect et mon premier dévouement sont pour ma patrie. C'est dans cet esprit que j'entre en matière.

La commission, comme le Gouvernement, comme les deux Chambres, veut une marine militaire bien constituée et puissante.

Cependant elle réduit de 93 millions à 73 millions l'allocation des crédits extraordinaires demandés par le département de la marine afin de replacer son matériel sur le pied qu'il n'aurait jamais dû perdre, et qu'il n'a perdu que par un triste motif: c'est que, depuis treize ans et plus, les budgets de ce ministère ont été forcément, sciemment, systématiquement, *en déficit* à l'égard du matériel.

C'est la faute indivise, c'est la concordance inexplicable, et du pouvoir législatif et du pouvoir exécutif, pour obtenir un si funeste résultat que tous les deux n'ont pas cessé d'avouer et de déplorer, mais qu'ils n'ont jamais eu le bon, le vrai vouloir de faire cesser, excepté dans ces derniers temps.

Par un rapprochement singulier, que personne n'a fait encore, le crédit demandé représente précisément le déficit final, tel qu'on l'a calculé depuis treize ans, devant la Chambre même des députés.

Dès 1833, M. l'amiral de Rigny, ministre de la marine, reconnaissait le déficit démontré par la commission du budget pour cette année, sur la dotation du matériel naval. Dans le rapport au roi, qui précédait son budget de 1834, et dont les deux chambres ont reçu communication officielle, ce ministre disait en propres termes :

« Le moment est venu de constater que, même en établissant nos calculs sur les bases les plus modérées, nous avons, dans les travaux courants, *un déficit* égal à celui des crédits.

« Ici, disait-il, je m'applaudis d'avoir pour auxiliaire la dernière commission des finances : elle s'est honorée en proclamant, sur ce grand intérêt de conservation et d'avenir, des vérités sévères mais utiles. » Ainsi parlait le vainqueur de Navarin.

Qu'il me soit permis de le dire, sans amour-propre, mais sans fausse modestie, ces vérités sévères et qui pouvaient être utiles, mais qui sont restées inutiles, c'est moi qui les avais fait entendre, comme rapporteur du budget pour l'exercice précédent.

Je ne m'étais pas borné seulement à des phrases plus ou moins transparentes, j'avais calculé toutes les sources *de déficit;* je les avais énumérées et réduites en chiffres. Je reproduis textuellement cette évaluation [1].

M. l'amiral de Rigny, dans son rapport au roi, démontre qu'avec la dotation insuffisante de son budget, le matériel naval est en déficit annuel de 4,654,287 francs, « en suppo-

[1] *Rapport sur le budget de la marine pour l'exercice de 1833*, par M. le baron Charles Dupin, p. 110. Citation du *Rapport au Roi* de M. l'amiral de Rigny : « Si la situation actuelle des choses se prolongeait, il deviendrait indispensable que le Gouvernement et les Chambres donnassent à

sant, dit-il, qu'on porte *à vingt ans* la durée du travail à faire, et sur les coques et sur le matériel d'armement. »

Je prie MM. les députés de faire attention au rapprochement qui suit :

De 1834 à 1853 inclusivement, il y a vingt ans.

De 1847, année où l'on commencera d'appliquer sérieusement le crédit qu'on réclame jusqu'au même terme de 1853,

« cet objet (le déficit du matériel) une sérieuse attention. » Immédiatement après cette citation, je poursuivais ainsi :

« Les évaluations qui précèdent avaient été faites dans l'hypothèse qu'on voulût, en quatre années, compléter les constructions neuves et les matériels d'armement qui doivent correspondre à toutes les constructions.

« En reprenant ces mêmes évaluations, nous avons voulu les abaisser à leurs moindres termes, en y réduisant, en y supprimant tout ce qu'il est possible d'y réduire et d'y supprimer.

« Sur la somme de 9,592,000 francs portée en déficit, nous remarquons qu'une partie serait affectée à des travaux neufs qu'on peut à son gré ralentir ; ralentissons-les en effet :

« Déficit sur le renouvellement des coques.............	582,628ᶠ
« En supposant qu'on demandât *seize années* au lieu de *quatre*, pour les compléter, il faudrait annuellement, pour cette partie des constructions neuves...........................	675,000
« Si l'on supposait qu'on voulût mettre *trente-deux* ans au lieu de *quatre* à compléter le matériel d'armement des bâtiments qui doivent rester en chantier, il faudrait annuellement	501,925
« Enfin, pour le renouvellement du matériel des bâtiments à flot, déficit actuel à combler........................	2,600,000
Total....................	4,359,553

« Telle est donc la somme qui paraît, aux moindres termes, manquer à la dotation actuelle du matériel, d'après les comptes officiels que nous avons sous les yeux.

« La conséquence que nous devons tirer des développements qui précèdent, c'est qu'il est d'une haute importance d'arrêter tout nouvel accroissement des dépenses du personnel, et de chercher, par toutes les voies possibles d'amélioration, et par des réductions d'armement, dès l'instant qu'elles seront possibles, à rétablir l'équilibre du budget, pour faire disparaître le *fâcheux déficit* où se trouve aujourd'hui le matériel naval. »

il y a précisément les sept années que le ministre demande pour rétablir le matériel à l'état normal.

Or, vingt fois le déficit annuel calculé à 4,654,287 francs, dès 1833, font un déficit total égal à 93,085,740 francs.

Pour éteindre ce déficit, le Gouvernement demande la somme de 93,100,000 francs. L'identité n'est-elle pas frappante?

Maintenant, la commission proteste qu'elle veut établir l'état normal de la marine.

Et la commission propose de retrancher 20 millions sur 93; c'est-à-dire la proportion énorme de 21 1/2 pour cent.

Si c'était par inimitié pour la marine, je le concevrais. Mais c'est par amour pour elle qu'on propose d'affaiblir à ce point les moyens de rétablir son matériel. Je ne puis pas le concevoir.

La plus noble mission qu'ait à remplir une Chambre des députés est, à coup sûr, la sévère économie dans la dispensation des deniers publics. Elle ne doit rien permettre au luxe, ni rien concéder au superflu. Ce n'est peut-être pas toujours son usage, c'est toujours son devoir.

Honneur donc à la commission, dans son amour avoué des vraies économies.

Mais, partout où l'économie n'est autre chose que la suppression de la force nationale, de la force essentielle et vitale, ne craignons pas de le dire, ce n'est pas mauvaise intention, c'est erreur de la commission. J'essayerai de le démontrer.

La France doit-elle considérer une marine où les voiles sont employées comme un passé qui s'éteint?

L'univers est frappé des miracles de la vapeur. Cette force motrice produit une révolution absolue dans les communications opérées par la voie de terre; elle accomplit des changements aussi prodigieux dans la navigation commerciale. Les relations maritimes, entretenues de peuple à peuple, ne dépendent plus nécessairement des caprices de l'atmosphère, et chaque jour amène un nouveau progrès. Il y a vingt ans, on osait à peine traverser le détroit de la Manche avec des navires à vapeur; à présent, on traverse l'Atlantique et les mers de l'Inde, sans être arrêté par les tempêtes ni par les moussons.

La froide raison n'est pas seule à calculer, à suivre les pas de ces inventions merveilleuses. L'imagination va plus vite encore; elle prend les devants, et rien ne borne plus ses espérances. Entraînée dans les conceptions qu'elle réalise en idée, elle semble déjà dédaigner comme un accessoire, plus fatigant que nécessaire et plus onéreux qu'utile, un trésor donné gratuitement par la nature : *la force des vents, mise à profit par les voiles.*

Certes, je ne suis pas de ceux qui comptent pour peu de chose les magnifiques développements d'une grande découverte, et l'application qu'on en peut faire à la marine militaire. J'en signalais tous les avantages dès 1825, dans le rapport à la suite duquel l'Académie des sciences approuvait le bel ouvrage sur les navires à vapeur de feu mon digne ami M. Marestier,

Plus tard, en 1834, j'ai mis à profit le peu de jours où j'ai pu prescrire quelque chose dans le département de la marine, pour fonder le prix de 6,000 francs en faveur de la personne qui fera le plus grand pas dans l'application de la vapeur à la marine militaire.

Dans les quatre rapports que j'ai rédigés pour la Chambre des députés sur le budget de la marine, je n'ai pas plus négligé l'occasion de signaler le déficit du matériel naval, que l'importance présente et l'avenir des applications de la vapeur à la force navale.

Enfin, dans mes rapports sur les Expositions des produits de l'industrie, surtout en 1844[1], j'ai développé ces mêmes

[1] Rapport du jury central, t. II, p. 362, *Construction et navigation des bateaux et des navires à vapeur,* et plus spécialement la 2e partie.

idées d'importance et de progrès, particulièrement utiles à la marine française.

J'ai dû relater ces faits, afin qu'on ne m'accusât pas d'être peu partisan d'une marine à vapeur, et de ne pas accorder à ses progrès futurs une part équitable.

Mais, plus j'éprouve de bonheur à me faire une idée des perfectionnements qu'on peut raisonnablement espérer de ce côté, plus je dois, avec tout esprit sage, me tenir en garde contre une prédilection exclusive qui ferait oublier l'élément, jusqu'à ce jour essentiel, et de la marine commerciale et de la marine militaire.

Aussi longtemps que l'on comptera pour quelque chose l'économie dans les transports, l'on n'abandonnera pas la navigation par la force du vent. Les peuples mêmes qui font les pas les plus rapides vers l'adoption des transports à la vapeur, pour les besoins les plus pressants du commerce et de l'État, ne lui donnent encore qu'une part très-limitée, même dans les constructions neuves qui représentent en germe la *marine de l'avenir.*

Proportion la plus récente des deux classes de navires construits annuellement pour le commerce de la Grande-Bretagne (1845).

Navires à voiles..............	95	$94\frac{629}{1000}$
Navires à vapeur..............	5	$5\frac{371}{1000}$
	100	100

On peut juger, par ce simple tableau, combien est loin de la vérité cette pensée, trop commune aujourd'hui, que la marine à vapeur, pour tous les besoins du commerce immense de l'empire britannique, est près de faire disparaître la marine à voiles.

La disproportion, au désavantage de la vapeur, est plus grande encore en France qu'en Angleterre.

Proportion la plus récente des deux classes de navires construits annuellement pour le commerce de la France (1845).

Navires à voiles................	99	$98\frac{1}{10}$
Navires à vapeur...............	1	$1\frac{9}{10}$
	100	100

La véritable raison d'un progrès cinq fois moins rapide en France qu'en Angleterre, c'est que nous trouvons des difficultés relatives plus grandes, et de moindres avantages, dans la substitution des navires à vapeur aux navires à voiles.

Nos aciers, nos fers sont plus chers, et nos houilles plus éloignées de nos ports. Les Anglais nous ont devancés de quinze années dans la navigation par la vapeur; ils construisent cent navires à vapeur lorsque nous en construisons seize; et, quand ils obtiennent une capacité de navires à vapeur égale à 10,000 tonneaux, nous en obtenons une égale à 800!...

Ils ont, par conséquent, tous les moyens de faire des expériences six fois plus multipliées, et sur des navires d'une grandeur presque double.

Cela seul explique comment il se fait, malgré notre génie d'invention, que les perfectionnements dus aux Français sont ici les moins nombreux.

C'est la force des choses qui fait prendre ainsi l'avance aux Anglais, et pour l'invention, et pour l'expérimentation, et pour la réussite, dans tout ce qui concerne la marine à vapeur.

Un pareil désavantage, qui tient à la nature des choses, n'est certes point un motif pour que nous n'entrions pas avec ardeur dans les voies nouvelles d'une marine à vapeur. Mais il démontre l'étrange erreur, si répandue parmi nous, qu'une marine à vapeur est propre à nous donner, sur les Anglais, des avantages que n'aurait pas pu nous donner une marine à voiles..... Cette opinion, je n'hésite pas un moment à la déclarer fausse.

Ce n'est pas un motif pour nous abstenir d'entrer dans la voie nouvelle; elle est indispensable, elle est forcée. Mais sachons n'en attendre que ce qu'il est raisonnable de nous en promettre.

Examinons maintenant une grave question soulevée, j'ai presque dit tranchée, par la commission de la chambre des députés.

L'avenir de notre marine militaire est-il que nos armées navales cessent d'être composées de vaisseaux à voiles?

Les vaisseaux de ligne à voiles doivent-ils être abandonnés pour y substituer des navires, sans voiles, à vapeur?

Est-ce là ce passé, avec lequel *il faudrait rompre*, avec lequel, pour employer les ménagements du rapport, avec lequel la commission ne veut *pas encore rompre entièrement;* expression qui signifie que la commission veut, du moins, rompre en partie avec le passé, c'est-à-dire avec les armées navales à voiles.

Des vaisseaux à voiles ont moins de vitesse que des navires à vapeur; cela est vrai.

Mais est-ce une raison pour ne plus les conserver comme armée navale? Je le nie.

J'appelle ici toute l'attention des hommes d'État et des hommes de l'art. Cette question est la plus grave que puisse offrir à notre époque la constitution de la force navale chez les grandes nations.

Ne la compliquons par aucun détail technique, et prenons-la dans sa généralité la plus élevée.

Les vaisseaux d'une armée navale sont pour elle, vu leur masse et leur vitesse, comme les régiments d'infanterie d'une armée de terre, régiments menant avec eux leur artillerie.

Imaginons que, jusqu'à ce jour, on ait ignoré la cavalerie, c'est-à-dire une force organisée, susceptible de marcher, de courir, deux fois, trois fois, quatre fois, plus vite que l'infanterie : c'est le miracle de la vapeur!

Que dirions-nous des novateurs qui nous diraient : La vitesse est tout? Abandonnons l'infanterie et ne combattons plus qu'à cheval?

Pense-t-on que la puissance qui se transformerait de la sorte en cavalerie l'emporterait sur la puissance qui consentirait à n'avoir qu'une infanterie héroïque et parfaitement aguerrie?

A plus forte raison, pense-t-on que la puissance qui ne combattrait plus qu'avec des cavaliers l'emporterait sur celle qui, sans rien abondonner de son infanterie, y joindrait judicieusement une cavalerie très-mobile, sagement et modérément proportionnée?

La légion romaine n'avait qu'un dixième et quelquefois qu'un vingtième de cavalerie; son infanterie a conquis le monde. La phalange d'Alexandre était moins mobile encore que la légion, et ne comptait que sur les fantassins; elle a subjugué l'Orient.

Plus l'armée française était admirable, et mieux elle savait suppléer, par l'infanterie, à la faible proportion de sa cavalerie : témoin les plus belles campagnes d'Italie et les batailles d'Égypte contre les Mamelucks.

Une armée navale à voiles présente la solidité de l'infanterie, et la respectabilité d'une place de guerre. C'est un triple, un quadruple rang de batteries superposées, qui marchent ensemble et que la marche ne fatigue jamais : différence essentielle avec les piétons.

La vapeur pourra faire, autour d'une armée navale à voiles, des miracles d'agilité; mais il faudra toujours, en présence d'une ligne de bataille régulièrement serrée, qu'on en oppose une pareille, où les rangs et les masses de feux soient aussi compactes, pour n'être pas écrasée.

Quoi de plus lent que la marche des bataillons carrés au milieu d'une infinie multitude de cavalerie, qui court cinq à six fois plus vite? Cependant l'infanterie chemine; elle arrive à son but lentement, mais sûrement, lorsque c'est une infanterie inébranlable, comme on en compte trois au monde, celles des Français, des Anglais et des Russes : alors la cavalerie échoue.

Si, par une révolution vers laquelle on n'a pas fait encore un seul pas, on parvient à construire des vaisseaux de ligne sans voiles, des vaisseaux de ligne où le moteur et les roues soient soustraits aux feux ennemis; des vaisseaux réunissant sur la même longueur de ligne de bataille une masse de feux égale à celle des anciens vaisseaux; alors, et seulement alors, on aura remplacé les vaisseaux à voiles. Jusque-là, gardons ceux-ci; car ils n'auront pas cessé d'être la force qui procure la victoire dans les grandes luttes qui décident de l'empire des mers[1].

Cette théorie que je présente, et qu'on n'a pas encore formulée ni démontrée, est d'accord avec le sentiment intime et l'expérience des grandes nations maritimes, et surtout de l'Angleterre. Voyez ce que fait aujourd'hui cette puissance!

Depuis six mois, un grand parti s'est manifesté pour la guerre au sein des États-Unis. L'Angleterre a jugé qu'il y avait pour elle, dans l'affaire d'Orégon, une de ces questions d'honneur national qui ne lui permettait pas de céder à des injonctions impérieuses. Elle a redouté surtout, comme résultat d'une guerre avec l'Union américaine, la perte probable de ses immenses possessions du Canada, de la Nouvelle-Écosse, du Nouveau-Brunswick et de ses autres colonies de terre ferme, au nord de la grande République. Pour se mettre en mesure de parer à tous les dangers, elle a, sans affectation, mais sans mystère, poursuivi l'armement le plus redoutable. Le voici :

[1] On a mieux fait : *on a conservé les vaisseaux à voiles*, en leur donnant comme moteur *auxiliaire* la force de la vapeur. C'est ce qu'on voit graduellement expliqué dans cet historique.

Armement de l'Angleterre dans l'Atlantique et l'océan Pacifique, prêt à menacer les États-Unis, au 1er janvier 1846.

Vaisseaux.......	6 à 3 ponts. 6 de 80 canons. 2 de 74.
	14
Frégates à voiles..	7 grandes, de 50 canons. 5 de 42 à 44. 1 de 46.
	13

14 corvettes.

42 bâtiments à voiles de guerre, commandés par des post-capitaines, c'est-à-dire par des capitaines de vaisseau.

7 frégates et corvettes *à vapeur* armées, disponibles dans l'océan Atlantique et dans l'océan Pacifique.

Il me suffit de présenter les proportions des deux espèces d'armement, à l'époque où la guerre semble imminente entre l'Angleterre et les États-Unis, pour faire juger combien les Anglais sont convaincus que les grands efforts de la guerre maritime la plus sérieuse doivent, dans l'état actuel des choses (1846), être supportés par les bâtiments à voiles.

La disproportion serait bien plus grande si l'on comptait les canons.

Bâtiments à voiles...	Canons des vaisseaux......	1,340
	——— des frégates.......	612
	——— des corvettes......	168
	Total........	2,120
Bâtiments à vapeur..	Canons des frégates et corvettes................	140

Je laisse à penser, d'après ce simple rapprochement, sur laquelle des deux natures de force les Anglais comptent, aujourd'hui, pour faire pencher de leur côté la victoire dans la guerre qu'ils méditent contre les États-Unis.

Il s'agit cependant de lutter contre une puissance qui n'a qu'un nombre assez limité de bâtiments militaires à voiles, et qui présente en bâtiments à vapeur d'immenses ressources du côté du commerce.

Je sais quelle est l'objection qu'on ne manquera pas de me faire.

L'Angleterre a peu de frégates à vapeur; mais elle en construit beaucoup, et construit peu de vaisseaux et de frégates à voiles. Eh bien, c'est encore une erreur.

Au moment où je parle, les Anglais ont en construction deux fois autant de vaisseaux de ligne que de frégates à vapeur; et, même à présent, ils sont loin de discontinuer les constructions de leurs frégates à voiles.

Par conséquent, l'amirauté d'Angleterre ne regarde pas les armées navales à voiles comme un passé qu'elle doive aujourd'hui dédaigner, comme un passé misérable avec lequel elle s'abstienne encore, et, par complaisance, de rompre pour toujours.

L'amirauté d'Angleterre a raison; et, si nous sommes sages, nous imiterons sa conduite. Nous regarderons, à son exemple, les vaisseaux de ligne et les grandes frégates à voiles comme l'expression la plus réelle et la plus formidable de la puissance navale. Je ne crains pas d'affirmer que, même aujourd'hui, cette opinion est celle de l'immense majorité des amiraux et des capitaines de vaisseau de l'Angleterre.

Nous pouvons actuellement, sans avoir peur d'être pris pour des esprits arriérés et rétrogrades, partisans obstinés d'une force déchue et surannée, examiner la force de la France sous le point de vue des vaisseaux de ligne mus par l'action des vents. Nous ne demandons qu'une force modérée et qui soit possible.

On peut tout disputer, excepté les faits authentiques. Naguère on allait jusqu'à prétendre qu'avec ses vastes ressources, la France ne pourrait pas armer son effectif, tout réduit qu'il était déjà, de vaisseaux et de frégates. Examinons ce que la France a réellement armé dans les temps qui font honneur à son histoire.

Après la mort de Richelieu, Mazarin avait laissé dépérir la force navale qu'allait illustrer Duquesne. Lorsque la mort de cet Italien eut émancipé Louis XIV, ce monarque chargea Colbert des destinées du commerce et de la marine. Six ans n'étaient pas écoulés, et cet admirable administrateur présentait au grand roi soixante mille matelots en activité pour le commerce et l'État, et *soixante vaisseaux de ligne.*

Cependant la France, au lieu d'avoir comme aujourd'hui trente-cinq millions d'habitants, n'en avait pas même dix-sept; elle ne possédait ni la Flandre, ni la Lorraine, ni la Franche-Comté, ni le comtat Venaissin, ni la Corse, ni l'Algérie : ces deux possessions qui, réunies, doublent les côtes de la France.

Ces premiers résultats ont permis à Louis XIV d'obtenir les succès les plus glorieux pendant vingt-cinq ans,

Dès 1682, Seignelay, le digne fils de Colbert, élevait jusqu'à *cent* le nombre des vaisseaux de ligne.

Il a fallu que l'enivrement de trop longues prospérités aveuglât Louis XIV au point d'ordonner à quarante-quatre bâtiments français d'en combattre quatre-vingt-seize qu'avaient réunis l'Angleterre et la Hollande coalisées contre nous. La bataille fut héroïque, et certes ne prouve rien contre le droit qu'a notre marine d'espérer la victoire à forces égales.

Cette marine se maintint, tant que vécut Louis le Grand, autant que pouvait le permettre la pénurie des finances.

Mais, quand arriva la régence, la véritable décadence commença. Sur une pente honteuse on descendit jusqu'au dernier degré d'abaissement, sous le ministère de Fleury, qui n'avait dans l'âme pas plus de grandeur que Mazarin, et qui n'en avait pas l'esprit avisé.

La France finit par ne compter dans ses ports militaires,

honteusement négligés, qu'un seul et vieux vaisseau de ligne !...

Voilà le degré d'anéantissement duquel il nous fallut partir.

Le duc de Choiseul essaya de relever la marine française. Il était digne d'accomplir ce grand dessein; mais les destinées supérieures d'une courtisane éhontée l'emportèrent.

Lorsque arriva, quinze ans plus tard, la longue et terrible lutte de l'Angleterre avec ses colonies du Nord, Louis XVI, secondé tour à tour aux finances par Turgot et Necker, fit d'heureux efforts pour relever la marine militaire; il eut jusqu'à 80 vaisseaux de ligne et ne conclut qu'une paix honorable pour notre patrie.

En 1790, même après sept ans de paix, la France comptait encore 69 vaisseaux; elle avait alors 104,000 hommes inscrits sur les classes de la marine.

Franchissons la longue série de calamités qu'éprouva notre marine depuis 1793 jusqu'à 1805, année du combat de Trafalgar.

Même alors, le génie de Napoléon comprit l'importance de rétablir une marine de haut bord. Il y parvint par d'admirables efforts; et, dès 1814, il comptait[1] :

Vaisseaux à flot..........................	69
Vaisseaux en construction...............	39
	108

Si l'Empereur n'avait pas fait la déplorable campagne de Moscou; s'il eût poursuivi son système de blocus continental, en accroissant toujours nos forces navales, il aurait fait éprouver les plus grands périls à l'Angleterre, et l'aurait contrainte à la paix.

[1] Voyages dans la Grande-Bretagne, 2ᵉ partie, force navale. (*Constitutions de la marine*, p. 247).

Sous la Restauration, la décadence de notre marine marcha vite; elle était effrayante dès 1820.

C'est alors que le baron Portal posa nettement cette question : La France veut-elle encore une marine militaire ?

Le Gouvernement et les Chambres répondirent : « *Oui.* »

On chercha quel pouvait être le pied de paix le plus modeste qu'on pût proposer : ce fut d'entretenir à flot 40 vaisseaux et 50 frégates. Telle fut la base de l'ordonnance réglementaire établie sous le ministère du marquis de Clermont-Tonnerre (10 mars 1824).

On établit en principe qu'afin d'être en état, pendant la guerre, de maintenir à la mer ce nombre de vaisseaux et de frégates, il fallait qu'on en préparât un tiers de plus sur les chantiers, c'est-à-dire 13 vaisseaux et 16 frégates : c'était en tout 53 vaisseaux et 66 frégates.

Dans le rapport au roi, de M. l'amiral de Rigny, ministre de la marine en 1833, on voit en effet que l'on doit entretenir :

	Vaisseaux.	Frégates.
A flot	27	34
En construction	26	32
Totaux réglementaires	53	66

Dès 1837, on manifesta la résolution de supprimer ce qui représentait la réserve, et réduire purement et simplement le nombre des vaisseaux à 40 et des frégates à 50 tant à flot qu'en construction.

Le croira-t-on ? ces nombres mêmes étaient attaqués déjà ! On prétendait que la France était incapable d'armer un effectif si restreint de bâtiments de guerre.

On a proposé sérieusement à la commission du budget pour l'exercice de 1837, de réduire à 25 le nombre des vaisseaux que la France pourrait armer en temps de guerre. Je m'honore d'avoir fait abandonner cette proposition par le ministre qui s'en était rendu l'organe auprès de la commission dont je faisais partie.

Montrons maintenant à quelle décadence finale on voudrait ravaler l'armée navale, tandis que le personnel des gens de mer s'accroît de plus en plus.

Tableau résumé du nombre des vaisseaux de ligne et des gens de mer.

	Vaisseaux de ligne.		Gens de mer.
1680, sous Louis le Grand..	100		66,000
1780, sous Louis XVI......	81	moins de	100,000
1814, sous Napoléon.......	108	au plus[1].	120,000
1824, sous Louis XVIII.....	53		65,000
1836, sous Louis-Philippe...	53		90,000
1845, la commission......	36		113,000

On a prétendu, depuis dix ans, qu'en temps de guerre la France ne pourrait pas, avec les ressources de son inscription maritime, maintenir armés simultanément 40 vaisseaux et 50 frégates.

J'ai fait avec soin, les règlements à la main, le calcul du nombre des officiers mariniers, matelots et apprentis, nécessaires pour l'armement de ce matériel. Voici le résultat obtenu d'après le règlement, pour le pied de guerre[2] :

Pied de guerre.	Gens de mer embarqués.
20 vaisseaux à 3 ponts..............	10,220
20 vaisseaux à 2 ponts..............	8,620
50 frégates.......................	13,600
	32,440

La question se réduit donc à ces termes infiniment simples:

[1] Le nombre s'étendait à tout l'Empire.

[2] On a déduit les hommes du recrutement et tout ce qui n'appartient pas aux classes.

peut-on aisément, largement, avec 113,000 gens de mer immatriculés, fournir à 40 vaisseaux et 50 frégates le simple nombre de 33,440 marins et apprentis? Je réponds hardiment, *oui;* et je défie qu'on me démontre le contraire.

Veut-on ajouter à ce nombre les équipages nécessaires pour 30 frégates à vapeur? déduction faite des mécaniciens, des chauffeurs, et des hommes du recrutement, on n'a pas 5,000 gens de mer à fournir.

Ce serait, par conséquent, pour les vaisseaux et les frégates, tant à voiles qu'à vapeur, un total inférieur à 39,000 marins; pour lesquels on a dès à présent une ressource disponible de 113,000 gens de mer, portés sur les classes.

Mais il faut aller au delà des moyens qu'offre le présent.

On demande sept années, pour rétablir le nombre normal des vaisseaux et des frégates, à partir de 1847.

Il ne faut donc calculer que pour 1854 la plénitude des ressources sur lesquelles on devra compter à l'égard des armements complets dont je défends la conservation normale, et que voudrait réduire si considérablement la Commission de de la chambre des députés.

Progrès du personnel des gens de mer immatriculés.

De 1836 à 1845, accroissement de 90,511 à 112,462, c'est-à-dire 12 $\frac{4}{10}$ pour cent.

Si nous admettons maintenant que, du 1er janvier 1845 au 1er janvier 1854, le progrès des gens de mer soit encore de 12 $\frac{4}{10}$ pour cent, comme dans les neuf années précédentes, nous trouverons, pour le personnel des gens de mer, qu'on doit raisonnablement espérer à la fin de 1854 un total de 139,720 gens de mer.

Telle est la magnifique pépinière dans laquelle nous aurons à puiser, pour en extraire 38,440 hommes, nombre des gens de mer nécessaires au complet armement sur le pied de guerre, de

40 vaisseaux,

50 frégates à voiles,
30 frégates à vapeur.

Je viens de prouver victorieusement que la France peut dès à présent, et qu'elle pourra bien plus aisément encore, dès 1854, satisfaire à l'armement à voiles, auquel se borne le ministère de la marine.

Cet armement a réuni l'assentiment unanime du Conseil d'Amirauté, en 1834, en 1837, en 1845, en 1846.

Loin que cet armement soit exagéré, tous les amis de la force nationale le trouveront extrêmement modeste, si l'on met en parallèle, et la riche dotation de la marine pour le pied de paix, et l'opulence du royaume, et sa puissante population, et ses huit cents lieues de côte, en y comprenant pour un quart les côtes de cette Algérie, où nous créons un nouveau port de Toulon.

A mon tour, je m'adresse au noble patriotisme des députés de la France, et je leur demande : Que voulez-vous au sujet de la marine? la relever! tel est votre dessein exprimé par vingt votes depuis 1840. Eh bien, ne la rapetissez pas! c'est aujourd'hui tout ce que nous implorons de votre générosité.

Maintenant que vous avez un budget de 1,500 millions, ne diminuez pas l'armement normal de la marine, qui semblait indispensable à la Restauration, et qu'elle acceptait quoiqu'elle eût un budget au-dessous d'un milliard.

La force que la Restauration se promettait d'armer quand elle n'avait pas 70,000 gens de mer, croyez possible de l'armer aujourd'hui que vous en avez 112,000; croyez-le possible, surtout quand vous aurez pour correspondre à votre matériel complet, 139,000 gens de mer, auxquels vous en demanderez très-modestement 38,000? Serait-ce trop!

En attendant mieux, c'est-à-dire *davantage*, que la France se garde bien d'annoncer à l'univers qu'elle entend descendre de plus en plus comme puissance maritime, et s'apprêter par degrés rapides à répudier ses vaisseaux.

Qu'elle manifeste, au contraire, l'intention d'armer, dès

qu'un grand motif, ou de guerre, ou seulement de neutralité armée l'exigera, ses quarante vaisseaux, ses cinquante frégates à voiles, et ses trente frégates à vapeur.

Alors la France, sans avoir besoin d'une vaine jactance, sans avoir besoin de réclamer le respect en l'implorant par des paroles, la France l'obtiendra par la seule pensée qu'auront les peuples de ce que peut notre pays.

Je m'arrête : je ferais injure aux représentants du patriotisme et de la grandeur du royaume, si j'ajoutais un mot de plus; je paraîtrais douter de leurs nobles sentimens, et loin d'en douter, j'en suis certain.

Paris, avril 1845.

Les considérations que nous venons de reproduire ont obtenu le résultat qui faisait l'objet de nos plus vifs désirs.

L'expérience aujourd'hui démontre combien la Chambre élective eut raison de conserver au moins les bases fixées par les propositions gouvernementales de 1845. L'effectif que nous avons cité comme le plus digne d'éloge, celui de 53 vaisseaux tant à la mer que sur les chantiers, n'est pas seulement atteint en 1854, époque fixée pour porter la flotte française à son complément normal. *Cet effectif est déjà dépassé,* puisque nous comptons actuellement 55 vaisseaux de ligne soit à l'eau, soit en construction. Le nombre des gens de mer embarqués dépasse aussi celui que nous affirmions être possible pour 1854. C'est ce que nous avons fait voir d'après des chiffres officiels, pages 108 et 109. L'armement, au 31 décembre 1854, surpasse celui du 1er juillet que nous avons mentionné; l'armement, au printemps de 1855, sera plus considérable encore.

En même temps nous pouvons démontrer le progrès de la navigation commerciale, depuis 1845, par le simple tableau qui suit :

TONNAGE DU COMMERCE FRANÇAIS EN 1845 ET 1853.

MOUVEMENTS.	1845.	1853.
	Tonneaux.	Tonneaux.
Entrées	746,310	1,065,688
Sorties	651,770	796,350
TOTAUX	1,398,080	1,862,038
Progrès	100	133, c'est-à-dire 33 p. 0/0.

Si j'ai comparé 1845 à 1853 et non pas à 1854, c'est que les résultats de cette dernière année ne sont encore évalués que par approximation. Mais, ainsi qu'on va le voir, cette approximation suffit pour démontrer que la navigation totale de 1854 est supérieure à celle de 1853, et dénote un progrès définitif supérieur à celui du tableau précédent.

NAVIGATION COMPARÉE POUR LES ONZE PREMIERS MOIS DE 1853 ET 1854.

MOUVEMENTS.	1853.	1854.
	Tonneaux.	Tonneaux.
Entrées	972,406	1,068,706
Sorties	744,743	738,806
TOTAUX	1,717,149	1,807,512

Il est évident par ce tableau que le tonnage total pour 1854 surpassera 1,900,000 tonneaux; et, par conséquent, que l'accroissement de la navigation, de 1845 à 1854, surpassera 36 p. 0/0; c'est beaucoup plus que le progrès des équipages; la différence est expliquée par l'emploi de bâtiments d'un plus fort tonnage et par une plus grande activité.

12.

ÉTABLISSEMENTS ET TRAVAUX HYDRAULIQUES

NÉCESSAIRES AUX MARINES MILITAIRES.

Cet ordre de travaux était exclu des matières confiées à l'examen du VIIIe jury. Nous n'avons pas, en conséquence, à présenter un historique détaillé de ces travaux. Nous nous bornerons à quelques indications : elles suffiront pour donner une idée du progrès des marines correspondantes.

Établissements maritimes des puissances non européennes.

Depuis le commencement de ce siècle deux marines militaires se sont élevées hors de l'Europe : l'une en Afrique, l'autre en Amérique.

Établissements égyptiens.

Lorsque Méhémet-Ali prenait rang parmi les conquérants de l'Orient, il avait compris la nécessité de créer une marine militaire. Alexandrie devait réunir son port principal et son arsenal maritime.

Un ingénieur français, M. de Sérizy, a déployé les talents les plus remarquables pour la création de cet arsenal, dont il a dirigé les travaux hydrauliques et l'érection des bâtiments civils. Ensuite il a construit les frégates et les vaisseaux d'une escadre remarquable pour son beau matériel.

La bataille de Navarin fut un échec à cette marine improvisée, affaiblie alors, mais non pas anéantie.

Des vaisseaux de ligne et des frégates de construction égyptienne figurent aujourd'hui dans la mer Noire pour concourir à défendre contre la Russie l'empire ottoman.

Lorsque le vice-roi d'Égypte possédait la Syrie, le mont Liban et Candie, contrées si riche en arbres forestiers, il possédait l'élément matériel de la force navale; il en est aujourd'hui privé.

La navigation par la vapeur rend à l'Égypte son ancienne importance maritime. Le port fondé par Alexandre le Grand est de nouveau le rendez-vous des navires européens qui portent les voyageurs et même les produits les plus précieux de l'ancien monde, afin de les échanger avec les produits de l'Inde apportés à travers la mer Rouge. Le canal d'Alexandrie au Nil, creusé par Méhémet-Ali, est à présent navigable. Un jour on creusera le canal du Caire à Suez[1]. On achève le chemin de fer entre les deux modernes capitales de l'Égypte, et, dans un prochain avenir, ce chemin sera prolongé jusqu'à la mer Rouge, à travers le désert. Ces grands travaux augmenteront l'importance maritime de l'Égypte.

ÉTABLISSEMENTS DES ÉTATS-UNIS.

Les États-Unis d'Amérique sont, pour ainsi dire, devenus malgré eux une puissance maritime militaire importante, par la guerre que les Anglais les ont contraints à leur faire, de 1812 à 1815.

Ils n'avaient encore à la mer que des frégates, mais plus grandes, plus fortes et plus puissamment armées que celles de l'Angleterre : de là leurs succès dans quelques combats isolés, dont le retentissement fut immense, et trop grand.

Si l'on parcourt les côtes des États-Unis sur l'Atlantique, en allant du nord au midi, on trouve d'abord un établissement qui, par les dons de la nature, rappelle le plus important des ports militaires de la Grande-Bretagne.

La beauté du port naturel de Portsmouth, dans la Nouvelle-

[1] Les journaux les plus récents, décembre 1854, annoncent qu'une compagnie présidée par un Français entreprend, à ses frais, de creuser ce canal dont elle aura, pendant 99 ans, la jouissance. Formons des vœux pour la réalisation de cette entreprise.

Angleterre, explique le nom de la province adjacente, on l'a nommée, pour compléter l'analogie, le comté du Nouveau-Hampshire. Le Portsmouth américain possède un arsenal de constructions maritimes. En 1782 fut lancé dans ce port le vaisseau *l'America,* dont les États-Unis firent présent à Louis XVI, pour lui témoigner leur juste reconnaissance.

Le nouveau Portsmouth, à deux milles de l'embouchure de la Pasquataqua est défendu contre la mer et contre l'ennemi par des îles et des rochers; il offre un mouillage magnifique.

Dans la baie du Massachusets, très-près de Boston, se trouve le plus grand arsenal des États-Unis, celui dans lequel s'accomplit la majeure partie des constructions navales.

Le principal port d'armement militaire est celui de New-York, situé dans le faubourg de Brooklyn. C'est là que Fulton construisit sa célèbre frégate à vapeur, armée de 32 bouches à feu, avec des dispositions aussi neuves qu'ingénieuses pour en faire un bâtiment *garde-côte;* car on n'imaginait pas, lors de la guerre entre les Anglais et les États-Unis, qu'un grand bâtiment à vapeur pût naviguer en pleine mer et traverser l'Atlantique. Cette frégate n'avait qu'une force de vapeur qui paraîtrait aujourd'hui bien insuffisante: 120 chevaux. Elle dépassait cependant tout ce qu'on avait encore mis en pratique.

Je cite enfin l'arsenal de Washington sur les bords du Potomack. C'est là qu'est l'observatoire nautique dirigé par le célèbre M. Morry, officier de la marine américaine, si connu par ses cartes excellentes des courants et des vents de l'Atlantique.

ÉTABLISSEMENTS MARITIMES DE LA RUSSIE.

La Russie aspire depuis bientôt deux cents ans à devenir une puissance maritime du premier ordre.

Elle déploie ses forces sur le littoral de deux mers ouvertes et de quatre mers fermées.

Océan Pacifique.

Dans la zône glaciale, elle possède un port de guerre, à Petropaulowski, dans l'océan Pacifique. Des batteries redoutables ainsi qu'une forte garnison protégent cet établissement, d'où partent des frégates et de nombreux bâtiments qui parcourent les mers du Japon, de la Chine et le détroit de Béring.

Mer Blanche.

Dans la même zône glaciale que Petropaulowski, mais en Europe, on trouve Archangel : là sont réunis le port de commerce et le port militaire de la Russie pour la mer Blanche; de là, par le fleuve de la Dwina, l'on exporte une partie considérable des richesses agricoles dues aux vastes pays situés au nord de Pétersbourg et de Moscou.

Mer Baltique.

A l'orient de cette mer, la marine russe possède, aux sommets d'un triangle fort limité, trois établissements considérables.

A Pétersbourg, sur la Néva, l'on trouve le Palais de l'amirauté, avec toutes ses dépendances pour le service naval.

Cronstadt.

À douze lieues de l'embouchure de ce fleuve, dans l'île de Kodroïorlof, s'élève Cronstadt, ville qui compte plus de 30,000 habitants. Elle a trois ports contigus. Le premier, vers l'occident, est le port du commerce, assez vaste pour contenir un grand nombre de navires. Le suivant est le port d'armement et de désarmement pour la marine impériale. Le troisième, à l'Orient des deux autres, est proprement le bassin à flot militaire : il a 800 mètres de longueur sur 280 de largeur. L'arsenal de la marine a la forme d'un grand rectangle, et sa distribution intérieure est faite avec régularité. La ville et les établissements publics et militaires entourent cet arsenal de trois côtés. Le quatrième côté borde le port.

Cronstadt est défendue, non-seulement par des fortifications considérables, mais par des batteries érigées sur des rochers avancés, pour intercepter le chenal sinueux qui conduit à l'embouchure de la Néva.

Sveaborg.

A Sveaborg, sur la côte de Finlande, est un autre arsenal protégé par des fortifications imposantes.

Sept îles compactes, et fortifiées pour en faire une seule place défensive, couvrent la vaste rade de Sveaborg : c'est le Gibraltar de la Finlande. Les fortifications de Sveaborg ont été construites par les Suédois avec un soin extrême, et devaient former contre leur redoutable voisin, un rempart inexpugnable.

Aussi n'est-ce point par la force, c'est par la corruption que les Russes, en 1809, se sont emparés de Sveaborg : de même qu'en 1828 ils ont acheté la reddition de la place et du port de Varna.

Dans la Baltique, les Russes tiennent armés trente vaisseaux de ligne, avec un nombre correspondant de frégates et de moindres bâtiments : ils possèdent une flottille organisée et construite à l'exemple de la flottille suédoise.

Non content d'un pareil déploiement de forces navales, l'empereur régnant a choisi les îles d'Aland, parmi les plus avancées du côté de l'Occident, et les plus menaçantes pour le golfe suédois de la Bothnie. Disons ce qu'il a fait dans cette position.

Bomar-Sond.

A 18 lieues seulement de la côte suédoise, caché derrière

un rempart naturel de plusieurs îles, le détroit, le *Sond de Bomar* conduit dans une vaste rade où peut mouiller, dans un abri sûr, une très-grande armée navale.

L'entrée peu large de Bomar-Sond est commandée, du côté de la Suède, par une tour défensive érigée sur le rivage du sud ; à quelque distance en dedans de la passe, on trouve un grand ouvrage fortifié de forme extraordinaire.

Qu'on imagine les deux tiers d'un cercle de 270 mètres de diamètre, et présentant un rempart de maçonnerie, tout hérissé de canons, sur 5 à 600 mètres de pourtour. Qu'on y joigne une tour centrale ou donjon formant réduit ; c'est la défense principale.

Du côté de la rade, à l'est, en s'appuyant contre ce grand ouvrage, nous avons trouvé les substructions de deux remparts qui devaient être casematés ; ils forment un angle obtus au sommet duquel existait aussi la substruction d'une vaste tour. Ces constructions, sur à peu près 700 mètres de développement, atteignaient déjà le niveau du sol ; elles représentaient une batterie couverte et continue, ayant de longueur *trois quarts de kilomètre*. On peut juger, par là, de la défense formidable que devaient présenter de tels ouvrages dans un prochain avenir. En arrière des fondations que je viens d'indiquer, la nature a fait elle-même le reste de la défense sur le front de terre, en accumulant des roches abruptes de granite, depuis l'intérieur de la rade jusqu'au dehors du détroit ou sond.

Tel était, quand nous l'avons pris, Bomar-Sond, le futur, le prochain et menaçant Sébastopol de la Baltique.

Les travaux dont nous venons d'offrir l'idée, malgré leur vaste développement, avaient été conduits avec un si grand secret, que les Suédois mêmes, ces voisins à tel point menacés, n'avaient pas la moindre idée de leur exécution.

Cet ensemble de créations militaires et navales une fois complété, la Baltique n'aurait plus été qu'un lac russe ; alors tout le littoral de cette mer se serait senti dominé par la terreur, en attendant une domination plus effective.

Rien ne fait plus d'honneur aux deux services français de

terre et de mer que l'attaque hardie, savante, et la prise si rapide des fortifications de Bomar-Sond. Cette rapidité même, aux yeux du vulgaire, a diminué l'idée des difficultés vaincues.

On a cru qu'il était facile d'enlever en peu de jours toute autre position russe, quelque formidable qu'elle fût. Ensuite on s'est irrité qu'en d'autres lieux, sur d'autres mers, les flottes et les armées de la France et de l'Angleterre, n'aient pas surmonté l'impossible. La connaissance exacte des faits rend les hommes plus équitables.

Mer Caspienne et mer d'Aral.

Nous ne mentionnons que pour mémoire les établissements très-secondaires de la Russie sur ces deux mers intérieures. Ni la Perse, ni les Tartares indépendants, n'ont le droit aujourd'hui de naviguer sur ces mers avec le moindre bâtiment de guerre.

La rive orientale de ces lacs est devenue le point de départ des expéditions de la Russie pour remonter l'Oxus jusqu'à Khiva, et de là propager l'agitation, avant la soumission, dans tout le centre de l'Asie orientale.

Mer Noire.

La prédominance progressive de la Russie dans la mer Noire a fini, mais beaucoup trop tardivement, par attirer la profonde attention des puissances occidentales.

A Nicolaïef, sur les rives du Boug, au confluent de ce fleuve et de l'Ingoul, on trouve un grand arsenal des constructions navales.

Au débouché du Dnieper, Odessa, le centre florissant du commerce méridional de la Russie, possède un port militaire de second ordre; il est séparé du port marchand. La ville même s'élève sur un vaste plateau qui domine les deux ports. Elle est maintenant un centre stratégique.

Le bas Danube, envahi par la Russie, est défendu par une

flottille nombreuse, et par la place forte d'Ismaïl, à peu de distance de la mer.

L'établissement le plus important de tous est celui qui nous reste à considérer.

Établissement maritime de Sébastopol.

L'Europe occidentale a semblé ne s'être pas formé l'idée des travaux formidables exécutés, depuis la paix générale, et toujours avec mystère, pour l'accroissement et la défense de Sébastopol.

Cinq cents canons de très-fort calibre accumulés dans les batteries étagées de forts en maçonnerie, battent l'embouchure assez peu large ainsi que l'intérieur d'une admirable baie, profonde d'environ deux lieues, et dirigée de l'est à l'ouest.

Sur le côté du midi, entre la ville de Sébastopol et l'arsenal, se trouve le port militaire, dans une anse dirigée du nord au sud. Deux forts avancés, puissamment armés, s'élèvent aux deux côtés de l'entrée de cet arrière-port, que ferme une chaîne sous-marine tendue à volonté de l'un à l'autre fort.

Un ingénieur anglais, M. Upton, a construit les quais, les bassins, les formes de radoub et l'aqueduc de Sébastopol. Ses plans ont été conçus pour une marine dont les simples commencements étaient quinze vaisseaux de ligne, armés comme ceux de la Baltique, avec des équipages permanents.

Sir John Rennie Junior, il y a peu d'années, a construit en Angleterre les grandes portes en fer du bassin de Sébastopol, imitées des portes destinées à fermer le bassin de flot dans l'arsenal de Sheerness. Il a fait également les mécanismes de la grande frégate à vapeur *le Wladimir,* qui s'est permis de sortir une fois ou deux pendant le siége.

L'arsenal maritime est entouré par l'arsenal de l'artillerie de terre, les casernes, les magasins de la guerre, etc.

Au nord de la rade s'élèvent des batteries, des forts, et, sur le plateau, la citadelle dite fort du Nord; elle battrait au besoin la ville, le port et tous les établissements maritimes, s'ils tombaient entre les mains d'un ennemi.

Tel est le port de Sébastopol, qui se trouve à l'angle sud-ouest de la Crimée, au centre de la mer Noire. Il se présente, ou, pour mieux dire, il se dérobe aux regards, comme un danger invisible, mais imminent, mais perpétuel, pour l'indépendance et la vie de l'empire ottoman.

ÉTABLISSEMENTS DE LA MARINE BRITANNIQUE.

NOUVEAUX ARSENAUX.

1. *Pembroke.*

Depuis le commencement de ce siècle, les Anglais ont créé l'arsenal de constructions navales de Pembroke. Il ne contient pas moins de huit cales et de deux formes de construction. Il est situé dans la magnifique baie de Milford, sur la côte occidentale du pays de Galles. On a jugé cette création nécessaire pour suppléer au défaut d'espace dans les anciens arsenaux.

2. *Sheerness.*

On a, pour ainsi dire, fait un arsenal complétement neuf à Sheerness, dans l'île de Sheppey, au confluent de la Tamise et de la Medway. Le sol de cette île n'offrait qu'une alluvion vaseuse. Il a fallu couler côte à côte de vieilles carcasses de navires pour établir une assiette consolidée. Dans la direction des murs de quais, on a battu des pilotis de très-grandes dimensions à des profondeurs considérables; et, sur ces pilotis contigus, on a construit des quais en blocs énormes de granite tiré d'Écosse. Les travaux de Sheerness, dirigés par le célèbre Rennie, ont été conduits à terme douze années seulement après la paix générale. Nous les avons décrits (*Force navale de la Grande-Bretagne*, t. II).

ANCIENS ARSENAUX.

Dans tous les arsenaux, on n'a rien épargné pour construire des formes de construction et de radoub destinées aux plus grands bâtiments de guerre. Aujourd'hui les arsenaux d'Angleterre en comptent plus de trente ; nous en avons à peine le tiers de ce nombre.

Disons quelques mots des travaux modernes accomplis dans les anciens arsenaux de la marine britannique.

Ces arsenaux ont été longtemps tenus secrets pour les étrangers, qui n'avaient pas la permission d'y prendre la moindre note ni le plus léger croquis, quand par hasard ils les visitaient.

Après la paix générale, ayant eu la permission de les parcourir, je me suis efforcé, malgré ces difficultés, d'en présenter la description complète, conforme à leur état de 1816 à 1824. Les seuls changements notables qu'ils aient subis depuis cette époque sont relatifs au service des navires à vapeur, pour lesquels il a fallu des bassins et des ateliers spéciaux.

1. *Deptford.*

L'arsenal de Deptford n'a plus qu'un rang secondaire et de bien peu d'importance, tandis qu'en cet endroit l'établissement des vivres de la marine est un établissement capital, et qui mérite l'étude la plus sérieuse.

2. *Woolwich.*

L'arsenal de Woolwich sert toujours à la construction des vaisseaux. On y a bâti, peu d'années après la fin de la guerre contre la France, un très-bel atelier de forges perfectionnées, avec la force de la vapeur appliquée à tous les travaux nécessaires pour confectionner les pièces en fer les plus fortes qu'exige l'architecture navale militaire.

3. Chatham.

L'arsenal de Chatham, sur la Medway, n'est qu'un chantier de construction; quand on veut armer les vaisseaux, il faut les descendre plus bas que cette ville, à Sheerness.

On admire à Chatham les grands chantiers de scierie, où notre compatriote Brunel a déployé son rare talent pour la mécanique : la monture métallique et le jeu des scies qu'offrent cet atelier ont été, même en Angleterre, un véritable progrès.

4. Portsmouth.

Portsmouth est l'établissement naval le plus considérable, et pour la beauté de sa grande rade, et pour la vaste étendue de sa baie intérieure où sont mouillés des vaisseaux plus ou moins désarmés, et pour l'importance de l'arsenal. Depuis vingt-cinq ans on l'a complété par les bassins, les formes et les ateliers nécessaires à la nouvelle marine militaire à vapeur.

Sur la rive occidentale de la baie sont situés le grand hôpital d'Haslar, et les vastes ateliers des vivres de Portsmouth, établis à Gosport; ils sont remarquables pour l'étendue des magasins, pour la perfection et la rapidité des confections et pour l'ordre parfait dans toutes les parties du service : ces ateliers méritent d'être cités comme un modèle [1].

5. Plymouth.

La rade de Plymouth est, depuis quarante ans, fermée par une magnifique jetée, dont l'avantage est de protéger une rade bien plus *profonde* que la rade de Cherbourg.

[1] *Force navale de la Grande-Bretagne*, t. II.

Plymouth a beaucoup d'analogie avec Brest et Sébastopol. Pour compléter cette analogie, les Russes ont fait un brise-lame à l'entrée de leur rade; mais avec la moitié de leurs vaisseaux de ligne, coulés bas en guise de blocs de rocher. Ils ont fait ce sacrifice pour se garantir, à tout prix, contre l'invasion de la flotte anglo-française.

L'arsenal est au fond d'une vaste baie, loin de l'atteinte de toute flotte ennemie. A Plymouth, comme à Brest, on ne peut agrandir l'arsenal qu'en faisant jouer la mine; on conquiert ainsi les espaces nécessaires pour des cales et des formes de construction.

On a construit en dehors de l'arsenal, et plus haut sur les bords du Hamoaze, l'établissement de Keyham pour la construction et le radoub des navires de guerre à vapeur.

CRÉATION DE PORTS À LA FOIS MILITAIRES ET COMMERCIAUX.

Une entreprise colossale est la création d'établissements qu'on a nommés *ports de refuge*, des deux côtés de la Tamise et sur la côte méridionale de la Manche.

Cette entreprise, poursuivie depuis quinze ans, sans bruit mais avec efficacité, m'a paru, dès le principe, mériter l'attention particulière de la France. Elle nous offre des avertissements, des leçons et des exemples à suivre. C'est ce qui motive de présenter ici l'historique que j'ai rédigé pour l'Académie des sciences, afin de faire connaître les préparatifs de cette importante et savante création.

Des ports de refuge, projetés sur la côte d'Angleterre qui fait face à la France[1].

Il y a déjà vingt-huit ans, j'ai soumis à l'Institut la des-

[1] Mémoire lu à l'Académie des sciences, dans la séance du 10 novembre 1845, par M. le baron Charles Dupin.

cription des grands travaux entrepris par le Gouvernement britannique dans le dessein de faire, de Plymouth, au moyen d'une digue ou brise-lame, le plus beau port de défense et *de refuge* pour la marine militaire et la marine du commerce.

Ces travaux, poursuivis avec une activité très-remarquable, bien qu'ils aient été commencés un quart de siècle après ceux de Cherbourg, sont terminés depuis longtemps.

Depuis 1840, l'Angleterre a conçu la pensée d'établir de nouveaux ports d'agression au besoin, ou, si l'on veut, de défense et de refuge, dans les positions les plus rapprochés des côtes de France. Ces travaux intéressent, sous plus d'un point de vue, les sciences et les arts, ainsi que la force publique.

En 1843, un Comité spécial de la Chambre des communes, institué pour prendre en considération les naufrages éprouvés par les navires de commerce sur les côtes d'Angleterre, avait adressé ses recommandations au Gouvernement, afin qu'on établît des *ports de refuge* dans le chenal de la Manche.

Le Comité, par une réserve pleine de sagesse, s'était abstenu de recommander aucune situation à préférer pour de semblables ports; il avait, au contraire, exprimé l'opinion que des propositions pareilles seraient infiniment mieux préparées par une réunion de personnes savantes, douées en même temps de connaissances pratiques, et qu'on aurait désignées spécialement pour un objet de si haute importance.

Animé par le désir de donner suite à cette recommandation, sir Robert Peel, alors premier ministre, commence par s'assurer que les personnes les plus capables sur lesquelles il jetait les yeux se chargeront volontiers du travail dont le sujet vient d'être indiqué.

Commission de recherches préliminaires (1844).

Ce soin préalable accompli, sir Robert Peel obtient des Lords de la trésorerie la nomination officielle d'une commission ainsi composée :

Pour président, l'amiral sir Byam Martin, qui fut longtemps directeur des travaux et de l'administration de la marine (*Navy office*), et qui, pendant la guerre de l'Empire, avait pris part à des enquêtes célèbres.

Viennent ensuite comme membres :

Le lieutenant général sir Howard Douglas, ancien gouverneur des îles Ioniennes, et précédemment directeur de l'école supérieure d'état-major, auteur d'écrits militaires justement estimés ;

Le contre-amiral Deans Dundas, officier plein d'expérience ;

Sir Williams Symonds, inspecteur général des constructions navales, successeur du célèbre sir Robert Seppings ;

Deux capitaines de vaisseau, MM. John Washington et Fisher ;

Un colonel du génie militaire, M. Alderson ;

Sir J. H. Pelly, vice-président de la corporation navale de pilotage connue sous le nom de *Trinity-house ;*

Et finalement, M. Walker, alors président de l'Institut des ingénieurs civils de la Grande-Bretagne, et digne de cet honneur par les travaux importants qu'il a dirigés. On lui doit la précieuse publication des travaux publics accomplis par son maître et son ami le célèbre Telford [1].

Voici maintenant le programme technique donné par les Lords de la trésorerie à cette grande commission, sur les objets qu'on jugeait devoir être pris immédiatement en considération :

Déterminer, *premièrement,* s'il est à désirer qu'un port de refuge soit construit dans le chenal de la Manche. Il faudra qu'on prenne en considération, d'une part, les avantages publics qui sembleront devoir résulter d'une semblable entreprise, de l'autre, la dépense qu'exigera l'exécution des projets ;

Déterminer *secondement,* quel emplacement semblera le

[1] Un volume in-4° de texte, avec un très-bel atlas.

plus avantageux pour un port de ce genre; afin de réunir au plus haut degré les trois qualités suivantes :

1° Que l'entrée soit facile, à tous les instants de la marée, pour les navires que le mauvais temps pourrait mettre en danger;

2° Que le port soit calculé pour servir de station à des bâtiments armés, dans une hypothèse de guerre, et puisse satisfaire à la fois aux dessins de *défense* et d'ATTAQUE!...

3° Qu'il offre des moyens faciles de défense en cas d'agression par un ennemi.

Ce n'est pas tout : si les commissaires découvrent que toutes ces conditions ne peuvent pas être satisfaites par un seul port de refuge dans le canal de la Manche, ils sont autorisés à développer leurs recherches en conséquence. On les invite également à faire connaître les avantages propres aux diverses positions qu'ils croiront devoir recommander, en désignant celles qui leur semblent préférables.

Ces instructions remarquables portent la date du 2 avril 1844.

La commission, pourvue d'un pareil programme, s'est occupée sans retard de remplir sa mission. Elle a visité les côtes et les ports anglais dans toute l'étendue du canal de la Manche; elle a mis à contribution les lumières de tous les hommes spéciaux; elle a consulté les pilotes les plus expérimentés et les officiers de la croisière des gardes-côtes; les ingénieurs les plus célèbres, tels que MM. Brunel et Rennie; les capitaines Samuel Brown et Vetch; de savants géologues, tels que M. de la Bèche, président du bureau géologique, et M. Philippe, président de la société économique de géologie, etc.

Dès le 7 août 1844, la commission avait accompli sa tâche; elle avait présenté ses conclusions aux Lords de la trésorerie, et le Premier Lord communiquait à la Chambre des communes le rapport définitif des commissaires.

Je vais faire connaître dans une analyse succincte les principaux résultats de leur travail, considéré sous les points de vue de l'hydrographie et des arts nautiques.

Propositions.

Au premier abord on pourrait croire que la côte sud-ouest d'Angleterre, libéralement pourvue par la nature et secondée depuis longtemps par l'industrie, offre en nombre suffisant des refuges qui ne laissent rien à désirer.

Nous avons déjà cité Plymouth, auquel il faut ajouter Falmouth, situation la plus avancée vers l'occident. En revenant vers l'orient, nous trouvons successivement Dartmouth, Southampton, Portsmouth et la Tamise.

Non-seulement ces principaux refuges n'ont pas semblé satisfaisants aux commissaires; mais ils ont jugé qu'il ne suffirait pas d'ajouter un grand port aux précédents. Ils demandent des travaux et proposent des dépenses pour quatre nouvelles positions, dont j'expliquerai les avantages spéciaux.

Les commissaires ont soumis à leur examen toute la côte comprise entre Falmouth et le port de Harwich, au nord de la Tamise et par delà le canal de la Manche.

Ils ont fait vérifier de nouveau, par des sondages, si les profondeurs d'eau des principales stations maritimes, dans cette longue étendue de côtes, n'avaient pas varié depuis la publication de cartes marines certaines et plus ou moins récentes. Tout ce travail s'est opéré : pour les ports de la partie orientale, sous l'habile direction du commandant (*commander*[1]) Seringham; et, pour les ports de la partie occidentale, sous celle de M. W. John Washington, capitaine de vaisseau, membre de la commission.

La commission a reçu, d'ailleurs, tous les secours que pouvaient lui prêter les Lords de l'amirauté, en y joignant l'assistance éclairée du premier hydrographe de la marine royale, le capitaine de vaisseau Beaufort, correspondant de l'Académie des sciences de Paris.

[1] C'est le grade intermédiaire entre celui des capitaines et celui des lieutenants de vaisseau.

Elle s'est aidée des lumières qu'ont pu lui fournir les deux grandes Sociétés de Lloyd et des propriétaires de navires, sur le bon choix des stations maritimes et commerciales qui sont actuellement ou qui peuvent être rendues les meilleurs lieux de refuge.

Rappel des travaux d'une première commission, celle de 1840.

Une commission spéciale, instituée dès 1840 (cette époque est remarquable), avait accordé, dans l'ordre suivant, la préférence pour créer de nouveaux ports de refuge :

1° à Douvres ;

2° à Beachy-Head ;

3° à Foreness, auprès de North-Foreland.

Voici le programme particulier qu'avait reçu la commission de 1840 :

Visiter la côte entre l'embouchure de la Tamise et Selsea-Bil. Examiner les ports, en les considérant d'abord d'après l'abri qu'ils peuvent offrir aux navires qui franchissent le canal de la Manche, en cas de mauvais temps ; puis comme places de refuge pour les navires marchands que poursuivraient des croiseurs ennemis en temps de guerre ; enfin, et plus particulièrement, comme pouvant devenir des stations de bâtiments à vapeur armés en guerre, afin de protéger le commerce britannique dans les parties étroites du canal.

En avant de Margate, vers la pointe extrême de la côte méridionale de la Tamise, Foreness offre une belle position, que la commission de 1840 recommandait, mais en troisième ligne, pour un port de refuge. Elle donnait, comme nous l'avons indiqué, la préférence à deux autres positions : 1° Douvres, 2° Beachy-Head.

A coup sûr, Foreness, converti en port, offrirait souvent un ancrage très-convenable, soit pour les bâtiments de commerce qui débouchent de la Tamise et qui sont surpris à la hauteur de Foreland par de forts coups de vent, soit pour les bâtiments qui reviennent en Angleterre et qui sont arrêtés par des vents contraires. Mais il est une autre position, qu'à juste titre on a trouvée préférable.

Premier nouveau port de refuge : Harwich.

La nouvelle commission fait remarquer que les mêmes avantages précédemment signalés en faveur de Foreness peuvent être obtenus bien plus amplement et plus convenablement par l'amélioration du port de Harwich, lequel est situé de l'autre côté de la Tamise, sur le point du littoral où commence la mer du Nord. Ce port, qui sera la station naturelle d'une escadre de bateaux à vapeur armés en guerre, présentera le meilleur refuge pour les navires de commerce; en même temps, l'ancrage voisin, offert par la baie de Hollesley, recevra convenablement les vaisseaux de ligne.

Deux rivières, la Stour et l'Orwell confondent leurs eaux immédiatement en amont de la ville de Harwich; le prolongement de leur cours forme un croissant autour de cette ville, avant de déboucher dans la mer. Pour resserrer cette embouchure, et pour la transformer en rade fermée, on propose d'exécuter à partir de la terre, sur la côte de Harwich, une jetée d'un kilomètre de longueur.

On couvrirait ainsi l'une des plus belles rades que possède le littoral de la Grande-Bretagne, une rade ayant un fond excellent, avec une profondeur suffisante pour des vaisseaux de tout rang, et pouvant contenir un très-grand nombre de navires marchands. Une escadre destinée soit à surveiller la mer du Nord, soit à protéger l'entrée de la Tamise, serait admirablement placée dans la station de Harwich.

Ajoutons que cette rade est la seule qui soit sûre, dans toute l'étendue de la côte nord-ouest de l'Angleterre. Elle est placée sur la route directe pour communiquer de la Tamise avec les ports septentrionaux de la Grande-Bretagne, ainsi qu'avec le nord de l'Europe.

Harwich possède déjà des cales qui sont la propriété de

l'État; le département de l'artillerie et du génie (Ordonnance possède aussi dans cette localité de vastes terrains et des établissements bâtis.

La commission signale la détérioration du mouillage de Harwich depuis un quart de siècle, occasionnée par des excavations imprudentes faites au cap qui protége l'entrée du côté de l'ouest. Cette détérioration, les travaux proposés auraient pour résultat d'y mettre un terme.

On creuserait le chenal qui conduit au mouillage jusqu'à 18 pieds (5m,50) au-dessous des plus basses eaux.

Pour les raisons qui viennent d'être exprimées, la Commission d'enquête, en préférant la belle position de Harwich, conclut que la position secondaire de Foreness ne semble pas devoir être choisie afin d'y créer un nouveau port de refuge.

Ramsgate.

La conclusion qui précède est fortifiée par l'examen des progrès commerciaux du port de Ramsgate, port très-voisin de Foreness.

Ramsgate n'était, en 1748, qu'une crique ou petite anse ouverte et sans importance; c'est actuellement un port assez spacieux pour recevoir un nombre considérable de navires. Voici les progrès de ce nombre :

Navires de commerce entrés annuellement dans le port de Ramsgate.

Années.		Nombre de navires.
1780.	Temps de guerre.......	29
1785.	Temps de paix.........	215
1790.	*Idem*................	387
1841.	*Idem*................	1543
1842.	*Idem*................	1652

Il y a quatre ans, les 31 plus gros navires entrés dans le port de Ramsgate jaugeaient 457 tonneaux, valeur moyenne :

tonnage supérieur à celui qu'ont les deux tiers des navires qui s'adonnent au commerce de la Grande-Bretagne avec l'étranger.

En 1832, Ramsgate a compté, simultanément, jusqu'à 434 navires mouillés dans son port : si l'on ajoute du côté de l'ouest le nouveau bassin qu'on va construire, Ramsgate alors pourra recevoir plus de 600 navires.

Sir John Pelly, vice-président de la corporation nautique de Trinity-House, avait proposé de choisir pour en faire un port de refuge, entre Ramsgate et l'embouchure de la Tamise, le mouillage connu sous le nom de *Brake* ou des *Petites-Dunes.* Il présentait, à l'appui de cette idée, des plans dus à sir John Rennie, le second fils du célèbre ingénieur dont j'ai décrit les travaux à Plymouth, à Sheerness, à Londres, etc.

Sir John Rennie junior proposait d'ériger, sur la crête du banc longitudinal en arrière duquel se trouve le mouillage des Petites-Dunes, un brise-lame ou jetée analogue à celle de Cherbourg, mais devant s'élever seulement à 60 centimètres au-dessus des plus hautes eaux. Son projet comportait une dépense de *quatre-vingts millions,* y compris le curage nécessaire pour approfondir un mouillage projeté qui n'aurait pas eu moins de cinq milles de longueur (9,250 mètres).

Dans l'hypothèse où l'on serait effrayé d'une aussi grande dépense, sir John Rennie réduirait à 1,500 yards (1,372 m.) la longueur projetée. Alors la dépense n'aurait plus été que de 85,000 livr. sterl., c'est-à-dire à peu près 21 millions 300,000 francs.

Enfin sir John Rennie proposait, entre ces deux plans extrêmes, un troisième projet dont la dépense aurait été de 30 millions de francs.

Parmi les raisons contraires à l'adoption de tous ces plans et de plusieurs autres proposés par le capitaine Vetch et par sir Samuel Brown, il faut citer l'objection la plus puissante

Un des officiers de marine employés à l'hydrographie des côtes d'Angleterre a trouvé que le banc de sable, appelé le *Brake,* s'était rapproché d'environ 640 mètres vers la terre.

Aussitôt que la corporation du pilotage, dite *Trinity-House*, fut informée de ce fait, elle changea la position de ses bouées du midi et du milieu sur le banc du Brake; en même temps elle fit connaître à tous les navigateurs, par un avertissement public, un changement si remarquable.

La commission de 1840 avait déjà rejeté le projet de construire un port aux Petites-Dunes. La commission de 1844 arrive à la même conclusion. Elle s'appuie sur un dernier motif : c'est qu'un port situé dans cette position ne pourrait servir qu'aux navires ayant franchi tous les périls de la partie étroite du canal de la Manche, ou qu'à des navires débouchant de la Tamise pour commencer leurs voyages du côté du midi.

En se fondant sur ces raisons, les commissaires rejettent la construction très-dispendieuse d'un port de refuge aux Petites-Dunes; ils se fortifient dans cette détermination en considérant d'ailleurs que les Dunes, dans leur état actuel, offrent un havre excellent. Ce havre est adjacent, pour ainsi dire, au port de Ramsgate, lequel est déjà susceptible de contenir à la fois quatre cents navires; port qu'on va rendre capable d'en contenir six cents et même davantage.

Second nouveau port de refuge : Douvres. Projet gigantesque adopté.

En avançant toujours du nord au midi, les commissaires arrivent à la position la plus importante, à celle qu'ils vont placer hors ligne. C'est la position de Douvres, point à la fois le plus proche et le plus menaçant pour la France.

J'ai signalé, dans mes ouvrages sur la force militaire et la force navale de la Grande-Bretagne, la haute importance de Douvres pour l'une et l'autre de ces forces; et les travaux considérables soit du port marchand, soit des fortifications de cette ville.

Depuis la publication de mes premières descriptions, Douvres est devenu plus précieux encore par la tête du chemin de fer qui va de Londres à ce port, et qui s'embranche avec d'autres lignes. En quelques heures, dès corps de troupes, des équipages de marins, des munitions navales et tout un train d'artillerie peuvent être convoyés à Douvres, en partant de Londres, de Deptford, de Woolwich et de Portsmouth.

Douvres possède un bassin d'asséchement propre au radoub des navires de commerce; il offre un grand développement de larges quais, et des magasins spacieux. Outre l'avant-bassin, le bassin à flot couvre plus de deux hectares et demi de superficie, et l'on travaille à doubler cet espace. On compte encore un troisième bassin (appelé *the Pent*), qui pourrait être mis en état de recevoir un grand nombre de sloops de guerre et de bricks canonniers : bassin qu'on s'est occupé d'améliorer considérablement.

Lorsque le célèbre Pitt soutenait la lutte acharnée de l'Angleterre contre la France, il souhaitait vivement établir une rade fermée en avant du port de Douvres; *il avait fait préparer des plans pour cet objet.* Le département de l'Ordonnance les a retrouvés dans ses archives, et les a communiqués à la commission dont j'analyse les travaux.

Deux ordres d'objections ont été présentés contre la reprise de ce projet. On a prétendu : 1° que le fond de la rade tend sans cesse à s'exhausser par le dépôt des alluvions; 2° que la tenue de l'ancrage est mauvaise.

Pour vérifier cette dernière objection, le capitaine Washington a dirigé des expériences qu'on a trouvées concluantes. Il a fait mouiller sans interruption dans la rade un bâtiment à vapeur de 500 tonneaux et du pouvoir de 120 chevaux. Après avoir jeté l'ancre dans les positions les plus essentielles de la rade, on a, sur le câble suffisamment filé, fait agir à toute vapeur la force de la machine, sans que cette action puissante ait pu faire déraper l'ancre. Aucune action du vent sur un bâtiment à sec de voiles ne pouvait égaler une pareille impulsion. Cette expérience devra paraître concluante en faveur de la bonté du mouillage, dans la rade de Douvres.

Afin de savoir ce qu'on peut craindre du dépôt des eaux, en

avant du port actuel de Douvres, on a pris des échantillons de ces eaux à divers moments des plus grandes marées, mais en faisant choix de temps calmes.

MATIÈRES EN SUSPENSION DANS LES EAUX, EN AVANT DE DOUVRES :

Première prise d'eau, le 5 juillet 1844.

MOMENT ET LIEU DE LA PRISE D'EAU.		HAUTEUR DES EAUX de la rade au point où l'on a puisé. — Pieds.	MATIÈRES ÉTRANGÈRES en dépôt par pied cube. — Grains.
1° De basse mer à la surface de la mer		42	10,21
2° A mi-marée montante	à la surface	51	13,20
	à 9 pieds au-dessous	42	6,00
3° De haute mer	à la surface	60	3,43
	à 9 pieds au-dessous	51	7,21
	à 18 pieds au-dessous	42	11,35
4° A mi-marée descendante	à la surface	15	6,38
	à 9 pieds au-dessous	42	692
Matières étrangères suspendues par pied cubique d'eau marine, en avant de Douvres ; quantité moyenne			8,11

M. Philipps, président de la Société économique de géologie, chargé d'opérer ces analyses, en fait contraster les résultats avec ceux qu'on a trouvés pour la Tamise, lorsqu'il n'y avait pas d'alluvions pluviales, et que les eaux étaient limpides.

Quantités de matières en suspension dans les eaux calmes et limpides de la Tamise.

	Grains.
A Brentford	1,75
A Hammersmith	1,83
A Chelsea	1,15
Quantité moyenne	1,58

Seconde prise d'eau, en avant de Douvres, le 17 juillet 1844.

MOMENT ET LIEU DE LA PRISE DES EAUX.	PROFONDEUR TOTALE au-dessous du point où l'on puisait l'eau.	MATIÈRE SUSPENDUE dans un mètre cube d'eau.
	Pieds.	Grains.
Basse mer à la surface........................	42	10,26
Demi-marée montante, 9 pieds au-dessous de la surface................................	42	51,29
Haute mer, à la surface......................	60	24,10
Haute mer, à 9 pieds au-dessous de la surface......	51	22,28
Haute mer, à 18 pieds au-dessous de la surface....	42	53,76
Demi-marée descendante à la surface...........	51	30,93

Examen des matières en suspension. — Proportions.

Sable........................	52
Chaux avec un peu d'argile et d'oxyde de fer.........................	24
Matières végétales..................	24
	100

La commission ne s'est pas contentée des expériences que nous venons de rapporter : elle en demande de nouvelles pour déterminer les quantités de matières qui sont tenues en suspension par les courants de marée sur la côte de Douvres, et qui sont sujettes à se déposer. Elle exprime le vœu que ces expériences soient continuées pendant une année entière, sous la direction supérieure du Conseil d'amirauté.

Dès à présent, voici la conclusion des commissaires en faveur de Douvres, conclusion prise à l'unanimité, moins la voix de M. Symonds :

« Douvres, à 4 milles 1/2 des bancs de Goodwin (*Goodwin sands*), favorablement situé pour protéger la navigation du détroit, est la station naturelle d'une division de bâtiments de guerre; son importance, sous le point de vue militaire, est indubitable. De plus, la construction d'un port de refuge en cet endroit est *indispensable;* seule elle peut procurer à Douvres cette efficacité d'une station navale, nécessaire pour donner la sécurité à cette partie de la côte, et protéger le commerce. »

Lorsqu'on part de Douvres pour longer vers l'ouest la côte méridionale de l'Angleterre, le premier cap avancé qui se présente, à 28 milles de distance, offre une position remarquable, sur laquelle s'est arrêtée l'attention des commissaires.

Le cap de *Dungeness* est protégé par un fort construit vers sa pointe, en arrière du phare; il l'est, en outre, par quatre batteries de côte, deux à l'est et deux à l'ouest.

Ce cap offre une formation singulière de *shingles,* galets, répandus sur un espace de plusieurs milles, s'avançant dans le canal de la Manche, et terminés par une eau profonde, tout près de chacune des extrémités de ce banc.

En avant de la pointe de Dungeness, le même banc a considérablement empiété sur la mer, depuis l'érection du phare actuel, construit en 1792.

A cette époque, lors des basses mers, la laisse de l'eau n'était qu'à cent mètres de la tour qui porte la lumière; elle en est maintenant à 190 mètres, ce qui fait 90 mètres d'empiétement en un demi-siècle. Les commissaires demandent qu'il soit fait des observations régulières pour connaître la progression annuelle du bas-fond, en avant du phare de Dungeness.

Les deux baies, à l'ouest et à l'est de ce cap, offrent un ancrage excellent. On a vu mouillés en même temps plus de trois cents navires dans la baie orientale, et plus de cent navires dans la baie occidentale, suivant les vents, qui forçaient de préférer l'un ou l'autre refuge.

Le seul inconvénient d'un aussi bon mouillage est de ne pas offrir un port intérieur à proximité, comme en présentent Douvres, Seaford et Portland.

Cet inconvénient, joint à la distance trop petite de Dungeness à Douvres, sont les causes déterminantes pour lesquelles on ne propose de fonder aucun grand ouvrage d'art à Dungeness. Lorsque la nature, disent avec raison les commissaires, présente un aussi sûr, un aussi commode abri, l'on sera toujours amené par de sages et sérieuses réflexions à savoir rester satisfait en possédant ce que déjà l'on trouve bien. C'est ainsi qu'on pourra se ménager les moyens de procurer à d'autres lieux, d'une importance reconnue quant à leur situation, le secours artificiel et dispendieux, mais nécessaires, qui peut leur faire acquérir les qualités d'un mouillage sûr et tranquille.

Ces motifs ont fait écarter le projet d'un brise-lame propre à couvrir le mouillage oriental de Dungeness.

A partir du cap de ce nom, lorsque l'on continue d'avancer vers l'ouest, la côte est de nouveau rentrante; elle forme un arc un peu prononcé, vers le milieu duquel s'élève la célèbre position de Hastings. L'extrémité de l'arc est marquée par le cap Beachy (*Beachy-Head*).

A l'est de ce cap s'étend la baie d'*East-Bourne;* à l'ouest se trouvent successivement *Seaford* et *New-Haven.*

La baie d'East-Bourne est protégée par une suite de *tours Martello*, bâties lors des préparatifs de l'Angleterre contre l'expédition que les Français organisaient à Boulogne, en 1803 et 1804. Ces tours sont érigées au point ou descend la laisse des plus hautes mers, afin d'agir d'autant mieux contre un débarquement très-possible dans ces parages. C'est ce qu'a prouvé, non loin de là, Guillaume le Conquérant.

En avant de la baie d'East-Bourne se trouvent des bas-fonds très-irréguliers; on les a sondés avec un soin spécial. Le résultat de cette opération a fait repousser l'idée d'ériger un brise-lame, qui couvrirait un espace de trop peu d'étendue pour compenser la dépense nécessaire.

Troisième nouveau port de réfuge: Seaford.

Les commissaires ont porté toute leur attention de l'autre

côté du cap Beachy, à *Seaford*. Là se présente un magnifique mouillage, qui se trouve heureusement à la même distance de Douvres et de Portsmouth. Telle est la position intermédiaire pour laquelle la commission ne craint pas de proposer au Gouvernement un grand ouvrage d'art.

Elle demande que, dans une direction du N.N. O. au S.S.E., on construise un brise-lame ou jetée, laquelle aurait un mille marin de longueur (1852 mètres); et serait un peu rentrée, vers chaque extrémité, par un pan brisé rectiligne.

On érigerait cette jetée sur un fond qui présenterait, vers le milieu, 41 pieds anglais ($12^m,50$) de profondeur; mais un peu moins vers les extrémités.

Derrière cette longue jetée, les vaisseaux du premier rang trouveraient une profondeur d'eau plus que suffisante; en se rapprochant de la terre, les navires marchands de toutes grandeurs auraient un vaste espace pour mouiller.

Cette position avancée et formidable menacerait, à la fois, tous les ports français depuis Boulogne jusqu'au Havre.

Distances du port de refuge ou d'agression de Seaford :

A Boulogne................	52 milles, ou	96 kil.
A l'embouchure de la Somme...	60	111
A Dieppe..................	60	111
A Fécamp..................	60	111
Au cap en avant du Havre......	72	133

Lorsqu'on fréquentera ce port on trouvera sans doute un inconvénient à n'être pas assez bien protégé par le cap Barrow, dans la direction du N. O., direction dont les vents règnent surtout durant la mauvaise saison. Mais cette objection n'est pas prédominante aux yeux des commissaires. Ils prennent en considération le voisinage du port intérieur de New-Haven, et n'hésitent pas à proposer, pour une localité si précieuse, une dépense de *trente millions de francs*.

Ajoutons qu'à vol d'oiseau, la distance de Seaford à Londres est seulement de 90 kilomètres. Au moyen du chemin de fer, entre Londres et Brighton, par un facile embranchement, on pourrait arriver de la capitale à Seaford *en moins de trois heures.*

New-Haven, dont je viens de parler, est un bon port de marée. Il sera facile de l'améliorer; on pourra plus tard le couvrir par un brise-lame qui partirait du cap Barrow pour s'avancer jusqu'au point où l'on trouve encore 5 à 6 mètres d'eau lors des basses mer d'équinoxe. En même temps, on prolongerait les jetées qui forment l'entrée du port intérieur, entrée qu'on élargirait et qu'on approfondirait par un curage. Mais, comme cette entrée ne peut pas être rendue accessible aux navires dans tous les moments de la marée, New-Haven est, par cela même, en dehors du cercle des positions navales au sujet desquelles la commission peut faire des propositions.

De Seaford à Portsmouth, la marine britannique n'aura plus rien à désirer. Il faut passer outre, et faire 60 milles à l'ouest pour arriver à la magnifique position de *Portland.*

Quatrième nouveau port de refuge : Portland.

L'île de Portland abrite et défend, du côté de l'ouest et du sud, la vaste rade de ce nom, ouverte du côté de l'est. Cette rade est contiguë à celle de Weymouth, qui regarde le midi.

La commission propose de construire une jetée qui couvrirait au S. E. la rade de Portland. Cette jetée s'étendrait dans une longueur de $\frac{5}{4}$ de mille ($2,315^{m}$), avec un passage assez rapproché de la terre, dans un endroit dont la profondeur ne serait pas moindre de 42 pieds anglais, ou $12^{m},80$.

On évalue cette dépense à 12,600,000 francs.

On sera peut-être étonné qu'avec une aussi grande profondeur d'eau, une jetée de cette longueur puisse être construite pour moins de 13 millions; mais, à Portland, tout rend la construction d'une digue économique et facile.

Il faut remarquer, en effet, que l'île de Portland présente des carrières inépuisables, dont une grande partie appartient à l'État. La nature les a placées, pour ainsi dire, à pied d'œuvre de la jetée, afin de fournir la pierre et la chaux.

L'île abonde en sources d'eau douce, qui suffiront à l'aiguade pour tous les bâtiments mouillés dans la rade.

Enfin à Weymouth, la rade offre l'avantage d'un port intérieur; ce port est formé par l'embouchure de la Wey, ainsi que l'indique le nom de cette ville.

Tel est l'ensemble des travaux que la commission propose en cette localité. Une division navale en station à Portland, aura sous sa protection, conjointement avec la station de Dartmouth, tous les points intermédiaires.

Ces deux positions compléteront, avec Plymouth, la chaîne de communication, de coopération et de protection entre Douvres et Falmouth, dans une étendue de 300 milles marins ou 556 kilomètres.

Coup d'œil général sur les travaux projetés.

Voici maintenant le résumé des propositions dont nous venons d'exposer fidèlement les motifs spéciaux.

Avant tout, on propose de construire à Douvres un port de refuge complétement clos par des jetées, avec deux entrées: l'une à l'est, large de 150 pieds (45m,72); l'autre au midi, large de 700 pieds (213m,36). Ce port aura, de superficie à mer basse, 520 acres ou 210 hectares. Il présentera 150 hectares, jaugeant encore 12 pieds d'eau (3m,66), au minimum.

« Profondément convaincus, disent les commissaires, qu'il est indispensable de procurer sans retard un ancrage abrité dans la baie de Douvres, nous osons solliciter, avec urgence, l'attention des Lords de la trésorerie pour commencer immédiatement les travaux. On construira d'abord la jetée qui part à l'ouest de l'entrée du port de Douvres. Cette première jetée, qui couvre la baie du côté de l'ouest, assurera la tranquillité des eaux de la baie contre les vents de cette région; elle arrêtera les alluvions qui s'avancent du côté de l'occident; elle facilitera le reste des travaux, quel qu'en soit le plan définitif.

« Pendant que l'on construira cette jetée occidentale, l'on achèvera les expériences demandées sur le dépôt des matières en suspension dans les eaux de la baie, et sur le mouvement des alluvions. Ces expériences permettront d'arrêter définitivement le meilleur plan du port extérieur, et la meilleure dimension des entrées. »

Le brise-lame, ou jetée proposée pour Seaford devra protéger un mouillage de 300 acres ou 120 hectares.

Le brise-lame de Portland devra protéger un mouillage d'environ 480 hectares.

Relativement à la succession des travaux, s'il n'est pas possible d'entreprendre à la fois les trois brise-lames, sans compter celui de Harwich, la commission demande :

En premier lieu Douvres ;
En second lieu Portland ;
En dernier lieu Seaford.

A l'égard de la dépense, elle propose hardiment les chiffres suivants :

Pour Douvres......	2,500,000 l. st. ou	63 millions
Pour Seaford.......	1,250,000	32
Pour Portland......	500,000	13
	TOTAL....	108

Loin d'être surpris de la grandeur de cette dépense présumée, on la trouvera probablement au-dessous de la réalité, lorsqu'on arrêtera la pensée sur ce simple fait :

Si l'on suppose que les jetées ou brise-lames ci-dessus désignées soient mises à la suite les unes des unes des autres, la longueur totale égalera trois fois la longueur de notre grande jetée de Cherbourg.

A l'égard des moyens de construction, les commissaires, profitant de l'expérience acquise par les Français pour les jetées de Cherbourg et d'Alger, déclarent qu'ils préfèrent, à des jetées en pierres perdues, des jetées en maçonnerie.

A l'égard de la protection des ports de refuge par des travaux défensifs à terre, déjà ceux de Douvres et de Seaford sont munis des ouvrages nécessaires.

La rade de Portland est dominée de la manière la plus avantageuse par l'île de Portland, sur laquelle il sera facile d'ériger les fortifications et les batteries qu'exigera la défense.

Après avoir achevé l'exposition de leur examen raisonné et de leurs propositions, les commissaires concluent ainsi définitivement :

« La commission ne veut pas terminer son rapport sans exprimer, dans les termes les plus énergiques, son opinion unanime et sa profonde conviction : il est indispensable d'adopter des mesures qui procurent à la frontière sud-est du royaume une protection navale puissante.

« Sans aucune exception, les ports de marée situés sur la côte entre Portsmouth et la Tamise sont incapables de recevoir de *grands navires à vapeur*. Par conséquent, aujourd'hui que la vapeur introduit de si grands changements dans la situation des affaires navales, il est d'une impérieuse nécessité qu'on supplée par des moyens artificiels au manque de ports convenables, dans la partie étroite du canal de la Manche.

« Une carte hydrographique montre les positions où, d'après nos propositions, des ports et des mouillages fermés et bien protégés offriront un refuge à nos navires de commerce.

« Par de tels moyens, ajoutés à l'emploi de la vapeur à la mer, avec des chemins de fer et des communications télégraphiques par terre, la force navale et la force militaire de la Grande-Bretagne peuvent en quelques heures être portées, avec le plus haut degré d'efficacité, sur chacun des points de la côte.

« Les propositions que nous avons pensé devoir soumettre à vos Seigneuries (les Lords de la trésorerie), pour être réalisées, demanderont un grand déboursé des fonds publics. Mais, lorsque la vie, la propriété des citoyens et la sécurité nationale sont les intérêts mis en jeu, nous ne pensons pas qu'on doive permettre *à des considérations d'argent* d'empêcher la réalisation de résultats ayant une si vaste importance. »

Tableau complet de distances maritimes, qui démontrent l'importance des ports de refuge.

La carte d'ensemble à laquelle les commissaires font allusion dans leurs conclusions présente une série de distances qui frappera certainement tout observateur attentif. Les voici rapportées suivant leur position, en allant d'occident en orient, en milles géographiques de 60 au degré :

De Falmouth à Plymouth (*premier centre de protection et d'agression*)........................ 38 milles.

De Plymouth à l'île de Guernesey (possession anglaise), à l'entrée du golfe de Saint-Malo..... 78

De Plymouth à Dartmouth................ 30

De Dartmouth à Portland (*second centre important de protection et d'agression*).............. 45

De Portland à l'île anglo-normande de Guernesey.............................. 60

De Portland à Alderney, seconde île anglo-normande (Alderney se trouve à 20 milles de Cherbourg)................................ 48

De Portland à Portsmouth, en passant au large de l'île de Wight......................... 60

De Portsmouth (*troisième centre de protection et d'agression*) à Alderney..................... 87

De Portsmouth à Seaford (*quatrième centre de protection et d'agression*)................... 58

De Seaford, en doublant Beachy-Head jusqu'à Douvres (*cinquième centre de protection et d'agression*)................................ 51

De Douvres, en pénétrant dans la Tamise, jusqu'au mouillage du *Nore*, devant l'arsenal naval de Sheerness (*sixième centre de protection et d'agression*)............................ 50

De Douvres à Harwich, au delà de la Tamise *septième centre de protection et d'agression*)..... 55

On remarquera certainement combien les centres de protection et d'agression se multiplient, et je dirai presque s'entassent, à mesure que la côte d'Angleterre devient plus voisine de la France. De Portsmouth au port de Harwich, dans une étendue de 32 myriamètres seulement, on se propose de créer par évaluation *d'avant-projets* pour 96 millions de travaux à la mer. Il y aura cinq grands centres de protection, pouvant recevoir cinq armées navales, et servir de point de départ à cinq expéditions de puissants navires à vapeur; expéditions dont la plus éloignée pourra se précipiter en *sept heures* sur les côtes de France, et la plus rapprochée en *une heure et demie*. Cet ensemble de travaux exercera son influence, pour ne pas dire son empire, sur 150 lieues de notre littoral, depuis Dunkerque jusqu'à la baie de Saint-Malo.

Nous terminerons en faisant observer que, sur ce vaste développement de rivages découverts, la France ne possède qu'un grand centre de protection: c'est Cherbourg.

Sous le beau règne de Louis XIV, un membre illustre de l'Académie des sciences, un grand citoyen, qui n'a laissé sans pratique aucun genre de service qu'il pût rendre à sa patrie, le maréchal de Vauban, avait su nous donner au Mardick, près Dunkerque, un premier centre de protection; centre qui fut détruit, non par la guerre, mais par la paix : en signant un traité honteux qui caractérisa, dès la régence, la triste époque de Louis XV.

Lieux désirables pour la formation de ports de refuge français.

En terminant le mémoire par lequel je faisais connaître des faits d'une si haute importance pour l'Angleterre et même pour la France, j'ajoutais l'expression d'un dernier désir :

« Je m'estimerais le plus heureux des hommes si je pouvais espérer que ce mémoire ne sera pas sans influence, pour qu'à notre époque, suivant l'exemple d'un grand règne, et réveillés par l'initiative infatigable de nos rivaux, nous nous occupions avec zèle des moyens propres à nous donner des centres suffisants de protection, pour nos navires marchands et nos cités maritimes, depuis Dunkerque jusqu'à Cherbourg. C'est une question vitale, et pour le commerce paisible et pour le salut du pays; une question à laquelle il faut faire concourir, afin de la bien résoudre, les sciences et les arts du civil, du militaire et de la marine.

« Appelons à notre secours l'hydrographie, l'art nautique, les constructions hydrauliques, le tracé des chemins de fer et la télégraphie électrique. Alors, de Paris aussi rapidement que de Londres, les avis salutaires et les commandements d'agir, transmis en temps opportun, trouveront, à des distances suffisamment rapprochées, les lieux de protection et les foyers de rayonnement, tels que peuvent les réclamer la sécurité de nos côtes et l'honneur de notre patrie. »

Après que mon travail sur les ports de refuge britanniques eut été rendu public, M. le maréchal Dode, comme premier inspecteur général du génie militaire, et comme citoyen dévoué aux intérêts de son pays, voulut bien m'adresser l'expression de ses sentiments pour adhérer à mes vues et me féliciter en des termes que je n'oserais rapporter ici. Ce souvenir est un de ceux que je mets au plus haut rang des récompenses accordées à mes efforts.

Ports extérieurs de l'Empire britannique.

Nous ne mentionnerons qu'en quelques mots les établissements maritimes extérieurs de l'Empire britannique.

Les principaux sont :

Heligoland, à l'embouchure de l'Elbe.

Malte, entre les deux Méditerranées du Levant et du Couchant; Gibraltar, à l'issue du détroit de ce nom;

Halifax, les Bermudes et Kingston de la Jamaïque dans l'océan Atlantique ;

Dans les mers d'Afrique, le cap de Bonne-Espérance et l'île Maurice.

Dans les mers d'Asie : Aden, occupée depuis peu d'années

et déjà parfaitement fortifiée; les trois chefs-lieux des présidences de l'Inde; Singapore, au détroit de Malacca; Hong-Kong, au débouché de la rivière de Canton.

Plus tard on créera quelques établissements maritimes et militaires pour protéger les côtes de l'Australie.

ÉTABLISSEMENTS MARITIMES DE LA FRANCE, AU XIXe SIÈCLE.

CÔTES DE L'OCÉAN.

Création du port militaire et de l'arsenal d'Anvers.

Au moment même où le Premier Consul menaçait si sérieusement l'Angleterre par une flottille capable de transporter cent mille hommes en un voyage, il ordonnait la création du port militaire d'Anvers. Cette ville se trouve à vingt lieues de la mer, au bord d'un fleuve que les anciens navigateurs affirmaient n'être pas praticable pour des bâtiments de haut bord: préjugé de l'inexpérience et de la peur, qui fut détruit par les Français. En aval de la ville et sur la rive droite de l'Escaut, Napoléon fit creuser un très-vaste bassin, qui pût tenir à flot une armée navale. Entre la ville et la citadelle, vingt cales furent établies comme par enchantement; sur ces cales on construisit, à la fois, autant de vaisseaux de ligne.

On exécutait ces immenses travaux avec des bataillons d'ouvriers militaires empruntés aux cadres de la conscription. L'État demandait ces ouvriers aux professions civiles qui, dans nos départements de l'intérieur, mettent en œuvre le bois, le chanvre et les métaux. Une maistrance extraite de nos arsenaux maritimes, et des officiers tirés de l'École polytechnique, ajoutés à ce personnel de travailleurs, suffisaient à des créations si merveilleuses.

Ces mêmes officiers, ces mêmes ouvriers militaires appelés à faire la campagne de Wagram, ont construit et puis remplacé, sur le Danube, les ponts qui sauvèrent les héros d'Essling; car ils permirent d'opérer, avec une rapidité vraiment surprenante, le passage de l'armée que la victoire attendait à Wagram.

En 1814, les constructions navales ordonnées par l'Empereur présentaient soixante-neuf vaisseaux de ligne à flot, et moitié de ce nombre en construction. Sans les malheurs d'une campagne du Nord, l'époque approchait où les ressources navales de l'Empire français seraient entrées sérieusement dans la balance des forces européennes.

Par les traités qui suivirent cette époque, notre établissement maritime d'Anvers fut détruit. Le peu qui nous fut laissé de vaisseaux provenant de cette origine, fut conduit dans le port de Brest, pour y pourrir à l'état de désarmement.

Dunkerque.

Dans les années les plus prospères du règne de Louis XIV, Vauban avait fait du port de Dunkerque un établissement maritime de haute importance. Il avait entouré d'ateliers réguliers et spacieux un bassin de flot pour les bâtiments de guerre. Il avait creusé le canal de Mardyck, que nous avons cité précédemment, et fondé les écluses à la mer pour permettre l'entrée et la sortie de grands navires de guerre.

Nous l'avons déjà dit, lors des malheurs qui suivirent les guerres de la succession, la paix ne put être obtenue qu'à des conditions humiliantes et désastreuses, entre autres la démolition des écluses du Mardyck; depuis ce moment Dunkerque n'a plus eu qu'une importance navale très-secondaire.

En 1817, on fit venir d'Angleterre à Dunkerque les chaînes-câbles et les installations en fer accessoires dont j'avais fait, à Londres, l'acquisition pour les introduire dans notre marine militaire; je fus chargé de les établir sur un bâtiment de guerre envoyé de Brest dans cette intention. J'achevais alors la construction de deux corvettes; ce furent les dernières que l'État ait fait construire dans ce port.

Le ministère des travaux publics a fait exécuter des travaux considérables pour ménager une chasse d'eau très-puissante dans le chenal de Dunkerque. La jetée protectrice de ce canal, reconstruite et prolongée par Napoléon, pendant la guerre de l'Empire, l'est encore davantage aujourd'hui pour franchir un barrage qui se forme toujours au point où finit l'action des chasses.

Calais et Boulogne.

Calais et Boulogne ne pouvaient être que momentanément des ports militaires, à l'époque de la flottille. D'utiles travaux hydrauliques ont amélioré ces deux ports pour satisfaire à leurs besoins commerciaux.

Déjà des chemins de fer, partis de la capitale, ont pour point d'aboutissement Boulogne Dunkerque et Calais. L'importance de ce dernier port sera sensiblement augmentée quand il communiquera par voie ferrée avec Boulogne.

Le Havre. — Canal maritime de la Seine.

Depuis peu d'années on a supprimé les derniers vestiges d'un arsenal de marine militaire au Havre. On a fait en revanche de vastes travaux hydrauliques pour suffire à l'immense accroissement de la navigation que nécessite le port commercial de Paris; car telle est l'heureuse destination du Havre.

Lorsqu'en 1824 et 1825, secondé par quatre habiles ingénieurs des ponts et chaussées[1], j'avais eu la direction des études préparatoires pour le projet d'un canal maritime latéral à la Seine, canal qui devait porter jusqu'à Paris des navires de 400 tonneaux, mon attention s'était portée sur la basse Seine. M. Pattu, l'ingénieur en chef du Calvados, proposait, pour couronner l'œuvre, un barrage à l'embouchure du fleuve.

[1] MM. Fresnel, Petit, Senechal et Dausse.

Derrière ce barrage aurait pu mouiller la plus puissante flottille à vapeur, en cas de guerre maritime. M. le commandant, aujourd'hui vice-amiral Dupetit-Thouars, fut chargé d'étudier hydrographiquement et nautiquement l'embouchure de la Seine. En même temps deux inspecteurs généraux des ponts et chaussées, MM. Cavenne et de Prony examinaient, sous le point de vue de l'art et de la science, ce projet, auquel ils accordèrent leur suffrage. Les événements de 1830 ont empêché qu'on donnât suite à ces idées. On regardait alors 60 à 80 millions comme un sacrifice exorbitant pour les réaliser; depuis cette époque l'exécution des chemins de fer les ont plus que jamais écartées.

Le projet d'un barrage sur la Seine et l'autorité de l'examen qui s'en est fait ont produit des fruits salutaires. Un ingénieur français a formé le même projet pour retenir les eaux du Nil et les maintenir à la hauteur la plus avantageuse par le moyen d'un barrage. Cette conception, digne de Méhémet-Ali, se poursuivait avec un talent remarquable sous ses auspices; mais son successeur n'a pas eu la même constance, et les travaux sont maintenant abandonnés.

Pour préserver la ville du Havre contre les dangers d'un bombardement, dangers devenus bien plus graves depuis l'invention des navires à vapeur, il faudrait ériger trois fortes tours défensives, sur des bancs de sable en avant de l'entrée du port. Ayant été chargé d'inspecter cette situation comme membre du Conseil d'amirauté, en 1850, j'ai proposé de remplacer le projet de quatre tours trop petites par trois tours plus considérables. L'expérience aujourd'hui doit nous prouver la nécessité de construire des ouvrages protecteurs ayant une très-grande puissance, si l'on ne veut pas qu'ils soient écrasés par des attaques maritimes.

Création du port militaire et de l'arsenal de Cherbourg.

C'est au patriotisme de Louis XVI que la France a dû l'entreprise, alors sans exemple, d'une digue jetée en plein Océan, à des profondeurs de 12 à 15 mètres, et plus encore en certaines parties.

On couvrait ainsi la rade de Cherbourg et sur une côte où nos bâtiments de guerre étaient sans abri, depuis Dunkerque jusqu'à Brest. On préparait la sécurité la plus complète, dans un espace suffisant pour abriter une armée navale.

Pour ajouter à l'importance d'une telle création, il fallait donner à Cherbourg un grand arsenal maritime.

Une pensée de cet ordre ne pouvait échapper au génie de Napoléon le Grand. Il ordonna de creuser des bassins, ainsi qu'un avant-port, à des profondeurs suffisantes pour recevoir en tout temps des vaisseaux du premier rang.

DIMENSIONS DES GRANDS BASSINS DE CHERBOURG.

Premier groupe.

DÉSIGNATIONS.	LONGUEUR.	LARGEUR.	HAUTEUR D'EAU au-dessus de zéro.
	Mètres.	Mètres.	Mètres.
Avant-bassin	$292 \frac{2}{10}$	$236 \frac{7}{10}$	$9 \frac{2}{10}$
Bassin de flot des armements	$291 \frac{8}{10}$	$217 \frac{3}{10}$	$9 \frac{2}{10}$
Arrière-bassin de flot	410	200	$9 \frac{2}{10}$

Des écluses doubles et colossales font à volonté communiquer directement l'avant-port :

1° Avec le bassin de flot des armements;

2° Avec la partie méridionale de l'arrière-bassin.

Un système pareil d'écluses doubles établit une entrée directe entre le bassin de flot des armements et l'arrière-bassin de flot.

Le volume d'eau contenu dans ces trois bassins n'est pas moindre de 2,150,000 mètres cubes.

Pour obtenir une profondeur d'eau de 9 mètres $\frac{1}{5}$, il a fallu creuser dans le granite, en faisant usage de la mine.

Aujourd'hui les seuls travaux de l'arrière-bassin restent à terminer pour compléter ces excavations gigantesques.

Huit cales destinées à la construction des vaisseaux et des frégates sont établies sur le long côté occidental de l'arrière-bassin de flot; quatre formes de radoub, occupant le côté septentrional, sont creusées aussi dans le granite.

Une forme pour les radoubs, ayant à sa droite deux cales de construction, occupe avec elles le côté méridional de l'avant-port. On les a taillées dans le roc, dès le règne de Napoléon Ier.

Il faut mentionner maintenant les bassins accessoires groupés les uns au sud et les autres au nord du grand système que nous venons de décrire.

Du côté du nord se trouve le bassin ou gare des mâtures et des bâtiments de servitude, creusé parallèlement au côté méridional du bassin de flot des armements. Cette gare est prolongée régulièrement par un canal éclusé.

Second groupe.

LES MÂTURES.	LONGUEUR.	LARGEUR.	SUPERFICIE.
Gare des mâtures......................	215^{m}	50^{m}	10,750^{m}
Canal de prolongement.................	300	20	6,000

Au midi de l'entrée de l'avant-port, à 400 mètres de distance, se trouve l'entrée d'un moindre avant-port, connu sous l'ancien nom de *Chantereine*.

Par une entrée munie d'écluses de retenue, on passe de cet avant-port dans le bassin préparé pour les bâtiments à vapeur.

Plus au midi sont situés deux autres bassins ayant l'un et l'autre 50 mètres de largeur sur une longueur totale d'environ

320 mètres : ils sont destinés au service des subsistances et comme accessoires aux constructions navales à vapeur.

Troisième groupe.

CHANTEREINE.	LONGUEUR.	LARGEUR.	SUPERFICIE.
Avant-port de Chantereine...............	143m	120m	17,160m
Bassin des bâtiments à vapeur............	252	90	22,680
Bassin de flot des subsistances............	320	50	16,000

Résumons dans un tableau général les créations hydrauliques de Cherbourg.

TOTAL DES SUPERFICIES AQUATIQUES DE L'ARSENAL DE CHERBOURG.

INDICATION DES BASSINS.	HECTARES.	ARES.
1° Le grand avant-port des grands bassins à flot..........	21	45
2° Le bassin de mâtures et le canal de prolongement........	1	68
3° Petit avant-port et bassin des bâtiments à vapeur.......	5	52
Superficie des eaux intérieures..............	28	65

La superficie complète de l'arsenal est presque égale à cent hectares; ainsi, près du tiers de cet espace est réservé pour les eaux intérieures. Tout le reste est occupé par les quais, les voies de communications, les parcs, les magasins, les ateliers, et les édifices spéciaux destinés aux administrations du service maritime.

Si l'on veut se faire une idée du spectacle que présente un pareil ensemble d'établissements, il faut remarquer que cet ensemble est tracé comme un monument unique d'architecture simple et régulière, suivant deux axes perpendiculaires l'un à l'autre. Tous les bassins sont des rectangles creusés sur l'alignement de ces axes. Il en résulte partout des quais, des places et des rues rectilignes et parallèles, des communications établies suivant les lignes les plus courtes, et des façades alignées avec une parfaite harmonie.

Cette simplicité grandiose est à la fois le caractère et la beauté d'une création où l'on a cherché l'utile et trouvé la majesté.

Tel est le système d'une des œuvres nationales qui font le plus d'honneur à la France.

M. l'inspecteur général Cachin a commencé les travaux; M. Rewbell les continue depuis plus de quinze années. Il a mis tout son talent et son énergie à développer, à défendre la régularité complète et la perfection d'ensemble dont les bases étaient posées par les premiers projets, qui remontent à l'époque du Consulat. On lui doit aussi d'avoir fini la jetée par un magnifique système de maçonnerie continue.

La ville de Cherbourg possède un port de commerce spacieux et commode; elle compte aujourd'hui près de trente mille habitants. Lorsqu'on aura terminé le chemin de fer qui doit mettre en communication Cherbourg avec Caen, Rouen et Paris, des sources de prospérité nouvelles naîtront pour cette ville et pour la navigation française.

Travaux entrepris à Brest.

En faisant jouer la mine, on a graduellement élargi l'arsenal, étroit et long, développé sur les sinueux bords de la rivière encaissée qui débouche dans la magnifique rade de Brest.

On doit applaudir aux efforts qu'on a faits pour rendre moins insuffisant le nombre des formes de construction et de radoub que possède ce port.

Parmi les créations les plus récentes, il faut mentionner les grands ateliers installés, outillés avec un talent remarquable par M. Fauveau, maintenant directeur des constructions navales. Ces ateliers sont disposés pour produire ou réparer les mécanismes des bâtiments de guerre à vapeur; ils sont établis sur le plateau proéminent des Capucines, qui domine la rive droite. Un chemin de fer part de l'atelier et s'avance sur un viaduc. A l'extrémité de ce chemin, un système de grues puissantes permet de hisser ou de descendre les plus pesants appareils, à l'aplomb des navires à flot, comme s'il s'agissait d'une machine à mâter pour des bâtiments à voiles.

A quelque distance au-dessus du port de Brest, sur la rivière de Penfeld, est établie la belle usine de la Villeneuve, employée à réduire en fer neuf excellent les vieux fers de la marine; on y fait aussi des aciers meilleurs que ceux qui sont fournis par l'industrie privée. Trop souvent ceux-ci ne valent rien.

Saint-Servan.

A l'époque où l'on donnait un grand développement aux constructions navales, on établit de nombreuses cales de frégates à Saint-Servan.

En même temps on projetait d'endiguer une baie intérieure, à côté de Saint-Malo, pour former un bassin de flot. Ce dernier travail était exécuté par le ministère des travaux publics pour les besoins du commerce.

Port de Lorient.

Au XVIIIe siècle, la compagnie française des Indes orientales a construit avec autant de régularité que de solidité le petit arsenal de Lorient.

Les remorqueurs à vapeur tendent à diminuer l'inconvénient que présente l'entrée et la sortie de ce port; mais il n'aura jamais, pour la marine militaire, qu'une importance de second ordre. C'est un port de construction; et, vu sa difficulté d'accès, on ne peut avoir l'idée d'y tenir armée une force navale.

A l'époque où florissaient même les abus du régime parlementaire, les habitants très-avisés de Lorient choisissaient pour représentants des personnes fort influentes. Celles-ci faisaient amplement doter le port de leurs constituants avec des institutions, des constructions et des travaux plantureux. C'étaient les dettes d'élection que la marine et l'État payaient en nature.

On a d'abord réalisé la pensée d'établir dans ce dernier, dans ce plus petit de nos cinq grands ports, un établissement modèle d'ateliers perfectionnés, imités de la marine britannique, et présentant les machines-outils les plus modernes pour les constructions navales. On chargea de cette création un jeune et savant ingénieur, M. Fauveau, dont le succès fut remarquable. Beaucoup plus tard, il reçut la mission d'exécuter des travaux du même ordre dans l'arsenal de Brest; travaux par lesquels évidemment il eût été raisonnable de commencer, et qu'on a finis seulement depuis 1851.

Toujours dans le même esprit, d'être aimable envers Lorient, on en avait fait le centre du corps d'artillerie de marine. Nous devons louer, en passant, la série d'expériences de tir accomplie par les officiers de ce corps, sur la plage de Gâvres, à quelque distance de la ville.

Une pensée peu justifiable avait été celle de transporter à Lorient l'*école d'application des constructions navales*. On retirait cette institution du port de Brest, théâtre à la fois des travaux les plus vastes et d'armements toujours considérables, pour la transférer dans un port où l'on ne pouvait espérer de voir relâcher ni même manœuvrer une escadre.

PARIS. — ÉTABLISSEMENTS CENTRAUX MARITIMES.

École d'application des constructions navales.

Sans doute, en transférant à Paris l'école des constructions navales, pendant la saison d'hiver, les élèves sont privés du spectacle journalier d'un port; mais, en leur prescrivant des voyages pendant la belle saison pour visiter nos principaux établissements maritimes, on a réuni tous les avantages.

Pendant l'hiver, les élèves peuvent suivre des cours de sciences appliquées aux arts, qui ne sont professés qu'à Paris par des talents du premier ordre; ces cours deviennent plus que jamais nécessaires aux progrès d'une marine que l'application de la vapeur et des grands mécanismes perfectionnés rend de plus en plus scientifique.

L'éminent directeur de l'école des constructions navales, M. Reech, a rédigé, pour l'usage de cette institution, des traités qui sont à la hauteur des connaissances mathématiques et physiques nécessaires aux corps recrutés depuis soixante ans par l'École polytechnique. Il a publié de profonds mémoires sur l'action de la vapeur et sur le parti qu'on peut tirer de la détente : ses travaux ont mérité l'approbation de l'Académie des sciences. Il a fait de nombreuses expériences, afin d'arriver à l'emploi de l'éther dans les machines à vapeur; on lui doit un mécanisme ingénieux pour tisser les drisses, etc.

De tels travaux appartiennent à l'histoire du progrès des arts maritimes; à ce titre nous sommes heureux de les mentionner ici.

Musées maritimes.

En 1813 et 1814, un premier musée maritime fut créé dans l'arsenal de Toulon par l'auteur de cet historique. Ce musée réunissait à des collections nombreuses de modèles, soit de bâtiments de guerre, soit de machines utiles aux travaux des ports, les précieuses sculptures que Puget avait produites pour décorer les galères, lors des beaux temps de Louis XIV. Ces sculptures furent alors soigneusement recueillies, préservées du dégât qu'on en faisait, et par là sauvées de la destruction [1].

[1] *Mémoires sur la description du musée naval de Toulon et sur les moyens employés pour conserver les sculptures de Puget,* par M. Charles Dupin, avec le rapport fait à l'Académie des beaux-arts de l'Institut.

Cette innovation stimula l'émulation des autres ports militaires. Rochefort, grâce aux soins de M. Hubert, Brest, Cherbourg et Lorient, voulurent avoir aussi leur musée naval.

On a fini par concevoir l'importance de réunir à Paris un *Musée central*, où les habitants de la capitale et les visiteurs de la France entière pussent acquérir une juste idée des bâtiments de guerre, et des moyens à la fois ingénieux et puissants mis en œuvre dans nos arsenaux maritimes pour des travaux gigantesques. Cette création fut confiée au zèle éclairé de M. Zédé, qui, plus tard, appelé à d'autres fonctions, eut pour successeur M. Lebas. On doit à celui-ci les savants procédés employés pour abattre, embarquer, débarquer et finalement ériger l'obélisque qu'on admire sur la place de la Concorde, à Paris[1].

Dépôt central des cartes et plans de la marine.

Cet établissement a, dans le principe, eu pour première richesse les cartes et les plans qu'on avait réunis à Versailles, lorsque la cour et les ministères avaient en ce lieu leur résidence. Un demi-siècle de progrès a considérablement enrichi les collections.

La formation du corps des *hydrographes de la marine*, sous la direction du célèbre Beautemps-Beaupré, a fait de cet établissement un centre de travail hydrographique et nautique. C'est là que, depuis quarante ans, sont régulièrement apportées les observations faites sur nos côtes pour calculer, dessiner et graver la magnifique collection des cartes hydrographiques de la France, de la Corse, de l'Algérie et des colonies françaises : collection à laquelle le VIIIe jury a décerné la récompense de premier ordre.

[1] Ces procédés ont été décrits pour l'Académie des sciences dans le *Mémoire sur le transport en France des obélisques de Thèbes*, par le baron Charles Dupin. Paris, 1832.

Les travaux des hydrographes et des navigateurs français s'étendent à toutes les parties du monde. De nombreux voyages scientifiques procurent des données précises sur les côtes étrangères ; il en résulte des publications précieuses pour les marins de toutes les nations.

Depuis 1833, sur ma proposition, un crédit annuel de 50,000 francs était affecté pour des expériences et pour des recherches scientifiques appliquées aux arts maritimes. Sans doute, la somme était peu considérable; mais elle n'a pas toujours été tout entière employée pour obtenir des progrès qui payent au centuple un premier et faible sacrifice.

Usine métallurgique de la Chaussade (Nièvre).

Le grand établissement de la Chaussade, à Guérigny, se trouve à proximité des vastes forêts de la Nièvre, de riches mines de houille et de l'excellent fer du Berry. Cette admirable position n'a pas empêché que la Chaussade fût attaquée avec passion, à partir de 1831. Cette usine est devenue pour les commissions de finances des exercices de 1832, 1833 et 1834, l'objet d'un long et sérieux examen. De cet examen est sortie la conservation, pour la marine militaire, de cet établissement magnifique créé par le génie d'un simple particulier, M. de la Chaussade, et cédé par lui, lors de la guerre navale d'Amérique, au gouvernement de Louis XVI.

Des discussions très-approfondies ont eu lieu pour examiner si les travaux en métal exécutés dans les ateliers de la Chaussade étaient d'une telle nature, qu'on ne pût pas les confier avantageusement aux fabrications du commerce. On a fait, à l'époque dont nous parlons, l'abandon à l'industrie particulière de plusieurs genres de confections; plus tard, on s'en est repenti.

Parmi les travaux dont la marine ne peut pas confier l'exécution aux spéculations intéressées, il faut compter la fabrication des ancres, des chaînes-câbles et de tous leurs accessoires, celle des grandes pièces de forge d'où dépend la tenue de la mâture, le jeu des cabestans, les bielles des machines à vapeur, etc.

La commission financière de 1833, après une investigation minutieuse et sévère, a constaté que les fabrications de la Chaussade, non-seulement n'étaient pas plus chères que celles de l'industrie française; mais qu'elles surpassaient même en économie les travaux de l'industrie britannique, pour la confection des chaînes-câbles et de tous leurs accessoires.

Aujourd'hui presque tout l'ancien matériel de l'usine est remplacé. Des souffleries à vapeur, des marteaux-pilons pour les plus grands travaux de forges, des presses hydrauliques pour l'épreuve des chaînes-câbles, de fortes machines-outils conformes aux progrès les plus avancés; enfin, des roues à la Poncelet[1] pour tirer des eaux de la Nièvre tout le parti de leur force hydraulique. Telles sont les améliorations successives qui font, dans son genre, de la Chaussade, le plus bel établissement de l'Europe.

Depuis la déclaration d'une guerre qui nécessite de si grands travaux en constructions navales, un redoublement d'utilité est venu donner une vie nouvelle à l'usine de la Chaussade. On y projette un beau plan d'agrandissement, qu'il faut espérer qu'on réalisera sans retard.

La marine militaire possède, à trois lieues de la Chaussade, à Nevers, une fonderie de canons admirablement outillée, mais privée d'activité. Cette fonderie pourrait servir aux constructions navales, en supposant que le département de la guerre ne réussisse pas à se la faire concéder. Ce dernier parti, comme pis aller, vaudrait mieux qu'un abandon systématique.

Les produits de la Chaussade sont à proximité de la Loire et

[1] Lorsque la première roue à la Poncelet fut établie à côté d'une ancienne roue, et toutes deux alimentées par le même réservoir, elles présentaient une expérience frappante. On voyait, en aval, l'eau qui s'échappait de l'ancienne roue, agitée comme un torrent soulevé par le vent, effet de la force vive perdue. Au contraire, l'eau qui s'échappait de la roue à la Poncelet, ayant *utilisé* la totalité de sa force vive, coulait à l'instant même comme une eau parfaitement paisible. Cette démonstration était saisissante.

du chemin de fer aboutissant à Nevers; ils peuvent descendre à peu de frais, d'un côté par le canal du Centre, la Saône et le Rhône jusqu'à la Méditerranée; de l'autre, par la Loire, à l'usine d'Indret et dans nos ports de l'Océan.

Arsenal à vapeur d'Indret.

Les Français ont bien plus besoin que les Anglais d'un arsenal spécial, où l'on construise de grands mécanismes pour les vaisseaux et les frégates à vapeur.

Le commerce seul ne suffit pas aux besoins de notre armée navale. Toutes les fois qu'on suppose qu'elle est sans moyens de se soustraire à l'exigence des traitants, ils en abusent pour imposer des prix désastreux.

Dans une île de la Loire au-dessous de Nantes, dans l'île d'Indret, existait une usine métallurgique dont la marine avait fait usage lors de la guerre d'Amérique. On s'en est servi, il y a trente ans, pour créer un chantier où seraient construites les coques de navires à vapeur, et des ateliers propres à fabriquer les machines. M Gingembre, habile mécanicien, fut chargé d'établir et d'outiller ces ateliers.

Pendant longtemps on n'eut à travailler que pour des navires d'une force de 160 à 250 chevaux. Mais, vers 1840, la France ne voulut pas rester en arrière de l'Angleterre: il fallut créer à Indret des moyens de fabriquer des mécanismes de 400, de 500 et de 600 chevaux.

Dès 1848, l'ordre fut donné d'exécuter dans les ateliers d'Indret un appareil de 960 chevaux pour le vaisseau de ligne *le Napoléon:* nous avons dit avec quel succès on a rempli cette tâche.

On a beaucoup attaqué la création d'Indret. Souvent l'opposition parlementaire a demandé qu'on la détruisît, pour la transporter, soit à Brest, soit à Toulon; cet avis n'a pas prévalu. Ajoutons s'il le faut, mais gardons-nous de détruire; l'État s'en trouve toujours mal.

Lorsque le chemin de fer de Paris à Nantes sera complété

jusqu'à la mer, parallèlement à la Loire, et lorsqu'on aura terminé le bassin de flot de Saint-Nazaire, l'établissement d'Indret aura des facilités nouvelles pour ses approvisionnements et ses débouchés.

Au midi d'Indret, la marine militaire n'a qu'un seul port de quelque importance; c'est celui de Rochefort.

Rochefort.

La marine française a fait des travaux dignes d'estime pour améliorer Rochefort comme port de construction; mais sans pouvoir y produire d'établissement hors ligne, et qu'on puisse présenter ici pour son mérite extraordinaire.

Nous avons mentionné parmi les inventions dues à M. Hubert, le moulin très-remarquable qu'il a construit pour draguer la vase de l'avant-bassin de ce port. La Charente y dépose à chaque marée une couche épaisse de 7 millimètres : ce qui fait un mètre en moins de deux mois et demi. Autrefois, on employait des bœufs à traîner une drague afin d'opérer le curage de ces vases; ce travail était aussi long que coûteux. On n'ouvrait les portes que tous les trois ans, et l'on se privait ainsi d'un établissement essentiel pour les opérations de la marine militaire.

Le prix d'un seul de ces curages a suffi pour payer les frais de la construction du moulin. M. Hubert a remplacé par la surveillance de deux hommes un travail accompli par la force du vent, et qui jadis exigeait 56 bœufs avec leurs nombreux conducteurs [1].

[1] Pour rendre hommage à la mémoire d'un des ingénieurs qui font le plus grand honneur au corps du Génie maritime, je crois devoir citer ici l'exposé des moyens dont il est l'inventeur et qu'il a mis en usage pour son moulin dragueur de Rochefort. Je l'ai extrait du mémoire dans lequel j'ai décrit ces moyens, après avoir visité ce port en 1815.

Sur un gros cylindre horizontal sont enroulées en sens contraire, des cordes qui, par des poulies de renvoi convenablement placées, tirent la drague en deux sens directement opposés. Quand un cordage agit, l'autre cède; la

CÔTES DE LA MÉDITERRANÉE.

Depuis l'année 1830, par la conquête d'Alger, la Méditerranée a pris un nouveau degré d'importance pour la marine française.

Port-Vendres.

Au point le plus rapproché d'Alger, la nature a formé Port-Vendres, dont le maréchal de Vauban avait pressenti l'utilité pour la marine militaire.

drague peut ainsi traîner la vase depuis les portes du bassin jusque dans le courant du fleuve, et rétrograder pour recommencer une nouvelle course. Ce va-et-vient de la drague est déterminé ainsi qu'il suit : le moteur de tout le système est le vent, appliqué à un moulin semblable aux moulins hollandais quant à sa forme et à sa manière de transmettre le mouvement de l'axe des ailes à un arbre vertical. Le bas de cet arbre porte une lanterne, destinée à mener successivement deux roues dentées établies autour du gros cylindre horizontal et à une distance l'une de l'autre plus grande que le diamètre de la lanterne; au moyen de quoi, lorsque cette lanterne engrène dans la roue à droite, elle ne touche pas la roue à gauche, et réciproquement; mais elle fait tourner le cylindre dans un sens ou dans un sens opposé, suivant qu'elle engrène l'une ou l'autre des deux roues dentées, et détermine par conséquent les marches contraires de la drague.

Pour opérer cette alternation d'engrenage, M. Hubert a fait supporter l'arbre de son moulin par une traverse horizontale mobile. Un balancier, mû à main d'homme, peut agir sur cette traverse, tantôt à droite, tantôt à gauche et fournit ainsi le moyen de changer l'engrenage à volonté.

Une circonstance heureuse facilite ce mouvement alternatif, et amortit le choc que la lanterne tend à exercer contre la roue dentée qu'elle va rencontrer. Le cordage qui tirait la drague, dans l'engrenage prêt à cesser, était extrêmement tendu; aussitôt que la lanterne n'agit plus pour le faire tirer, il se détend et donne au cylindre un mouvement rétrograde qui est précisément celui que le changement d'engrenage doit lui communiquer. Les dents de la seconde roue se trouvent donc animées du même mouvement que la lanterne, et leur emboîtage réciproque est extrêmement facilité.

Il faut voir sur les plans les moyens imaginés pour faire enrouler et dérouler uniformément les deux cordages qui déterminent le va-et-vient de la drague, pour faire dévier latéralement cette drague, afin qu'elle creuse

Il y a peu d'années on a voté les fonds nécessaires pour améliorer l'entrée de Port-Vendres, la protéger par une digue, et permettre le mouillage facile et sûr de vaisseaux, de frégates et de navires à vapeur.

Port de Toulon.

Le grand établissement naval de la France dans la Méditerranée est celui que présentent la rade et le port de Toulon.

Un ensablement, insensible chaque année, mais considérable avec les siècles, avait par degrés diminué la portion de la rade où peuvent mouiller les plus grands vaisseaux.

successivement des sillons parallèles sur toute l'étendue de la surface à curer, etc. La forme de cette drague est aussi digne d'attention : les dessins en sont sous les yeux de la classe.

Machines diverses mues par le moulin à draguer.

Le curage de l'avant-bassin des formes n'est pas la seule fonction du moulin à draguer qui en remplit d'autres encore, d'autant plus importantes qu'elles se rapportent à des objets de fabrication dont on a un besoin continuel dans les ports de marine militaire. C'est pour ces objets de fabrication que M. Hubert a adapté à son moulin d'autres machines qui emploient très-utilement la force du vent, pendant les intermittences du draguage.

La première de ces machines, placée au rez-de-chaussée, est un laminoir d'un parfaite exécution, et dont la composition, quoique ne présentant pas d'idées absolument nouvelles n'en offre pas moins plusieurs détails ingénieux. Un accident ayant une fois arrêté la rotation des cylindres, a donné lieu à une observation curieuse sur la force du moteur et sur la solidité de la machine. Un manchon de fer gros comme la cuisse, servant à communiquer le mouvement au laminoir, s'est tordu d'un quart de circonférence sur la longueur d'environ un mètre; il se serait infailliblement brisé, si l'action qui le tordait ainsi se fût continuée.

Un second mécanisme, établi au troisième étage du moulin, fait mouvoir des meules à broyer les couleurs dont on se sert pour peindre l'extérieur et l'intérieur des vaisseaux. Quatre jeux de meules, accouplées deux à deux, sont ainsi mis en mouvement; la meule inférieure de chaque couple est fixe, et la supérieure tourne autour d'un axe vertical.

Enfin, M. Hubert ajoute aux machines précédentes un tour à tourner les essieux des poulies, et qui se meut aussi par la force du vent.

On a conçu le projet d'employer la puissance de la vapeur pour creuser, à la profondeur nécessaire, toute la portion de la rade qui s'étend depuis l'entrée jusqu'aux remparts de l'arsenal. Cette entreprise considérable est aux trois quarts accomplie; elle donne à Toulon une puissance nouvelle.

L'arsenal de Toulon, comme celui de Brest, est une création de Vauban. Le seul défaut qu'on pût reprocher à cet arsenal était d'avoir trop peu d'étendue.

Il y a peu d'années encore Toulon n'avait qu'une seule forme de construction et de radoub. C'était la forme bâtie il y a plus de soixante ans par le célèbre Groignard. Sous le gouvernement de juillet on en a construit deux à côté de la première. Il en faudra six pour suffire aux vastes besoins d'une grande guerre dans la Méditerranée; les trois dernières seront situées dans le nouvel arsenal, à Castigneau.

D'après les avantages démontrés par les Vénitiens d'abord, et par les Anglais ensuite, à partir de 1820, on voulut conserver le plus longtemps qu'il se pourrait sur cale, sous des abris aérés, des vaisseaux portés aux vingt-deux vingt-quatrièmes, que l'on tiendrait à couvert. On évitait ainsi la détérioration si rapide de tout bâtiment à flot.

Ce plan adopté, l'on établit, en dehors de l'arsenal, au-dessous du fort La Malgue, une rangée bornée d'abord à dix cales de construction, sur un terrain en partie repris à la rade. Tel est le chantier du *Mouraillon,* dans lequel ont été construits dix vaisseaux de 100 canons, critiqués d'abord à juste titre; mais perfectionnés plus tard, et qui, par l'adjonction de mécanismes à vapeur, font aujourd'hui d'excellents bâtiments mixtes.

On a déjà déblayé cinq millions et demi de mètres cubes; il n'en reste plus à retirer que dix-huit cent mille. Alors on aura rendu la profondeur nécessaire au mouillage de la flotte à cinq cents hectares de superficie, où précédemment la profondeur était insuffisante.

On a fait ce travail immense avec des navires dragueurs; la force de la vapeur est appliquée non-seulement à l'opération du draguage, mais au transport de la vase hors de la rade, où l'on verse sans inconvénient les matières déblayées. Après quoi la même force de la vapeur ramène le navire au lieu désigné pour l'excavation. La dépense de ces opérations est seulement de 1 fr. 20 cent. par mètre cube de déblai.

De l'autre côté de l'arsenal de Toulon, vers l'ouest, en profitant de terrains bas et très-étendus, on double presque la superficie de l'établissement primitif à Castigneau.

Dans cette partie nouvelle sont situés les établissements de l'artillerie de marine, ceux des vivres, et les approvisionnements pour le service des bâtiments à vapeur.

Par degrés on reconstruit presque tous les ateliers et les magasins qu'exige notre principal arsenal de la Méditerranée; mais, quoi qu'on fasse, on ne peut pas obtenir de l'ensemble la régularité ni la grandeur qui caractérisent les établissements de Cherbourg.

En dehors de ces établissements et sur le littoral de la rade, on trouve une excellente école de pyrotechnie; elle est moderne. Un de ses objets principaux est la confection perfectionnée des fusées à la Congrève, ainsi que l'étude du tir de ces projectiles.

Travaux du port et de la rade d'Alger [1].

Nous sommes naturellement disposés à regarder comme empreints de grandeur les travaux des Romains dans leurs conquêtes importantes. Cependant, sur toute l'étendue du littoral de l'Algérie, nous n'avons trouvé de port fermé que celui de la colonie de Cherchel (*Julia Cæsarea*). Ce port est infiniment petit lorsqu'on le compare à la grandeur des travaux du port d'Alger accomplis par les Français. Ajoutons que les Romains ont possédé, pendant plus de quatre siècles, une province que nous possédons seulement depuis 34 ans.

L'ancien port d'Alger, très-peu spacieux, était circonscrit

[1] Rapport à la Chambre des pairs sur les crédits extraordinaires relatifs à l'Algérie en 1847.

par l'îlot sur lequel est bâti le phare et par la jetée de Chereddin, qui réunit cet îlot à la ville. Ce port irrégulier avait 300 mètres de plus grande longueur, 200 mètres de largeur et *moins de cinq hectares* en superficie.

Dès que le progrès naturel de la conquête eut augmenté le mouvement maritime d'Alger, les navires du commerce se trouvèrent à l'étroit dans le port; il n'y avait pas assez d'espace abrité pour les recueillir en même temps que les bâtiments de guerre.

Les ouvrages protecteurs de l'ancien port, tout insuffisants qu'ils étaient, menaçaient ruine. Le môle, attaqué par une mer dont le ressac est d'une extrême violence, était déchaussé par sa base; il se serait écroulé très-prochainement, si l'on n'eût cherché les moyens de parer à ce danger. Les courants entraînaient parallèlement à la côte les blocs de pierre qui formaient le revêtement extérieur. On imagina de les remplacer par des blocs artificiels de béton, d'une masse assez considérable pour que la mer ne pût pas les déplacer; l'entreprise a réussi.

Ce premier travail accompli, l'on s'occupa d'agrandir le port d'Alger pour suffire aux progrès du mouvement maritime tel qu'il était il y a dix ans, c'est-à-dire le tiers à peine de ce qu'il est aujourd'hui. L'on prolongea de 75 mètres, du nord au sud, la ligne extérieure du môle, construite en gros blocs de béton.

A mesure qu'on avançait dans ce travail, on ajoutait aux eaux tranquilles du port une zone d'autant plus large et déterminée par la ligne directe d'Orient en Occident, menée du cap oriental extrême de la baie d'Alger[1], à l'extrémité progressive de la jetée : ligne suivie par le mouvement des ondes agitées qu'amène la mer du large.

Mais la direction nouvelle, avantageuse en ce sens qu'elle était perpendiculaire à la marche de la mer agitée, avait l'énorme inconvénient de couvrir, d'abriter trop peu d'espace

[1] Du cap Matifou.

du côté du port, port qu'elle allongeait en le laissant trop étroit.

On résolut donc de dévier tout à coup la direction de la nouvelle jetée, qu'on inclina vers le large d'environ 40 degrés.

On a continué suivant cette nouvelle direction le prolongement de la jetée dans une longueur de 250 mètres.

Les eaux rendues tranquilles par cette protection présentent actuellement une superficie de 15 hectares ajoutée aux 5 hectares du vieux port.

Ainsi, dès à présent, nous avons *quadruplé* la superficie où les navires peuvent mouiller, sous la protection d'un môle extérieur.

Combien n'est-il pas à regretter qu'au lieu de procéder par tâtonnements, par essais d'abord indécis et timides, on n'ait pas tout d'un coup, préjugeant, devinant l'avenir, tracé les travaux maritimes d'Alger tels qu'ils devaient l'être pour le port principal d'une conquête plus grande que la moitié de la France.

Au lieu de perdre l'espace si précieux d'un mouillage excellent, qui se trouve immédiatement en dehors de la jetée nouvelle, du côté du phare, on n'eût pas fait cette jetée en arc rentrant. On l'aurait dirigée, suivant une ligne plus avancée vers le large, tournant de ce côté sa convexité au lieu de sa concavité. Cette ligne, sans augmenter excessivement la dépense, aurait enfermé dans l'enceinte du port d'Alger une partie de la rade favorable surtout au mouillage des plus grands bâtiments de commerce et de guerre.

Deux fois les plans du port d'Alger ont été soumis à l'examen du conseil d'amirauté, dont les conclusions ont fini par être fortifiées d'un avis favorable émané du conseil général des ponts et chaussées.

Une seconde jetée perpendiculaire à la première, et qui sera dans le prolongement de la nouvelle ligne des fortifications du côté du midi, s'avancera vers l'est dans une étendue de 600 mètres; puis, inclinant tout à coup vers le nord, par un coude long de 500 mètres, elle servira de clôture, du côté de la mer, à l'arsenal de la marine impériale.

La jetée extérieure du port d'Alger sera terminée par un musoir spacieux, sur lequel un fort sera bâti. Les jetées présenteront deux lignes de batteries, pour tenir à distance respectueuse les bâtiments qui voudraient attaquer la ville et le port du côté le plus accessible.

Lorsque les travaux seront achevés, la superficie de l'arsenal et du port ne sera pas moindre de 90 hectares, c'est-à-dire *vingt fois* la superficie de l'ancien port. Cette superficie surpassera de moitié l'espace qu'occupait l'ancienne ville d'Alger.

Indépendamment des travaux nécessaires à l'agrandissement du port ainsi qu'à la construction d'un arsenal maritime, on a conçu la pensée de fermer, par une jetée extérieure établie du côté du sud, une magnifique rade ayant 2,500 mètres de largeur, sur une égale longueur. Cette rade aura, de superficie, 625 hectares, dont 500 hectares ayant 3 mètres pour moindre profondeur d'eau.

Afin d'atténuer sensiblement la dépense d'une aussi grande entreprise, on aurait voulu supprimer la jetée intérieure qui fait face au levant et qui doit clore le mouillage le plus tranquille, c'est-à-dire le port.

Le conseil d'amirauté, d'accord avec la commission mixte d'Alger, a repoussé cette pensée. Il est impossible d'attendre, pour clore, abriter et défendre le port, que la France ait consommé jusqu'au dernier des sacrifices devant lesquels elle reculerait peut-être et qui ne monteraient pas à moins de 70 millions.

Le même conseil, tout en reconnaissant la haute utilité d'une rade fermée, favorable au mouillage ainsi qu'à l'appareillage d'une grande armée navale, a pensé néanmoins qu'il était plus sage d'en réserver l'exécution à des temps ultérieurs; il a pensé qu'il fallait consacrer la totalité des ressources que pourra fournir la France aux travaux urgents, immédiats de l'arsenal et du port.

Cette pensée, pleine de sagesse, adoptée par le ministre de

la marine et par le conseil général des ponts et chaussées, est aussi celle du ministre de la guerre. On se bornera donc à demander aux Chambres, par une loi spéciale, 38,600,000 fr., répartis en annuités, pour achever, dans un temps déterminé, cette première entreprise, nécessaire, non pas comme ont paru le penser quelques esprits aventureux et superficiels, à la domination des Français sur la Méditerranée, mais à leur indépendance, à leur simple sûreté dans cette mer dont trois clefs, Gibraltar, Malte et Corfou, sont possédées par les Anglais.

Le nouvel arsenal de la marine sera construit à l'extrémité orientale de la ville, au-dessous du fort Bab-Azoun, en avant du front de mer dont les remparts restent encore à construire.

L'arsenal de l'artillerie de terre doit occuper, à l'extrémité occidentale de la ville, une position correspondante, mais en dedans du front de mer; c'est entre ces deux positions que le commerce aura ses magasins, ses quais et son port.

Au lieu de construire des remparts massifs dans toute l'étendue du front de mer, on en casematera 600 mètres (deux fois la longueur du palais des Tuileries), afin d'y construire deux étages de magasins voûtés, à l'épreuve de la bombe, pour y renfermer une foule d'approvisionnements du service de la guerre.

Déjà derrière le front de mer, sous la place du Gouvernement, le génie militaire a construit d'immenses silos voûtés, pour contenir une partie considérable des vivres de la garnison.

L'étude approfondie du port d'Alger, ce complément, disons mieux, ce besoin fondamental de notre conquête, a successivement occupé des officiers de la marine et des ingénieurs d'un rare mérite; M. Poirel auquel est dû le premier emploi des blocs de béton, MM. les inspecteurs généraux Raffeneau et Bernard, auteurs du projet de 1842, M. Beguin, auteur du projet de 1846, etc. Parmi les travaux les plus éminents des commissions, il faut citer ceux de la commission mixte d'Alger, dont le système a prévalu ; puis, dans un ordre hiérarchique supérieur, les travaux du conseil général des ponts et chaussées et ceux du conseil d'amirauté, motivés sur un rapport très-remarquable de M. le baron Tupinier.

Nous allons résumer les points essentiels sur lesquels ont porté les conclusions des deux conseils, conclusions identiques et qui serviront de base à l'exécution des ouvrages projetés, ainsi qu'à la loi spéciale des crédits extraordinaires qu'on avait promise pour l'année 1841; loi qui devait régler définitivement la succession des travaux annuels, pour arriver au complet achèvement dans un laps de temps qui, pour obéir aux règles de la prudence, ne devrait pas dépasser six années.

1° Il faut porter jusqu'à 900 mètres, y compris le musoir, la jetée du nord actuellement en construction.

2° Il faut placer à l'extrémité méridionale du port tous les établissements de la marine militaire, et l'espace contigu, réservé pour les bâtiments de guerre.

3° Il faut confier au département de la marine la préparation des plans et devis nécessaires à la création de l'arsenal maritime.

4° Il faut, pour premier travail d'exécution, établir un chemin de fer qui serve à transporter avec économie et rapidité, des carrières à la mer, les blocs nécessaires à l'érection des quais et des jetées.

5° Il faut terminer la jetée du large qui couvre le port du côté du nord. Il faut entreprendre et terminer la jetée de l'est qui doit clore le port, afin d'assurer la parfaite tranquillité des eaux et la protection militaire des navires, avant d'aviser au travail extérieur du brise-lame et de la jetée extérieure du sud, qui devront plus tard abriter la rade dans laquelle pourra mouiller une armée navale en parfaite sûreté contre la mer et l'ennemi.

6° Afin de concilier l'économie avec la solidité des constructions, on adoptera, pour les jetées ou brise-lames destinés à couvrir la rade, le système de construction qui réserve les grands blocs de béton au revêtement extérieur ainsi qu'à la partie supérieure des jetées, en construisant à pierres perdues les parties situées au-dessous de la limite où la mer fait éprouver aux matériaux ses fortes agitations.

Au milieu du concours de tant d'hommes spéciaux et d'un talent remarquable, appelés à prononcer sur la nature et la valeur des ouvrages du port d'Alger, nous avons remarqué l'opinion donnée par M. le duc d'Isly, gouverneur général de l'Algérie. C'est un jugement rapide et d'une justesse remarquable, fondé sur des considérations de l'ordre le plus élevé, pour établir le caractère propre à la nature, à la proportion des travaux de tous les genres, et spécialement des travaux à la mer, exigés par une entreprise aussi vaste, aussi difficile que la colonisation de l'Algérie, et la mise rapide de cette colonie dans un état respectable de défense.

Le port d'Alger terminé, cette place agrandie, la nouvelle enceinte achevée, son armement complété, la ville, le Sahel et la Mitidja peuplés par cent mille citoyens français fécondant la terre et portant au besoin les armes pour se joindre à nos forces régulières, la France pourra défier l'ennemi le plus redoutable, et braver ses attaques.

SITUATION DE LA FLOTTE BRITANNIQUE À VAPEUR, AU 1er JANVIER 1855.

Nous n'avons pas pu dresser plus tôt les états suivants, que l'ordre des matières eût demandé de placer à la page 149. Ces états font connaître la situation magnifique des bâtiments de haut bord qui sont en même temps à voiles et à vapeur, avec hélice.

Dans la première catégorie se trouvent les vaisseaux ayant fait partie de l'escadre da la Baltique et revenus pour passer l'hiver dans les ports de l'Angleterre.

VAISSEAUX ET FRÉGATES DU PREMIER RANG.

1° Bâtiments armés.

RANG.	NOMS DES BÂTIMENTS.	LIEU DU SERVICE.	BOUCHES À FEU.	CHEVAUX.
Vaisseaux.....	Duc de Wellington.....	Service spécial....	131	700
	Royal Albert...........	Méditerranée.....	121	500
	Royal George..........	Sheerness	120	400
	Saint-Jean-d'Acre......	*Idem*............	101	600
	Agamemnon...........	Méditerranée.....	91	600
	Algiers...............	*Idem*............	90	450
	Cæsar................	Plymouth........	91	400
	Exmouth..............	*Idem*............	90	420
	Hannibal	Méditerranée.....	90	450
	James Watt...........	Baltique	91	600
	Nile	Plymouth	91	500
	Princess Royal.........	*Idem*............	91	400
	Colossus..............	Indes occidentales.	80	400
	Cressy................	Sheerness	80	400
	Majestic..............	*Idem*............	80	400
	Sans-pareil (anc. petit 74).	Méditerranée.....	70	350
	Ajax (ancien petit 74)...	Portsmouth......	60	450
	Blenheim.............	*Idem*	60	450
	Edinburgh............	Service spécial....	60	450
	Hogue................	Portsmouth......	60	450
Frégates de 1er rang.	Euryalus..............	Plymouth........	51	400
	Impérieuse............	Portsmouth......	51	360

Le second état comprend les vaisseaux à vapeur déjà mis à

l'eau. L'armement de tous n'est pas achevé; mais il peut l'être au printemps prochain, lorsqu'il sera possible de retourner dans la Balitque.

2° Bâtiments à l'eau.

RANG.	NOMS DES BÂTIMENTS.	PORTS.	BOUCHES À FEU.	CHEVAUX.
Vaisseaux.....	Orion..............	Chatham........	91	600
	Centurion...........	Plymouth.......	80	400
	Mars...............	Chatham........	80	400
	Cornwallis..........	Plymouth.......	60	"
	Hastings............	Portsmouth......	60	"
	Hawke..............	Sheerness........	60	"
	Pembroke...........	Portsmouth......	60	"
	Russel..............	Sheerness.......	60	"

Le troisième état comprend les vaisseaux en construction. Plus du tiers de ces bâtiments se compose de vaisseaux à trois ponts : le nombre des bouches à feu est celui de ces vaisseaux avant leur transformation.

Le premier de tous, *le Marlborough,* deviendra, comme *le Duc-de-Wellington,* un vaisseau de 131 canons. Lors de son lancement, les Anglais, en signe de concorde, lui donneront pour nom *la France.* Ils espèrent que l'Empereur des Français et l'Impératrice viendront alors en Angleterre; on pense que Leurs Majestés seront le parrain et la marraine de ce superbe vaisseau.

3° Bâtiments en construction.

RANG.	NOMS DES BÂTIMENTS.	ARSENAUX.	BOUCHES À FEU.	CHEVAUX.
Vaisseaux....	Marlborough..........	Portsmouth......	120	"
	Prince of Wales........	*Idem*............	120	"
	Royal Sovereign........	*Idem*............	120	"
	Royal Frederick........	*Idem*............	116	"
	Victoria..............	Pembroke.......	116	"
	Conqueror...........	Plymouth.......	100	800
	Edgar...............	Woolwich.......	90	600
	Hero................	Chatham........	90	600
	Renown.............	*Idem*............	90	600
	Repulse.............	Pembroke.......	90	600
	Revenge.............	*Idem*...........	90	600
	Brunswick...........	*Idem*............	80	400
	Hood...............	Chatham........	80	"
	Irresistible...........	*Idem*............	80	400
	Immortalité..........	Pembroke.......	60	"
	Melpomène...........	*Idem*...........	60	"
Frégates de 1er rang.	Aurora..............	*Idem*...........	50	400
	Chesapeake...........	Chatham........	50	400
	Emerald.............	Deptford........	50	400
	Forte...............	*Idem*...........	50	400
	Liffey...............	Plymouth.......	50	"
	Narcissus............	*Idem*...........	50	"
	San Fiorenzo..........	Woolwich.......	50	"
	Shannon.............	Portsmouth......	50	600
	Sutlej...............	Pembroke.......	50	"
	Topaze..............	Plymouth.......	50	"

L'état suivant résume les forces en vaisseaux et frégates du premier rang disponibles immédiatement, ou qui peuvent l'être dans un avenir plus ou moins prochain.

Il faut remarquer, en outre, qu'aujourd'hui l'Angleterre, non plus que la France, ne font plus subir de grand radoub à leurs anciens vaisseaux sans les transformer en vaisseaux mixtes à hélice. Cela rend beaucoup plus rapide l'établissement de la nouvelle flotte mixte.

RÉCAPITULATION GÉNÉRALE DES VAISSEAUX ET DES FRÉGATES BRITANNIQUES DU 1er RANG, À VAPEUR ET À HÉLICE, AU 1er JANVIER 1855.

	VAISSEAUX.	FRÉGATES. (1er RANG.)
Armés	20	2
A l'eau	8	"
En construction	16	10
TOTAUX	44	12

Le dernier état que je présente est celui des vaisseaux et des frégates de 50 canons, *à voiles*, qui étaient armés au 1er janvier 1855. Cet armement est encore supérieur en nombre à celui des vaisseaux et des frégates de 1er rang à vapeur. Mais la supériorité numérique disparaîtra dès le printemps de la nouvelle année.

MARINE À VOILES ARMÉE, AU 1er JANVIER 1855.

	NOMBBE.		TOTAL.
Vaisseaux à trois ponts	7	21	28
Vaisseaux à deux ponts	14		
Frégates du 1er rang (50 canons)	7	7	

Nous ne croyons pas nécessaire de présenter autant de détails sur les bâtiments à vapeur d'ordre inférieur que sur les vaisseaux et frégates de premier rang.

Les Anglais tiennent armées des frégates à vapeur; leur force d'artillerie est incroyablement inégale et sans classification possible : elles portent depuis 34 jusqu'à 6 canons. Ces dernières sont commandées, comme les premières, par un capitaine de la marine britannique.

Au-dessous de ces bâtiments on compte, en services de toutes natures, 93 autres bâtiments à vapeur; ce qui fait un armement total de 149 bâtiments de tous rangs.

Il faut compter de plus trois *batteries flottantes*, dont chacune portera 16 canons à la Paixhans. Les ponts, ainsi que les murailles de ces batteries, doivent être bardés de fer, à l'épreuve du boulet incendiaire.

Enfin les Anglais ont six canonnières à vapeur, dont chacune portera trois pièces de très-fort calibre, et sera mue par une force de 60 chevaux.

En définitive, la marine britannique présente aujourd'hui, tant à flot qu'en construction :

Bâtiments à vapeur	232
Bâtiments à voiles	313
Bâtiments de toute nature	545

SECONDE PARTIE.

ARTS MILITAIRES.

I.

GÉNIE MILITAIRE : FORTIFICATIONS.

ÉTATS ÉTRANGERS.

Le XIXe siècle a vu des travaux considérables de fortification accomplis en Europe, surtout après les événements de 1814 et de 1815.

Les nombreuses puissances coalisées contre la France, non contentes de lui soustraire ses conquêtes, non contentes d'avoir ouvert ses frontières dans les endroits les plus vulnérables, ces puissances, pour se donner plus de sécurité dans l'avenir, enserrèrent notre patrie dans un cercle de places fortes, ou complétement nouvelles, ou rendues plus formidables. Pour ajouter à l'amertume de ces actes hostiles, les millions extorqués à la France étaient précisément ceux qu'on employait pour ériger contre elle des places destinées à la menacer sans cesse.

C'est en Belgique surtout qu'on accumula de tels moyens de retour offensif. Heureusement, depuis 1830, ils sont devenus sans dangers contre nous, par l'état de neutralité qui fait désormais de la Belgique un des remparts de la France.

La Confédération germanique ordonna de très-grands travaux dans les places fédérales de Mayence, d'Ulm et de Radstadt.

Les ingénieurs qui donnèrent les plans de ces fortifications se sont souvent inspirés des idées de deux Français, Carnot et Montalembert.

Montalembert avait le premier exposé les siennes, en expliquant son système de fortification perpendiculaire.

Carnot, moins dispendieux et plus ingénieux, cherchait à cacher le plus possible à l'ennemi ses ouvrages défensifs; il les combinait avec un nouvel usage des feux courbes, surtout pour combattre un ennemi très-rapproché.

La France est restée fidèle au système de Vauban : système dont l'application intelligente offre encore tant de mérite pour l'adapter à l'infinie variété qu'offrent les formes du terrain, les eaux stagnantes ou courantes, etc.....

FRANCE : CORPS DU GÉNIE MILITAIRE.

Ce qui nous semble surtout digne de remarque, c'est la supériorité d'organisation qu'offre le génie militaire, tel qu'il existe en France depuis Vauban.

Les qualités de cet homme illustre sont devenues le patrimoine du corps savant dont il est, à la fois, l'origine et la gloire. L'esprit d'ordre porté dans les moindres détails, sans nuire à l'ensemble; la ponctualité, la vigilance, introduites dans toutes les parties du service; les formes de comptabilité qui ne permettent dans aucun rang la fraude ni la négligence; enfin, les devoirs d'un ordre supérieur inspirés, maintenus au-dessus de toutes les règles, par un sentiment d'honneur et par un d'esprit de corps permis surtout aux corps d'élite.

Écoles régimentaires.

Les officiers qui composent l'état-major scientifique du génie militaire sont secondés sur les travaux par trois régiments de sapeurs et de mineurs, auxquels sont attachés trois écoles régimentaires pour l'instruction des sous-officiers. Elles sont établies pour le Nord, l'Est et le Midi, dans la résidence habituelle des trois régiments : à Arras, à Metz, à Montpellier.

Dans ces écoles sont professés les éléments de mathématiques et le dessin géométrique, sans oublier, pour les commençants, la lecture, l'écriture et le calcul. L'instruction ainsi propagée est extrêmement remarquable; elle ajoute beaucoup à l'utilité d'un personnel militaire où les simples soldats sont rendus capables de diriger des ateliers militaires pour les travaux de siége, de campagne et de fortification, et pour les travaux des mines.

Écoles supérieures.

Avant la révolution, les officiers du génie militaire étaient formés à l'école de Mézières : école mystérieuse où tout était un secret; tout, jusqu'à la *géométrie descriptive*, appliquée par Monge à la théorie des travaux civils et militaires.

Quand l'émigration et les proscriptions eurent désorganisé tous les services publics, leurs besoins communs inspirèrent la pensée d'une pépinière universelle, d'une *École centrale des travaux publics;* là devaient être données des connaissances générales, de l'ordre le plus élevé, à tous les sujets destinés aux corps savants de la guerre, de la marine et de l'intérieur. Telle fut l'*École polytechnique.*

La même direction de vues générales fit remplacer les écoles spéciales, isolées, du génie militaire *à Mézières* et de l'artillerie à *Châlons,* par une école d'application commune aux deux armes : ce fut l'*école de Metz.* Par ce moyen, les officiers de chaque corps ont réuni les connaissances nécessaires à tous les deux.

Illustrations scientifiques développées dans le corps du génie militaire.

En deux générations, le corps du génie militaire a présenté quatre hommes dont les travaux ont à la fois honoré les sciences et les arts par des découvertes dignes de mémoire; tous quatre ont vécu dans le demi-siècle dont nous écrivons l'histoire industrielle. Rappelons leurs titres.

Coulomb.

Dès ses premiers travaux, Coulomb imagina, pour exécuter des fondations sous-marines, un moyen bien plus ingénieux, bien plus puissant que la simple cloche à plongeur; un moyen qui peut servir à tous les travaux sous-hydrauliques, et qui devance de trois quarts de siècle le progrès de cette partie des arts[1]. On doit encore aux premières investigations de Coulomb un savant Mémoire sur la théorie de l'équilibre des voûtes, théorie indispensable aux travaux publics. Bientôt après, il remporta le prix de l'Académie des sciences, par l'exposition de ses expériences et de ses calculs concernant

[1] En 1778, l'Académie des sciences de Rouen, dans le désir d'améliorer la navigation de la Seine inférieure, avait proposé, pour sujet de prix, le moyen d'enlever, sous l'eau dont il est toujours couvert, un rocher submergé d'environ 33 centimètres lors des plus basses eaux et d'une grande étendue : on désirait seulement déblayer d'un mètre ce rocher. Coulomb ayant résolu cette question, les ingénieurs militaires auxquels il communiqua son mémoire le conjurèrent de ne pas attendre le concours. L'auteur déférant à ce désir soumit son travail à l'Académie des sciences de Paris, qui l'approuva. Voici le système inventé par Coulomb :

Qu'on imagine un bateau ponté que deux cloisons verticales et transversales divisent en trois parties : celle du milieu seule est sans fond. Des portes de communication conduisent de cette partie aux compartiments extrêmes. On ferme tout, on amène le bateau à l'aplomb de l'endroit où l'on veut travailler sous l'eau.

Quand elle n'est pas encore tout à fait basse, l'eau de la mer ou du fleuve monte dans les compartiments du milieu, au niveau de la flottaison, à un mètre au-dessous du pont qui clot hermétiquement le compartiment du milieu. Une écoutille circulaire sert pour introduire les ouvriers dans ce compartiment. Une forte glace, incrustée dans cette écoutille, servira pour les éclairer quand ils travailleront. Une seconde ouverture, au plus d'un décimètre de diamètre, avec soupape à contre-poids en dessous, porte en dessus un soufflet à levier pour faire entrer, par compression, l'air dans le compartiment du milieu. Enfin, un troisième trou est rempli par un tuyau muni d'un robinet, pour permettre la sortie de l'air vicié par la respiration des ouvriers. On amène le bateau au-dessus de la partie du rocher qu'il faut excaver; on introduit quatre ouvriers par l'écoutille dans la partie du comla roideur des cordes, et le frottement du bois et des métaux : base anticipée de la théorie des chemins de fer.

Après avoir soumis à ces expériences la torsion et la résistance des cordages d'une forte dimension, Coulomb étend ses observations et ses mesures à la résistance ainsi qu'à la torsion des fils métalliques les plus fins. Il en déduit la mesure de leur élasticité, avec une précision merveilleuse; puis il s'en sert pour l'évaluation de forces jusqu'alors inappréciables. De là, *sa balance de torsion*, si simple, si mathématique, et dans ses mains si féconde! Avec cette balance, il mesure la force attractive de l'électricité, puis du magnétisme; il en fait un autre usage pour mesurer la distribution du fluide électrique à la surface des corps conducteurs, ensuite la distribution du fluide magnétique dans l'intérieur des corps.

partiment du milieu où se trouve une couche d'air libre d'un mètre de hauteur, on ferme l'écoutille, on fait jouer le soufflet pour introduire de nouvel air qui chasse l'eau du compartiment du milieu. La marée descendante amène l'échouement du bateau sur le rocher, et les ouvriers travaillent librement. Des opérations inverses permettent la cessation du travail et la sortie des ouvriers.

Coulomb présente divers perfectionnements; par exemple un système de soufflets placés non plus sur le pont du compartiment du milieu, mais latéralement dans un des compartiments extrêmes avec des jeux de siphons pour permettre : 1° l'entrée de l'air nouveau par le bas; 2° la sortie de l'air vicié par le haut du compartiment où travaillent les ouvriers, à l'égard desquels Coulomb évite, et le malaise, et les dangers auxquels ils sont sujets avec la cloche à plongeur.

Pour travailler dans une eau sans marée à diverses profondeurs, Coulomb imagine, dans la partie supérieure du compartiment du milieu, qu'il appelle *chambre de compression*, d'adapter des antichambres prismatiques, en bois doublé de plomb, de 1 mèt. 60 cent. de côté, et communiquant, par une première porte, avec l'air extérieur, et par une seconde avec la chambre de compression. Veut-on introduire des ouvriers, des outils, des matériaux, on les fait entrer par la première porte, dans l'antichambre, puis on la referme hermétiquement. On met en communication l'air de cette antichambre et celui de la chambre de compression; cela fait, les ouvriers ouvrent sans peine la porte donnant dans la chambre de compression. Des procédés inverses servent pour faire sortir les ouvriers, les outils, etc.

Ces deux forces de l'électricité et du magnétisme dont il révèle la mesure, il démontre qu'elles agissent comme agit l'attraction de la terre et des corps célestes, suivant la loi de Newton, c'est-à-dire *en raison inverse du carré des distances* : l'identité mathématique fait déjà soupçonner l'identité physique de ces forces, que Volta découvrira.

La balance de torsion permet à Cavendish de rendre sensible l'attraction d'un cube de plomb, tel que l'homme peut en former la masse, comparativement à l'attraction totale de la terre. Avec cet instrument, le simple calcul de l'élasticité d'un fil presque capillaire suffit pour faire connaître la masse entière du globe, et, par conséquent, la valeur de sa densité moyenne. Le créateur de tels moyens d'interroger la nature et d'en assigner les lois, a pris rang parmi les inventeurs et les physiciens les plus illustres.

Si Coulomb n'a pas laissé d'inventions directement relatives à l'art des fortifications, la cause en est honorable pour la délicatesse de ses sentiments. Révolté par les excès d'une révolution qui faisait payer si cher ses bienfaits, il s'empressa de renoncer à son grade, à toute espèce d'avantages personnels. Renfermé dans la vie la plus isolée, occupé seulement de l'instruction de ses enfants et des découvertes qu'il ajoutait à la science, il obtint pour récompense tout ce qui peut rendre heureux un sage : la paix, l'estime et la gloire.

Carnot.

Très-peu de temps après les débuts de Coulomb, Carnot s'annonce au monde savant comme ingénieur par l'éloge de Vauban, comme géomètre et mécanicien par son ingénieuse théorie sur la perte des forces vives, dans les mouvements brusques et le choc des machines. Quelques années plus tard, arraché par la puissance des événements à l'étroite sphère où l'ancien régime circonscrivait sa maturité, tout à coup, simple capitaine, il s'élève à la création, à l'armement, à la stratégie de quatorze armées; son génie leur imprime un concert d'action qui se traduit par un enchaînement de victoires immortelles. Le même esprit organisateur se retrouve dans la préparation de l'armée qui s'en va vaincre à Marengo, quand l'Europe apprend à peine qu'on s'occupe de la former. Après la victoire, pour rester fidèle à des idées tout opposées à celles de Coulomb, Carnot l'imite, et, par un plus grand sacrifice, il ne quitte pas seulement un poste de simple officier, mais un grand ministère illustré par le succès. Alors, comme après le 18 fructidor, en s'éloignant des fonctions publiques, il revient aussitôt à l'étude chérie des sciences.

A cette époque, il composa ses ouvrages, originaux et profonds, sur la géométrie de position, sur les transversales, etc.

En 1810, lorsque des capitulations étranges révèlent déjà de tristes symptômes, il publie son traité *sur la défense des places fortes :* production remarquable pour le système dont il expose l'invention; plus remarquable encore pour les exemples admirablement choisis dont il réunit les leçons, pour le dévouement et l'énergie qu'il réclame des défenseurs et leur action croissante en efficacité, à mesure que le danger les assaille de plus près. Enfin, quand le malheur frappe la France, Carnot oublie que, depuis quatorze ans sa personne est tombée dans les calculs de l'oubli. Il quitte sa géométrie dont les conquêtes le consolaient si noblement de celles qu'il ne pouvait plus préparer pour son pays; déjà plus que sexagénaire, il retrouve sa jeune ardeur, et s'offre au plus fort du péril. Sa vertu reçoit pour récompense la mission de défendre et, par conséquent, de sauver Anvers. La force des étrangers confédérés échoue devant la vaillance éclairée de celui qui déploie la double supériorité de l'ingénieur et du général. Tel fut Carnot.

Malus.

Malus, adolescent lorsque la révolution accroissait ses ombrages et ses sévices, ayant fini ses cours à l'école du génie de Mézières, était sur le point d'en sortir officier; il en est expulsé comme enfant de suspect. Il ne répond à la tyrannie qu'en s'enrôlant simple soldat, dans un bataillon des volontaires de Paris.

Bientôt, l'École polytechnique est créée pour faire naître des talents égaux à ceux que la terreur avait redoutés et frappés. Elle admet le soldat Malus, qui, de nouveau, se trouve élève de Monge; il prend place aussitôt parmi les trente moniteurs qui deviendront des maîtres dans les grandes écoles, ou des ingénieurs éminents sur les travaux, ou des officiers du premier ordre en présence de l'ennemi. Entré dans le génie militaire et n'étant suspect désormais que de science et de génie, en 1797 Malus assiste au passage du Rhin. Il part pour l'Égypte où l'attendent les champs de bataille immortels, depuis celui des Pyramides jusqu'à celui d'Héliopolis; puis le siége de Jaffa; puis la révolte du Caire, où, géomètre, il prenait part aux travaux de l'Institut d'Égypte; puis la mission spéciale de fortifier Damiette. A Jaffa, la peste l'atteint, mais, chez lui, la force morale l'emporte sur le mal physique; il se traite lui-même et guérit. Il revient en France et fait encore cinq campagnes. A la fin sa santé, profondément altérée, ne lui permet plus que la pratique sédentaire et la méditation paisible des sciences. L'étude de la lumière et de ses lois, dès l'École polytechnique, avait occupé ses premiers efforts et marqué ses premiers succès. Il reprend une étude qui semble être sa destinée; il soumet à la haute analyse la marche des rayons successivement réfléchis ou réfractés par des surfaces de formes les plus générales. Il étudie la loi des doubles réfractions, dont il tire des conséquences nouvelles. En cherchant partout à soumettre la lumière ordinaire aux lois de la géométrie et du calcul, un de ces hasards qui n'arrivent qu'au génie lui fait découvrir la plus étonnante métamorphose des rayons réfléchis. Cette métamorphose leur enlève la symétrie de leurs propriétés; symétrie remplacée par la visibilité d'un côté, l'invisibilité de l'autre : c'est la polarisation. Une telle découverte ne reste pas entre ses mains un diamant brut dont quelque autre géomètre fera connaître la structure mathématique. Il féconde, il illustre lui-même ses observations en les soumettant au calcul. Il se hâte; il le faut! car déjà s'avance une mort prématurée qui lui ravit, à trente-sept ans, la conséquence immanquable des découvertes dont son génie avait la clef. Si jeune encore, il peut mourir; ses découvertes feront vivre à jamais sa mémoire.

Le général Poncelet.

Le quatrième et dernier des savants ingénieurs que je crois devoir citer est le général Poncelet, dont les débuts militaires se rattachent à la grande expédition contre la Russie. Ses premiers titres à l'estime du monde savant ont été ses découvertes sur les propriétés projectives des figures, découvertes qui continuent l'œuvre de Monge. Devenu professeur du cours des machines à l'École d'application pour les corps du génie et de l'artillerie, à Metz, son génie créateur a trouvé la mine féconde de ses plus utiles et plus fécondes recherches. Il s'empara des forces vives. Il fait servir au calcul de la puissance et du travail des machines la géométrie et l'analyse. Il s'élève à des formules rigoureuses et facilement applicables à des appréciations, qui précédemment étaient vagues ou s'approchaient trop peu de l'exactitude désirable, et qui trop souvent n'avaient reçu du calcul que des secours erronés.

M. le général Poncelet ne s'est pas contenté d'être le créateur d'une théorie nouvelle et rigoureuse. Il a pris rang parmi les inventeurs des machines les plus utiles; de celles qui s'emparent des forces que la nature met à la disposition de l'homme, et qui les transmettent avec un maximum d'avantages assigné par la science. C'est ce qu'il a fait, dès 1823, en déterminant la configuration la plus parfaite que puisse recevoir le contour des aubes dans les roues dont l'axe est vertical, pour produire *la première et la meilleure des turbines,* telle que les Allemands l'ont propagée dans leur pays. Toujours en suivant le même système, M. le général Poncelet a calculé le contour qui convient aux aubes des roues ayant un axe horizontal et recevant en dessous l'eau motrice. Pour ces roues, la pratique a justifié merveilleusement la théorie. Lorsque l'eau s'échappe des aubes, à la fin de sa descente, sa force vive étant tout entière absorbée par la roue, le fluide s'écoule dans le bief inférieur, sans occasionner la moindre dénivellation. Chez tous les peuples industrieux, les mécaniciens reconnaissants distinguent cette roue, si pratique et si savante, sous le nom de *roue à la Poncelet.*

Le savant ingénieur, attaché, comme l'avait été Malus, au Comité des fortifications, s'est signalé par un grand nombre d'applications de la géométrie et du calcul aux travaux du génie militaire.

Devenu gouverneur de l'École polytechnique, il l'a sauvée de l'insurrection dans les sanglantes journées de juin, en 1848; plus tard, et comme géomètre, il a perfectionné les programmes mathématiques de cette savante institution.

Enfin, pour la commission française de l'Exposition universelle de 1851, M. le général Poncelet, président du VIe jury, a composé l'historique des machines inventées depuis le XIXe siècle. Il a procédé non pas en simple narrateur qui suit une facile voie d'énumération, mais en juge à la fois équitable et profond, qui fait remonter au véritable inventeur le mérite de chaque découverte, et qui mesure avec sagacité la valeur des perfectionnements successifs. Ce travail est un des plus beaux titres que la commission française puisse offrir à l'estime des nations éclairées.

Pour reconnaître un si bel ensemble de services, l'Empereur a récompensé notre célèbre collaborateur en le créant grand-officier de la Légion d'honneur : récompense digne aussi du généreux donateur.

J'ai voulu montrer, par quatre exemples mémorables, la part éminente que le génie militaire français a prise au progrès des sciences et des arts; part que le XIXe siècle revendique au moins en partie.

Hâtons-nous maintenant de présenter le tableau des travaux accomplis par ce corps dans le même laps de temps, pour ajouter par les fortifications à la puissance de la France. Ces travaux appartiennent à la période qui commence avec la paix de 1815.

AMÉLIORATION PROGRESSIVE APPORTÉE À LA DÉFENSE DE LA FRANCE, DE 1816 À 1841, ET DE 1841 À 1854.

Lorsqu'en 1840 une coalition de quatre grandes puissances fut formée pour agir en Orient, sans désormais consulter la France, alors si mal et si peu renseignée sur les faits, notre gouvernement entreprit des armements extraordinaires. Ils étaient à coup sûr très-motivés. Mais, bien qu'on les jugeât encore plus évidents qu'ils ne l'étaient en réalité dans le dessein de les faire accepter très-facilement, on représenta la France comme privée de moyens offensifs et même défensifs.

Les crédits extraordinaires, qui devaient être accordés, ne purent être votés qu'en 1841 dans la Chambre la moins exposée aux passions, aux illusions populaires. La commission [1] qui fut nommée pour en faire l'examen regarda comme un acte commandé par la justice, de présenter le tableau fidèle des travaux de défense accomplis depuis la paix générale, et, pour le dresser, les documents officiels les plus précieux lui furent communiqués. Ce tableau, le voici :

Amélioration progressive de la défense de la France, de 1816 à 1841.

Il est douloureux, mais nécessaire de l'avouer : la France, en 1815, s'est trouvée réduite à l'état le moins défensif où la fortune l'eût placée depuis deux siècles. Les vainqueurs, abu-

[1] Cette commission était composée de MM. le général vicomte de Caux, ancien ministre de la guerre ; Barthe, premier président de la chambre des comptes ; le comte de Mosbourg, le baron Mounier, Persil, le baron de Fréville et le baron Charles Dupin, qui fut nommé rapporteur.

sant de nos discordes et de leur alliance intéressée, découvraient notre frontière en nous enlevant Philippeville, Marienbourg et Landau, en démolissant Huningue, en nous reprenant la Savoie, qui mettait à nu les vallées de l'Isère et du Rhône, etc.

Lorsque les limites de l'ancienne France avaient été reculées au loin par les victoires de la République et de l'Empire, les places fortes de notre frontière primitive, considérées désormais comme des cités de l'intérieur, au lieu d'être entretenues avec un soin religieux comme l'enceinte inexpugnable de la mère patrie, avaient en très-grand nombre été délaissées; les murs et les terrassements de beaucoup d'entre elles étaient négligés. On ne réparait ni les éboulements que produisaient les ravages du temps, ni même les brèches qui, dans les places de second ou de troisième ordre, étaient demeurées telles que l'ennemi les avait pratiquées lors des premières guerres contre la liberté française. Tel était l'état déplorable d'une partie de nos fortifications.

Dès la fin de 1815, le ministère de la guerre a fait porter les travaux du génie militaire sur les parties affaiblies de nos frontières. On a suivi cette entreprise sans vain éclat, en silence, mais avec tout le zèle, l'activité, la haute intelligence que les plus habiles ingénieurs de l'Europe pouvaient apporter à l'exécution d'une immense entreprise, très-faiblement dotée dans le principe. Cependant, en 24 années, de 1816 à 1840 inclusivement, ils ont fait emploi d'une somme supérieure à *cent millions de francs*, pour remettre à l'état d'entretien la plupart de nos places fortes.

Partout où l'art pouvait s'appliquer, on a rectifié les tracés, afin de leur donner une efficacité nouvelle. On a perfectionné les défilements des terre-pleins, épaissi les parapets. Souvent, en restaurant les brèches faites par le temps ou par les ennemis, on a casematé les remparts[1]. Dans les contrées aquatiques,

[1] Vincennes est le plus grand exemple de cet ordre de travaux; on a préparé des casemates pour 92 bouches à feu.

on a partout restauré, on a souvent multiplié les retenues d'eau qui concourent à la défense.

L'esprit ombrageux de la Révolution avait démoli les fronts de nos citadelles, dans la partie tournée vers l'intérieur des places, dont elles augmentaient la force, en exigeant un second siége; on a restauré ces fronts. Au dehors, les ouvrages secondaires, propres à mieux assurer la corrélation défensive entre les citadelles et le corps de place, sont aujourd'hui presque partout accrus et perfectionnés.

Pour les améliorations principales et qui donnent aux places une force nouvelle, il faut citer: entre la mer et l'Escaut, Dunkerque, Calais, Lille, Douai, Bouchain, Valenciennes et Péronne; entre l'Escaut et la Sambre, Arras, Cambrai, Le Quesnoy, Maubeuge, Landrecies; entre la Sambre et la Meuse, Avesnes, Montmédi, Rocroy, Mézières, le château de Sedan et Verdun, qui n'était pas achevé, en 1840; entre la Moselle et le Rhin, Thionville, Metz et Toul.

En définitive, depuis la mer jusqu'au Rhin, dès 1840, plus de cinquante places fortes étaient à l'état d'entretien; vingt avaient augmenté leur puissance défensive. En arrière de ce cordon militaire, plusieurs places, la Fère, Vitry-le-Français et surtout Soissons ont acquis une force nouvelle.

Plus tard, on a conçu les travaux considérables d'une position centrale, sur le plateau de Langres, au point d'où les eaux descendent d'un côté vers la Saône et de l'autre vers la Seine.

Sur la frontière du Rhin, Strasbourg, cette clef de la France, n'a pas été négligée; on a perfectionné ses défenses hydrauliques et plusieurs parties de son enceinte.

C'est à *Belfort* qu'on a fait surtout des travaux considérables pour coordonner le beau système défensif de la place, du château, de deux forts et d'un vaste camp retranché: Huningue est par là plus que suppléée.

Il faut citer, sur la frontière du Jura, le fort de Joux et celui de l'Écluse, muni d'un ouvrage supérieur et nouveau, pour commander une admirable position; Pierre-Chatel, Salins,

Auxonne. Il faut citer surtout *Besançon*, où, depuis la paix on a perfectionné l'enceinte de la place, complété la citadelle et construit *le fort Brégille*, projeté sous l'Empire.

Sur la frontière des Alpes, on a réparé des forts érigés dans des positions importantes; on a créé des moyens nouveaux ou plus efficaces de défense, à Briançon, au Mont-Dauphin, à Seyne, abandonné depuis un siècle, à Embrun, etc.

Grenoble.

C'est à Grenoble, surtout, qu'on a fait de vastes travaux, au pied des Alpes, au débouché d'un des chemins naturels qui conduisent de l'Italie dans la France.

On a doublé la superficie de cette ville, qui déjà suffisait à contenir 30,000 habitants. La nouvelle enceinte bastionnée s'appuie des deux côtés sur l'Isère; les fossés au besoin peuvent être remplis d'eau. De l'autre côté de la rivière, sur une longue croupe de montagne, au point où commence un long repli à pente très-douce, on a construit un vaste réduit; c'est le fort Rabaut, véritable citadelle, qui commande Grenoble. Deux lignes fortifiées descendent de ce fort jusqu'à l'Isère, pour correspondre aux deux extrémités des nouveaux remparts de la ville. Ce beau système, où l'on a tiré des accidents du terrain et des sinuosités de la rivière, un parti plein d'intelligence, fait honneur à la mémoire du lieutenant général Haxo.

Lyon.

En arrière de Grenoble, comme un grand centre de résistance, Lyon s'élève entouré d'un système neuf et complet de fortifications; elles sont habilement coordonnées dans les trois angles que présentent la Saône, le Rhône et leurs cours réunis. Les travaux ont été conçus et dirigés par M. le général Rohault de Fleury, qui s'est fait un si grand honneur en sauvant sa troupe au milieu des fureurs de l'insurrection.

En définitive, depuis le Rhin jusqu'à la Méditerranée, Belfort, Besançon, l'Écluse, Lyon et Grenoble offrent cinq positions puissantes et d'une force nouvelle, qui mettent à l'abri le sud-est du royaume : encore quelques travaux, disions-nous en 1841, et ce sera la partie la moins vulnérable de nos frontières. Ces travaux sont terminés.

Sur la Méditerranée, Antibes a reçu quelques améliorations : mais Toulon se présente au premier rang.

Toulon.

En dehors de la ville, du côté de l'est, on trouve successivement le nouveau port de commerce, de vastes fosses pour l'immersion des bois de mâture, d'immenses hangars aérés et des scieries à vapeur pour les bois de construction; enfin la grande rangées de cales couvertes pour la construction des vaisseaux. En arrière de tous ces établissements un nouveau faubourg de la ville se prolonge jusqu'au nouveau port de commerce, sur la déclivité de la colline que domine le fort Lamalgue.

Un rempart avec un fossé couvre et resserre la partie basse de ces établissements aussi variés qu'importants.

Le fort Lamalgue, d'un côté, commande l'entrée de la rade intérieure, et la rade extérieure; de l'autre il bat une vaste plaine sur le chemin de l'Italie. A l'orient, près du bord de la mer, est le fort du cap Brun, dont on a complété les défenses; au centre de la plaine, sur un mamelon rapproché de la place, s'élève le fort Sainte-Catherine. Enfin, sur la gauche de la plaine se prolonge, derrière Toulon, la montagne allongée, dite *du Faron*. Cette montagne, escarpée naturellement en certaines parties, et dans les autres par la main de l'homme, est rendue très-défensive par des batteries et des redoutes étagées sur ses flancs : tous ces travaux datent d'un petit nombre d'années.

Si nous passons de l'est à l'ouest, nous voyons les lieux où sera la nouvelle enceinte dont la fortification n'avait pas été résolue avant 1852. Elle a pour premier objet de doubler la superficie d'une ville où quarante mille habitants sont logés incroyablement à l'étroit.

Douze fronts réguliers constitueront la partie neuve de l'enceinte; ils circonscriront la grande partie d'un faubourg formé déjà sur la route de Marseille, et la nouvelle partie de l'arsenal maritime, quon appelle *Castigneau.*

Un fort important, érigé sur les flancs du Faron, protégera la nouvelle enceinte; il commande le vallon qui contourne l'ouest de la montagne.

Enfin au delà de l'occident de la rade, sur un point culminant dont Napoléon avait saisi l'importance et par lequel il décida la reddition de la place, en 1794, on a construit un fort qui défend en même temps l'entrée et l'intérieur de la rade.

Ce magnifique ensemble de travaux n'est pas au-dessus de l'importance d'un port, centre de la puissance maritime et de la sûreté commerciale de la France méridionale et de toute l'Algérie.

On doit seulement regretter qu'au moment où l'on réalisait de si grandes vues sur un port de premier ordre on n'ait pas porté l'enceinte de la place, du côté de l'Italie, plus en avant du nouveau port de commerce. Celui-ci deviendra plus que jamais insuffisant lorsque la ville aura doublé de population et de richesse. Les habitants devraient réclamer avec instance cette importante amélioration[1].

A Marseille, on a réparé les forts Saint-Nicolas et Saint-Jean. Quelques améliorations sont ajoutées aux fortifications de Montpellier, d'Agde et de Narbonne.

La frontière des Pyrénées, si longtemps négligée depuis que Louis XIV avait dit, « Il n'y a plus de Pyrénées, » cette frontière a reçu quelques travaux défensifs : d'abord en 1822,

[1] Pour achever d'être utile au commerce, il conviendrait, par un canal intérieur, de mettre en communication l'ancienne darse de la ville et le nouveau port de commerce : la marine militaire elle-même y trouverait avantage pour ses établissements du Mourillon.

quand la Restauration méditait l'expédition d'Espagne; puis neuf ans après, lorsque la France avait pour devoir de faire respecter par l'Europe son nouvel établissement politique.

Il faut citer comme ayant augmenté de force par des perfectionnements ou des additions : Bellegarde, le Pratz-de-Mollo, Mont-Louis; Perpignan, avec son enceinte et sa citadelle; Saint-Jean-Pied-de-Port, Lourdes. Il faut enfin citer Bayonne, agrandie depuis la paix et munie d'une portion d'enceinte nouvelle.

Les travaux sur les côtes de l'Océan, entre Bayonne et Dunkerque, avaient été peu considérables jusqu'en 1840. On n'avait pas à beaucoup près développé les travaux défensifs de Cherbourg comme il importait de le faire. Le Havre ensuite mérite d'être cité; mais on est à peine au tiers des ouvrages entrepris depuis 1840.

Aux améliorations que nous venons d'énumérer, ajoutons la construction neuve, à l'épreuve de la bombe, de dix-huit casernes pour neuf mille hommes, pour cinq mille chevaux et trente-deux magasins à poudre qui peuvent en recevoir 2,026,600 kilogrammes. Des travaux subséquents ont complété, sur la plus grande échelle, la rénovation des édifices destinés à la cavalerie ainsi qu'à l'artillerie; surtout pour agrandir la capacité des écuries militaires.

Nous ne craignons pas de le dire, dès 1841, considéré dans son ensemble, l'état défensif de la France a gagné considérablement depuis la paix générale : l'ensemble des travaux accomplis depuis 1825 surpassait déjà la force de cent vingt bastions.

Sans doute on était loin d'avoir atteint le dernier terme de perfectionnement auquel il fût désirable de parvenir; mais il était facile d'apprécier à quel degré satisfaisant on était arrivé.

En 1840, lorsque le Gouvernement accordait d'énormes crédits pour le matériel d'armement, il jugea suffisant d'affecter six millions au génie militaire, afin de subvenir aux besoins immédiats des places frontières. Ce seul fait démontre combien était grande la sécurité de l'État sous le point de vue des fortifications.

Pour se former encore une plus juste idée de l'importance des travaux accomplis déjà sur nos frontières de terre, et de ceux qui restaient à faire, il suffisait de jeter un regard sur les propositions du Gouvernement pour compléter la défense du royaume.

C'était surtout la frontière maritime, si déplorablement négligée depuis la fin des guerres de Louis XIV, qu'il importait de fortifier; c'est ce qu'a fait heureusement le projet de loi sur les travaux extraordinaires de 1841.

Sur les 75 millions demandés par ce projet, 26,495,700f. sont affectés à l'amélioration des défenses de quinze ports de mer ou positions maritimes qu'on avait trop longtemps négligés. Les travaux équivaudront à l'addition de trente bastions.

DÉFENSE MARITIME.

INDICATION DES PLACES.	PROJET du GOUVERNEMENT.	VOTE DE LA CHAMBRE des députés.
	fr.	fr.
Dunkerque	1,560,000	1,560,000
Calais	451,200	175,600
Antibes	172,000	"
Toulon	5,000,000	4,600,000
Bayonne	2,318,750	2,218,750
Fort Médoc	181,000	"
Fort Royan (tour de Graves)	153,000	66,000
Rocher Boyard	800,000	800,000
Fort Quiberon	164,850	"
Brest	2,000,000	1,920,000
Cherbourg	8,000,000	8,000,000
Le Havre	5,070,000	"
Bastia	320,000	"
Calvi	177,900	"
Corte	127,000	"
TOTAL	26,495,700	19,340,350

Ici nous ferons remarquer la dotation des fortifications de Toulon et surtout de Cherbourg; à l'égard de ce dernier port, l'agrandissement définitif de l'arsenal exigeait des modifications capitales à l'enceinte de la place, indépendamment des ouvrages extérieurs, surtout du côté de la rade. Dès 1841 huit millions sont consacrés à ces travaux.

Les 48,504,300 qui restent applicables aux places de terre forment un crédit équivalent à la force additionnelle de cinquante-trois bastions.

Mais, parmi les créations proposées en 1841, plusieurs projets ne semblèrent pas assez étudiés; quelques autres étaient encore l'objet de vives controverses et n'ont pas semblé susceptibles de recevoir, immédiatement, la sanction législative.

NOUVELLES DÉFENSES À CRÉER SUR LA FRONTIÈRE DE TERRE.

INDICATION DES PLACES.	DEMANDE du GOUVERNEMENT.	SOMMES ALLOUÉES par la chambre des députés.
	fr.	fr.
Vouziers	9,000,000	(Ajourné.)
Bitche	1,000,000	800,000
Hagueneau	2,000,000	(Ajourné.)
Thann	6,000,000	(Ajourné.)
Langres	7,000,000	7,000,000
Place des Rousses	5,000,000	5,000,000
Fort-les-Bancs, à Pierre-Châtel	800,000	670,000
Fort de Glaizolles	1,500,000	1,500,000
Châlons	1,000,000	1,000,000
TOTAL	33,300,000	15,970,000

Enfin, pour achever les améliorations désirables dans les anciennes places fortes de nos frontières continentales, en faveur desquelles on a dépensé, depuis 1816 jusqu'à 1840, plus de cent millions de francs, on a demandé seulement un crédit réduit aux deux tiers et devant être employé de 1841 à 1847.

15,204,300 francs pour achever un ensemble de perfectionnements et d'additions équivalentes à *quatre-vingt-trois* bastions.

Mais la commission des travaux extraordinaires, laquelle a produit un savant et lumineux rapport, ne regarde pas comme urgent le projet de loi des travaux extraordinaires.

TABLEAU DES DÉPENSES JUGÉES NÉCESSAIRES, EN 1840, POUR COMPLÉTER LA DÉFENSE DES FRONTIÈRES DE TERRE.

INDICATION DES PLACES.	SOMMES DEMANDÉES par le Gouvernement.	VOTE DE LA CHAMBRE des députés.
	fr.	fr.
Bouchain	274,000	"
Valenciennes	250,000	250,000
Maubeuge	707,000	500,000
Avesnes	437,000	"
Longwy	300,000	"
Sedan	2,000,000	1,800,000
Verdun	500,000	240,000
Phalsbourg	235,000	"
Belfort	527,200	527,000
Fort de Joux	350,000	323,000
Besançon	500,000	420,000
Grenoble	1,040,350	670,350
Briançon	120,000	"
Mont-Dauphin	276,750	"
Lyon	5,000,000	5,000,000
Château de Foix	100,000	"
Château Tremesaignes	30,000	"
Le Portalet	200,000	200,000
La Fère	300,000	240,000
Laon	500,000	500,000
Vitry	300,000	200,000
Soissons	1,253,000	1,100,000
TOTAL	15,204,300	11,970,350

En définitive, depuis 1816 jusqu'à ce jour, les sommes mises à profit pour ajouter à la défense de nos frontières de terre sont *six fois aussi grandes* que le restant à dépenser afin d'obtenir un état complétement satisfaisant des anciennes places fortes. Était-ce là n'avoir rien fait ou presque rien?

RÉSUMÉ GÉNÉRAL DES TRAVAUX EXTRAORDINAIRES DE DÉFENSE, PROPOSÉS EN 1841.

NATURE DES PLACES.	PROPOSITIONS du GOUVERNEMENT.	VOTE DE LA CHAMBRE des députés.
	fr.	fr.
Places maritimes	26,495,700	19,340,350
Places à créer (continentales)	33,300,000	15,970,000
Améliorations aux places continentales	15,204,300	11,970,350
TOTAL	75,000,000	47,280,700

FORTIFICATIONS DE PARIS.

Le plus grande entreprise des temps modernes, pour la défense des places fortes, est sans contredit celle des fortifications de Paris.

Une population de douze cent mille âmes est aujourd'hui défendue par une enceinte continue et bastionnée, laquelle n'offre pas moins de quatre-vingt-onze fronts, avec escarpe et contrescarpe maçonnées.

En avant de cette enceinte un vaste système de forts détachés se combine avec les défenses naturelles de la Seine, de la Marne et de l'Ourcq canalisé. Deux vastes presqu'îles, celle de la Marne au-dessous de Nogent et celle de la Seine entre Saint-Denis et Nanterre, ajoutent aux espaces protégés ainsi qu'à la difficulté des approches. Tous ces moyens tiendraient à distance un ennemi qui voudrait incendier la capitale.

On a mis à profit la brusque rupture des relations les plus

amicales de la France avec le reste de l'Europe, en juillet 1840, pour apprivoiser l'opinion publique, et pour triompher des résistances qu'une opposition passionnée suscitait contre un tel projet. La postérité le pourra-t-elle croire? On osait calculer l'extrême portée des feux courbes pour démontrer, mathématiquement, que l'autorité suprême exécutive pourrait, en tirant des forts détachés, *incendier Paris sur tous les points!* l'odieux calcul s'en faisait, et les représentants d'un peuple éclairé permettaient froidement qu'on fît valoir devant eux de semblables argnments. En même temps les amis les plus modérés d'un gouvernement modéré lui-même, faisaient valoir des considérations politiques et des objections d'un ordre supérieur. Cependant, presque tout le monde se trompait, dans ses vœux, dans ses craintes, dans son espoir.

Quel que fût le désir empressé d'obtenir, dans le plus court laps de temps, l'exécution de cette œuvre, les plans préparés de longue main et les devis définitifs n'en ont pas moins été mis en harmonie et calculés avec méditation et maturité.

Veut-on savoir à quel point les calculs ont été dressés avec conscience et certitude? Le devis général portait les dépenses à 140 millions de francs, somme qui fut demandée d'après l'estimation primitive. Eh bien, quoiqu'on n'ait rien négligé pour obtenir l'exécution la plus solide et la plus parfaite, quoiqu'il ait fallu faire face à des accidents dispendieux et qu'on ne pouvait prévoir, le chiffre total de la dépense n'a pas été dépassé. Cette fidélité sévère à tenir la promesse des calculs pour accomplir de très-grands travaux publics, elle est, il faut en convenir, le seul exemple que la France ait présenté, parmi tant d'entreprises qu'ont offertes les travaux civils, pour les canaux, la navigation intérieure, les ports et les monuments urbains : rien ne fait plus d'honneur au génie militaire.

Le temps, en bien peu d'années, a fait voir deux choses non moins étonnantes : c'est que les fortifications de la capitale n'ont pas eu la moindre influence pour occasionner ni pour empêcher, dans Paris, une révolution. Quand les passions, surexcitées par des écrits incendiaires, ont trouvé le moment d'agir, les remparts sont restés inertes; les forts n'ont servi ni de refuge au malheur, ni de centre à la résistance. Lorsqu'il fallait sauvegarder la loi, on a fait baisser les fusils des soldats devant des attentats à main armée; et les canons ont reculé sans tirer, même sur l'assassinat; l'insurrection triomphante a réprouvé même cette partie béate de l'opposition, qui n'avait mis que de la bonne foi pour repousser les fortifications. Ces faits démontrent ce que nous avancions tout à l'heure; ils font voir quelle avait été l'illusion des craintes et des espérances que s'étaient formées dans le principe, les antagonistes et les partisans d'une entreprise qui reste, en définitive, uniquement formidable pour les ennemis de la France.

Reconnaissons avec sincérité que les fortifications de Paris survivent à nos troubles politiques comme un grand appui militaire et moral; elles enlèvent aux ennemis du dehors la pensée qu'en brusquant une invasion, afin d'arriver jusqu'à Paris, on terminerait contre nous la guerre : comme nous l'avons maintes fois terminée, en pénétrant au sein des capitales de tant d'États conquis par nos armes.

Les plus grands travaux ont été faits de 1841 à 1846.

On a dépensé, pour l'enceinte continue...	53,741,714f
Pour les forts détachés et les routes stratégiques..........................	60,126,931
Dépenses générales, casernement, hôpitaux, etc............................	8,698,530
Acquisitions de terrains et d'édifices......	17,432,825
Total égal au crédit voté......	140,000,000

En 1847, les derniers travaux essentiels étaient complétement terminés.

Ainsi que nous l'avons signalé, l'exécution de ces immenses opérations s'est accomplie avec un rare esprit d'ordre et d'intelligence. On s'est aidé de tous les moyens que pouvait offrir une industrie perfectionnée, en y joignant le travail économique et régulier des soldats. Cette grande œuvre était placée sous la surintendence de M. le lieutenant général Dode de la Brunerie, qui, pour récompense éminemment méritée, a reçu le premier bâton de maréchal que le génie militaire eût obtenu depuis Vauban.

Le tracé des plans et la direction des travaux étaient confiés : pour la rive gauche, comprenant seulement le tiers de l'entreprise, à M. le général Dupau, auquel a succédé bientôt M. le général Noizet; et, pour la rive droite, à M. le lieutenant général Vaillant, qui devait conquérir un grade de plus sous les murs de Rome.

Travaux de l'armée d'Afrique.

Depuis plus de 20 ans l'armée, en Algérie, accomplit une œuvre immense, qu'on ne saurait trop faire apprécier, ni payer par trop d'éloges. Elle a trouvé sans routes, sans ponts, sans places fortes dignes de ce nom, un territoire plus grand que la moitié de la France.

Elle a repris l'œuvre des Romains. Avec le courage et la *laboriosité* des conquérants de l'ancien monde, elle a rouvert, elle recommence leurs routes, leurs aqueducs et leurs fontaines. Elle relève leurs remparts; elle agrandit leurs anciennes cités, qui bientôt ne suffiront plus à nos populations; elle bâtit elle-même ses casernes, ses hôpitaux, qui sont des modèles, et ses magasins; elle construit en certains lieux les premières maisons des colons. Elle fait plus, elle défriche les premières terres pour de nombreux centres de colonisation. Les personnes qui savent qu'en maintes parties de l'Afrique les racines de palmiers nains enlacent, emprisonnent pour ainsi dire une terre végétale, longtemps réduite à ne porter que des broussailles, ces personnes peuvent seules apprécier ce qu'il faut, pour une telle œuvre, de force, de labeur et de constance.

Voilà ce que fait l'armée sous le soleil d'Afrique, à 2 centimes, à 3 centimes, et rarement à 4 centimes par heure! salaire exigu, sans doute, pour remplacer les effets du soldat usés par le travail, et suppléer à sa nourriture ordinaire afin de suffire à des fatigues de cet ordre.

Dans les années de plus grande activité, pour diriger l'œuvre immense de fortifier et de coloniser l'Algérie, il ne fallait pas moins de 168 officiers du génie militaire, la sixième partie de ce corps si savant, si laborieux et si consciencieux dans ses travaux. A mesure que les premières et grandes difficultés étaient vaincues, et que l'œuvre militaire était accomplie, les travaux de colonisation étaient remis au génie des ponts et chaussées, qui les continue dignement.

Fortifications d'Alger.

Une œuvre qui surpasse toutes les autres par l'importance du but, par la grandeur de l'entreprise et par les difficultés vaincues, ce sont les travaux de la place et du port d'Alger.

Afin d'avoir la certitude que l'Algérie ne nous serait pas enlevée, même dans le cas d'une grande guerre maritime qui l'isolerait pour longtemps de la mère patrie, même dans le cas où les besoins pressants d'une lutte continentale ajoutée aux combats de mer, nous obligeraient à retirer une partie considérable des troupes que nous maintenons en Afrique, il fallait choisir une place forte, pour qui la nature eût déjà beaucoup fait, et pour qui l'art complétât les défenses offertes par la nature.

Cette place unique en son genre, sur le littoral africain, c'est Alger. Bâtie au point le plus avancé d'un promontoire, vers l'extrémité d'une baie spacieuse et sur le dernier versant d'un massif de montagnes, Alger était déjà difficile à prendre au moment de notre conquête; elle l'est beaucoup plus aujourd'hui, et le sera bien davantage lorsque nous aurons terminé les travaux poursuivis depuis 1840.

L'ancienne Alger, bâtie sur la déclivité d'une pente rapide qui fait face au levant, était défendue seulement par deux murailles et quelques tours, qui n'offraient, comme les fortifications du moyen âge, que des flanquements inefficaces. Ces deux murailles montaient, en s'éloignant de la mer, pour se réunir en un point culminant qu'occupait la petite forteresse de la Kasbah, si célèbre par les trésors qu'elle renfermait sous la domination déprédatrice des Deys.

L'espace enveloppé par cette enceinte, c'est-à-dire Alger telle que nous l'avons trouvée, ne couvre, sur le plan, qu'une étendue au plus égale à 90 hectares.

Bientôt cet espace est devenu trop étroit pour la population coloniale qui venait habiter Alger, population qui s'emparait des quartiers voisins de la mer, et qui tendait à se développer au dehors de l'enceinte : surtout du côté du midi.

On résolut d'agrandir la place, de remplacer l'insignifiante forteresse de la Kasbah par une citadelle heptagonale, dont quatre fronts commanderaient toute la ville. On se proposa de rendre cette citadelle assez forte pour tenir en respect une cité peuplée par dix nations hétérogènes : cité qui sera longtemps encore partagée entre tant d'intérêts divers.

On résolut, en même temps, de tripler l'espace occupé par la cité, de porter en avant les deux lignes ascendantes des anciens remparts, de donner à la ligne du nord-ouest 1,600 mètres d'étendue, au lieu de 900 mètres; à celle du sud-ouest, au lieu de 750 mètres, 1,500 mètres de développement.

Aujourd'hui l'escarpe des nouveux remparts est complétement terminée pour les deux lignes magistrales, dans une longueur totale supérieure à *trois quarts de lieue;* elle présente treize fronts bien bastionnés, suivant le système de Vauban.

C'est entre la ville ancienne et les remparts qui font face au sud-est, que se trouve le grand et nouveau quartier français, en partie conquis sur la mer, et préparé par un nivellement considérable.

La nouvelle enceinte a l'avantage de relier plus puissamment sa défense avec celle du château de l'Empereur. Cette position plus élevée, par laquelle est obligé de passer l'ennemi qui voudra prendre Alger, se trouvait à 2,300 mètres de la Kasbah, c'est-à-dire trop éloignée pour être efficacement protégée. Elle n'est plus aujourd'hui qu'à 1,050 mètres de la citadelle, et d'autant plus rapprochée du saillant des nouveaux remparts de la place. Partout des défilements habiles ôteraient à l'ennemi, s'il s'emparait de ce château, l'avantage des feux plongeants qu'il voudrait diriger sur les défenseurs de la ville.

Dès à présent, avec l'ensemble des travaux que les Français ont conduits à terme, Alger est incomparablement plus forte qu'elle ne l'a jamais été sous la domination barbaresque.

Elle peut être rendue beaucoup plus formidable par des ouvrages extérieurs dont la dépense totale (six à sept millions de francs) sera peu considérable comparativement au résultat qu'ils présenteront, pour la sécurité complète de la clef de l'Algérie.

En prenant pour centre l'angle saillant que forme la ville du côté de la mer, on a, de ce centre, décrit, du côté de la terre un arc de cercle ayant 4,000 mètres, une lieue de rayon. La suite des points culminants placés sur le développement de cet arc dans un parcours de deux lieues et demie, offre neuf positions : quatre de principale importance qui seront occupées par des forts avancés, dont trois du premier ordre; cinq d'une importance secondaire, qui seront occupés par des redoutes moins considérables.

Ces forts détachés auront de 1,000 à 1,100 mètres pour distance moyenne les uns des autres; ils se prêteront mutuellement un secours très-efficace; ils porteront assez loin les défenses de la place, pour empêcher l'ennemi de la bombarder par terre.

Les plans des fortifications neuves d'Alger sont l'œuvre savante de M. le général Vaillant, qui d'abord, en a conduit l'exécution comme directeur, et qui les a surveillées de plus haut lorsqu'il est devenu l'un des inspecteurs généraux dans l'arme du génie militaire.

Quand les travaux d'Alger seront accomplis, dix mille

hommes de garnison suffiront pour tenir en échec l'armée la plus considérable qu'un ennemi puisse débarquer en Afrique. Celui-ci sera contraint de rester un temps indéfini campé dans les anfractuosités des monts, au midi des massifs d'Alger, où tant de vallons sont malsains pendant les chaleurs; ou bien d'être brûlé par le soleil sur des plages dévorantes. Il végétera sur un territoire difficile, en proie aux atteintes d'un pays fatal à ceux qui doivent subir de grandes fatigues avant d'être acclimatés et qui n'ont pas, pour résister à la peine, les aisances de la vie, ni les abris d'habitations commodes.

Alger, avec ses nouvelles fortifications, ne sera pas moins formidable que Gênes; défendue par des Français, aussi longtemps qu'elle aura des vivres, elle restera supérieure aux efforts de l'ennemi du côté de la terre.

Restent encore à compléter les défenses du côté de la mer. Ces défenses, au lieu d'être restreintes, comme anciennement, à 1,300 mètres de littoral, s'étendront à 2,800 mètres, près de trois quarts de lieue. Elles repousseront beaucoup plus loin, suivant la direction de la côte, les bâtiments de guerre qui voudraient longer la plage, soit du côté du nord, soit du côté du midi, pour canonner ou bombarder obliquement la place et le port.

En même temps, de nouveaux ouvrages à la mer, en avant d'Alger, repousseront l'ennemi beaucoup plus au large. Il est à souhaiter que ces travaux soient complétés dans un très-prochain avenir; car l'expérience apprend à nos dépens, que les grandes guerres surviennent en des moments où la courte prudence humaine a su le moins se mettre en garde.

On devrait aussi compléter les ouvrages de fortification laissés par les Espagnols autour d'Oran et de Merz-el-Kébir, cette position admirable, une des clefs de la Méditerranée. On a déjà, dans ce dessein, fait d'utiles travaux depuis 1840; mais on est loin d'avoir conduit à terme cette entreprise importante.

II.

ARTILLERIE DE TERRE.

Nous parlerons successivement des poudres de guerre, des bouches à feu et des petites armes.

I.

DES POUDRES DE GUERRE; DES PHÉNOMÈNES ACCOMPLIS DANS LEUR COMBUSTION, ET DE LEUR APPLICATION AU TIR DES BOUCHES À FEU.

La force expansive développée par l'inflammation de la poudre a suffi pour changer le système de la guerre chez les peuples modernes. Les nations ont eu le plus grand intérêt à perfectionner ce mélange de salpêtre, de soufre et de charbon qui, trituré, pressé, granulé, a formé ce qu'on a nommé par excellence *la poudre*. On l'a différenciée, suivant ses usages, par les noms de poudre de guerre, poudre de chasse, poudre de commerce, etc.

Poudres anciennes.

Les poudres fabriquées dans le XVIIe siècle et dans le XVIIIe se sont trouvées d'une force correspondante à la résistance que pouvaient offrir les canons de bronze généralement adoptés comme plus légers pour le service de campagne.

On ne peut s'empêcher d'admirer la faculté de conservation qu'offre cette ancienne poudre qui produit encore d'excellents effets, *après cent cinquante ans de fabrication.*

Poudres modernes.

Depuis le commencement du XIXe siècle, la mécanique et la

chimie ont rivalisé d'efforts, afin d'obtenir des poudres dont les qualités fussent supérieures à celles qui présentaient de tels résultats.

Au moyen de vases clos, on a réduit en charbon d'une parfaite pureté, les bois légers les plus convenables; et, par une trituration perfectionnée, on en a fait un poussier impalpable.

On s'est servi de salpêtre et de soufre parfaitement épurés et broyés avec un soin extrême.

Au lieu des pilons employés pour triturer le mélange des trois substances, on a fait usage d'abord de tonneaux renfermant des balles de fer et les matières premières. Quand ces tonneaux étaient roulés sur eux-mêmes, les balles divisaient, trituraient les substances qu'on voulait amalgamer. Ce travail était le plus rapide; aussi l'avons-nous employé lorsque nos besoins sont devenus urgents, comme à l'époque des premières guerres révolutionnaires, en 1793, en 1794, etc.

Les Anglais ont mieux aimé triturer le mélange par la rotation d'une meule en cuivre tournant sur son axe horizontal, autour d'un arbre vertical, et sur une plate-forme circulaire : ce système est celui des moulins employés pour pressurer l'huile, pour concasser le plâtre, le ciment, etc.

A ce moyen plus énergique de division, les Anglais ont joint l'action si puissante de la *presse hydraulique*, afin de réduire le mélange en tourteaux d'une très-grande densité. Ces tourteaux, concassés et pulvérisés par d'autres procédés mécaniques, ont donné la nouvelle poudre; elle surpasse l'ancienne par la pesanteur spécifique, par la finesse du grain, et par la puissance expansive lors de l'inflammation.

Ces qualités sont précieuses pour les petites armes, soit fusils, soit pistolets, dont le canon très-résistant est en fer pur ou damassé. Les poudres ainsi perfectionnées sont susceptibles, à poids égal, de lancer plus loin les balles, sans endommager l'arme même. On recueille ainsi des avantages sans inconvénients.

L'effet produit s'est trouvé bien autrement compliqué lorsqu'on a fait servir la nouvelle poudre anglaise au tir des canons de bronze; de ces canons légers qui conviennent surtout à l'artillerie de campagne.

Sans doute, alors, toutes choses d'ailleurs égales, on a lancé des projectiles avec de plus grandes vitesses initiales; mais la force de la poudre et son inflammation trop instantanée, ont promptement détérioré les bouches à feu.

Des expériences comparatives très-soignées ont été faites à la poudrière d'Esquerdes, près de Saint-Omer, avec les poudres de toutes les espèces de fabrication; elles ont présenté ce mélange d'effets, les uns désirables et les autres redoutables. Les commissaires chargés d'une telle étude sont restés dans la perplexité.

Ils en ont été tirés par une théorie ingénieuse et par les conséquences décisives qu'en a su déduire un savant officier d'artillerie, alors capitaine, M. le général Piobert, que l'Académie des sciences s'est honorée d'admettre dans son sein.

Théorie donnée par M. le général Piobert, sur la combustion et l'inflammation de la poudre.

Voici le résultat des recherches et des découvertes de cet officier, sur la combustion de la poudre et sur les conséquences qu'il en a tirées pour l'emploi perfectionné des armes de guerre.

Lorsqu'il s'est agi de remplacer l'illustre baron de Prony dans la section de mécanique, à l'Académie des sciences de Paris, la section m'a chargé de présenter l'analyse des recherches qui nous faisaient proposer M. Piobert, et qui l'ont fait nommer presque à l'unanimité. Ce tableau sera l'historique le plus fidèle que nous puissions donner ici d'un grand progrès de l'artillerie, au XIXe siècle.

Dans le phénomène de l'inflammation et de la combustion de la poudre, M. Piobert, avec une sagacité profonde, a su discerner une variété d'effets qu'avant lui l'on n'avait pas distingués, et dont plusieurs semblaient à peine de nature à pouvoir tomber sous l'empire du calcul.

Pour étudier ce qui se passe lorsqu'on met le feu à la poudre, il envisage isolément les grains dont elle se compose. Chaque grain offre l'apparence d'un sphéroïde plus ou moins irrégulier. Quand le feu se communique par un point à la surface de ce grain, il se produit aussitôt deux effets. Par le premier, la combustion de la matière s'opère en pénétrant de proche en proche à l'intérieur; de telle sorte que, si l'on conçoit que le point d'où part le feu *pour pénétrer dans le grain* soit le centre de sphères ayant un rayon 1, 2, 3, 4, etc., correspondant au 1er, au 2e, au 3e, au 4e, etc., instants infiniment petits de la combustion, les parties de poudre du grain, interceptées par les sphères successives, représenteront la matière comburée et réduite en gaz pendant ces instants successifs.

D'un autre côté, dès le premier moment où le feu prend en un point quelconque à la surface d'un grain de poudre, à partir de ce point *l'inflammation se propage à la superficie*, suivant toutes les directions; elle chemine en traçant, sur la surface du grain, une suite de lignes de plus courte distance, comme les méridiens qui partent d'un pôle de la terre. Concevons les trajectoires orthogonales de ces plus courtes distances, représentant sur ces lignes à partir du pôle, origine de l'inflammation, des distances 1, 2, 3, 4, etc.; au bout du 1er, 2e, 3e, 4e, etc., moments, la flamme arrivera en même temps sur toute l'étendue de la 1re, de la 2e, de la 3e trajectoire jusqu'au pôle le plus éloigné.

Dans ces deux phénomènes M. Piobert a deviné, par la force de la pensée, que la vitesse de propagation devait être très-différente et sur la surface et dans l'intérieur des grains de poudre : il a fallu s'en assurer par l'expérience.

Pour mesurer la première vitesse, celle de la combustion qui pénètre dans l'intérieur de la poudre, on prend un cylindre ou un prisme de poudre non pulvérisée couvert le long de ses arêtes ou de ses faces rectilignes, par un léger enduit graisseux qui s'oppose à l'inflammation superficielle. Ce prisme ou ce cylindre étant tenu verticalement, sa base inférieure est posée sur un bain d'eau, pour empêcher des flammèches en tombant de produire par le bas une combustion anticipée. Ces préparatifs achevés, l'on enflamme la face supérieure; en même temps, l'on mesure la vitesse de combustion du cylindre entier, par l'épaisseur des sections horizontales brûlées successivement.

Quand on emploie de la poudre ordinaire, on trouve une vitesse de 13 millimètres par seconde, c'est-à-dire moins de 47 mètres par heure. Cette vitesse est la même, quelles que soient : 1° la figure du contour soit du prisme soit du cylindre; 2° la superficie des sections; 3° la hauteur du prisme ou du cylindre; 4° la tension du gaz ambiant.

On trouve ensuite que la vitesse de la combution est à peu près en raison inverse de la densité de la poudre; elle varie encore suivant la proportion et le degré de trituration des matières composantes.

Afin de constater ces faits importants, des séries diverses d'expériences ont eu lieu : 1° pour chaque densité des poudres; 2° pour chaque variété dans le dosage des matières; 3° à divers degrés de trituration.

M. Piobert s'est ensuite proposé de mesurer la vitesse d'inflammation qui se propage à la surface de la poudre. Il a déterminé cette vitesse : 1° le long des arêtes d'une masse de poudre disposée en cylindre; 2° le long d'une simple traînée de grains contigus. Cette vitesse varie *suivant* la surface des sections du cylindre. Elle augmente avec la surface de la section et avec le voisinage d'obstacles résistants, jusqu'à une distance extrêmement petite du contact parfait. Quand les grains consécutifs sont espacés, la vitesse de l'inflammation se transmet par les interstices.

La vitesse d'inflammation, *par seconde*, est seulement de 1 mètre, quand la surface de la traînée de poudre est à l'air libre, et qu'on opère sur une faible traînée; elle est de 2 mètres pour une forte traînée; elle s'élève jusqu'à 7 et 10 mètres, lorsque la poudre se trouve dans un cylindre légèrement résistant. Elle parvient à plus de 30 mètres dans des enveloppes rapprochées et très-solides. L'auteur a pu l'étendre jusqu'à 100 mètres par seconde.

Les expériences ainsi faites, il fallait, pour calculer les conséquences de l'inflammation d'une masse donnée de poudre, établir des équations différentielles dont l'intégration donnât, en fonction du temps : 1° la quantité de poudre brûlée ou de gaz développé; 2° la capacité que ces gaz occupent successivement, et, par conséquent les variations de leur densité. C'est ce qu'a fait l'auteur des expériences. Il parvient à déterminer les intégrales qui correspondent à des charges de poudre ayant successivement la forme prismatique, cylindrique, pyramidale, conique, tronc conique et sphérique.

Expériences de M. Piobert appliquées aux bouches à feu.

Pour déterminer la force élastique des produits gazeux développés dans la combustion de la poudre, M. Piobert a repris le système d'expérimentation imaginé par Rumford; il a corrigé la valeur trop considérable donnée par ce savant, comme maximum de force expansive.

Calcul de la charge des projectiles creux.

Il a fait connaître une formule élégante, par le moyen de laquelle il détermine la charge de poudre nécessaire pour faire éclater les obus et les grenades, suivant leurs divers diamètres. Ensuite, il a calculé la charge de poudre qui convient aux bombes et aux obus chargés à balles, afin de les faire éclater, 1° par simple pression; 2° par le choc des balles. Ces résultats théoriques ont été vérifiés par un nombre extrêmement considérable d'expériences faites pour diverses espèces de poudre qu'on a mises en épreuve, avec des fusils, avec des canons de 4, avec des mortiers éprouvettes. Partout une concordance remarquable a vérifié la théorie.

Tels sont les résultats d'un immense travail, qui se trouvent pour ainsi dire condensés et réduits à la forme la plus concise dans un premier mémoire.

Afin de bien fixer les idées du lecteur sur la lenteur comparative de l'inflammation de la poudre et de sa combustion, il me semble utile de les mettre en parallèle avec la vitesse de la lumière et la plus grande vitesse initiale imprimée par la poudre aux projectiles.

Vitesses mises en parallèle dans l'inflammation et la combustion de la poudre.

Mètres parcourus dans une seconde	par la lumière..........		300.000.000
	par le projectile le plus accéléré (vitesse initiale)..		600
	par l'inflammation superficielle de la poudre....	Maximum	100
		Minimum	1
	par la combustion dans l'intérieur des grains de la poudre..............		0,013

Rapport des vitesses extrêmes.

Propagation de la lumière..........	23.077.000.000
Combustion de la poudre..........	1

On va voir les utiles conséquences déduites de cette immense disproportion.

Moyen de prévenir l'explosion des poudres en magasin.

Dans un second mémoire, M. Piobert généralise ses recherches; il les étend à la vitesse d'inflammation et de combustion pour toutes les espèces de poudre à tirer. C'est dans ce mémoire qu'il a consigné ce beau fait d'expérience, conséquence de ses premières recherches, *qu'en mêlant avec la poudre granulée, du poussier ou pulvérin impalpable qui remplisse les interstices, l'inflammation par les surfaces, auparavant si rapide et si puissante, est complétement supprimée.* Alors, il ne reste plus de possible que la combustion, extrêmement lente, de 13 millimètres par seconde; et celle-ci s'opère dans la masse, *sans explosion soudaine.*

De là résulte un moyen important de conserver indéfiniment les poudres, en les mettant à l'abri : 1° des explosions; 2° des détériorations hygrométriques, par un simple mélange de pulvérin impalpable. Au bout d'un temps quelconque, plus ou moins considérable, il suffit qu'on tamise la poudre pour l'avoir immédiatement propre au service.

Les Russes, qui, sans rien inventer eux-mêmes, s'empressent de s'approprier nos inventions, se sont occupés à mettre en pratique le moyen de conservation découvert par le savant artilleur français.

Calcul de l'action des poudres dans l'âme des bouches à feu.

Dans un troisième mémoire, celui-ci recherche quel est le mouvement des gaz et des projectiles dans l'âme des bouches à feu. En admettant l'hypothèse de l'inflammation instantanée, l'illustre Lagrange a donné la formule de ce mouvement dans le cas où les gaz sont complétement développés avant leur impulsion sur le projectile. De son côté, Bernouilli ne tient pas compte de la masse des gaz, comme dans le cas d'un fluide impondérable. Euler en tient compte, mais empiriquement; il suppose une même densité dans tout l'espace occupé par les gaz.

Lagrange, il est vrai, fait entrer dans ses calculs les variations de la densité. Ses formules différentielles sont complètes; mais il ne parvient à les intégrer qu'approximativement, par une série dont il donne seulement les deux premiers termes. M. Piobert a déterminé la série entière; aussi les résultats qu'il obtient sont-ils plus rapprochés de l'expérience que ceux de

Lagrange. Avoir fait un pas au delà du terme où s'arrête un si grand géomètre, est un beau titre pour un officier, et fait honneur à l'École polytechnique. On lui doit une deuxième solution, encore plus approximative, par une meilleure évaluation de la marche que suit chaque tranche de gaz.

Les solutions de Lagrange et celles qui précèdent ne satisfont pas à la condition d'égale densité de toutes les tranches de gaz, à l'origine du mouvement. M. Poisson a trouvé des équations différentielles approchées, mais en négligeant différents termes, et de plus en supposant une égale densité dans toutes les tranches à l'origine du mouvement : il n'a pas donné d'intégrales. Pour ce même cas, M. Piobert, sans négliger aucun terme, a déterminé des intégrales approchées qu'il formule en quantités algébriques.

Si l'on veut se conformer à la réalité des faits, il faut admettre l'inflammation successive de la poudre; afin de parvenir à la déterminer, notre auteur établit de nouvelles formules pour le mouvement du gaz moteur et pour celui des projectiles. Il prend les données de l'expérience, telles qu'il les a reconnues dans la combustion et dans l'inflammation de la poudre; il s'en sert en faisant usage de la loi de Rumford sur la tension du gaz de la poudre. Ensuite il traduit ses formules en résultats numériques pour les comparer à des épreuves faites en grand sur le tir des bouches à feu, avec diverses charges comparées au poids des boulets lancés : 1° par des canons de 24 ayant de 11 à 20 calibres de longueur d'âme; 2° par des canons ayant de 12 à 17 calibres; 3° par des canons de 6 ayant de 11 à 20 calibres. Ici, comme dans les expériences déjà citées, se fait remarquer l'accord le plus satisfaisant entre les effets obtenus et les vitesses initiales déduites des formules.

Moyen pratique d'augmenter la vitesse initiale des projectiles.

Dans la quatrième partie de ses recherches, M. Piobert détermine la condition des charges la plus avantageuse : 1° à la vitesse initiale; 2° à la conservation des bouches à feu. *Il fait voir qu'on augmente beaucoup la vitesse initiale lorsqu'on laisse un interstice vide entre la charge de poudre et la partie supérieure de l'âme de la bouche à feu.* On obtient alors une inflammation qui se propage avec une vitesse incomparablement plus rapide, par sa combustion beaucoup plus rapprochée de l'instantanéité des tranches antérieures et postérieures de la poudre qui compose la charge. Cet avantage est remarquable surtout quand il s'agit de charges considérables et de fortes bouches à feu. D'un autre côté, à charges égales, la gargousse qui ne remplit qu'en partie la section de l'âme est plus longue et présente un moindre diamètre; les gaz se développent dans un plus grand espace, et leur tension totale est diminuée.

Conséquence capitale pour la conservation des bouches à feu.

Voilà donc deux effets différents, l'un par lequel la vitesse initiale est accélérée, l'autre par lequel cette vitesse est ralentie. Il en résulte deux charges plus ou moins allongées : l'une qui présente le maximum d'effort contre les parois de l'âme, l'autre le maximum d'effet sur la vitesse du projectile. M. Piobert, s'attachant au cas le plus avantageux pour la pratique, arrive à ce résultat aussi nouveau qu'important : *En conservant au tir de nos pièces de siége une vitesse initiale au moins égale à la vitesse actuelle, la tension du gaz est réduite au plus bas degré possible par un allongement de la gargousse, qui laisse un vide convenable dans le dessus de l'âme : innovation par laquelle la conservation de la pièce est beaucoup plus assurée.* Il a vérifié ces résultats importants par une nouvelle série d'expériences, dans lesquelles il a fait varier l'allongement des gargousses, en conservant toujours des vitesses avantageuses.

Exemple fourni par de forts calibres.

Autrefois, une pièce de siége de 24 était détériorée et mise hors de service après un tir de 200 coups à fortes charges.

M. Piobert, avec son système nouveau de chargement à gargousse laissant un vide à la partie supérieure de l'âme, a pu faire tirer avec la même pièce de siége 3,750 coups sans détérioration. Ce n'est pas tout : les officiers d'artillerie estiment que la même pièce pouvait tirer encore de 12 à 1,500 coups avant d'être hors de service. Voilà donc, comme résultat d'un perfectionnement théorique, pour la durée d'une même pièce, 5,000 coups au lieu de 200, et l'efficacité de service de ces bouches à feu augmenté dans le rapport de 25 à 1. Par conséquent dans une guerre de siéges, l'armée n'aura plus besoin de traîner à sa suite une aussi grande quantité de matériel, avec tous les embarras, les accidents, les dangers et les dépenses qui s'en suivent : c'est, pour la mobilité, pour l'efficacité de la force militaire, un avantage capital.

Recherches subséquentes : vitesses des projectiles.

On doit encore à M. Piobert l'application à la pratique d'une formule à trois termes, le premier constant, le second proportionnel à la deuxième puissance et le troisième à la troisième puissance de la vitesse pour calculer la résistance de l'air et les vitesses horizontales des projectiles; il a déterminé soigneusement les coefficients de ces trois termes.

Dans un dernier mémoire, il a calculé les effets très-remarquables de la déviation d'un projectile qui se meut dans l'air à proximité de la surface de la terre, et de celui qu'anime, en outre, un mouvement de rotation. Il a déterminé, lors du tir des coups rasants, le relèvement que produit l'augmentation de la densité de l'air, et qui s'opère sans que le projectile ait en réalité besoin de toucher la terre pour ricocher.

Ainsi, depuis l'inflammation d'un grain de poudre jusqu'aux plus vastes trajectoires et jusqu'au choc des projectiles, un même officier d'artillerie a tout soumis à ses calculs, à ses expériences; il a reculé, sur toutes les voies, les bornes posées avant lui. Par l'ensemble de ses recherches sur les effets de la poudre, il est devenu le créateur d'une théorie nouvelle, que partout l'expérience a justifiée; il en a déduit des lois générales au moyen de la mécanique analytique, en allant au delà des travaux et des résultats obtenus, sur cette matière, par Daniel Bernouilli, par Euler et par Lagrange. De ses recherches résultent le moyen : 1° d'éviter les dangers graves d'inflammation des poudres emmagasinées et transportées; 2° d'assurer en même temps la conservation pour ainsi dire indéfinie des poudres en approvisionnement; 3° de ménager les bouches à feu de telle manière, qu'en adoptant un système de charge simple et perfectionné la même bouche à feu, avant d'être détériorée, fait le service que faisaient autrefois 25 pièces pareilles à celle-là; 4° comme nous l'expliquerons en parlant de l'art de battre en brèche, d'accélérer, dans le rapport de 8 à 1, cette opération capitale, en économisant dans le même rapport les projectiles, la poudre et la vie des assiégeants. Nous ne connaissons dans les travaux publics aucune application de l'analyse et de la mécanique éclairant l'art des expériences, qui ait, à beaucoup près, produit un pareil nombre de résultats aussi neufs, aussi importants à *tous* égards.

II.

ARTILLERIE DE SIÉGE.

De nos jours, un grand nombre de places fortes sont prises avec un déploiement peu considérable d'artillerie. On le concevra facilement par les expériences, dont nous donnerons l'analyse, sur l'effet des bouches à feu convenablement employées.

Il est évident que ce déploiement doit dépendre des moyens de résistance que peuvent opposer les assiégés.

Un équipage ordinaire de siége, d'après les règles actuellement adoptées par l'artillerie française, se compose ainsi qu'il suit :

COMPOSITION D'UN PARC DE SIÉGE ORDINAIRE, POUR L'ARTILLERIE FRANÇAISE.

PIÈCES.		NOMBRES.
Canons	de 24	30 à 32
	de 16	20 à 26
Obusiers de 22 centimètres		12 à 14
Mortiers	gros	10 à 14
	petits	6 à 8
TOTAUX		88 à 94

Ce nombre de bouches à feu ne représente pas seulement celui qu'on pourra mettre simultanément en batterie; il comprend aussi les pièces de réserve nécessaires pour remplacer celles qui seront mises hors de combat par le feu de l'assiégé, par les sorties, etc.

Maintenant, disons quelques mots d'un siége qui forme en ce moment l'objet d'efforts infinis, à mille lieues de distance du plus voisin des États assiégants.

Jusqu'à ce jour les grandes places fortes n'ont guère présenté plus de 400 bouches à feu.

Sébastopol, avec tous ses forts, paraît déployer au moins 1800 canons, obusiers ou mortiers, manœuvrés par deux armées, l'armée de terre et celle de la flotte. Le nombre des projectiles en approvisionnement est immense.

On jugera, par un seul fait, du mépris que les Russes ont pu témoigner pour 500 bouches à feu de fort calibre, placées sur sept de leurs vaisseaux. Tel était l'empressement de couler bas tous ces vaisseaux, dès que les Français et les Anglais s'approchèrent de Sébastopol, que les Russes les immergèrent, *tout armés*, à l'entrée de la rade intérieure. Ils ne se donnèrent pas même le temps et la peine de débarquer une si riche et si puissante artillerie, dans laquelle était un nombre considérable de très-forts canons à la Paixhans. Outre l'armement excessif de tous les forts et de la place, les Russes ont encore dans cette place une réserve qui paraît être inépuisable : on dirait qu'on l'a calculée pour suffire à conquérir et dévaster tout l'Orient.

Dans un de ses rapports laconiques, le général en chef de l'armée française estimait que, pendant les quarante premiers jours écoulés depuis l'ouverture du feu, l'artillerie de la place avait tiré plus de 400,000 projectiles. Durant ce laps de temps il n'y avait pas eu 2,000 assiégeants atteints par des boulets ou des obus. A ce compte il faut plus de 200 coups ennemis, à distances de plus en plus rapprochées, pour atteindre un assiégeant. Si l'on veut être équitable, il convient d'ajouter qu'une grande partie du feu s'opère la nuit, pour préparer des sorties hasardeuses, et protéger des retraites presque toujours désastreuses du côté de l'assiégé.

D'après les derniers récits relatifs à la Crimée, il paraîtrait que les alliés ont pu maintenant déployer devant les seuls fronts d'attaque près de trois cents bouches à feu, sans compter l'armement qu'exige une ligne de contrevallation ayant plus de deux lieues d'étendue, depuis le voisinage d'Inkermann jusqu'au port de Balaclava.

Une portion précieuse de cette artillerie provient de la flotte des nations alliées; flotte dont les marins se distinguent pour leur habileté merveilleuse dans le transport et la manœuvre de leurs canons, à terre aussi bien qu'à bord. Par conséquent, sur toute l'étendue des fronts attaqués, on peut dire que, de part et d'autre, les deux armées de terre et de mer sont simultanément en lutte, avec une vive émulation.

Nos antagonistes ne jugeant pas qu'ils aient assez de tout le personnel des deux origines qu'ils ont déjà réuni, l'on a publié la nouvelle que l'élite des canonniers marins de la Baltique était transportée en toute hâte pour prendre part à la défense de la place attaquée.

Ce qui doit frapper d'admiration, c'est que les alliés, sous l'action de feux ennemis toujours supérieurs en nombre et même en calibre, aient pu conduire leurs travaux tour à tour à travers le roc et la boue, jusqu'à la distance la plus rapprochée; et qu'ils l'aient fait avant d'avoir pu déployer, à beaucoup près, leurs moyens d'artillerie, arrivés successivement. Ces moyens n'agiront qu'au moment où les généraux croiront pouvoir en tirer un parti que l'Europe civilisée attend avec impatience.

On lira maintenant avec plus d'intérêt que jamais le récit des progrès dus aux Français dans l'emploi du canon pour faire brèche aux remparts.

PROGRÈS DE L'ART DE BATTRE EN BRÈCHE.

Vauban, ce grand maître dans l'art d'attaquer les places, avait dit :

Avec le canon, on fait une brèche *où on veut, quand on veut, et telle qu'on la veut.*

On voit par les Mémoires de l'artillerie qu'a publiés Saint-Rémy, que l'on tirait de 9,600 à 14,400 boulets de 24 pour ouvrir une brèche praticable sur une étendue un peu plus que quadruple des brèches actuelles.

Il en résultait, pour une brèche de 20 à 25 mètres de longueur, la nécessité de tirer 2,000 projectiles de 24.

Pendant le XVIIIe siècle, on n'a guère employé moins de coups pour obtenir le même résultat.

Bousmard, éminent officier du génie, écrivant vers la fin du XVIIIe siècle, a donné la règle de commencer par entailler les murailles à coups de canon :

1° horizontalement, suivant la base de la brèche;

2° verticalement, à chacune de ses extrémités. Cette règle continue d'être observée.

Quand un revêtement est attaqué de la sorte, le vaste massif de maçonnerie isolé de droite et de gauche n'étant plus supporté dans sa partie inférieure, il tend à s'affaisser par l'effet de son poids. Sans les contre-forts, il glisserait tout d'une pièce, et, détaché du terre-plein, il finirait par tourner sur sa base comme sur un axe horizontal pour se renverser dans le fossé.

Les contre-forts retardent la naissance de ce mouvement, par leur adhérence avec une partie plus ou moins grande de maçonnerie intérieure. Il faut qu'une seconde période de tir produise l'écroulement de ces restes de maçonnerie et de la partie du contre-fort qui fait saillie sur le plan incliné que devra suivre la brèche.

Une troisième période de tir est consacrée à compléter l'éboulement des terres suivant une pente de 40 à 35 degrés.

La méthode indiquée par Bousmard offrait un progrès réel; et, depuis sa mise en pratique, on avait encore sensiblement amélioré l'art de battre en brèche.

Cependant le général Gassendi, dans son *Aide-mémoire d'artillerie*, publié pendant les guerres de l'Empire, concluait en disant : *du logement du chemin couvert, quatre pièces de 24 font brèche en quatre ou cinq jours et la brèche est praticable trois jours après.* C'était en tout 7 à 8 jours de tir; et, pour le moins, 1,500 boulets lancés afin de parfaire la brèche.

Dans un siége mémorable, celui de la citadelle d'Anvers en 1831, l'on employa 6 pièces de 24, et l'on tira 1197 boulets de 24 : le tiers des coups avec une charge de poudre égale à la moitié du poids du boulet, et le reste avec une charge égale au tiers. La brèche n'était pas entièrement achevée quand la place capitula.

Nouvel et dernier système.

Tel était le degré d'avancement auquel on était parvenu dans l'art de tirer en brèche, lorsque M. Piobert, dirigea de ce côté son rare talent d'observation et de calcul.

Il s'occupa d'abord de chercher le point le plus bas auquel il faille descendre pour former à coups de canon l'entaille, ou *la tranchée horizontale* du revêtement en maçonnerie. Il trouva qu'on devait placer la limite inférieure de cette tranchée à une hauteur au-dessus du fond du fossé égale à l'épaisseur présumée du revêtement en ce même point.

Il voulut ensuite qu'on adoptât un ordre déterminé dans la succession des coups; il voulut que les points de choc fussent espacés régulièrement les uns des autres de 5 à 8 fois le diamètre du boulet : un premier ébranlement est produit de la sorte suivant des sphères d'action presque tangentielles les unes aux autres. Il voulut que l'on continuât le tir en pointant sur les espaces intermédiaires aux points frappés de prime abord.

La tranchée ouverte ainsi dans toute sa longueur, il demanda qu'on dirigeât constamment les coups sur les parties les plus saillantes et par là les moins appuyées; parties dont les éclats rejaillissent le plus en avant.

Il demanda qu'on pratiquât le même tir par espaces méthodiques, en procédant de bas en haut pour les coupures verticales; et, suivant cet ordre, en montant avec lenteur, pour achever d'abord la partie inférieure. On empêche ainsi que les débris de chaque coupure verticale, venant à tomber trop tôt, ne forment un abri en avant de la tranchée horizontale.

Ces préceptes étaient donnés dès 1832 et 1833; ils faisaient partie du cours que l'auteur professait alors sur les théories mathématiques appliquées à l'artillerie, dans la célèbre école de Metz.

Dès 1834, le Gouvernement ordonna que la nouvelle méthode fût mise en pratique sur un revêtement de l'ancienne citadelle de cette ville, dans un ouvrage à cornes qu'on voulait démolir; le résultat fut merveilleux.

EXPÉRIENCES FAITES À METZ, EN 1834, SUR LA MÉTHODE DE BATTRE EN BRÈCHE PROPOSÉE PAR M. LE CAPITAINE PIOBERT.

DIMENSIONS DU REVÊTEMENT DÉMOLI.	BRÈCHE OUVERTE avec du 24.	BRÈCHE OUVERTE avec du 16.
	Boulets.	Boulets.
Longueur, 21m,50 — 1er tir : Tranchée horizontale..........	153 $\frac{1}{2}$	212 $\frac{1}{2}$
Hauteur, 6.		
Épaisseur, 2m,20 — : Coupures verticales.................	42 $\frac{1}{2}$	58 $\frac{1}{2}$
Surface, 129 mètres.		
Volume : mètres cubes, 283,8. TOTAL : 1er tir..........	196	271
2e tir : Abattre les contre-forts et restes adhérents de maçonnerie.	38	16
NOMBRE TOTAL des coups tirés pour rendre la brèche complète.	234	287

Actuellement nous pouvons, dans un tableau rapide et frappant, faire saisir d'un coup d'œil les progrès accomplis à trois époques remarquables.

PROGRÈS DE L'ART DE BATTRE EN BRÈCHE À TROIS ÉPOQUES MÉMORABLES.

ÉPOQUES.	TOTAL DU FER LANCÉ pour parfaire une brèche de 20 à 25 mètres.
Au XVIIe siècle, avec tous les progrès dus à Vauban...........	24,000 kilogr. Calib. 24
Au XIXe siècle, en 1831, avec tous les progrès accomplis en suivant Bousmard et Gassendi................	14,364 24
————, en 1834, avec la méthode du général Piobert, expériences de Metz :	
1° Avec des canons de 24...........................	2,808
2° Avec des canons de 16...........................	2,290

L'avantage n'était pas moins remarquable pour l'économie du temps, d'après la nouvelle méthode.

C'est un résultat admirable que celui qui permet d'ouvrir des brèches en économisant : 1° les sept huitièmes des projectiles et les sept huitièmes du temps, si l'on emploie du 24; 2° en économisant plus des neuf dixièmes du poids des projectiles et des six septièmes du temps, si l'on emploie des canons de 16.

Il restait à faire un dernier progrès, et l'éminent officier d'artillerie ne pouvait pas laisser son œuvre incomplète. On chargeait avec une quantité de poudre égale à la moitié du poids du boulet pour tailler les tranchées dans les revêtements, afin d'obtenir une vitesse de 500 mètres par seconde. L'énorme quantité de force vive nécessaire à développer pour une telle vitesse (450 lieues par heure), ébranlait à tel point le métal des canons, qu'il fallait moins de 200 coups consécutifs pour les mettre hors de service.

M. Piobert calcula qu'en bornant la charge de poudre au tiers du poids du boulet, on pouvait encore ouvrir des brèches avec des conditions à tous égards très-supportables. Avec la nouvelle manière d'employer des gargousses allongées, dont nous avons parlé précédemment, les pièces désormais sont parfaitement conservées, pour un tir presque illimité.

EXPÉRIENCES DE BAPAUME.

Le Gouvernement ayant décidé que la ville de Bapaume cesserait d'être comprise parmi les places fortes, la démolition de ses remparts fut ordonnée. On résolut alors de faire servir cette démolition à des expériences nombreuses et comparatives sur les meilleurs moyens de battre en brèche, avec des bouches à feu de calibres différents. On fit aussi des expériences sur le jeu des mines.

Les expériences de Bapaume, accomplies en 1847, étaient dirigées : pour l'artillerie, par M. le colonel Piobert, et, pour le génie, par M. le colonel Cassières, sous la présidence de M. le duc de Montpensier.

Ces expériences ont établi plusieurs résultats très-utiles.

Elles ont, par exemple, confirmé le principe qu'il ne fallait pas laisser intact moins du tiers de la hauteur du revêtement à partir du fond du fossé, pour établir la tranchée horizontale de la brèche.

Le compte rendu de ces expériences remplit un volume in-octavo. Il m'a semblé convenable de présenter, sous une forme comparative et très-condensée, leurs principales conséquences.

En ne m'occupant que des projectiles employés pour abattre la maçonnerie, j'ai comparé le poids du boulet avec le volume de ces maçonneries. Pour déterminer ce volume approximativement j'ai multiplié la longueur de la brèche par la hauteur et par l'épaisseur du revêtement à la partie inférieure de la brèche. Le prisme rectangulaire ainsi calculé surpasse le volume réel de tout le prisme triangulaire donné par la réduction graduelle en épaisseur depuis la base jusqu'au sommet; mais le volume réel comprend en plus la partie des contreforts battue en brèche. Le volume indiqué ne diffère donc de la maçonnerie totale démolie que d'un cube égal à la différence de ces deux quantités. Cette faible différence, on peut la négliger sans aucune erreur pour les résultats comparatifs que j'ai voulu mettre en relief.

Les expériences ont présenté des comparaisons de ces deux charges, premièrement avec du 24, secondement avec du 16.

I. EFFET DES CHARGES, SOIT À MOITIÉ, SOIT AU TIERS, AVEC DU CANON DE 24.

PARTIE DE REVÊTEMENT OUVERTE EN BRÈCHE.	CHARGE À MOITIÉ.	CHARGE AU TIERS.
	Mètres courants.	Mètres courants.
Longueur	19 00	21 00
Hauteur	6 65	6 65
Épaisseur	4 36	4 36
	Mètres cubes.	Mètres cubes.
Volume de maçonnerie démoli	613 $\frac{99}{100}$	652 $\frac{13}{100}$
Coups tirés pour abattre maçonnerie et contre-forts :	Nombres.	Nombres.
170 boulets de 24	2,040 kilogr.	160 — 1,920 k.
Poids dépensé par mètre cube de maçonnerie démolie :		
Boulets	3 k. 322 gr.	2 k. 944 gr.
Poudre	1 661	0 981
Poids : boulets et poudre	4 k. 983 gr.	3 k. 925 gr.

Dans cette expérience, tout l'avantage est évidemment du côté de la charge au tiers. On verra plus tard que d'autres expériences ne présentent pas la même conclusion.

II. COMPARAISON DES CHARGES, SOIT À MOITIÉ, SOIT AU TIERS, AVEC DU CANON DE 16.

DIMENSION DE MAÇONNERIE DÉMOLIE PAR LE TIR EN BRÈCHE.	1re BRÈCHE. — CHARGE À MOITIÉ.	2e BRÈCHE. — CHARGE AU TIERS.
	Mètres courants.	Mètres courants.
Longueur	21 00	20 50
Hauteur	7 00	7 00
Épaisseur	4 35	4 34
	Mètres cubes.	Mètres cubes.
Volume démoli	640 $\frac{93}{100}$	622 $\frac{79}{100}$
Coups tirés pour abattre la maçonnerie	296	320
Poids des boulets	2,368 kilogr.	2,560 kilogr.
Poids de la poudre	1,184	853 $\frac{1}{3}$
Par mètre cube de maçonnerie démoli :		
Poids des boulets	3 k. 693 gr.	4 k. 111 gr.
Poids de la poudre	1 748	1 370
Somme du poids des boulets et de la poudre	5 k. 441 gr.	5 k. 481 gr.

Ici, comme on le voit, le poids total, boulets et poudre, est presque identique, pour les deux genres de charge; mais l'avantage reste entier *pour la conservation des bouches à feu.*

Pour les pièces de 12, on n'a pas fait d'expériences avec la charge à moitié. Les pièces de ce calibre, plus spécialement applicables au service de campagne, auraient été trop promptement détériorées par des charges aussi fortes.

III. EXPÉRIENCE, EN EMPLOYANT LA CHARGE AU TIERS, AVEC DU CANON DE 12.

MAÇONNERIE DÉMOLIE PAR LE TIR EN BRÈCHE.	CHARGE AU TIERS.
	Mètres courants.
Longueur	20 50
Hauteur	8 00
Épaisseur	2 83
	Mètres cubes.
Volume de maçonnerie démolie	464 $\frac{12}{100}$
Coups tirés pour la démolir	576
	Kilogrammes.
Poids des boulets	3.456
Poids de la poudre	1.152
Poids tirés par mètre cube de maçonnerie démolie :	
Boulets	7.446
Poudre	2.482
Somme du poids des boulets et de la poudre	9.928

En rapprochant les résultats des expériences dont je viens d'offrir les éléments, il est possible de rendre frappante l'influence des calibres, pour battre en brèche avec une même charge de poudre égale en poids au tiers du boulet.

CONSOMMATION DE BOULETS POUR DÉMOLIR UN REVÊTEMENT AVEC TROIS CALIBRES COMPARÉS (CHARGE AU TIERS).

CALIBRES COMPARÉS.	24.	16.	12.
	Kilogrammes.	Kilogrammes.	Kilogrammes.
Poids total des boulets par mètre cube de maçonnerie démolie	2,944	4,111	7,446

L'avantage des forts calibres reste évident d'après cette comparaison; *mais il n'est pas moins important d'avoir démontré qu'on peut, lorsqu'on emploie de simples pièces de 12, ouvrir une brèche en consommant beaucoup moins de métal, de poudre et de temps qu'on n'en employait, il n'y a qu'un quart de siècle, avec du 16 et du 24.*

BRÈCHES OUVERTES, PAR MÈTRE COURANT DE TRANCHÉE, AVEC TROIS CALIBRES DIFFÉRENTS.

CALIBRES COMPARÉS.	24.	16.	12.
	Kilogrammes.	Kilogrammes.	Kilogrammes.
Poids des boulets tirés par mètre courant de tranchée................	191,43	124,88	165,88
Ces nombres sont à peu près en raison inverse des calibres..............	× 12=109,706	× 8 =99,904	× 6=101,148

Brèches ouvertes par un tir oblique.

Les expériences de Bapaume ont fait voir qu'on pouvait ouvrir la brèche, non-seulement par un tir direct, *mais par un tir oblique :* le tir était dirigé suivant un angle qui ne s'élevait pas à 69 degrés.

Il en résulte sans doute un peu plus de boulets et de poudre consommés. Mais il se trouve des situations militaires où la position des batteries possibles est tellement circonscrite qu'on est trop heureux, au moyen d'un tel sacrifice, d'ouvrir une brèche importante; tandis qu'on n'a pas le moyen de battre suivant une ligne absolument perpendiculaire à la face des revêtements.

Expériences du tir contre des remparts casematés.

On a fait aussi des expériences pour démontrer qu'on peut toujours réussir à battre en brèche des remparts casematés. Il faut ici, comme pour le tir oblique, dépenser plus de poudre et de boulets. On arrive à ce résultat en doublant seulement le *sacrifice qu'aurait exigé la brèche d'un rempart non casematé.*

DESTRUCTION DES CASEMATES AVEC DU 16 CHARGÉ AU TIERS, À 71 MÈTRES DE DISTANCE MOYENNE.

DIMENSIONS DE LA MAÇONNERIE DÉMOLIE.	MESURES.	POIDS.
	Mètres courants.	Kilogrammes.
Longueur	6,70	
Épaisseur	3,45	
Hauteur	8,35	
	Mètres cubes.	
Volume de la maçonnerie démolie	193 $\frac{1}{100}$	
Tir :		
Boulets tirés pour démolir la maçonnerie	276 × 8	2.208
Poudre tirée	92 × 8	736
Poids des boulets employés pour démolir un mètre cube de maçonnerie	....	11 k. 400 gr.

Cette quantité de fer est un peu supérieure au double de celle qui suffit pour démolir un mètre cube de revêtement non casematé.

Ouverture des brèches par un tir opéré de nuit.

Enfin on a fait une expérience pleine d'intérêt, afin de démontrer la possibilité de battre en brèche pendant l'obscurité de la nuit.

TIR DE NUIT AVEC DU 16 CHARGÉ AU TIERS, À 71 MÈTRES DE DISTANCE MOYENNE.

DIMENSIONS DE LA MAÇONNERIE DÉMOLIE.	MESURES.	POIDS.
	Mètres courants.	Kilogrammes.
Longueur	21 07	
Épaisseur	3 07	
Hauteur	9 20	
	Mètres cubes.	
Volume de maçonnerie démolie	595 10	
Coups tirés pour démolir la maçonnerie	296 × 8k	2,368
Poudre consommée	296 × 8k $\frac{1}{3}$.	789 $\frac{1}{3}$
Poids des boulets employés par mètre cube de maçonnerie démolie	....	3,98
Poids de la poudre consommée pour obtenir le même résultat	....	1,33

Si l'on compare les brèches de tir et de jour faites avec du 16 chargé au tiers, on trouve, par mètre cube de maçonnerie démolie, pour poids total des boulets et de la poudre :

	Kilogr.
Tir de jour	5,48
Tir de nuit	5,31

Lorsqu'on s'aperçoit que l'ennemi répare la nuit les brèches ouvertes le jour, on peut, ce me semble, avec avantage, ouvrir pendant la nuit la brèche par laquelle tout devient prêt pour monter à l'assaut dès le point du jour. On peut encore ouvrir à moitié la brèche pendant la nuit, l'achever dans les premières heures de la matinée, et trouver amplement le temps nécessaire pour tenter l'opération décisive.

EXPÉRIENCES DU MONT VALÉRIEN, EN AVRIL 1854.

Exécution d'une brèche avec le canon-obusier de 12, à la charge du quart.

L'Empereur a voulu qu'on décidât, par voie d'expérience, une question pleine d'intérêt. Il a voulu qu'on fît usage des canons-obusiers de 12, qui pèsent 520 kilogrammes, pour essayer, en les chargeant seulement au quart, si l'on pourrait ouvrir une brèche avec cette artillerie légère.

On a tenté cette expérience au mois d'avril 1854, sur la face d'un bastion de la forteresse du Mont Valérien. Voici l'analyse de cette opération :

Les canons-obusiers étaient chargés avec $1^k,4$ de poudre, pour des boulets pesant un peu moins de 6 kilogrammes.

Dans les expériences de Metz, avec du 24 et du 16, chaque boulet avait pour sphéroïde d'action dans la muraille, 1° au fond, une demi-sphère, enveloppe de la partie antérieure du boulet ; 2° un cylindre tangent à cette demi-sphère ; 5° comme chambre de démolition, un sphéroïde évasé dont le cercle extérieur, au ras de dehors de l'escarpe, avait un diamètre à peu près quintuple du diamètre du boulet.

Avec le canon obusier de 12, chargé seulement au quart, on a trouvé, dans l'expérience du Mont Valérien, que la chambre de démolition avait seulement d'une fois et demie à deux fois le diamètre du boulet.

La surface du cercle extérieur de cette chambre de démolition s'est trouvée ainsi n'être que le huitième de la surface obtenue à Metz, comparativement à la surface d'un grand cercle des projectiles.

OPÉRATION DU TIR.

	TRANCHÉE HORIZONTALE.	COUPURES VERTICALES.	TOTAUX.
Boulets avec charge au quart.....	622	193	815
Boulets avec charge au tiers.....	14	26	40
SOMMES................	636	219	855
Tir dans le milieu de la maçonnerie à démolir [1].....................			12
TOTAL des coups pour abattre la maçonnerie.........			867
Coups pour renverser les restes de maçonnerie adhérents aux contre-forts, avec charge au tiers..................................			12
			879
Coups pour abattre les contre-forts..............................			36
TOTAL DÉFINITIF : Boulets de 12..................			915

[1] Ces 12 coups et les 12 autres qui vont suivre sont tirés par des canons de 12 chargés *au tiers*.

Quantité de fer lancée pour démolir complétement la brèche, 915 × 6 = 5,490 kilogrammes.

Poids des boulets de 12, principalement lancés avec charge au quart, par mètre cube de maçonnerie démolie, 14 kilogrammes 39.

Terminons par ce dernier résumé, tiré des expériences de Bapaume et du Mont Valérien.

COMPARAISON DU POIDS DES BOULETS PAR MÈTRE CUBE DE MAÇONNERIE DÉMOLIE.

		CHARGE.	POIDS DES BOULETS par mètre cube.
			Kilogrammes.
Calibre	24	Au tiers......	2 ,944
	16	*Idem*.........	4 ,111
	12	*Idem*.........	7 ,446
	12	Au quart.....	14 ,390

III.

ARTILLERIE DE CAMPAGNE.

Dès 1765, le célèbre Gribeauval, non content des perfectionnements apportés par lui dans toutes les parties du matériel, organisait le personnel par compagnies et par escouades, dont chacune était consacrée au service d'une bouche à feu.

En 1791, la France, imitant le grand Frédéric, organisa des compagnies d'artilleurs à cheval. Elle en retira les plus grands avantages par la célérité des manœuvres et l'audace des entreprises que rendait possibles une telle célérité.

Les puissances du Nord furent les premières qui s'occupèrent à transporter une partie des canonniers de l'infanterie sur des avant-trains ou des caissons. Mais ce sont les Anglais qui, s'emparant de ce système, l'ont porté jusqu'à la perfection.

Système anglais.

Pendant la guerre des Anglais contre la première république française, l'artillerie de campagne de nos rivaux était, sous tous les rapports, inférieure à la nôtre. Les canons étaient traînés par des chevaux attelés sur une seule file, comme l'étaient aussi les chariots à limonière, employés à transporter les munitions emballées dans des boîtes grossières de sapin.

De 1793 à 1800, on met les chevaux sur deux de front; on améliore les affûts, les avant-trains et les voitures; on organise le corps des conducteurs, on veut que tous soient montés.

En 1803, au renouvellement des hostilités, on fait usage de chariots à deux roues pour les munitions des pièces de campagne; on propose de placer, en cas de besoin, des canonniers sur ces voitures et sur les avant-trains des affûts. On perfectionne pareillement l'arrimage des munitions qu'on fait porter par des chariots de nouvelle forme, attachés aux brigades d'artillerie à pied. L'artillerie à cheval change, pour des voitures meilleures, celles qu'elle employait au transport de ses munitions; voitures si pesantes, qu'on était obligé de laisser vide un des trois caissons qu'elles contenaient. La construction des affûts reçoit aussi des perfectionnements essentiels.

Vers 1807, les voitures à deux roues sont remplacées par des chariots à quatre roues d'une nouvelle construction et plus légers encore que les voitures perfectionnées dont on faisait usage. Enfin le personnel du train, comme le matériel, est entièrement remis aux officiers d'artillerie. Presque toutes les innovations anglaises datent de cette époque; elles peuvent être attribuées à l'activité qui depuis lors ne s'est point ralentie jusqu'à la fin de la guerre. Ces perfectionnements appartiennent aux deux Congrève, père et fils. On doit au premier les fusées appliquées à l'art de la guerre. On leur a, pour ce motif, donné le nom de *fusées à la Congrève*.

Comme la nouvelle artillerie de campagne britannique différait essentiellement de celle des autres nations et présentait des propriétés très-précieuses, elle a dû nécessairement attirer et fixer l'attention générale. Depuis la paix, les officiers français en ont fait une étude approfondie; les officiers hanovriens et prussiens les avaient devancés lors de la dernière guerre, qui leur donnait des facilités particulières.

En 1813, l'Angleterre livrait à ses alliés un matériel immense. Elle fournissait aux Allemands des batteries mobiles; elle remettait, pour les officiers qui devaient commander ces batteries, des tables de portée, avec des instructions sur le service et la manœuvre des pièces.

Les Français n'ont vraiment eu connaissance du nouveau système anglais que dans l'année 1814. Alors un officier d'artillerie, M. Parizot, l'un de ceux qui ont le plus perfectionné le travail des arsenaux et les mécanismes de précision, M. Parizot eut l'habileté de faire une bonne description de l'artillerie anglaise de campagne; il en reproduisit les dimensions qu'il avait eu l'adresse de mesurer sous les yeux des canonniers anglais sans qu'ils pussent s'en douter. Il signala les avantages essentiels du système anglais dans un excellent mémoire qu'il m'a confié pour le publier, en 1820[1].

Affûts.

L'ancien affût de campagne présentait deux pièces de bois appelées flasques, et fixées par une extrémité sur l'essieu des roues principales. Ces flasques étaient rattachés l'un à l'autre par des entretoises; la plus éloignée de la pièce était percée d'un trou circulaire, pour recevoir la cheville ouvrière verticale de l'avant-train.

L'avant-train portait une cheville ouvrière qu'on faisait entrer dans ce trou, lorsqu'on voulait mettre la pièce en état de marcher.

Pour premier perfectionnement, les Anglais se sont contentés d'un seul flasque, ou flèche[2], beaucoup plus étroit horizontalement, du côté de la crosse, que ne l'étaient les deux flasques primitifs séparés par une entretoise.

Il est résulté de là que les Anglais, avec leur pièce attelée,

[1] *Force militaire de la Grande-Bretagne*, t. II, liv. IV, chap Ier, *Artillerie de campagne.*

[2] Dès 1778, les Français, en Égypte, avaient essayé l'affût à flèche.

ont pu tourner dans un cercle sensiblement plus étroit d'après ce nouveau système : c'est un premier avantage[1].

Un tel avantage, ils l'ont obtenu, quoiqu'ils aient donné le même diamètre aux roues d'avant-train qu'aux roues de l'affût.

Cette seconde modification leur a permis une extrême facilité dans les rechanges et des pièces et des chariots ou caissons qui concourent au service des bouches à feu. Une seule et même roue a pu servir pour tout ce matériel; d'où résulte une facilité incomparable pour le remplacement, particulièrement sur le champ de bataille.

L'essieu en fer ayant remplacé l'essieu en bois, beaucoup plus volumineux, et des boîtes en bronze ayant été placées dans les moyeux, on a, par ce moyen, rendu le tirage incomparablement moins pénible pour les chevaux.

Au lieu de placer leur coffret de munitions sur la crosse des flasques, les Anglais l'ont placé sur l'avant-train, en lui donnant de plus amples dimensions; cela leur a permis d'y renfermer un bien plus grand nombre de cartouches.

Pour faciliter les opérations alternatives de mettre la pièce en batterie ou de replacer l'affût sur l'avant-train, les Anglais ont remplacé la cheville ouvrière par un simple crochet fixé derrière l'avant-train. Le crochet s'engage dans un anneau qui tient solidement à la crosse de l'affût. De fortes poignées en fer, des deux côtés de la crosse, permettent aux canonniers de la soulever avec une extrême facilité, pour engager ou dégager le crochet.

[1] Comparaison des angles du plus grand tournant.

	AVANT-TRAIN	
	du système à l'anglaise.	ancien système.
Affût de 12..................................	49°	38°
Affût de 8....................................	50°	40°
Caissons et autres voitures de batterie.............	52°	48°

Ici nous trouvons une grande supériorité pour l'économie du temps et la diminution de la fatigue, dans une opération qu'il est si précieux d'accélérer et de faciliter, soit qu'elle précède l'instant de l'attaque ou celui de la retraite.

On a placé sur chaque avant-train deux coffrets à munitions, sur chacun desquels on fixe, avec des courroies, des couvertures pliées et que protége une toile imperméable; trois canonniers s'asseoient de front sur les deux coffrets contigus, quand on fait cheminer la pièce.

Outre les trois canonniers ainsi portés sur leur avant-train, chaque caisson de munitions en porte quatre assis sur le corps même du caisson. On comprendra mieux maintenant le parallèle du système anglais et du système français.

L'armement de l'artillerie dite légère, où tous les artilleurs sont à cheval, n'offrait d'abord que du 6 léger. Voici la comparaison de l'équipage complet d'une pièce de 6 anglaise, vers la fin de la guerre de l'Empire, avec la pièce de 6 française, de la même époque.

PARALLÈLE DES PIÈCES DE 6 DE FRANCE ET D'ANGLETERRE.

PARTIES COMPARÉES.	PIÈCE	
	ANGLAISE.	FRANÇAISE.
	Kilogr.	Kilogr.
Poids du canon	280 92	386 71
Affût équipé	398 97	533 29
Avant-train équipé	356 96	332 00
30 coups à boulet et 10 à balle	98 75	"
Coffret, boulet et 15 cartouches	"	114 90
3 canonniers portés par la pièce	246 88	"
Poids totaux	1,382 48	1,366 00
Poids totaux divisés par le poids du boulet	508	465
Rapport de ces nombres	109	100

On remarquera que la pièce française, ancien système, portait seulement *quinze* cartouches; tandis que la pièce anglaise porte *quarante* coups, et de plus trois canonniers. Avantage immense obtenu par le faible sacrifice qui naît d'une augmentation de 9 p. o/o sur le poids total de la pièce complétement équipée.

La grandeur nouvelle des roues d'avant-train, si favorable au roulage, fait plus que compenser le tirage exigé par ce léger accroissement de poids.

Malgré l'extrême avantage du 6 anglais, sous le point de vue de la mobilité, l'armée britannique y substitua du 9 pour le service de l'artillerie à cheval, au moment de commencer la campagne de 1815 : on en voit aisément le motif. Le 6 léger convenait parfaitement aux guerres de Portugal et d'Espagne, dans un pays montueux où les routes sont rares et mauvaises. Mais, dès que l'armée anglaise, cantonnée dans la Belgique, dut faire campagne au milieu d'un pays plat, en tout sens coupé par de larges et belles routes, on remplaça le 6 par le 9.

Les combats des Cent jours ont prouvé l'efficacité de ce changement plein de prévoyance.

Aujourd'hui l'on est allé plus loin dans ce système. C'est le calibre de 12 qu'on adopte généralement pour l'artillerie de campagne; il paraît même que les Russes ont des batteries de campagne d'un calibre encore plus considérable. Nous ne pensons pas que ce soit un avantage.

En 1821, M. le capitaine Piobert était employé dans l'arsenal de Toulouse. A cette époque on méditait déjà la guerre d'Espagne, et l'on voulait préparer de longue main un matériel facilement transportable à travers ce pays très-montagneux et très-mal pourvu de routes praticables. Dans cette vue l'on chargea cet officier de calculer les dimensions et le système d'un nouvel équipage d'artillerie de montagne : ce qu'il fit et pour les affûts et pour les bouches à feu.

L'expérience fournie par la campagne de 1823, dans les marches opérées depuis la Catalogne jusqu'à l'Andalousie, a parfaitement justifié la bonté des travaux exécutés préliminairement à Toulouse.

Ces premiers succès tournèrent vers le constructeur de cet excellent matériel les vues de l'administration générale de l'artillerie, qui songea depuis à modifier le matériel complet de cette arme, à l'imitation du système anglais. M. Piobert fut chargé d'établir les proportions des nouveaux affûts de campagne et de siége, travail qu'il fit en commun avec M. Marcoux.

De 1826 à 1830, il étendit ce genre de travaux aux affûts de place, ainsi qu'à de nouveaux affûts d'obusiers de 12 de montagne, et pour des obusiers de 8 pouces de siége et de côte. Ceux qui connaissent la précision des travaux de l'artillerie savent que les affûts et les bouches à feu sont calculés dans toutes leurs parties avec une rigueur extrême pour les moindres dimensions. M. Piobert a fait ces travaux en soumettant au calcul et à l'expérience beaucoup d'éléments du nouveau système.

Dès 1831, ce savant officier commence à Metz ses grandes recherches sur la théorie des effets de la poudre; en 1832, il propose une nouvelle méthode pour battre en brèche les murailles de fortifications, méthode que l'expérience a recommandée par un succès remarquable : nous l'expliquerons.

Attelages de l'artillerie britannique.

Les Anglais ne se sont pas contentés de tous les perfectionnements des affûts et des avant-trains. Ils ont aussi perfectionné de la façon la plus remarquable l'attelage des chevaux employés au service de leurs bouches à feu. La position, la forme, le poids de chaque partie des harnais et des traits, ont été calculés pour opérer la traction avec la moindre perte de force, et pour laisser au cheval toute sa liberté d'action. Notre artillerie s'est approprié ces améliorations, après en avoir fait l'objet d'expériences poursuivies avec autant d'habileté que de constance.

Organisation actuelle de l'artillerie française.

Afin de résumer en un mot les efforts accomplis pour approcher de la perfection, de 1815 à 1829, la France a consacré quatorze ans en recherches, en essais, en perfectionnements, avant d'arriver au système général qu'à peu de changements près elle possède aujourd'hui.

Elle a, dans toutes les parties, amélioré le matériel de campagne, de siége, de place et de côte.

A l'égard du personnel, elle a pris pour règle complète de n'avoir plus au service que des hommes considérés au même titre de militaires, dans toutes les parties du service : soit comme servants immédiats des bouches à feu, soit comme conducteurs d'attelages des pièces et du train en général.

L'unité militaire est la batterie, servie par une compagnie et commandée par un capitaine.

On distingue seulement, selon les circonstances du service : 1° les compagnies à cheval, ayant tous leurs hommes montés; 2° les compagnies non montées, où les canonniers non conducteurs sont transportés sur les avant-trains et les caissons; 3° les compagnies affectées au service des places. Toutes ces compagnies sont organisées de manière à pouvoir passer d'un service à l'autre.

Jusqu'à 1854 l'artillerie française comptait :

Batteries à cheval	32
Batteries montées	136
Batteries non montées	56
Total	224

Soit 14 régiments de 16 batteries.

Aujourd'hui l'on compte en plus 6 batteries à cheval pour la garde impériale; mais seulement 105 batteries montées, et 60 batteries non montées : en tout 203 batteries.

Lorsqu'il s'agit de fournir l'artillerie nécessaire au service d'un corps d'armée, quel que soit le nombre de batteries montées ou non montées dont on ait besoin, les compagnies complètes sont aussitôt destinées, et leur personnel marche ensemble ainsi que leur matériel. Ce matériel est prêt d'avance et réuni; ce qui permet de partir sans aucun retard, dès que l'ordre en est parvenu.

Constitution du train des parcs.

Jusqu'en 1854, il existait un certain nombre d'escadrons spéciaux d'artilleurs subdivisés en compagnies, pour conduire les attelages des parcs de campagne, les équipages de siége et les équipages de ponts. On a remplacé ces escadrons par trente-six batteries de parc.

Les pontonniers forment un régiment de 12 compagnies.

Enfin, les ouvriers d'artillerie, qui servent surtout dans les arsenaux, continuent d'être organisés en compagnies militaires indépendantes.

PROPORTION DU PERSONNEL DE L'ARTILLERIE ET DES AUTRES ARMES, DANS LES ARMÉES EUROPÉENNES.

PUISSANCES.	ARTILLERIE			CAVALERIE.	INFANTERIE.
	À PIED.	À CHEVAL.	TOTAL.		
Prusse	89	21	103	179	718
Russie	76	19	95	143	762
Angleterre	84	8	92	113	795
Confédération germanique	70	14	84	166	750
Suède	75	6	81	115	804
Bavière	50	10	60	168	772
Autriche	55	"	55	123	823

Artillerie russe.

Les Russes, dans leurs armées, emploient un très-grand nombre de bouches à feu; la proportion en a souvent dépassé celle de 7 par 1,000 combattants; tandis que les Français ont fait une grande partie de leurs plus belles campagnes en n'employant pas plus de 3 à 4 bouches à feu par 1,000 hommes.

Napoléon le Grand pensait qu'avec une armée bien aguerrie il suffit à la rigueur d'avoir deux pièces par mille combattants. Cependant il a dépassé ce nombre dans la campagne d'Austerlitz et dans la campagne de 1812, pour balancer, il est vrai, l'énorme artillerie des Russes.

Composition des batteries.

Jusqu'à ces derniers temps, pour le service de campagne, la France a fait usage de batteries dont les canons sont du calibre de 8 et dont les obusiers ont un diamètre de 15 centimètres. Les batteries attachées aux divisions d'infanterie sont des batteries non montées. Les divisions de cavalerie ont des batteries à cheval, et de semblables batteries sont établies comme réserve pour être dirigées aux lieux nécessaires avec la plus grande rapidité.

On maintient aussi dans les réserves des pièces d'un calibre plus fort, du 12 pour les canons et du 16 centimètres pour les obusiers. On s'en sert comme pièces de position; et, comme nous l'avons vu, on peut même les employer pour ouvrir les brèches dans les remparts.

C'est au moyen des perfectionnements très-modernes apportés dans la construction des obusiers, qu'on a pu les employer, dans une proportion constante et régulière, avec les canons : deux obusiers et quatre canons composent la batterie ordinaire.

Ces deux genres de bouches à feu produisent des effets

dont les avantages alternent dans le tir rapproché et dans le tir éloigné; leur réunion offre la meilleure combinaison d'ensemble que l'on puisse désirer.

ORGANISATION DU MATÉRIEL DES BATTERIES DE CAMPAGNE.

	BATTERIES		
	de 12, avec obusiers de 16 centim.	de 8, avec obusiers de 15 centim. pour divisions d'infanterie.	de 8, avec obusiers de 15 centim. pour divisions de cavalerie.
	Nomb.	Nomb.	Nomb.
Bouches à feu sur affûts. — Canons	4	4	4
Bouches à feu sur affûts. — Obusiers	2	2	2
Caissons — à munitions pour canons	12	8	8
Caissons — pour obusiers	6	4	4
Chariots — d'infanterie [1]	»	6	2
Chariots — d'artillerie chargés	2	2	2
Forges de campagne approvisionnées	2	2	2
Affûts de rechange (avec coffret chargé)	2	2	2
TOTAL des véhicules	30	30	26
Chevaux de trait	180	180	156

[1] Les batteries de réserve, lorsqu'elles sont composées de canons de 8 et d'obusiers de 15 centimètres, n'ont pas de caissons d'infanterie.

La connaissance du matériel de notre artillerie de campagne ne serait pas complète, si nous ne donnions pas celui des approvisionnements qui doivent accompagner les batteries.

APPROVISIONNEMENTS DES BATTERIES EN MUNITIONS.

		BATTERIES			
		de 12 et d'obusiers de 16 centimètres.		de 8 et d'obusiers de 15 centimètres.	
		Canons.	Obusiers.	Canons.	Obusiers.
Nombre de coups par coffre.	à boulet ou à obus.	21	14[1]	28	20
	à balles..........	2	1[1]	4	2
Nombre de coffres par pièce..................		10	10	7	7
Nombre de coups par pièce.	à boulet ou à obus.	210	132	196	140
	à balles..........	20	14	28	14
Nombre de coups par batterie, y compris les coffres des affûts de rechange, dont l'un est chargé pour canon et l'autre pour obusier.................	à boulet ou à obus.	821	276	812	300
	à balle..........	82	30	116	30
	TOTAL........	943	306	928	330
NOMBRE TOTAL des coups par batterie....		1,249		1,258	

[1] Dans le chargement des coffres d'avant-train pour obusiers de 16 centimètres, deux coups à obus sont remplacés par un coup à balles.

SYSTÈME DE L'EMPEREUR NAPOLÉON III.

Modification la plus récente des calibres dans les batteries de campagne de l'artillerie française.

L'Empereur Napoléon III ne s'est pas contenté d'écrire un ouvrage considérable et profondément médité, *sur le passé, le présent et l'avenir de l'artillerie,* on lui doit une simplification remarquable dans l'artillerie de campagne.

Au lieu d'avoir deux calibres, le 8 et le 12 simultanément

employés pour cette artillerie, il a voulu qu'on n'employât plus que le seul calibre de 12 : simplification importante.

On a foré les canons de 8 en les ramenant au calibre de 12, afin d'en faire des *canons-obusiers légers*. Après l'alézage, ils n'ont plus pesé que 550 kilogrammes. On les destine aux batteries à cheval qui marchent avec la cavalerie; on ne les charge qu'avec 1 kilogramme de poudre, pour le boulet comme pour l'obus.

Le canon-obusier de 12 proposé par l'Empereur pèse 620 kilogrammes; il sert pour les divisions d'infanterie. La charge est de 1 kilogramme et 4 dixièmes pour le boulet, et de 1 kilogramme pour l'obus.

Enfin, les anciennes batteries de 12 sont conservées pour la réserve.

IV.

PETITES ARMES : LE FUSIL ET LA CARABINE.

Trois perfectionnements principaux des petites armes appartiennent au demi-siècle objet de nos études, et tous trois ont été mis en pratique dans le temps écoulé depuis la paix générale.

Le premier perfectionnement consiste dans la substitution de capsules inflammables par percussion à l'emploi du silex faisant jaillir une étincelle sur la poudre contenue dans un bassinet;

Le second perfectionnement consiste dans le chargement par la culasse, réservé jusqu'à ce jour presque sans exception pour les armes de chasse;

Le troisième perfectionnement est relatif à la forme de l'arme et des balles.

FUSILS CHARGÉS PAR LA CULASSE.

Nous parlerons ici des deux fusils les plus remarquables,

destinés l'un et l'autre, jusqu'à ce jour, au seul usage de la chasse. Ce sont les fusils qu'ont imaginés MM. Lefaucheux et Robert. Dans ces deux armes le canon est ouvert aux deux extrémités; avant le tir, il est fermé par une pièce métallique appliquée contre la tranche du tonnerre. On remplace ainsi la culasse. De ce côté, l'arme est d'un plus grand calibre dans une longueur suffisante pour contenir la cartouche avec une balle qui, lors du tir, ne peut avancer que comprimée et contrainte de faire entrer dans les rayures le métal exubérant.

Voici maintenant ce qui différencie les deux armes que nous avons signalées.

Fusil Lefaucheux.

Son mécanisme est fort simple. Un axe horizontal rattache le canon avec la crosse, qui porte aussi la culasse. On ferme l'ouverture en redressant le canon; puis, avec un tourniquet intérieur, on engage une espèce de gâchette entre deux tenons recourbés, fortement soudés au canon, pour le verrouiller sur la crosse. On a d'avance engagé la cartouche dans le canon. Une platine très-simple à percussion frappe sur l'étoupille engagée dans la lumière.

Au moyen d'une calotte de cuivre emboutie, qui s'appuie contre le fond de la culasse, après que la cartouche est placée, on empêche la fuite du gaz lorsque la poudre s'enflamme.

Fusil Robert.

Dans ce fusil la crosse et le canon sont inséparablement unis l'un à l'autre; mais la culasse, prolongée par un levier, peut être soulevée pour placer la cartouche. Cette cartouche présente en arrière un petit cylindre qui contient la poudre fulminante. La cartouche posée, on abaisse ce levier, qu'on fixe au moyen d'un tenon transversal. Ensuite, par le moyen d'une gâchette que presse le doigt du tireur, on pousse un levier intérieur contre la tête de la capsule, ce qui suffit pour l'enflammer.

Fusils de rempart.

Toutes les dispositions proposées pour charger les armes par la culasse ont paru trop compliquées pour le service des troupes en campagne. Mais, pour le service des places, on a trouvé bon, en 1831, d'employer un moyen analogue à celui des anciens fusils à boîte, en l'appliquant aux *fusils de rempart.*

Sous d'assez petits angles, ce fusil portait à 1,000 et 1,200 mètres; à 300 mètres il perçait les gabions et les sacs à terre de l'ennemi. L'arme pivotait sur un piquet planté dans la terre du parapet.

Carabines de guerre, chargées comme les fusils ordinaires.

Dès la première guerre de la Révolution française, on donnait aux sous-officiers ainsi qu'aux officiers des troupes légères une carabine, modèle de 1793; on l'appelait carabine de Versailles, du nom de la fabrique d'armes établie dans cette ville. Une carabine semblable, mais plus courte, était donnée à la cavalerie.

La balle enveloppée d'un papier fin et graissé, était enfoncée dans l'arme, à coups de maillet frappés sur une baguette en fer. La lenteur du moyen fit renoncer à cette arme.

Fusil Delvigne.

Dès l'année 1826, M. le capitaine d'infanterie Delvigne eut une conception heureuse. Il fit usage d'une balle d'un diamètre presque égal à celui de l'âme d'un canon carabiné. La balle introduite et tombant par son poids jusqu'au fond de l'âme, il la frappait avec la baguette, comme pour bourrer dans la charge ordinaire de l'infanterie. Par ce moyen, il aplatissait un peu la balle, et la forçait ainsi de s'engager dans les rayures en hélice de l'arme carabinée.

Au siége d'Alger, on fit essayer, par une compagnie de tirailleurs, la nouvelle arme qui présentait ce perfectionnement.

Jusqu'en 1830, les armes carabinées étaient chargées avec des balles forcées à coup de maillet. Lorsqu'on en faisait usage il fallait perdre quatre fois autant de temps que pour la charge des fusils ordinaires : cela les fit abandonner, pour prendre le fusil Delvigne.

Afin de ne pas écraser la poudre en frappant la balle avec la baguette, cet officier avait obtenu qu'on rétrécirait le fond du canon pour former *une chambre* recevant la poudre : le bord plat de cette chambre arrêtait la balle.

Le tir du fusil Delvigne était supérieur pour de petites distances, obtenues avec une charge de 4 à 5 grammes. Mais, dès qu'on passait 200 mètres, l'avantage devenait moindre. Un tel inconvénient empêchait ce fusil d'être définitivement acceptable comme arme de guerre.

Néanmoins M. le capitaine Delvigne avait rendu un service capital en attirant fortement l'attention sur la voie nouvelle qu'il venait d'ouvrir.

Carabine Pontcharra.

Dès 1833, le ministre de la guerre ordonna de rechercher les moyens d'obtenir une carabine de guerre qui fût combinée suivant le principe du forcement de la balle, après sa libre introduction dans le canon de l'arme.

Une commission fut dirigée par M. le colonel d'artillerie de Pontcharra, qui a consacré ses veilles et ses talents à ce genre de recherches. Elle fit des expériences pour déterminer les meilleures conditions relatives au mode de chargement, à la quantité de poudre, à la longueur du canon; au nombre, à la forme, à la profondeur, à la largeur, à l'inclinaison des rayures en hélice; à l'épaisseur du canon, à l'influence du vent sur la direction et sur la portée; enfin, à l'emploi *des hausses*, pour graduer l'élévation de l'arme suivant la différence des portées.

Cette belle série de recherches conduisit à l'adoption officielle de la carabine, dite de Pontcharra, modèle de 1836, avec laquelle on arma le *bataillon des chasseurs d'Afrique*. Cette arme ne laissait rien à désirer pour la justesse du tir; mais il n'en était pas ainsi pour la portée.

Modèle de 1842.

Dans l'espoir de satisfaire à cette dernière condition, l'on modifia le nombre et l'inclinaison des rayures, ainsi que d'autres dimensions; les nouveaux modèles furent la carabine modèle de 1842, et le fusil de rempart de la même époque

Ces armes reposaient toujours sur le système de forcement des balles, imaginé par M. Delvigne.

DIMENSIONS ESSENTIELLES DE LA CARABINE, MODÈLE DE 1842, DONNÉE AUX CHASSEURS DE VINCENNES.

INDICATION DES PARTIES MESURÉES.	DIAMÈTRES.	LONGUEURS.
	Millimètres.	Millimètres.
Balles (sphériques)	17	»
Ame de la carabine	17 ½	810
Chambre au fond de l'âme	13 ½	52

Rayure en hélice....	Nombre..........	4
	Largeur.........	7 ½ millimètres.
	Profondeur.......	½ millimètre.
	Longueur du pas...	6 m. 226 millim.

La baguette est à tête cylindrique à base creusée en segment de sphère, ainsi que le sabot. Grâce à ce moyen, la balle, lors-

et creusée à l'extrémité postérieure pour placer, dans la cartouche, la capsule d'amorce.

Dans la même année 1841, M. Delvigne proposait des balles ayant la forme d'une moitié d'ellipsoïde allongé, avec un court cylindre à la base.

Ces modifications isolées n'obtinrent pas de succès remarquables.

Il n'en fut pas ainsi lorsqu'on y joignit une autre innovation due à M. le colonel Thouvenin.

Fusil à tige de M. le colonel Thouvenin.

Ici la chambre de l'âme disparaît, et dans le fond de l'âme est implantée une tige en acier, droite et circulaire; elle est assez longue pour que la poudre de la charge, versée tout autour ne la dépasse pas. La balle vient poser sur la base antérieure de cette tige. On bourre fortement et la balle aplatie s'engage dans les rainures.

A la balle sphérique essayée d'abord, on substitua, en 1844, une nouvelle balle allongée.

Dimensions relatives au fusil à tige, de M. le colonel Thouvenin, avec une nouvelle balle allongée.

Rainures en hélice		4
Pas des hélices		1,335 millimètres.
Balle allongée..	Partie antérieure....	Moitié d'ellips. allongé.
	Partie postérieure...	Un tronc de cône.
Diamètre de la balle		17 $\frac{1}{2}$ millimètres.
Longueur		29 millimètres.

Des expériences faites avec grand soin, à Vincennes, ont constaté la supériorité considérable des fusils à tige sur les armes carabinées de 1840 et 1842.

PARALLÈLE DES COUPS QUI PORTENT AVEC LE FUSIL DE REMPART ET LE FUSIL À TIGE DE M. LE COLONEL THOUVENIN.

	DISTANCE DU BUT.	FUSIL DE REMPART (1840).	FUSIL À TIGE.
	Mètres.	Coups.	Coups.
But rectangulaire de 2 mètres de long sur 2 mètres de large	400	290	560
	500	115	450
	600	60	200
	700	30	130

RAPPORT DES PRÉCISIONS DU TIR SUIVANT LES DISTANCES.

Contre cent coups atteignant le but avec le fusil de rempart, voici le nombre de coups atteignant le but avec le fusil à tige :

	TIR à 400 MÈTRES.	TIR à 500 MÈTRES.	TIR à 600 MÈTRES.	TIR à 700 MÈTRES.
Fusil de rempart	100	100	100	100
Fusil à tige	193	391	433	433[1]

[1] Ce dernier nombre semble trop faible, ainsi qu'on peut s'en assurer en consultant la loi de continuité : ce n'en est pas moins un magnifique résultat, qu'une supériorité de 4 1/3 contre 1.

Un très-grand avantage des carabines à tige est donné par la force de pénétration qu'elles communiquent au projectile.

FORCE DE PÉNÉTRATION DES BALLES DE CARABINES À TIGE PAR MILLE BALLES TIRÉES.

		PANNEAUX DE PEUPLIER TRAVERSÉS.	
		Nombres.	Épaisseur.
			Millimètres.
Coups portant, sur mille	297	3	22
	363	2	22
	413	1	22

Chacun de ces coups, atteignant en pleine poitrine, eût été mortel.

Afin d'augmenter encore la précision, le capitaine Tamisier a pratiqué jusqu'à trois gorges circulaires sur la partie cylindrique et postérieure de la balle. L'on a reconnu, lorsque l'axe de la balle s'éloigne de la tangente à la trajectoire, que la résistance contre l'air de la partie des rainures qui prête à cette résistance, tend à redresser la balle : le mouvement se maintient ainsi plus régulier, et la portée est plus grande.

Tel est le projectile de la carabine dont le modèle date de 1846.

PROPORTIONS CONCERNANT LA CARABINE À TIGE, MODÈLE DE 1846.

	LE CANON.		LA TIGE (EN ACIER).
	Millimètres.		Millimètres.
Longueur de l'âme	868	Longueur	38
Diamètre de l'âme	$17\frac{8}{10}$	Diamètre	9

Le pas des rayures en hélice est égal à 2 mètres.

Par un nouveau perfectionnement de l'arme, en 1846, *on a donné plus de profondeur aux rayures en hélice, vers la culasse que vers la bouche de l'arme;* on leur a donné de profondeur 5/10 de millimètre à la culasse, et 3/10 de millimètre à la bouche. Par ce moyen la compression de la balle n'a pas besoin d'être instantanée, et sa forme peut être plus aisément modifiée lors du tir.

La longueur de la carabine armée du sabre-baïonnette est de 1 mèt. 835 millim.

	Poids.
Carabine à sabre-baïonnette	5^{k},040^{g}
Balle.	47 ½
Charge de poudre.................	4 ½

On sera certainement frappé de la faible quantité de poudre nécessaire pour la charge : moins du *dixième* du poids de la balle.

Le tableau suivant fait voir à quel degré de supériorité l'on atteint par l'emploi de tireurs choisis.

PARALLÈLE ENTRE LE TIR ORDINAIRE DES CHASSEURS À PIED ET CELUI DE LEURS TIREURS DE PREMIÈRE CLASSE, MODÈLE DE 1848; BALLES ATTEIGNANT LE BUT SUR MILLE COUPS.

HAUTEUR DU BUT : 2 MÈTRES.	DISTANCES				
	à 150 MÈTRES	à 300 MÈTRES	à 600 MÈTRES	à 900 MÈTRES	à 1000 MÈTRES
Largeur du but.........	0^{m},5	1^{m}	2^{m},5	5^{m}	6^{m}
	Nombres.	Nombres.	Nombres.	Nombres.	Nombres.
Chasseurs à pied ordinaires.	415	319	249	156	143
Tireurs de 1re classe......	545	465	297	239	174

Depuis 1845, toute l'artillerie française est armée de mousquetons, carabinés et à tige, tirant des balles oblongues. Les artilleurs sont munis de sabres-baïonnettes, pareils à ceux des chasseurs à pied.

Fusils ordinaires rayés en hélice.

En 1849, on a fait essayer par quatre régiments d'infanterie des fusils ordinaires qu'on avait rayés et munis d'une tige au fond de l'âme. Le tir est devenu plus précis; mais la durée de la charge est accrue d'un *sixième* : c'est un inconvénient sensible.

La cartouche de l'arme ainsi modifiée, est augmentée en poids de 36 à 52 grammes; ce qui augmente aussi les poids à transporter pour les approvisionnements.

En Afrique, où l'adresse personnelle du tireur importe beaucoup à tous les soldats, même à ceux des régiments de ligne, l'utilité des armes carabinées est d'un avantage majeur. C'est pour cette raison qu'on a consacré plus particulièrement les fusils à tige aux troupes qui sont appelées souvent à faire une guerre de détail en Afrique.

Balles à culot du capitaine Minié.

En 1849, M. le capitaine Minié conçoit la pensée d'une balle oblongue, évidée dans la partie qui doit poser contre la poudre. Un culot tronc-conique, en tôle de fer, à base plane, est introduit dans la cavité de la balle. Lorsque la poudre s'enflamme, le culot pousse comme un coin conique la paroi creuse de la balle; elle force le plomb de cette partie à pénétrer dans les rayures du canon.

Proportions de la balle Minié.

Longueur totale	29	millimètres.
Poids total	50	grammes $\frac{1}{2}$.
Poids sans culot	49	grammes.

NATURE DES DIMENSIONS.	PROPORTIONS DE L'ÉVIDEMENT	
	tronc-conique.	du culot.
	Millimètres.	Millimètres.
Diamètre à l'entrée	11	1
Diamètre au fond	9	9
Profondeur de l'évidement	16	5

Charge de poudre............ 5 grammes.
Épaisseur de la tôle du culot... 1 millimètre.

La balle à culot de M. le capitaine Minié présente au dehors la même figure que la balle oblongue décrite précédemment : elle est un peu tronquée au sommet et sensiblement plus longue dans sa partie cylindrique.

Les deux balles éprouvées dans les écoles de tir, avec la cible régimentaire, ont donné par mille coups les résultats suivants :

TIR COMPARATIF DE LA BALLE CREUSE MINIÉ, ET DE LA BALLE PLEINE ET DE FORME OBLONGUE; NOMBRE DE BALLES ATTEIGNANT LE BUT, PAR MILLE COUPS, TIRÉS SUR LA CIBLE RÉGLEMENTAIRE.

DISTANCE DU BUT.	BALLES MINIÉ À CULOT.	BALLES OBLONGUES PLEINES.
150 mètres	437	320
250	465	490
350	445	379
500	290	243
600	166	102
800	105	69

Les expériences rapportées dans ces tables, tirées du traité d'artillerie de M. le général Piobert, renferment une anomalie qu'il me semble impossible d'expliquer. A 350 mètres, ainsi qu'à 500 mètres de distance, la précision du tir est tout à l'avantage de la balle Minié; mais à 400 mètres, c'est le résultat contraire. L'expérience devrait être recommencée pour ce dernier éloignement du but.

Pour les balles évidées, comme pour les balles pleines oblongues, on a mis en expérience l'armement de quatre régiments d'infanterie dans l'année 1851 : des balles évidées, les unes avaient un culot, les autres n'en avaient pas. Pour ces dernières, les gaz, développés par l'inflammation de la poudre, poussent immédiatement le plomb dans les rayures. Le tableau qui suit donne le résultat de cette nouvelle série d'expériences, en se rapprochant autant que possible des circonstances de guerre.

TABLEAU COMPARATIF DES COUPS PORTANT SUR MILLE, TIRÉS AVEC DES BALLES PERFECTIONNÉES LANCÉES PAR DES FUSILS RAYÉS.

GRANDEUR DES CIBLES.	DISTANCES.	NOMBRE DE COUPS ATTEIGNANT LE BUT. avec des balles oblongues, pleines.	avec des balles évidées, à culot.	avec des balles évidées, sans culot.
2 mètres sur $\frac{1}{2}$ mètre....	150 mètres......	330	344	318
	200............	243	247	262
2 —— 1........	250............	383	332	284
	300............	281	212	223
2 —— 1m,50....	350............	344	284	250
	400............	279	223	200

Ce petit nombre de résultats suffit pour démontrer la précision supérieure des balles pleines oblongues sur les balles évidées; mais il présente des conclusions différentes avec le tableau précédent.

Adoption des balles Minié par les Anglais.

Les Anglais, en partant des balles Minié, ont fini par supprimer le culot. Leurs balles sont sans cannelures à leur pourtour cylindrique; elles sont étampées et sans soufflures. On n'a pas à craindre, lors du tir, que l'expansion les déchire dans le canon.

Proportions du système adopté par les Anglais (Balles Minié).

Longueur . . . . 25 millimètres.
Diamètre . . . . 17 ——— $\frac{1}{2}$.

Évidement tronc-conique de la balle.

Grand diamètre d'entrée. . . . 11 millimètres $\frac{2}{10}$.
Petit diamètre. . . . . 3 ——— $\frac{1}{2}$.
Profondeur d'évidement. . . . 7 ———

Le petit diamètre est celui d'un évidement hémisphérique, lequel continue le tronc de cône.

IV.

NOUVELLES TROUPES LÉGÈRES DE L'INFANTERIE FRANÇAISE.

Jusqu'à la conquête de l'Algérie, la France, en réalité, n'avait pas de troupes légères.

Elle comptait vingt régiments auxquels on donnait le nom d'*infanterie légère;* mais ces régiments, ni pour l'instruction, ni pour l'armement, ni pour les manœuvres, ne différaient des régiments de ligne.

LES ZOUAVES.

Les Arabes, dont l'infanterie était insignifiante et peu nombreuse, tandis que leur cavalerie était redoutable, soit par petits groupes, soit par combattants isolés, les Arabes firent éprouver aux Français le besoin de former des fantassins, habiles tirailleurs, et qui pussent faire un service incessant de véritables troupes légères.

On organisa d'abord quelques compagnies de tirailleurs arabes, auxquels on donna des officiers et des sous-officiers français. Dès 1837, on leur confia des carabines, et la portée considérable de ces armes leur procura la supériorité du feu sur les Arabes.

Ces compagnies furent bientôt groupées en bataillons, et les bataillons en régiments. Tels furent les *zouaves,* dont l'activité, l'intelligence et l'ardeur, acquirent bientôt une célébrité méritée.

De jeunes officiers d'élite, pour avancer plus promptement, quittaient les régiments de ligne, et le génie, et l'artillerie; ils passaient dans les zouaves. Leurs lumières réunies contribuaient au perfectionnement et au progrès de l'arme nouvelle. Le brillant Lamoricière commença par être un de leurs capitaines. Ils eurent le savant, l'héroïque Duvivier, pour premier colonel. Avec de tels chefs ils pouvaient tout oser et tout exécuter avec succès.

La réputation des zouaves a brillé d'un nouvel éclat depuis le débarquement des Français et des Anglais en Crimée.

A la bataille de l'Alma, les zouaves étaient à l'avant-garde du général Bosquet, dont la division gravissait des chemins que les Russes avaient regardés comme impraticables pour l'artillerie, pour la cavalerie et presque pour l'infanterie. Les trois armes ne marchaient pas, elles couraient en gravissant les sentiers les plus escarpés. Tout à coup les fez écarlates des zouaves apparaissent à l'horizon du plateau qu'occupaient les Russes. Ceux-ci se méprennent, et, dans la joie d'un triomphe qu'ils croient certain, ils s'écrient : Turcos ! Turcos ! Cependant les zouaves, avec la rapidité de l'éclair, déploient leurs lignes de tirailleurs. Ils commencent un feu que l'ardeur du combat multiplie, et que le sang-froid, supérieur au danger, rend deux fois plus meurtrier. Les grenadiers ennemis, entourés, attaqués par des hommes qui marchent avec une vitesse de deux lieues par heure, par des hommes dont le tir est comparable à la portée des petites pièces de campagne, avec plus de précision, les grenadiers moscovites manœuvrent, par instinct, comme ils auraient manœuvré contre la cavalerie : pour résister, ils forment le carré. C'est le grand honneur qu'ils font aux zouaves.

Voilà la troupe *inconnue* que le prince Mentschikoff signale à son souverain comme un corps qu'il ne comprend pas.

Ce qui constitue la supériorité des zouaves, c'est leur expérience militaire. Leur service incessant, aussi longtemps qu'Abd-el-Kader n'a pas été fait prisonnier, leur service subséquent contre les Kabyles, et jusque dans les oasis, tout leur a donné l'art de se suffire à eux-mêmes au milieu des privations les plus diverses. Ils ont acquis l'habitude d'affronter les difficultés les plus variées, en des pays montagneux, en des pays boisés. Ils ont bravé les climats les plus opposés, depuis les neiges de l'Atlas jusqu'au climat torride du Sahara. Rien de nouveau les surprend, parce qu'ils ont déjà tout affronté, tout supporté.

qu'elle est bourrée, se trouve comprimée, avec bien plus d'efficacité, par deux surfaces osculantes, au lieu de l'être par des points uniques, suivant l'ancienne manière de bourrer la balle des carabines.

Afin de rendre la carabine plus redoutable, en simplifiant l'armement des soldats, on imagina de faire servir à deux fins le sabre du chasseur, en l'adaptant, quand il en serait besoin, au bout du canon de la carabine. On obtint de la sorte une baïonnette infiniment plus puissante.

COMBINAISON DE LA CARABINE DE 1842 AVEC LE SABRE-BAÏONNETTE.

	LONGUEUR.	POIDS.	PRIX.
	Millimètres.	Kilogramm.	Francs.
La carabine seule........................	1,274	4,60	43 72
Le sabre-baïonnette (lame)...............	573	0,08	14 20
Carabine armée du sabre-baïonnette........	1,847	5,40	57 92

Le calibre de la carabine de 1842 était aussi celui des balles du calibre ordinaire d'infanterie.

On a, depuis, fait un fusil modèle de rempart dit *allégé*, qui sert aussi pour les compagnies d'élite des bataillons de chasseurs à pied. Sa balle a 20 millimètres de diamètre, et l'arme pèse 5 kilogrammes 67/100, avec le sabre-baïonnette : c'est 27/100 de kilogramme de plus que la carabine de 1842 adoptée pour les compagnies ordinaires de chasseurs.

Premier emploi des balles allongées.

C'est seulement à partir de 1841, que, sur la proposition de M. le chef d'escadron Thiéry, on a fait l'essai sérieux de balles autres que celles de forme sphérique. La balle Thiéry était cylindrique, terminée en avant par une demi-sphère

BATAILLONS SPÉCIAUX DE CHASSEURS FRANÇAIS.

Ayant fait deux campagnes en Afrique et vu les zouaves à l'œuvre, M. le duc d'Orléans résolut d'organiser en France des bataillons de troupes légères, avec tous les perfectionnements qu'on pourrait trouver en partant du point auquel étaient parvenues celles de l'Algérie. Tels ont été les *Chasseurs de Vincennes*, ainsi nommés parce que Vincennes fut leur centre d'organisation et d'instruction.

Cette institution a parfaitement réussi. Elle a rendu tout à fait inutiles 20 régiments d'infanterie, supposés légers, qui, depuis un an, ont pris rang et numéro de troupes de ligne ordinaires.

Il y a maintenant vingt bataillons de chasseurs à pied, qui forment autant de corps isolés, forts de 848 hommes. Chacun est réservé pour une division de quatre régiments, avec laquelle il marche comme une batterie d'artillerie de campagne : dans certains cas, il en a presque l'efficacité ; dans d'autres il la surpasse.

Pour les bataillons de chasseurs à pied, on choisit des hommes de taille moyenne, mais fortement constitués ; trapus, aux bras nerveux, aux jambes infatigables.

Leur costume est sévère. La tunique et le pantalon bleu foncé, les passe-poils et l'épaulette verts, le shako garni d'un plumet noir ; rien n'attire la vue, rien ne facilite l'appréciation de l'ennemi. C'est à leurs coups qu'il reconnaîtra les chasseurs.

Le pas des chasseurs.

Les chasseurs diffèrent avant tout de l'infanterie de ligne par une marche incomparablement plus rapide.

Leur pas accéléré n'est pas moindre de cent pas à la minute.

Leur pas gymnastique est d'un tiers plus allongé que le pas de la ligne ; en même temps le chasseur fait deux fois plus de pas. Au pas gymnastique ordinaire il parcourt plus de deux lieues dans une heure. Au pas gymnastique accéléré il parcourt neuf quarts de lieue. Voici le tableau de ces marches comparées.

DÉNOMINATION DU PAS.	LONGUEUR DU PAS.	NOMBRE DE PAS		ESPACES PARCOURUS	
		par minute.	par heure.	par minute.	par heure.
	Centimètres.			Mètres.	Mètres.
Pas ordinaire......	65	70	4,200	45 $\frac{1}{2}$	2,730
— accéléré......	65	110	6,600	71 $\frac{1}{2}$	4,290
— gymnastique..	83	165	9,900	137	8,217
— accéléré......	83	180	10,800	149 $\frac{4}{10}$	8,964

Formation sur deux rangs.

La formation des chasseurs sous les armes est établie, non sur trois rangs, comme pour nos troupes de ligne, mais sur deux rangs, comme pour l'infanterie britannique.

Cette infanterie, attaquée en avant de Balaclava (c'étaient les montagnards écossais) par de la grosse cavalerie russe, n'a pas formé le carré. Elle a, je le crois, fait feu trop tôt; et la première fois sans résultat : elle était alors à 600 mètres de la cavalerie qui s'avançait. Elle a rechargé ses armes avec un calme parfait, et s'est trouvée prête pour une seconde décharge, à 200 mètres de distance : l'effet en fut si terrible, que la cavalerie s'arrêta court, et rebroussa chemin. Tel est le sang-froid admirable et la solidité du soldat britannique.

Lors de la première création des chasseurs de Vincennes, on avait imaginé, dans la formation sur deux rangs, d'amalgamer en quelque sorte deux à deux les files contiguës : on formait ainsi de petits groupes de quatre hommes, désignés sous le nom de *camarades de combat*. Le seul inconvénient de cette conception, c'est que les mutations si fréquentes occasionnées par les simples éventualités du service, par les maladies, les blessures, la mort même, font que très-souvent deux files contiguës et formées des mêmes numéros ne présentent plus le même groupe de soldats.

Sonneries.

La marche des chasseurs n'est pas faite au son du tambour; les clairons tiennent lieu de cet instrument. Ils le remplacent avec avantage; parce qu'on les entend de plus loin, surtout lorsqu'il faut combattre en tirailleurs sur des terrains fortement accidentés, couverts de plantations, etc.

Les sonneries des clairons, plus variées que celles du tambour, servent à donner des avertissements et des commandements complets.

Quand la distance devient trop grande pour que ce moyen reste suffisant, les officiers emploient le sifflet, comme à bord des vaisseaux au milieu des vents et des tempêtes.

Le bruit du sifflet, pour l'armée comme pour les convois d'un chemin de fer, est le plus puissant que l'homme puisse employer. Il sert à donner aux chasseurs l'avertissement et les quatre commandements qui suivent :

Garde à vous; — 1° En avant; — 2° Halte; — 3° En retraite; — 4° Ralliement.

Armement des chasseurs.

En expliquant le progrès des petites armes, nous avons décrit le mécanisme et les qualités progressives du fusil carabiné dont les chasseurs sont armés, et du sabre-baïonnette.

Le sabre-baïonnette n'a qu'un tranchant dont le contour a la double inflexion d'une S fort-allongée, pour imiter la forme du yatagan. C'est une arme très-redoutable dont les blessures sont bien plus larges et plus dangereuses que celles de la simple baïonnette.

Si je puis parler ainsi, le sabre du chasseur, mis au bout

du canon, est un sabre dont la poignée acquiert tout à coup un mètre et demi de longueur.

On apprend aux chasseurs l'exercice au sabre-baïonnette. On leur prescrit des positions déterminées pour croiser la baïonnette : 1° contre l'infanterie, 2° contre la cavalerie. On leur enseigne à parer avec cette arme : 1° à droite, c'est la tierce, 2° à gauche, c'est la quarte; enfin à pointer, avec toute la force impulsive du corps, ce qui constitue le lancé.

L'ordonnance réglementaire admet que le chasseur isolé soit réduit à se défendre contre deux et même contre trois ennemis. Elle lui prescrit alors des passes et des doubles passes, avec son fusil armé du sabre-baïonnette; exercice, dit le texte officiel, qui ajoutera considérablement à l'adresse, à l'agilité du soldat.

Manœuvres au pas gymnastique.

Le chasseur n'est pas exercé seulement à toutes les manœuvres de peloton et de bataillon nécessaires au soldat de la ligne; on le forme aux mêmes manœuvres exécutées avec toute la rapidité que comporte le pas gymnastique, c'est-à-dire, avec la vitesse de deux lieues par heure au *minimum*.

Exercices de tirailleurs.

L'apprentissage du tir est, pour les chasseurs, un exercice capital, incomparablement plus soigné que dans l'infanterie de ligne. Une *École centrale de tir* existe à Vincennes, pour former les officiers instructeurs.

On apprend aux chasseurs à faire usage de la *hausse* adaptée à leurs fusils, pour des distances différentes.

On les habitue à charger en marchant, même au pas gymnastique, s'ils manœuvrent en tirailleurs. Ils ne s'arrêtent que pour amorcer et mettre la cartouche dans le canon. C'est un retard de *cinq secondes*, pendant lesquelles ils peuvent respirer cinq fois, pour reprendre haleine.

Tandis qu'on veille avec tant de soin à l'économie du temps, on recommande aux tirailleurs de n'ajuster qu'avec la plus grande attention; de conserver sans cesse beaucoup de calme; de ne pas prodiguer leur feu tant que l'ennemi n'est point assez près; de bien apprécier la distance à laquelle ils sont du but, pour l'atteindre avec certitude. Il leur est recommandé de ne pas rester à la même place en chargeant leurs armes, lorsqu'ils sont à découvert; c'est le moyen de ne pas présenter eux-mêmes un but facilement atteint.

Armement des officiers de tirailleurs.

Dans un esprit de prévoyance et d'efficacité, défense est faite aux officiers de faire usage, lors du combat, ni de carabine, ni de fusil de chasse; afin que rien ne les dérange de la surveillance incessante de leur troupe et de l'ennemi.

Les officiers de chasseurs, armés seulement de leurs sabres, sont exposés avec trop de désavantage dans les combats corps à corps contre des baïonnettes et des lances; Latour d'Auvergne, le premier grenadier français, fut ainsi tué d'un coup de lance. Il faudrait qu'on donnât à chaque officier au moins un *pistolet revolveur*, pouvant décharger cinq à six balles consécutives; il pourrait ainsi défendre sa vie, de laquelle souvent dépend l'existence même et le succès des soldats qu'il commande.

Les officiers doivent, avec les sous-officiers, maintenir le silence pendant l'action; réprimer les imprudences; recommander partout le calme et le sang-froid; exiger, comme nous le disions il n'y a qu'un moment, ce qu'on recommande au soldat, que chacun ne tire que s'il aperçoit distinctement l'objet qu'on veut atteindre, et s'il le trouve à bonne portée.

Les prescriptions suivantes achèvent de montrer le concours éclairé qu'on attend des officiers.

En général, les officiers et les sous-officiers régleront l'allure des chasseurs dans les mouvements rapides; ils leur apprendront à ménager leurs forces, à conserver leur sang-froid; ils veilleront à ce que chacun profite de tous les avantages que le terrain peut offrir. C'est seulement par cette surveillance, étendue à tous les grades, qu'une ligne de tirailleurs peut obtenir de puissants résultats.

L'intelligence du tirailleur doit s'appliquer à profiter de tous les abris, de tous les accidents du terrain, pour se dérober à la vue ainsi qu'aux feux de l'ennemi. Les intervalles pourront être sensiblement altérés par la ligne de développement, lorsque plusieurs hommes se placeront derrière un même abri; mais, aussitôt qu'ils en sortiront, ils se développeront, afin de regarnir la ligne. Par ce moyen, ils ne s'offriront pas en groupe aux coups de l'ennemi.

L'ordonnance réglementaire explique avec détail et clarté la manière dont le peloton et le bataillon déploient et reploient leurs lignes de tirailleurs, en avant, en arrière et sur les flancs; elle enseigne la marche des tirailleurs déployés, leur changement de direction et leur marche en retraite.

Quand le peloton marche en avant à rangs ouverts, si l'on commande de faire feu en marchant, le premier homme de chaque file s'arrête, tire, recharge sur place, et reprend la marche aussitôt après.

Pendant ce temps, l'homme du second rang s'est porté à dix ou douze pas en avant de son chef de file; il tire à son tour et recharge; alors il est dépassé par le premier rang, qui tire de nouveau, etc.

On exerce les chasseurs à charger et à tirer à genoux, couchés, assis, accroupis. On les laisse libres d'exécuter les temps de la manière qui leur paraîtra la plus commode.

On leur prescrit, quelle que soit leur position en chargeant, de bourrer toujours la carabine dressée, afin que la poudre se case tout entière au fond de l'arme, autour de la tige.

Dans la marche en retraite, c'est au commandant à profiter de tous les accidents du terrain et des avantages qu'ils offrent, pour arrêter l'ennemi le plus longtemps qu'il se pourra.

Des réserves.

Les chasseurs, déployés en tirailleurs, conservent toujours une réserve agglomérée; la réserve est moindre quand les tirailleurs sont appuyés par un corps principal assez voisin pour soutenir les tirailleurs qui couvrent son front ou ses flancs.

Lorsque le bataillon de chasseurs agit à distance du corps principal, la réserve se compose de pelotons entiers, pour soutenir et renforcer les parties de la ligne qui seraient attaquées trop vivement. Il faut que la réserve puisse relever au moins la moitié des pelotons déployés en tirailleurs.

Les pelotons de réserve forment une ligne dont les intervalles sont calculés pour permettre les secours mutuels. Plus en arrière, et vers le centre, est la réserve principale. Toutes ces agglomérations cherchent à profiter des accidents du terrain afin de se mettre à l'abri des coups, et, s'il se peut, de n'être pas aperçues de l'ennemi.

En général, les manœuvres de tirailleurs doivent s'exécuter de telle manière que l'officier commandant puisse les diriger dans leur ensemble, les accélérer et les ralentir, ou les changer de direction, dès qu'il en reconnaît l'opportunité.

Des ralliements.

L'ordonnance prescrit avec soin les mesures propres au ralliement. Dès que l'ordre en est donné, les tirailleurs mettent la baïonnette au canon, sans commandement particulier.

Quand la ligne des tirailleurs est en marche, si des cavaliers la menacent, les chasseurs se rallient par quatre; les baïonnettes croisées sont dirigées suivant quatre lignes à angles droits, et les quatre hommes se tournent le dos.

Si de tels groupes sont jugés trop faibles, on commande le ralliement par demi-sections, sur des points avantageux que les officiers désignent. Il faut citer textuellement cette partie des prescriptions réglementaires.

« Les hommes composant les groupes détachés pour le ralliement se formeront de suite en carré ; ils élèveront leur arme, le bout de la baïonnette en l'air, afin d'indiquer le point de ralliement ; ensuite ils prendront la position indiquée ci-après. Les autres tirailleurs, à mesure qu'ils arriveront, se placeront dans les angles vides laissés entre les quatre premiers et successivement autour de ce premier noyau, *de manière à former promptement un cercle plein.* Les chasseurs prendront en arrivant la position de croisez la baïonnette, le bout de la baïonnette plus élevé ; ils armeront dans cette position. Le mouvement achevé, les deux rangs extérieurs feront feu, chargeront leurs armes sans bouger les pieds, et feront la meilleure défense. Le capitaine se portera rapidement avec sa garde, où il jugera sa présence plus utile. »

On recommande aux officiers, aux sous-officiers, de veiller, avec l'attention la plus scrupuleuse, à ce que le ralliement s'opère en silence, avec ordre, avec promptitude ; d'avoir soin que leurs subdivisions ne dégarnissent pas leur feu, qu'on dirigera vers les points contre lesquels il peut être le plus efficace.

Si la réserve même est menacée, elle se forme en cercle autour de son chef. Si le capitaine ou le commandant d'une ligne de tirailleurs, formée de plusieurs sections, juge que le ralliement par demi-section n'offre pas assez de résistance, il fait exécuter le ralliement par section.

Enfin, s'il arrivait qu'une demi-section en retraite fût trop pressée par la cavalerie, son chef commanderait *halte!* A ce commandement, les hommes formeraient rapidement un cercle compact autour de l'officier. Au premier moment de répit, celui-ci déploierait sa troupe, et la remettrait en marche,

La formation prompte et parfaite du cercle et du carré ne peut s'obtenir que par le sang-froid et par l'activité des officiers et des sous-officiers.

Une dernière partie des exercices comprend le déploiement d'un bataillon de tirailleurs, et le ralliement opéré par bataillon.

V.

LES ARTS ADMINISTRATIFS DE L'ARMÉE.

Sous ce titre : *Les arts administratifs de l'armée*, je comprends tous les arts nécessaires pour assurer aux troupes la solde et les subsistances, l'habillement et le campement, le service médical en campagne et dans les hôpitaux, enfin l'achat et le transport de tout le matériel relatif à l'existence d'une armée.

Intendance militaire.

En France, un corps unique a la direction supérieure de tous les moyens d'acquérir, de transporter, de régler l'approvisionnement, la manutention, l'emploi et la distribution de ce matériel; c'est le corps de l'*Intendance militaire.*

L'Intendance française ne mérite pas seulement le titre de *militaire* par l'objet de tous ses travaux. On ne parvient pas au moindre de ses grades si déjà l'on n'a servi comme capitaine; or, dans notre armée, l'on n'acquiert le rang de capitaine que par des services effectifs et sérieux. Les officiers entrent dans l'intendance par voie de concours et sans aucun privilége; ils fournissent ainsi la double garantie de l'instruction et de la capacité. Avec le temps, l'exercice de leurs fonctions leur donnera l'expérience.

Sous Napoléon Ier, l'administration de l'armée eut un intendant illustre, qui reçut le titre d'*Intendant général*, et qui remplit, pour la grande armée, ce poste éminent. C'était le comte Daru, le seul homme peut-être qu'un conquérant infatigable n'ait pas pu vaincre pour le travail.

Quand cette merveilleuse faculté d'administrateur eut été privée d'emploi par la chute de l'Empire, Daru, pour charmer ses loisirs, s'est occupé tour à tour de poésie et d'histoire. Il a voulu traduire Horace, et n'a pas trouvé dans sa vie de tâche plus rude; il a chanté l'astronomie, à l'exemple d'Aratus; il a composé la plus complète et la meilleure histoire de Venise, à la fois jugée au point de vue de l'administrateur et de l'homme d'État; puis il a rédigé l'histoire de la Bretagne, ce pays des volontés fortes et des courages indomptables. Enfin, pour compléter l'emploi de ses derniers loisirs, élu pair de France, il a fait servir ses vastes connaissances à perfectionner nos lois, chose alors permise à la Chambre particulièrement riche en expérience administrative et militaire. Voilà le type le plus éminent d'un intendant français.

Au-dessous des exceptions du premier ordre, ce qui fait le mérite d'un corps, c'est le niveau général de ses connaissances, c'est l'esprit qui l'anime, c'est la tradition des principes et des pratiques de la paix et de la guerre; c'est en même temps la maturité, la prévision et l'efficacité des règlements. Sous ces points de vue, on peut affirmer que l'Intendance française est au premier rang en Europe.

Ajoutons que tous les rapports entre l'Intendance et les chefs des grands services militaires sont déterminés par une ordonnance[1] admirée à juste titre; préparée par l'érudit, l'habile général de Préval, elle fut rendue sous le ministère du maréchal Soult, aussi grand organisateur pendant la paix que général éminent sur les champs de bataille.

C'est encore sous l'administration du maréchal Soult que fut organisé le service des transports militaires, où tout s'accomplit au moyen d'un personnel tiré de l'armée et servant avec la régularité, la ponctualité d'un corps de troupes combattantes.

Sous la république de 1848, on avait voulu supprimer les manutentions et le service administratif des vivres de la troupe. Cette conception malheureuse n'a pas eu d'exécution, et l'Intendance militaire n'a pas été démolie de ce côté.

Depuis la paix générale, on a considérablement amélioré

[1] Ordonnance de 1832.

l'habillement et l'équipement des soldats. Les vêtements, les chaussures, sont meilleurs, plus solides et plus confortables.

Le casernement a maintenant l'avantage de procurer un lit séparé pour chaque soldat, et les lits sont en fer; c'est le seul moyen d'échapper à la vermine.

En faveur de la cavalerie, on a fait les plus grands sacrifices pécuniaires, afin d'avoir des écuries assez vastes pour donner un espace plus que suffisant à la respiration, au bien-être des chevaux.

On a senti la nécessité de payer les chevaux de remonte un prix suffisant pour que leur production fût possible en France. De ce côté, les succès sont merveilleux; ils sont également favorables pour l'agriculture et pour l'armée.

Voilà quelques-unes des améliorations opérées pendant la paix générale, et qui devaient mettre l'administration française en état de montrer, lors d'une grande et soudaine guerre continentale, qu'elle sait prévoir tous les besoins, et qu'elle a l'art d'y pourvoir.

Service de santé.

Arrêtons-nous sur le service le plus important parmi ceux que l'intendance ait à diriger. Dans les armées où sont imparfaits les services administratifs, il périt beaucoup plus d'hommes par défaut d'aliments, par épuisement de santé, par maladies contagieuses, par blessures mal traitées ou non traitées, qu'il n'en périt de coups vraiment mortels reçus au milieu du champ de bataille.

Le corps médical de l'armée française.

La médecine et la chirurgie sont devenues, depuis le commencement du siècle, inséparables en France. Les connaissances que l'une et l'autre supposent sont exigées cumulativement des candidats pour qu'ils puissent exercer l'art de guérir. En même temps les pharmaciens, par les progrès de la chimie, se sont élevés de l'état d'apothicaires empiriques au rang justement estimé qu'ils occupent aujourd'hui.

Les médecins, les chirurgiens et les pharmaciens sont attachés à l'armée par des liens permanents; ils forment *corps*. Ils ont leur loi d'avancement. On n'est admis à prendre rang près des régiments et des hôpitaux militaires qu'après avoir obtenu, par voie de concours, le rang de docteur pour la médecine et la chirurgie, et celui de maître pour la pharmacie.

Grâce à l'institution des facultés de médecine établies et développées depuis le commencement du siècle, une pépinière abondante d'étudiants s'est formée; elle a peuplé nos armées de sujets capables et dévoués. La distance est infinie, de ce personnel aujourd'hui si savant, à celui qu'on avait improvisé lors de la première révolution, et composé, en grande partie, avec des *fraters* de petite ville et de village.

Depuis Ambroise Paré, parmi tous les chirurgiens militaires qui se sont acquis une grande renommée, il faut en signaler deux.

Le docteur Broussais, esprit hardi, aventureux, conquérant, poussant à l'excès la conséquence et la généralité de ses systèmes; mais ouvrant des routes nouvelles, qui forçaient à compter avec ses innovations les défenseurs trop souvent endormis dans la routine des méthodes surannées.

Le docteur Larrey, moins savant à coup sûr, et qui ne compte point parmi les hommes dont le génie a reculé les bornes de la science, mais d'un dévouement inépuisable pour le soldat, d'une intrépidité contre les dangers et les maux, que Napoléon même admirait; aussi courageux à défendre la vérité qu'à secourir l'humanité, même en combattant les convictions les plus arrêtées de l'Empereur, et, par une résistance alors si rare, ramenant l'esprit du plus absolu des conquérants à son équité primitive.

Voilà ce que fit Larrey lorsqu'il soutint, avec une indomptable fermeté, que les jeunes conscrits blessés par leurs propres fusils l'étaient seulement par impéritie et non pas par lâcheté; il leur sauva la vie, en empêchant qu'on les fusillât comme des lâches et par voie d'exemple supposé salutaire. Certainement, de toutes les existences que son art a conservées, voilà celles qui lui font le plus d'honneur.

Dès l'époque où Larrey servait en Égypte, il perfectionnait le service des ambulances et le transport des malades[1], dans un pays où l'on passe si souvent des oasis au sable des solitudes. Quand l'armée, pour revenir de Syrie, dut traverser le désert, ces moyens ne suffisant pas, les généraux firent monter les blessés sur leurs chevaux : ainsi, dans l'armée française, tous les rangs se dévouent à secourir l'humanité.

Terminons, en rappelant un souvenir à jamais honorable pour le corps médical de l'armée française.

La reconnaissance de l'armée pour les vertus et le dévouement héroïque de Larrey s'est noblement signalée en érigeant à l'hôpital militaire du Val-de-Grâce la statue en bronze de ce modèle des amis héroïques de l'humanité.

Les compagnies d'infirmiers.

Pour ne pas omettre les plus humbles fonctions utiles à la santé du soldat, nous dirons que les infirmiers de l'armée française sont organisés pour faire campagne, en compagnies régulières où règne l'esprit d'ordre, le zèle et la discipline. Le soin même qu'on prend de conserver en activité tous ceux dont la conduite est méritoire, ce soin garantit les traditions de l'expérience; on conserve ainsi, pour les malades et pour les blessés, l'adresse acquise et l'habileté des soins qui peuvent diminuer ou prévenir les souffrances.

Les sœurs de charité près l'armée française.

Une autre organisation, que les armées sont émerveillées d'apercevoir au milieu d'elles, est celle des sœurs de charité,

[1] On en peut voir la description dans l'ouvrage, en trois volumes, publié par le docteur Larrey.

l'institution la plus admirable qu'ait jamais enfantée la religion de Fénelon et de saint Vincent-de-Paule.

Napoléon le Grand avait nommé chevalier de la Légion d'honneur la plus héroïque de ces saintes sœurs, toujours intrépide au milieu des périls, toujours dévouée au salut du soldat, et, comme disait Bossuet, par la consolation qui s'épanchait de son âme, toujours *douce envers la mort.*

Au moment même où nous rendons cet hommage à la vérité, de nombreuses sœurs sont envoyées par la France à Constantinople, pays qu'aiment à visiter la peste, le typhus et le choléra. Là, leurs soins éclairés, ingénieux, infatigables et leurs consolations, sont prodigués aux soldats français; chacun d'eux croit revoir en elles la plus douce, la plus sainte et la plus généreuse image de la patrie.

Les musulmans mêmes, qui n'aperçoivent dans la femme qu'un être tout périssable et de nature inférieure, les musulmans s'étonnent que la chaste missionnaire des souffrances soulagées s'élève au-dessus de notre sexe; et, pour la première fois, ils révèrent une vertu surhumaine dans les filles du *djaour.*

Les orthodoxes Russes, au milieu des passions qu'ils enflamment pour imprimer le caractère d'une guerre de religion à celle qu'ils ont suscitée, les Russes n'ont pu refuser leur hommage aux soins que les Sœurs Françaises prodiguent à leurs blessés dans nos hôpitaux de Constantinople[1].

[1] On lit dans le *Journal officiel de Saint-Pétersbourg* du 25 janvier :

« Nous éprouvons une véritable satisfaction à informer le public que tous les blessés russes transportés à Constantinople reçoivent, dans les hôpitaux français, de la part des Sœurs de charité, les soins les plus touchants. Fidèles à leur sainte vocation, ces religieuses viennent au secours des souffrances humaines avec une sollicitude toute chrétienne, sans établir de distinction entre les malheureux, selon leur nationalité ou le rite qu'ils professent. Nous savons même que, dans leur bienfaisance, elles ont acheté et fourni à nos prisonniers les vêtements les plus indispensables. Elles se sont montrées admirables en soignant et plaignant nos pauvres blessés, de même qu'elles le font pour les Français. Puisse l'hommage de notre gratitude parvenir à la connaissance de ces dignes religieuses, que Dieu seul pourra récompenser

Le protestantisme, à son tour, s'est ému de voir ces admirables modèles de charité catholique : il a réuni des *Misses* et des *Mistresses*, sous la conduite respectable d'une bienfaisante dame Nightingale. J'aime à me persuader que, soutenues par l'émulation la plus généreuse, elles vont se surpasser les unes les autres. Cependant, pour égaler des exemples d'un pareil ordre, trouveront-elles dans leurs croyances innombrables ce renoncement à tous les plaisirs du monde, qui rend si propres à n'en soigner que les douleurs? Trouveront-elles cette abnégation angélique des humbles sœurs, qui font vœu de charité, de pauvreté, d'oubli des récompenses terrestres, pour ne voir qu'au delà de ce monde où tout périt une récompense immortelle? Cette récompense est la gratitude du Très-Haut, qui les payera de leurs soins, je dirais presque maternels, pour des soldats qu'elles secourent du moins comme s'ils étaient les enfants de leur propre mère.

Les frères de Saint-Bernard et l'armée française.

Lorsque le Premier Consul traversa les Alpes, en 1800, l'armée qui devait vaincre à Marengo trouva, sur le point le plus élevé d'une route alors si peu praticable, l'hospitalité généreuse des frères du Saint-Bernard. Nos soldats connurent le bienfait de ces admirables solitaires si révérés pour le courage avec lequel, eux et leurs frères lais de Terre-Neuve, sauvent les voyageurs au milieu des neiges et des abîmes. Le Premier Consul, au retour, les dota comme il convenait de le faire à la grandeur de la France. Dans le dessein de consacrer, non pas à la victoire, mais à la paix, le temple des modernes hospitaliers, il y plaça le monument de Desaix, le plus illustre des guerriers dont le sang venait de pacifier l'Italie, en l'affranchissant des peuples du Nord. À ce présent, le Premier Consul ajouta des revenus suffisants pour secourir, pour nourrir et nos soldats et les voyageurs en péril, quelle que fût leur nation, et quel que pût être leur nombre.

comme elles le méritent, pour la mission de charité qu'elles pratiquent ici-bas d'une manière si sublime! »

Un demi-siècle plus tard, après des discordes civiles qui démoralisent les peuples et surtout les démagogies, croira-t-on qu'un canton suisse n'ait plus senti le juste orgueil de ranger parmi ses institutions les plus illustres l'Hospice du Saint-Bernard, où la charité chrétienne compte pour rien un froid du pôle et le danger des abîmes? Croira-t-on que des biens, sacrés par leur destination, aient été confisqués par d'avides spoliateurs, à titre de propriétés cantonales? C'est la honte de l'Europe qu'elle n'ait pas tout entière fait rendre gorge à la spoliation. Si nos soldats d'Italie, et Desaix à leur tête, pouvaient sortir de leurs tombeaux, ils feraient entendre un cri d'horreur et d'indignation!

Esprit et conséquences de l'organisation administrative.

On doit comprendre maintenant comment sont organisés les services administratifs de l'armée française.

Dans tous les corps que nous venons d'énumérer, comme dans tous les rangs de notre armée, chacun est l'enfant de ses œuvres. D'un bout à l'autre du territoire, les rejetons de nos familles, rehaussés par l'égalité, sont admissibles aux mêmes titres à tous les emplois; et ces titres, le concours les proclame. Tout service a sa récompense avec une grandeur qui n'appartient qu'à la France, depuis le titre et le grand cordon du comte Daru jusqu'à la statue de Larrey, et jusqu'à la simple croix de légionnaire, illustrée par la bure de la sœur de charité.

L'expérience consommée du plus militaire des peuples est conservée dans les traditions; la prévoyance est enfantée par le savoir. Chacun sait ce qu'il doit faire pour le présent, et ce qu'il devra faire dans un avenir assigné.

Que résulte-t-il de cet ensemble de moyens? La conservation des jours du soldat, en garnison, en campagne, à l'hôpital; on ne lui réserve que ce qu'il se réserve lui-même, prodiguer son sang sur le champ de bataille. C'est ainsi qu'*on économise l'armée dans l'intérêt de la victoire!*

TROISIÈME PARTIE.

ÉNUMÉRATION RAISONNÉE DES RÉCOMPENSES ACCORDÉES AUX INVENTIONS ET PERFECTIONNEMENTS DES ARTS DE LA MARINE ET DE LA GUERRE, À L'EXPOSITION UNIVERSELLE DE 1851.

Le VIIIe jury, chargé d'examiner les produits concernant les arts de la marine et de la guerre, avait bien voulu me faire l'honneur de me confier la rédaction de son rapport.

Cette tâche, je ne dirai pas heureusement, s'est trouvée simplifiée autant qu'abrégée par deux préoccupations.

La pensée répandue, chez les diverses nations, de la supériorité maritime britannique, avait détourné la plupart des peuples d'apparaître au concours universel pour ce qui concernait l'architecture navale et les autres arts nautiques. Le jury m'a chargé d'exprimer, à cet égard, des regrets spéciaux, que je formulerai dans un instant.

A l'époque de l'Exposition de Londres, une autre idée préoccupait tous les esprits : On croyait impossible que le plus léger nuage pût altérer la concorde des nations; et les plus clairvoyants affectaient de penser ainsi. En 1851, il y avait une espèce de réserve pudibonde qui réduisait de brillants colonels et quelques généraux à couvrir leurs fronts militaires du grand chapeau plat des amis de la paix perpétuelle. On aurait dit qu'ils s'excusaient devant Dieu d'être toujours prêts à commettre ce grand péché, de défendre leur pays au prix de leur sang, si l'abomination de la guerre osait encore reparaître sur la terre. Ô courtes prévisions des hommes! deux ans ne s'étaient pas écoulés depuis cette époque, et la guerre générale succédait à la paix universelle.

Nous eussions été charmés, si les États-Unis, cette grande puissance maritime, au lieu de nous envoyer les dessins incomplets et très-imparfaits de leurs navires à vapeur, avaient mis en notre possession les données nécessaires pour constater le degré de mérite auquel sont arrivés leurs constructeurs les plus distingués. Ces documents nous auraient permis d'apprécier et de proclamer d'incontestables talents. Aujourd'hui les États-Unis ne peuvent pas lutter avec la Grande-Bretagne, quant au nombre de leurs grandes et régulières communications par la vapeur, quoique, sur les lignes établies par eux, ils ne soient en rien inférieurs à la puissance rivale. La profondeur et la longueur des fleuves de l'Union, surtout du Mississipi, la vaste étendue de ces lacs, qui sont autant de mers intérieures, ces facilités offertes par la nature ont permis aux Américains de construire des bâtiments à vapeur que l'on peut considérer comme des villes flottantes, et qui cheminent sur les eaux intérieures, pour satisfaire aux besoins de la nation entre toutes la plus voyageuse.

Nous ne pouvons nous abstenir de reprocher aux Américains leur insouciance téméraire et le peu de soin qu'ils prennent d'éviter les périls les plus évidents. Les incendies et les explosions, la probabilité, la certitude même de couler bas, ces accidents capitaux qu'un peu de prévoyance aurait suffi pour prévenir, sont considérés par les capitaines du commerce comme de simples hasards, et jugés seulement comme des infortunes par un public insouciant. De là les désastres si fréquents, si terribles et qui pourtant n'enseignent pas aux navigateurs du commerce à devenir plus circonspects. Cependant, même aux États-Unis, les capitaines des bâtiments de guerre à vapeur, réservant l'amour du danger pour le moment du combat, montrent, au contraire, une prudence qui fait de la vitesse même un moyen de sûreté.

Nous regrettons beaucoup que les nations maritimes du continent n'aient pas envoyé des modèles de leurs navires à l'Exposition universelle. Les Norwégiens, les Suédois, ces navigateurs excellents et pleins d'audace, ne nous ont pas fourni le moindre spécimen, soit en dessin soit en modèle, des navires qu'ils emploient sur l'Océan et sur la Baltique. Leurs constructeurs, héritiers de la science et de l'art du célèbre Chapman [1], auraient pu figurer avec honneur, même en concurrence avec les plus avancés parmi les peuples maritimes.

Depuis le dernier changement qu'ont subi les lois de navigation dans la Grande-Bretagne, les Anglo-Maltais achètent aux Grecs des navires à voiles, lesquels navires sont enregistrés parmi ceux de l'empire britannique. Ces bâtiments, construits à bon marché, paraissent bien adaptés pour naviguer dans une mer parsemée d'innombrables Cyclades. Les Grecs, néanmoins, ne nous ont fait parvenir aucun modèle, aucun plan de leurs navires. Il en est de même des Vénitiens, des Génois et, nous le disons à regret, des Hollandais, peuple marin par nature autant que par nécessité.

Enfin, nous devons regretter que les constructeurs français du Havre, de Nantes, de Bordeaux et de Marseille, qui, certes, ne manquent ni d'esprit d'invention, ni de savoir, ni d'expérience, n'aient en rien contribué à l'Exposition universelle.

Nous n'avons reçu de la France qu'un spécimen de grands navires à vapeur, construits pour la navigation du Rhône, le plus rapide et le plus dangereux des fleuves européens. M. Schneider, ancien ministre du commerce, a construit ces navires, qui sont en fer, et leurs machines motrices, dans le vaste établissement du Creuzot. Cet établissement, il l'a tiré de la ruine pour en faire une des usines les plus considérables et les plus perfectionnées du continent.

En douze années on a construit au Creuzot pour le Rhône, sous la direction de M. Schneider, 18 bâtiments à vapeur ayant jusqu'à cent mètres de longueur, pour porter 620 tonneaux de marchandise et pour lutter contre une vitesse du

[1] Chapman a publié dans le siècle dernier le très-bel ouvrage qui a pour titre : *Architectura navalis mercatoria*, 1 vol. atlas.

Rhône au moins égale à deux mètres par seconde, en remontant d'Arles à Lyon, en 36 à 38 heures. D'autres bâtiments à vapeur, destinés aux passagers, font des voyages plus rapides encore. On construit également au Creuzot, pour le Gouvernement français, les mécanismes nécessaires à des vaisseaux et des frégates à vapeur de 450 à 600 chevaux de puissance. Nous avons décerné la médaille de prix à M. Schneider.

Nous allons actuellement reproduire les parties de notre rapport, exprimant les vues et les jugements du VIIIe jury.

PREMIÈRE SECTION.

I.

RÉCOMPENSES DONNÉES A L'ARCHITECTURE NAVALE

AINSI QU'AUX DIVERS ARTS DE LA MARINE.

Médailles du Conseil ou de première classe.

On a décerné la médaille de premier ordre, sur les propositions faites à l'unanimité, par les membres du VIIIe jury:

1. Au Conseil d'Amirauté de la Grande-Bretagne, pour la magnifique série de modèles de navires, soit à voiles, soit à vapeur, d'après les systèmes les plus récents, et même pour des navires encore en construction, savoir:

1° Une série de toutes les classes de bâtiments de guerre à voiles, depuis *la Queen* (*la Reine*), vaisseau de ligne du premier rang, jusqu'au brick de 10 canons;

2° Une série de *bâtiments de guerre à vapeur,* depuis le *Saint-Jean-d'Acre* de 100 canons jusqu'au sloop de 12 canons;

3° Une série de frégates expérimentales;

4° Une série de bricks expérimentaux;

5° Des modèles spéciaux de proues et de poupes;

6° Des sections transverses de navires.

L'Amirauté, par les expériences comparatives qu'elle a prescrites, a contribué dans un très-haut degré aux progrès les plus récents de l'architecture navale. Elle a pareillement contribué aux progrès de l'hydrographie, ainsi que je l'expliquerai lorsqu'il sera question des cartes qu'elle a présentées à l'Exposition, et qui sont comprises dans la récompense collective de la présente médaille.

2. A sir William Snow Harris. La science et l'humanité proclament le mérite de ses inventions. Il a exposé les modèles d'exécution de ses moyens d'attacher des conducteurs aux

mâts et cales des navires. Son système est pratiqué depuis plusieurs années, avec un succès complet, dans la marine militaire britannique.

3. A Sa Grâce le duc de Northumberland. On doit à l'humanité de ce duc, à sa générosité constante, à ses encouragements éclairés, les nombreux efforts que des hommes habiles ont faits en construisant des bateaux de sauvetage, calculés pour affronter les périls des tempêtes sur l'Océan. Ces bateaux doivent être faciles à manœuvrer pour remplir l'important objet de leur destination, sauver les existences et les biens mis en danger par un naufrage Sa Grâce, dans un dessein philanthropique, a dépensé plusieurs mille livres sterling pour procurer aux côtes du Northumberland un genre perfectionné de bateaux de sauvetage, tracés et construits en conséquence des prix qu'il avait proposés. Des modèles de ces bateaux ont figuré parmi les plus précieuses contributions faites à l'Exposition universelle : c'est à nos yeux un exemple éclatant de la libéralité qu'inspire l'amour de l'humanité, et de la science pratique noblement sollicitée. Tels sont les motifs pour lesquels nous avons jugé Sa Grâce le duc de Northumberland digne de recevoir la récompense du premier ordre.

Médailles de prix ou de seconde classe.

Des médailles de prix ont été décernées au sujet de l'Exposition navale britannique :

1° A l'honorable Corporation de la Cité de Londres, le maire et le conseil-communal, pour les modèles relatifs à la construction des navires de commerce, lesquels font voir les perfectionnements remarquables dans la solidité de la charpente et des autres parties, la convenance des formes et les qualités essentielles de bâtiments qui presque tous proviennent de chantiers de construction placés sous leur juridiction. La corporation ou l'autorité municipale de Londres a sous son inspection toute la Tamise inférieure; la police maritime et les travaux relatifs à ce fleuve sont au nombre de ses attributions; enfin, si l'Angleterre était réduite au seul port de Londres, elle serait encore la marine commerciale la plus opulente et la plus nombreuse de l'Europe. Il nous suffirait, pour en donner la preuve, de faire connaître la situation de cette marine en 1851, l'année même de l'Exposition universelle;

2° A M. Ditchburn, pour des modèles de navires à vapeur, et mus les uns par l'hélice, les autres par des roues à aubes, appropriés par ce constructeur à diverses natures de service, y compris les navires destinés au plaisir et désignés sous le nom de yachts;

3° A MM. Green, établis à Blackwall, pour leurs modèles de navires excellents voiliers construits, les uns en bois, les autres en fer, et destinés au commerce des Indes-Orientales;

4° A MM. C. J. Marie et Cie, pour leurs modèles de fins voiliers et de navires à vapeur, soit à roues, soit à hélice, appropriés à divers services, y compris le service des yachts;

5° A MM. Robinson et Russel [1], pour les beaux modèles de navires à vapeur, dont les plans leur appartiennent, et qu'ils ont construits;

6° Au Club-Royal des Yachts de la Tamise (Royal Thames Yacht Club) pour les modèles de yachts appartenant à leur association, yachts renommés par leurs qualités navales;

7° A MM. Thomas et William Smith, au sujet du modèle d'un beau navire dont ils ont tracé le plan et qu'ils ont construit pour le commerce des Indes-Orientales;

8° A M. Joseph White, pour les modèles de ses navires de commerce, yachts compris;

9° A MM. T. J. et R. White, pour les modèles de leurs navires de différents genres, yachts compris;

10° A MM. Wigram Money et fils, pour les modèles de navires à voiles et de navires à vapeur, yachts compris.

[1] Il s'agit de M. J. Scott Russel, secrétaire de la commission royale, et dont nous avons fait mention précédemment.

EXPOSITION FRANÇAISE.

Médailles de prix décernées.

1° A M. Barbotin, capitaine de vaisseau de la marine française, pour son cabestan perfectionné, à l'usage de la manœuvre des câbles de fer, à bord des bâtiments de guerre;

2° A M. Lahure, du Havre, département de la Seine-Inférieure, pour un bateau insubmersible, que des dispositions ingénieuses rendent précieux pour le service du commerce et de la marine militaire;

3° A M. Legoff, capitaine de frégate de la marine militaire, pour le stoppeur si puissant avec lequel il arrête instantanément et sûrement les câbles de fer, dans leur course la plus rapide;

4° A M. Schneider, du Creuzot, pour un spécimen du grand bateau à vapeur *l'Océan*, qu'il a construit avec beaucoup d'autres du même genre, afin de naviguer sur le Rhône avec une vitesse remarquable, surtout à la remonte de ce fleuve si rapide;

5° A M. Sochet, officier supérieur au corps du génie maritime, pour son ingénieux appareil propre à distiller l'eau de mer à bord des bâtiments de guerre;

6° A M. Rocher, de Nantes, pour son grand appareil de distillation à bord des bâtiments de guerre, et son inépuisable condenseur sous-marin.

EXPOSITION AMÉRICAINE.

A MM. S. Pock et W. Darton, dont les modèles de bâtiments de guerre et de navires marchands ont été transmis par l'Institut national de Washington.

II.

OBJETS ACCESSOIRES RELATIFS AU SERVICE NAVAL.

Médailles de prix accordées.

1. A M. C. Ansell, pour un radeau à voiles propre à la chasse des oiseaux aquatiques;

2. Au révérend E. L. Berthon, pour les modèles :

De son lock perpétuel, indiquant la marche directe et la dérive des navires;

De son clinomètre, mesurant l'inclinaison et les oscillations du bâtiment à la mer;

Pour un bateau de sauvetage dont la structure réunit la force, la légèreté et la capacité; il peut être utile en des circonstances très-diverses, et surtout en voyageant par terre dans un pays où l'on ait à traverser des rivières;

3. A sir Samuel Brown, l'inventeur des câbles-chaînes, introduits par lui dans le service des vaisseaux; pour ses ponts suspendus, ainsi que pour ses embarcadères suspendus, comme à Brighton; enfin pour le modèle de cales, ou plans inclinés, disposées ingénieusement afin de remonter hors de l'eau les navires ayant besoin d'être radoubés;

4. A MM. Alfred Fox, pour les filets, les seines, etc., qu'ils préparent et qui sont employés à la pêche du hareng;

5. A M. J. J. Groom, pour des lignes et des hameçons propres à pêcher dans une mer profonde;

6. A MM. Jeffery, Walsh et Cie, pour leur glu marine, employée avec le plus grand succès à brayer les coutures des ponts, ainsi qu'à compléter l'adhérence des pièces de bois mises en contact dans la construction des navires;

7. A M. le lieutenant Jas. Rigmaiden, de la marine royale, pour cordes plates, destinées à roidir, *à rider*, les haubans et les étais des navires.

8. A M. W. Rodger, lieutenant de la marine royale, pour ses perfectionnements, très-remarquables, dans la forme et les proportions des ancres;

9. A M. J. E. Saunders, pour le modèle d'un smack, bâteau de pêche, muni d'une hélice : application nouvelle de la vapeur à ce genre de navires;

10. A MM. J. et T. W. Semmens, pour le modèle d'un bâteau pêcheur de la baie de Mount : c'est l'un des bateaux les plus parfaits dans ce genre;

11. A M. S. Smith, pour le modèle d'une machine à ressorts de diverses dimensions, offrant un moyen ingénieux et prompt de construire un modèle de navire en relief, d'après un simple plan;

12. A M. G. Tutt, de Rye, pour le modèle d'un lougre pêcheur de Hastings, très-bonne espèce de bateaux pêcheurs;

13. Aux concurrents dont les noms suivent, pour le prix de 2,625 francs, offert par S. G. le duc de Northumberland, et qui se sont le plus distingués dans ce concours :

M. James Beeching,

M. Henry Hinks,

M. William Teasdel,

MM. J. et E. Sellew Renty.

Récompenses pécuniaires.

Des récompenses pécuniaires ont été décernées à plusieurs personnes méritantes, et dont la position rendait utiles pour elles ce genre de rémunération :

1° A M. Joseph Bothway, pour des perfectionnements apportés dans la confection des poulies. Il les rend moins pesantes et plus solides par sa combinaison : 1,250 francs;

2° A M. David Harvey, pour l'exécution parfaite d'un modèle en relief du yacht royal *Albert-et-Victoria* : 1,000 francs;

3° A M. Alexandre Birnie, de Peterhead, pour des lignes, des filets et des hameçons: 1,250 francs;

4° A M. DEMPSTER, pour un ingénieux système de signaux à l'usage des navires de commerce : 500 francs.

Mentions honorables.

MM. Thomas BIBBS et Cie exposent un modèle représentant une disposition nouvelle de membrures en bois, ayant pour objet d'accroître la force de la charpente dans les navires marchands, et d'ajouter par ce moyen à leur durée.

M. Joseph WELD, de Lutworth-Castle, présente le modèle d'un brick de guerre de 12 canons, combiné pour obtenir scientifiquement une marche avantageuse.

MM. J., LONG et Cie présentent différents modèles de roues de gouvernail, d'une construction très-simple, et qui rendent le timonnier vraiment maître du gouvernail.

III.

INSTRUMENTS NAUTIQUES.

Le VIIIe jury n'avait pour mission d'examiner qu'une partie des instruments de précision employés dans la marine; les autres appartenaient au Xe jury.

EXPOSITION BRITANNIQUE.

Nous citerons spécialement un compas azimutal, présenté par l'atelier qui construit ce genre d'instruments sous la surintendance de l'Amirauté. Pour faire des observations à la mer, ce compas offre les améliorations d'exécution suggérées par une longue expérience; la fixation du centre et l'ajustement des parties ne laissent rien à désirer. Une pièce aussi parfaite devait être mentionnée avec honneur; mais, comme elle appartenait à l'Amirauté, déjà récompensée, elle n'a pas été l'objet nominal de la médaille spéciale qu'elle mérite.

Médailles de prix.

1. Nous décernons la médaille de prix à M. E. J. Dent, de Londres, pour son compas de marine. On a longtemps désiré de posséder un instrument qui, pour les observations à la mer, ne fût dérangé ni par les mouvements oscillatoires du navire, ni par le tir des canons. L'un des compas ou boussoles de M. Dent a plusieurs fois, d'après les ordres de l'Amirauté, subi des épreuves à la mer, et particulièrement à bord de *l'Excellent*[1], afin d'observer l'effet que produit sur lui l'artillerie. Même par un très-mauvais temps, avec une mer contraire, et pour toutes directions, les comptes rendus sont extrêmement favorables. Le tir d'une pièce de gros calibre, à 3 mètres de distance, n'a pas eu sur elle d'effet qui fût appréciable; tandis que les instruments ordinaires déviaient de plusieurs points. A bord des embarcations on a trouvé que la boussole de M. Dent était remarquablement stable (*steady.*)

Ce qui distingue cet instrument, c'est avant tout l'excellence de l'exécution. Sa carte est fixée sur un pivot vertical, au lieu de l'être sur un pivot qui demeure dans une coupe; la carte est maintenue dans la position horizontale.

L'effet de perturbation que la gravité et l'inclinaison de l'aiguille exerceraient sur une aiguille aimantée fixée sur un pivot, quand on la sort de la perpendiculaire, a fixé l'attention de M. Dent; il la contre-balance au moyen d'un compensateur.

Un second instrument de semblable construction, mais avec une double aiguille sur *jambettes*, au centre du pivot, a pareillement été présentée par M. Dent : on n'en a pas encore fait l'expérience à la mer. Ici le mouvement que l'aiguille peut prendre, s'il est dûment balancé, semble être un perfectionnement.

Un troisième instrument de M. Dent est son compas azi-

[1] *L'Excellent* est un véritable bâtiment d'expériences d'artillerie, dans la rade de Portsmouth ; il sert à l'instruction du canonnage de marine.

mutal portatif. Il mérite d'être cité comme une invention ingénieuse pour compenser les erreurs du cintrement de l'aiguille et pour la direction de l'axe magnétique, telle qu'elle se trouve placée, par un renversement de la boîte dont on n'a point encore fait usage.

2. La médaille de prix est également accordée à MM. Napier, père et fils, de Lambeth, pour un instrument qui tient registre de la marche d'un navire (*actually steered*). La carte, suivant l'usage, est placée sur une coupe cintrée, dans un pilier de bronze; mais ce pilier, au lieu d'être attaché au fond de la coupe, s'avance fort en dehors et est attaché au mécanisme qui se meut avec la coupe. Toutes les trois minutes le pilier qui porte la carte est soulevé par le mécanisme; alors la carte reçoit la piqûre d'une fine pointe placée au-dessus, dans la direction du cap du navire, et attachée à la coupe en dedans du verre qui la ferme; après quoi le pilier descend immédiatement à sa première position. Au bout de vingt-quatre heures, la pointe est tirée de la circonférence de la carte, vers le centre, en passant sur 24 cercles concentriques destinés à marquer les heures. Par ce moyen non-seulement on voit marqué tout changement de vitesse, mais l'heure à laquelle est advenu le changement se trouve aussi marquée sur la carte. Ce compas, avec le secours du loch, forme réellement une table de traversée (*traverse table*) pour la route journalière du navire.

Mention honorable.

Une mention honorable est accordée à M. Hughes, pour son compas plongé dans l'esprit de vin. On a reconnu le prix d'un tel instrument lorsque la mer est fort agitée, où lors du tir du canon, et surtout dans les embarcations; mais, jusqu'à présent, la nécessité de laisser un espace dans la coupe, laquelle on n'a fait encore qu'en métal, a produit un effet pernicieux sur l'aiguille et sur la stabilité du fluide. M. Hughes surmonte un inconvénient de bulle d'air par un fond élastique. L'instrument est, de plus, recommandé par le bon marché.

EXPOSITION AMÉRICAINE.

Médaille de prix.

M. Saint-John, de Buffalo, mérite la médaille de prix pour sa boussole, par l'addition qu'il fait à l'aiguille ordinaire de deux petites aiguilles placées sur pivots, aux points de l'est et de l'ouest, avec des indices dirigés vers le centre de la carte; sous chacune de ses aiguilles est un cercle marqué E (est) et O (ouest), de chaque côté du point *zéro*. Ces petites aiguilles sont nommées *satellites*. Leur objet est de signaler la présence de toute force perturbatrice agissant sur l'aiguille principale, et de signaler, en outre, par le moyen de leurs indications graduées, l'étendue de la *déflexion*; mais ce dernier *desideratum* n'est pas encore obtenu. L'invention est cependant aussi neuve qu'ingénieuse; elle deviendrait un instrument de haute importance à bord des navires et surtout des navires en fer.

IV.

INSTRUMENTS POUR MESURER LA VITESSE D'UN NAVIRE.

Déjà, dans la partie qui concerne l'architecture navale, se trouve la médaille de prix accordée, pour un instrument de ce genre, au révérend E. J. Berthon.

Deux autres instruments de même nature appartiennent à M. Saint-John, dont nous venons de faire apprécier la boussole à *satellites*. Dans l'un de ces instruments, un *rotateur* agit sur une aiguille qui s'avance à travers le fond d'un vase par le moyen d'un cylindre de cuivre parti de la cale, qui l'élève au-dessus de la ligne d'eau du navire. L'autre consiste dans un petit appareil connexe, mais désengagé de la ligne de bord ordinaire, chaque fois qu'on retourne le sablier pour mesurer le temps.

MM. Elliot père et fils, à Londres (Strand), présentent deux petits instruments commodes pour mesurer la vitesse d'une eau courante; ils sont très-portatifs, et les ingénieurs s'en servent avec succès.

V.

INSTRUMENTS POUR MESURER LA PROFONDEUR DE LA MER.

LES SUÉDOIS.

Médaille de prix.

M. Éricsson, habitant de New-York, mais originaire de Suède, a reçu du Xe jury, pour ses instruments de précision, la médaille de prix qu'il mérite encore à d'autres titres.

On doit regretter de n'avoir pas vu figurer à l'Exposition universelle le modèle de son navire à force atmosphérique; navire dont l'annonce a, depuis 1851, retenti dans les deux mondes. Bien des incertitudes qui subsistent encore sur cette invention, si célébrée, auraient été dissipées alors.

L'instrument au sujet duquel M. Éricsson reçoit la médaille de prix est employé pour mesurer la profondeur de la mer, par la compression de l'air. C'est une modification de celui que l'on connaît dans la marine britannique, sous le nom de *sonde de plomb d'Éricsson, Ericsson's sounding lead.*

M. le capitaine Beachey, l'un des célèbres navigateurs dans les mers du Nord, et l'un des collaborateurs pour la Grande-Bretagne dans le VIIIe jury, a fait, pendant plusieurs années, sur les bâtiments qu'il commandait, usage de cette sonde. Il a reconnu, par sa propre expérience, la bonté de cet instrument, lorsque la profondeur n'excède pas cinquante brasses (*fathoms*), 90 à 100 mètres. M. Éricsson attribue l'idée première de son instrument à M. Agden. Cependant dix-sept années avant que l'instrument eût paru, la *bouteille d'eau* (*water bottle*) de sir Humphrey Davy était employée dans les expéditions polaires. Le principe en était le même; mais l'instrument était très-inférieur à celui de M. Éricsson, quant à l'étendue de l'échelle.

	Différences extrêmes entre la profondeur exacte, et celle indiquée par le plomb d'Éricsson.	
	Brasses.	
En 51 jetées de plomb, ...	+ 2 $\frac{1}{4}$	— $\frac{1}{2}$
En 47	+ 2 $\frac{3}{4}$	— 1 $\frac{1}{4}$
En 49	+ 2 $\frac{1}{2}$	— $\frac{1}{2}$
En 47	+ 2	— 1
En 48	+ 2 $\frac{3}{4}$	— 0
En 51	+ 1 $\frac{2}{4}$	— $\frac{1}{4}$
En 51	+ 1 $\frac{1}{2}$	— $\frac{1}{4}$

Toutes les profondeurs appartenant à ces expériences sont moindres que 50 *fathoms*.

VI.

APPAREILS DE SAUVETAGE.

Les moyens que nous avons à considérer sont autres que ceux qui sont fournis par les bateaux de sauvetage et récompensés comme appartenant à l'architecture navale.

VII.

MOYENS EMPLOYÉS

POUR METTRE EN COMMUNICATION LA TERRE ET DES NAVIRES EN PÉRIL.

Médailles de prix.

1. Nous devons avant tout mentionner le capitaine W. G. Manby, de la marine royale britannique, depuis si longtemps

connu pour avoir introduit et répandu avec un zèle infatigable le moyen de sauver la vie des naufragés, par le tir d'un projectile auquel on attache une corde dont l'extrémité est retenue du rivage. On s'est servi avec un très-grand succès de ce moyen, le long des côtes de la Grande-Bretagne, où il a rendu les services les plus signalés. La médaille de prix est accordée aux *représentants du capitaine Manby.*

2. M. G. Delvigne, capitaine français, distingué pour l'invention de son fusil carabiné, fait usage d'un obusier pour arriver au même but que le capitaine Manby. Il y a cela de nouveau dans le procédé de M. Delvigne, qu'une portion de la corde que doit entraîner le projectile est *contenue dans le projectile même.* L'idée paraît susceptible d'une application utile.

3. Le capitaine Jerningham, de la marine britannique, présente une ancre de forme particulière, qu'il propose de lancer avec un mortier de Manby placé à bord du bateau de sauvetage; on le tire assez de fois pour que les minces cordes, étant réunies, puissent permettre de haler le bateau en faisant effort sur le faisceau de ces cordes, dans le bateau même, au milieu des plus mauvaises temps.

Mentions honorables.

M. Greener présente un moyen de tirer avec un canon une fusée ayant une corde attachée à sa queue. Lorsque l'on a tiré la fusée, elle prend feu; et l'on affirme qu'elle porte à une plus grande distance qu'il n'eût été possible de l'obtenir, si l'on avait tiré séparément soit la fusée soit le canon. Le canon est remarquable pour sa légèreté et sa bonne construction.

M. A. G. Carte. Cet exposant s'est fait distinguer par le zèle qu'il a déployé pour sauver la vie des naufragés, au moyen des fusées. Il substitue la fusée de guerre à la fusée bien connue de Dennett.

SAUVETAGE PAR DES RADEAUX.

Médaille de prix.

M. G. Rhind, de Ross, dans le comté de Hereford, présente des modèles variés de ponts amovibles, et des bancs pour les rameurs installés de manière qu'on puisse rapidement en former des radeaux dont chacun puisse porter huit personnes. La médaille de prix est donnée à M. Rhind.

SAUVETAGE PAR LE MOYEN DE TUBES REMPLIS D'AIR.

Médailles de prix.

M. S. W. Silver expose des matelas surnageants, manufacturés suivant l'invention de M. Lauric. M. Silver joint ensemble en grand nombre des tissus imperméables cylindriquement disposés. Les uns sont tendus avec des crins ou des laines ou des fibres de coco, de telle manière qu'en cas d'accident éprouvé par deux ou trois tuyaux, les autres suffisent encore pour supporter le poids qu'on veut empêcher de s'enfoncer dans la mer. Les tuyaux sont taillés et arrangés en matelas, en oreillers et même en flotteurs, pour être placés sous les bancs des bateaux.

Un matelas qui pèse seulement 7 kilog. 1/2, soutient sur l'eau près de 21 kilogrammes. Un oreiller peut porter 12 kilogrammes 3/4. Les matelas pour les navires chargés d'émigrants, qui se vendent 11 fr. 25 cent., peuvent porter 43 kilogrammes sur l'eau, pendant cinq jours, sans être nullement endommagés. Nous avons donné la médaille de prix à M. Lauric, comme à l'inventeur.

M. A. G. Carte, déjà mentionné, présente un bateau de sauvetage très-efficace; dont on s'est servi, en général, depuis 1838, et qui, selon les rapports, a sauvé 400 personnes en danger d'être noyées. Une médaille de prix est accordée à M. Carte.

Mention honorable.

MM. Esdailes et Margrave présentent des matelas flottants remplis de copeaux de liége; ils méritent des éloges.

SECONDE SECTION.

ARMÉE DE TERRE : GÉNIE MILITAIRE, ARTILLERIE,

ARMES PORTATIVES, ACCOUTREMENTS.

Quant pour la première fois j'ai parcouru la Grande-Bretagne, très-peu de temps après la fin de la guerre contre l'Empire français, il existait un préjugé puissant contre la valeur des institutions militaires et contre tout ce qui se rapportait à l'armée de ce pays. On concevait aisément que les étrangers éprouvassent le plus vif désir d'apprendre les moindres faits relatifs à la marine, mais personne alors n'imaginait que l'armée de terre pût offrir des modèles dignes du regard d'un observateur éclairé.

Lorsque j'eus visité le grand arsenal de l'Ordonnance, on appelle ainsi l'administration qui réunit l'artillerie et le génie, arsenal établi à Woolwich près de Londres, ensuite l'école d'état-major établie à Farnham, je fus intimement convaincu que la Grande-Bretagne méritait, au contraire, la plus profonde attention, si l'on voulait apprécier à leur juste valeur et sa force de terre et les institutions qui s'y rapportent, et l'armement et les manœuvres et la tactique de ses troupes.

Il faut citer comme un des plus beaux perfectionnements les affûts des pièces de campagne disposés pour permettre à l'artillerie, tout en portant les munitions nécessaires dans un combat, de se mouvoir aussi rapidement qu'une cavalerie légère. Les roues d'arrière et d'avant-train, pour toutes les espèces de bouches à feu qui suivent les troupes, sont d'une même grandeur; par conséquent elles peuvent être remplacées immédiatement par les mêmes rechanges. Les petites roues de devant étant moins petites, le tirage des chevaux est par là rendu plus facile ; le renversement des canons, en franchissant les fossés et les mauvais pas, devient en même temps plus difficile. Citons enfin la beauté, la force des chevaux, la coupe intelligente des harnais, réduits au minimum de leur poids et parfaitement adaptés à la structure du cheval pour en favoriser les mouvements sans la moindre force perdue.

Voilà quelles étaient quelques-unes des qualités éminentes dues au talent du général Congrève, pour une artillerie que toutes les puissances de l'Europe se sont empressées d'adopter aussitôt que nous en avons eu publié la description, avec l'analyse de ses incontestables avantages[1].

L'Angleterre doit au père du général Congrève l'application des fusées au service de la guerre, ainsi qu'au lancement des projectiles. Ces fusées, en premier lieu, n'avaient pas la précision qu'il était désirable d'obtenir quant à la direction de leur tir. Une fabrication plus soignée, la hampe ou queue des fusées au lieu d'être excentriquement placée à côté du corps de la fusée, implantée dans le prolongement de l'axe même du projectile, ont triomphé de toutes les difficultés. Les Français, les Autrichiens, les Prussiens, les Suédois, etc., ont étudié cette arme nouvelle et l'usage qu'on en peut faire, mais sans avoir obtenu tout l'effet désirable.

Les fortifications du Royaume-Uni n'ont pas présenté des innovations d'une aussi grande importance, et pourtant elles méritaient aussi d'être étudiées dans la Grande-Bretagne. L'Expositition universelle offrait des modèles de fortifications anciennes et nouvelles. Ces modèles ne présentaient aucune invention ni pour l'attaque, ni pour la défense : nous ne pouvons, sous ce point de vue, parler du mérite des officiers et des ouvriers employés par le génie militaire anglais, quelle qu'en puisse être l'éminence. Au sujet des autres nations nous avons quelques observations à présenter; elles se rapportent à l'artillerie.

[1] *Force militaire de la Grande-Bretagne*, t. II. Travaux. La première édition, 1820.

I.

DES CANONS ET DES AFFÛTS.

Du côté de l'Angleterre un singulier esprit présidait à l'Exposition universelle; il semblait que ce fût une fête ascétique, une pompe anodine, benoîtement consacrée à la paix perpétuelle! On était presque honteux d'avoir à juger des moyens de destruction, à côté des moyens de production apportés avec orgueil de tous les points de la terre. Les Anglais, du moins le Gouvernement, n'avaient exposé pas un canon, pas un affût, pas une fusée, pas le plus mince projectile. Comme ils s'étaient absentés du concours, ils n'admettaient pas que le concours des armes de guerre s'établît entre les autres nations. Les Français n'avaient pareillement rien envoyé de leur artillerie. Enfin, si quelques autres nations avaient exposé quelques objets de leur matériel de guerre, elles semblaient les avoir présentés plutôt comme des exemples de fabrication, et pour la qualité des matières employées, que pour leur valeur intrinsèque et comme instruments de combat.

Ces observations sont particulièrement applicables aux spécimens très-remarquables de canons en fer forgé, présentés par l'Espagne et la Turquie : non pas comme les meilleures pièces d'artillerie qu'on pût offrir, mais comme des exemples rares du mérite de la fabrication, dans des circonstances exceptionnelles et difficiles, où l'on ne pouvait recourir aux moyens ordinaires et lorsque l'on était obligé de se contenter d'armes fabriquées avec des procédés fort imparfaits.

ESPAGNE.

L'Espagne a présenté trois pièces de canon. Premièrement, un obusier de 9 pouces en bronze, pesant 6,730 livres, et long de 8 pieds; coulé à Séville, en 1849.

Secondement un obusier de campagne de 16 livres, en fer

forgé, du poids de 535 livres espagnoles; sa longueur était de 4 pieds 8 pouces et 1/2 anglais. On avait confectionné cette pièce dans la Biscaye, en 1837, pendant la guerre civile.

Troisièmement, un mortier de 9 pouces, à la Gomer, en fer forgé, du poids de 475 livres, également confectionné dans la Biscaye, en 1838.

La seconde pièce est la plus digne d'une mention spéciale pour l'excellence de la matière et de la main-d'œuvre, quoique le fer proprement dit soit inférieur à la fonte appliquée à la fabrication du canon, par ce qu'il est plus sujet à s'oxyder, et parce que l'action corrosive du résidu de la poudre enflammée est plus puissante sur le fer que sur la fonte et sur le bronze.

TURQUIE.

La Turquie a présenté deux pièces de campagne assez légères pour être transportées à dos de chameau. Toutes deux sont forgées avec des barres damasquinées, comme on le fait pour certains canons de fusil. L'habileté du travail semble parfaite, et le développement des fibres du damassé, sur la surface extérieure est d'une grande beauté. Les deux pièces ont leur lumière incrustée en or. La surface extérieure de la plus petite bouche à feu est à section circulaire; celle de la plus grande offre un polygone de seize côtés. Elles ont été forgées à Erzeroum, en 1841, avec beaucoup d'autres; c'était par l'ordre d'Abbas Pacha, le commandant en chef de l'armée du Grand Seigneur, après la grande perte d'artillerie éprouvée à la bataille de Nézib. On ne peut regarder de telles bouches à feu que comme un supplément qu'on fait bien d'employer à défaut d'armes moins coûteuses construites par les moyens ordinaires. Mais le talent nécessaire pour confectionner de pareils canons et l'habileté de la main-d'œuvre n'en sont pas moins remarquables.

BELGIQUE.

Les Belges ont tiré de leur fonderie, justement célèbre, de

Liége, sept canons en fer coulé, suivant les proportions et les modèles des contrées suivantes :

	Calibre.	Poids.	Date de la coulée.
1. Hollande.................	30	2,746^{kil}	1849.
2. Prusse...................	24	1,710	1849.
3. Belgique, court............	24	900	Sans date.
5. Belgique, court, modèle de marine.................	12	1,670	1834.
5. Belgique.................	6	886	1830,
8. Belgique, obusiers..........	6	520	1832.
7. Belgique (mortier éprouvette, à Semelle, à 45°)........	»	198	Sans date.

On a soumis les 1re, 3e, 5e et 6e de ces pièces à l'épreuve d'un tir continu. Voici le nombre de coups tirés par chacune, et gravé sur la surface :

	Calibre.	Coups tirés.
1. Hollande................	30	2,000
2. Belgique, court...........	24	3,649
5. Belgique.................	»	2,302

Après le tir de 2,302 coups, on a restauré la lumière, recommencé l'épreuve et tiré 3,700 coups. C'est donc, pour le canon de 6, modèle belge, un tir total de.... 6,202 coups.

6. Belgique, obusier de 6 pouces.... 2,118

La lumière des pièces éprouvées de la sorte présentait un évasement plus ou moins considérable à l'extérieur. On n'a donné nulle description de la figure intérieure. Toutes les pièces ont paru bien confectionnées, et d'une matière excellente; elles sont nettoyées de tout sable extérieur, sans avoir été tournées.

PRUSSE.

La Prusse expose un canon de campagne du calibre de 6, ayant 5 pieds et demi de longueur, monté sur un affût large de 3 pieds. La pièce est en acier coulé, forgée au marteau, dans l'usine que possède M. Krupp, à Essen auprès de Dusseldorf. Le mérite de M. Krupp, sa rare habileté dans le travail du fer et de l'acier, sont parfaitement connus; il recevra sa récompense, non-seulement pour cette espèce de fabrication, mais pour celle des cuirasses en acier. Nous nous contentons de mentionner l'exécution remarquable du canon que nous venons d'indiquer.

GRANDE-BRETAGNE.

M. le capitaine Tylden, de l'artillerie royale, présente une série de beaux modèles de canons pour le service britannique, dans la proportion du 8e de la grandeur naturelle; il y joint aussi les modèles d'un mortier de 13 pouces pour la marine, d'un obusier de 10 pouces et d'un canon de 32, montés sur affûts de place, une pièce légère de 6. Tout est bien exécuté, mais sans nouveauté, ni perfectionnement.

M. Munro jeune présente deux modèles, d'un rare fini, d'une pièce de 7 pouces (avec avant-train), ainsi que d'un canon de 24.

L'honorable Compagnie des Indes orientales a présenté une série de modèles qui démontrent les constructions de l'artillerie en usage dans ses possessions, pour les services de siége et de campagne; les modèles sont sur une proportion du 8e de la grandeur naturelle, et ils sont bien exécutés. Cette artillerie n'a rien de préférable à celle de l'armée métropolitaine.

Il y avait aussi des canons pouvant être portés à dos de chameau; puis quelques pièces de campagne en bronze, de construction indienne, propres à faire connaître le service des États alliés ou tributaires.

L'honorable capitaine FITZMAURICE a présenté deux modèles qui montrent son système de pointage avec un canon sur affût, ainsi qu'avec un mortier, par le moyen d'une vis sans fin horizontale, engrenée sur un segment de roue dentée.

MM. C. A. et T. FERGUSSON, attachés à la manufacture d'affûts et de poulies de Will-Wall, ont exposé deux canons montés pour le service de la mer, avec quelques dispositions particulières.

II.

ARTILLERIE SUÉDOISE.

Dans les circonstances actuelles on éprouve un nouvel intérêt à faire la description des pièces d'artillerie envoyées par la Suède à l'Exposition universelle de 1851, quoiqu'elles soient arrivées trop tard pour prendre part aux récompenses.

1. Un obusier en fonte de fer du calibre de 8 pouces 9 (anglais); longueur 9 pieds 6 pouces. Cette pièce, exécutée d'après le plan du baron de Wahrendorff, se charge par la culasse; elle est montée sur un affût à cylindre, sur une plate-forme aussi faite en fonte de fer, et devant s'adapter dans une casemate.

Le poids de la pièce est de 9,671 livres suédoises (*Victualis Vigt*) ou 4,116 $\frac{6}{10}$ kilogrammes. Elle est marquée *Aker, 1850, n° 4*. On n'a pas indiqué le poids de la charge de poudre ni celui du projectile; la pièce est destinée pour des obus et n'est pas carabinée. D'après les proportions indiquées, le boulet solide devrait peser environ 42 $\frac{67}{100}$ kilogrammes, et le boulet obus, peser 31 $\frac{75}{100}$ kilogrammes.

2. Un canon de campagne de 6, en fer coulé; sa longueur est de 5 pieds 5 pouces trois quarts; son poids de 856 livres suédoises V. V., égal à 344 $\frac{22}{100}$ kilogrammes.

3. Un canon de campagne danois en fer coulé : le calibre est de 6 livres; la longueur est de 5 pieds 3 pouces et demi;

le poids, 931 livres suédoises V. V., égales à 374 $\frac{37}{100}$ kilogrammes.

Les canons 2 et 3 sortent de la fonderie d'Aker, et portent la date de 1851.

4. Deux modèles de canons, l'un de 12 et l'autre de 6 : ce sont des pièces de campagne, avec leurs affûts, leurs caissons de munitions et tous les ustensiles accessoires; les modèles sont exécutés sur une échelle d'un douzième.

5. Modèle d'un canon de 30 long, pour casemate, avec affût sur plate-forme en bois.

CANON À BOMBES.

La condition d'après laquelle on a construit cette pièce, *qui se charge par la culasse,* semble avoir été de limiter le recul dans un espace très-restreint, et qu'on n'eût pas besoin de remonter. Elle est montée sur un affût de fer coulé, à coulisse, bien approprié à cette condition, et d'une construction ingénieuse. Le pivot du mouvement circulaire est environ à 18 pouces en avant de la plate-forme sur laquelle glisse l'affût, et par conséquent dans la gorge de l'embrasure. Ce pivot s'élève à 4 pieds au-dessus du terrain; la longueur de la plate-forme est un peu moindre de 10 pieds, et cette longueur, plus l'avancement du pivot, donne 11 pieds 6 pouces. L'extrême largeur de l'affût et de la plate-forme est, à l'avant, de 2 pieds 10 pouces et demi; à l'arrière, de 3 pieds 2 pouces.

Le poids de l'affût est de 5,215 livres V. V., ou de 2,107 kilogrammes; le poids de la plate-forme à coulisse est de 3,357 livres V. V., ou de 1,350 kilogrammes. Le poids total de la pièce et de l'affût est de 6,307 kilogrammes.

Quoique la pièce n'ait pas besoin d'être poussée en avant pour être remise en batterie, le canon n'est pas établi sur le principe du non-recul; parce que la plate-forme à coulisse est construite de manière à permettre, lors du tir, un mouvement rétrograde du canon et de son affût, d'environ 3 pieds 6 pouces. Ce mouvement est d'abord horizontal; ensuite, pour une longueur d'environ 3 pieds, la pièce recule en s'élevant sur une pente de 12 ½°. Par ce moyen, la force du recul (le poids à mouvoir étant à peu près de 6,300 kilogrammes) est graduellement et facilement surmontée. Depuis le point où la pièce et son affût ont été remontés de la sorte, elle descend ensuite par son propre poids; puis, après quelques pouces de mouvement horizontal, elle est reçue par un coussinet élastique composé de fibres de hêtre placées horizontement, et par conséquent opposés perpendiculairement à la direction de la force. L'épaisseur du coussinet est de 9 pouces; cela suffit pour absorber ce qui reste de force acquise au canon par l'effet de la pesanteur. L'angle de résistance du fer coulé sur du fer coulé étant d'environ 9° un quart, et le mouvement de descente finissant horizontalement, le choc éprouvé par le coussinet se trouve ainsi modéré, et tout choc est évité. Les surfaces ou points de support par lesquels l'affût repose sur la plate-forme en coulisse sont cylindriques et d'un rayon d'environ 5 pouces et demi.

Un affût et la coulisse du même genre que celui qui parut dans le Palais de cristal, mais qui portait un canon de 32 du baron de Wahrendorff, avait été essayé à Shœbury-Ness en 1850, par cinquante coups tirés à 5°, à 10°, à 15°: il avait parfaitement résisté. Il est cependant probable que le mouvement d'un si grand poids sur des surfaces d'aussi peu de longueur, les désunira par l'effet de l'usage, et contraindra de les changer au bout d'un certain temps.

Tout examiné, la combinaison de l'affût et de la coulisse, à part la considération de la matière employée, et les fortes objections qui s'ensuivent, cette combinaison est très-ingénieuse; mais sa valeur est évidemment tout à fait dépendante d'une question primordiale : y a-t-il ou n'y a-t-il pas avantage au chargement par la culasse ?

Sur ce point, une opinion très-décidée s'est prononcée en Angleterre. En 1842, on a fait des expériences sur des canons de 24, construits par le baron de Vahrendorff, semblables à ceux qu'on avait présentés à la Commission spéciale de Woolwich, ainsi qu'à bord du bâtiment de guerre *l'Excellent*, bâtiment qui sert aux expériences d'artillerie navale à Portsmouth : le résultat des expériences fut qu'il n'y avait pas d'avantages dans l'adoption d'un tel canon pour le service de Sa Majesté.

Plus récemment, en 1850, l'essai qu'on vient de relater d'un canon de 32, système Wahrendorff, fut suivi d'une autre expérience sur un canon de 32, chargeable par la culasse; celui-ci, proposé par le major Cavalli, de l'artillerie sarde, avait été fabriqué dans l'usine du baron de Wahrendorff. Cette dernière pièce diffère de la précédente, par la manière de fermer la culasse au moyen d'une barre plate, au lieu d'une barre circulaire, transverse par rapport à l'axe. La pièce était carabinée et le projectile était creux, d'une figure conico-cylindrique et du poids de 64 livres, c'est-à-dire le double du poids du boulet plein de même calibre. L'affût et la coulisse étaient en fer, pour le major Cavalli comme pour le baron de Wahrendorff; ils ne différaient qu'en quelques détails inutiles à mentionner ici.

Les vues du major Cavalli sont pleinement exposées dans son *Mémoire sur les canons qu'on charge par la culasse et sur les canons carabinés*, publié en 1849, à Paris. Une longue suite d'épreuves fut faite à Shœbury-Ness, en 1850, avec un canon du major. Elles montrèrent que, par le plus grand poids du projectile, un accroissement considérable de portée pouvait être obtenu, mais sans autre avantage matériel. La conclusion de ces épreuves fut que la culasse des canons se détacha tout d'une pièce par l'explosion de la charge. Pour atténuer la fâcheuse impression d'un tel résultat, il faut observer que le système Wahrendorff a plus de solidité dans sa construction, et plus de force que celui du major Cavalli.

La commission, après un examen très-soigneux, a manifesté la même opinion qui s'était prononcée en 1842 sur les canons de 24 du baron Wahrendorff. A l'égard des canons Cavalli, la commission arrive à cette conclusion : les canons chargés par la culasse ne peuvent pas être considérés comme sûrs, et ceux qu'on a soumis à l'examen sont, pour les qualités essentielles, très-inférieurs aux canons qu'on emploie dans le service ordinaire.

Il paraît cependant qu'en Suède le système du baron Wahrendorff est adopté dans une certaine limite. La forteresse de l'île de Waxholm, l'une des défenses des approches de Stockholm, est armée dans ses casemates avec des canons semblables à ceux que nous avons vus figurer à l'Exposition universelle.

Par conséquent, sans aucun doute, l'artillerie suédoise doit être persuadée que ce système présente des avantages sur les bouches à feu d'un usage ordinaire. Cependant on ne voit pas clairement en quoi consistent ces avantages : surtout quand, à part la résistance du métal, un si grand danger se montre toujours possible que la culasse n'ait pas été fermée parfaitement. Pour assurer cette opération dans la chaleur d'un combat, il faut un soin extrême et la plus grande vigilance; or cela demande un certain temps. De plus, il semble nécessaire qu'un tel soin soit pris par le canonnier qui met le feu. En considérant toutes les opérations qu'il faut accomplir, il ne semble pas probable qu'aucun avantage puisse être obtenu quant à la rapidité du tir. A l'égard du nombre de canonniers, on ne peut guère en employer moins de trois par bouche à feu, nombre suffisant pour la manœuvre d'un canon du système ordinaire et du même poids.

Tout considéré, en admettant que les dispositions par lesquelles le baron Wahrendorff ouvre et ferme l'âme de ses pièces sont ingénieuses, certainement elles rendent le canon auquel elles sont adaptées bien plus sujet au dérangement et à l'interruption du service, qu'on ne l'éprouve avec les pièces habituellement employées. Or l'effet de la grosse artillerie dépend infiniment plus de la *précision* que de la *rapidité* du feu; par conséquent, en supposant, ce qui n'est pas évident, qu'il y ait un avantage dans la facilité de la manœuvre, il serait préférable d'obtenir la même quantité de feu, en augmentant le nombre des canons, plutôt que de compter sur un mécanisme sujet au dérangement, et qui peut devenir fatal aux personnes qui l'emploient.

Cependant cette observation n'enlève rien au mérite des constructions envoyées à l'Exposition universelle par le baron de Wahrendorff, et n'empêche pas qu'on les distingue pour ce qu'elles ont de très-intéressant et de très-ingénieux. En regardant comme assuré que ses canons aient subi des épreuves satisfaisantes, en Suède, elles résolvent un problème important.

Maintenant, de savoir si ces constructions et celles en particulier du canon auquel elles appartiennent, sont telles qu'on puisse les appliquer généralement et avantageusement, c'est une autre question, dont il ne paraît pas nécessaire de s'enquérir en ce moment.

On n'a transmis aucun dessin, aucun mémoire descriptif de la casemate et de l'embrasure, dans laquelle est monté le canon; mais on peut présumer que leur disposition ressemble plus ou moins aux casemates et aux embrasures du système Cavalli.

CANONS DE CAMPAGNE EN FER.

Les canons de campagne en fer coulé sont des exemples excellents de ceux que les Danois et les Suédois emploient, de préférence aux pièces de bronze. Ces peuples les préfèrent à juste titre, en considérant la conservation plus parfaite de l'âme et par suite la précision du tir; mais l'âme et la lumière exigent des soins particuliers pour les préserver de l'oxydation.

Le poids du canon suédois est d'un peu plus de 50 kilogrammes plus pesant que la pièce anglaise légère de 6. Mais la première est plus longue de 5 3/4 pouces, et l'âme est d'un plus grand diamètre. Le boulet en conséquence est plus pesant; aussi la charge du canon suédois excède-t-elle de 198 grammes celle du canon anglais. A partir de 1805, les Suédois ont fait usage de canons de campagne en fer coulé.

Depuis peu leur artillerie légère, jusqu'alors armée de canons en bronze, les a changés pour des canons en fer[1].

Il ne semble pas qu'on puisse douter que les canons de campagne en fer coulé, faits avec le métal excellent que produit la Suède, puissent, sous un grand nombre de climats, remplacer les canons d'un même poids et qui seraient en bronze. Mais, dans la zone torride, et dans les lieux où les bouches à feu ne pourraient pas être l'objet d'une attention continuelle, l'action de l'atmosphère et celle de l'air marin rendraient l'âme et la lumière moins durables dans les pièces en fer coulé que dans les pièces en bronze.

MODÈLES DES CANONS DE CAMPAGNE SUÉDOIS.

Ces modèles, extrêmement bien exécutés, sont l'œuvre de *Berquist,* artiste de Stockholm. Ils montrent, pour le bois et pour le fer et dans tous leurs détails, la construction spéciale de l'artillerie suédoise de campagne, telle qu'elle est établie depuis 1831. On y voit toutes les dispositions relatives à l'attelage; et la méthode adoptée pour attacher l'avant-train a l'affût, qui donne la faculté de changer la direction de marche jusqu'à 80°. Ces moyens sont dignes d'attention.

CANON DE 30 LONG, AVEC AFFÛT GLISSANT SUR PLATE-FORME, POUR CASEMATES.

Ce modèle, construit par le même artiste, et, comme le précédent, sur une échelle *d'un huitième,* est aussi très-bien exécuté; mais il ne présente pas de particularités importantes. Le système tourne sur un pivot avancé; il offre un mécanisme ingénieux pour obliquer horizontalement la direction du système, par le jeu d'une petite roue à tourniquet, entre les roues de derrière. Ce raffinement n'est pas nécessaire; le système en totalité montre un caractère de complication qui

[1] Jacobi, *État actuel de l'artillerie de campagne suédoise,* Paris, 1849.

ne convient proprement pas aux machines d'un usage militaire.

Le canon a 10 pieds 2 pouces de long; la longueur totale de la plate-forme à coulisse est de 14 pieds 10 pouces.

III.

DES PETITES ARMES.

Un grand nombre de nations ont envoyé de petites armes à l'Exposition universelle; plusieurs ont présenté des armes de guerre, mais beaucoup plus d'armes de chasse. Trois nations prédominent dans la fabrication de ces armes, ce sont les Français, les Anglais et les Belges.

A Birmingham on fabrique, et pour la guerre et pour la chasse, des armes aussi recommandables par la solidité que par le fini du travail. Dans les ateliers de cette ville, on est sobre d'ornements.

Liége est le Birmingham de la Belgique, et présente une grande fabrication d'armes de toute espèce. Le bon marché, joint à la bonne exécution, procurent à ce pays des ventes considérables, surtout en Russie.

La France, pour les petites armes de guerre, est peut-être aujourd'hui la plus avancée des nations. Cependant, par une incurie inexcusable, Saint-Étienne, la ville principalement adonnée à la confection des fusils, n'a rien envoyé d'important à l'Exposition universelle : elle a commis, en cela, une grande faute.

Paris est la place la plus renommée pour la fabrication des belles armes. Là sont réunies toutes les perfections que l'on puisse désirer pour la justesse du tir, la solidité, l'élégance des formes et le bon goût des ornements. Souvent ces ornements sont dessinés par les artistes les plus distingués; ils sont exécutés avec délicatesse et fidélité. Nous ne pouvons pas entrer dans les détails des mérites particuliers à chacun des exposants d'armes portatives. Nous nous bornerons à quelques indications accompagnant les noms de chaque exposant auquel une médaille est accordée.

ROYAUME-UNI.

Médailles de prix.

MM. J. Brazier et son fils, à Wolverhampton : batteries excellentes, adaptées à des fusils dont la bonté ne laisse rien à désirer;

MM. Deane, Adams et Deane, de Londres : fusils simples, fusils doubles, et pistolet d'un fini parfait;

M. William Greener, de Birmingham : canons de fusil très-bien fabriqués; canons à harpons pour la pêche de la baleine, etc.;

M. le colonel P. Hawker, pour améliorations des fusils dits *punt guns;*

M. J. Lang, de Londres : perfection apportée dans la fabrication de ses armes;

M. T. E. Mortimer, d'Édimbourg : armes très-bien confectionnées;

M. Henry Needham, de Londres : fusils, carabines et pistolets, exécutés avec grand soin;

M. W. Parson, de Swaffham : le même genre de mérite que les deux exposants dont les noms précèdent;

MM. Reeves et Greaves, de Birmingham : belle collection de sabres et d'autres armes de guerre, d'une excellente qualité;

MM. Richards, Westley et fils, de Birmingham : excellents fusils de guerre et de chasse;

MM. W. et J. Rigby, de Dublin : le même mérite que M. Trutone;

MM. Trulock et son fils, de Dublin : très-bons fusils et pistolets carabinés, bien travaillés, très-ornés et très-finis;

MM. Wilkinson et fils, de Londres : excellents fusils et pistolets carabinés, sabres très-ornés et d'un beau fini.

Mentions honorables.

M. Thomas FLETCHER : fusils, carabines et pistolets;

M. William GRAINGER : batteries;

MM. MANTON et fils : fusils, carabines et pistolets;

M. Robert MOLE : sabres, épées et toute espèce d'armes de côté;

M. T. H. POTTS : carabines et pistolets;

MM. POWELL et son fils : fusils, carabines et pistolets;

MM. TIPPING et LAWDEN : fusils, pistolets et carabines : collections d'armes destinées au commerce;

MM. WITTON et DAW : fusils et carabines.

ÉTATS-UNIS.

Une mention honorable est accordée à :

M. Samuel COLT, pour des carabines et des pistolets de très-bonne qualité. M. Colt est le célèbre inventeur des pistolets à plusieurs décharges obtenues par un mouvement de rotation, d'où leur nom caractéristique de *révolveurs*. Ces armes servent admirablement les Américains dans leur passion de duellistes acharnés;

MM. ROBBINS et LAWRENCE, pour leurs armes portatives;

MM. W. et R. PALMER, pour leurs armes portatives.

AUTRICHE.

Mentions honorables.

M. DEUTSCHER, pour une carabine tyrolienne à hausse;

M. KEHLNER neveu, pour des pistolets dont les chiens sont incrustés en ivoire sculpté.

BELGIQUE.

Médailles de prix.

MM. ANCION et Cie, de Liége : une série complète et variée d'armes d'un grand mérite, au point de vue commercial et pour leur confection;

MM. N. Bernimolin et Brolher, de Liége : le même genre d'armes et de même valeur que celle de MM. Ancion ;

M. A. Jansen, de Liége : collection de fusils de chasse et de luxe ;

M. C. Lardinois, de Liége : une carabine de tir dont le travail est du premier mérite, et pour l'arme même et pour les accessoires ;

M. Lepage, de Liége : armes du même genre, aussi bien fabriquées que celles de M. Lardinois ;

M. N. Plomdeur, de Liége : excellents fusils, carabines et pistolets : l'exécution ne laisse rien à désirer ;

MM. Renkin frères, de Liége : nombreuse collection d'armes de chasse et de luxe ;

M. H. Thourey, de Liége : fusil à deux coups, orné, chef-d'œuvre d'un ouvrier ; fusils et pistolets d'un travail excellent.

Mentions honorables.

MM. Falisse et Trapmann, pour des modèles d'armes de guerre ; collection de *nipples* ;

M. L. Malherbe : collection d'armes de chasse et de luxe ;

M. J. Thonet, pour un fusil à deux coups ;

M. J. M. Tinlot, pour un fusil à deux coups.

FRANCE.

Médailles de prix.

M. Berthonnet, de Paris : fusils de chasse, armes diverses exécutées avec soin et précision ;

M. F. Claudin, de Paris : canons, carabines et pistolets, dont l'exécution ne laisse rien à souhaiter ;

M. Devisme : armes de chasse, exécutées avec un goût remarquable, joint à l'excellence de travail ;

M. Gastinne-Renette, de Paris : fusils, carabines et pistolets d'une très-bonne exécution ;

M. Gauvin, de Paris : pistolets admirables de science et d'exécution ; fusils de chasse excellents ;

M. H. Houllier-Blanchard : paire de pistolets, enchâssés et incrustés en or, avec une boîte richement sculptée, montrant un degré de perfection rarement égalé dans la main-d'œuvre;

M. Léopold Bernard, de Paris : fusils simples et fusils doubles d'un beau damassé et d'un travail accompli dans toutes les parties.

M. Lepage-Moutier, de Paris : fusils de chasse d'excellente qualité; fusils de luxe ornés avec un travail exquis; sabres, épées, faits avec l'acier de M. le duc de Luynes, armes remarquables pour leur nouveauté; des boucliers ornés et d'autres objets d'art.

Mentions honorables.

M. F. Berger, de Saint-Étienne : fusils de chasse ornés.

M. B. Beringer, de Paris : bons fusils de chasse.

M. Albert Bernard, de Paris : canons damassés, excellents pour fusils et pistolets.

M. Delacour, de Paris : épées et sabres imités de diverses nations.

M. Prélat, de Paris : collection de pistolets ornés.

ZOLLVEREIN.

Médailles de prix.

MM. A et E. Holler, de Solingen, sont récompensés par le XXIe jury. Nous avons dû nous occuper de leurs produits pour une riche collection d'armes blanches, dignes de leur réputation.

LUBECK.

M. Charles-Auguste Fischer : carabine à deux coups et fusils longs, propres à la chasse des marais.

Mentions honorables.

MM. Schnitzler et Kirschbaum, de Solingen : sabres de cavalerie et d'infanterie;

M. W. Mielin-Schmolz et Cie, de Solingen et de Berlin : collection d'armes blanches ;

MM. W. et G. Pistor, pour une carabine qu'on charge avec des balles à pointe.

BAVIÈRE.

M. C. V. Heinlein, de Bamberg : une carabine gravée et décorée dans le vieux style germanique;

M. J. A. Kuchenreuter, pour des pistolets.

FRANCFORT-SUR-LE-MEIN.

MM. Weber et Schultheis : carabines simples et doubles.

MECKLEMBOURG-SCHWERIN.

M. J. Schmidt : fusils d'une bonne fabrication.

ESPAGNE.

Médailles de prix.

Don E. Zuloaga, de Madrid, reçoit une médaille de prix pour ses fusils et ses pistolets magnifiquement enchâssés; ils sont gravés et incrustés avec des ornements d'or et des sculptures d'un dessin délicieux.

Mention honorable.

La manufacture royale de Tolède, célèbre dans le moyen âge : pour des armes blanches, épées, hallebardes, etc., richement exécutées.

SUISSE.

Médaille de prix.

M. V. Sanerbrey, de Bayle, pour une grande carabine, montée et ornée de la manière la plus parfaite.

Mentions honorables.

M. Vewanet, des Loches, canton de Neufchâtel, pour une carabine à canon d'acier;

M. Fischer, de Chur, pour une carabine américaine à deux coups;

M. J. Vannod, pour une carabine de tir.

IV.

TENTES.

Médailles de prix.

Une médaille de prix est accordée à M. Edgington, pour les tentes qu'il a présentées. L'une a 12 pieds de long sur 8 de large, avec des poteaux verticaux de 6 pieds; elle peut servir soit à des officiers, soit à des émigrants. L'autre est destinée pour la troupe, les voyageurs ou les émigrants; elle a 12 pieds de long sur 12 de large, et, pour support unique, un poteau central, comme pour les tentes circulaires du service britannique. Les angles sont fortifiés, à partir de la tête de la tente, par une corde goudronnée de 1 pouce, à laquelle la toile est cousue; ces cordes, assurées à de solides piquets sur le sol, constituent le principal support de la tente. Au milieu des deux côtés opposés, une sorte de porche est formé, soutenu par une légère perche de 6 pieds, donnant entrée dans la tente et procurant le grand avantage d'un complet courant d'air. La tente est aussi ventilée au sommet, et les orifices sont garantis contre l'entrée de la pluie. Le poteau central, qui a 9 pieds 6 pouces de longueur, se divise en trois parties, et les petites perches en deux. Toutes les pièces sont encaissées dans une valise, longue de 40 pouces sur environ 13 pouces de diamètre : le poids total est seulement de 39 kilogrammes. Les deux porches, et la ventilation même qu'ils procurent, sont des perfectionnements d'une grande valeur, spécialement pour les malades, lorsqu'on n'emporte pas les grandes tentes d'hôpital.

M. Edgington propose, pour l'usage militaire, d'employer de la toile blanche, et de la tanner, afin qu'elle soit préservée de l'action de la rosée, mesure digne d'attention. A la plus grande tente il joint une étuve portative, ainsi qu'une cuisine, bien disposée pour l'usage des émigrants; mais elle n'est pas assez portative pour un service militaire de campagne.

V.

ARMES DÉFENSIVES.

Une médaille de prix est décernée à M. Fried Krupp, d'Essen, pour avoir fabriqué une cuirasse d'acier fondu, matière à ce point améliorée dans son usine, qu'il obtient un haut degré de résistance contre les balles des armes portatives. On n'a cependant pas encore déterminé si cette résistance dépasse celle que présenterait une cuirasse faite avec l'acier de cémentation. Le succès obtenu par M. Krupp n'en est pas moins digne de récompense.

TROISIÈME SECTION.

CARTES MILITAIRES, NAVALES, GÉOLOGIQUES, ETC.

On a chargé le VIIIe jury du soin d'examiner et de juger les divers genres de cartes géographiques exécutées pour atteindre un but militaire ou naval, et même géologique.

I.

CARTES HYDROGRAPHIQUES.

GRANDE-BRETAGNE.

Médaille du Conseil.

La médaille de première classe, dite du Conseil, est déjà décernée à l'Amirauté d'Angleterre. Sous la direction suprême de cette autorité, l'on a fait avec une scrupuleuse exactitude les levés, les sondages et les dessins hydrographiques, non-seulement des côtes et des ports de la Grande-Bretagne et de l'Irlande, mais aussi des côtes et des rades d'une vaste partie du globe.

Des cartes dessinées avec une grande précision, d'après ces levés, sont ensuite préparées dans l'établissement hydrographique de Londres, sous la direction de M. le contre-amiral Beaufort. D'après ces types, on publie, suivant les besoins du commerce ou de la marine militaire, des cartes qui sont vendues moyennant les prix les plus modérés, aux capitaines des navires du commerce et de l'État.

Il est entendu que la médaille accordée à l'Amirauté pour les modèles et les perfectionnements qu'offre la construction des bâtiments de guerre britanniques, soit à voiles, soit à vapeur, et pour le perfectionnement du compas azimutal, est réunie à la même récompense, pour les services éminents qui résultent des levés, des calculs, des dessins et de la publication desdites cartes hydrographiques, sous la direction éclairée autant que libérale du Conseil d'Amirauté.

FRANCE.

Médaille de première classe.

La théorie et la pratique de l'hydrographie doivent beaucoup à la France par la perfection que leur a donnée M. Beautemps-Beaupré. Dès l'époque où régnait l'Empereur Napoléon Ier, l'hydrographie de nos côtes fut commencée par cet illustre ingénieur, sur les rivages de la Flandre. Pendant quarante-cinq années consécutives, cette grande entreprise fut continuée sur les côtes de France, et dans l'Océan et dans la Méditerranée; on l'étendit à la Corse, puis à l'Algérie. Ce vaste travail et la publication qui s'en est suivie présentent la description la plus complète de la configuration du littoral, et du terrain sous-marin, à de grandes distances; la position précise de chaque danger s'y trouve signalée avec précision.

Les calculs ont été faits, comme les levés à la mer, par les officiers du corps des hydrographes, sous la direction personnelle de M. Beautemps-Beaupré.

Les dessins et les gravures sont également digne d'éloges pour leur exactitude et leur exécution.

Tel est l'ensemble des moyens employés pour exécuter le magnifique atlas ou *Neptune des côtes de France,* atlas dont les plus beaux spécimens figuraient à l'Exposition universelle.

La médaille du conseil est décernée au Dépôt général de la marine à Paris, pour récompenser les travaux scientifiques nécessités par le levé des côtes de France, en même temps que le mérite de M. Beautemps-Beaupré et des ingénieurs formés par ses soins.

M. Beautemps-Beaupré vivait encore lorsqu'il a vu ses efforts couronnés par l'honneur le plus grand qui pût résulter d'un concours universel. L'Institut de France, dont il était un des membres les plus illustres, a déploré sa perte récente. Il avait reçu, dans les derniers temps de sa vie, le titre de grand officier de la Légion d'honneur; enfin, de son vivant, son buste avait été placé près de la médaille du concours universel, dans le Dépôt général de la marine française.

Médaille de prix.

M. C. E. Collin, graveur du dépôt des cartes hydrographiques, avait exposé des cartes gravées de sa main pour cet établissement; on les a trouvées d'une parfaite exécution, et récompensées par la médaille de prix.

II.

CARTES GÉOGRAPHIQUES.

GRANDE-BRETAGNE.

Médaille du Conseil.

Le Département de l'Ordonnance ayant sous ses ordres les corps savants de l'artillerie et du génie militaire, a très-convenablement été chargé de toutes les opérations de levés, de calculs, et d'opérations graphiques nécessaires pour produire la carte complète des Trois-Royaumes. Cette vaste entreprise est aujourd'hui très-avancée. Elle présente un des monuments scientifiques dignes de la Grande-Bretagne. On doit de justes éloges à l'établissement formé, dans le port de Southampton, pour la reproduction sur cuivre et pour les procédés électrotypiques dont on a fait un habile usage.

La médaille du Conseil est accordée au Département de l'Ordonnance, au nom de qui les cartes sont exposées; cette récompense est décernée pour faire honneur d'une part à la protection que ce département accorde aux sciences, de l'autre aux talents des officiers auxquels est due l'exécution de la carte des Trois-Royaumes.

Mention honorable.

A M. Cruchley, pour avoir présenté une carte d'Angleterre, qu'il a gravée; cette carte est faite sur une échelle d'un demi-pouce par mille anglais, ce qui représente un 38,612me.

FRANCE.

Médaille du Conseil.

Le ministère de la guerre a présenté de nombreuses feuilles de la nouvelle carte de France.

La carte française de Cassini était aussi parfaite, aussi complète qu'avait pu l'être un travail si considérable, accompli par les soins d'une seule personne. Mais cette carte, qui fut commencée il y a plus d'un siècle, ne représente plus qu'imparfaitement la surface d'une contrée où d'immenses changement sont eu lieu, dans les voies de communication, dans les genres de culture et les localités habitées.

Dès 1816, une commission scientifique présidée par l'illustre Laplace, avait tracé le plan des travaux à faire pour obtenir une carte nouvelle et perfectionnée de la France, en réunissant les observations astronomiques les plus précises à la triangulation nouvelle et complète du territoire. Deux parallèles ont été mesurés; l'un, qui s'étend de Brest jusqu'en Hongrie, et qui passe par Strasbourg; l'autre, occupant sur le globe la posilition du *parallèle moyen* (celui de 45°), traverse le midi de la France et continue en Italie jusqu'à Fiume. Ces deux lignes, calculées avec un grand soin, jettent un jour nouveau sur la figure de la terre.

Dans la carte nouvelle, la position de chaque point important est déterminée par trois éléments nécessaires pour en fixer complétement la situation géométrique, savoir : la longitude, la latitude et l'*altitude*, c'est-à-dire l'élévation au-dessus du niveau de la mer.

Les opérations géodésiques avaient été commencées par le corps des géographes militaires. Quelque temps après la révolution de 1830, ce corps ayant été réuni au corps spécial d'état-major, il a continué, sous ce nouveau titre, l'entreprise scientifique. Chaque été, des officiers sont envoyés pour opérer sur le terrain; ils reviennent ensuite au *Dépôt central de la guerre,* pour y compléter leurs calculs et leurs dessins.

La carte de France est justement admirée pour la beauté de la gravure, pour le système de représentation par courbes horizontales; système qui prévient la confusion à la vue et donne l'idée la meilleure des formes du terrain.

Aujourd'hui 145 feuilles sont publiées; 62 sont entre les mains des graveurs; il en faudra 52 de plus, pour compléter l'entreprise; l'atlas qu'elle formera n'aura pas moins de 250 feuilles.

La médaille du Conseil est adressée à l'établissement du DÉPÔT DE LA GUERRE, à Paris, pour récompenser les travaux du corps savant auquel appartient la confection de la carte de France.

III.

CARTES GÉOLOGIQUES.

GRANDE-BRETAGNE.

Médaille du Conseil.

Il y a quelques années, un géologue distingué, M. Greenough, a dressé la carte géologique de l'Angleterre, sur une échelle égale à celle qu'ont adoptée les Français.

Sir Henri de la Bèche a courageusement entrepris une carte nouvelle pour les Trois-Royaumes, sur la grande échelle de 1 pouce par mille anglais, c'est-à-dire dans la proportion de 1 sur 19,308. Une dimension si considérable a rendu possible de marquer toutes les observations fournies par les sciences; elle a permis de représenter avec détails la nature des stratifications; elle a permis d'appliquer la même carte aux études variées de l'agriculture, de la minéralogie et de la métallurgie; elle a permis, enfin, de donner la délinéation des veines qu'offrent sous le sol les métaux et d'autres substances précieuses.

Doué d'un courage infatigable, sir Henry de la Bèche avait, seul, exécuté les cartes géologiques du Cornouailles, du Devonshire et d'une partie du comté de Glamorgan. Un *corps officiel des mines* fut ensuite créé, pour être placé sous la direction de cet éminent ingénieur, afin de lever la carte géologique étendue comme nous venons de l'indiquer à l'Angleterre, à l'Écosse, à l'Irlande.

Le célèbre directeur étant président du Ier jury, celui de la minéralogie, auquel devait naturellement appartenir l'examen de ses cartes géologiques, on a, sur ma demande, transporté cet examen du Ier au VIIIe jury.

Conformément à la proposition du VIIIe jury, la médaille du Conseil est accordée à la carte géologique du Royaume-Uni, pour récompenser la perfection de cette œuvre, et pour honorer le mérite des ingénieurs qui l'exécutent sous la direction si distinguée de sir Henry de la Bèche.

On doit au même savant la classification méthodique du Muséum géologique de Londres, Muséum qui présente la plus riche collection minéralogique des Trois-Royaumes. Ce bel établissement fut inauguré dans une séance publique, peu de temps après l'ouverture de l'Exposition universelle, en 1851.

FRANCE.

Médaille du Conseil.

La carte géologique de France, entreprise gouvernementale, est l'œuvre du corps national des mines. Elle avait été commencée ou, pour mieux dire, ébauchée par M. Brochant de Villiers. Deux ingénieurs actuellement inspecteurs généraux, MM. Dufrenoy et Élie de Beaumont, l'ont continuée et terminée. M. Dufrénoy, aujourd'hui directeur de l'École des Mines de Paris, était chargé des départements du Nord et de l'Est; M. Élie de Beaumont l'était des départements de l'Ouest et du Sud. L'un et l'autre ont consacré treize années à l'exploration des terrains, et quatre années au travail du cabinet, ainsi qu'à la classification de plus de 30,000 spécimens de minéraux recueillis pendant leurs investigations, en parcourant à pied plus de 15,000 lieues.

A cette carte monumentale ils ont joint une savante description géologique de la France entière.

La carte géologique de la France, exécutée sur une échelle de 1 pour 500,000, est une excellente réduction de la grande carte officielle ordinaire.

La Société géologique de Londres, supérieure à toute idée de jalousies nationales, et considérant la haute importance de cette œuvre scientifique, a décerné son prix quinquennal, *la médaille de Wollaston,* à MM. Dufrénoy et Élie de Beaumont.

La médaille du Conseil est décernée à l'ÉCOLE NATIONALE DES MINES DE PARIS, pour honorer le Corps des mines, dont les membres célèbres que nous venons de mentionner, ont exécuté la carte géologique de France.

Médaille de prix.

M. DERENÉMESNIL, l'ingénieux chef des travaux lithographiques à l'Imprimerie impériale de France, est inventeur d'un excellent procédé pour colorier les cartes, dont il respecte, avec une fidélité surprenante, les contours les plus délicats. Il a justement mérité la médaille de prix.

Dans la collection de MM. Élie de Beaumont et Dufrénoy, les cartes étaient coloriées, après coup, à la main; M. Derenémesnil a découvert un procédé si simple et si ingénieux de coloris par impression, qu'aujourd'hui l'on n'opère plus que par le moyen mécanique. L'opération est parvenue à ce degré de perfection, que, si l'on regarde, avec une loupe grossissante, les couleurs appliquées, on reconnaît qu'elles suivent rigoureusement les lignes qui forment sur la gravure les limites de chaque teinte différente, et nulle part la limite n'est dépassée [1].

[1] Ce rapport avait été rédigé et transmis à Londres dès le mois de novembre 1851. Je l'avais écrit en anglais. Lorsque j'ai dû le traduire en français, j'ai respecté soigneusement le prononcé des jugements du VIIIe jury; mais j'ai beaucoup développé l'historique des arts maritimes et militaires pour satisfaire au programme de la commission française.

FIN.

Ier TABLEAU. — DIMENSIONS PRINCIPALES, AVEC LES ÉLÉMENTS ESSENTIELS DE CALCUL, POUR UNE SÉRIE DE BÂTIMENTS À VOILES DE LA MARINE ROYALE BRITANNIQUE. (Voyez page 32.)

INDICATION DES DIMENSIONS ET DES ÉLÉMENTS DE CALCUL.	ROYAL ALBERT — 120 canons.	QUEEN. — 110 canons.	ALBION. — 90 canons.	HANNIBAL. — 90 canons.	CÆSAR. — 90 canons.	SUPERB. — 80 canons.	CRESSY. — 80 canons.	CUMBERLAND. — 70 canons.	EMERALD. — 60 canons.	NARCISSUS. — 50 canons.	DIAMOND. — 18 canons.	ARACHNE. — 18 canons.	SIREN. — 16 canons.	PILOT. — 12 canons.	BRITOMART. — 10 canons.
	pi. po.	pi. po.	pi. po.	pi. po.	pi. po.	pi. po.	pi. po.	pi. po.	pi. po.	pi. po.	pi. po.	pi. po.	pi. po.	pi. po.	pi. po.
ncipale en dehors de l'étrave et de l'étambot, à la hauteur de la flottaison du bâti- gé complétement	222 3	204 7	205 0	207 7	200 10	191 0	200 9	181 6	180 7	181 7	140 9	114 8	100 6	104 6	92 0
cipale en dehors des bordages à la même hauteur de flottaison	60 10	59 2½	59 4	58 0	56 00	56 3	55 6	53 6	52 0	50 10	41 4	35 0	34 6	33 0	28 8
longueur à la largeur	3,65	3,45	3,45	3,577	3,734	3,395	3,652	3,392	3,588	3,576	3,405	3,276	3,220	3,166	3,241
en charge… à l'avant	23 9	24 6	23 5	23 6	23 6	23 11	23 3	22 10	21 0	21 0	16 6	14 6	13 9	13 8	12 3
en charge… à l'arrière	25 3	26 0½	25 3	24 6	24 6	25 4	24 3	24 2	21 9	21 9	17 6	15 0	14 6	15 3	13 6
rant d'eau moyen à la largeur principale	0,402	0,426	0,410	0,413	0,428	0,433	0,431	0,439	0,411	0,424	0,411	0,42	0,415	0,439	0,449
ous bas seuillet des sabords, au-dessus de la flottaison en charge	7 0	6 8	6 2	7 3	7 0	6 3	6 6	6 6	9 0	9 0	7 2	5 9	4 6	4 2	4 7
quille et de la fausse quille, au-dessous de la rablure	1 6	1 9	1 0	1 6	1 6	1 7	1 5	1 9	1 5	1 5	1 6	1 1	1 2	1 0	0 9
plus grande section transversale en avant du milieu de la longueur principale de en charge, cette longueur étant prise pour unité	0,069	0,057	0,061	0,041	0,020	0,029	0,066	0,057	0,087	0,069	0,052	0,043	0,062	0,092	0,065
ntre de carène en avant du milieu de la ligne de flottaison en charge: même unité.	0,015	0,03	0,003	0,009	0,017	0,008	0,014	0,006	0,016	0,016	0,010	0,014	0,028	0,029	0,011
rallélipipède dont la base est circonscrite à la flottaison en charge, et dont la hau- le au tirant d'eau moyen en charge (exprimé en pieds cubiques anglais)	331227	305836	296017	288051	282011	264565	262229	228191	207357	197261	98802	59193	52503	49966	33961
placement du volume de la carène à ce parallélipipède	0,529	0,538	0,516	0,516	0,527	0,497	0,490	0,480	0,469	0,469	0,409	0,382	0,370	0,390	0,383
ctangle ayant pour côtés la largeur principale de la flottaison en charge, et la la flottaison en charge à la ligne inférieure de la rablure	1309	1391	1348	1305	1260	1294	1224	1104	1048	1025	640	478	442	445	348
plus grande section transversale de la carène à la surface du rectangle précédent.	0,763	0,760	0,713	0,753	0,720	0,700	0,693	0,704	0,678	0,675	0,632	0,618	0,578	0,595	0,600
ctangle ayant pour côtés la longueur et la largeur principales de la flottaison	13519	12112	12166	12039	11750	10744	11041	9710	9703	9231	5817	4013	3723	3448	2637
surface de la flottaison en charge à celle de ce rectangle	0,857	0,873	0,864	0,847	0,883	8,060	0,857	0,854	0,829	0,833	0,804	0,762	0,782	0,816	0,706
la distance verticale du centre de gravité de la plus grande section transversale et le tirant d'eau moyen	0,390	0,382	0,374	0,375	0,349	0,363	0,367	0,360	0,345	0,346	0,322	0,326	0,321	0,335	0,334
ntre de gravité de la surface de flottaison en charge, au milieu de la longueur laison, cette longueur étant prise pour unité	Avant. 0,002	Avant. 0,002	Avant. 0,004	Avant. 0,003	Avant. 0,008	Arrière. 0,006	Arrière. 0,006	Arrière. 0,005	Avant. 0,003	Avant. 0,001	Arrière. 0,058	Milieu. 0,000	Avant. 0,007	Avant. 0,005	Arrière. 0,248
ntre de voilure au-dessus de la ligne de flottaison (en pieds)	95,7	91,4	86,6	89,0	83,3	85,26	85,7	81,66	76,8	70,9	63,66	53,00	53,0	49,5	44,4
la distance du centre de voilure soit à l'avant, soit à l'arrière du centre de carène, ur de la ligne de flottaison	Avant. 0,121	Avant. 0,011	Avant. 0,014	Avant. 0,012	Avant. 0,006	Avant. 0,008	Avant. 0,007	Avant. 0,012	Avant. 0,002	Avant. 0,005	Arrière. 0,014	Arrière. 0,023	Arrière. 0,016	Arrière. 0,020	Arrière. 0,006
oment des voiles situées à l'arrière du centre de gravité de la carène, avec le mo- les situées à l'avant de ce centre	0,864	0,920	0,914	0,918	0,959	0,942	0,988	0,916	0,968	0,965	1,022	1,24	1,052	1,144	1,045
a surface de voilure et la plus grande section transversale	28,9	27,75	30,48	32,55	32,97	30,57	32,67	30,19	34,15	35,04	37,68	40,16	41,73	36,3	36,25
surface de voilure (en pieds carrés) avec le déplacement (en pieds cubes)	0,176	0,178	0,198	0,216	0,203	0,211	0,215	0,221	0,249	0,261	0,376	0,516	0,546	0,493	0,580

I' TABLEAU. — DIMENSIONS PRINCIPALES, AVEC LES ÉLÉMENTS ESSENTIELS DE CALCUL, POUR LES FRÉGATES DE LA MARINE ROYALE BRITANNIQUE SOUMISES À DES EXPÉRIENCES COMPARATIVES.

INDICATION DES DIMENSIONS ET DES ÉLÉMENTS DE CALCUL.	ARETHUSA. — 50 canons.	INDEFATIGABLE. — 50 canons.	LEANDER. — 50 canons.	PHAETON. — 50 canons.	RALEIGH. — 50 canons.	BARHAM. — 50 canons.	SAN FIORENZO. — 50 canons.	THETIS. — 38 canons.	INCONSTANT. — 36 canons.	EURYDICE. — 26 canons.	SPARTAN. — 26 canons.
	pi. po.	pi. po.	pi. po.	pi. po.	pi. po.	pi. po.	pi. po.	pi. po.	pi. po.	pi. po.	pi. po.
Longueur principale en dehors de l'étrave et de l'étambot, à la hauteur de la flottaison du bâtiment chargé complétement	182 2	182 4	182 8	165 8	181 0	187 2	189 10	105 8	161 7	143 3	133 6
Largeur principale en dehors des bordages à la même hauteur de flottaison	52 2	51 6	50 6	40 4	49 6	50 8	50 6	46 6	45 4	38 2	40 0
Rapport de la longueur à la largeur	3,49	3,54	3,615	3,763	3,06	3,695	3,759	3,562	3,56	3,75	3,337
Tirant d'eau, en charge à l'avant	21 0	20 4	20 3	21 0	20 8	21 0	20 9	18 10	18 8	15 11	16 10
Tirant d'eau, en charge à l'arrière	23 2	21 4	21 6	22 11	21 8	22 6	21 9	20 4	19 3	16 7	18 0
Rapport du tirant d'eau moyen à la largeur principale	0,431	0,404	0,413	0,446	0,428	0,431	0,420	0,421	0,417	0,425	0,435
Hauteur du plus bas seuillet des sabords, au-dessus de la flottaison en charge	8 6	9 4	9 2	8 2	9 7	8 10	9 0	8 2	7 3	6 0	5 9
Hauteur de la quille et de la fausse quille, au-dessous de la rablure	1 8	1 3	1 8	1 8	1 6	1 3	1 6	1 6	1 4	1 2	1 0
Distance de la plus grande section transversale en avant du milieu de la longueur principale de la flottaison en charge, cette longueur étant prise pour unité	0,073	0,070	0,024	0,069	0,086	0,030	0,039	0,032	0,072	0,042	0,097
Distance du centre de carène en avant du milieu de la ligne de flottaison en charge : même unité.	0,010	0,012	0,013	0,022	0,016	0,005	0,013	0,014	0,020	0,027	0,030
Volume du parallélipipède dont la base est circonscrite à la flottaison en charge, et dont la hauteur est égale au tirant d'eau moyen en charge (exprimé en pieds cubiques anglais)	213594	195593	192556	201104	190106	206230	203711	150828	138448	88829	93023
Rapport du déplacement du volume de la carène à ce parallélipipède	0,436	0,481	0,427	0,457	0,473	0,431	0,460	0,477	0,440	0,403	0,398
Surface du rectangle ayant pour côtés la largeur principale de la flottaison en charge, et la distance de la flottaison en charge à la ligne inférieure de la rablure	1085	1008	970	1001	973	1038	907	841	797	596	657
Rapport de la plus grande section transversale de la carène à la surface du rectangle précédent.	0,649	0,716	0,651	0,739	0,679	0,662	0,698	0,639	0,660	0,625	0,621
Surface du rectangle ayant pour côtés la longueur et la largeur principales de la flottaison	9511	9390	9224	9158	8984	9482	9586	7703	7325	5466	5340
Rapport de la surface de la flottaison en charge à celle de ce rectangle	0,819	0,809	0,824	0,797	0,851	0,814	0,842	0,846	0,820	0,803	0,810
Rapport entre la distance verticale du centre de gravité de la plus grande section transversale de la carène et le tirant d'eau moyen	0,343	0,356	0,332	0,369	0,349	0,345	0,380	0,318	0,370	0,327	0,344
Distance du centre de gravité de la surface de flottaison en charge, au milieu de la longueur de cette flottaison, cette longueur étant prise pour unité	Arrière. 0,006	Arrière. 0,005	Arrière. 0,002	Arrière. 0,009	Avant. 0,0204	Arrière. 0,001	Avant. 0,005	Avant. 0,002	Avant. 0,000	Avant. 0,005	Avant. 0,001
Hauteur du centre de voilure au dessus de la ligne de flottaison (en pieds)	75,93	77,63	77,75	76,20	78,70	76,94	77,33	70,70	70,50	61,70	01,50
Rapport entre la distance du centre de voilure soit à l'avant, soit à l'arrière du centre de carène, et la longueur de la ligne de flottaison	Avant. 0,008	Avant. 0,002	Avant. 0,016	Arrière. 0,006	Avant. 0,011	Avant. 0,009	Avant. 0,004	Avant. 0,007	Avant. 0,015	Arrière. 0,011	Arrière. 0,024
Rapport du moment des voiles situées à l'arrière du centre de gravité de la carène, avec le moment des voiles situées à l'avant de ce centre	0,943	0,977	0,897	1,025	0,922	0,933	0,976	0,964	0,904	1,064	1,180
Rapport entre la surface de voilure et la plus grande section transversale	34,42	33,58	38,38	32,77	36,60	35,30	34,85	36,65	37,85	30,40	34,78
Rapport de la surface de voilure (en pieds carrés) avec le déplacement (en pieds cubes)	0,264	0,257	0,290	0,263	0,270	0,278	0,254	0,292	0,326	0,396	0,382
Le plan composé par	Sir W. Symonds.	M. Wm. Edye.	M. Rd. Blake.	M. J. White.	M. Fincham.	M. O. W. Lang, junior.	MM. Read, Chatfield Creuze.	MM. Read, Chatfield Creuze.	Admiral Hayes.	Admiral Elliot.	Sir W. Symonds.

INDICATION DES DIMENSIONS ET DES ÉLÉMENTS DE CALCUL.	[illegible] 12 canons.	ESPIEGLE. 12 canons.	DARING. 12 canons.	OSPREY. 12 canons.	MUTINE. 12 canons.	WATER WITCH. 20 canons.	PANTALOO[N] 10 canons
	pi. po.	pi. po.	pi. po.	pi. po.	pi. po.	pi. po.	pi. po
rincipale en dehors de l'étrave et de l'étambot, à la hauteur de la flottaison du bâti- gé complétement.	102 2	105 3	104 2	100 10	101 4	91 0	89 0
ıcipale en dehors des bordages à la même hauteur de flottaison.	32 0½	31 6½	31 0½	31 6½	31 6	28 10	28 6
a longueur à la largeur.	3,18	3,34	3,35	3,20	3,21	3,191	3,123
en charge. à l'avant.	13 6	12 9	12 5	12 2	12 8	10 6	11 7
en charge. à l'arrière.	14 7	14 9	16 9½	15 1	14 2½	14 2	13 3
irant d'eau moyen à la largeur principale.	0,440	0,434	0,474	0,431	0,427	0,427	0,435
plus bas seuillet des sabords, au-dessus de la flottaison en charge.	4 4	5 0	4 5	4 6	4 9	4 8	4 4
la quille et de la fausse quille, au-dessous de la rablure.	1 0	1 3	1 4	1 0	1 1	1 3	1 4
a plus grande section transversale en avant du milieu de la longueur principale de n en charge, cette longueur étant prise pour unité.	0,027	0,010	0,072	0,075	0,061	0,031	0,093
entre de carène en avant du milieu de la ligne de flottaison en charge : même unité.	0,012	0,013	0,018	0,013	0,016	0,016	0,029
arallélipipède dont la base est circonscrite à la flottaison en charge, et dont la hau- ale au tirant d'eau moyen en charge (exprimé en pieds cubiques anglais).	46112	45456	47115	43193	42800	32348	31478
éplacement du volume de la carène à ce parallélipipède.	0,374	0,377	0,396	0,395	0,394	0,356	0,355
ectangle ayant pour côtés la largeur principale de la flottaison en charge, et la la flottaison en charge à la ligne inférieure de la rablure de la quille.	419	394	410	397	387	319	315
plus grande section transversale de la carène à la surface du rectangle précédent.	0,606	0,592	0,685	0,633	0,622	0,605	0,595
ectangle ayant pour côtés la longueur et la largeur principales de la flottaison.	3270	3318	327	3176	3194	2623	2536
surface de la flottaison en charge à celle de ce rectangle.	0,761	0,781	0,770	0,785	0,801	0,751	0,769
la distance verticale du centre de gravité de la plus grande section transversale e et le tirant d'eau moyen.	0,333	0,296	0,346	0,322	0,322	0,318	0,326
entre de gravité de la surface de flottaison en charge, au milieu de la longueur ttaison, cette longueur étant prise pour unité.	Avant. 0,006	Avant. 0,002	Arrière. 0,001	Arrière. 0,002	Arrière. 0,003	Avant. 0,0031	Arrière. 0,0095
entre de voilure au-dessus de la ligne de flottaison [illegible]							

	100 canons.	90 canons.	50 canons.	46 canons.	30 canons.	20 canons.	12 canons.	16 cano
	pi. po.	pi. po.	pi. po.	pi. po.	pi. po.	pi. po.	pi. po.	pi.
le l'étrave et de l'étambot, à la hauteur de la flottaison du bâti-…	240 6	231 6	214 8	202 4	192 10	191 3	180 6	160
s bordages à la même hauteur de flottaison…	55 4	55 4	50 0	45 6	43 0	36 0	33 10	31
eur…	4,346	4,184	4,293	4,446	4,484	5,312	5,335	5,0
l'avant…	23 6	23 6	21 0	19 0	17 3	15 6	13 11	12
l'arrière…	25 0	24 0	21 9	20 0	18 9	16 0	14 5	14
la largeur principale…	0,438	0,429	1,427	0,428	0,418	0,437	0,419	0,4
sabords, au-dessus de la flottaison en charge…	6 6	6 6	9 6	9 6	7 6	11 2	9 4	8
sse quille, au-dessous de la rablure de la quille…	1 0	1 0	1 0	1 4	1 0	0 9	1 0	1
transversale en avant du milieu de la longueur principale de ongueur étant prise pour unité…	0,082	0,049	0,055	0,061	0,059	0,031	0,029	0,0
vant du milieu de la ligne de flottaison en charge : même unité.	0,034	0,023	0,025	0,013	0,033	0,034	0,012	0,0
a base est circonscrite à la flottaison en charge, et dont la hau- noyen en charge (exprimé en pieds cubiques anglais)…	322602	304211	229680	179517	149250	108439	86526	663
me de la carène à ce parallélipipède…	0,595	0,598	0,407	0,504	0,498	0,560	0,506	0,5
côtés la largeur principale de la flottaison en charge, et la rge à la ligne inférieure de la rablure…	1286	1259	1020	827	731	540	446	3
transversale de la carène à la surface du rectangle précédent.	0,857	0,858	0,725	0,733	0,756	0,862	0,838	0,8
côtés la longueur et la largeur principales de la flottaison…	13307	12809	10733	9206	8292	6885	6106	51
ison en charge à celle de ce rectangle…	0,858	0,865	0,831	0,823	0,821	0,825	0,777	0,7
le du centre de gravité de la plus grande section transversale moyen…	0,426	0,413	0,364	0,363	0,377	0,412	0,395	0,3
e la surface de flottaison en charge, au milieu de la longueur eur étant prise pour unité…	Avant. 0,0073	Avant. 0,0001	Avant. 0,009	Avant. 0,008	Avant. 0,011	Avant. 0,013	Avant. 0,011	Ava 0,0
dessus de la ligne de flottaison (en pieds)…	88,75	88,75	76,8	73,6	70,1	58,6	53,4	52,6

ÉTAT COMPARÉ DES DONNÉES PRINCIPALES DES NAVIRES À VAPEUR DE DIVERSES GRANDEURS, DRESSÉ PAR M. R. NAPIER, DE GLASCOW, ET COMMUNIQUÉ, PAR SON OBLIGEANCE, A M. LE BARON CHARLES DUPIN.

CONSTRUITS POUR	LONGUEUR.	LARGEUR principale.	CREUX de la cale jusqu'au 1er pont.	TONNAGE, ancienne mesure.	TIRANT d'eau en charge.	DÉPLACEMENT en charge.	SURFACE du maître couple en charge.	GENRE du mécanisme propulseur.	VARIÉTÉS de la machine.	NOMBRE des cylindres.	DIAMÈTRE des cylindres.	COURSE du piston.	FORCE nominale en chevaux. (Amirauté.)	FORCE indiquée par l'Amirauté.	ESPÈCE des chaudières.	SURFACE des foyers.	SURFACE de chauffe.	VITESSE en nœuds par heure.	OBSERVATIONS.
	pi. po.	pi. po.	pi. po.																
Royal-mail's Company............	285 0	40 6	27 8	2292 32/94	21 0	4,500	787	Radial.....	Side lever....	2	103	9,0	873	2849	Tubular.	692	16,948	14 (1)	(1) Vitesse à l'épreuve 13 nœuds 2/3 en 54 minutes.
Cunnard, vendu à Royal-Mail.......	266 6	40 0	27 0	2128 78/94	20 6	"	"	*Idem*......	*Idem*........	2	96 5/8	9,0	768	"	Flue....	452	8,928	13	
Hull et Saint-Pétersbourg.........	245 0	32 6	20 3	1255 0	13 0	1,700	398	*Idem*......	*Idem*........	2	72 1/2	6,6	306	"	Tubular.	220	"	12 1/2 (2)	(2) Très-exact, mais à peu près égal à la vitesse d'épreuve.
Pacific. St. Navigation Company....	248 0	32 0	17 0	1096 0	13 0	1,590	336	*Idem*......	*Idem*........	2	73	6,0	394	1425	*Idem*....	282	7,848	14 (2)	
Scottish Tent Rail-way............	167 0	34 0	8 6	834 0	5 0	477	166	*Idem*......	Steeple......	2	56 1/4	3,6	199	"	Flue....	117	"	11 (2)	
J. Asheton Smith, esq.............	157 0	16 6	8 0	313 3/94	4 3	126 1/2	"	Excentric...	Oscillating...	2	36 1/16	3,6	82	"	Tubular.	95	"	14 (3)	
British navy......................	240 6	60 0	32 8	3826 21/94	25 6	5,130	1003 4	Screw.....	Horizontal....	2	94 1/4	4,6	780	1970	*Idem*....	446	12,024	10,2	
Idem..........................	218 0	39 9	25 10	1558 1/94	17 0	2,433	549	*Idem*......	*Idem*........	2	84 1/4	4,0	580	1218	*Idem*....	355	"	10,3	
Russian navy......................	214 0	51 6	28 3	2583 16/94	22 3	"	413	*Idem*......	Vertical trunk.	2	72 1/2	2,6	450	"	*Idem*....	288	7,796	"	
Peninsular and Oriental Company...	290 0	37 0	20 6	1848 14/94	18 0	2,400	"	*Idem*......	Beams.......	2	78 1/4	5,6	450	"	*Idem*....	"	"	"	
Bombay and China..............	170 10	26 0	16 0	566 28/94	13 6	900	279	*Idem*......	*Idem*........	2	53 1/16	3,6	177	852	*Idem*....	141	3,410	11,6	
Dublin and London..............	191 0	27 6	16 6	990 0	13 6	1,060	280	*Idem*......	*Idem*........	2	45	3,6	150	727	*Idem*....	113	"	11,9	

IMENTS.	TONNAGE.	PUISSANCE nominale.	LONGUEUR.	LARGEUR.	TIRANT D'EAU moyen.	SURFACE immergée des maîtres-couples.	TRAVAIL-MOTEUR sur les pistons.	VITESSE en mètres par section.	C d
	tonneaux.	chevaux.	mètres.	mètres.	mètres.	mèt. car.	kilogrammo-mètres.	mètres.	
onts de 91, lement à hé-	3,074	600 de Penn.	70 ,15	16 ,90	5 ,7	〃	〃	5 ,44	
					7 ,05	〃	〃	5 ,14	
					7 ,10	93 ,0	172,822	5 ,75	1
onts de 130	3,759	700 de Napier.	73 ,20	18 ,30	7 ,27	〃	〃		
					7 ,78	103 ,0	125,000	5 ,08	1
deux ponts uit spéciale-	3,258	600 de Penn.	72 ,58	16 ,89	7 ,4	96 ,25	160,000	5 ,75	1
ux ponts de nsformé....	3,129	400 de Penn.	66 ,18	17 ,69	6 ,58 Sans mâture, lége.	90 ,0	100,000	5 ,65	1 m
is ponts de ansformé...	3,462	400	〃	〃	〃	〃	〃	5 ,14	

utilisations de ces bâtiments et celles des vaisseaux français, *le Napoléon* et *le Charlemagne*, est énorme sans doute, mais elle tien
ie et à l'hélice. — L'étude du coefficient de recul (qui ne dépend que des formes de la carène et de l'hélice qui sont indépendantes d
rmules corrigées par les expériences du *Pélican*, nous a conduits à attribuer la valeur suivante aux coefficients de résistance de divers

VAISSEAUX.	RÉSISTANCE du maître-couple par mètre carré et par mètre de vitesse.	VITESSE à laquelle se rapporte le coefficient.
	kilogrammes.	nœuds.
Vapoléon..	3 ,33	13 et demi.
harlemagne..	3 ,50	9 et demi.
Iontebello..	3 ,75	6
gamemnon..	3 ,75	11
rincess-Royal (sans mâture et lége)....................	3 ,75	11
ogue..	3 ,75	8
jax..	3 ,75	8
Vellington..	4 ,00	10

ie différence de $3^m,75$ à $3^m,33$ à l'influence des formes sur *le Napoléon* et *l'Agamemnon*, il faut admettre que les machines utilisent d

TABLE DES MATIÈRES.

Page

SECONDE PARTIE. — ARTS MILITAIRES.

TROISIÈME PARTIE. — RÉCOMPENSES ACCORDÉES.

PREMIÈRE SECTION :

Tableaux à la suite de l'Architecture navale.

Ier TABLEAU. — Dimensions principales, avec les éléments essentiels de calcul, pour une série de bâtiments à voiles de tous rangs, de la marine royale britannique.

IIe TABLEAU. — Dimensions principales, avec les éléments essentiels de calcul, pour les frégates de la marine royale britannique soumises à des expériences comparatives.

IIIe TABLEAU. — Dimensions principales, avec les éléments essentiels de calcul, pour les bricks de la marine royale britannique soumis à des expériences comparatives.

IVe TABLEAU. — Dimensions principales et éléments calculés des vaisseaux de guerre à vapeur, avec hélice.

Ve TABLEAU. — État comparé des données principales des navires à vapeur de diverses grandeurs, dressé par M. R. Napier, de Glascow, et communiqué, par son obligeance, à M. le baron Charles Dupin.

VIe TABLEAU. — Expériences récentes des vaisseaux à hélice anglais avec les calculs d'utilisation faits par M. le capitaine de frégate Bourgois.

IXe JURY.

LES ARTS AGRICOLES,

PAR M. L. MOLL,

PROFESSEUR AU CONSERVATOIRE IMPÉRIAL DES ARTS ET MÉTIERS.

COMPOSITION DU IXe JURY.

MM. P. PUSEY, Président.........	Angleterre.
le Colonel B. CHALONER.......	
T. BRANDRETH-GIBBS	
A. HAMOND................	
J. LOCKE..................	
W. MILES..................	
J. W. SHELLEY.............	
H. J. THOMSON.............	
BETHMANN-HOLLWEG..........	Zollverein.
le Professeur RAU...........	
le Professeur HLUBECK.........	Autriche.
B. P. JOHNSON..............	États-Unis d'Amérique.
C. M. LAMPSON.............	
le Bon MERTENS D'OSTIN........	Belgique.
L. MOLL....................	France.

Une industrie qui, à elle seule, occupe en France vingt-quatre millions d'habitants sur trente-six et crée annuellement pour une valeur de six milliards, a nécessairement droit à l'attention et à la sympathie de tous les hommes éclairés. Aucun point touchant à ses progrès n'est insignifiant à leurs yeux, car ils savent à quels chiffres énormes de valeur s'élèvent les effets de ses moindres perfectionnements, lorsqu'ils se généralisent; ils savent quels immenses développements elle est encore appelée à prendre et quel accroissement de richesse et de puissance doit en résulter pour le pays.

On me pardonnera donc l'étendue de ce rapport et les développements dans lesquels je suis entré.

La neuvième classe, à laquelle j'appartenais, et qui avait dans ses attributions toutes les machines, tous les engins, instruments, outils concernant l'agriculture, se composait de huit membres anglais et de sept membres étrangers, sur lesquels toutefois quatre seulement étaient présents dès l'ouverture et purent prendre part aux travaux de la section : ce sont MM. Johnson, pour les États-Unis; Holweg, pour la Prusse; le baron Mertens d'Ostin, pour la Belgique; et moi.

Il n'y a donc pas eu ici égalité entre Anglais et étrangers.

Tout en rendant hommage à la bienveillance que les jurés anglais de la neuvième section ont montrée à l'égard des commissaires étrangers et en particulier du commissaire français, je dois ici exprimer le regret que m'ont fait éprouver deux mesures de cette section, ou plutôt de la commission royale.

On décida que les machines arrivées à Londres avant le 4 avril seraient seules soumises à des expériences comparatives; malheureusement cette décision ne fut connue en France que trop tard pour qu'on pût en profiter. Sur les instantes réclamations des commissaires étrangers, le IXe jury voulut bien déroger à cette règle, une fois pour les barattes, deux fois pour des instruments aratoires; mais ces dernières expériences ne purent se faire avec toutes les conditions désirables.

On décida, en outre, l'absence de concours, ou, comme s'exprimait la Commission royale, de *compétition* entre les produits des diverses nations, principe d'après lequel la récompense accordée à une machine n'indiquerait pas que cette machine est la meilleure ou une des meilleures parmi toutes les machines de même espèce exposées, mais simplement la meilleure ou une des meilleures parmi les machines similaires envoyées par le même pays; en un mot, absence de comparaison, et dès lors, de jugement comparatif.

Plus que d'autres, nous devons regretter cette décision qui semble en opposition avec la grande et belle idée d'une exposition universelle, car les deux seules expériences qui offrirent ce caractère comparatif, l'expérience sur les barattes et la deuxième expérience sur les charrues donnèrent, en faveur de nos machines, des résultats fort inattendus.

Et, cependant, nos quatre principales fabriques d'instruments aratoires s'étaient abstenues d'envoyer leurs produits à Londres.

Je passe sur la part que j'ai prise aux travaux de mon jury : j'ai fait, à cet égard, dans la limite de mes forces, ce qu'ont fait les autres représentants de la France.

J'arrive à la partie de mes travaux qui s'adresse plus particulièrement à la France, et qui doit former l'objet principal de ce travail.

Recueillir, chacun dans sa spécialité, les faits, les documents pouvant intéresser la France ; signaler à son attention toute particulière les innovations qui ont exercé, en Angleterre et ailleurs, une influence heureuse que la similitude de certaines circonstances permet également d'espérer pour notre pays, tel était, si je ne me trompe, l'esprit des instructions données aux jurés français.

En l'appliquant à ma spécialité, j'avais à étudier cette immense et magnifique collection d'instruments aratoires exposée au Palais de cristal, en m'attachant de préférence, non pas tant aux machines les plus parfaites, les plus curieuses, qu'à celles qui paraissaient le mieux appropriées aux circonstances agricoles des diverses parties de la France.

Cette dernière considération, à peu près inutile dans les autres branches d'industrie, est de la plus haute importance en agriculture.

Il est à remarquer, en effet, que, tandis que les procédés de l'industrie manufacturière varient peu d'un pays à l'autre pour les mêmes objets, et qu'un perfectionnement dans la filature du coton, par exemple, aura tout autant de chances de succès à Rouen, à Mulhouse, à Barcelone, qu'à Manchester, rien n'est, au contraire, variable comme les méthodes culturales et les branches de production agricole. Les différences notables qu'on remarque, sous ce rapport, sont presque toujours la conséquence de différences dans le climat, le sol et les circonstances économiques.

Il en résulte que tel procédé, tel instrument, excellents dans une contrée, sont sans valeur dans une autre.

C'est là ce que je n'ai jamais perdu de vue, non-seulement dans les longues et consciencieuses études que j'ai faites sur les instruments aratoires figurant à l'exposition, mais encore dans les excursions agronomiques que, suivant le désir manifesté par l'honorable M. Schneider, j'ai entreprises dans plusieurs parties de l'Angleterre et de l'Écosse.

Qu'on me permette d'ajouter que l'accomplissement de ma tâche, sous ce rapport, m'a été rendu facile par une connaissance exacte des circonstances agricoles de la France, connaissance que je dois à des travaux pratiques effectués sur trois points différents du pays, à des voyages agronomiques dans presque toutes les parties du territoire français et à ma position au Conservatoire impérial des arts et métiers, à Paris.

Avant de passer à l'indication des machines agricoles les plus intéressantes pour nous, parmi celles qui figuraient à l'exposition, je crois devoir présenter ici un court exposé des progrès accomplis dans ces derniers temps et de l'état actuel de la fabrication de ces machines dans les divers pays qui en ont exposé à Londres.

ANGLETERRE.

En Angleterre, comme en France, la charrue romaine, introduite à la suite de la conquête, a été pendant longtemps le seul instrument attelé servant à la culture du sol. Plus tard est venue la charrue saxonne, lourde et informe machine munie d'un avant-train et d'un versoir fixe; puis la charrue normande, également à roues et à versoir fixe, mais moins défectueuse. Ces trois instruments semblent avoir passé sans changements bien notables de générations en générations jusque vers la fin du XVIIe siècle.

Il existe, du reste, un document authentique qui témoigne de l'état arriéré de la culture de l'Angleterre, à cette époque;

c'est un acte du parlement de l'année 1634, cité tout au long par le docteur Hamm et intitulé : *acte contre la coutume d'atteler les bœufs à la charrue par la queue, et d'arracher la laine des moutons* au lieu de la tondre.

Vers le commencement du XVIIIe siècle, un agriculteur nommé *Walter Blythe*, déjà connu par quelques écrits, fit venir de la Hollande une charrue qui, d'après la description qu'il en donne, devait être à peu près le brabant actuel, lequel date en effet de ce temps. D'après ce modèle et ses propres idées, il fit construire au mécanicien *J. Foljambe* une charrue simple qui, tout en conservant quelques dispositions de la première, offrait cependant des formes et un cachet propres. Cette charrue, connue sous le nom de charrue de Rotherham, du lieu de résidence du mécanicien, et qui fut l'objet du premier brevet pris en Angleterre pour un instrument aratoire, passa pendant longtemps pour la meilleure de ce pays, et peut être considérée comme le point de départ de tous les perfectionnements ultérieurs apportés en ce genre de machines. Elle est encore usitée aujourd'hui avec quelques modifications dans plusieurs parties du nord de l'Angleterre.

Presque en même temps, le célèbre fermier, *Jethro Tull*, introduisait en Angleterre la culture en lignes, le semoir et la houe à cheval, empruntant, à cet effet, mais en les perfectionnant, les idées de Worlidge, et surtout du premier inventeur des semoirs, l'Espagnol *Joseph Locatelli.*

Néanmoins, c'est l'horloger écossais *J. Small*, qu'on doit considérer comme le véritable créateur de la mécanique agricole dans la Grande-Bretagne, comme l'initiateur à ce mouvement de progrès qui s'est continué jusqu'à nos jours.

Il établit, en 1763, une fabrique d'instruments aratoires à Blackader-Mount (Berwickshire), et, pendant trente ans, se consacra exclusivement à l'amélioration de ces instruments et surtout à la construction de la charrue jadis célèbre qui porte son nom et qui passa longtemps en Angleterre, comme sur le continent, pour l'idéal de la perfection.

Vers la même époque, son compatriote *A. Meikle* construisait la première machine à battre les céréales, machine qui a reçu depuis de nombreux perfectionnements, mais dont le principe s'est conservé intact jusqu'à nos jours.

Après Small, les constructeurs écossais Wilkie et Fynlayson continuèrent son œuvre pratique en modifiant et perfectionnant sa charrue et ses autres instruments, tandis qu'Arbuthnot, Williamson et surtout Bayley essayaient, mais sans grand succès, d'établir la construction de la charrue sur des bases scientifiques.

L'ouvrage de ce dernier[1], sans atteindre le but que se proposait l'auteur, fit néanmoins du bien, en appelant l'attention des mécaniciens sur ces questions, et en fixant plusieurs points importants d'une manière définitive.

A partir de Small, nous voyons l'Angleterre marcher d'un pas rapide dans cette voie si heureuse, si fertile en grands résultats, où les progrès de la mécanique agricole accompagnent et parfois même devancent et font naître les progrès de l'art agricole, voie dans laquelle ce pays a su persévérer pendant la désastreuse période des grandes guerres de la révolution et de l'Empire, et qui l'a conduit au point où nous le voyons aujourd'hui, c'est-à-dire qui en a fait la première contrée du monde pour l'agriculture en général comme pour les machines agricoles en particulier.

L'Écosse, comme on le voit, a eu la part la plus large dans ce mouvement. Mais, depuis 1816, l'Angleterre, qui jusque-là s'était attachée de préférence à l'amélioration de ses races de bestiaux, s'y est jointe, et, avec cette ampleur et cette puissance de moyens qu'elle possède et sait appliquer où cela est nécessaire, elle n'a pas tardé à dépasser sa rivale.

Si, en effet, l'Écosse présente ce fait remarquable, qu'on y chercherait en vain une mauvaise charrue, un instrument aratoire quelconque vraiment défectueux, en revanche, c'est

[1] *An Essay on the construction of the plough, deduced from mathematical principles and experiments, etc.,* by John Bayley, 1795.

en Angleterre que se construisent aujourd'hui les trois charrues qui passent pour les meilleures, ainsi que les scarificateurs, les semoirs, les houes et râteaux à cheval, les faneurs, enfin les machines à battre et les tarares les plus parfaits du Royaume-Uni.

Si, dans la zone houillère de l'Écosse, presque chaque ferme possède sa machine à vapeur fixe, c'est en Angleterre qu'on a inventé et qu'on fabrique les machines à vapeur mobiles pour l'agriculture. Enfin, c'est l'Angleterre qui possède les plus grands et les plus beaux établissements pour la construction des machines et instruments d'agriculture.

Il n'est pas sans intérêt pour nous de rechercher et d'étudier les circonstances qui ont le plus puissamment contribué à ce grand mouvement de progrès agricole devenu une des conditions de la vie de l'Angleterre. Signalons ici celles qui concernent plus particulièrement les machines agricoles. Le haut prix des produits, conséquence des droits de douane, la division du sol en grandes fermes, l'aisance et l'instruction des fermiers, la sympathie éclairée et active des classes élevées pour l'agriculture, la rareté et la cherté de la main-d'œuvre, enfin les progrès de la mécanique industrielle et le bas prix du fer, telles sont, je crois, les causes principales des progrès de la mécanique agricole dans ce pays; peut-être la nature variable du climat qui oblige à une grande célérité dans l'exécution de beaucoup de travaux, y a-t-elle également une part. Mentionnons encore, comme cause puissante, l'heureuse et active intervention des nombreuses sociétés d'agriculture du Royaume-Uni, et surtout de la Société royale d'Angleterre, aux concours annuels de laquelle la haute aristocratie s'empresse de prendre part, leur donnant ainsi la sanction que doit avoir forcément toute institution qui aspire à devenir populaire dans la Grande-Bretagne. C'est par centaines de milliers qu'on y compte les visiteurs, et une récompense accordée dans ces concours à un fabricant d'instruments aratoires est pour lui un brevet de capacité et une promesse de fortune. Il est triste de comparer à cette action si efficace, à ces brillantes solennités, l'influence restreinte de nos associations agricoles et les plus que modestes réunions qu'elles provoquent.

La faveur qui s'attachait, en Angleterre, aux machines propres à rendre le travail plus parfait, plus rapide, ou plus économique, fut naturellement un puissant stimulant pour la fabrication; aussi d'habiles mécaniciens, aidés de grands capitalistes, s'emparèrent-ils de cette branche d'industrie, et, tandis que, dans le reste de l'Europe, elle continuait à être le monopole exclusif de pauvres et ignorants ouvriers de villages, on voyait s'élever, sur tous les points de l'Angleterre et de l'Ecosse, des usines importantes, entièrement consacrées à cette industrie et offrant aux consommateurs les avantages de la fabrication en grand : perfection et bon marché des produits. Ainsi que cela arrive souvent, d'effet cette circonstance est devenue cause, et a réagi d'une façon heureuse et puissante sur l'agriculture de ce pays. Les économistes, les historiens, qui se sont occupés de ce fait si curieux et en même temps si décisif sur les destinées du Royaume-Uni, la destruction et la disparition de la petite et moyenne culture au profit de la grande, n'en ont vu les causes que dans la législation et l'organisation politique du pays. Ils n'ont pas fait attention que grande propriété et grande culture ne sont pas synonymes, et que, si ces causes peuvent créer et conserver la première, elles sont sans action sur la seconde. La cause principale du développement de la grande culture aux dépens de la petite et de la moyenne, en Angleterre, gît dans les progrès de la mécanique agricole, qui ont permis à la grande culture de produire plus économiquement que la petite; en d'autres termes, de tirer un meilleur parti du sol et, par conséquent, d'en donner une rente plus élevée.

Quoiqu'en parlant des instruments je doive en indiquer les constructeurs, je crois devoir signaler ici quelques-unes des principales fabriques de machines aratoires du Royaume-Uni, en me bornant à celles qui s'occupent exclusivement, ou à peu près, de ce genre de fabrication.

Dans l'impossibilité de les ranger par ordre de mérite (les

unes étant supérieures pour telles machines, les autres pour telles autres), je les placerai par ordre alphabétique.

M. Ball, W., à Rothwell, près Kettering, s'occupe plus spécialement des instruments aratoires proprement dits. Réputation récente, mais déjà bien établie, surtout pour les charrues; plusieurs prix aux concours de la Société royale; médaille de prix à l'exposition pour sa charrue.

MM. Barrett, Exall et Andrews, à Reading. — L'une des quatre ou cinq premières fabriques d'Angleterre; elle occupe un nombreux personnel, fait toutes les machines concernant l'agriculture et entrées dans le domaine public ou lui appartenant spécialement. Plusieurs de ces dernières sont brevetées et ont été primées dans les concours de la Société royale. J'ai pu m'assurer de plus qu'une loyauté scrupuleuse préside à toutes les transactions des propriétaires de ce bel établissement, auquel est annexée une ferme importante, où l'on essaye pendant longtemps, et dans des circonstances variées, les machines nouvelles ou les modifications apportées aux anciennes avant de les lancer dans le public. Cette adjonction d'un faire-valoir, qui ne se rencontre que dans trois fabriques françaises, est générale dans tous les grands établissements de l'Angleterre; je n'ai pas besoin d'insister sur les avantages qu'elle présente. Médaille de prix à l'exposition pour une machine à vapeur et un concasseur.

M. Busby, W., près Bédale. — Ce qui a été dit de M. Ball s'applique également à M. Busby, auquel la perfection de ses produits a mérité une grande médaille à l'exposition (pour ses charrues, sa houe à cheval, son semoir et sa charrette).

MM. Clayton et Shuttleworth, à Lincoln. — Ces constructeurs s'occupent moins des instruments aratoires proprement dits que des grandes machines agricoles. Jusqu'à présent, ce sont eux qui ont livré à l'agriculture le plus grand nombre de machines à vapeur mobiles (plus de 500), ce qui indique suffisamment la perfection et les prix modérés auxquels ils sont parvenus dans la construction de ces machines, qui par deux fois, en 1849 et 1850, ont reçu le second prix au concours de la Société royale d'Angleterre et ont valu à ces constructeurs une médaille de prix à l'exposition. Leurs machines à battre, leurs moulins, leurs scies circulaires sont également estimés et répandus en Angleterre et dans les colonies.

MM. Cottam et Hallen, Winsley street, à Londres. — Fabrique jadis plus importante qu'elle ne l'est aujourd'hui, mais occupant encore un assez grand nombre d'ouvriers et conservant sa réputation pour certaines machines. On lui reproche pour d'autres de n'avoir pas marché avec le progrès.

M. Crosskill, W., à Beverley. — Inventeur du fameux rouleau qui porte son nom; il construit également les instruments aratoires proprement dits, les machines d'intérieur de ferme (batteuses, moulins, concasseurs, hache-paille, etc.), enfin les machines de transport, qui constituent même une spécialité pour lui; fabrique importante et en pleine prospérité.

On ne reproche à ses machines que d'être un peu massives. Grande médaille à l'exposition (pour sa herse de Norwége, sa charrette et son rouleau).

MM. Fowler et Fry, à Bristol. — Cette fabrique est récente; mais, grâce à M. Fowler, jeune et habile agriculteur des environs de Bristol, elle s'est placée immédiatement à un rang fort élevé, qu'elle saura conserver, si l'on en juge par les débuts. On lui doit la machine agricole la plus curieuse de l'exposition.

MM. Garrett et fils, à Leiston-Works, près Saxmundham (Suffolk). — Cette fabrique est une des plus anciennes de l'Angleterre (elle date de 1778). Loin de déchoir, comme tant d'autres, elle n'a fait que croître en importance et en réputation, grâce à l'intelligence et à l'esprit de progrès des propriétaires. C'est aujourd'hui un des plus grands et des plus beaux établissements du Royaume-Uni. Les nombreuses primes reçues par cette fabrique dans les divers concours témoignent suffisamment de la place élevée qu'elle occupe dans l'opinion du public agricole. Grande médaille à l'exposition (pour machine à battre, houe à cheval, semoir, machine à vapeur portative, hache-paille).

MM. Gray et fils, à Uddingston, près Glasgow. — Une des meilleures parmi les nombreuses fabriques de l'Écosse; s'occupe plus spécialement des instruments aratoires proprement dits. Médaille de prix pour une charrette.

MM. Hornsby et fils, près Grantham. — Leur fabrique mérite d'être placée, sous le rapport de la perfection des produits, sur la même ligne que celle de M. Garrett; ils s'occupent, du reste, moins des instruments aratoires proprement dits que des grandes machines agricoles. Leurs machines à vapeur mobiles ont obtenu le premier prix dans les deux derniers concours de la société royale d'Angleterre. Grande médaille à l'exposition (pour trois semoirs, un concasseur de tourteaux et une machine à vapeur mobile).

MM. Howard, J. et F., à Bedford. — Cette fabrique peut être placée presque au même rang que la précédente. Elle a, pour les charrues, herses et râteaux à cheval, une réputation aussi bien établie que celle-là pour les semoirs et les machines à vapeur; les prix qu'obtiennent ces instruments depuis plusieurs années dans les divers concours en sont la preuve. Médaille de prix à l'exposition (pour deux charrues et un râteau à cheval).

MM. Mapplebeck et Low, à Birmingham. — Usine importante, presque entièrement consacrée à la fabrication des outils à bras servant à l'agriculture.

MM. Ransome et May, à Ipswich. — Quoiqu'on reproche à cet établissement de s'occuper trop fréquemment de choses étrangères à l'agriculture, il n'en est pas moins le plus grand et le plus important de tous ceux destinés à la construction des machines agricoles de toute espèce. Les bâtiments, cours, chantiers, etc., couvrent une superficie de plus de 7 acres (près de 3 hectares). Ajouter que M. Ransome est auteur de l'ouvrage le plus estimé sur les machines agricoles de l'Angleterre, et que M. May est secrétaire d'une des premières associations scientifiques du royaume, c'est assez indiquer que les honorables et habiles directeurs de la magnifique usine d'Ipswich sont à la hauteur de leur position et expliquer l'importance qu'a prise leur établissement. La belle et nombreuse collection qu'ils avaient exposée ne leur a néanmoins valu qu'une médaille de 2ᵉ classe (pour un semoir à dropper). Tout en respectant ce jugement, je dirai que, appréciant les choses à mon double point de vue d'agriculteur français et de praticien conduisant fréquemment ses instruments lui-même, je n'aurais pas hésité à leur décerner la grande médaille.

MM. Smith et Cⁱᵉ, de Stamford (Lincolnshire). — Leur fabrique, quoique inférieure en importance à plusieurs des précédentes, jouit cependant d'une réputation étendue et méritée. On trouverait à peine, dans ces derniers temps, un concours de quelque importance, soit de la Société royale, soit des sociétés de province, où MM. Smith n'aient obtenu un prix pour l'un ou l'autre de leurs instruments, surtout pour leurs faneurs à cheval, auxquels le jury de l'exposition a également décerné une médaille de 2ᵉ classe.

Avant de passer à d'autres pays, ajoutons ce fait pour l'enseignement des constructeurs français : en Angleterre, comme dans beaucoup d'autres lieux, le progrès a commencé par la complication ; là, comme ailleurs, les concours, dans le début, ont souvent contribué à fausser l'opinion publique et à pousser la fabrication dans une mauvaise voie. Mais l'expérience n'est pas perdue pour les Anglais ; elle a fait justice, et des idées qui présidaient à la distribution des récompenses, et de tant de machines primées, dont les unes n'avaient de mérite que leur originalité, tandis que d'autres ne devaient leurs succès éphémères qu'à des proportions gigantesques ou à des dispositions compliquées, ingénieuses peut-être au point de vue mécanique, mais de nulle valeur en pratique.

La composition des jurys de concours, où les praticiens sont toujours en très-grande majorité, n'a pas peu contribué à cette réaction.

Ce n'est pas à dire que le défaut signalé n'existe plus. L'Angleterre est encore, sans contredit, de toutes les contrées du globe, celle qui a le plus d'instruments aratoires compliqués. Les étrangers, et surtout les Français, ne doivent jamais perdre de vue ce fait, et doivent se défendre contre la séduction, j'allais dire l'enthousiasme, que provoque la vue de ces machines si belles, si élégantes, si ingénieuses.

Il est à remarquer que ce défaut de plusieurs instruments anglais est dû non-seulement aux circonstances agricoles que j'ai indiquées plus haut, mais encore à la manie de beaucoup de grands seigneurs, recherchant les machines les plus étranges et les plus chères, sinon pour les employer, du moins pour en faire les ornements de leurs *home-farms*, manie qui, avec quelques autres, a trouvé des imitateurs parmi les riches fermiers. Il y a donc bien réellement, en Angleterre, deux classes distinctes de machines, qu'il importe de ne pas confondre: les machines d'un emploi sérieux, journalier, se rencontrant dans presque toutes les fermes d'une même contrée, souvent fort étendue; puis, les machines de parade, destinées à prouver la richesse et les tendances progressives du propriétaire, machines soigneusement conservées sous un hangar, et qu'on ne fait fonctionner que pour quelque visiteur de distinction.

Ce fait, dissimulé avec soin aux étrangers, a été la cause de bien des erreurs et des déceptions. Inutile de dire que j'ai fait tous mes efforts pour les éviter.

Ajoutons que les réformes économiques de sir Robert Peel, en diminuant dans une énorme proportion les bénéfices de l'industrie agricole, tendent aujourd'hui à ramener l'agriculture anglaise à une situation analogue à celle de notre agriculture, et à pousser, par conséquent, plus que jamais, vers la simplification, aussi bien des machines que des procédés.

Quoi qu'il en soit, et pour donner une idée générale de l'importance de la fabrication des instruments aratoires en Angleterre, disons que, tandis que tous les exposants étrangers réunis, y compris ceux des colonies anglaises, n'atteignaient que le chiffre de 58, les exposants anglais étaient au nombre de 279, et couvraient de leurs produits, dans le Palais de cristal, une surface de plus de 30 ares.

BELGIQUE.

Ce pays est le berceau des bons instruments aratoires. A une époque où les quatre cinquièmes de l'Europe n'avaient encore que l'antique et informe charrue romaine, la Belgique possédait déjà une charrue excellente, qui, depuis plusieurs siècles ne paraît avoir subi aucune modification importante, et a été le point de départ et le modèle de tous les perfectionnements apportés dans la construction de cette première de toutes les machines. Ajoutons que, pour les autres instruments aratoires, la Belgique n'est pas aussi bien partagée, et que le progrès, sous ce rapport, est récent; enfin, que les grandes fabriques de machines rurales sont également de création nouvelle dans ce pays où, en revanche, la classe des charrons et forgerons de campagne paraît avoir une habileté et une intelligence qu'on rencontre rarement ailleurs.

ÉTATS-UNIS DE L'AMÉRIQUE DU NORD.

En examinant les nombreux instruments aratoires exposés par ce pays, on s'aperçoit que, si le peuple de l'Amérique du Nord a conservé de la mère-patrie la langue, le bon sens pratique, l'esprit calculateur, il n'a pas étendu la similitude jusqu'aux instruments de culture; il a su, au contraire, leur donner un cachet particulier, admirablement approprié aux circonstances spéciales dans lesquelles se trouve l'agriculture d'une grande partie de l'Union américaine. Ce qui frappe tout d'abord, c'est l'extrême simplicité et la remarquable légèreté de ces instruments, simplicité et légèreté qui n'excluent pas la perfection et la solidité. On comprend, en les examinant, que le fabricant américain s'est préoccupé avant tout des besoins du pionnier qui va défricher les vastes solitudes de l'intérieur où il passe souvent de longues années, privé des ressources de la civilisation et forcé de se suffire à lui-même. Le constructeur a donc réduit le nombre des instruments au strict nécessaire. Il les a fait légers pour en faciliter le transport au loin, et, à l'exception de quelques parties en fonte, dans la charrue, par exemple, il a donné aux autres pièces en bois et en fer des formes assez simples pour que le cultivateur pût au besoin les réparer et même les confectionner. C'est à cette tendance qu'on doit, entre autres, l'admirable conception du soc dit américain, adopté aujourd'hui par tous les constructeurs intelligents de l'Europe continentale. Il est à peine nécessaire d'ajouter que les seuls États qui ont exposé et auxquels s'applique ce que je viens de dire, sont les États libres du Nord. Le progrès agricole, et surtout le progrès dans la confection des instruments aratoires, ne sont guère compatibles avec un état de choses qui abandonne la culture du sol à des mains esclaves.

AUTRICHE ET PRUSSE.

Ces deux pays, le premier surtout, ont exposé un certain nombre d'instruments qui témoignent d'un état peu avancé de la mécanique agricole. Au premier abord, ce fait a lieu de surprendre, car, de même qu'en Angleterre, la grande propriété y est la règle; elle est riche et instruite, ainsi que la classe des grands fermiers, et s'occupe d'agriculture avec prédilection. Mais, outre que le génie allemand semble peu porté vers la mécanique, et qu'il étend volontiers aux objets matériels cet esprit de conservation que les Anglais n'appliquent guère qu'à leurs institutions et à leurs usages, il me paraît démontré que le système féodal et les corvées qui l'accompagnent ont été pour beaucoup dans l'état arriéré de la fabrication des instruments aratoires dans ces pays. Pour quiconque connaît l'organisation des corvées agricoles, cette assertion ne saurait être douteuse.

J'ajouterai, toutefois, qu'on ne saurait juger exactement de l'état de la fabrication des instruments aratoires dans ces deux pays, et surtout en Prusse, d'après le nombre et la valeur des objets exposés, attendu que plusieurs fabriques parmi les plus importantes s'étaient abstenues.

Je ne dirai rien de la Suisse, de la Hollande, du Canada.

En parlant des instruments, je signalerai ceux en très-petit nombre qu'ont exposés ces pays.

DESCRIPTION
DES
PRINCIPALES MACHINES AGRICOLES EXPOSÉES.

INSTRUMENTS ET MACHINES
POUR LA CULTURE ET LE FAÇONNAGE DU SOL.

Cette section comprend les charrues, les herses, les rouleaux, les extirpateurs, scarificateurs et skims.

CHARRUES.

Dans le compte rendu de l'exposition de 1849 sur les instruments aratoires, je disais que, pour la première des machines rurales, pour la charrue, nous n'avions rien à envier aux Anglais. Cette opinion, que je m'étais faite sur la vue et l'emploi de plusieurs charrues anglaises importées en France et en Allemagne, s'est confirmée encore à l'exposition de Londres et dans les nombreuses excursions que j'ai faites en Angleterre et en Écosse.

Les bonnes charrues anglaises (car il y a en Angleterre des charrues médiocres et mauvaises) présentent certaines dispositions dont on ne saurait trop recommander l'adoption aux constructeurs français; mais elles ont, en revanche, des défauts qui les rendent au total inférieures à nos charrues perfectionnées et qui expliquent comment ces instruments, en apparence si parfaits, n'ont pu s'introduire dans la pratique habituelle d'aucune autre contrée, malgré les nombreuses tentatives faites depuis le commencement de ce siècle.

Ce qui frappe tout d'abord dans ces charrues, c'est l'élégance et la légèreté des formes, la longueur des mancherons, la longueur du versoir et l'addition d'un ou deux supports à roulettes, fixés à l'extrémité antérieure de l'âge.

Cette élégance, cette légèreté, tiennent en partie aux matériaux dont sont faits ces instruments, le fer et la fonte, qui permettent de réduire notablement la grosseur des diverses pièces, surtout de l'âge et des mancherons.

La substitution de la fonte au bois pour le sep, les étançons et le versoir, est aujourd'hui passée dans les habitudes de tous nos bons constructeurs. Elle offre trop d'avantages pour ne s'être pas promptement généralisée chez nous, malgré le prix de la fonte. On le comprendra facilement lorsqu'on saura que ces pièces, sur lesquelles s'exerce un frottement considérable, s'usent et se déforment en peu de temps lorsque la matière qui les compose n'est pas très-résistante. La fonte seule, d'ailleurs, permet de reproduire d'une manière constante les formes souvent très-compliquées du versoir. Il n'en est pas de même de l'emploi du fer pour l'âge et les mancherons. Même en Angleterre, où le fer est à si bas prix, beaucoup de charrues ont ces deux parties en bois. C'est que ces pièces n'éprouvent aucun frottement, mais, en revanche, reçoivent et transmettent au corps de la charrue l'effort de l'attelage et du conducteur, par conséquent, sont exposées à se tordre et à fléchir. Or, le fer résiste moins, en proportion, que le bois à ces efforts de torsion et de flexion. A moins de lui donner des dimensions et un poids considérables, il se gauchit et plie sous l'action d'une force continue, sans reprendre sa forme primitive. Si à cette considération l'on ajoute celle des prix relatifs du bois et du fer en France, on comprendra parfaitement que nos agriculteurs et nos constructeurs aient généralement repoussé les âges et les mancherons en fer[1].

[1] Comme beaucoup d'autres, j'avais commencé par me servir de charrues tout en fer pour les cas où une grande solidité était indispensable, notamment pour les défrichements de landes et les sous-solages, opérations qui, chez moi, exigent une force de traction variant de 600 à 2,000 kilog. J'ai dû y renoncer par suite des accidents fréquents qui arrivaient à l'âge et aux mancherons. Et cependant, l'âge de ma charrue sous-sol, par exemple,

La *légèreté* n'est, du reste, pas seulement apparente dans les charrues anglaises perfectionnées, elle est réelle. L'agriculteur français, surtout celui qui cultive en terres fortes, habitué à ses solides et massifs instruments, comprend avec peine comment peuvent fonctionner ces charrues à mancherons si flexibles, qu'on les plie à la main, à tirage directement appliqué sur un âge soit en fonte (comme dans la charrue de Stafford), soit en fer de quelques millimètres d'épaisseur, enfin à socs en fonte offrant souvent une pointe et un tranchant prolongés d'une acuité remarquable.

Plusieurs circonstances ont amené ce système de construction :

D'abord, la répugnance des Anglais pour tout accroissement inutile de matière dans leurs instruments et machines quelconques; puis la facilité des réparations; le bas prix des diverses pièces en fonte; l'habitude générale en Angleterre de ne donner que des labours superficiels, fait qui s'explique par l'emploi fréquent de la charrue sous-sol et du fouilleur; la perfection avec laquelle sont agencées et disposées les pièces principales, celles qui transmettent l'effort à la résistance; enfin la nature généralement légère du terrain. Il est à remarquer, en effet, que, quoique l'Angleterre possède toutes les natures de terres qui existent en France, non-seulement les sols naturellement légers y dominent, mais encore les terres argileuses et primitivement compactes y ont été notablement ameublies par une longue série d'années d'excellente culture, et débarrassées des obstacles, pierres, racines, etc., qui entravaient la marche des instruments. Le drainage a aussi singulièrement contribué à ce résultat, en maintenant ces terrains dans un état d'égouttement parfait, qui les empêche

au point le plus exposé, a 26 millim. sur 73. A la vérité, ces accidents sont facilement réparables; mais, outre les pertes de temps et les frais auxquels ces réparations donnent lieu, elles ont pour effet de rendre le fer aigre et cassant et les accidents de plus en plus nombreux. J'ai donc été obligé de remplacer mes âges en fer par des âges en bois, qui, depuis plusieurs années, fonctionnent à ma complète satisfaction.

d'adhérer à la charrue par l'humidité et de se durcir par la sécheresse.

Il est une dernière circonstance que je dois noter ici, c'est la distinction très-rationnelle que font les Anglais entre les charrues à deux chevaux et les charrues à quatre chevaux, distinction que nous avons le tort de ne pas faire. A part quelques charrues exceptionnellement légères et d'autres exceptionnellement fortes, comme les charrues de défoncement et de défrichement, toutes les autres, destinées aux labours ordinaires, sont faites pour marcher avec deux et avec quatre bêtes, suivant les circonstances. Il en résulte qu'elles sont la plupart trop fortes pour deux bêtes et trop faibles pour quatre.

J'ai dit que les bonnes charrues anglaises offraient certaines dispositions que nous aurions grand avantage à adopter.

Je placerai en première ligne la longueur des mancherons dans les charrues simples. Il y a des charrues anglaises, et surtout écossaises, dont les mancherons ont plus de deux mètres de longueur horizontale, à partir du talon du sep. Les mancherons sont le bras de levier au moyen duquel le laboureur guide sa charrue. Plus ce bras de levier est long relativement au bras de la résistance, plus est puissante l'action du laboureur, plus il lui est facile de s'opposer aux écarts qu'impriment à la charrue soit l'attelage, soit les obstacles que rencontrent le coutre et le soc. Ce principe est si simple, il a reçu si constamment la sanction de l'expérience partout où il a été appliqué, que l'on conçoit difficilement comment nos constructeurs, et notamment le premier de tous, Mathieu de Dombasle, ont pu le repousser.

Je suis convaincu que le peu de longueur des mancherons de la charrue Dombasle a été une des principales causes de l'opposition qu'a rencontrée presque partout l'introduction de cet excellent instrument de la part des laboureurs.

On reproche aux longs mancherons d'accroître le poids et le prix de la charrue, d'éloigner le conducteur de l'attelage, enfin d'exiger de lui de plus grands mouvements pour imprimer des directions données à l'instrument. Le premier défaut peut être en partie évité en prolongeant la queue de l'âge de $0^m,75$ à un mètre au delà du talon du sep, ce qui permet de réduire la longueur et la force des mancherons et d'en simplifier l'assemblage sans réduire la longueur du bras du levier; le second n'est grave qu'avec des animaux mal dressés; quant au troisième, il est sans valeur, car tous ceux qui ont manié la charrue simple savent que c'est là, au contraire, une circonstance avantageuse.

Les bonnes charrues anglaises sont également supérieures aux nôtres pour la forme, la disposition et l'agencement des pièces qui servent à la transmission du tirage. La longueur et la direction de l'âge y sont calculées de façon à ce que la ligne normale de tirage (ligne droite qui va du centre de la puissance au centre de la résistance) passe toujours au-dessous de l'extrémité de celui-ci, quelle que soit la profondeur du labour. Il en résulte que ces charrues n'ont pas besoin, comme beaucoup des nôtres, de cette inclinaison du soc au-dessous de l'horizon, connue sous le nom d'*entrure,* et qui augmente si notablement la résistance. Dans presque toutes les bonnes charrues anglaises, la semelle présente, en effet, une ligne droite d'un bout à l'autre; ce qui n'empêche pas qu'elles ne tiennent parfaitement en terre.

Les *régulateurs,* quoique très-variés, n'offrent rien que nous ne connaissions déjà. Le tirage direct sur cette pièce, disposition fréquente en Angleterre et en Écosse, se rencontre également en France, mais seulement dans les charrues légères.

La charrue *simple,* le swing-plough des Anglais, c'est-à-dire la charrue n'ayant d'autre appui que la semelle, est d'origine britannique. Cependant, la plupart des charrues anglaises perfectionnées ont, comme la charrue belge, un ou plus souvent deux *supports,* avec cette différence néanmoins qu'elles peuvent toutes marcher sans cette addition, et que ces supports sont à rouelles indépendantes : celle de gauche marchant sur la terre non labourée, de petite dimension; celle de droite marchant dans la raie, de plus grand diamètre.

La question des supports a été souvent agitée. Au premier abord, l'avantage de cette addition semble incontestable. Cependant, on y a renoncé presque partout. Ils offrent, en effet, un inconvénient grave : placés à peu de distance de la pointe du soc, avec lequel ils sont unis d'une manière invariable, ils font participer celui-ci à tous les mouvements de hausse ou de baisse que leur communiquent les petites ondulations du sol, les mottes de terre et les pierres qu'ils rencontrent. De plus, ils offrent au laboureur paresseux le moyen de se dispenser d'attention et de diminuer sa peine en augmentant celle de l'attelage. Il lui suffit pour cela de hausser le point d'attache et d'abaisser les supports, ce qui occasionne sur ceux-ci une pression plus ou moins considérable, d'où résulte, à la vérité, une plus grande fixité dans la marche de la charrue, mais en même temps une augmentation proportionnelle dans la résistance.

En général, il faut des laboureurs fort intelligents pour faire coïncider toujours exactement la position du point d'attache avec celle des supports, c'est-à-dire pour que ces derniers glissent ou roulent légèrement sur le sol et ne le pressent que dans les rares occasions où un obstacle ou un changement de terre donneraient à la charrue une tendance à plonger.

Les supports ne sont réellement utiles que pour les labours très-superficiels, comme les déchaumages, par exemple. Là, on peut dire qu'ils sont même indispensables. Aussi ne peut-on qu'approuver l'addition à toutes les charrues simples d'une disposition qui permette d'y adapter un support lorsque les circonstances l'exigent. Mais, dans ce cas, je préférerais le sabot belge aux rouelles anglaises, comme plus simple et comme moins sujet à se charger de terre.

Le *coutre*, dans plusieurs bonnes charrues anglaises, offre une particularité digne de remarque : le manche en est cylindrique et tenu par deux anneaux fixés avec des vis de rappel sur une plaque tournante qui remplace notre coutelière ordinaire. Il en résulte l'avantage assez grand, dans plusieurs circonstances, de pouvoir faire varier l'inclinaison du coutre et le faire dévier à droite ou à gauche de quantités presque imperceptibles, tandis que nos coutelières ne permettent ni variations d'inclinaison ni déviations, ou n'en admettent que de très-fortes.

Hâtons-nous d'ajouter, néanmoins, que cette disposition est compliquée et chère, et qu'elle n'offre pas les mêmes conditions de solidité et de rigidité que nos coutelières.

On remarque, dans presque toutes les nouvelles charrues anglaises, un appendice emprunté à certaines charrues belges du Namurois : c'est un petit corps de charrue avec soc et versoir, surmonté d'une tige en fer méplat qui, au moyen d'une rainure et d'une vis de pression, permet de le fixer sur l'âge, un peu en avant du coutre, à des hauteurs variables. Cet appendice, qui porte le nom de *skim-coulter* (coutre-ratissoire), est destiné à déchirer et ameublir la surface supérieure de la bande que la charrue va détacher et retourner. On le dit surtout utile lorsqu'il s'agit de rompre un herbage ou une prairie artificielle, en général, un terrain engazonné. Nul doute que l'action de ce petit outil n'augmente le bon effet du labour et ne contribue surtout à la prompte décomposition du gazon. Mais il est facile de juger, par la vue seule, qu'il ne peut fonctionner que dans des sols à surface très-meuble, et on se demande si l'augmentation de prix, de chances d'accidents et de résistance qu'occasionne son emploi ne dépasse pas alors son utilité. Des expériences comparatives faites avec soin et longtemps continuées pourraient seules résoudre la question. Ces expériences manquent encore ; mais, en narrateur impartial, je dois dire que le skim-coulter a reçu bon accueil de la plupart des agriculteurs distingués de la Grande-Bretagne, et que, si, dans mes nombreuses excursions en Angleterre et en Écosse, je n'ai pas vu fonctionner une seule charrue qui en fût munie, ce qui indiquerait qu'il n'est pas encore entré dans les habitudes culturales du pays, je puis, en revanche, constater l'emploi fréquent, dans plusieurs localités de la Belgique, d'une charrue à skim-coulter : seulement, celui-ci est un véritable corps de charrue, fixé solidement et d'une manière invariable sur l'âge, lequel corps détache une bande régulière et la jette au fond de la raie ouverte par le deuxième corps; en un mot, l'instrument est une charrue double destinée à faire ce qu'on appelle le *double labour,* opération qui procure au sol un ameublissement très-supérieur à celui qui résulte d'un labour ordinaire et *permet d'aller à une grande profondeur, tout en prenant des bandes étroites.* Inutile d'ajouter que le skim-coulter anglais ne peut nullement remplir cette destination.

Si nous devions introduire l'un ou l'autre en France, je pencherais pour l'instrument belge.

J'arrive enfin aux organes essentiels de la machine, à ce qui porte spécialement le nom de *corps de charrue* et se compose du soc, du versoir, du sep et des dispositions nécessaires pour réunir ces trois parties ensemble et avec l'âge. Ce sont ces pièces qui détachent, par une section horizontale, la bande de terre coupée verticalement par le coutre, la soulèvent et la retournent; c'est la partie de la charrue sur laquelle s'exerce la presque totalité de la résistance et dont on a souvent essayé de soumettre la construction aux principes de la science pour arriver aux formes les meilleures possibles, dans tous les cas donnés.

Ce n'est pas ici le lieu de faire un exposé de la question théorique. Je me bornerai donc à signaler les qualités et les défauts bien constatés que présentent ces pièces importantes dans les bonnes charrues anglaises, en m'appuyant sur le petit nombre de principes qui ont aujourd'hui reçu la sanction d'une longue expérience et sur les faits.

Ce qui frappe dès l'abord dans toutes ces charrues, c'est l'étroitesse du *soc.* Dans plusieurs charrues écossaises, cette pièce n'a pas plus de 12 centimètres de largeur, et même dans les meilleures charrues anglaises, elle dépasse rarement $0^m,16$ à $0^m,17$. Et cependant, les laboureurs, ici comme en France, prennent toujours des bandes d'au moins $0^m,25$ et souvent de $0^m,30$ de largeur. L'inconvénient qui en résulte est manifeste : il faut que le versoir arrache la portion non-détachée de la bande, ou cette portion reste en place et fait ce que les cultivateurs appellent un *saumon*. Les Anglais, il est vrai, obvient en partie au défaut grave d'une façon pareille en croisant les labours; mais ce remède offre toujours des difficultés, et il est impraticable dans les champs étroits; enfin il n'est pas d'une efficacité complète. Cette forme du soc est la cause principale de l'infériorité des charrues anglaises par rapport aux bonnes charrues françaises et belges.

On conçoit difficilement comment les constructeurs anglais, si habiles, si instruits, constamment en quête de tous les perfectionnements qui surgissent à l'étranger et qu'ils savent s'approprier en leur donnant un nom et un cachet britanniques, ont pu persévérer dans ce mode vicieux de construction, lorsque, dès la fin du siècle dernier, leur compatriote, Arthur Young, démontrait par des expériences directes que la même charrue, pour un labour identiquement semblable, exigeait presque moitié moins de tirage, quand on remplaçait le soc de 5 pouces ($0^m,126$) par un soc de 8 pouces ($0^m,203$) de largeur.

Ce n'est pas que le soc doive avoir exactement la largeur de la bande, comme le veulent plusieurs auteurs agronomiques; l'expérience a prouvé, au contraire, qu'il n'y avait nul inconvénient, au point de vue de la résistance, et qu'il y avait avantage, au point de vue du renversement de la terre et de la régularité du labour, à ce que la bande fût un peu plus large que le soc. Mais, cet excédant devient défectueux dès qu'il dépasse un sixième ($0^m,05$ sur $0^m,30$ de largeur de bande).

Quelque étranges que puissent paraître certaines dispositions des machines anglaises, on est toujours sûr qu'elles ont leur raison d'être. Ajoutons, néanmoins, que, quoique cette raison soit souvent excellente, elle n'est pas toujours la meilleure, et que parfois, l'accessoire a primé l'essentiel. C'est ce qui me semble avoir eu lieu dans l'adoption du soc anglais.

On me permettra d'entrer, à ce sujet, dans quelques détails qui m'amèneront tout naturellement à parler du *versoir*.

J'ai déjà signalé les efforts de plusieurs savants dans le but de déterminer scientifiquement la meilleure forme à donner à la surface du soc et du versoir, pour que la bande terre détachée par le coutre et le soc glisse et soit soulevée et retournée sous un angle d'environ 45 degrés avec le moins résistance possible. J'ajouterai qu'après avoir successivement essayé l'application des principes et des systèmes proposés par Small, Bayley, Jefferson, Gray, Williamson, Lambruschini et autres, les constructeurs anglais, désespérant d'arriver mathématiquement à une forme également convenable pour tous les sols et tous les labours, en sont revenus aux tâtonnements empiriques. C'est avant tout pour l'expérimentation directe qu'ils ont modifié et qu'ils modifient encore journellement leurs versoirs, en s'appuyant toutefois sur certaines notions théoriques. Les uns veulent que la surface agissante du corps de charrue (la face du sillon) présente en creux à peu près la forme qu'offre en saillie une bande de terre bien régulière (une bande de gazon) dont la partie antérieure tiendrait encore au sol tandis que la partie postérieure serait déjà retournée. Ils obtiennent ainsi une surface qui se rapproche de l'héliçoïde. D'autres, et c'est le plus grand nombre, remarquant que, dans certains sols ou dans certains états d'un même sol, la bande glisse mal sur une surface semblable et y adhère plus ou moins fortement, partent d'une donnée différente. Pour eux le corps de charrue n'est qu'un demi-coin, ou coin à un seul biseau, dont la face inclinée est gauchie et présente en réalité la réunion en une seule surface courbe, de deux demi-coins, dont l'un, antérieur, soulève, et l'autre, postérieur, écarte et retourne la bande de terre; ils obtiennent ainsi une surface paraboloïde. Mais, pour les uns comme pour les autres, le moyen par excellence est toujours l'essai pratique, assez longtemps continué pour permettre d'apprécier les défauts du versoir et les corriger en comblant les cavités dans lesquelles s'est logée de la terre et en aplanissant les parties sur lesquelles on remarque un surcroît de frottement.

On conçoit qu'il doit y avoir et qu'il y a effectivement ainsi autant de formes de versoirs qu'il y a de natures de terres, ou plutôt de constructeurs.

Cependant, au milieu des variations notables que présentent les nombreuses charrues de la Grande-Bretagne, sous ce rapport, et je ne parle que de celles qui ont de la réputation, on constate une uniformité remarquable à certains égards. Ainsi, outre l'étroitesse du soc, toutes ont la gorge et le versoir très-allongés. La courbure de la première se rapproche, dans beaucoup de ces charrues, du semi-cycloïde. La longueur horizontale est au moins d'une fois et demie, et, dans plusieurs charrues, de plus de deux fois la hauteur du versoir, et l'ensemble du corps de charrue, de la pointe du soc à l'arête postérieure du versoir, présente une longueur qui a jusqu'à quatre et cinq fois cette hauteur ou l'écartement postérieur de cette même pièce.

Tous les bons constructeurs anglais et écossais attachent une importance majeure à cette acuité des angles, tant pour le plan qui soulève que pour le plan qui écarte.

Or, cette forme aiguë du plan soulevant s'oppose absolument à l'adoption d'un soc épais; et, comme un soc mince ne saurait être large sans perdre toute solidité, surtout lorsqu'il est en fonte, cas général en Angleterre, on s'explique comment les Anglais ont persisté dans l'usage du soc étroit.

Reste à savoir si les inconvénients de ce soc ne dépassent pas les avantages de l'allongement du corps de la charrue, si même cet allongement au delà de certaines limites n'est pas un défaut, dans plus d'une circonstance.

On me permettra d'examiner ici brièvement cette question, qui touche au trait caractéristique des charrues anglaises, à ce qui les distingue de toutes les autres et constitue, suivant les Anglais, leur principal mérite.

Et d'abord, quels sont les motifs de cet allongement si considérable?

Voici la réponse qui m'a été faite à cette question par un des agriculteurs les plus distingués de la Grande-Bretagne :

« Dans les concours et dans notre pratique journalière, nous « remarquions constamment que la terre humide s'attachait « plus ou moins fortement sur les versoirs courts, les recou-

« vrait entièrement et formait ainsi une seconde surface sur « laquelle la bande était forcée de glisser, ce qui occasionnait « un frottement considérable, tandis que rien de pareil n'avait « lieu sur les versoirs suffisamment allongés. Il est vrai que « ceux-ci n'émiettent pas la terre comme les autres; mais cet « ameublissement plus complet du sol n'étant effectué par la « charrue qu'au prix d'une grande augmentation de résistance, « nous avons été amenés à poser en principe : 1° que la char- « rue est destinée avant tout à retourner la couche arable et « non pas à l'ameublir; 2° que la meilleure charrue est celle « qui fait les bandes les plus entières et les plus régulières. Or « cette condition n'est remplie que par les charrues à corps « très-allongés. »

Tout en adoptant jusqu'à un certain point l'opinion qu'on vient de lire, disons que cette adhérence de la terre humide, qui est en effet une circonstance des plus fâcheuses, n'a lieu, en général, que sur des versoirs très-courts et très-écartés, ou sur des versoirs très-concaves, ou encore sur des versoirs offrant une surface irrégulière, sur les divers points de laquelle la pression de la bande ne s'exerce pas d'une manière uniforme, où l'avant-corps, par exemple, présente une convexité qui refoule la terre au lieu d'en favoriser le glissement. Les versoirs paraboloïdes ou même héliçoïdes réguliers, ayant à l'arête inférieure un écartement de 1/4 à 1/3 de la longueur totale du corps, formant par conséquent sur cette ligne un angle de 15 à 20 degrés environ, présenteront rarement cet inconvénient, surtout si la gorge n'a qu'une faible courbure et si l'arête postérieure est une ligne droite.

Ajoutons que des expériences nombreuses ont prouvé que l'allongement exagéré de la gorge et de l'avant-corps, d'où résulte un développement aussi exagéré du plan soulevant, avait toujours pour conséquence une augmentation de résistance provenant de ce que la bande pèse trop longtemps sur la charrue.

Ainsi, tout en admettant en principe l'avantage de laisser la bande de terre intacte, par conséquent la supériorité d'un corps long sur un corps court, nous repoussons et le soc étroit et l'avant-corps allongé et trop développé des Anglais.

Pour terminer cette question du corps de charrue, je dirai que les socs anglais ont généralement une douille qui se fixe à frottement ou par un boulon sur la tête du sep, et dont la face supérieure se raccorde par une courbe continue avec la surface de l'avant-corps; que les versoirs sont généralement très-bas, ce qui s'explique par le peu de profondeur des labours et par l'acuité de l'angle d'écartement qui fait que jamais la terre ne tend à passer par-dessus le versoir; enfin, que toutes les charrues anglaises ont une *muraille,* c'est-à-dire une plaque en fonte qui ferme la face de terre ou face gauche du corps de charrue, disposition abandonnée en France comme augmentant le poids et le prix de l'instrument sans grande utilité.

Je me suis étendu beaucoup sur ce sujet; mais, outre qu'il est d'une grande importance, j'ai pensé que, lorsqu'on signalait des défauts graves dans des machines qui passent pour parfaites aux yeux de tant de personnes, il fallait appuyer son opinion sur autre chose que sur de simples affirmations.

De ce qui précède résulte-t-il que nous n'ayons rien à emprunter au corps des bonnes charrues anglaises?

Je suis loin de le croire; si le soc et l'avant-corps me paraissent défectueux, ainsi que j'ai cherché à le démontrer, le versoir proprement dit est, à mon avis, supérieur à celui de la plupart de nos charrues perfectionnées, et je ne doute pas qu'on n'obtienne d'excellents résultats en en conservant les formes essentielles qu'on s'attacherait à faire cadrer avec un soc et un avant-corps modifiés dans le sens que j'ai indiqué plus haut.

Il me reste à signaler les charrues les plus remarquables qui ont figuré à l'exposition de Londres, celles surtout qui offrent un intérêt spécial pour nous.

Les détails dans lesquels je viens d'entrer me permettront d'être bref.

Depuis plusieurs années, trois constructeurs se disputent

la vogue pour les charrues: ce sont MM. Ball, Busby et les frères Howard. *Busby* est un des cinq constructeurs de machines aratoires qui ont obtenu la grande médaille à l'exposition de Londres; ses charrues sont considérées comme les meilleures du Royaume-Uni pour les terres fortes. *Ball*, qui a reçu une *médaille de prix* à la même exposition, pour sa charrue à deux chevaux, avait déjà obtenu le premier prix de charrue pour *labours quelconques* (for general purposes) aux concours de la Société royale d'Angleterre en 1849 et 1850. Sa charrue passe pour supérieure aux autres, dans les terres moyennes et légères et pour les labours superficiels.

Placées au second rang par quelques-uns, au premier par d'autres, les charrues de *Howard* ont une grande réputation, surtout pour les labours profonds. Elles ont valu à MM. Howard une médaille de deuxième classe à l'exposition et des prix importants aux concours de la Société royale.

Une description de ces trois instruments serait inintelligible sans de nombreuses figures. Je me bornerai donc à dire qu'ils présentent, à un haut degré, toutes les qualités qui distinguent les charrues anglaises, et que les défauts signalés y sont plus ou moins atténués. Ainsi, le soc, dans la charrue de Busby, a 0^{m},19 de largeur; il en a 17 dans les deux autres; le versoir, surtout dans les charrues à quatre chevaux, y est plus élevé, la gorge moins allongée et formant avec le sep, dans sa partie antérieure, un angle moins aigu que dans la plupart des autres charrues. Le soc de la charrue Howard présente, en outre, une disposition assez ingénieuse au moyen de laquelle on lui donne de l'entrure à volonté.

Tous ces instruments fonctionnent comme charrues simples et comme charrues à double support roulant. Toutes ont le skim-coulter.

Ces trois charrues ont été acquises par le Conservatoire, où les constructeurs peuvent les examiner et les étudier.

Voici, du reste, le résultat du concours fait avant l'exposition, par les soins du jury anglais : dix-huit charrues anglaises et écossaises figuraient à ce concours. Pour le labour de

5 pouces ($0^m,127$) de profondeur, les trois meilleures charrues furent les suivantes, placées par ordre de mérite :

N° 1, charrue de BALL.
N° 2, ——— de HOWARD, marquée XX.
N° 3, ——— du même, marquée XXX.

Pour le labour de 7 pouces ($0^m,178$) :

N° 1, charrue de BUSBY.
N° 2, ——— de HOWARD, marquée XX.
N° 3, ——— du même, marquée XXX.

Essayées dans une terre très-forte, ces charrues présentèrent des résultats qui les firent classer dans l'ordre suivant :

N° 1, charrue de BUSBY.
N° 2, ——— de HOWARD.
N° 3, ——— de BALL.

Les trois meilleures charrues à quatre chevaux, labourant dans un sol léger à 9 ou 10 pouces ($0^m,228$ ou $0^m,254$) de profondeur, furent les suivantes :

N° 1, charrue de BUSBY.
N° 2, ——— de HENSMAN.
N° 3, ——— de HOWARD.

Ajoutons que toutes les charrues écossaises, que j'ai déjà mentionnées comme ayant des socs remarquablement étroits, se montrèrent d'une infériorité manifeste dans ce concours.

Fidèle au système énoncé plus haut de signaler, non pas seulement les objets considérés en Angleterre comme les plus parfaits, mais encore ceux qui, par une cause quelconque, offrent un intérêt particulier pour nous, je citerai les charrues suivantes :

De MM. RANSOME et MAY, 1° une charrue de défrichement et de défoncement d'une solidité remarquable, et dont le soc et le versoir m'ont paru avoir toutes les conditions désirées : elle coûte 175 francs; 2° une charrue simple, à tirage directement appliqué sur le régulateur. Quoique toute en fer et en fonte, comme les précédentes, cette charrue ne coûte que 2 liv. 10 sh. ou 62 fr. 50 cent., grâce au soin avec lequel on s'est attaché à en simplifier la construction. Ce bas prix lui a valu le nom de *charrue du libre échange*.

Cette charrue, comme toutes celles qui proviennent de la même fabrique, offre une disposition ingénieuse de l'âge qui obvie en partie aux inconvénients que j'ai reprochés aux âges en fer; cette pièce est formée de deux bandes de fer méplat, mises de champ, réunies à l'extrémité, mais qui, à la coutelière, présentent entre elles un écartement d'environ 0^{m},07, et sont liées ensemble de distance en distance par de solides arcs-boutants. A égalité de matière, cette disposition a plus de force que l'âge ordinaire, et oppose notamment une grande résistance aux efforts de torsion si fréquents sur l'âge de la charrue. On vient de voir, du reste, que, malgré un peu plus de complication, cette disposition n'empêche pas les constructeurs de livrer cette charrue à un prix très-modéré.

De MM. Gray et fils, à Uddingston. — Plusieurs charrues simples, bien faites, plus solides que ne le sont la plupart des charrues anglaises, et dont l'une, destinée aux labours profonds et aux défrichements, a l'aile supérieure du versoir mobile, disposition utile dans plusieurs circonstances. Du reste, socs étroits.

De J. Stuart, d'Aberdeen. — Une charrue pouvant servir successivement, au moyen de quelques changements assez simples, de charrue ordinaire, de buttoir et de charrue sous-sol. Les instruments à plusieurs fins sont rarement bien appropriés à chacune; aussi, dans la grande et riche culture, doit-on leur préférer les instruments spéciaux. Mais, en France, où la petite et la moyenne culture dominent, où les cultivateurs forment la classe la plus pauvre de la nation, une charrue servant à trois usages différents, dont deux, le buttage et le sous-solage, n'ont lieu qu'accidentellement, offre un intérêt véritable, lorsque, comme c'est le cas ici, chacune des destinations est remplie d'une manière satisfaisante; que l'instrument, malgré son double ou triple caractère, est simple, bon marché et solide, et que les changements sont faciles à effectuer.

Ce que j'ai dit jusqu'ici ne s'applique qu'aux charrues ordinaires, à versoir fixe, destinées aux labours en billons. Ce sont les plus répandues, en Angleterre comme en France. Dans le premier pays, le comté de Kent est la seule localité où on fasse des *labours à plat,* et la *charrue tourne-oreille* qui sert à les exécuter est incontestablement une des plus mauvaises de ce genre. La même charrue, perfectionnée par *Smart,* quoique moins défectueuse que l'instrument primitif, est encore inférieure à notre charrue tourne-oreille de Picardie.

Les essais partiels qui ont été faits par divers constructeurs pour obtenir une bonne charrue à labours à plat n'ont pas eu grand succès.

La charrue tourne-oreille de J. Warren, à Heybridge, est assez ingénieuse au point de vue mécanique; mais elle manque de solidité et des conditions nécessaires pour la section complète et le renversement normal de la bande de terre.

Celle de J. Commins, bon constructeur de Southmolton, est, comme notre charrue Fontaine, qui lui est bien supérieure, à soc tournant, à coutre mobile et à double versoir s'écartant alternativement.

La charrue double de Wilkie, constructeur jadis célèbre d'Uddingston, est une imitation de la charrue dos à dos de Dombasle, imitation inférieure à l'instrument primitif et, à plus forte raison, à cette même charrue perfectionnée par Pâris et Pardoux.

Enfin, la charrue de H. Lowcock, primée en 1850 au concours de la Société royale comme la meilleure charrue de l'Angleterre pour labours à plat, n'est également qu'une charrue jumelle de Valcourt, un peu modifiée, mais moins parfaite que les charrues jumelles de Dufour et de Lemaire, établies sur le même principe.

Quant aux *charrues multiples,* c'est-à-dire, portant sur une même monture deux ou trois corps, elles n'ont pas eu et ne pouvaient pas avoir, en Angleterre, plus de succès qu'en France. Nulle part elles n'ont pénétré dans la culture régulière, et elles sont restées de simples instruments de parade.

J'en dirai autant des diverses *machines* à *bécher* et à *piocher*, inventées dans le but d'appliquer la vapeur à la culture des terres. Quoique ce soit peut-être là le moyen le plus rationnel de faire servir la vapeur à cette destination, aucune de ces machines, en Angleterre pas plus qu'ailleurs, n'a encore présenté les conditions nécessaires pour un emploi sérieux.

En parlant de ce sujet, je dois signaler l'essai fait par *lord Willoughby* d'*Eresby* pour appliquer la vapeur au tirage des charrues. Si le caractère propre de ces instruments peut se concilier avec une force de la nature de la vapeur, il est probable que ce sera par une combinaison du genre de celle adoptée par lord W. Une machine à vapeur mobile (montée sur quatre roues), placée sur la ligne qui coupe symétriquement le champ dans sa largeur, fait mouvoir un double treuil placé au-dessous de la chaudière et autour duquel s'enroulent les chaînes de deux charrues à quatre corps qui, simultanément s'avancent vers la machine des deux côtés opposés du champ et s'en éloignent ensuite par le moyen d'une poulie fixée sur chacun de ces côtés.

Ce système demande encore à être étudié et modifié; mais le principe qui en est la base semble avoir de l'avenir.

Pour terminer ce qui concerne les charrues anglaises, il me reste quelques mots à dire sur les *charrues sous-sol*.

L'immense avantage d'approfondir la couche arable, tant pour prévenir les mauvais effets d'un excès d'humidité que pour combattre l'action désastreuse d'une sécheresse prolongée, et, d'un autre côté, le danger, dans presque tous les cas, de ramener à la surface et de mélanger avec la couche végétale une portion de la terre infertile du sous-sol, ont donné lieu à la création de ces instruments.

Ce sont des machines de formes très-variées, mais qui toutes sont munies d'un âge, et qui toutes marchent derrière une charrue ordinaire, dans la raie ouverte dont elles remuent le fond sur une profondeur de $0^m,10$ à $0^m,35$, en le laissant en place, par conséquent, sans le mélanger à la terre arable. Cette façon a pour effet une amélioration très-prompte du sous-sol par l'action de l'air et de l'eau chargée de principes fertilisants. Aussi, lorsque cette couche n'est pas d'une trop mauvaise nature, les racines des plantes y pénètrent-elles dès les premières années.

Quand plus tard on veut mélanger cette couche remuée avec la couche arable, on peut le faire sans aucun inconvénient. Du reste, cela n'est pas même nécessaire; il suffit de renouveler le *sous-solage* tous les deux, trois ou quatre ans pour conserver au terrain les avantages d'un profond ameublissement.

Cette pratique est nouvelle en France; elle tend néanmoins à se répandre, grâce aux excellents résultats qu'on en a obtenus partout et à la simplicité des instruments qui servent à l'exécuter.

On peut, en effet, employer comme *sous-soleur* toute charrue simple ou à support dont on a enlevé le versoir. Le sous-soleur de *Smith*, de Deanston, qui a longtemps passé pour le meilleur de l'Angleterre et qu'on fabrique aujourd'hui en France, n'est qu'un araire de très-grande dimension, tout en fer, sans coutre ni versoir, mais à gorge tranchante, et dont le soc porte en arrière une lame sur champ presque parallèle au sep et destinée à émietter la terre.

Depuis, on a modifié cette forme en Angleterre comme en France : au lieu d'un sep avec soc et étançons, on a fixé sur l'âge deux ou trois pieds de scarificateur d'une longueur et d'une force en harmonie avec la résistance qu'ils doivent vaincre et avec la profondeur à laquelle ils doivent pénétrer.

Tels sont le sous-soleur de *Howard*, primé au concours de la Société royale en 1850, celui de *Gray*, et celui de *J. Commins*, ce dernier primé au concours de 1849. Un soc conique, placé derrière les deux dents de scarificateur, ajoute encore à l'effet de cet instrument, qui, avec celui de Gray, passe en ce moment pour un des meilleurs du Royaume-Uni.

Je placerai sur une ligne presque égale le sous-soleur de *Coleman* et celui de W. et J. *Ritchie*, d'Ardell (Irlande), qui porte le soc en avant au lieu de l'avoir en arrière

Quant au *fouilleur* de *Read*, déjà connu et fabriqué en France, à part la régularité de marche qu'il emprunte à quatre rouelles en fonte, il doit être considéré comme un instrument incomplet, le peu de largeur de son soc ne lui permettant de tracer qu'un simple sillon dans le fond de la raie.

Sous ce rapport, comme sous celui du prix, le fouilleur exposé par M. *Bazin*, du Ménil-Saint-Firmin, est très-préférable.

Des divers sous-soleurs essayés dans le concours signalé plus haut, ce sont les quatre suivants qui ont été reconnus comme les meilleurs :

N° 1, celui de Bentall;
N° 2, de Gray;
N° 3, de Commins;
N° 4, de Coleman.

Je reviendrai plus tard sur le premier.

Je n'ai rien dit d'une espèce de charrue qu'on voit en Angleterre non-seulement dans les concours, mais même dans les champs : *les charrues à peler* (paring ou trench-ploughs). Ces charrues, particulièrement employées au déchaumage, ne sont nécessaires dans ce pays qu'à cause de l'étroitesse de soc des charrues ordinaires, qui les rend impropres à ce travail. En France, où le large soc de nos bonnes charrues nous permet de les employer à cet usage, les paring-ploughs seraient d'une utilité trop restreinte pour qu'on pût en recommander l'introduction.

Pour compléter tout ce qui se rattache aux charrues, signalons encore à l'attention des agriculteurs, les *volées d'attelage* et les *palonniers* de *Ransome*. Ces pièces, tout en fer forgé, sont d'une légèreté remarquable et cependant d'une solidité à toute épreuve, grâce à l'ingénieuse combinaison des parties qui les composent. Une volée pour deux chevaux ne coûte que

22 fr. 50 cent. Le Conservatoire en possède une, qu'il offre comme modèle aux constructeurs.

CHARRUES BELGES.

Ces charrues étaient en assez grand nombre; mais plusieurs répondaient mal à l'antique réputation du pays.

Les plus remarquables provenaient des constructeurs suivants :

M. G. d'Omalius, à Anthisnes (province de Liége). Ce constructeur, qui passe pour un des meilleurs de la Belgique, et qui est en même temps un agriculteur distingué, avait exposé deux charrues à versoir mobile et une troisième ayant une disposition ingénieuse, mais malheureusement compliquée pour faire varier l'entrure tout en marchant. Les socs et les versoirs de ces charrues sont bien faits; les mancherons sont plus longs que dans les brabants ordinaires, et l'agencement de l'âge avec le corps paraît être dans les conditions voulues.

M. J. M. Odeurs, à Martine. Deux charrues brabançonnes, dont l'une verse à gauche et l'autre à droite. Toutes deux se distinguent par la brièveté de l'âge, l'absence de *couteau* (de plan qui soulève) au soc flamand, un sep très-large et court et la mobilité du versoir; la première porte au talon un petit soc isolé destiné à remuer le fond de la raie. Malgré des formes en apparence contraires aux données de la théorie, ces charrues ont remporté le prix dans tous les concours où elles ont figuré en Belgique depuis deux ans. La première a reçu une médaille de deuxième classe à la suite des concours effectués par les soins du IXe jury à Honslow, le 19 juillet, et à Tiptree-Hall le 25. On verra plus loin qu'à ce dernier concours elle a justifié la réputation dont elle jouit en Belgique.

M. P. Delstange, de Morhain, avait exposé une charrue qu'on a également essayée aux mêmes concours. Elle a bien fonctionné, et c'est à l'unanimité que le jury lui a décerné une médaille de 2e classe. Cette charrue, qui porte un skim-coulter, et au talon un soc fouilleur qu'on a enlevé à volonté, m'a paru la plus rationnellement construite de toutes celles exposées par la Belgique.

Je ne dirai rien des quatre charrues, pour labours à plat, qui figuraient dans la collection belge.

CHARRUES DE LA HOLLANDE, DE LA SUISSE ET DE L'AUTRICHE.

M. W. Jenken, fabricant à Utrecht, a exposé une charrue flamande modifiée, à soc américain et à double mancheron, que l'on peut considérer comme la plus parfaite du genre et comme une des meilleures de toute l'exposition. A la suite des concours de Honslow et de Tiptree-Hall, elle a également reçu une médaille de prix.

M. J. Gisin, de Liestall (Suisse), a exposé une charrue jumelle, système Valcourt, d'une bonne construction, mais n'offrant rien de particulier.

Le prince de Lobkowitz, agriculteur distingué à Eisemberg (Bohême), était, pour les charrues, le seul représentant de l'Autriche. Sa charrue à avant-train et à versoir très-court et très-écarté, offrait un constraste frappant avec les charrues anglaises; on la dit cependant bonne pour les terres moyennes et légères. Mais, ce qui attirait à bon droit l'attention des hommes du métier, c'était ses deux *ruchadlos,* l'un à versoir fixe, l'autre à tourne-corps, suivant le système de Benner, pour labours à plat. Le ruchadlo est un dernier vestige de l'antique civilisation ou barbarie slave. Longtemps enfoui dans quelques-uns des cantons les plus reculés de la Bohême, ce n'est que dans ces dernières années qu'il a fixé l'attention de l'Allemagne agricole. Décrire cette étrange machine, qui manque de coutre et de soc, c'est-à-dire des deux organes essentiels de la charrue, serait chose impossible. Bornons-nous à dire que les formes du ruchadlo sont la négation, le renversement complet de toutes les données scientifiques admises jusqu'à présent sur la construction de la charrue. Ceci n'aurait rien d'étonnant; la plupart de nos anciennes charrues sont plus ou moins dans le même cas; mais voici qui est plus remarquable : à peine cette informe machine est-elle signalée, décrite, essayée dans les concours et ailleurs, qu'on voit les agriculteurs les plus habiles, les plus progressifs du centre et du nord de l'Allemagne, s'empresser de l'adopter, les uns à l'exclusion de toute autre charrue, les autres en concurrence avec celles-ci et comme leur étant supérieure dans beaucoup de circonstances.

Ce qui, au dire de ceux qui l'emploient, fait le mérite du ruchadlo, c'est, à part la simplicité et le bon marché de sa construction, l'excellence des façons qu'il donne à la terre; ajoutons qu'il paraît mieux réussir dans les terrains légers que dans les sols compactes.

Convaincu de l'utilité de la mécanique en agriculture, ce n'est pas sans une certaine répugnance que j'ai relaté ces faits étranges, véritables défis jetés à la science par la pratique. Mais, en narrateur véridique, j'ai dû les constater fidèlement; c'est, d'ailleurs, également faire progresser une question que de démontrer que le dernier mot n'a pas encore été dit sur ce qui la concerne.

Depuis plusieurs années, le Conservatoire possède des modèles au tiers et bien exécutés des deux ruchadlos mentionnés ici.

CHARRUES DES ÉTATS-UNIS.

J'ai déjà signalé le caractère général des instruments aratoires américains. J'ajouterai que c'est principalement dans les charrues qui ont figuré à l'exposition que ce caractère était saillant; aussi, offraient-elles un contraste remarquable avec les charrues anglaises. On était frappé surtout de ce raccourcissement de toutes les lignes, de cette économie de matière, et de cette simplicité dans les formes et l'agencement des divers organes : ainsi, brièveté des mancherons, compensée par la légèreté de l'instrument et la brièveté du sep et de l'âge; anneau oblique ou espèce d'étrier muni d'une plaque à gouge, embrassant l'âge et le coutre pour tenir lieu de coutelière, sans qu'il soit nécessaire de percer l'âge; soc formé d'un simple quadrilatère en fonte, fer ou acier, tranchant sur un côté et se boulonnant sur l'avant-corps dans une position telle, qu'il en résulte un soc régulier, en triangle rectangle, d'une largeur de $0^m,22$ à $0^m,27$.

Ces instruments, dont tout le monde admirait du reste l'exécution nette et soignée, appartenaient aux fabricants suivants :

M. M. N. B. Starbuck, à Troy (New-York). — Dans la collection de ce constructeur réputé se trouvaient une charrue sous-sol de grandeur moyenne, simple, solide et qui doit bien fonctionner; une charrue pour labours à plat, n'ayant qu'un seul corps qui est mobile et tourne sous le sep, machine des plus ingénieuses, quoique laissant à désirer au point de vue de la solidité et de la surface du soc et du versoir; douze charrues ordinaires, de dimensions variées, depuis la grande charrue de défoncement jusqu'à la petite charrue du pionnier, toutes offrant, d'ailleurs, les caractères indiqués plus haut, et se distinguant par la forme excellente du soc et du versoir, forme surtout remarquable dans les numéros 6 et 21 qui ont fonctionné au concours d'Honslow. Quatre de ces charrues ont été demandées par le Conservatoire.

MM. A. B. Allen et Cie, à New-York. — Leurs charrues ordinaires et sous-sol sont de même forme et de même valeur que les précédentes.

MM. Prouty et Mears, à Boston, ont exposé une excellente charrue à deux corps, pour l'exécution de ces doubles labours dont j'ai parlé plus haut, et plusieurs charrues ordinaires, parmi lesquelles on distinguait, pour la forme parfaite du soc et du versoir, les n°s 35 et 40, surtout cette dernière, qui a fonctionné au concours d'Honslow et de Tiptree-Hall et a été primée; cette charrue, de même que la charrue double, ont été demandées par le Conservatoire.

MM. Hall et Spear, à Pittsburg, ont exposé une excellente charrue, la meilleure peut-être de toute la collection américaine, si l'on en juge, du moins, par les résultats du concours de Tiptree-Hall.

J'ai lieu de croire que, dans la situation où se trouve notre agriculture, nous aurons plus à prendre aux charrues américaines qu'aux charrues anglaises. Le seul emprunt que nous leur ayons fait jusqu'à présent, le soc dit américain, nous a été assez avantageux pour nous encourager. Il est beaucoup de ces charrues, et notamment celles qui ont dû être acquises par le Conservatoire, qui pourront être copiées telles quelles, sauf les mancherons, que je voudrais voir beaucoup plus longs, notre sol n'étant pas, comme une partie de celui des États-Unis, un défrichement de bois rempli de souches et de racines qui forcent le laboureur à soulever fréquemment sa charrue.

Quant aux *charrues françaises* qui ont figuré à l'exposition de Londres, elles sont déjà connues du public. Je me bornerai donc à dire que cinq de ces charrues (André-Jean, Bodin, Lebert, Pardoux, Talbot), choisies par le jury, ont pris part au concours d'Honslow, et deux seulement (celles de Bodin et de Talbot) au concours de Tiptree-Hall, mais que l'absence de laboureurs sachant et voulant les bien conduire, et le mauvais temps qui s'est opposé à l'emploi du dynamomètre du général Morin, ont empêché qu'on pût apprécier ces instruments à leur juste valeur. Cependant, l'excellente charrue à avant-train de MM. les frères Talbot (de Mennetou-Salon, Cher) a été jugée digne d'une médaille de prix (non-seulement pour la bonté de son labour, mais encore pour l'ingénieux mécanisme qui permet de tremper et détremper pendant la marche) et le tableau suivant du concours de Tiptree-Hall prouvera que, malgré les difficultés signalées, la charrue Bodin, de Rennes, a contribué à réhabiliter les charrues françaises.

A ce concours, auquel un accident m'a empêché de prendre part, et qui eut lieu sous la direction de MM. le baron Mertens d'Ostin et le colonel Chaloner, membres du jury, on se servit du *dynamomètre de Bentall,* instrument moins précis que celui du général Morin, mais simple, ingénieux, et offrant notamment l'avantage de donner la moyenne des efforts. Voici quels furent les résultats obtenus.

CHARRUES.	NOMS DES CONSTRUCTEURS.	TIRAGE [1].
Belge	Odeurs	527
Américaine	Hall et Spear	530
Anglaise	Busby	540
Française	Bodin	546 1/2
Hollandaise	Jenken	550 1/2
Belge	Delstanche	568
Anglaise	Howard	569
Américaine	Prouty et Mears	579
Française	Talbot	580
Anglaise	Ball	646
Anglaise	Ransome et May	659

[1] J'ai lieu de croire que l'unité est ici la demi-livre anglaise, égale à 226 grammes.

On ne peut, sans doute, rien conclure de positif d'une seule expérience de ce genre. Je répéterai, néanmoins, que les charrues françaises étaient conduites par des laboureurs inexpérimentés, et, de plus, qu'elles n'avaient pas reçu la préparation fort importante (le polissage du versoir) que les constructeurs anglais, belges et américains avaient eu soin de donner à leurs charrues, circonstances qui méritent certainement grande considération.

On me pardonnera les longs détails dans lesquels je suis entré sur la charrue, en considération de l'immense importance de cette machine.

HERSES.

Les mauvaises herses sont encore plus fréquentes en France que les mauvaises charrues; c'est fâcheux, car les meilleurs labours restent insuffisants pour la bonne préparation du sol lorsqu'ils ne sont pas suivis de bons hersages. Disons, toutefois, que l'excellente herse Valcourt se répand chaque jour davantage. Comme instrument isolé, elle vaut les meilleures herses étrangères. Aussi ne signalerai-je à l'attention des agriculteurs et des constructeurs français que les *herses accouplées*, doubles, triples et quadruples, qui sont aujourd'hui fort usitées en Angleterre.

Les avantages des herses accouplées sont, d'abord, d'embrasser une surface plus considérable que ne peut le faire une herse unique, de se prêter à toutes les ondulations de terrain, et enfin de permettre, dans la culture en planches étroites et moyennes, de faire marcher les chevaux dans les deux dérayures, chose utile en tous lieux et en tout temps, mais d'une importance capitale pour les semailles en terres et en temps humides.

Les seuls instruments de ce genre qui méritent une citation, sont les suivants :

La *herse en zigzag* de Howard.—Cette herse, qui est double ou triple, est toute en fer. Les dents y sont placées conformément aux principes admis, c'est-à-dire que chaque dent trace son sillon à part et que tous les sillons sont à égale distance les uns des autres. Les herses, composées chacune de trois ou quatre barres deux fois coudées, sont réunies ensemble par des chaînes et par la balance plus ou moins longue de la volée d'attelage. Ces herses sont fortes ou légères. Les triples, qui sont toutes de cette dernière espèce, ont été primées au concours de la Société royale en 1850. Armées de soixante dents et embrassant une surface de plus de trois mètres de largeur, elles coûtent 112 francs 50 centimes.

La *herse diagonale* de M. W. Williams, de Bedford, composée de trois herses à quatre barres, est également en fer et offre des dispositions analogues à celles des précédentes; elle semble néanmoins plus solide et mieux appropriée aux terres fortes. Le n° 4, établi spécialement pour faire marcher les chevaux dans les dérayures latérales, a été primée en 1849 et 1850 aux concours de la Société royale, comme la meilleure herse pour terres fortes. Le n° 2, plus léger, l'avait été en 1843,

1844, 1845, 1846 et 1850. La première a valu une médaille de prix à M. Williams.

La *herse à expansion* de COLEMAN, qui a également reçu une médaille de prix, est formée de barres réunies par de simples chevilles, ayant un certain jeu, lequel permet d'élargir ou de rétrécir l'instrument et de rapprocher ou d'éloigner les dents. L'idée n'est pas neuve, en France, où un agriculteur des Ardennes, M. Moysen, l'a depuis longtemps appliquée. Ajoutons que quatre petites roues facilitent le transport de la herse Coleman qui se distingue, du reste, par une fort bonne exécution.

Les herses ordinaires, c'est-à-dire à traîner, ont perdu de leur importance en Angleterre, depuis l'introduction et l'adoption presque générale de la *herse norwégienne*.

Cet instrument se compose d'un cadre rectangulaire en bois ou en fer, contenant deux ou trois cylindres d'un petit diamètre, échelonnés les uns derrière les autres, lesquels sont formés d'une série d'anneaux en fonte tournant sur un axe commun (pour chaque cylindre) et armé de huit à dix dents en fonte de $0^m,15$ à $0^m,18$ de longueur. Trois roues pouvant se hausser et se baisser, pendant la marche même, facilitent le transport de l'instrument et permettent d'en fixer l'entrure. On comprend que, dans le mouvement de progression de la herse, les dents pénètrent en terre et en sortent d'une façon particulièrement propice à l'ameublissement de la surface, d'autant plus que les cylindres sont placés de telle manière, que les dents de l'un agissent dans les intervalles laissés par celles du cylindre qui le précède. Sous l'action de cette machine, les mottes les plus dures disparaissent comme par enchantement.

Les deux meilleurs constructeurs pour la herse norwégienne, sont MM. Crosskill, de Beverley, et Barrett, Exhall et Andrews, de Reading.

Malgré son prix élevé (337 fr. 40 cent. pour une largeur de $1^m,37$), cette machine me paraît une très-utile introduction en France, et je ne saurais trop engager nos constructeurs à profiter de celle que possède le Conservatoire pour en essayer la fabrication.

MM. Cottam et Hallen ont exposé une espèce de *claie* destinée au même usage que la claie flamande, c'est-à-dire, à émietter parfaitement la surface déjà meuble du sol et à recouvrir les semences fines. Elle est formée par un réseau de chaînons portant de petites rondelles en fonte. D'un prix plus élevé que la claie flamande, elle est aussi d'une durée infiniment plus longue et n'exige pas la même habileté de la part du conducteur.

Les herses étrangères, en très-petit nombre, n'offraient rien de remarquable.

ROULEAUX.

Nous sommes incontestablement plus arriérés encore pour les rouleaux que pour les herses. Même dans nos contrées de bonne culture et jusqu'aux environs de Paris, ces instruments sont d'une défectuosité déplorable, qui les rend impropres au double but si important qu'ils doivent remplir, le plombage de la terre et l'émottage. Enfin, dans une portion notable de la France, le rouleau est tout à fait inconnu. Et cependant, cet instrument y serait plus utile qu'en Angleterre, en raison de la sécheresse plus grande du climat et de la nature généralement plus forte des terres. Malgré ce double motif, l'excellent rouleau squelette de Roville, connu et apprécié depuis longtemps, ne se répand que lentement.

Quoique les constructeurs anglais et autres aient apporté de nombreux perfectionnements à cette machine, de tous les rouleaux exposés, je n'en citerai que quatre comme offrant, sous certains rapports, une supériorité réelle sur le rouleau squelette. Ce sont : le rouleau double de *Pearce,* à Poole (Dorsetshire), et celui de *Gibson,* à Newcastle, tous deux formés par une double rangée de disques en fonte distants de $0^{m},15$ les uns des autres et dont la jante est une bande sur champ décrivant des zigzags. Les disques de l'un des rouleaux, pénétrant dans les intervalles laissés par ceux de l'autre, se nettoient mutuellement. Une disposition ingénieuse, mais compliquée, qu'offre le premier, permet de faire tourner l'attelage sans faire tourner le rouleau.

Le rouleau de M. CLAES, de Lembecq (Belgique), composé de quatre cylindres creux en fonte, montés sur le même axe et qui, ayant l'*œil* plus grand que celui-ci, ont un certain jeu qui leur permet de suivre les ondulations du terrain.

Enfin, et comme le plus parfait de tous, le *rouleau* de W. CROSSKILL, formé par quinze à vingt-cinq disques en fonte et muni d'une disposition qui permet d'y adapter des roues pour le transport au champ. Cette excellente machine agit non-seulement par son poids, qui est considérable et qu'on peut encore accroître à volonté en la chargeant, mais encore et surtout par la forme toute particulière des jantes. Il est fâcheux qu'en Angleterre même, le plus petit échantillon de ce rouleau, d'une longueur de 1^{m},66, coûte 375 francs. Disons, néanmoins, que le premier importateur de ce remarquable instrument, M. Decrombecque, à Lens, près Arras, déclarait que son rouleau avait été plus que payé en une année, quoiqu'il lui revînt à 1,100 francs, par suite des droits d'entrée.

Primé dans tous les concours de ces dernières années, ce rouleau a contribué pour une bonne part à la grande médaille accordée à W. Crosskill pour sa collection de machines à l'exposition.

Je dois ajouter, néanmoins, qu'en raison même de son poids et de l'énergie de son action, il produirait plus de mal qu'un autre, s'il était employé sur une terre encore humide.

SCARIFICATEURS, EXTIRPATEURS, RATISSOIRES (SKIMS).

Aucun genre d'instruments aratoires n'a autant occupé les constructeurs anglais que ces machines, qui sont nées du besoin de suppléer et à la lenteur de la charrue et à l'insuffisance de la herse.

Nous avons, en France, quelques bons scarificateurs, en tête desquels on peut placer celui de Bataille et celui de Dombasle, mais ils sont incomplets; et quant à nos extirpateurs même les plus réputés, ils sont défectueux, en ce sens que, destinés à ameublir le sol, ils ne marchent bien cependant que dans un sol assez meuble.

En Angleterre, on ne fait plus la même distinction qu'en France entre les scarificateurs et les extirpateurs. Tous les nouveaux instruments de ce genre qu'on y fabrique peuvent, en effet, se transformer successivement de l'un en l'autre par une disposition des plus simples, des plus ingénieuses et qu'on doit regretter de ne pas avoir vu adoptée depuis longtemps par nos constructeurs; car elle est encore plus utile à une agriculture pauvre et opérant sur une échelle restreinte, comme la nôtre, qu'à une grande et riche culture, comme celle de l'Angleterre.

Les pieds, dans les instruments anglais, ne sont que des espèces de tiges, souvent en fonte, recourbées en avant et d'une épaisseur et d'une largeur en rapport avec leur longueur et avec les résistances fort grandes qu'ils éprouvent. Ils se terminent par une pointe munie d'une embase. C'est sur cette pointe que se fixent, soit à frottement, soit avec une clavette, les armatures variées qui accompagnent chacun de ces instruments. S'agit-il de les faire fonctionner comme scarificateurs dans un sol durci, ce sont des espèces de demi-cônes ou de demi-pyramides aiguës, à arêtes tranchantes, qu'on fixe à la pointe des dents. — Pour les terrains moins durs et qu'on veut remuer davantage, le cône ou la pyramide s'élargit en avant sous forme de bêche de $0^m,06$ à $0^m,08$ de largeur. — Enfin, pour recouvrir des semences, détruire des mauvaises herbes ou ameublir complétement une surface déjà meuble, faire, en un mot, le travail spécial de l'extirpateur, on arme les dents de socs larges, plats et tranchants, formant à peu près un triangle isocèle.

J'ai à peine besoin d'ajouter que ces pièces sont toutes munies d'une douille dans laquelle entre la pointe de la dent. Elles sont en fonte; par conséquent, à très-bon marché.

Il résulte de cette combinaison que le cultivateur anglais,

avec un seul instrument, fait plus et mieux que nous avec deux, et que, par le simple remplacement d'une armature usée, il renouvelle sa machine.

Des nombreux instruments de cette catégorie qui ont figuré à l'exposition de Londres, je n'en citerai que cinq qui me paraissent d'une introduction utile en France :

Le scarificateur de BIDDELL et celui de lord DUCIE, tous deux employés depuis longtemps et grandement prisés par les agriculteurs anglais, tous deux offrant la disposition que je viens de signaler, et ayant, en outre, des moyens faciles de *trempage* et de *détrempage* pendant la marche, avantage dont sont privés nos instruments similaires. Le premier embrasse une plus grande surface; il permet de faire varier la profondeur dans des limites plus étendues; il se trempe et détrempe plus vite; mais il est plus cher, plus compliqué, un peu moins solide que le second, que je n'hésite pas à signaler à nos constructeurs comme l'instrument de ce genre le mieux approprié à nos circonstances agricoles.

Le scarificateur ou *cultivateur* (grubber) de SMITH ET Ce, de Stamford, qui a été primé aux concours de la Société royale en 1849 et 1850, a depuis 3 jusqu'à 9 pieds, une combinaison de leviers analogue à celle de Biddell, mais plus simple, pour faire varier l'entrure pendant la marche, et, outre les diverses armatures mentionnées, un certain nombre de pieds (ceux de devant) montés en ratissoires, c'est-à-dire portant une lame d'acier en équerre, large, plate et tranchante, qui se boulonne sous le pied et qui est destinée à couper les racines entre deux terres. Bon instrument, plus cher que celui de Ducie, mais plus solide que celui de Biddell, et qui conviendrait dans les grandes et riches cultures du Nord.

Enfin, le scarificateur de R. COLEMAN, de Chelmsford, qui a obtenu le suffrage unanime du jury au concours qui a précédé l'exposition. Les pieds, distribués comme dans l'instrument de Biddell, y sont mobiles, et peuvent être relevés promptement et facilement au moyen d'un levier d'une grande puissance. A côté d'un avantage, cette disposition, du reste simple et ingénieuse, a l'inconvénient de diminuer la solidité de ces organes sur lesquels s'exercent les efforts de trois et quatre chevaux. L'armature double ne comprend que des pointes et des socs larges et plats, quoique solides. La forme de ces socs pourrait bien avoir grandement contribué au succès qu'a eu l'instrument.

Ce scarificateur, ainsi que ceux de Ducie et de Biddell, fait aujourd'hui partie de la collection agricole du Conservatoire, où nos constructeurs pourront les étudier, les comparer et prendre à chacun d'eux ce qui leur paraîtra le meilleur.

Mentionnons encore, pour terminer cette section, l'extirpateur-ratissoire de L. H. Bentall, de Heybridge, instrument connu sous le nom de *broadshare*, et dont les trois pieds, d'une force remarquable, sont armés simultanément en pieds de scarificateurs et en ratissoire, ce qui leur permet d'effectuer parfaitement le travail de l'extirpateur dans les terrains les plus durs. En éloignant suffisamment les deux pieds latéraux, le broadshare peut servir de houe à cheval triple; en les supprimant, ainsi que la lame ratissoire du pied central, et en remplaçant la pointe par un soc, il devient une excellente charrue sous-sol, qui s'est montrée supérieure aux autres dans le concours de Pusey.

Cet instrument, auquel on ne reproche que son poids, qui rend les tournées difficiles, ne coûte que 162 fr. 50 cent. Il a été primé au concours de la Société royale en 1850, ainsi qu'à l'exposition, et figure également dans la collection du Conservatoire.

Parmi les instruments étrangers de cette catégorie, aucun ne mérite une mention.

SEMOIRS À CHEVAL ET À BRAS, PLANTOIRS, DISTRIBUTEURS D'ENGRAIS PULVÉRULENTS ET D'ENGRAIS LIQUIDES.

Ces diverses machines n'ont pas pour nous l'importance qu'elles ont en Angleterre. Elles supposent, en effet, un degré d'avancement et des conditions qui n'existent que dans quelques rares localités de notre pays.

C'est surtout le cas pour les plantoirs à blé et pour les distributeurs d'engrais pulvérulents et liquides. C'est même encore le cas pour les semoirs à cheval, machines compliquées, chères, qui, sauf des circonstances exceptionnelles, ne sont d'une utilité bien évidente que pour les céréales, et qui, même appliquées à cet usage, présentent, à côté de l'avantage d'un excédant de produit et d'une économie de semence, l'inconvénient d'exiger une préparation parfaite du sol et d'être moins expéditives que le procédé ordinaire : inconvénients graves pour nous qui cultivons les céréales sur une échelle proportionnellement plus grande que ne le font les Anglais, qui pouvons moins qu'eux nous permettre un coûteux et luxueux matériel, et dont le climat n'admet qu'exceptionnellement les semailles tardives d'automne et de printemps, si fréquentes en Angleterre.

La semaille en lignes des céréales et l'emploi du semoir attelé, qui en est la conséquence, sont dus, avant tout, au prix élevé qu'ont eu pendant longtemps les grains sur les marchés anglais. A la vérité, on continue à employer cette méthode depuis l'abolition des corn-laws comme avant; mais tout porte à croire qu'elle n'eût pu naître et s'étendre sous l'empire des circonstances actuelles. Ajoutons que ce qui l'a probablement empêchée de décliner dans les dernières années, c'est l'immense importation d'engrais pulvérulent, notamment de guano, que tous les bons semoirs répandent en même temps que le grain, et qui, appliqués ainsi, produisent plus d'effet que semés à la volée. Or n'est-il pas à craindre que, dans un avenir plus ou moins prochain, la diminution du guano, l'emploi plus général du tourteau à la nourriture du bétail, l'application des matières fécales à l'état liquide, en réduisant la masse des engrais pulvérulents concentrés, ne diminuent encore l'avantage qu'offre le semoir attelé et ne restreignent ainsi, même en Angleterre, la semaille en lignes des céréales?

C'est là, sans doute, une simple hypothèse, mais qui a pour elle des probabilités [1].

Toujours est-il, et cela ressort clairement de ce qui précède, que les circonstances agricoles de la France, sauf dans quelques contrées de grande et bonne culture, sont peu favorables à cette pratique, et, par conséquent, à l'emploi des semoirs attelés.

Il est vrai que ces machines servent aussi à la semaille des plantes qui, exigeant beaucoup d'espace et des façons pendant la végétation, ne peuvent être faites qu'en lignes quand on les cultive sur une grande échelle.

Telles sont la betterave et les autres récoltes racines, le maïs, les fèves, les haricots, etc. Mais comme, pour la bonne venue de ces plantes, et surtout pour la facilité des cultures à la houe à cheval et au buttoir, on est obligé d'espacer les lignes à plus de 0m,60, les semoirs attelés n'en sèment que deux ou trois à la fois, tout en exigeant un et souvent deux chevaux et deux hommes. Aussi, beaucoup d'agriculteurs préfèrent-ils, pour ces récoltes, le semoir à bras, qui n'emploie qu'un seul homme et coûte à peu près le huitième des autres. La nécessité de le faire précéder par un rayonneur ne leur paraît pas balancer ces avantages, car ce dernier instrument est des plus simples, et, conduit par un cheval et un homme, peut tracer à la fois jusqu'à quatre lignes espacées de 0m,60 à 0m,70. Les seuls inconvénients réels du semoir à bras sont de ne pas recouvrir la semence et de ne pas semer ou de mal semer l'engrais pulvérulent.

Ce dernier inconvénient est moindre pour nous que pour

[1] Les partisans des semoirs prétendent, il est vrai, que l'emploi de ces instruments pour la semaille des céréales diminue les travaux et les frais de culture au lieu de les augmenter, parce qu'ils supposent que le travail du semoir n'est pas plus considérable ou est même moindre que celui de la herse qui suit la semaille à la volée; mais, outre que cela n'est pas exact, ainsi qu'on peut s'en assurer dans les contrées où l'emploi du semoir est fort répandu, il y a toujours la préparation du sol, qui doit être beaucoup plus soignée pour la semaille au semoir que pour la semaille à la volée.

les Anglais, qui, malgré le nombre considérable de leurs bestiaux, sont toujours à court de fumier par suite de l'usage général de nourrir le bétail toute ou presque toute l'année au pâturage. Cependant, un bon semoir à cheval sera préféré avec raison, comme plus expéditif, partout où la culture des plantes sarclées a pris beaucoup d'extension, comme dans les grandes fermes à sucrerie du Nord.

Nous avons déjà de bons instruments de ce genre, en tête desquels je placerai les semoirs Dombasle, de Grignon, Hugues et Crespel. Le premier, qui, ainsi que le semoir de Grignon, est à cuillers, offre une disposition ingénieuse qui lui permet de fonctionner d'une manière satisfaisante même dans un sol à surface inégale. Le second et le troisième ont un mécanisme bien entendu pour répandre l'engrais en même temps que la semence. Enfin le dernier, quoique d'une grande simplicité, suffit néanmoins à l'ensemencement de toutes les récoltes dans les belles et vastes exploitations de son inventeur. Disons, cependant, qu'aucun de ces semoirs n'atteint la perfection des bons instruments similaires de nos voisins; mais ajoutons, en revanche, que les prix en diffèrent notablement: tandis que le semoir Hugues coûte 500 francs et le semoir Dombasle 280 francs, ceux de même dimension de *Hornsby* ou *Garrett* coûtent environ 1,000 francs.

Ces deux constructeurs, que j'ai déjà mentionnés au commencement de ce rapport, sont les plus réputés de l'Angleterre pour les semoirs. Dans ces derniers temps, Hornsby a obtenu sur son rival une certaine supériorité qu'il doit surtout à l'adoption des tubes conducteurs en caoutchouc. On peut donc considérer ses semoirs comme les plus perfectionnés de la Grande-Bretagne.

De même que Garrett, Hornsby fabrique des semoirs pouvant servir à toute espèce de graines (for general purposes) et des semoirs spéciaux pour les céréales, pour les turneps à plat et pour les turneps en buttes; enfin, les uns et les autres simples ou doubles, c'est-à-dire pouvant semer en même temps la graine et les engrais.

Tous ces semoirs sont à cuillers. Les premiers ont des jeux de rechange pour les semences de grosseur différente et permettent, en outre, la suppression d'une ligne sur deux, ou de deux lignes sur trois ou cinq, etc., suivant la distance qu'on veut mettre entre les plantes.

Sans essayer de décrire ces instruments, peut-être les plus compliqués de tous ceux qu'emploie l'agriculture, je dirai que les cuillers sont plantées sur les disques perpendiculairement à la surface de ceux-ci, et que la trémie est disposée de telle façon que, quelle que soit la vitesse de la marche, le débit de la semence est toujours à peu près proportionnel à l'espace parcouru, tandis que, dans nos semoirs à cuillers, il faut nécessairement une vitesse d'environ 1 mètre par seconde pour que la graine ne tombe pas au delà ou en deçà des entonnoirs conducteurs. Au moyen d'un levier, qui soulève la double trémie et l'appareil distributeur, on peut suspendre instantanément le débit de la semence sans arrêter l'instrument. On peut aussi, tout en marchant, augmenter ou diminuer la quantité de graine répandue; il suffit, pour cela, d'incliner, au moyen d'une manivelle, la caisse en arrière ou en avant. Ainsi que dans le semoir Dombasle, le conducteur peut faire varier à volonté l'entrure des pieds du rayonneur, par conséquent la profondeur à laquelle la semence est déposée, et cela, soit sur toute la largeur, soit sur un seul côté de l'instrument.

Enfin, pour éviter les mauvais effets que produisent plusieurs engrais pulvérulents, notamment le guano et les tourteaux, lorsqu'ils sont en contact immédiat avec la semence, l'instrument, au moyen d'une disposition ingénieuse, sépare cette dernière de l'engrais par une mince couche de terre. A cet effet, les tubes conducteurs de l'engrais sont fixés sur les pieds mêmes du rayonneur et en avant des tubes conducteurs de la semence, de sorte que, dans la raie ouverte, il tombe d'abord l'engrais pulvérulent, puis un peu de terre qu'y amène une espèce de raclette double à crochet, qui rabat légèrement les bords du rayon, ensuite la semence, et enfin de nouveau une couche plus ou moins mince de terre répandue par un outil analogue au précédent, et dont l'action peut être rendue plus ou moins énergique.

Les semoirs pour turneps cultivés en buttes (on the ridge) ne sèment que deux lignes à la fois, et les pieds sont précédés et parfois suivis de rouleaux en pierre dure, offrant en creux à peu près la forme de la section transversale de la butte et destinés à comprimer la terre avant et après la semaille. Ajoutons que ce mode de culture est considéré comme plus favorable à cette récolte, mais aussi comme plus coûteux et moins expéditif que la culture à plat (on the flat).

Cette description, quoique incomplète, suffira, je pense, pour confirmer l'opinion que j'ai émise plus haut sur l'incompatibilité de ces machines si ingénieuses, mais si compliquées, si chères et si fragiles, avec nos conditions agricoles, qui n'admettent déjà que difficilement les semoirs français mentionnés plus haut. Un fait significatif, et qui ne laisse plus de doutes à cet égard, c'est l'empressement de la plupart des fermiers anglais à rechercher, non plus les semoirs les plus parfaits, mais les plus simples et les moins chers, aujourd'hui que la situation de la culture anglaise tend à se rapprocher de la nôtre. A l'exposition, l'attention et les suffrages de ces hommes pratiques s'adressaient moins aux curieuses machines que je viens de faire connaître qu'aux semoirs de *T. Sheriff*, de *Marshall*, de *Hunter*, et surtout de *Busby*, de *Hensman* et de *Claes*, de Lembecq (Belgique), semoirs construits à peu près dans le système du semoir Hugues, mais plus simples encore. C'est que, en agriculture pas plus qu'en industrie, il ne s'agit d'obtenir de beaux produits à tout prix.

C'est donc moins comme modèle à copier tel quel, que comme machine offrant la réunion de plusieurs mécanismes ingénieux, que je signalerai à l'attention de nos constructeurs le semoir de Hornsby que possède le Conservatoire.

Quant aux *semoirs à bras* ou *à brouette*, il n'y en avait aucun, parmi le grand nombre de ceux qui figuraient à l'exposition, qui fût supérieur à l'excellent petit semoir à bras de Roville.

Les semoirs à *semer à la volée*, assez répandus autrefois, sont assez rarement employés aujourd'hui. Leur utilité est cependant réelle pour les récoltes à semences fines, comme les fourrages artificiels, partout où l'on n'a pas de très-bons semeurs et où l'on est souvent gêné par des vents violents. Ces instruments sont, du reste, connus depuis longtemps en France, et ceux exposés par Windsor, Watt, Holmes et Garrett, ne différaient point des nôtres. Le dernier est considéré comme le meilleur, et il est mentionné parmi les machines qui ont valu la grande médaille à M. Garrett.

On emploie en Angleterre, sous le nom de *dibbleurs* ou machines à dibbler, des espèces de semoirs ou plantoirs construits pour distribuer les graines par *touffes* ou trochées. L'invention de ces machines est due à un inconvénient particulier que présente la semaille en lignes des céréales, la facilité qu'offrent ces lignes continues aux animaux destructeurs : vers blancs, courtilières, petits mammifères, pour ravager les récoltes. On voit souvent, en effet, des lignes entières détruites d'un bout à l'autre du champ par quelques-uns de ces animaux. On a donc cherché à prévenir ces ravages en établissant des solutions de continuité entre les plantes, en même temps qu'on réduisait encore la quantité de semence nécessaire.

L'instrument primitif était un pesant rouleau en bois dont la surface convexe portait un certain nombre de petits cônes larges et courts qui, lorsque le rouleau marchait, laissaient comme traces des cavités dans lesquelles on mettait quelques grains de la plante à semer. Cette semaille à la main étant trop lente, pour les céréales surtout, on inventa des machines faisant toute la besogne, cavités, dépôt de la semence et couvraille : les unes, basées sur l'instrument primitif, sont des cylindres creux en fonte renfermant la semence, qui sort par les pointes coniques au moyen d'un mécanisme ingénieux ne laissant passer qu'un nombre déterminé de grains à la fois lorsque la pointe presse sur terre; d'autres, établies sur un principe analogue à celui du semoir de Duhamel, laissent échapper également un certain nombre de grains à la fois, par le mouvement d'une espèce de soupape, mouvement déterminé par celui d'une des roues de l'appareil et qui coïncide avec le mouvement du tube conducteur pénétrant de quelques centimètres en terre. A l'exposition, les dibbleurs de *W. Hayward*, de *Newberry*, de *Lampitt*, composés de quatre à cinq cylindres en fonte d'environ 0m,80 de diamètre sur 0m,15 de largeur, appartenaient à la première catégorie, tandis que ceux de *Revis*, d'*Eaton*, de *D. Newington*, rentraient dans la seconde.

Enfin, le désir d'épargner la semence plus encore que ne le faisaient les semoirs ordinaires et les dibbleurs, et surtout de garantir davantage les récoltes contre le danger des insectes destructeurs, fit inventer ce que les Anglais appellent des *drop drills* (semoirs goutte à goutte), lesquels ne déposent la semence que grain par grain et en quinconce. Le plus remarquable de ces droppeurs est celui de *Ransome* et *May*, qui a valu à ces constructeurs une médaille de prix à l'exposition et plusieurs récompenses dans les derniers concours de diverses sociétés d'agriculture de l'Angleterre.

Cet instrument, qui fait aujourd'hui partie de la collection du Conservatoire, ne répand que 77 litres de blé par hectare; mais il coûte 750 francs.

Un autre droppeur offrant aussi des dispositions fort ingénieuses est celui de *Garrett*, primé aux deux derniers concours de la Société royale, et qui dépose un peu d'engrais en même temps que chaque grain.

Toute autre considération mise à part, il suffit de voir les diverses machines dont je viens de parler, droppeurs, dibbleurs, semoirs perfectionnés, pour rester convaincu qu'il y a bien peu de localités en France où on pourrait les confier à nos aides de culture, sans risquer de les voir promptement hors de service. Ajoutons, du reste, que, même en Angleterre, l'emploi des dibbleurs et droppeurs est, aujourd'hui surtout, très-limité.

Le seul semoir étranger qui mérite une mention est celui de

M. *Claes*, de Lembecq, dont j'ai déjà parlé, et pour lequel on a décerné à cet habile constructeur une médaille de prix.

Malgré l'usage étendu des engrais pulvérulents en Angleterre (os, guano, tourteaux, sang desséché, etc.), les machines exclusivement consacrées à les épandre se rencontrent rarement dans la culture anglaise, par la raison que ces engrais y sont appliqués de préférence aux récoltes en lignes et semés en même temps que celles-ci par les semoirs ordinaires. En France, où il n'en est pas de même, un distributeur d'engrais pulvérulents serait utile dans les localités où l'on emploie beaucoup de noir animal, de cendres lessivées, de plâtre, de poudrette, etc., en épargnant aux ouvriers le travail toujours désagréable et souvent malsain de l'épandage de ces matières, et en permettant de les semer même par le vent. Mais il est à peine nécessaire d'ajouter qu'une machine pareille, d'un emploi aussi restreint, devrait être fort simple et à fort bon marché pour s'introduire dans la pratique. Or ce ne sont pas là les qualités qui distinguent le distributeur d'engrais de *J. Holmes*, la seule machine de ce genre qui figurât à l'exposition, machine ingénieuse, fonctionnant bien, et pouvant répandre avec régularité depuis 90 jusqu'à 900 litres par hectare, mais ayant le grave inconvénient de coûter de 237 à 341 francs, suivant les dimensions.

Un appareil fort simple, pouvant s'adapter facilement à l'arrière d'un tombereau ordinaire, est ce qui nous conviendrait le mieux, et j'engage nos constructeurs à diriger leurs travaux dans cette voie.

Quant aux distributeurs d'engrais liquides, ils sont nouveaux en Angleterre, où l'usage de ces engrais a toujours été moins répandu qu'en France. Les deux machines de ce genre exposées par *T. R.* et *J. Reeves*, de Bratton, et dont l'une est simple, l'autre, combinée avec un semoir ordinaire, sont fort ingénieuses. Non-seulement elles répandent l'engrais liquide avec une grande régularité, mais encore elles mélangent parfaitement les matières solides ajoutées au liquide (tourteaux, guano, superphosphates, etc., dans purin, lizier, eau) et en empêchent le dépôt pendant l'opération. Ces machines, qui ont valu une médaille de prix à MM. Reeves, seraient certainement d'une utile introduction en France, n'étaient leur complication et leur prix, qui empêcheront longtemps encore qu'elles ne se substituent à nos grossiers mais simples et solides tonneaux à purin avec planchette.

On emploie, dans quelques localités de l'Angleterre, une machine, connue sous le nom de *landpresser*, qui se compose d'un châssis muni de brancards et portant intérieurement, à gauche, une roue ordinaire, à droite, et sur le même axe, deux pesants disques en fonte, à bords aigus, et dont on fait varier l'écartement à volonté. Traînée sur un sol meuble et bien égalisé, cette machine y trace des sillons réguliers. Elle sert à rayonner le sol ainsi qu'à plomber et recouvrir les semailles; mais son usage principal est de permettre la mise en lignes des céréales sans le secours du semoir. Il suffit, pour cela, de lui faire tracer des sillons assez rapprochés, sur lesquels on répand à la volée, la semence qui tombe en presque totalité au fond des sillons, où elle est recouverte par la herse qui suit et qui abat les crêtes. On obtient, dans plusieurs parties de la France, un effet analogue en semant sur un labour régulier non hersé, et mieux encore, sur un terrain sillonné par le binot ou même par l'araire primitif à cheville. Si je parle ici des landpresser, dont aucun exemplaire ne figurait à l'exposition, c'est non pour en recommander l'adoption à nos agriculteurs, mais pour prouver, qu'en Angleterre même on cherche à se dispenser des coûteuses et peu expéditives machines à semer.

INSTRUMENTS POUR LA CULTURE DES PLANTES SUR PIED.

HOUES À CHEVAL, BUTTOIRS.

L'avantage de la semaille en lignes serait minime, ou même nul dans certains cas, si ce mode d'ensemencement ne permettait l'emploi des instruments attelés pour la culture du sol, pendant la végétation des plantes, opération qui produit d'excellents effets sur toutes les récoltes, et qui est indispensable à la réussite de quelques-unes.

Ces instruments sont la houe à cheval et le buttoir, créations britanniques dont les perfectionnements ont accompagné ceux du semoir.

S'il est une catégorie d'engins aratoires pour laquelle l'Angleterre nous soit supérieure, c'est incontestablement celle des houes à cheval. On ne saurait en douter en comparant, au point de vue théorique comme au point de vue pratique, les beaux et ingénieux instruments de nos voisins, à l'informe machine qui dépare encore aujourd'hui la belle collection des instruments de Roville, et qui a passé pendant longtemps, en France, pour le *nec plus ultra* de la perfection[1].

Avec ce bon sens pratique qui les distingue, les constructeurs anglais ont compris que des instruments destinés à remuer le sol dans un étroit espace, limité par deux lignes de plantes que le moindre écart pouvait léser et détruire, devaient nécessairement posséder à un haut degré toutes les conditions voulues de stabilité et de régularité de marche, ainsi que les dispositions pour faciliter l'action du conducteur. Donc, ils ont donné à leurs houes à cheval de longs mancherons et un long âge, toujours pourvu d'un et parfois de deux supports à rouelles, l'un devant, l'autre derrière le corps de l'instrument. Toutes peuvent s'élargir et se rétrécir à volonté dans des limites assez étendues. Presque toutes sont en fer et remarquablement solides. La plupart ont des armatures de rechange pour les cas divers qui se présentent : des coutres aigus recourbés en avant lorsqu'il s'agit d'ameublir des terres très-dures ; des socs plats et tranchants et des coutres coudés en ratissoires pour la destruction des mauvaises herbes ; enfin, quelques-unes ont de plus une armature de coutres de forme particu-

[1] Pour être juste, disons que depuis longtemps MM. de Crombecque, à Lens, et Bazin, au Ménil-Saint-Firmin, se servent, dans leurs vastes et riches cultures de betteraves, de houes à cheval triples qui laissent bien peu à désirer, tant pour le travail que pour la solidité et le prix.

lière et destinés au binage du sol mis en buttes (on the ridge). Mais il en est aussi qui sont spéciales pour ces diverses opérations, et on les préfère dans la grande culture, parce que la forme du châssis peut être ainsi mieux appropriée à l'armature; elles portent alors, suivant leur destination, les noms de *drill-grubber,* de *horse hoe* et de *ridge hoe.*

Tous ces instruments sont simples, c'est-à-dire ne cultivent à la fois qu'un seul intervalle entre deux lignes de plantes. Ils ne conviennent, par conséquent, qu'aux récoltes dites sarclées, qu'on sème en lignes espacées d'au moins $0^{m},60$.

Mais les agriculteurs anglais ne s'en sont pas tenus là; ils ont demandé aux constructeurs des houes à cheval appropriées au binage des céréales, et ceux-ci leur en ont fabriqué qui binent à la fois de six à douze lignes espacées entre elles d'environ $0^{m},22$ (9 pouces anglais). Il faut avoir vu fonctionner ces curieuses machines pour ne pas être tenté de les ranger à première vue dans la catégorie des instruments de parade, ou même des instruments impossibles.

Les meilleures houes à cheval pour une seule ligne sont celles des fabricants suivants:

Busby. — Ses houes à cheval, simples, solides, énergiques, répondent à tous les besoins de la culture en lignes et sont citées parmi les machines qui ont valu la grande médaille à cet habile constructeur.

J. Commins (de Southmolton) et Howard. — Leurs houes sont d'excellents instruments, primés à l'exposition (médaille de prix).

Gray. — Une de ses houes à cheval, dite *à expansion parallèle*, offre un mécanisme ingénieux, mais peu solide, pour faire varier la largeur de l'instrument pendant la marche.

Ransome. — Sa houe à cheval a trois pieds et deux roulettes, une devant, l'autre derrière, est solide, énergique, et doit marcher avec une grande régularité.

France (de Stirling). — Cette dernière, sur le système Dombasle, mais grandement perfectionnée, est devenue une bonne machine.

Parmi les *houes à cheval multiples*, je citerai comme bonne celle de Crowley, de Newport, faisant trois lignes à la fois; comme meilleure encore, celle de Smith, de Kettering, munie de deux armatures différentes et binant six lignes à la fois; enfin, comme machine parfaite, la belle houe à cheval de Garrett, qui a remporté le prix à tous les concours où elle a figuré, et a contribué pour beaucoup à la grande médaille qui a été décernée à ce fabricant renommé. Ses houes sont de dimensions variables, pouvant biner depuis six jusqu'à douze lignes à la fois. Toutes ont une double armature de pieds étroits d'extirpateurs et de coutres coudés en ratissoires, qui répond à toutes les exigences du binage et du sarclage des grains et fait un travail excellent. Malheureusement le prix de ces machines est élevé : 350 francs celles de la plus petite dimension ; malheureusement encore, il faut, de la part du conducteur, une habileté consommée, une attention soutenue, car le moindre faux mouvement imprimé à la machine détruit six à douze lignes de plantes sur une longueur plus ou moins grande; et cette habileté serait d'autant plus difficile à rencontrer chez nos aides ruraux, que le conducteur agit ici non par des mancherons, mais par une double manivelle, moyen plus puissant, plus précis que les mancherons, mais qui est tout à fait en dehors des habitudes de nos laboureurs et exigerait d'eux un long et coûteux apprentissage. Aussi préférerais-je, pour mon usage, la houe de Smith, moins parfaite, moins ingénieuse peut-être, mais plus simple, plus solide, plus en rapport avec les habitudes de nos ouvriers, et surtout moins chère. Complète avec double armature et pièces de rechange, elle ne coûte que 200 francs. Mais cet instrument même serait-il une importation utile en France? Oui, en y supposant avantageusement praticable la culture en ligne des céréales; car il est impossible de ne pas reconnaître la perfection et la promptitude du travail opéré par ces machines, et, d'un autre côté, l'expérience a appris que, toutes choses égales d'ailleurs, les mauvaises herbes croissaient plus vigoureusement dans une céréale en lignes que dans une céréale semée à la volée. Néanmoins, deux circonstances réduisent singulièrement l'importance de ces binages, et partant les avantages de ce mode de semailles : la première, c'est qu'on ne peut les effectuer que pendant le court intervalle de temps qui sépare, au printemps, la reprise de la végétation de la montée des tiges, ce qui empêche de les renouveler, comme cela a lieu pour les plantes sarclées; la seconde, c'est qu'un vigoureux hersage donné à la même époque peut, jusqu'à un certain point, remplacer le binage et n'exige ni semaille en lignes, ni instrument coûteux d'un emploi restreint et d'une conduite difficile.

Je n'ai que peu de choses à dire des *buttoirs*, qui participent la plupart au défaut des charrues anglaises, c'est-à-dire, ont un soc trop étroit. Le buttoir de Howard passe pour un des meilleurs de l'Angleterre; il ne paraît pas néanmoins supérieur au buttoir Rosée. Le grand buttoir de Ransome se distingue par une bonne construction et surtout des dimensions considérables qui le rendent très-propre à commencer le creusement des fossés et canaux pour le drainage, et, en général, pour tous les travaux de déblais.

Signalons encore un excellent instrument provenant du même constructeur, et dont nous nous servons depuis quelque temps avec plein succès : c'est la *charrue universelle* de Clark, qui devrait plutôt porter le nom de sarclo-butteur, car on paraît avoir renoncé à son emploi comme charrue ordinaire. Cet instrument, qui est tout en fer et en fonte et ne coûte que 150 francs, est successivement une bonne charrue sous-sol, un excellent buttoir, une houe à cheval parfaite, avec les deux armatures mentionnées plus haut, et enfin une espèce de charrue ratissoire pouvant servir aussi bien au déchaumage qu'au sarclage entre les lignes, au moyen de socs larges et plats, dont l'un en triangle isocèle, les autres en triangles rectangles opposés, et portant à l'arrière deux petites barres courbes, destinées à émietter les plaques de terre enlevées par le soc.

C'est un bon et utile instrument, parfaitement approprié aux circonstances agricoles de la France. Plusieurs de nos constructeurs l'ont jugé ainsi, car ils ont déjà utilisé, pour le reproduire, celui que possède le Conservatoire, qui compte également dans sa collection cinq des houes à cheval mentionnées plus haut.

Signalons encore, comme un bon outil, la houe à main de J. Warren, munie de deux roulettes et qui fonctionne dans le genre du bineur Hugues, dont elle est une imitation.

Parmi les instruments étrangers de cette catégorie aucun ne mérite une mention.

MACHINES POUR LA FENAISON ET LA MOISSON.

FAUX, MACHINES À MOISSONNER, FANEURS, RÂTEAUX À CHEVAL.

Les instruments et machines de cette classe qui figuraient à l'exposition étaient peu nombreux, mais généralement remarquables, et comme pièces mécaniques, et comme engins agricoles.

Commençons par les plus simples, les *faux*, que je n'ai à juger ici qu'au point de vue de la forme et du montage. La forme, quoique variable, est généralement bonne dans ces outils, dont un très-petit nombre, du reste, figurait parmi les instruments d'agriculture.

Deux fabricants avaient seuls exposé des faux montées, offrant une disposition nouvelle : ce sont MM. Boyd, J. E. et E. James, tous deux de Londres, tous deux ayant le même système. Leurs faux sont fixées sur le manche au moyen d'une espèce de double charnière, à vis de pression, qui permet d'en changer la position très-promptement et dans des limites étendues. Cette invention serait précieuse, si elle offrait toutes les conditions indispensables de solidité, de rigidité et de durée ; il est à craindre qu'il n'en soit pas ainsi : l'expérience, du reste, ne tardera pas à nous l'apprendre, le Conservatoire possédant deux de ces faux qu'il sera facile d'expérimenter.

On sait que les premiers essais de *machines à moissonner*,

mues par des bêtes de trait, datent de l'antiquité : il semblerait même résulter du dire de Palladius (livre VII, titre II) que, dans les Gaules, l'emploi d'une machine à moissonner, mue par un bœuf, était fort répandue et donnait d'excellents résultats. Si le fait est vrai, nous aurions reculé sous ce rapport; toujours est-il que, jusqu'au commencement de ce siècle, on avait cessé de s'occuper de cet objet. C'est en 1807 que James Smith, le premier, fit une série d'essais qui n'aboutirent qu'en 1815 à la machine qui porte son nom. Cette machine, mue par deux chevaux attelés de manière à la pousser devant eux, porte en avant, comme organe agissant, un large disque tranchant placé horizontalement un peu au-dessus de terre et surmonté d'un manchon conique destiné à jeter de côté les grains coupés au pied par le disque. Un arbre vertical transmet le mouvement des roues au disque et au manchon.

Quoique ayant figuré avec succès dans plusieurs concours, cette machine n'a jamais pu s'introduire dans la pratique.

En 1828, J. Bell produisit une nouvelle moissonneuse établie sur un principe différent, qui semblerait être celui de l'ancienne machine gauloise et qui est celui des tondeuses de drap. Cette machine, montée et conduite à peu près comme la précédente, portait, comme organes actifs, deux scies à longues dents tranchantes; ces scies étaient placées l'une sur l'autre, horizontalement et perpendiculairement à la ligne de progression, à peu de distance du sol. La scie supérieure était fixe; l'inférieure, mobile, était animée d'un mouvement rapide de va-et-vient, dans lequel les dents des deux scies, se croisant comme des ciseaux, coupaient les tiges qui, dans le mouvement de progression de la machine, se trouvaient prises entre elles. Un volant à ailettes jetait le grain coupé de côté.

Comme la précédente, cette machine eut quelques succès de concours qui ne l'empêchèrent pas d'être repoussée de la culture sérieuse et de tomber dans l'oubli.

Il en fut de même de plusieurs autres machines ayant pour outils des lames de couteau ou de faux de formes variées, tournant rapidement, à quelques centimètres au-dessus de terre, autour d'un axe vertical.

On en était arrivé à considérer le problème comme à peu près insoluble, lorsqu'il y a quelques années un grand propriétaire autrichien, le prince de Lichnowski, rapporta des États-Unis d'Amérique une machine construite en 1845 par un fermier de ce pays, nommé Mac-Cormick, habitant Chicago, dans l'Illinois, machine qui, après bien des vicissitudes et des changements, avait enfin fonctionné d'une façon si remarquable, que l'inventeur en avait livré cent cinquante la première année et près de cinq cents la seconde. Cette machine, copiée par MM. Burg, fabricants d'instruments aratoires à Vienne, paraît avoir eu non moins de succès en Autriche qu'en Amérique; aussi les demandes se multiplièrent-elles rapidement, et, à la fin de 1850, MM. Burg en avaient déjà livré près de deux cents. A la même époque, quatre à cinq mille de ces machines fonctionnaient dans les diverses parties de l'Union américaine [1].

On peut donc considérer cette moissonneuse comme ayant reçu la sanction de l'expérience et comme de nature à pouvoir être acceptée par la pratique dans les contrées où les circonstances lui permettront de s'introduire.

Cette machine a figuré à l'exposition. Sans essayer d'en donner ici une description qui, privée de figures, serait insuffisante, je dirai seulement qu'elle est établie sur le principe de la machine de Bell, avec cette différence que la scie mobile porte des dents très-petites, dans le genre des dents de faucilles; que les deux chevaux sont attelés à un timon, en avant de la machine, sur le côté du mécanisme agissant, de façon à marcher le long du grain qui va être coupé; qu'un volant à ailes, de la longueur de la scie et placé parallèlement à

[1] C'est en 1831 que M. Mac-Cormick commença ses essais à la suite de ceux qu'avait faits, depuis 1816, son père, fermier dans la Virginie. C'est en 1834 qu'il prit son premier brevet; mais ce n'est qu'en 1845, date du deuxième brevet, qu'il parvint, après des difficultés sans nombre et des essais multipliés, à produire la machine actuelle.

celle-ci, à 0m,60 au-dessus, presse, dans son mouvement de rotation, les tiges contre la scie, favorise ainsi l'action de cette dernière, et fait, en outre, tomber le grain coupé sur le plan incliné qui fait suite, et d'où le conducteur, assis sur un siége élevé, le prend au moyen d'un râteau pour le déposer sur le sol.

Avec deux hommes et deux chevaux, cette machine moissonne, dit-on, environ 50 ares par heure ou 4 à 6 hectares par jour; mais il lui faut un terrain uni, et la culture en billons étroits et bombés l'empêche de bien fonctionner; elle coûte 625 francs. Le calcul suivant, fait en Angleterre d'après le résultat de quelques expériences et la connaissance de ce qui se passe en Amérique, fera juger des avantages que promet cette machine, et permettra à nos agriculteurs d'établir des calculs semblables pour leurs localités respectives.

Méthode ordinaire.

Moisson de 15 acres (à 40 ares 46), à 11 fr. 25 cent. (9 sh.), 168 fr. 75 cent.

Avec la moissonneuse.

Chevaux et hommes pendant un jour..	12f 50c	59f 45c
Pour lier 15 acres de céréales, à 3 fr. 13 cent., par acre..................	46 95	

Différence en faveur de la machine à moissonner, pour 15 acres ou un peu plus de 6 hectares.. 109 30

Demandée pour le Conservatoire, cette machine ne tardera sans doute pas à enrichir les collections de ce bel établissement, où nos agriculteurs et nos constructeurs pourront l'examiner et en étudier l'ingénieux mécanisme.

Une autre machine, de construction plus récente, mais également d'origine américaine, a aussi figuré à l'exposition, c'est celle de O. Hussey, de Baltimore. Elle est établie sur le même principe et montée de la même manière que la précédente; mais, destinée à couper les fourrages comme les céréales, elle en diffère par quelques détails. Le volant manque, les dents de la scie mobile sont beaucoup plus longues ; le bord antérieur du plan incliné, où se trouve la double scie, est mobile et peut s'abaisser jusqu'à quelques centimètres de terre. Cette machine semble plus rationnellement construite que la précédente, du moins en comprend-on mieux le mode d'action : je dois dire néanmoins que, dans l'expérience qui eut lieu le 24 juillet à Tiptree-Hall, elle fonctionna moins bien, comme faucheuse mécanique de fourrages, que la précédente comme moissonneuse, ce qui pouvait tenir à l'état d'humidité de la récolte et du sol, détrempés par une pluie diluvienne [1].

Ajoutons que M. Garrett, qui avait exposé une moissonneuse construite sur le système Smith modifié, en a fabriqué une nouvelle, pendant la durée même de l'exposition, sur le système de Bell, c'est-à-dire sur le même système que les deux machines précédentes. Comme MM. Hussey et Mac-Cormick s'étaient fait breveter en Angleterre, ils ont cru pouvoir intenter à M. Garrett un procès, dont l'issue est attendue avec impatience par les principaux fabricants anglais et ne peut manquer d'intéresser les nôtres, des brevets ayant été pris aussi en France. Je crois devoir signaler ce fait dans l'intérêt de nos constructeurs. On affirme, du reste, qu'en Russie, il existe depuis plusieurs années des machines à moissonner et à faucher supérieures encore à celles dont je viens de parler, et qui sont déjà d'un emploi usuel dans beaucoup des immenses propriétés de

[1] Depuis qu'a été écrit ce qui précède, j'ai vu dans l'intéressant travail de M. Pusey, rapporteur de la commission anglaise, que cette machine avait fonctionné de la manière la plus satisfaisante dans des expériences ultérieures entreprises par un de nos collègues, M. Thompson, sous la direction de l'inventeur lui-même, qui attribue son non-succès à Tiptree-Hall à l'inexpérience seule des personnes chargées de la monter et de la diriger. Ajoutons, toutefois, qu'en Angleterre comme en Amérique, l'application de cette machine à la coupe des fourrages paraît avoir rencontré des obstacles graves dans la flexibilité des tiges, qui n'offrent pas assez de résistance et engorgent les scies. Le problème d'une faucheuse mécanique n'est donc pas encore résolu.

ce pays; mais il m'a été, jusqu'à présent, impossible de me procurer des renseignements plus précis à cet égard.

Le développement de la petite et moyenne culture en France ne permettra jamais aux faucheuses et moissonneuses mécaniques d'y acquérir le même degré d'importance que dans les contrées peu peuplées de l'Amérique du Nord, de la Hongrie, de la Russie, et même qu'en Angleterre, où règne exclusivement la grande culture, et où la population rurale est faible relativement à celle des villes. Il est cependant plusieurs localités de notre pays, parmi lesquelles je citerai la Champagne, la Beauce, une partie du centre, de la Brie, de la Picardie, de la Gascogne et du littoral de la Méditerranée (notamment la Camargue), où l'étendue des fermes et la pénurie de bras pourraient les rendre fort utiles. Et en vérité, lorsque l'on considère, d'un côté, l'immense intérêt qu'a le pays tout entier à ce que les céréales s'enlèvent rapidement et soient mises promptement à l'abri des intempéries, et, d'un autre côté, tout ce que le travail de la moisson a de pénible et souvent de malsain pour les ouvriers qui l'exécutent, on ne peut que désirer le voir, en partie du moins, exécuté à l'aide de machines qui le rendent plus prompt, plus facile, en ne laissant à l'homme que la part de l'intelligence.

Les *faneurs mécaniques* sont très-répandus en Angleterre, et cela devait être dans ce pays de vastes herbages, où le climat favorise en général si peu la dessiccation des foins.

Des systèmes divers qui se sont produits depuis le commencement de ce siècle, le seul qui ait été conservé et qui soit généralement adopté est celui que *Salmon*, de Woburn, fit connaître en 1816. Les modifications et perfectionnements de détail qu'on lui a fait subir n'ont point altéré la forme générale de l'instrument : c'est toujours un tambour à claire-voie, monté sur deux roues et dont les barres horizontales, fixées sur des ressorts, portent des dents légèrement recourbées en avant. L'axe de ce tambour reçoit un mouvement très-accéléré par des engrenages placés sur le bouge intérieur du moyeu des roues. Quand l'instrument marche, traîné par un cheval, les dents, arrivant presque jusqu'à terre, enlèvent l'herbe fauchée, et, dans la révolution rapide du tambour, la lancent avec force en l'éparpillant en arrière de la machine.

Les perfectionnements ont consisté à couper le tambour en deux parties indépendantes l'une de l'autre et mues chacune par la roue qui est du même côté, ce qui diminue l'usure des engrenages, permet de ne faire agir qu'une moitié de l'instrument quand elle suffit et rend les barres plus flexibles sur les ressorts, par conséquent, évite que les dents ne se faussent lorsqu'elles rencontrent une saillie de terrain dans laquelle elles pénètrent. On a également amélioré les moyens de hausser et de baisser le tambour, suivant que la surface du pré est unie ou irrégulière et que le foin est abondant ou rare. Ces changements se font aujourd'hui pendant la marche même de la machine.

Presque tous les constructeurs que j'ai mentionnés fabriquent des faneurs; on en trouve notamment de très-bons chez Barrett, Exhall et Andrews, Howard, Garrett, Ransome. Mais celui qui passe pour le meilleur de l'Angleterre, et qui, depuis 1846, a constamment été primé dans les concours de la Société royale et de beaucoup de sociétés de province, c'est le faneur de *Smith,* de Stamford, qui a également valu à cet habile fabricant une médaille de prix à l'exposition.

Le Conservatoire possède cet excellent instrument qui, malgré son prix élevé (307 fr. 50 c. avec des roues en fer forgé), pourra s'introduire utilement dans toutes nos contrées d'herbages, surtout dans le nord-ouest, où le climat n'entrave que trop souvent la fenaison. On estime en Angleterre qu'il fait le travail de dix à quinze femmes et l'opère d'une manière plus parfaite.

J'en dirai autant du *râteau à cheval* ou *ramasseur,* instrument formé par une rangée de dents courbes et mobiles, et qui ramasse promptement le foin et même l'avoine et l'orge en tas allongés, sur un point quelconque du terrain d'où il peut être facilement chargé sur des voitures ou mis en meules. Le râteau à cheval de Howard est le plus perfectionné de l'Angleterre; il coûte 175 francs et se trouve également au Conservatoire. Grâce aux deux roues, à la forme particulière et à la mobilité des dents, cette machine fonctionne même dans un terrain à surface inégale.

Un instrument du même genre, mais de dimensions plus petites est le *râteau à main* de *Smith,* de Stamford, également muni de roues et d'un mécanisme à levier pour soulever les dents quand on veut déposer le foin. Ce petit instrument, qui peut également servir au râtelage des épis après la moisson, expédie beaucoup d'ouvrage avec un seul homme. Quoique coûtant 37 fr. 50 cent., il pourrait être adopté avec profit dans la moyenne culture, tant il importe d'activer les travaux de la fenaison.

Du reste, celui que possède le Conservatoire a déjà été copié par quelques-uns de nos constructeurs.

MACHINES DE TRANSPORT.

Ce sujet n'intéresse pas l'agriculture seule; mais il l'intéresse plus qu'aucune autre branche d'industrie, attendu qu'aucune n'a dés produits aussi encombrants, et que, d'ailleurs, l'exploitation même du sol donne lieu à de nombreux transports.

Il soulève plusieurs questions fort importantes et qui ne sont pas encore résolues d'une manière définitive. Parmi celles qui se rattachent plus spécialement à l'agriculture, se placent en première ligne les questions de supériorité relative des véhicules à une ou plusieurs bêtes, et à deux ou quatre roues.

Ce n'est pas ici le lieu de discuter ces deux questions, qui ont déjà provoqué beaucoup d'études, d'expériences et d'écrits.

On a, d'ailleurs, si bien prouvé le pour et le contre, dans la seconde surtout, soit en partant de données scientifiques, soit en s'appuyant sur des considérations économiques, que le mieux est de se borner à l'exposé des faits.

Je citerai les suivants : tandis qu'en Irlande les petites charrettes à un cheval étaient, de temps immémorial, les seuls véhicules en usage pour l'agriculture, l'Angleterre et l'Écosse n'employaient encore, à la fin du siècle dernier, que de lourds chariots à quatre, six et huit chevaux. L'Écosse abandonna la première ces incommodes machines pour les charrettes à un cheval. L'exemple et les ouvrages d'Arthur Young, qui avait été à même d'apprécier les avantages des charrettes irlandaises, contribuèrent pour beaucoup à ce résultat. L'Angleterre ne suivit cet exemple que plus tard, et aujourd'hui encore, le chariot est employé dans une partie de l'Est, du Centre et du Sud-Ouest, mais simultanément avec les charrettes et seulement pour les transports de gerbes, foin, paille et autres denrées d'un grand volume. Ajoutons que les charrettes gagnent et que les chariots perdent tous les jours du terrain, et que ces derniers ont été rendus beaucoup plus légers. On ne voit plus guère aujourd'hui, du moins dans la campagne, que des chariots à deux et quatre chevaux, les anciens à brancards, les nouveaux à timon, disposition que l'on considère avec raison comme préférable, attendu que deux chevaux tirent mieux étant accouplés qu'étant l'un devant l'autre; que, dans les descentes, la charge est répartie sur deux animaux, ce qui permet l'emploi de chevaux plus légers; que l'attelage peut ainsi tourner plus court, et enfin peut être plus facilement maîtrisé qu'avec la disposition qui résulte du brancard.

Quant aux charrettes pour usage agricole, elles sont presque toutes à un cheval, mais établies de façon à en admettre deux dans l'occasion (par exemple, pour les transports d'engrais dans les terres); et ces lourdes charrettes à trois, quatre et cinq chevaux, des environs de Paris, sont inconnues dans la culture anglaise.

Ainsi, dans toute la Grande-Bretagne, la pratique a tranché la question en faveur des véhicules légers à un ou deux chevaux, quoique l'emploi de ces véhicules entraîne, dans beaucoup de circonstances, un accroissement du personnel, inconvénient grave dans ce pays où l'on vise, avant tout, à économiser le travail de l'homme. Mais cet inconvénient semble avoir été plus que compensé par la réduction des attelages, réduction qu'un des agriculteurs les plus distingués de la Grande-Bretagne, M. Pusey, président de la neuvième classe, portait à 50 p. o/o.

Comme je viens de le dire, les faits sont également en faveur de la charrette et contre le chariot, dans une grande partie du Royaume-Uni.

Il est à remarquer que l'Écosse, qui a précédé l'Angleterre dans cette voie et y est entrée complétement, est un pays très-montueux, c'est-à-dire, suivant la plupart des auteurs qui ont traité cette matière, peu favorable aux charrettes.

Je dois ajouter, néanmoins, que c'est surtout depuis l'invention et l'adoption presque générale de l'ingénieux *mécanisme* de lord *Sommerville*, que les charrettes se sont tant répandues.

Ce mécanisme, qui ne s'applique qu'aux charrettes et tombereaux à bascules, est destiné à soulever plus ou moins la partie antérieure de la charrette au-dessus des brancards et à la maintenir dans cette position. On comprend que cette manœuvre déplace le centre de gravité et donne ainsi le moyen d'empêcher que la charge ne pèse sur le cheval dans les descentes et ne le soulève dans les montées, c'est-à-dire, qu'elle obvie au plus grave inconvénient des véhicules à deux roues.

Le mécanisme primitif était fort simple; le limon de droite de l'allegrain ou de la caisse se prolongeait en une barre de fer percée d'une ouverture longitudinale dans laquelle passait une forte tige de fer méplat, fixée perpendiculairement sur le brancard, et qui était percée de trous ronds sur toute sa longueur. Lorsqu'on voulait rejeter la charge en arrière, on soulevait la partie antérieure de la caisse et on la maintenait dans cette position en plaçant dans les trous de la tige une cheville en dessous et une autre en dessus de la barre de fer.

Ce mécanisme a été modifié de bien des manières. Aujourd'hui, presque chaque fabricant a le sien; mais le plus répandu offre une disposition analogue à celle du cric : la tige de fer, ordinairement fixée sous la traverse antérieure de la caisse entre les deux limons, est dentée et engrène avec un pignon placé sous la paumelle antérieure des brancards, lequel porte, sur le prolongement de son axe, une petite manivelle qui sert à le faire tourner et à mouvoir ainsi la tige.

Quoique le moyen de lord Sommerville ne permette pas de rejeter le centre de gravité en avant, il répond cependant à tous les besoins; car, lorsqu'on sait avoir des montées à gravir, on a soin de charger l'avant plus que l'arrière. Tant qu'on est en plaine ou sur une descente, on obvie au mauvais effet de cette distribution de la charge en soulevant la caisse en proportion, pour la remettre parallèlement aux brancards lorsqu'on monte.

D'après ce que j'ai vu et entendu en Angleterre sur ce sujet, je crois pouvoir signaler cette invention bien simple, et en apparence peu importante, comme un des plus utiles emprunts que nous puissions faire à l'agriculture anglaise [1].

Il est un autre emprunt, peut-être encore plus intéressant pour nous, sur lequel j'appellerai l'attention toute spéciale de nos agriculteurs. C'est, du reste, un fait assez étrange que, dans cette circonstance comme dans plusieurs autres, ce soit l'Angleterre, ce pays de grande et riche culture où chaque homme et chaque chose a sa spécialité, qui nous enseigne les moyens de généraliser l'emploi de certaines machines, et par conséquent de réduire le chiffre toujours trop élevé du capital mobilier.

En Angleterre, on avait poussé plus loin qu'en France la manie des spécialités en fait de véhicules ruraux. Outre le tombereau (*clos-cart*) et la charrette ou le chariot à gerbes et foin (*harvest-cart or waggon*), il y avait la charrette à grain (*corn-cart*), la charrette pour les transports au marché (*mark-cart*), et enfin des voitures spéciales pour le transport des fumiers et des engrais pulvérulents ou liquides, pour celui des bestiaux, etc. Cette division existe encore, et il est peu de

[1] Peut-être arriverait-on à quelque chose de plus simple et de plus efficace encore, soit en rendant la caisse mobile sur les deux limons, de manière à pouvoir la faire reculer ou avancer à volonté, soit en rendant l'essieu mobile dans le même sens sans nuire à la solidité du véhicule.

grandes fermes où l'on ne trouve réunies trois ou quatre de ces catégories de véhicules.

Mais, depuis plusieurs années, surtout depuis les réformes de sir Robert Peel, on s'est occupé des moyens de simplifier ce coûteux attirail, et, dans ce but, les constructeurs ont repris les charrettes écossaises et en ont fait, en les perfectionnant, l'excellent véhicule connu sous le nom de *light one horse cart for general purposes* (charrette légère, à toutes fins, à un cheval).

Construire une voiture qui fût également propre au transport des pierres, du charbon, de la terre, du sable, du fumier, et à celui des gerbes, du foin, du grain en sac, du bois, etc., semblait chose difficile. Voici le moyen fort simple par lequel on a résolu le problème.

Au tombereau ordinaire à bascule, et muni du mécanisme Sommerville, on a adapté quelques dispositions peu coûteuses, peu compliquées, pour permettre de fixer un appareil d'échellage sur la caisse. Cet appareil varie de formes et de dispositions d'assemblage. Dans beaucoup de charrettes, il se compose de deux allegrains et deux cornes séparés, qu'on fixe comme des hausses sur chacun des côtés, et sur l'avant et l'arrière de la caisse au moyen de huit bras qui entrent dans des tenons placés à l'extérieur de cette dernière. Quelques tringles à crochet, reliant ensemble les allegrains et les cornes, augmentent encore la solidité de cet appareil, qui, par sa forme évasée, convient au transport des matières les plus volumineuses et qu'on place et enlève très-promptement. Pour les tombereaux à caisse élevée, on a souvent une disposition plus simple encore. L'échellage est d'une seule pièce : c'est une espèce de plate-forme à claire-voie et à bords relevés, ayant au centre un vide de la dimension de la caisse. Il se fixe au moyen de quatre fortes pointes entrant dans des viroles placées aux angles de la caisse, et se trouve soutenu, en outre, sur le devant, où il dépasse la caisse de plus d'un mètre, par deux fortes tringles en fer qui portent sur les brancards. Cet appareil permet de charger non-seulement au-dessus des roues, mais jusqu'au-dessus de la croupe du cheval. Il est plus économique et se place et se déplace aussi facilement que l'autre; mais il n'a pas l'avantage assez important qui résulte, dans celui-ci, de l'inclinaison des échellages, inclinaison qui amène le tassement et la concentration de la charge dans la caisse, par l'effet même des secousses imprimées à la voiture lors de la marche.

On comprend, sans que je le dise, que, par cette simple addition facultative d'un échellage, le tombereau devient propre à tous les transports ruraux; on peut même affirmer qu'il est mieux approprié au transport de la moisson que les voitures spéciales à claire-voie, car, en ayant soin d'y placer les gerbes avec les épis au centre, on recueille dans la caisse tous les grains qu'ont détachés les cahots de la voiture. Cela est si vrai, qu'aujourd'hui les bons constructeurs font les charrettes spéciales pour moisson avec caisse pleine.

Je n'ai pas besoin d'insister sur l'avantage tout particulier que nous promet ce système. Si les grands et riches fermiers anglais s'empressent, la plupart, de l'adopter pour les renouvellements de matériel et pour les nouvelles montures, à plus forte raison doit-il convenir à une agriculture pauvre et morcelée comme la nôtre.

On estime, en Angleterre, qu'il économise des deux tiers aux trois quarts sur les frais d'acquisition et d'entretien des véhicules ruraux. Ce qui, du reste, achève de parler en sa faveur, c'est que, depuis 1849, la Société royale d'agriculture a cessé de mettre, comme précédemment, au concours les principaux genres de véhicules, et ne donne plus de prix qu'aux charrettes et chariots légers à toutes fins et à un cheval.

Les plus remarquables parmi les diverses machines de transport qui figuraient à l'exposition étaient les suivantes : *charrette-tombereau* de Busby, primée au concours de la société royale d'Angleterre en 1850 comme la meilleure charrette à toutes fins; elle est également citée parmi les machines qui ont valu la grande médaille à cet habile fabricant. Les brancards sont fixés sur les côtés de la caisse, par conséquent au-dessus du fond de celle-ci, disposition qui, à la vérité, diminue un peu la solidité, mais offre, en revanche, le double avantage de faciliter le chargement et d'abaisser le centre de gravité, par conséquent de diminuer le *ballant* sans avoir l'inconvénient des brancards inclinés de bas en haut.

Du reste, mécanisme de bascule parfaitement entendu et l'un des meilleurs échellages de l'exposition.

Charrettes et chariots de W. Crosskill. — Ce constructeur avait remporté, au concours de 1849, les trois prix pour véhicules (charrette à un cheval, charrette de moisson, chariot). Au concours de 1850, il obtint le prix pour les chariots légers à toutes fins; enfin, ses voitures figurent parmi les objets qui lui ont valu la grande médaille à l'exposition : elles sont bien construites, solides; les échellages de rechange, dans les chariots et charrettes à toutes fins, offrent plusieurs dispositions fort bonnes; il en est de même des mécanismes à bascule; enfin ses voitures de toute espèce se distinguent par des prix modérés : sa charrette à un cheval, dite universelle, primée dans plusieurs concours, et pouvant porter jusqu'à 1,600 kilogrammes, ne coûte, avec tout l'attirail de rechange, que 356 francs [1].

M. Crosskill fait des roues à moyeux en fonte et à moyeux en bois. Son avis est que les avantages et les inconvénients se compensent à peu près dans ces deux systèmes. Il a, en outre, un système de boîte qui, quoique simple, a, jusqu'à un certain point, les avantages des boîtes dites patentes; enfin, il fabrique des *rails* pour l'usage spécial des exploitations rurales, c'est-à-dire pour les abords en pente des fermes et, en général, pour les passages très-fréquentés, où la nature ou le relief du terrain rendent le tirage particulièrement difficile. Ces rails, d'une forme spéciale, et qu'on place et déplace facilement, coûtent 3 fr. 45 cent. le mètre courant.

[1] J'ai fait faire, à l'habile mécanicien M. Claire, un modèle de cette charrette, qui, par sa simplicité et sa solidité, me paraît une des plus convenables pour notre agriculture. Ce modèle est au Conservatoire.

Les constructeurs qui ont encore exposé de bonnes charrettes à toutes fins sont les suivants :

Crowley et fils, de Newport, a reçu une médaille de prix à l'exposition pour la sienne, qui laisserait peu à désirer, si elle était plus légère.

Glover, W., de Warwich, dont la charrette-tombereau était considérée par beaucoup d'agriculteurs comme égale, sinon supérieure, à la précédente ; échellage d'une seule pièce.

Gray et fils, d'Uddingston. — Quoique leur charrette fût trop haute, et à roues trop chargées de fer et trop *écuantées*, elle offrait, du reste, de si bonnes dispositions, que le jury a accordé à ces habiles constructeurs une médaille de prix pour ce véhicule.

Quant aux chariots, à part celui à toutes fins de Crosskill, je ne signalerai que celui de Braby, qui passait pour le meilleur de l'exposition. Léger, quoique remarquablement solide, il devait à la courbure en dedans des limons d'échellage, et à la position de la cheville ouvrière placée en arrière de l'essieu, de pouvoir tourner court, quoique ayant les roues de devant presque égales à celles de derrière.

Enfin, pour terminer ce sujet, citons la *brouette* avec échellage mobile en fer et une ou deux roues de Windus et Rendall, de Stamford, très-utile pour le transport des fourrages verts et secs dans les écuries et étables ; et la *brouette en tôle galvanisée*, de Morewood et Roger, remarquable par sa forme et sa légèreté.

MACHINES POUR LA PRÉPARATION DES PRODUITS.

MACHINES À BATTRE LES CÉRÉALES.

Les machines à battre ou batteuses, sur le système aujourd'hui généralement en usage, le système d'André Meikle, sont d'origine écossaise, et c'est en Écosse et en Angleterre, qu'elles ont été le plus perfectionnées et que leur emploi a reçu le plus d'extension.

Il est remarquable que, tandis que ces machines ne pouvaient s'introduire d'une manière quelque peu générale dans aucun autre pays de l'Europe, la France seule imitait l'Angleterre, sous ce rapport, et l'imitait avec un tel succès, que sur certains points de son territoire, dans la Haute-Saône, le Doubs, la Côte-d'Or, les Vosges, par exemple, ces machines pénétraient jusque chez le paysan, et étaient et sont encore fabriquées par de simples ouvriers de village. Et cependant, les premières machines importées en 1818, qui furent le point de départ de notre fabrication, étaient des machines de Norfolk, dites suédoises, machines défectueuses, établies non plus sur le principe posé par Meikle, le principe de la percussion, mais sur le principe du frottement. Ce fut naturellement dans cette voie que s'engagèrent nos constructeurs, qui, malheureusement, ne se tinrent pas au courant des progrès qui s'accomplissaient en Angleterre sous ce rapport.

La modification, je n'ose dire l'amélioration, la plus considérable qu'ils apportèrent dans la construction de la machine à battre, fut l'établissement du *battage en travers*, provoqué par le besoin qu'éprouvaient les agriculteurs voisins des grandes villes, et surtout de Paris, de conserver aussi intacte que possible la paille, qui est pour eux un objet important de vente. Ce mode de battage, dans lequel le frottement paraît jouer un rôle essentiel, contribua peut-être encore à induire en erreur sur les véritables conditions d'un bon et rapide égrenage, et l'on vit beaucoup de machines en travers, malgré leur prix généralement élevé, s'introduire dans des localités où cependant la conservation de la paille n'est d'aucune utilité, puisqu'elle ne sert que de litière ou de nourriture aux bestiaux.

Ces machines, bien construites et en bon état, battent, avec quatre chevaux, quatre à cinq cents gerbes de blé par jour. La machine Dombasle, qui a passé longtemps, et avec raison, pour la meilleure de France (quoiqu'elle eût conservé de la machine suédoise les cylindres alimentaires et le mouvement lent du tambour) ne battait, avec le même nombre de chevaux, que six à sept cents gerbes de blé, donnant trente à trente-huit hectolitres de grain à moitié nettoyé.

Tel était l'état des choses, et on proclamait l'impossibilité d'aller au delà, lorsqu'il y a une dixaine d'années le Conservatoire, sur ma demande, fit venir une machine portative de *Ransome*.

Il fallut des expériences publiques pour prouver que cette machine pouvait, comme on l'avait annoncé, battre, avec quatre chevaux, huit à dix hectolitres de blé ou vingt à vingt-quatre hectolitres d'avoine par heure.

Il faut bien reconnaître, malgré ces résultats si beaux, que la question théorique est encore loin d'être résolue; cependant, ces résultats semblent indiquer que, conformément à la pensée première de Meikle, l'égrenage, pour être parfait et facile, doit se faire par le choc d'une barre animée d'un mouvement très-rapide; et, en effet, au pas ordinaire des chevaux, le tambour batteur fait ici de neuf cents à douze cents tours par minute. Ces résultats prouvent encore que les cylindres alimentaires sont nuisibles en ralentissant l'alimentation.

En appelant l'attention des agriculteurs et des constructeurs sur la supériorité des nouvelles machines anglaises, cette importation en amena d'autres, surtout de machines de dimensions moindres, qui, de même que celle de Ransome, furent copiées, ordinairement après avoir été plus ou moins modifiées et mieux appropriées à nos circonstances agricoles. Nous avons donc aujourd'hui de bonnes batteuses, peut-être un peu moins soignées, un peu plus simples que les modèles anglais, mais aussi moins chères. On construit dans l'est de la France, de même qu'à Angers, Rennes, Nantes, etc., de fort bonnes machines, avec manége à deux chevaux, pour 6, 7 et 800 francs, dont les plus simples et en même temps les meilleures n'ont, comme la machine Ransome, que le tambour batteur sans cylindres alimentaires, râteau séparateur ni ventilateur.

En retour de ces emprunts, les Anglais nous ont pris le *battage en travers* pour les environs de leurs grandes villes. Ils l'ont perfectionné sous certains rapports, notamment en remplaçant les cylindres alimentaires par une toile sans fin ou un plan incliné, en évitant les frottements, et en conservant la même forme et la même rapidité au tambour que dans le battage en long; enfin, en y ajoutant un mécanisme cher, mais ingénieux, le *straw-shaker* ou secoueur de Clayton et Shuttleworth, qui, par le mouvement particulier des barres dont il se compose, fait sortir la paille en couches régulières et de façon à pouvoir être facilement bottelée pour la vente, même lorsqu'on a présenté les épis obliquement, ce qui facilite le battage, mais nuit ordinairement à la régularité de la couche de paille.

Parmi les inventions anglaises relatives à la machine à battre, il en est une, sans contredit la plus ingénieuse de toutes, qu'on doit s'étonner de ne pas avoir vu se répandre en France, où il semble qu'elle devait être plus utile encore qu'en Angleterre : je veux parler des *machines portatives,* machines qui se montent et se démontent avec facilité et qui, placées avec le manége sur deux ou quatre roues, peuvent être transportées à toute distance.

En Angleterre, où l'on travaille avant tout, dans l'intérêt de la grande propriété et de la grande culture, ces machines doivent leur création et leur vogue à la coutume générale de mettre les céréales en meules, soit dans une cour spéciale, soit plus souvent encore dans les champs. Ces meules, de petites et moyennes dimensions, peuvent être battues en un, deux ou trois jours par une bonne machine. Par un temps favorable, on y envoie donc la machine et on bat sur place. On évite ainsi les pertes de grains et le transport de la paille, laquelle est ordinairement utilisée sur les lieux par le troupeau.

Cette invention, faite en vue de la grande culture, a peut-être encore plus profité à la moyenne et petite, car il s'est créé, dans tous les comtés d'Angleterre, des entrepreneurs qui, après la moisson et pendant tout l'hiver, s'en vont de ferme en ferme avec une machine portative, s'arrêtant partout où ils trouvent du travail, battant, soit à prix fixe par bushel, soit au tantième, et offrant ainsi au petit et moyen cultivateur l'avantage d'un battage plus économique, plus parfait et surtout beaucoup plus rapide qu'au fléau.

Tous ceux qui connaissent la France regretteront certainement que l'esprit d'entreprise y soit assez peu développé pour que cette méthode n'ait pas encore trouvé d'imitateurs dans notre pays où tout concourrait à la rendre plus utile et plus fructueuse, car non-seulement la petite et moyenne culture y occupe une surface proportionnellement beaucoup plus vaste qu'en Angleterre et la grande culture y est moins riche, mais encore la coutume de battre immédiatement après la moisson dans une moitié de la France, et pendant l'hiver dans une autre, favoriserait des spéculations de ce genre, en étendant le battage sur une grande partie de l'année.

Chose étrange! plusieurs de ces entrepreneurs ont des *machines à bras*, et ces machines, sans être très-multipliées en Angleterre, s'y voient néanmoins en bien plus grand nombre qu'en France, et s'y maintiennent en concurrence avec les machines mues par des chevaux ou par la vapeur.

La question des machines à bras n'est pas encore résolue. Tout porte à croire, cependant, que, quoique le mode d'action des bonnes machines en général soit plus rationnel que celui du fléau, ce dernier outil a sur elles une certaine supériorité lorsqu'on emploie pour l'une et l'autre l'homme comme moteur, par la raison toute simple qu'avec le fléau l'ouvrier frappe exclusivement ou à peu près sur les épis, tandis que le tambour de la machine frappe indistinctement sur toute la longueur des tiges, par conséquent autant sur le pied que sur l'épi [1].

[1] De nombreuses observations accompagnées de calculs positifs s'appliquant à des machines et à des localités diverses m'ont prouvé qu'ici les faits sont d'accord avec le raisonnement, et que toutes les machines à battre

Le seul avantage bien positif qu'ont les bonnes machines à bras sur le fléau réside dans la perfection du travail, avantage que possèdent à un plus haut degré encore les grandes machines mues par des chevaux ou par la vapeur. On admet aujourd'hui en Angleterre que l'excédant de produits obtenu d'un nombre donné de gerbes est d'au moins 8 p. 0/0 en faveur des machines. A cet avantage il faut ajouter celui de la qualité supérieure du grain, qui est plus net, a *plus de main*, et contient moins de grains écrasés que dans le battage au fléau. Enfin, dans la comparaison des grandes machines avec le fléau, on doit prendre en considération sérieuse la rapidité du travail, si importante dans la grande culture; l'impossibilité des détournements si fréquents dans le battage au fléau, et surtout la suppression d'un travail qui est, sans contredit, le plus pénible et le plus malsain de tous ceux qu'exige l'exploitation du sol.

Brown, qui, en 1810, n'évaluait l'excédant de produits des machines qu'à un vingtième et ne comptait le quarter qu'à 40 schellings (17 fr. l'hectolitre), portait déjà à 2,400,000 livres sterling (60 millions de France) le gain que ferait le pays, sous ce seul rapport, en ne se servant que de machines. Son vœu s'est réalisé; aujourd'hui, le fléau a presque disparu de la Grande-Bretagne. Puisse-t-il en être bientôt de même en France, surtout dans les localités où le battage, s'effectuant en plein air immédiatement après la moisson, est, chaque année, la cause de maladies graves parmi les pauvres ouvriers des campagnes.

Parmi les nombreuses machines à battre qui figuraient à l'exposition, il y en avait peu qui ne fussent portatives, ce qui prouve combien cette facilité de transport offre d'avantages et trouve de partisans parmi les agriculteurs.

Je viens de dire que, malgré les résultats donnés par plusieurs batteuses anglaises, la théorie de ces machines n'était

employées, quant à présent, seraient, économiquement, inférieures au fléau, si la force du cheval ou la vapeur n'était pas bien meilleur marché que la force de l'homme.

pas encore complète. On en jugera par les faits suivants, que je recommande à l'attention de nos constructeurs.

Au concours tenu par la Société royale en 1849, à Norwich, on eut, pour la première fois, l'idée de déterminer la force nécessaire pour faire marcher les machines à vide, et on fut singulièrement étonné de voir que des machines à quatre chevaux, passant pour fort bonnes, exigeaient trois chevaux pour être simplement mises et maintenues en mouvement sans battage; si bien, ajoute le rapporteur, que les résistances inertes et improductives absorbent 75 p. o/o de la force employée et qu'il ne reste que 25 p. o/o au travail utile; d'où il conclut que la construction des machines à battre est encore notablement arriérée. Sans refuser toute signification à ce fait, nous ne saurions cependant lui attribuer une importance aussi grande; un exemple expliquera notre pensée: qu'on suppose deux machines à quatre chevaux, ayant des transmissions de mouvement également bien établies, mais dont l'une, battant en travers, agirait surtout par le frottement, dont l'autre, battant en long, agirait par la percussion. Il suffira probablement de la force d'un cheval, peut-être d'un demi-cheval, pour faire marcher à vide la première machine, dont le tambour ne fait que cent cinquante à deux cent cinquante tours à la minute, ce qui n'empêchera pas que les quatre chevaux ne deviennent nécessaires dès qu'on introduira lés premières poignées de céréales. La seconde machine, au contraire, pourra bien exiger trois chevaux, uniquement pour imprimer au tambour batteur cette vitesse de neuf cents à douze cents tours par minute, qui semble, jusqu'à présent, la condition la plus favorable pour un battage parfait et rapide; mais, pourvu que l'alimentation soit régulière et proportionnée à l'intervalle qui règne entre le tambour et la surface concave, et que rien ne s'oppose au passage rapide et facile du grain et de la paille, il suffira de la force supplémentaire d'un seul cheval pour satisfaire aux exigences du battage effectif. Qu'il y ait donc trois chevaux appliqués à vaincre l'inertie de la machine et un seul employé à l'égrenage, ou au contraire un cheval pour surmonter les résistances inertes et trois pour le travail utile, c'est ce qui importe peu à l'agriculteur, du moment où le résultat final est le même pour la somme des forces employées, et il préférera avec raison la première combinaison si, malgré le rapport en apparence défectueux qu'elle présente, elle donne un résultat total supérieur.

Je rappellerai, du reste, qu'il est plusieurs machines, les marteaux de forge, les bocards, etc., dans lesquelles l'application des organes agissants à un travail utile n'augmente point la résistance. Sans être dans cette catégorie, les batteuses établies sur le principe de la percussion sembleraient, néanmoins, s'en rapprocher.

Cela ne veut pas dire qu'il n'y ait rien à faire, pour diminuer les frottements et les résistances inutiles, tant au manége qu'à la machine. J'engage, au contraire, nos constructeurs à diriger tous leurs efforts vers ce but, et, à cet effet, d'user fréquemment du procédé indiqué, faire marcher la machine alternativement à vide et avec battage, en se servant du frein ou du dynamomètre de rotation.

Avant de donner les résultats des deux expériences faites par le jury sur un certain nombre de batteuses, signalons brièvement les plus remarquables parmi celles qui étaient exposées.

Machines de GARRETT, citées parmi les instruments qui ont fait avoir la grande médaille à cet intelligent mécanicien. L'une, qui est mue par une machine à vapeur de six chevaux, bat en travers et a le *straw-shaker;* l'autre, moins large, et construite dans le genre de la machine Ransome, est mue par un manége à quatre chevaux. Toutes deux sont portatives, toutes deux parfaitement construites, et ont depuis longtemps fait leurs preuves, car il est peu de concours de ces dernières années où ces machines n'aient figuré et remporté un prix.

Les *machines de* HENSMAN, de Woburn, dont l'une, de la force de quatre ou six chevaux, battant en travers, l'autre à bras et battant en long; toutes deux bien exécutées et primées à l'exposition; la deuxième considérée comme la meilleure machine à bras de l'Angleterre.

Les *machines portatives* de Ransome et May, dont une en travers, l'autre en long, à peu de choses près semblable à celle du Conservatoire : toutes deux de la force de quatre à six chevaux. Égales ou à peu près aux machines de Garrett, pour la manière dont elles sont établies et pour la somme et la perfection du travail qu'elles effectuent, elles ont sur elles l'avantage d'être d'un prix inférieur. Ces constructeurs fabriquent aussi, sur le système de la deuxième machine, des batteuses à bras qui, d'un côté, ont une manivelle et, de l'autre, une espèce de brimballe, double disposition qui a pour effet de diminuer la fatigue des ouvriers moteurs en leur permettant de varier le genre d'efforts.

Les machines à battre de Barrett, Exall et Andrews, dont une à six chevaux, l'autre à bras ou à un ou deux chevaux, toutes deux portatives et toutes deux entièrement en fer et en fonte, se distinguent par le peu d'espace qu'elles occupent et par une fort bonne disposition pour éloigner ou rapprocher à volonté le contre-batteur du tambour. Leur *manége*, qui, de même que dans les autres machines portatives, est de ceux dits *en dessous*, présente, malgré ses petites dimensions, une accélération considérable de mouvement, grâce aux ingénieuses combinaisons qu'il renferme. Enveloppé de toutes parts, et n'ayant d'issue que celle de l'arbre de couche, il a l'avantage de préserver les engrenages de la poussière et de pouvoir rester et fonctionner en plein air par tous les temps. Machine et manége font aujourd'hui partie des collections du Conservatoire.

Signalons encore, comme de fort bonnes machines à battre, celles de Clayton, Shuttleworth et Cie, de Crosskill, de Holmes, de Caborn et de Blythe.

TABLEAU DES RÉSULTATS DE DEUX EXPÉRIENCES FAITES PAR LES SOINS DU JURY SUR LES BATTEUSES CI-DESSOUS DÉSIGNÉES, MUES PAR UNE MACHINE À VAPEUR.

NOMS des CONSTRUCTEURS.	FORCE NOMINALE exigée par la machine en chevaux-vapeur.	FORCE RÉELLE exigée par la machine en chevaux-vapeur.	NOMBRE de MINUTES nécessaire pour le battage de 2 qx 1/2 (127 kil.) de gerbes rapporté à la force spécifiée.	FORCE NÉCESSAIRE pour battre 2 qx 1/2 (127 kil.) de gerbes en une minute.	QUALITÉ DES BATTAGES. Battage complet représenté par le chiffre 20.	Absence de grains cassés représentée par le chiffre 12.	État de conservation de la paille; la perfection représentée par le chiffre 8.
EXPÉRIENCES SUR LE FROMENT.							
Hornsby......	4	4	4m13sec	16 88	18	9	4
Blythe......	4	4	2 41 1/2	11 76	10	12	7
Garrett......	6	6	2 21	13 96	18	12	8
Crosskill.....	4	4	2 27	9 84	16	12	8
Hensman.....	4	4	2 40	10 67	20	12	8
Caborn.......	6	6	3 05	18 48	28	8	4
Barrett et Cie.	6	6	2 58	17 88	16	10	8
Ransome......	4	6	2 44	16 44	18	6	6
Holmes......	6	6	2 00	12 06	20	12	7
Smith........	3	6	4 00	24 00	20	11	7
EXPÉRIENCES SUR L'ORGE [1].							
Garrett......	"	"	1m27sec	8 72	20	10	8
Crosskill.....	"	"	2 47	11 16	20	11	8
Holmes.......	"	"	1 20	8 19	20	12	8
Hensman.....	"	"	1 27	6 62	15	12	8

[1] L'orge est, en Angleterre, presque exclusivement consacrée à la fabrication de la bière, pour laquelle on tient beaucoup à l'absence de grains cassés ou écrasés.

Nous nous bornerons à ajouter que ces expériences, sans être complètes et décisives, fournissent néanmoins des données précieuses pour des essais à effectuer ultérieurement, ainsi que pour des observations à faire sur l'emploi régulier des batteuses dans les exploitations rurales. Disons, enfin, que trois des machines essayées, celles de Garrett, de Hensman et de Holmes, ont été primées à l'exposition.

Quant à la *machine à égrener le maïs*, exposée par A. B. Allen, de New-York, elle était, de même que celle de Garrett, de Cottam et Hallen, de Barrett, Exall et Andrews, sur le principe dont les Anglais attribuent l'invention à leur compatriote Mariott, mais qui paraît avoir été connu et appliqué bien antérieurement dans plusieurs localités du midi de la France où on trouve depuis longtemps d'excellentes machines de ce genre.

Mentionnons enfin, pour mémoire, la fort bonne machine *à égrener le trèfle* qu'avait exposée M. Lebert, de Pont-sous-Gallardon (Eure-et-Loir).

TARARES ET NETTOYAGES DIVERS, CONCASSEURS ET MOULINS.

Les bons tarares anglais sont supérieurs aux nôtres, surtout pour le nettoyage du grain mêlé d'une grande quantité de balle et de menue paille, tel qu'il sort des machines; mais ils sont aussi plus compliqués et plus chers. Il y aurait certainement à y prendre plus d'une disposition qui améliorerait nos tarares sans les jeter dans un excès de complication.

Le meilleur tarare de l'exposition, on peut même dire de l'Angleterre, était celui de Hornsby. Venaient ensuite ceux de Cooch, d'Harleston, fonctionnant bien, mais un peu lentement; de Smith, de Kettering; de Garrett, de Crosskill, de Scheriff et de Holmes. Citons également le tarare de A. T. Grant, de Shaghticoke (état de New-York), qui est compliqué, mais offre de bonnes dispositions de cribles et de plans inclinés, ainsi que le moyen de faire varier l'ouverture du ventilateur par des cloisons mobiles à coulisse.

Signalons aussi, parmi les machines de ce genre, le curieux *appareil à riger* de G. Royce, de Fleetland, dans lequel, par une combinaison ingénieuse de leviers et d'excentriques, le crible reçoit le double mouvement de balancement et de va-et-vient semi-circulaire, qui est indispensable à l'accumulation de toutes les parties légères au centre du crible, d'où elles sont enlevées par le tuyau recourbé d'un puissant aspirateur.

Les *cylindres sasseurs* n'offraient rien qui ne nous fût déjà connu; mais je signalerai à l'attention de nos constructeurs le *trieur de semences* de J. GILLAM, de Woodstock, consistant en un double plan incliné formé par un grillage ou tamis dont les ouvertures augmentent de grandeur en descendant et sous lequel règne un plan fermé, en tôle, interrompu de distance en distance par un conduit en travers destiné à écouler au dehors la graine qui, après avoir passé par le tamis, est tombée sur la partie du plan qui est supérieur au conduit. Cet instrument, qui reçoit un léger mouvement de trépidation, sépare complétement les diverses espèces de semences des mélanges les plus hétérogènes, grâce à la forme parfaitement entendue des ouvertures dans les diverses sections du tamis.

Les *ébarbeurs d'orge* (barley hummellers), destinés, comme l'indique leur nom, à enlever les barbes de l'orge, sont peu connus en France et y sont aussi moins utiles qu'en Angleterre, parce que, en raison peut-être de la sécheresse plus grande de notre climat, les barbes y tiennent moins au grain que dans ce dernier pays. Il paraîtrait cependant que, dans certaines années humides, la persistance des barbes deviendrait gênante dans plusieurs localités du Nord-Ouest et rendrait, par conséquent, avantageuse l'introduction d'un bon ébarbeur.

En principe, l'ébarbeur perfectionné n'est autre chose qu'un cylindre en tôle piquée ou en toile métallique un peu incliné et surmonté d'une trémie, comme un sasseur ordinaire, mais qui renferme un axe tournant rapidement et portant implantés perpendiculairement des couteaux ou des dents dont on comprend facilement l'action sur l'orge qui passe dans le cylindre. A ce mécanisme, on a ajouté d'autres dispositions, telles qu'un second cylindre, un ventilateur, qui en rendent le travail plus parfait, mais en augmentent la complication et le prix.

Une des machines les plus complètes de ce genre est l'*ébarbeur* de Garrett, qui peut également servir à débarrasser de terre et de poussière les grains que le javellage ou autre cause ont salis; il coûte 119 francs. Cooch, Barrett, Exall et Andrews, Holmes et Ransome fabriquent également de bons ébarbeurs, dont plusieurs sont moins compliqués et moins chers que le précédent.

Les appareils complets de *nettoyage* sont plutôt du ressort de la meunerie que de l'agriculture, et sont, en Angleterre, généralement inférieurs aux nôtres. On en fabrique néanmoins de spéciaux pour la culture, qui se distinguent par de bonnes dispositions, des dimensions et un prix moindres que ceux de nos grands nettoyages d'usines; mais, insuffisants pour ces dernières, ils sont encore trop compliqués et trop chers, même pour nos grandes exploitations, où un bon tarare, complété par l'excellent trieur Vachon, satisfait à toutes les exigences ordinaires du nettoyage, tant pour le marché que pour les semences. Tout au plus pourraient-ils s'introduire utilement dans les grandes postes, dans les administrations d'omnibus, etc., pour le nettoyage parfait de l'avoine, qui, achetée au poids, n'est que trop souvent chargée d'une certaine quantité de terre qu'on y mêle frauduleusement dans un but facile à comprendre. Bornons-nous donc à citer comme de bonnes machines de ce genre, les nettoyages de Royce, à Fleetland; de Ralston, à Malletsheugh (Écosse), et de L. Smith, à Troy (État de New-York).

Les bêtes bovines qui reçoivent du grain, et même les chevaux qui ont de fortes rations d'avoine (surtout d'avoine d'hiver), en rendent intacte une portion plus ou moins forte qui non-seulement est inutile à la nutrition des animaux, mais qui, encore, a l'inconvénient grave de salir les fumiers et, partant, les terres. Les Anglais, qui font consommer plus de grains à leurs bestiaux que nous, ont aussi senti plus vivement que nous cet inconvénient et ont songé à le prévenir par un moyen simple, efficace, qui ne changeât pas la nature du grain comme le ferait la mouture ou la cuisson, et pût être facilement exécuté dans la ferme même. Ils ont donc inventé des machines qui écrasent et brisent les grains et en rendent le contenu accessible aux agents de la digestion, sans cependant les réduire en farine.

Ces *concasseurs*, car c'est ainsi qu'on les nomme, ne sont la plupart que des espèces de laminoirs surmontés d'une trémie avec dispositions variées de la surface des cylindres, et mécanisme pour les éloigner ou les rapprocher. On en fait grand usage en Angleterre, où il est rare de donner du grain entier aux animaux. Ce n'est que dans ces derniers temps, et grâce surtout à Mathieu de Dombasle, que nous avons commencé à suivre cette méthode, qui n'est pas moins utile en France qu'en Angleterre, car, si nous donnons moins de grains que les Anglais, en revanche, nos grains (surtout les avoines d'hiver) sont généralement plus durs que les leurs. Presque tous les fabricants d'instruments aratoires en Angleterre, et même en France, construisent des concasseurs plus ou moins bons. Mais le meilleur instrument de ce genre, celui qui a été primé dans tous les concours de ces dernières années et a valu à l'inventeur la seule médaille (de prix) accordée à l'exposition pour cet objet, c'est le concasseur de Stanley (W. P.), de Peterborough, qui se distingue de tous les autres par la différence de diamètre des deux cylindres, dont l'un a près de 1^{m},20 tandis que l'autre n'a guère que 0^{m},15. Cette machine, dont les cylindres sont unis, concasse également bien toute espèce de graines depuis le lin jusqu'aux fèves de marais. On jugera par le rapprochement suivant de la supériorité de cette machine sur d'autres du même genre; dans l'essai fait devant le jury, concurremment avec un concasseur également très-estimé, celui de Nicholson, on a obtenu les résultats suivants : pour concasser 112 livres (50 kil. 782 gr.) de graine de lin, il a fallu, avec le concasseur Stanley, une force de 24 liv. 238; avec le concasseur de Nicholson, une force de 94 liv. 080.

Aussi, quoique le premier coûte 300 francs, je n'hésite pas à le signaler comme une utile importation dans toutes nos grandes fermes, de même que partout où l'on entretient beaucoup d'animaux abondamment nourris de grains.

Citons encore, sinon pour les avantages qu'il offre, du moins pour son originalité, le concasseur de M. Scheid-Weiler, de Bruxelles, qui est placé sur un chariot et reçoit son mouvement de l'une des roues de celui-ci.

En parlant de *concasseurs*, je dois signaler à l'attention toute particulière de nos agriculteurs et de nos constructeurs ceux de ces instruments qui servent spécialement à *concasser* ou *broyer* les *tourteaux d'huile* (*oil cake breaker*), et dont l'emploi s'est considérablement étendu en Angleterre, dans ces dernières années, avec l'emploi des tourteaux pour la nourriture du bétail et pour engrais. L'Angleterre, qui ne produit pas une seule graine oléagineuse, tire tous ses tourteaux du continent. Je dois ajouter, à notre honte, que nous lui en fournissons annuellement des quantités considérables. Je dis à notre honte, parce qu'un pays dont l'agriculture souffre, avant tout, comme la nôtre, de la pauvreté de ses terres, et qui, malgré cela, vend ses engrais, est un pays qui avoue implicitement son incapacité à tirer parti de ses propres ressources, et qui doit nécessairement se laisser devancer par les autres dans la voie du progrès, car il suit un système d'expédients et de misère. Vendre ses engrais, c'est vendre ses premiers éléments de production. On doit donc vivement désirer que nos cultivateurs utilisent chez eux, soit comme nourriture pour le bétail, soit directement comme engrais, les tourteaux qu'ils produisent. Un moyen qui peut certainement contribuer puissamment à faire atteindre ce but si désirable, c'est de répandre la connaissance et l'emploi des bons concasseurs ou broyeurs de tourteaux; car ceux-ci, qu'on les applique à la nourriture des bestiaux ou à la fertilisation du sol, doivent être, dans tous les cas, réduits en poudre, et cette trituration exige des machines appropriées à cet usage. Les meilleurs broyeurs à tourteaux de l'Angleterre, qui, depuis trois ans, ont été primés à tous les concours de la Société royale ainsi qu'à l'exposition (médaille de prix), sont ceux de W. N. Nicholson, de Newark-on-Trent, qui coûtent de

62 fr. 50 cent. à 175 francs, suivant qu'ils préparent le tourteau pour nourriture seulement ou pour nourriture et engrais en même temps. Le Conservatoire en possède un qui pourra servir de modèle à nos constructeurs.

Quant aux *moulins* proprement dits, à bras ou à manége, pour l'usage des fermes, à part quelques machines de ce genre établies sur le système des moulins à café et qui conviennent moins à la mouture qu'au concassage (pour lequel ils sont, du reste, inférieurs aux laminoirs), la plupart des autres n'étaient que des moulins ordinaires dans des dimensions plus ou moins réduites.

Les seuls remarquables de l'exposition étaient ceux de Crosskill (cité pour la grande médaille), de Hurwood, d'Ipswich (médaille de prix), et de Bentall, de Woodbrige, tous trois avec meules en métal, et offrant, le second surtout, des dispositions fort ingénieuses pour éviter les inconvénients ordinaires des meules métalliques, dispositions qui, néanmoins ont encore besoin de la sanction de l'expérience avant de pouvoir être recommandées à nos agriculteurs.

Barrett, Exhall et Andrews, Clayton et Shuttleworth, Howard et Deane, Dray et Deane, fabriquent également d'assez bons moulins, de dimensions variées, pour le même usage.

Du reste, ces moulins, même les premiers cités, paraissent inférieurs, tant pour le travail effectué que pour la durée et la simplicité, à l'excellent petit moulin à bras de M. Bouchon, de la Ferté-sous-Jouarre, qui a figuré à notre exposition de 1849, et qui est, depuis longtemps, fort employé en Algérie.

Je ne quitterai pas les machines destinées au travail des grains sans mentionner l'ingénieux *sack-holder* ou *teneur de sac* de Cooch, espèce de diable de grenier muni d'un petit appareil fort simple pour tenir le sac debout et ouvert, de façon à permettre à une seule personne de le remplir.

HACHE-PAILLE, COUPE ET BROYE-AJONCS, LAVEURS ET COUPE-RACINES.

Les avis sont encore partagés sur la question des avantages de hacher le foin, la paille et les fourrages verts. On est cependant assez généralement d'accord sur les points suivants : il est bon de hacher quand on veut mélanger plusieurs espèces de fourrages ensemble ou faire des soupes; c'est nécessaire quand les fourrages doivent être préparés par la méthode de l'échauffement spontané.—En hachant, on obtient une économie qui, néanmoins, n'est pas toujours équivalente aux frais de l'opération.—Les aliments médiocres, comme la paille, les foins grossiers, gagnent plus que les très-bons fourrages à être hachés.—L'avantage de hacher tout ou presque tout le fourrage paraît incontestable pour les chevaux; il est moins évident pour les bêtes bovines; il est très-douteux pour les bêtes ovines.

En France, si l'on en excepte quelques exploitations à part, la méthode de hacher les fourrages est tout à fait inconnue; elle est, au contraire, fort répandue en Angleterre, en Allemagne, en Belgique. Je suis convaincu, et je parle ici d'après ma propre expérience, que, dans une foule de cas, notre agriculture retirerait grand profit d'un emploi plus fréquent du hache-paille.

Nous avons, tant sur le système allemand perfectionné que sur le système anglais, c'est-à-dire rotatif, de fort bons hache-paille, en tête desquels je placerai ceux de Dombasle, de Rosé et Laurent, de Commercy, etc. Ces hache-paille remplissent les deux conditions de tout bon instrument de ce genre : ils permettent de faire varier la longueur des parties coupées dans des limites assez étendues; ils exercent sur les pailles ou foins à couper une pression uniforme, suffisante pour faciliter la section, quelle que soit la quantité de ces matières que renferme l'auge. Plusieurs de ces instruments, celui de Dombasle entre autres, et tous les hache-paille sur le système allemand, remplissent une troisième condition qui ne laisse pas que d'avoir une certaine importance : la paille n'avance pas pendant la section.

La plupart des hache-paille anglais sont de grandes dimensions et ont, comme le hache-paille Dombasle, des lames à tranchant convexe qui se fixent sur un volant tournant devant l'issue de l'auge. Il en est ainsi du hache-paille de CORNES, de Barbridge (près Wantwich), qui passe, depuis plusieurs années, pour le meilleur de l'Angleterre, et qui a valu à l'inventeur une médaille de prix à l'exposition et la prime aux quatre derniers concours de la Société royale d'Angleterre.

Cet instrument, qui fait avancer la paille pendant la section et a des cylindres alimentaires fixes, deux dispositions également défectueuses, me paraît devoir sa supériorité d'abord à la perfection avec laquelle il est exécuté, ensuite et surtout à l'addition d'une mâchoire mobile en fonte, d'un poids assez élevé, placée à l'issue même de l'auge, entre les cylindres et les couteaux, et qui, quoique exerçant sur la paille une pression moindre que celle qu'exerce le cylindre mobile dans d'autres machines, agit néanmoins d'une manière très-efficace en ce qu'elle presse sur la ligne même où frappent les couteaux.—Ce hache-paille, qui coupe sur deux, trois, quatre et cinq longueurs différentes, dont une de $0^{m},11$ pour litière, et qui coûte de 125 à 350 francs, suivant les dimensions, a été soumis par le jury à des expériences comparatives qui ne laissent plus de doutes sur sa supériorité. Deux autres hache-paille ont été essayés en même temps. Pour couper, à une longueur donnée, 112 livres ($50^{k},782$) de paille, il a fallu les forces suivantes, évaluées en livres anglaises :

Hache-paille	de CORNES....	$14^{l},126$
————	de GARRETT...	31 291
————	de CROSSKILL..	44 800

Ici, du reste, comme dans beaucoup d'autres circonstances,

les épreuves dynamométriques se sont trouvées complétement d'accord avec la pratique.

Ce hache-paille, que nous recommandons à nos constructeurs, existe au Conservatoire en même temps que celui de Gillett J., de Brailes. Ce dernier est à guillotine double, c'est-à-dire coupant en descendant et en montant. Une vis sans fin fait mouvoir les cylindres alimentaires. Au moyen d'une interruption dans l'inclinaison du pas de cette vis, la paille cesse d'avancer pendant que le couteau coupe. C'est un bon petit instrument qui offre une application ingénieuse du système Mothes (de Bordeaux).

Je me contenterai de citer ici comme de bons instruments, n'offrant d'ailleurs rien de particulier, les hache-paille de Delstange (Belgique), de P. Andersen (de Copenhague), de Garrett, de Smith, de Stamford, et de Ransome, ainsi que le *coupe-chicorée* de ce dernier.

Le *grand ajonc* (ulex europæus) réussit en Angleterre et en Écosse aussi bien que dans notre Bretagne; et, malgré l'abondance de fourrages qu'ont ces pays, on commence aujourd'hui à y apprécier cette plante pour la nourriture des chevaux pendant l'hiver. Son seul inconvénient est, comme on sait, d'exiger un broyage parfait pour détruire les pointes acérées dont il est armé. Ce broyage, qui, en Bretagne, se fait à la main avec des pilons, occupe en hiver une partie notable du personnel de la ferme. Les Anglais, toujours empressés de substituer les machines aux hommes, se sont hâtés de fabriquer des *broyeurs d'ajoncs* (*gorse-bruiser*). Ce sont des espèces de laminoirs à la façon des concasseurs, mais sur des dimensions plus grandes, ayant trois et parfois quatre cylindres, qui sont ordinairement précédés ou suivis d'un appareil à couper semblable à celui des hache-paille.

Les meilleures parmi les machines de ce genre exposées étaient celles de Burrell C., de Thetford, et de Barrett, Exhall et Andrews, toutes deux primées à l'exposition, et toutes deux pouvant servir également au concassage des grains. Ce sont des machines d'une grande puissance, qui fonctionnent parfaitement, mais exigent impérieusement des moteurs comme les chevaux ou la vapeur, et qui ont, de plus, le défaut grave de coûter de 6 à 700 francs. On se demande dans quel cas des machines pareilles pourraient être fructueusement employées en France, et on est bien obligé de se dire qu'il faudrait pour cela un concours de circonstances tout à fait exceptionnelles. Heureusement que des expériences longtemps prolongées et faites sur une grande échelle par M. le général comte du Moncel, à Martinvast, près Cherbourg, ont démontré d'une manière positive qu'il suffisait, pour les chevaux, de hacher l'ajonc assez menu (en morceaux de 5 millimètres de longueur environ), et que la trituration et la compression préalables ou postérieures étaient inutiles. Ces machines si chères sont donc du luxe, et nos agriculteurs de l'Ouest pourront faire un usage plus fréquent que jamais de l'ajonc, sans être obligés d'y avoir recours, de même que sans conserver le mode actuel de préparation, qu'ils remplaceront par le travail simple et facile d'un bon hache-paille.

L'Angleterre nous a devancés dans la culture des racines et dans leur emploi à la nourriture du bétail. Cet emploi, lorsqu'il a lieu en grand, implique nécessairement l'usage de certains engins servant à la préparation de ces aliments : des *laveurs* pour les débarrasser de la terre qui y adhère, des *coupe-racines* pour les réduire en fragments d'une grosseur convenable.

Quant aux *laveurs*, les Anglais n'ont rien de mieux que nos cylindres à claire-voie avec vis d'Archimède à l'intérieur, et tournant dans une cuve remplie d'eau.

Il n'en est pas de même des *coupe-racines*. Nos coupe-racines à disques en bois ou en fonte, armés de couteaux, et tournant devant l'ouverture latérale d'une trémie, sont, il est vrai, d'origine anglaise et fonctionnent généralement bien. Ils laissent néanmoins à désirer quand on veut couper les racines non pas seulement en tranches, mais encore en parallélipipèdes, comme cela est nécessaire pour les moutons, parce que les petites lames perpendiculaires qu'on ajoute aux couteaux dans ce but empêchent que ceux-ci ne soient placés de manière à couper avec le moins de résistance possible, c'est-à-dire en sciant, et que ces petites lames elles-mêmes demandent à être conformées et fixées dans certaines conditions qu'indique le calcul, et sans lesquelles elles déchirent plutôt qu'elles ne coupent. D'ailleurs, les disques en bois se déforment et les disques en fonte sont lourds et chers.

Le coupe-racines qui a aujourd'hui le plus de vogue en Angleterre, et qu'on trouve dans toutes les exploitations bien tenues, est celui inventé par GARDNER en 1834, et que construit avec quelques perfectionnements son successeur actuel, B. SAMUELSON, à Banbury. L'organe actif est un manchon cylindrique en fonte, à axe horizontal, ouvert dans toute sa longueur sur deux côtés opposés, et ayant sur ces points une enveloppe en tôle dépassant de quelques millimètres le niveau du cylindre. Les deux bords opposés de cette enveloppe sont tranchants et font l'office de couteaux. D'un côté, ce bord est simple et coupe en tranches larges pour le gros bétail; de l'autre, il est armé de petites lames perpendiculaires et coupe en parallélipipèdes pour les moutons, de sorte que le même instrument donne l'un ou l'autre résultat suivant qu'on le tourne dans un sens ou dans un autre. On en fabrique aussi à simple effet. La trémie qui surmonte le cylindre a un fond à claire-voie qui contribue toujours un peu au nettoyage des racines. Ce coupe-racines, qui a été primé à l'exposition et a remporté les prix à tous les concours de ces dernières années, coûte 150 francs, à double effet et avec support et monture en fonte et en fer[1].

Un autre coupe-racines plus nouveau, qui a également obtenu une médaille de prix à l'exposition, est celui de BURGESS et KEY (103, Newgate street, à Londres), qui consiste en

[1] Grignon fabrique depuis longtemps le coupe-racines primitif de Gardner.

une longue trémie dont le fond, armé de lames tranchantes, est mobile et coupe, dans son mouvement de va-et-vient, les racines contenues dans la trémie, lesquelles sont maintenues en place par des traverses fixes. Cette machine, dans laquelle les transmissions de mouvement et la disposition des couteaux sont parfaitement entendues, se trouve, ainsi que la précédente, au Conservatoire.

Je ne quitterai pas ce sujet sans dire un mot des *coupe-racines roulants* ou tombereaux et brouettes coupe-racines, que plusieurs auteurs agronomiques ont, dans ces derniers temps, signalés comme des machines qu'il serait avantageux d'introduire en France. Pour comprendre l'utilité de ces machines, qui, tout en cheminant, coupent les racines qu'elles contiennent, au moyen d'un appareil placé à l'arrière ou sur le côté de la caisse et mû par une des roues, il faut se rappeler qu'en Angleterre, le bétail est nourri tout ou presque tout l'hiver dehors, et qu'il y a dès lors avantage à couper les racines dans les champs mêmes qui les ont produites ou dans les herbages voisins, en les distribuant de façon à les mettre le mieux possible à la portée du bétail, ce que font précisément ces coupe-racines. Il est à peine nécessaire d'ajouter que ces machines ne sauraient avoir la moindre valeur pour nous qui rentrons nos racines en silos et sommes obligés de nourrir nos animaux pendant l'hiver au dedans.

Ce fait est une nouvelle preuve de l'influence qu'exerce le climat sur cette seule question du choix des machines qui se rattachent à l'alimentation des bestiaux, ainsi que le danger d'une imitation irréfléchie des procédés et moyens employés ailleurs.

MANÉGES, MACHINES À VAPEUR FIXES ET MOBILES.

Dans toutes les grandes fermes anglaises, les coupe-racines, les hache-paille, les concasseurs, marchent par les mêmes moteurs qui font aller la machine à battre. C'est le plus souvent un manége à deux, quatre ou six chevaux, parfois aussi une machine à vapeur fixe ou mobile; enfin, dans quelques cas assez rares, une chute d'eau.

J'ai déjà dit que la plupart des manéges anglais pour usages agricoles sont portatifs; une des causes de cette disposition est précisément cette multiplicité d'emplois. Quoique la plupart soient bien confectionnés et bien disposés pour le transport, ils n'offrent cependant, sauf celui de Barrett, rien que nous ne connaissions déjà et qui ne soit appliqué en France.

Quant aux *machines à vapeur,* elles sont en dehors de mes attributions. Je dirai cependant que, dans les districts houillers de l'Angleterre et surtout de l'Écosse, toutes les fermes de quelque importance ont des machines fixes qui servent aux opérations régulières concernant la préparation des produits et souvent aussi celle des aliments pour le bétail. Ce sont généralement des machines de 3 à 6 chevaux, à cylindre oscillant.

Dans les autres parties de l'Angleterre, les grandes exploitations, surtout celles composées de plusieurs fermes réunies, commencent à se servir de machines à vapeur, non pas locomobiles, comme on les a improprement appelées, mais transportables, en ce sens qu'elles sont montées sur quatre roues et peuvent être conduites partout où besoin est par un, deux ou trois chevaux. Ces machines, qui sont de la force de 2 à 9 chevaux, se transportent et se placent plus facilement que les manéges même les plus portatifs. Elles sont ordinairement accompagnées de machines à battre, montées également sur quatre roues et qui n'exigent presque aucun travail préalable pour être mises en état de fonctionner. On évite donc ainsi ces pertes de temps auxquelles entraînent forcément le montage et le démontage des machines à manége. Elles offrent, en outre, l'avantage de permettre de placer les autres engins qu'elles doivent faire mouvoir (hache-paille, coupe-racines, concasseurs, barattes, moulins ordinaires et à cidre, scierie, etc.) non plus sur un seul point, comme lorsqu'on se sert d'un manége ou d'une machine fixes, mais sur les divers points les mieux appropriés de la ferme. Ces avantages, qu'on apprécie en Angleterre plus encore qu'en France, parce que la main-d'œuvre y est plus chère et qu'on y connaît mieux la valeur du temps, expliquent comment, dans ces dernières années, et malgré la situation critique de l'agriculture anglaise, celle-ci a pu acquérir et employer un nombre tel de ces machines, qu'un seul constructeur, Clayton et Shuttleworth, en a fabriqué et livré plus de 500, ainsi qu'il résulte d'une déclaration authentique.

La machine considérée comme la meilleure de l'exposition agricole était celle de Hornsby, citée pour la grande médaille et primée au concours de la Société royale en 1850. Puis venait celle de Tuxford, de Boston, qui a valu une médaille de prix à cet habile mécanicien, et que des juges compétents mettaient au-dessus de la première, parce que tout le mécanisme y est enfermé dans une enveloppe de tôle, et par conséquent à l'abri de la poussière, de la fumée et de la pluie, ainsi que du refroidissement de la vapeur, disposition précieuse dans une machine de ce genre, destinée à fonctionner toujours en plein air. On citait encore celle de Garrett, qui a eu le premier prix au concours de 1849, et qui figure parmi les machines récompensées de la grande médaille à l'exposition; celle de Clayton, qui a eu le second prix en 1849 et 1850 et a valu une médaille de prix à ce fabricant réputé, enfin celle de Barrett et Cie, également primée à l'exposition.

Toutes ces machines transmettent le mouvement du piston au moyen d'une grande poulie et d'une courroie sans fin. Elles coûtent de 3,000 francs à 6,500 francs, suivant qu'elles sont de 2 à 8 ou 9 chevaux.

J'ai à peine besoin de dire que jamais ces machines n'auront, pour notre agriculture, le même degré d'utilité et d'importance qu'elles ont pour l'agriculture anglaise. A part toutes les autres causes si nombreuses qui s'y opposent, la difficulté de se procurer à bas prix d'habiles mécaniciens-chauffeurs, comme il y en a tant en Angleterre, serait seule déjà un obstacle fort grave. Je ne vois qu'un seul cas où ces machines pourraient s'appliquer fructueusement à certains travaux agricoles dans les localités de France où la houille est à bon marché : ce serait celui d'un entrepreneur de battage qui, ainsi que je l'ai déjà dit, parcourrait la contrée avec machine à battre et machine à vapeur. L'avantage qu'aurait cette dernière sur un manége, c'est, à part cette facilité d'établissement et de transport dont je viens de parler, l'absence de frais quand la machine ne fonctionne pas, tandis que les chevaux réclament toujours de la nourriture et des soins.

A part ce cas, je suis convaincu que, même pour nos grandes et riches exploitations du Nord et des environs de Paris, ainsi que pour les vastes propriétés du Centre et de l'Ouest, composées d'un grand nombre de métairies, un bon manége, rendu plus portatif encore que ceux dont j'ai parlé, serait mieux approprié aux conditions de notre agriculture et lui rendrait plus de services que les machines à vapeur en question.

Le perfectionnement du manége portatif est donc un objet que je signalerai à l'attention toute spéciale de nos constructeurs.

APPAREILS POUR LA CUISSON DE LA NOURRITURE DU BÉTAIL.

Malgré quelques expériences qui tendraient à prouver le contraire, l'opinion qui attribue une augmentation de faculté nutritive à la cuisson des fourrages secs, ou même à leur simple ramollissement par l'eau bouillante ou la vapeur, est générale en Angleterre comme en France et en Allemagne.

Quoique, en Angleterre, le combustible soit moins cher que dans les deux autres pays, c'est là que l'on a inventé et que l'on emploie les appareils les mieux faits pour utiliser complétement la chaleur, de même que pour éviter les pertes de temps. Ces appareils se composent, en général, d'un petit générateur avec foyer en tôle; deux conduits dirigent la vapeur, d'un côté au fond d'un cylindre en tôle qu'on peut fermer assez hermétiquement et qu'on remplit de fourrages et de pailles hachés, et, de l'autre, sous le faux fond en cuivre plein d'un cuvier en chêne, dans lequel on fait bouillir de l'eau, cuire des racines, des tourteaux et des grains concassés ou entiers.

Quoique assez répandus en Angleterre, ces appareils étaient en petit nombre à l'exposition. Le meilleur était celui de STANLEY (W. P.), de Peterborough, primé trois années de suite aux concours de la Société royale d'agriculture. Outre la bonne confection des diverses pièces de l'appareil, il présente une disposition qui a de l'avantage pour le service et pour la conservation de la machine : le cylindre, qui, de même que dans tous les appareils de ce genre, est mobile sur deux tourillons placés à moitié hauteur, reçoit la vapeur par un de ces tourillons même qui est creux, de sorte que, pour le faire basculer, ce qu'on fait chaque fois qu'on le vide, on n'a pas besoin d'interrompre la communication entre le bouilleur et le cylindre autrement qu'en fermant le robinet.

Stanley fabrique sur le même système des appareils portatifs de diverses dimensions : les plus petits, dont les deux récipients contiennent chacun deux cent vingt litres environ, coûtent 337 fr. 50 cent. avec tous les accessoires. Il en établit, en outre, de fixes, sur une grande échelle, avec trois récipients, qui vont jusqu'à 750 francs.

Nous avons déjà quelques appareils de ce genre, parmi lesquels je citerai, comme fort bon pour la cuisson des pommes de terre surtout, celui de madame Charles. Il faut bien reconnaître néanmoins qu'ils sont loin de la perfection de celui de Stanley, tant pour l'économie du combustible que pour la facilité et la promptitude du service.

En France, où, par suite du climat, la stabulation d'hiver est plus longue et plus rigoureuse qu'en Angleterre, et où, d'ailleurs, le combustible est plus cher, où les foins et pailles, plus riches peut-être en principes alibiles, sont, en revanche, plus desséchés, plus durs, l'appareil Stanley me paraît devoir être plus utile encore qu'en Angleterre; et je le signale à nos agriculteurs et à nos constructeurs comme un des bons emprunts à faire à nos habiles voisins. Ils pourront l'examiner et l'étudier au Conservatoire, où il se trouve.

USTENSILES DE LAITERIE.

Malgré l'énorme quantité de beurre que fabrique et consomme l'Angleterre, c'est un fait notoire qu'il ne s'y confectionne pas un beurre, sans en excepter celui de Dorset, qu'on puisse comparer à ceux d'Isigny, de la Prévalaye[1], et même aux premières qualités de Gournay. Un autre fait plus singulier peut-être, c'est que les divers ustensiles pour la laiterie y sont généralement peu perfectionnés. Les seuls qui méritassent quelque attention au palais de cristal, étaient les suivants :

Les *terrines en fonte*, émaillées intérieurement, de DEANE, DRAY et DEANE; forme très-bonne, durée indéfinie de l'émail, mais fragilité et prix assez élevé (pour nous du moins) ;

La *collection complète des ustensiles de laiterie suisse*, seaux à traire, tinettes, passoires, crémières, barattes et formes à fromages, exposée par M. DESTRAZ, de Moudon (Suisse). Ces ustensiles, qui sont en bois de sapin et bien confectionnés, n'offrent, du reste, rien de remarquable.

Il en est de même de la *collection des ustensiles écossais*, exposée par J. JOLY, de *Vale of Aylesbury*, ustensiles qui, pour la forme et la matière, se rapprochent beaucoup des précédents.

Quant aux *barattes*, je me bornerai à présenter ici les résultats des deux expériences faites à l'exposition par une sous-commission du jury.

NOMS DES EXPOSANTS.	QUANTITÉ DE CRÈME en quarts (1 litre 135).	DURÉE de l'opération.	PRODUIT EN BEURRE en livres anglaises (0 kilogrammes 453).	QUALITÉ du beurre.	GENRE DE BARATTES.	TEMPÉRATURE en degrés centigrades de l'air.	de la crème
1re ÉPREUVE DE BARATTES.							
Wilkinson	4	11m 00	3 1/2	Très-bon.	En bois, et fixe avec arbre mobile.	21°3	20°0
Tytherleigh......	10	18 00	9 1/8	Mou.	En zinc, à double enveloppe.	*Idem.*	*Idem.*
Destraz.........	4	16 00	3 3/4	*Idem.*	Baratte suisse ordinaire	*Idem.*	*Idem.*
Idem.............	9	11 00	8 3/4	*Idem.*	*Idem*..............	*Idem.*	*Idem.*
Patrick..........	10	20 00	9 1/4	*Idem.*	Forme de Sorenne....	*Idem.*	*Idem.*
Burgess et Key...	4	10 00	3 3/4	Bon.	Caisse en bois avec ailes concaves.	*Idem.*	*Idem.*
Drummond.......	6	9 00	5 1/8	Incomplt formé.	Double baratte ordinaire à percussion.	22°4	21°7
Lavoisy (Français).	2	2 00	1 13/16	Bon.	Système Valcourt perfectionné.	*Idem.*	*Idem.*
Dalphin..........	6	8 00	5	Mou.	....	*Idem.*	*Idem.*
Allen (Américain).	6	7 30	4 1/8	*Idem.*	Cylindre fixe horizontal, à double enveloppe en zinc.	25°	23°5
De Porquet......	3	9 00	2 3/8	*Idem.*	*Idem*..............	*Idem.*	*Idem.*
Duchène (Belge)..	19	9 00	7 9/16	Incomplt formé.	Baquet en bois avec axe horizontal.	*Idem.*	*Idem.*
Smith............	5	22 00	4 5/8	Médiocre.	Baratte à force centrifuge.	*Idem.*	*Idem.*
2e ÉPREUVE AVEC DE LA CRÈME DE JERSEY.							
Wilkinson........	4	1 45	4 1/32	Très-bon.	....	22°3	23°9
Burgess et Key...	4	1 45	4 1/8	*Idem.*	....		
Lavoisy (Français).	2	0 45	2 1/8	Bon.	....		
Clerc (*idem*).....	1	1 45	1 1/32	*Idem.*	Système Valcourt....		
Duchène.........	30	2 30	27	*Idem.*	....		

Je me bornerai à faire remarquer que, dans les deux épreuves, c'est la baratte de M. *Lavoisy*, de Paris, qui a exigé le moins de temps. Cette excellente petite machine s'est montrée, sous ce rapport, d'une immense supériorité sur toutes les autres; après elle vient la baratte Duchêne, d'Asthe-en-Refail (Belgique), qui ne laissera rien à désirer lorsqu'on aura modifié la forme du vaisseau, de manière à ce que toutes les parties du contenu soient également exposées à l'action des ailes; enfin les barattes de *Wilkinson* (309, Oxford street, à Londres), et de *Burgess* et *Key*, toutes deux établies sur un système analogue, et devant probablement à la forme des ailes et à l'action de l'air refoulé qui s'y trouve le succès qu'elles ont eu. Ces quatre barattes ont été primées.

Il est intéressant de constater ici que toutes les barattes mobiles, à la façon des serennes de Normandie, ont été d'une infériorité manifeste.

L'invention la plus remarquable, en fait d'ustensiles de laiterie, qu'offrait l'exposition est, à mon avis, le *pressoir* ou *délaiteur* écossais de J. Joly. Ce petit instrument n'est autre chose qu'une espèce de laminoir à cylindres en bois, entre lesquels on fait passer et repasser le beurre dès qu'il sort de la baratte. Cette opération, qu'on rend plus ou moins énergique en rapprochant le cylindre, a pour effet de *délaiter* le beurre, c'est-à-dire d'en expulser le petit lait, condition essentielle pour sa bonne conservation, et ce délaitage s'effectue ici sans nuire en aucune façon à la qualité du beurre, ce qui n'a pas lieu quand on l'opère à la main. On fait fonctionner ce pressoir dans l'eau ou hors de l'eau, suivant qu'on veut ou non laver le beurre.

Une autre machine de cette même catégorie, qui mérite également d'être mentionnée, est la *presse à fromage* de Thewlis et Griffith, dans laquelle l'action de la vis et celle du levier sont ingénieusement combinées pour produire un effet des plus énergiques et qui remplit toutes les conditions voulues, c'est-à-dire qu'on obtient avec cet appareil, non-seulement une pression momentanée considérable, mais encore une pression continue, lors même que l'objet pressé a diminué de volume. Cette machine, que le Conservatoire possède, n'a d'autre défaut qu'un prix élevé, qui l'empêchera longtemps encore de se substituer à nos grossières, mais économiques presses à fromages.

BALANCES ET MESURES DE CAPACITÉ.

Les nombreux appareils de pesage exposés étaient, ou inférieurs à nos bascules de Quintenz et autres, ou imités de ces excellentes machines. La seule amélioration, au point de vue agricole, que présentaient la plupart de ces appareils, notamment ceux de Chambers-Day et Millward, que l'on considère comme les meilleurs de l'Angleterre, c'est une grille en fer entourant le plateau de la balance et destinée à faciliter le pesage du bétail sur pied.

Quant aux *mesures*, je signalerai seulement, pour leur belle exécution, celles qu'avait exposées H. A. Thompson, de Lewes, mesures en acier fondu d'une précision et d'une légèreté remarquables, mais chères et fragiles; puis l'appareil de J. James, 24, Leadenhall street, destiné à mesurer et à peser le grain simultanément, appareil fort utile aujourd'hui où les céréales se vendent en général à la mesure et au poids, mais dont le but peut être rempli avec nos bascules ordinaires par d'autres combinaisons plus simples.

OUTILS DE JARDINAGE ET AUTRES, FUMIGATEURS, RUCHES, PRESSES A HOUBLON.

Les outils de jardinage et les instruments à bras pour la culture, sont généralement légers et bien faits en Angleterre. Néanmoins, ceux qu'on emploie dans plusieurs parties de la France les valent, sous ce double rapport, et là où ils sont défectueux, comme, par exemple, dans les environs de Paris, il est difficile de leur en substituer d'autres, parce que la grande culture en fait peu usage, et que l'ouvrier qui s'en sert y est habitué et les préfère à des outils meilleurs, mais nouveaux pour lui. Il est notamment une disposition des bêches et fourches anglaises qui n'a pu prendre nulle part en France, c'est la manette ou poignée perpendiculaire qui termine le manche et qu'on a dû remplacer partout par un simple bouton.

Parmi les outils de cette catégorie qui figuraient à l'exposition, les meilleurs étaient ceux de Winton, de J. Sanders, de Mapplebeck et Low, tous trois de Birmingham.

Signalons aussi, parmi les outils, l'*extracteur de germes de pommes de terre,* de Stewart, instrument dû à un agriculteur français, M. Turk, de Nancy, et qui peut rendre service dans les années de cherté, en permettant de n'appliquer à la plantation que les yeux ou germes.

Mentionnons aussi comme utiles, quoique d'un emploi restreint, les *épouvantails* de Restell, formés d'un certain nombre de petites lames de miroir mobiles, ainsi que les *supports* en poterie ou en verre, pour *fraisiers,* de T. Smith, d'Islington.

Enfin, signalons à l'attention toute particulière de nos fabricants et de nos taillandiers, les excellentes *haches à abattre* exposées par Allen, de New-York, et Gates, d'East-Lee, haches qui sont d'un usage général aux États-Unis et qui ont une incontestable supériorité sur les nôtres. Celles que possède le Conservatoire pourront servir de modèles à nos fabricants.

Les *fumigateurs* qui servent à détruire les insectes nuisibles, et même les mulots, les taupes et les courtilières, en les asphyxiant par la fumée de tabac ou le gaz acide sulfureux, étaient représentés à l'exposition par les ingénieux appareils d'Alsop, de Brown et d'Epps, tous trois sur le système des ventilateurs, portant sur le côté une caisse en tôle, contenant un foyer dans lequel brûle le tabac ou le soufre, dont les vapeurs sont aspirées par le ventilateur, qui les refoule dans l'étroit tuyau de sortie. Ces machines sont aussi portatives et agissent avec une plus grande puissance que nos fumigateurs ordinaires à soufflet.

Quoique le climat de l'Angleterre soit peu favorable aux abeilles, il y a beaucoup de *ruches* dans ce pays. Elles étaient également en grand nombre à l'exposition, où se trouvaient représentés les deux systèmes dont le mérite relatif est encore aujourd'hui controversé, le système vertical et le système à hausse. Sans entrer ici dans l'examen des avantages et des inconvénients respectifs de ces deux systèmes, je me bornerai à signaler, comme disposées avec entente, les ruches de Ramsay et de Golding, sur le système vertical, et celles de Pettit, de Sholl, de Marriott, et surtout de G. Phillips, de Harrow-on-the-Hill, sur le système à hausse. Ajoutons que, malgré d'ingénieuses dispositions, aucune de ces ruches n'offre un ensemble aussi complet et aussi rationnellement combiné que la *ruche* et les *appareils Beauvoys*, qui figuraient également à l'exposition, où ils ont été l'objet d'une récompense.

Quoique d'un emploi beaucoup moins étendu qu'en Angleterre, le *houblon* ne laisse pas que d'être cultivé sur une assez grande échelle dans plusieurs localités du Nord et de l'Est de la France. Une circonstance qui influe sur la qualité et, avant tout, sur la conservation de ce produit, c'est la mise en balles, qui doit se faire sous l'action d'une forte pression. J. Woodbourne, de Kingsley; Wheeler, de Manchester, et Plenty, de Newbury, ont exposé des machines spéciales pour cet objet. Elles sont toutes trois sur le même système: c'est un cylindre creux, en tôle, dont l'enveloppe, divisée en quatre parties, est mobile, et dont les deux bases se rapprochent au moyen d'une vis ou d'une tige dentée en cric. Ces machines fonctionnent parfaitement, mais elles ont le défaut grave de coûter de 550 à 650 francs, ce qui en restreindra l'emploi à quelques grandes exploitations et au commerce.

MODELES DE BÂTIMENTS D'EXPLOITATION.

DISPOSITIONS DIVERSES D'INTÉRIEUR, CLÔTURES ET BARRIÈRES; MEULES.

Il y avait à l'exposition un grand nombre de jolis modèles de constructions pour des fermes de 250 à 700 acres.(100 à 280 hectares), étendue moyenne des fermes anglaises; mais la différence de climat, et de conditions économiques a établi des différences telles, entre les constructions rurales de l'Angleterre et les nôtres, que pas un de ces modèles ne saurait recevoir d'application en France. Pour ne citer qu'un fait à l'appui, je dirai qu'il n'y a pas, dans tout le Royaume-Uni, une seule bergerie.

Mais, si l'ensemble ne peut nous servir, il est des détails que nous trouverions certainement avantageux d'imiter, sinon partout, du moins dans plusieurs circonstances.

J'appellerai surtout l'attention de nos agriculteurs sur l'art avec lequel leurs confrères de la Grande-Bretagne savent rapprocher les services qui dépendent les uns des autres, les hache-paille, coupe-racines et concasseurs de la cuisine du bétail, et celle-ci des logements de ce même bétail; comment ils évitent une main-d'œuvre considérable en faisant arriver les aliments liquides dans les mangeoires, par des conduits inclinés ou commandés par une pompe foulante, etc.

A ces indications, je voudrais pouvoir joindre le conseil d'imiter encore les agriculteurs anglais en multipliant les applications de la fonte et du fer dans nos constructions, en adoptant, par exemple, les *auges* en fonte, les *râteliers* en fer pour le gros bétail et surtout pour les chevaux, les *mangeoires* portatives en fer pour les moutons; les *portes*, *barrières* et *clôtures* en fer pour pâturages et pour parcs à moutons; les *sous-traits* de *meules* formés d'un châssis en fonte supporté par des pieds du même métal, portant en tête une espèce de chapeau ou de jatte renversée destinée à empêcher que les rats et souris ne puissent monter dans la meule, etc., etc. Malheureusement, au prix où en est le fer en France, ce conseil serait d'une exécution impossible. Cependant, tel est l'avantage que présentent ces *pieds de meules* et les *mangeoires circulaires* à séparations tournantes pour les *porcs*, que, malgré cet obstacle grave, j'en recommanderai l'introduction dans presque toutes nos grandes exploitations [1]. Tous les bons constructeurs anglais fabriquent des uns et des autres, mais ce sont surtout Ransome, Crosskill, Deane et Dray qui en ont fait leur spécialité.

Dans plusieurs fermes exploitées par de riches propriétaires, les *râteliers* en fer des *chevaux* sont placés au niveau de la mangeoire et à côté de celle-ci. On trouve à cette disposition l'avantage d'empêcher que la poussière ne tombe sur la tête et le cou du cheval; on prétend, en outre, que le foin y est moins promptement gâté que dans les râteliers élevés, par l'haleine de l'animal, laquelle monte en raison de sa température. Il serait intéressant de faire des expériences positives sur ce sujet, qui est important, non-seulement pour les chevaux, mais encore et surtout pour les bêtes à l'engrais.

Signalons encore, en fait de machines d'intérieur, les *scies circulaires*, qu'on rencontre aujourd'hui dans toutes les grandes fermes anglaises, où elles sont mues par le même moteur que la machine à battre. Tout le monde en comprendra facilement l'usage et l'utilité. Une des meilleures, parmi celles qui figuraient à l'exposition, était celle de Burrell, de Thetford, qui malheureusement coûte 950 francs, tandis que Cottam et Clayton en fabriquent de fort bonnes pour 350 francs. Ce prix est sans doute encore élevé; je crois néanmoins qu'il est peu de grandes exploitations où il ne soit payé en une ou deux années.

[1] Au sujet de ces mangeoires, je puis affirmer, d'après ma propre expérience, que l'émail qui les recouvre intérieurement et en augmente le prix, est plutôt nuisible qu'utile, en empêchant l'action si favorable qu'exerce sur les porcs le fer, qui se dissout toujours en petite quantité dans les aliments lorsque ceux-ci sont en contact direct avec la fonte.

MACHINES ET OUTILS POUR LE DRAINAGE.

La question du drainage est aujourd'hui parfaitement connue en France; il en est de même des meilleures machines anglaises pour faire les tuyaux. On fabrique maintenant aussi bien qu'en Angleterre, et à un prix à peine plus élevé, les machines d'Ainslie (la première importée), de Clayton, de Whitehead, de Scragg et de Williams. Cette dernière, construite par M. Calla, de Paris, au prix de 450 francs, est très-supérieure à la machine anglaise, qui, à la vérité, ne coûte que 341 fr. 25 cent. Celles d'Ainslie et de Scragg, fabriquées par M. Laurent, sont aussi bien faites et plus solides que les machines similaires anglaises.

Une expérience comparative, faite sous la direction de M. Hamond, membre de la neuvième classe du jury, a donné les résultats suivants pour l'épuration de la terre, point important et peut-être trop négligé.

En cinq minutes, on a nettoyé :

Avec la machine de Clayton... 327 livres de terre.
——————— de Whitehead. 361
——————— de Scragg.... 202

L'épuration a été plus parfaite par la machine de Clayton que par les deux autres; les graviers et pierres sont seuls restés sur le grillage. En revanche, l'opinion paraît pencher en faveur du système horizontal des deux autres machines pour la fabrication des tuyaux, et M. Hamond déclare que les tuyaux de la machine Scragg furent reconnus supérieurs aux autres.

Une nouvelle machine a figuré à l'exposition: c'est celle de MM. Grimsley, Randall et Saunders, de Bath, dans laquelle deux vis sans fin ou, si l'on veut, deux hélices, par l'effet de leur mouvement de rotation, refoulent la terre contre les filières et la forcent à en sortir sous forme de tuyaux. Elle doit offrir plus de résistance que les machines à piston, mais elle pétrit et corroie parfaitement la terre et la comprime sans y introduire de l'air, et par conséquent sans donner lieu à ces boursouflures si fréquentes et si nuisibles dans ces dernières machines. Cette machine est la seule qui manque encore en France.

Quant aux *outils* pour le creusement des drains, nous en fabriquons également de fort bons. Ajoutons cependant, comme renseignement, que Clayton, Whitehead (de Preston) et surtout les trois fabricants d'outils que j'ai cités plus haut, et en tête desquels il faut placer Mapplebeck et Low, sont ceux qui ont le plus de réputation pour ces objets.

Je ne dirai rien des nombreux niveaux inventés et proposés pour le drainage. Nous en avons aujourd'hui qui ne laissent rien à désirer. Mais je ne terminerai pas ce sujet et mon rapport, sans appeler l'attention du public agricole sur la *machine à drainer* inventée par un jeune fermier des environs de Bristol, M. Fowler, machine que j'ai vue, à quatre reprises différentes, fonctionner dans les environs de Londres. Cette machine, espèce de charrue taupe, mue au moyen d'un cabestan portatif attelé de deux chevaux, pénètre jusqu'à 1^{m},20 de profondeur avec son soc conique qui traîne derrière lui un chapelet de 180 mètres de tuyaux. Quand cette distance est parcourue, on ouvre un trou jusqu'au soc, on détache la corde qui traverse les tuyaux, on la retire en laissant ceux-ci en place, on refait le chapelet avec de nouveaux tuyaux qu'on attache de même au soc, et on recommence à marcher après avoir redescendu celui-ci. Chaque série est raccordée avec la précédente. Cette machine, fonctionnant dans une terre très-forte, faisait environ 3 mètres par minute. Il est vivement à regretter que cette curieuse machine, la pièce capitale de l'exposition agricole, ne puisse marcher dans les sols pierreux; cela réduit l'étendue des terrains qui pourraient profiter des avantages qu'offre son emploi, et ces avantages sont grands, car, dans le drainage, ce qu'il y a incontestablement de plus coûteux, c'est l'ouverture des tranchées. Malgré cette restriction, je n'en considère pas moins la machine de Fowler comme une des plus utiles inventions agricoles de ces derniers temps, et je désire vivement que l'auteur réalise le projet qu'il avait de venir en France avec sa machine pour y entreprendre des drainages à façon à des prix très-réduits. Cette machine a été l'objet d'une mention honorable.

RÉSUMÉ.

En terminant ce rapport bien long, et cependant incomplet, qu'on me permette d'en présenter ici le résumé.

1° Jusqu'à la fin du XVIIe siècle, l'agriculture de l'Angleterre était peut-être encore plus arriérée que celle de la France. Les rapides progrès qu'elle a faits depuis cette époque, et qui lui assignent aujourd'hui le premier rang dans le monde, sont dus à la haute intelligence d'une aristocratie terrienne qui, comprenant que, pour accroître la valeur du sol qu'elle possédait, il fallait attirer vers son exploitation les capitaux et les capacités, profita de l'influence décisive qu'elle exerçait sur l'administration du royaume pour faire naître un ensemble de mesures qui fit de la grande culture une des industries les plus lucratives du pays; tandis que, d'un autre côté, elle relevait dans l'opinion publique la profession d'agriculteur, et qu'elle s'empressait, dans toutes les occasions, de récompenser par ses suffrages et des avantages pécuniaires les efforts heureux qui avaient pour but l'avancement de l'industrie rurale.

2° La présence d'une classe nombreuse d'agriculteurs riches et instruits et la coopération active et éclairée des grands propriétaires expliquent suffisamment les progrès de l'agriculture en général, et, en particulier, de la mécanique agricole, stimulée d'ailleurs par le haut prix des denrées, la cherté et la rareté de la main-d'œuvre, le bas prix du fer et le génie mécanique de la nation, et donnent la clef de ce chiffre de 279 fabricants d'instruments aratoires, parmi lesquels 15 de premier ordre, que la Grande-Bretagne seule a fournis à l'exposition de Londres, tandis que tous les pays étrangers, la France comprise, n'en comptaient que 53.

3° Néanmoins, malgré cet état si avancé, il s'en faut que toutes les machines agricoles perfectionnées qui se construisent en Angleterre puissent nous convenir. Beaucoup de ces machines, créées sous l'influence de circonstances qui n'existent point dans notre pays, sont trop compliquées et trop chères pour notre agriculture. Il en est, d'ailleurs, qui, même chez nos voisins, n'ont pu s'introduire dans la culture sérieuse et ne servent que d'ornements dans les concours et les *home-farms* des grands seigneurs.

4° A part l'Amérique du Nord, les pays étrangers dont les produits figuraient à l'exposition de Londres paraissent inférieurs à la France au point de vue des machines agricoles.

5° Si, pour l'ensemble des machines et instruments d'agriculture, l'Angleterre a sur nous une immense supériorité, celle-ci ne s'étend pas à la première de ces machines, à la *charrue*. Malgré plusieurs dispositions excellentes que nous ferons bien de nous approprier, les charrues anglaises, même les plus parfaites, sont au total inférieures à nos bonnes charrues, inférieures aussi aux charrues américaines.

6° Il n'en est pas de même de la charrue *sous-sol* ou fouilleuse. Création toute britannique, cette machine si utile doit tous ses perfectionnements aux constructeurs anglais.

7° Il n'en est pas non plus de même de la herse ni du rouleau, ces deux compléments indispensables de la charrue. Les améliorations apportées en France à la construction de ces instruments ne nous laissent pas moins dans une infériorité notoire, sous ce rapport, vis-à-vis de l'Angleterre.

8° Cela est encore plus vrai pour les *extirpateurs* et les *scarificateurs*, ces deux machines si dissemblables en France, et que les Anglais sont parvenus à réunir en une seule, faisant plus et mieux que nos deux instruments, au moyen d'un simple changement de pieds.

9° Bien que les *semoirs* et la semaille en lignes nous soient venus d'Angleterre, nous n'avons rien à envier à ce pays pour les semoirs à bras; et quant aux grands semoirs attelés, si les nôtres sont moins parfaits, en revanche ils sont moins compliqués, moins chers, moins fragiles que les leurs, et suffisent dans les circonstances, encore exceptionnelles en France, où l'emploi de ces machines est réellement avantageux.

A plus forte raison, ne pourrions-nous rien attendre de l'introduction des machines compliquées et peu expéditives connues sous les noms de *dibbleurs* et *droppeurs*, espèces de semoirs qui déposent les céréales grain à grain ou par touffes dans de petites cavités ou poquets que fait et comble l'instrument, machines nées surtout du besoin d'épargner la semence lorsque le blé était à un prix exagéré et qui n'ont plus aujourd'hui, même en Angleterre, de raison d'être.

10° Nous devrons également nous garder de la manie d'imitation en ce qui concerne les *distributeurs d'engrais* pulvérulents et liquides en usage chez nos voisins, non que le but manque d'importance pour nous, mais parce que ces machines sont toutes trop chères et trop compliquées pour les conditions dans lesquelles nous opérons.

11° Les *houes à cheval* anglaises ont une incontestable supériorité sur les nôtres, sans être beaucoup plus coûteuses. Nous ne pouvons mieux faire que de copier purement et simplement les meilleures parmi celles qui sont destinées au binage des plantes sarclées. Quant aux houes à cheval multiples pour céréales, outre qu'elles supposent un mode de culture de ces dernières qui n'est encore qu'exceptionnellement praticable en France, la semaille en lignes, elles sont si compliquées, si fragiles, d'une conduite si difficile, et peuvent être si fréquemment remplacées par la herse ordinaire, qu'on peut raisonnablement en remettre l'introduction à un avenir plus ou moins éloigné.

12° Les États-Unis ont résolu un problème qui occupait l'Angleterre depuis près de cinquante ans. Ils ont produit deux machines à moissonner mués par des chevaux, et qui ont reçu aujourd'hui la sanction de l'expérience.

Quoique moins nécessaires en France qu'ailleurs, en raison de notre organisation sociale, ces machines pourront avoir cependant une utilité réelle dans toutes les localités de grande culture où la population est rare.

13° Il en est de même des *faneurs mécaniques* et des *râteaux à cheval* que l'Angleterre emploie avec tant d'avantages depuis 1816, et que le Conservatoire a déjà contribué à faire connaître et à propager dans quelques parties de la Normandie.

14° Dans presque toute la Grande-Bretagne, les *véhicules* légers se sont substitués aux lourdes voitures à quatre et six chevaux, et les *charrettes* aux *chariots*. Ce qui a surtout contribué à ce dernier changement, c'est l'invention d'un mécanisme propre à déplacer facilement le centre de gravité; c'est ensuite l'adoption d'un système d'échellage mobile qui permet d'appliquer le tombereau à toutes sortes de transports, et d'en faire ainsi un véhicule à toutes fins, combinaison plus intéressante encore pour notre agriculture pauvre et morcelée que pour la grande et riche culture anglaise, et que nous devrons nous hâter d'importer comme un des meilleurs emprunts à faire à nos voisins.

15° Malgré un prix élevé et une certaine complication, les *machines à battre*, importées d'Angleterre en 1818, se sont répandues en France plus que dans aucun autre pays du continent, quoique nos constructeurs, restés étrangers aux progrès des Anglais, aient longtemps suivi des principes erronés qu'ont aidé à rectifier, toutefois, quelques bonnes machines anglaises, introduites dans ces dernières années. Ce qui nous manque encore, ce sont les bonnes machines portatives, si répandues en Angleterre, machines peut-être mieux appropriées à nos circonstances agricoles qu'à celles de ce pays, et qui permettront de faire participer la petite et moyenne culture aux avantages de ce battage, en provoquant la création d'une classe d'entrepreneurs ambulants de battage, tels qu'il en existe en Angleterre.

16° Bien que nos *tarares* aient été notablement améliorés dans ces derniers temps, nous avons encore plusieurs emprunts à faire aux bons tarares anglais pour amener les nôtres au même degré de perfection, surtout en ce qui concerne le nettoyage des grains mêlés de beaucoup de menue paille. Les *trieurs* et les *riges* mécaniques de nos voisins pourront également nous fournir de bons modèles.

Il n'en est pas de même de leurs *appareils de nettoyage,* qui, trop petits pour les usines, sont trop chers pour les exploitations rurales.

17° Leurs *concasseurs* perfectionnés, pour la préparation du grain donné aux animaux, sont d'excellentes machines, très-supérieures aux nôtres, et dont on doit désirer la prompte et générale adoption dans toutes nos grandes fermes.

18° J'en dirai autant des *broyeurs* de *tourteaux* d'huile, machines à peu près inconnues en France, et dont l'absence est une des causes qui restreignent chez nous l'emploi de ces matières si précieuses pour la nourriture du bétail et pour la fumure des terres.

19° Quoique l'usage de hacher la paille et le foin soit peu répandu en France, nous avons cependant d'excellents *hache-paille,* qui ne sont inférieurs qu'aux deux ou trois hache-paille les plus parfaits de l'Angleterre.

Quant aux *broyeurs d'ajoncs,* ces machines ingénieuses, mais chères et peu expéditives, on sait aujourd'hui qu'ils peuvent être remplacés par le travail du simple hache-paille coupant assez menu.

20° Quoique assez nombreux, nos *coupe-racines,* à quelques exceptions près, laissent à désirer, et nos constructeurs trouveront certainement avantage à adopter l'un ou l'autre des deux meilleurs systèmes de coupe-racines aujourd'hui en usage en Angleterre.

21° Ces divers engins, que fait habituellement mouvoir en France le bras de l'homme, sont presque tous mus en Angleterre par des chevaux ou par la vapeur. Dans le premier cas, c'est ordinairement le manége même de la machine à battre qui leur transmet le mouvement.

Ces *manéges* sont la plupart portatifs. Malgré d'ingénieuses dispositions qui en rendent le montage et le démontage assez faciles, ils laissent cependant tous plus ou moins à désirer sous ce dernier rapport. Rendre les manéges portatifs plus simples, et surtout d'un déplacement plus prompt encore, est un but que nos constructeurs doivent s'attacher à atteindre, car, sauf dans quelques cas particuliers, les *machines à vapeur* mobiles, que la grande culture anglaise commence à employer avec tant de succès, ne pourront de longtemps encore s'introduire dans notre agriculture et y remplacer les moteurs animés dont elle fait exclusivement usage.

22° L'Angleterre nous offre également d'excellents modèles en fait d'*appareils pour la cuisson* de la *nourriture* des bestiaux, appareils plus utiles peut-être en France qu'en Angleterre, en raison de la rigueur plus grande de nos hivers, qui impose une stabulation plus longue et plus absolue.

23° Il n'en est pas de même des ustensiles de laiterie, dans la collection desquels nous ne trouvons que deux objets dignes d'être importés en France, la *presse à fromage* et le *pressoir* ou *délaiteur* écossais, espèce de laminoir au moyen duquel on effectue, dans les meilleures conditions possibles, la délicate et difficile opération du délaitage du beurre.

24° Signalons encore d'excellents outils de jardinage et de drainage, d'ingénieux fumigateurs pour la destruction des insectes, des ruches bien établies suivant des systèmes variés, d'excellentes presses à houblon, dont le seul mais grave défaut est d'être chères; enfin ces haches américaines, si remarquables par leur légèreté et la puissance qu'elles donnent à l'ouvrier.

25° Citons également les modèles de fermes, pour appeler l'attention de nos agriculteurs sur l'art avec lequel les Anglais savent ordonnancer leurs bâtiments et combiner certaines dispositions en vue de faciliter les services.

26° Recommandons aussi les nouvelles auges circulaires

en fonte, pour les porcs; les pieds de meules de même métal, pour empêcher l'introduction des souris; et les scies circulaires qu'on rencontre dans presque toutes les grandes fermes anglaises.

27° Enfin, terminons en signalant la merveilleuse machine de FOWLER, qui, mue par deux chevaux au cabestan, ouvre la terre à $1^m,20$ de profondeur et y dépose les tuyaux bout à bout avec la même régularité que pourrait le faire la main de l'homme.

Un mot en terminant, pour répondre d'avance à l'objection suivante que pourrait faire naître l'ensemble de ce rapport : Presque toutes les inventions, machines, méthodes, presque tous les instruments, outils, procédés, que j'y ai signalés, intéressent avant tout la grande culture et peu ou pas la moyenne ou la petite. C'est là un fait certain. Mais on aurait tort d'en conclure que machines et inventions, instruments et procédés, n'auront qu'une utilité restreinte ou nulle pour la France, parce que la moyenne et la petite culture y dominent. Je ferai remarquer, d'abord, que, si la grande culture est malheureusement peu répandue en France, il n'en est pas de même de la grande propriété, qui pourra, quand elle le voudra, faire de la grande culture, et qui en fera le jour où il y aura profit évident à en faire. Je ferai remarquer ensuite qu'on ne saurait trop favoriser cette grande culture, attendu que d'elle seule peuvent venir les innovations utiles, puisqu'elle seule possède lumières et capitaux, ces deux grands éléments de progrès, et qu'en l'avantageant, en lui fournissant les moyens de se développer, on favorise puissamment, quoique d'une manière indirecte, la moyenne et la petite culture, lesquelles sont assez protégées, et par les mœurs et par les lois, pour qu'on n'ait pas à craindre de les voir, comme en Angleterre, disparaître, ou même seulement se restreindre.

TABLEAU DES RÉCOMPENSES ACCORDÉES PAR LA IXe CLASSE.

PAYS.	NOMS DES EXPOSANTS.	OBJETS RÉCOMPENSÉS.
	MÉDAILLES DE CONSEIL.	
Angleterre.	BUSBY, W.	Charrues à deux et à quatre chevaux, houe à cheval pour buttes, semoir, charrette.
Idem	CROSSKILL, W.	Herse de Norwége, moulin, charrette, rouleau, broyeur d'ajoncs.
Idem	GARRETT et fils	Houe à cheval, semoir à toutes graines, semoir à turneps à quatre lignes à plat, semoir à brouette pour semences de prés, machine à vapeur et machine à battre.
Idem	HORNSBY et fils	Semoir à céréales, droppeur, semoir à deux lignes pour turneps sur buttes, broyeur de tourteaux, machine à vapeur.
États-Unis.	MAC-CORMICK, C. H.	Machine à moissonner.
	MÉDAILLES DE PRIX.	
Angleterre.	BALL, W.	Charrue à deux chevaux.
Idem	BARRETT, EXHALL et ANDREWS.	Machine à vapeur et concasseur.
Idem	BENTALL, L. H.	Scarificateur ratissoire, dynamomètre pour charrues.
Idem	BURGESS et KEY	Baratte américaine perfectionnée, coupe-racines.
Idem	BURRELL, C.	Broyeur d'ajoncs.
Belgique.	CLAES, P.	Semoir à grains, rouleau.
Angleterre.	CLAYTON, SHUTTLEWORTH et Cie.	Machine à vapeur.
Idem	CLAYTON, H.	Machine à tuyaux.
Idem	COLEMAN, R.	Extirpateur-scarificateur, herse à barres mobiles.
Idem	COMINS, J.	Houe à cheval.
Idem	CORNES, J.	Hache-paille.
Idem	CROWLEY et fils	Charrette.
Belgique.	DELSTANCHE, P.	Charrue.
Idem	DUCHÊNE, J. J.	Baratte.
Angleterre.	GIBSON, M.	Rouleau brise-mottes.
Idem	GRAY et fils	Charrette.
Idem	HENSMAN et fils	Machine à battre, charrue à quatre chevaux, semoir à céréales.
Idem	HOLMES et fils	Machine à battre.
Idem	HOWARD, J. et F.	Charrue à deux chevaux (marquée XX), charrue à quatre chevaux, semoir à céréales.
Idem	HURWOOD, G. (Cl. 6)	Moulin à farine.

PAYS.	NOMS DES EXPOSANTS.	OBJETS RÉCOMPENSÉS.
	MÉDAILLES DE PRIX. (Suite.)	
Hollande..	JENKEN, W.	Charrue.
France ...	LAVOISY, A. D.	Baratte.
Angleterre.	NEWINGTON, Dr. S.	(Comme inventeur.) Plantoir à céréales.
Idem.....	NICHOLSON, W. N.	Broyeur de tourteaux d'huile.
Belgique..	ODEURS, J. N.	Charrue.
États-Unis.	PROUTY et MEARS.	Charrue.
Angleterre.	RANSOME et MAY.	Semoir à dropper.
Idem.....	REEVES, T. R. et J.	Semoir avec distributeur d'engrais liquide.
Idem.....	SAMUELSON, N.	Coupe-racines.
Idem.....	SCRAGG, T.	Machine à faire des tuyaux.
Idem.....	SMITH et Cie.	Faneur à cheval, hache-paille, râteau à cheval.
Idem.....	STANLEY, W. P.	Concasseur de grains.
France ...	TALBOT frères.	Charrue.
Angleterre.	TUXFORD et fils.	Machine à vapeur.
Idem.....	WILKINSON, T.	Baratte.
Idem.....	WILLIAMS, W.	Herses légères et fortes.
Idem.....	WHITEHEAD, J.	Machine à faire les tuyaux.
France....	VACHON fils et Cie.	Trieur des grains.
	MENTION HONORABLE.	
Angleterre.	FOWLER, J.	Charrue à drainer.

FIN.

X^{E} JURY.

INSTRUMENTS DE MATHÉMATIQUES

DE PHYSIQUE, D'ASTRONOMIE, ETC.

PAR M. MATHIEU,

MEMBRE DE L'INSTITUT ET DU BUREAU DES LONGITUDES.

COMPOSITION DU Xe JURY.

MEMBRES TITULAIRES.

Sir David BREWSTER, *Président* principal de l'Université de Saint-Andrews.	Angleterre.
MM. le professeur Daniel COLLADON	Suisse.
E. B. DENISON. J. GLAISHER, *Rapporteur*, astronome à l'Observatoire de Greenwich. Sir John HERSCHEL, directeur de la Monnaie, à Londres	Angleterre.
le professeur HETSCH	Danemark.
E. R. LESLIE, artiste	États-Unis.
L. MATHIEU, membre du Bureau des longitudes et de l'Institut de France	France.
W. H. MILLER, professeur de minéralogie, à Cambridge. Richard POTTER, professeur d'histoire naturelle, à Londres	Angleterre.
SCHUBARTH, professeur de chimie	Zollverein.
le baron Armand SÉGUIER, membre de l'Institut	France.

ASSOCIÉS.

MM. J. S. BOWERBANK, à Londres. le Rev. W. S. KINGSLEY, du collége de Sidney, à Cambridge	Angleterre.
QUETELET, secrétaire de l'Académie royale de Bruxelles	Belgique.
lord WROTTESLEY, à Londres	Angleterre.

I.

MACHINES A CALCULER.

CONSIDÉRATIONS GÉNÉRALES.

Pascal avait eu fort jeune l'idée d'employer des moyens mécaniques pour exécuter les opérations de l'arithmétique, qui demandent souvent beaucoup de temps et d'attention. Il concevait qu'une machine qui n'exigerait de l'opérateur qu'un concours purement manuel pour la mettre en mouvement, qui marcherait régulièrement, avec sûreté et promptitude, aurait le grand avantage de conduire à des résultats exacts avec une notable économie de temps. La machine qu'il a construite vers 1645, après de longs et dispendieux essais, était loin de répondre aux espérances qu'il avait conçues. Cette machine, qui paraît la plus ancienne connue, a servi de point de départ à presque tous ceux qui ont tenté de résoudre le problème de mécanique appliquée, posé par Pascal. Après bien des essais, Leibnitz avait été conduit à une machine arithmétique qu'il a décrite, qu'il avait déjà montrée à Londres en 1673, et qui fut très-longtemps pour lui un incessant objet de travail et de méditation. Depuis deux siècles, l'art s'est enrichi d'organes de mouvement, d'ingénieux systèmes d'engrenages qui ont aplani bien des difficultés dans les applications de la mécanique.

M. Babbage, qui a imaginé des moyens mécaniques aussi puissants qu'ingénieux pour exécuter des calculs très-compliqués, m'a montré à Londres une machine à calculer, inventée en 1775 par le vicomte Mahon, depuis comte Stanhope. Elle consiste dans un système de cylindres tournant tous ensemble sur le même axe, le long duquel ils peuvent encore glisser. Ces cylindres sont placés entre deux rangées de cadrans parallèles à leur axe : la première sert de base à toutes les opérations, elle est suffisante pour l'addition et la soustraction, qui n'exigent qu'un seul tour de la manivelle ou des cylindres. C'est sur la seconde rangée de cadrans que se comptent les tours qu'il faut faire dans la multiplication et la division. Ces deux dernières opérations s'exécutent d'ailleurs en faisant glisser les cylindres sur leur axe commun. M. Thomas, de Colmar, avait pris en France, dans l'année 1820, un brevet d'invention pour une machine à calculer, composée principalement d'une suite de cylindres cannelés ou à arêtes saillantes. Ces cylindres, d'un très-petit diamètre, ne sont pas sur le même axe; ils sont placés les uns à côté des autres, et leurs axes sont parallèles et situés dans un plan horizontal. L'heureuse idée des cylindres cannelés a apporté une grande simplification dans la construction et le jeu de la machine. Une seule rangée de cadrans et ces cylindres suffisent pour l'addition et la soustraction. Il en est de même dans la multiplication et la division; alors seulement l'opérateur est obligé de compter les tours et de faire glisser à la main, non les cylindres, mais les cadrans. M. Thomas a construit des machines dans lesquelles, à l'aide d'un index et d'une vis parallèle aux cylindres, on peut enregistrer les tours dans la multiplication.

Machine de MM. Maurel et Jayet.

Avec les machines qui avaient paru successivement, on pouvait exécuter sans tâtonnement les calculs les plus simples de l'arithmétique; mais toutes exigeaient plus ou moins le concours de l'opérateur. MM. Maurel et Jayet entreprirent, il y a une douzaine d'années, la construction d'une machine nommée *Arithmaurel*, pour laquelle ils ont obtenu, en 1849, une médaille d'or à l'exposition de l'industrie française, et, plus tard, à l'Institut, le prix de mécanique de la fondation Montyon. On y retrouve les cylindres cannelés, employés dans la machine de M. Thomas, mais ils sont disposés autrement et combinés avec des moyens mécaniques très-ingénieux. Dans l'addition, la soustraction, la multiplication, la division, on a deux nombres dont on demande la somme, la différence, le produit ou le quotient. Quand ces deux nombres sont écrits avec les organes de l'arithmaurel, l'opération est faite par la machine et le résultat se lit sur des cadrans. Cet instrument n'exige le concours de l'opérateur que pour écrire les nombres donnés; il résout complétement le problème mécanique poursuivi il y a deux siècles avec tant de persévérance par Pascal. Cette ingénieuse machine exécute les quatre règles de l'arithmétique avec une grande rapidité et une exactitude égale à celle que l'on obtient péniblement par les procédés ordinaires de l'arithmétique. Elle pourrait, comme d'autres, servir à faire des calculs plus compliqués, tels que l'extraction des racines carrées et cubiques; mais ces calculs exigent sans cesse le concours d'un opérateur exercé et l'office de l'instrument devient très-secondaire. C'est dans la simple pratique des quatre règles de l'arithmétique que ces machines conservent leur avantage et sont réellement très-utiles pour exécuter beaucoup d'opérations numériques ordinaires.

Machine de M. Thomas.

M. Thomas (de Colmar), (France, n° 390[1]), a exposé une machine à calculer nommée *arithmomètre* pour laquelle il avait pris un brevet d'invention en 1820.

L'organe principal de cette machine consiste dans une suite de *cylindres cannelés* semblables, dont les axes parallèles sont situés dans un même plan horizontal. Considérons le premier cylindre à droite. Sa surface, dans un peu moins de la moitié de son contour, est couverte par neuf *arêtes saillantes* placées les unes contre les autres comme des dents d'un engrenage cylindrique. Ces arêtes ont des longueurs proportionnelles aux nombres 9, 8, 7, 6, 5, 4, 3, 2, 1. La première

[1] Le numéro dans la parenthèse est le numéro d'ordre du catalogue officiel anglais.

occupe toute la longueur du cylindre et la dernière n'en est que la neuvième partie. Un arbre à section rectangulaire, parallèle au cylindre cannelé, porte un pignon à dix dents, mobile le long de cet arbre.

La boîte contenant le cylindre, l'arbre parallèle et le *pignon mobile*, est fermée par une table horizontale en cuivre dans laquelle on a pratiqué, exactement au-dessus de l'arbre, une *coulisse* parallèle au cylindre. Sur le bord de cette coulisse, qui a même longueur que le cylindre, on a tracé dix divisions à égales distances et marquées des nombres 0, 1, 2, 3, 4, 5, 6, 7, 8, 9. Un *index*, qui glisse dans la coulisse et qui est lié au pignon mobile, le fait marcher le long de l'arbre. Supposons, par exemple, que l'on pousse l'index sur le n° 3 de la coulisse, le pignon qui le suit arrive vis-à-vis le commencement de l'arête saillante 3 du cylindre. Si le cylindre fait un tour entier, trois dents du pignon seront poussées par les trois arêtes saillantes 1, 2, 3, les seules qui puissent alors atteindre ce pignon, puisque les autres arêtes ne commencent qu'au-dessus du n° 3 de la coulisse.

L'arbre qui sert d'axe au pignon mobile porte à son extrémité, prolongée dans une autre boîte, un pignon fixe vertical à dix dents qui engrène par sa partie supérieure dans une *couronne* ou roue d'angle horizontale à dix dents. L'axe vertical de cette couronne est aussi l'axe d'un *cadran horizontal* sur le contour duquel on a marqué, dans dix cases, les chiffres 0, 1, 2, 3, 4, 5, 6, 7, 8, 9. La couronne, le cadran qui est par dessus, et leur axe commun, sont maintenus par un pont au-dessous d'une *tablette* en cuivre qui est de niveau avec la table des coulisses. Dans cette tablette, il y a une petite ouverture circulaire ou *fenêtre du cadran* par laquelle on voit passer, à partir de zéro, les chiffres 0, 1, 2, 3, 4, 5, 6, 7, 8, 9, quand le cadran fait un tour entier.

Maintenant concevons que l'index soit placé sur le n° 3 de la coulisse et que le cylindre fasse un tour entier ; les trois arêtes 1, 2, 3 du cylindre poussent trois dents du pignon mobile. Le pignon fixe, qui a même arbre que le pignon mobile, avance également de trois dents. La couronne, entraînée à son tour par le pignon fixe, marche aussi de trois dents, et le cadran fait trois pas. On voit arriver à la petite fenêtre du cadran les chiffres 1 et 2, puis le chiffre 3, qui remplace le zéro qui s'y trouvait d'abord.

A côté du cylindre que nous venons de décrire avec tous ses accessoires, et qui correspond aux unités, on a placé parallèlement à gauche des cylindres semblables pour les dizaines, les centaines, etc. La tablette porte indépendamment des cadrans correspondants à chaque cylindre, d'autres cadrans sur la gauche en nombre au moins égal, afin de pouvoir exécuter les opérations qui conduisent à un grand nombre de chiffres.

Le moteur de la machine est une manivelle que l'on tourne toujours de gauche à droite, et qui, au moyen d'un arbre de couche, fait tourner à la fois tous les cylindres cannelés de droite à gauche. Ceux-ci, par leurs arêtes saillantes, poussent les pignons mobiles, et les font toujours tourner de gauche à droite.

Pour transporter dans les fenêtres des cadrans un nombre donné 75, on pousse l'index du premier cylindre de droite ou des unités sur le n° 5 de la coulisse, on fait de même monter l'index des dizaines sur le n° 7. Le nombre 75 est alors écrit sur les coulisses avec deux index, et un tour de manivelle le transporte dans les fenêtres des deux premiers cadrans de droite.

Addition. — On écrit un nombre avec les index; on fait un tour de manivelle et il est transporté dans les fenêtres où se trouvaient d'abord des zéros. On transporte de même un deuxième nombre qui s'ajoute au premier, puis un troisième et ainsi de suite. La somme de tous ces nombres est alors écrite dans les fenêtres des cadrans.

Quand la somme de deux chiffres qui s'ajoutent sur un même cadran surpasse 9, les unités se trouvent dans la fenêtre de ce cadran, et la dizaine ou la *retenue* passe sur le cadran de gauche. Voici comment s'opère ce passage : quand le zéro qui suit 9 arrive à la petite fenêtre, une *came* en acier, placée sous le disque du cadran vis-à-vis zéro, presse et fait tourner le bras d'un levier coudé, une cheville ou *doigt*, qui tourne de droite à gauche, s'engage dans les dents du pignon fixe des dizaines, le fait avancer d'un pas, et l'on voit le chiffre 1 à la fenêtre du cadran des dizaines. Pendant que les chiffres de 1 à 9 traversent la fenêtre du cadran des unités qui tourne de droite à gauche, le support du doigt se déplace progressivement au moyen d'un plan incliné circulaire. Le bras du levier tourne en même temps en sens contraire, revient à sa première position, où il est de nouveau pressé par la came lorsque le zéro reparaît dans la petite fenêtre. Un ressort presse l'autre bout du levier coudé, qui ne peut, en conséquence, tourner que par l'action de la came ou par le jeu du plan incliné.

Soustraction. — Quand le grand nombre est transporté dans les fenêtres des cadrans et le petit nombre écrit avec les index, la soustraction s'opère par un tour de manivelle. Mais alors les cadrans, au lieu de tourner de droite à gauche dans l'ordre croissant 1, 2, 3, etc., comme pour l'addition, doivent tourner de gauche à droite dans l'ordre inverse des chiffres. Ce changement s'obtient au moyen d'un second pignon fixe sur chaque arbre. Ce second pignon vertical atteint la couronne horizontale dans un point diamétralement opposé au point où engrène le pignon pour l'addition. La couronne poussée en sens contraire fait tourner le cadran dans l'ordre inverse des chiffres. A l'aide d'un bouton indicateur amené sur les mots addition et multiplication, ou sur les mots soustraction et division, on est sûr de faire embrayer dans la couronne horizontale d'un côté le pignon pour l'addition, et, de l'autre, le pignon opposé pour la soustraction, en tournant toujours la manivelle de gauche à droite.

Multiplication. — On écrit le multiplicande avec les index. Dans un nombre de tours égal aux unités du multiplicateur, le multiplicande s'ajoute à lui-même autant de fois qu'il y a d'unités dans le multiplicateur et le premier produit partiel se trouve dans les chiffres apparents des cadrans. Alors on fait glisser à la main vers la droite la tablette des cadrans de manière que le cadran des dizaines prenne la place des unités, corresponde à la coulisse des unités. Avec autant de tours de manivelle qu'il y a de dizaines dans le multiplicateur, le second produit partiel, qui se compose de dizaines, se forme et s'ajoute au premier produit partiel, mais en commençant par les dizaines. Pour chaque autre chiffre du multiplicateur on continue d'avancer les cadrans d'un rang vers la droite, puis de tourner la manivelle pour former et ajouter les produits partiels correspondants. Le produit total composé de la somme des produits partiels, pour tous les chiffres du multiplicateur, se trouve enfin dans les fenêtres des cadrans.

Division. — On amène l'indicateur sur le mot division pour faire embrayer dans la couronne le pignon vertical qui pousse chaque cadran dans l'ordre inverse des chiffres comme dans la soustraction. Après avoir écrit le dividende dans les fenêtres des cadrans et le diviseur avec les index, on voit quelle est la tranche de chiffres du dividende qu'il faut prendre sur sa gauche pour contenir le diviseur, et l'on fait glisser la tablette des cadrans de gauche à droite, de manière que le chiffre de droite de cette tranche soit au-dessus des unités du diviseur. On tourne la manivelle jusqu'à ce que la tranche soit réduite dans les fenêtres à un nombre plus petit que le diviseur; le nombre de tours est précisément le premier chiffre de gauche du quotient. Le reste de la tranche et le chiffre suivant du dividende forment une seconde tranche; on fait rentrer d'un rang la tablette des cadrans pour que le nouveau chiffre de droite se trouve vis-à-vis les unités du diviseur. Alors le nombre de tours de la manivelle donne le second chiffre du quotient et ainsi de suite. On continue de la même manière pour obtenir les autres chiffres du quotient. On doit écrire à part les chiffres du quotient, parce qu'il n'en reste pas de trace dans la machine. Quand la division ne se fait pas exactement, le reste se trouve dans les fenêtres des cadrans.

En résumé, l'arithmomètre opère immédiatement l'addition et la soustraction. Quand deux nombres sont écrits dans les fenêtres des cadrans et sur les coulisses avec les index, la somme ou la différence des nombres se trouve dans les fenêtres des cadrans après un tour de manivelle. Dans la multiplication et la division, quand on a écrit seulement le multiplicande avec les index, ou bien le dividende dans les fenêtres des cadrans et le diviseur avec les index, on doit faire autant d'opérations partielles qu'il y a de chiffres dans le multiplicateur ou le quotient; et, après chacune de ces opérations, il faut encore effectuer à la main le déplacement des cadrans. C'est par ce concours facile de l'opérateur que M. Thomas est parvenu à construire une machine très-simple, très-commode, pour exécuter avec promptitude les calculs les plus ordinaires de l'arithmétique.

Avec le grand modèle à huit cylindres cannelés et seize cadrans, qui a 55 centimètres de longueur sur 16 de largeur et 7 de hauteur, on peut faire la multiplication de huit chiffres par huit chiffres ou de sept par neuf, et la division de seize chiffres par huit chiffres.

Le jury décerne à M. Thomas une récompense de second ordre.

Machine de M. Staffel.

M. Staffel (Varsovie, n° 148). La machine à calculer de cet exposant est renfermée dans une boîte de 46 centimètres de longueur sur 23 de largeur et 10 de hauteur. Elle se compose principalement de sept cylindres de 5 à 6 centimètres de diamètre et 2 de hauteur, ayant pour axe commun un arbre horizontal, qui est aussi l'axe longitudinal de la boîte. Une manivelle fait tourner à la fois l'arbre et tous les cylindres, qui peuvent d'ailleurs glisser tous ensemble le long de l'arbre dont ils occupent à peu près la moitié de la longueur. Une rangée de treize cadrans, portant sur leur contour les dix chiffres 0, 1, 2, 3, 4, 5, 6, 7, 8, 9, est placée sous une grande tablette horizontale parallèle à l'arbre et fixée sur le côté de la boîte. Pour chaque cadran, il y a dans la tablette une petite ouverture rectangulaire ou fenêtre par laquelle on voit toujours un chiffre du cadran. Chaque cylindre a aussi une petite fenêtre percée dans sa surface; il renferme dans son intérieur un mécanisme tel, que, quand on amène à cette fenêtre, à l'aide d'un index, le chiffre 3, par exemple, on fait sortir trois dents par des ouvertures pratiquées sur son contour. Dans un tour de cylindre, ces trois dents, en vertu de leur saillie, atteignent le cadran correspondant de la tablette, le font avancer de trois pas, et l'on voit arriver le chiffre 3 dans la fenêtre de ce cadran, au lieu du zéro qui s'y trouvait d'abord.

Addition. — Un nombre est écrit dans les fenêtres des cylindres avec les index, après avoir poussé un indicateur sur le mot addition. Un tour de manivelle (de gauche à droite) transporte ce nombre dans les fenêtres des cadrans.

Dans l'addition de deux chiffres sur un cadran, les unités restent dans la fenêtre de ce cadran et la dizaine ou la retenue passe sur le cadran suivant à gauche, au moyen d'un levier qui s'appuie sur le contour d'une grande roue portant un plan incliné. Quand un cadran passe de 9 à 0, le pignon que porte ce levier engrène dans la roue du cadran suivant et lui fait faire un pas.

Soustraction. — Quand le grand nombre se trouve dans les fenêtres des cadrans, le petit nombre dans les fenêtres des cylindres et l'indicateur sur le mot soustraction, un tour de manivelle (de droite à gauche, en sens contraire de l'addition) opère la soustraction, et le reste se trouve dans les fenêtres des cadrans.

Les cylindres et les cadrans de la tablette suffisent pour l'addition et la soustraction, qui n'exigent qu'un tour de manivelle. Dans la multiplication et la division, il en serait de même en faisant compter les tours par l'opérateur; mais ils sont indiqués sur la machine au moyen d'une seconde rangée de sept cadrans. Les cylindres se trouvent ainsi entre la grande tablette des cadrans dont nous venons de parler et une petite tablette fixée sur l'autre côté de la boîte. Cette tablette des tours est percée de fenêtres correspondantes aux sept cylindres. Le premier cylindre de droite ou des unités porte seul une came qui atteint toujours un des sept cadrans placés sous la petite tablette. Dans un tour de manivelle la came fait avancer ce cadran d'un pas, et le tour est enregistré dans la fenêtre correspondante de la petite tablette.

Multiplication. — L'indicateur étant sur le mot multiplication, on écrit le multiplicande dans les fenêtres des cylindres et le multiplicateur dans les fenêtres des tours ou de la petite tablette. On fait tourner la manivelle (de gauche à droite, comme dans l'addition) jusqu'à ce que le chiffre des unités du multiplicateur soit réduit à zéro. On est sûr, par là, que le nombre de tours est égal à ces unités, et que le premier produit partiel se trouve dans les fenêtres des cadrans de la grande tablette. Alors il faut faire avancer le multiplicande ou les cylindres d'un rang à gauche, de manière que le cylindre des unités corresponde au cadran des dizaines. Quand le chiffre des dizaines du multiplicateur est réduit à zéro, on a fait autant de tours qu'il y a de dizaines, et le second produit partiel s'est ajouté au premier, mais en commençant par les dizaines. On continue d'avancer les cylindres d'un rang vers la gauche et de tourner la manivelle jusqu'à ce que les autres chiffres du multiplicateur soient réduits à zéro dans les fenêtres des tours. Les produits se forment et s'ajoutent à mesure aux précédents, et le produit total se lit dans les fenêtres des cadrans.

Division. — Le dividende étant écrit dans les fenêtres de la grande tablette et le diviseur sur les cylindres, on pousse l'indicateur sur le mot division; alors on fait glisser les cylindres de manière que le diviseur qu'ils représentent se trouve sous les chiffres de gauche du dividende. On tourne la manivelle (de droite à gauche) tant que l'on peut retrancher le diviseur de la première tranche du dividende. Le nombre de tours marqué dans une fenêtre des tours est précisément le chiffre de l'ordre le plus élevé du quotient. On fait avancer le diviseur ou les cylindres d'un rang vers la droite, on tourne la manivelle, et on trouve sur la tablette des tours le second chiffre du quotient et ainsi de suite. Quand le diviseur a été retranché du dividende autant que possible, le quotient est sur la tablette des tours et le reste de la division sur la grande tablette.

Avec cette machine on peut faire la multiplication de sept chiffres par six chiffres, et la division de treize chiffres par sept chiffres.

Le jury a trouvé l'instrument de M. Staffel digne de la récompense du second ordre.

Abaque de M. Lalanne.

M. Léon Lalanne (France, n° 1650) a exposé une règle à calcul à enveloppe de verre construite par de nouveaux procédés, puis un *Abaque* ou *compteur universel*, qui a plus particulièrement fixé l'attention du jury. C'est un tableau graphique formé seulement de lignes droites, avec lequel on peut obtenir facilement, à un deux centièmes près, les résultats de tous les calculs que l'on effectue ordinairement avec la règle logarithmique (*sliding rule*).

Les relations qui existent entre l'algèbre et la géométrie fournissent les moyens de résoudre par l'algèbre des problèmes de géométrie, et par la géométrie des problèmes d'algèbre. Le produit p de deux facteurs x et y dépend de la résolution de l'équation

$$x\,y = p.$$

Avec des valeurs particulières de x et y, on forme une table qu'on nomme à double entrée, parce qu'on y entre avec deux nombres x et y pour avoir leur produit p. Quand les nombres donnés x et y ne sont pas ceux de la table, il faut prendre de doubles parties proportionnelles, ce qui est très-long et très-sujet à erreur.

Mais le produit p peut aussi s'obtenir d'une manière plus générale par la géométrie, en construisant sur un tableau, pour différentes valeurs de p, les hyperboles équilatères représentées par l'équation $xy = p$. Le produit xy est donné par la puissance ou l'indice p de l'hyperbole sur laquelle se rencontrent les deux coordonnées rectangulaires x et y. M. Pouchet a donné le premier, dans son arithmétique linéaire, publiée en 1796, un tableau graphique avec des hyperboles équilatères pour obtenir les produits de deux nombres.

M. Lalanne ne s'est pas arrêté là. Au moyen des logarithmes, il change l'équation : $xy = p$,

en............ $\log. x + \log. y = \log. p$,

ou simplement... $x' + y' = p'$;

et il porte dans son tableau, au lieu des lignes x, y, p, les lignes x', y', p', qui en représentent les logarithmes. Alors l'équation $xy = p$ est remplacée par l'équation linéaire $x' + y' = p'$, qui représente une suite de lignes droites parallèles, inclinées de 45° sur les deux axes rectangulaires des x et des y. Grâce à cette heureuse transformation des hyperboles en lignes droites, M. Lalanne a rendu très-facile la construction et l'usage de son tableau graphique.

C'est par de simples lectures, sans mesures, sans mouvement, que s'effectuent la multiplication, son inverse la division, la formation des carrés, des cubes et même des puissances quelconques, l'extraction des racines carrées et cubiques.

Le jury a reconnu cet instrument très-digne d'une mention honorable.

Autres machines à calculer.

M. Schilt (Suisse, n° 59). La machine inventée par cet exposant n'est qu'un simple additionneur. Quand un nombre est écrit dans les fenêtres d'une rangée de cadrans, on pose le doigt sur une des neuf touches qui portent les chiffres 1, 2, 3, 4, 5, 6, 7, 8, 9, et le nombre écrit se trouve augmenté de 1, 2, 3, 4, 5, 6, 7, 8 ou 9 unités. Le jury accorde une mention honorable à M. Schilt.

M. Wertheimer (Angleterre, n° 387) a exposé une machine pour l'addition et la soustraction, et une autre pour compter les oscillations du piston d'une machine à vapeur. Quoique ces instruments laissent à désirer sous plusieurs rapports, le jury leur accorde une mention honorable.

M. Baranowski (France, n° 15) a exposé une taxe-machine, ou barème mécanique, qui donne des comptes faits ou des produits de deux nombres. Le papier sur lequel se trouvent les divers produits s'enroule sur deux cylindres parallèles, que l'on fait tourner avec une manivelle. Une touche, que l'on fait glisser avec le doigt, découvre le produit que l'on cherche, et que l'on voit paraître seul dans une case, en sorte qu'il n'y a aucune crainte de se tromper, comme quand on prend les comptes faits dans un barême. Ainsi, avec le prix de la journée et le nombre de jours de travail d'un ouvrier, une manœuvre très-simple fait paraître sur-le-champ ce qui lui revient. M. Baranowski a encore exposé une machine à addition continuelle d'une unité, qui sert à imprimer, pour les théâtres et les chemins de fer, des billets avec changement du numéro et de la marque du contrôle. Cette jolie et ingénieuse machine a été reconnue par le jury (classe VI) digne d'une récompense du second ordre.

II.

PLANIMÈTRES.

CONSIDÉRATIONS GÉNÉRALES.

Les principes sur lesquels repose la construction des instruments destinés à la mesure de la surface des figures planes ont été nettement établis pour la première fois par M. Gonnella (Antologia, tomo XVIII, n° LII, aprile 1825), dans un article intitulé : *Teoria, e descrizione d'una macchina colla quale si quadrano le superficie piane.*

Nous allons le rapporter en substance :

« La construction d'une machine pour la quadrature d'une superficie plane doit satisfaire à une condition fondamentale; cette condition est que deux pointes fines métalliques P et Q soient mobiles, de manière que la première puisse parcourir tout le périmètre de la figure dont on cherche la quadrature, et que le mouvement soit communiqué à la pointe Q, de telle sorte que, pendant que la pointe P suit le périmètre de la figure proposée, la pointe Q marque un rectangle équivalent en superficie à cette figure.

« Ce problème doit être résolu de manière que la base du rectangle puisse être constante et arbitraire, quelle que soit la figure que l'on veut carrer. Pour remplir très-simplement la condition du mouvement de la pointe Q, il suffit qu'elle marque seulement la hauteur du rectangle, sans être assujettie à en parcourir inutilement le périmètre.

« Nous avertissons immédiatement qu'un moyen de succès pour la construction de la machine est de mesurer ou compter, non étendue en ligne droite, mais courbée en circonférence, la hauteur du rectangle. Pour cela, le point Q est, dans la machine, l'extrémité d'une aiguille qui parcourt un cadran gradué. Alors la hauteur du rectangle, qui, dans beaucoup de cas, serait fort longue, est représentée par le développement en ligne droite de la somme des circonférences entières et de la fraction de circonférence parcourues par le bout de l'aiguille.

« Une pièce distincte indique le nombre de circonférences entières parcourues par l'aiguille; la fraction de circonférence se trouve sur le cadran gradué mentionné plus haut. La hauteur représentée par ces indications simultanées, multipliée par la base, exprime la surface du rectangle. La base pourrait être prise égale à 10, pour rendre la multiplication plus facile.

« Pour se former une idée, sinon de toutes les parties, au moins des pièces principales qui constituent la présente machine, on concevra une règle métallique unie, qui glisse horizontalement sur deux poulies dans le sens de sa longueur, et qui porte au-dessus un axe ou cylindre vertical terminé par deux tourillons coniques. La partie inférieure de cet axe est garnie d'un petit pignon, et la partie supérieure porte un plan ou disque circulaire, qui tourne horizontalement par la rotation du pignon ou de l'axe même. Une règle dentée horizontale, faisant toujours un angle droit avec la règle unie, imprime un mouvement de rotation au pignon dans lequel elle engrène. A l'extrémité de la règle dentée est fixée une pointe ou un style P, destiné à parcourir le périmètre de la figure à carrer.

« Une autre partie de la machine, indépendante du système de pièces déjà décrites, et qui n'en subit jamais aucun mouvement de translation, consiste dans un axe de rotation horizontal, qui porte, à une extrémité, une roulette R, dont la circonférence repose normalement sur le plan du disque circulaire. Le point de contact est sur le diamètre de ce disque parallèle à la règle unie, de telle façon, que, dans le mouvement progressif de cette règle, le centre du disque passe sous le point de contact de la roulette. A l'autre extrémité de l'axe horizontal de rotation, est fixée perpendiculairement à cet axe une aiguille dont le bout parcourt un cadran vertical gradué et indique le plus petit mouvement de rotation de la roulette R. Ce point extrême de l'aiguille qui parcourt la circonférence du cadran est précisément le point Q indiqué plus haut.

« La roulette R, qui pèse sur le plan du disque horizontal, est obligée de tourner, en vertu du frottement, de toute la quantité dont le disque tourne avec le pignon.

« Telle est la composition de la machine; on verra facilement que les conditions indiquées en commençant, pour obtenir une quadrature, sont satisfaites.

« On remarque d'abord que, quand la règle unie se meut seule, elle emporte avec elle la règle dentée, puis le disque qui, sans aucune rotation, a un mouvement de translation dont l'effet est de porter le centre du disque à une distance plus petite ou plus grande du point de contact de la roulette R. Dans ce mouvement, la roulette et conséquemment le point Q de l'aiguille restent immobiles, puisque le point de contact de la roulette avec le disque suit un rayon de ce disque parallèle à l'axe de rotation de la roulette. Alors l'extrémité P de la règle dentée décrit une parallèle à la règle unie.

« Pour bien montrer l'usage auquel chacune des pièces décrites est destinée, supposons que la courbe à carrer soit rapportée à deux axes rectangulaires, des y parallèle à la règle unie et des x parallèle à la règle dentée.

« Les points du disque qui arrivent successivement sous les points de contact de la roulette R, appartiennent à des circonférences dont les rayons sont respectivement égaux aux ordonnées successives y de la courbe.

« Les arcs décrits par le pignon en vertu de l'avancement de la règle dentée dans le sens des x, sont égaux à l'abscisse x elle-même ou à la parallèle parcourue effectivement par la règle dentée. L'axe des x étant divisé en parties infiniment petites dx, les arcs successifs décrits par le pignon seront aussi égaux à dx. En conséquence, si nous appelons r le rayon constant du pignon, l'arc A du disque qui glisse sous le point de contact de la roulette, et qui a pour rayon y, sera donné par la proportion

$$r : dx :: y : A, \quad A = \frac{1}{r} y dx.$$

« On voit par là que le disque est destiné à former successivement les quantités $\frac{1}{r} y dx$ variables avec y.

« Maintenant il est manifeste que la somme de tous ces arcs infiniment petits développés en ligne droite sera représentée par $\frac{1}{r} \int y dx$, et que l'on en déduira la quadrature en la multipliant par la constante $C = r$.

« Or cette somme s'obtient au moyen de la roulette R, laquelle, recevant tous les mouvements successifs du disque, prend effectivement la somme des arcs de rayons variables que décrit son point de contact, représente ces arcs répétés sur la circonférence du rayon constant R, et fournit ainsi la valeur de $\frac{1}{r} \int y dx$.

« De plus, si l'on combine le mouvement de la roulette R et le mouvement de l'aiguille qui parcourt une circonférence ou un cadran gradué d'un plus grand rayon R', il est clair qu'alors la longueur linéaire réellement marquée sur le cadran sera représentée par $\frac{R'}{R} \frac{1}{r} \int y dx$. Dans ce cas la base constante multiplicatrice sera

$$C = \frac{R}{R'} r,$$

puisqu'on doit avoir $\frac{CR'}{Rr} \int y dx = \int y dx$.

« Dans cette indication succincte d'une machine pour la quadrature, nous n'avons fait connaître que les pièces principales; nous réservons pour une autre circonstance une plus complète description et les développements analytiques. »

M. Gonnella est en effet revenu sur ce sujet dans un opuscule publié à Florence en 1841. Il donne alors une description très-détaillée de sa machine, et il dit que la description abrégée qu'il a mise dans l'*Antologia*, en 1825, avait eu principalement pour objet d'établir l'époque de son invention. On voit dans cet opuscule qu'il avait été conduit à placer la roulette sur un cône droit, mais il dit, page 142, que la forme la plus avantageuse du cône, pour cet instrument, est celle d'un cône dont l'angle au sommet est de 180°, ce qui change la surface conique en un disque circulaire.

M. Gonnella faisait construire son planimètre en Suisse par un artiste avec lequel il correspondait à ce sujet dans l'année 1827. Vers ce temps-là, un simple artisan, doué d'un esprit inventif et qui était devenu géomètre-arpenteur à Berne, M. Oppikofer, imaginait un planimètre à cône. Cet instrument fut construit en 1827 par M. Ernst, qui apporta des simplifications, des modifications, dans différentes parties du mécanisme. Depuis cette époque M. Ernst a continué de perfectionner le planimètre à cône, qui est devenu pour ainsi dire sa chose propre. Celui qu'il a présenté à l'Académie des sciences, en 1834, avait pour but d'évaluer graphiquement l'étendue des surfaces agraires représentées sur un plan construit à une échelle quelconque. Il fut l'objet d'un rapport très-favorable de MM. Navier et Puissant. Trois ans après, en 1837, sur le rapport de M. Poncelet, le planimètre de M. Ernst partageait le prix de mécanique de la fondation Montyon.

Le planimètre à cône consiste principalement dans un chariot qui se meut sur un plateau rectangulaire au moyen de poulies roulant sur des espèces de rails, et qui porte un cône droit à base circulaire dont l'axe est incliné de manière que son arête supérieure est toujours horizontale et perpendiculaire au mouvement du chariot. Une roue qui a même axe que le cône, puis une règle parallèle aux rails et liée au plateau sont rayées de manière à agir l'une sur l'autre comme une roue dentée sur une crémaillère. Une seconde règle, nommée *directrice*, qui glisse dans une coulisse du chariot parallèlement à l'arête horizontale du cône, porte la chape d'une roulette qui repose normalement sur cette arête.

La roulette est surmontée d'un système d'engrenages qui transmet son mouvement aux aiguilles de deux cadrans sur lesquels on lit les tours et les fractions de tours. Cet ensemble qui forme le compteur de la machine, repose par son propre poids sur le cône.

Pour avoir l'aire d'un rectangle, plaçons la directrice sur la base et faisons monter le chariot de la hauteur h de ce rectangle. La roue rayée du cône dont le rayon est r tourne de l'angle ω, et avance sur la règle rayée de la quantité $h = r\omega$. Désignons par R le rayon de la roulette et par ρ le rayon de la section du cône sur laquelle repose la roulette. Dans la translation du chariot, la roulette, entraînée par le cône, a un mouvement angulaire ω', et son point de contact décrit l'arc $R\omega'$ égal à l'arc $\rho\omega$ décrit sur la section du cône; on a donc $\rho\omega = R\omega'$ et mouvement angulaire de la roulette $\omega' = \frac{\rho}{R}\omega$. Maintenant faisons avancer la directrice de la quantité b, base du rectangle. La roulette glisse sans tourner sur l'arête horizontale du cône en s'approchant du sommet, et s'arrête en un point dont le rayon est ρ'. Enfin, faisons redescendre le chariot de la hauteur h. La roulette tourne en sens contraire de l'angle $\omega'' = \frac{\rho'}{R}\omega$.

La différence A des deux mouvements angulaires de la roulette sera donc $A = \omega' - \omega''$, ou $A = \frac{\rho - \rho'}{R}\omega$. Mais $\omega = \frac{h}{r}$, et, en désignant par 2α l'angle au sommet du cône, on a $\rho - \rho' = b \sin\alpha$; donc enfin

$$A = \frac{\sin\alpha}{Rr}bh.$$

On voit par là que l'aire bh du rectangle est proportionnelle au mouvement angulaire A, et que les tours et fractions de tours du compteur, qui indiquent la valeur de A, pourront donner cette aire en construisant la machine de manière que le coefficient de la proportionnalité soit égal à l'unité.

Quand on veut avoir en même temps l'aire d'un rectangle $b'h'$, placé à côté du rectangle bh, le chariot, après avoir monté de la hauteur h et glissé de la base b comme nous venons de le dire, ne doit plus descendre de la hauteur h, puisque pour le rectangle $b'h'$ on serait obligé de le faire monter de h' ou de $h + (h' - h)$. Il suffit donc, en arrivant au second rectangle, de faire monter le chariot de $h' - h$. Il en sera de même en passant aux suivants. C'est seulement pour le dernier rectangle que le chariot doit descendre de sa hauteur.

Ainsi dans les mouvements successifs et rectangulaires de la règle rayée ou du chariot et de la directrice, il suffit de suivre le contour polygonal qui renferme tous les rectangles pour que le compteur donne la somme des aires de ces rectangles.

L'aire comprise entre une courbe quelconque, l'axe des x et deux ordonnées s'obtiendra par l'indication du compteur, en plaçant la directrice sur l'axe des x et en suivant d'un mouvement continu avec le chariot et la directrice la première ordonnée, puis la courbe, et enfin la dernière ordonnée. Car on formera, comme dans l'exemple précédent, la somme des rectangles $y\,dx$ dont se compose l'aire de la courbe ou l'intégrale $\int y\,dx$.

M. Ernst, pour faciliter l'évaluation de la surface d'un polygone quelconque, prend $\frac{1}{2}$ au lieu de 1 pour le coefficient de la proportionnalité, en sorte que le compteur ne donne que la moitié de la surface.

Le principe du planimètre construit avec un cône ou avec un disque circulaire, qui n'est qu'un cas particulier du cône, est donc tel que l'aire d'un rectangle quelconque ou le produit de deux quantités variables peut s'exprimer par le nombre de divisions que parcourt sur un cadran gradué une aiguille liée à l'axe de la roulette.

Cette propriété a naturellement conduit à l'emploi du planimètre dans des applications de la mécanique et de l'arithmétique où le produit de deux quantités peut être donné avec une précision suffisante par cet instrument.

Le principe du cône a été, en effet, employé par M. Coriolis dans un modèle de dynamomètre qu'il a présenté, en 1829, à la société d'encouragement, et qu'il proposait pour mesure du travail mécanique, travail qui est exprimé, en définitive, par le produit de deux quantités. Mais ici le cône est conduit par un anneau placé sur l'arbre du dynanomètre et mobile le long de cet arbre quand la force varie. Alors c'est le mouvement angulaire du cône marqué par une aiguille liée à son axe qui donne la mesure du travail.

On a aussi construit des dynamomètres avec un disque circulaire qui tourne d'un mouvement uniforme et continu au moyen d'un mécanisme d'horlogerie.

M. Léon Lalanne a fait, en 1840, du planimètre à cône de M. Ernst un instrument d'arithmétique graphique qu'il a nommé *arithmoplanimètre*, en remplaçant les deux règles rectangulaires unies du planimètre par deux règles à *coulisses* portant des divisions. A l'aide de ces deux règles on peut faire marcher alternativement le chariot et la directrice de quantités données, et obtenir ainsi la somme des aires d'une suite de rectangles dont on connaît les bases et les hauteurs sans avoir besoin de les tracer sur le papier. L'arithmoplanimètre, comme instrument de calcul, donne avec une grande célérité la valeur d'une suite de produits bh, $b'h'$, etc., dont on connaît les éléments numériques. Cela revient à assimiler ces produits à des rectangles et à chercher avec cet instrument, qui est toujours un planimètre, la somme $bh + b'h' +$ etc., des aires de ces rectangles. Cet instrument peut s'étendre à plusieurs opérations numériques au moyen de divisions logarithmiques tracées sur la règle du chariot. C'est ainsi que l'on pourra résoudre l'équation $x = A^a B^b C^c$ qui se change en $\log. x = a \log. A + b \log B + c \log. C.$

Planimètre de M. Gonnella.

M. Gonnella (Florence, n° 70) a exposé un planimètre qui porte sur une plaque de cuivre l'inscription suivante : « Macchina per quadrare le superficie inventa e resa publica colle stampe da Tito Gonnella nel 1825 e da esso construita per ordine di Leopold II. »

Cette machine, dont la première idée remonte à l'année 1825, se compose principalement d'un disque circulaire horizontal, qui a un double mouvement de translation et de rotation, et d'une petite roulette verticale reposant sur le disque et susceptible seulement de tourner autour d'un axe horizontal auquel est liée l'aiguille qui indique, sur un cadran gradué, la surface de la figure dont on a suivi le périmètre avec un style attaché à la règle qui fait tourner le disque. En suivant six fois de suite le contour d'un polygone, le cadran a donné pour la surface des indications qui présentaient un accord très-satisfaisant.

Depuis bien des années on a construit sur le même principe des planimètres plus simples et plus portatifs; mais le jury n'en a pas moins donné la plus grande attention à l'instrument inventé par M. Gonnella pour mesurer la surface des figures planes et opérer une véritable intégration par un moyen purement mécanique.

Le jury décerne une médaille du premier ordre à M. Gonnella.

Planimètre de M. Vittli.

M. Vittli (Suisse, n° 84) a exposé un planimètre à disque circulaire d'une construction simple et bien entendue. Tandis qu'on suit le périmètre d'une figure avec le style, le chariot se déplace, le disque circulaire se déplace aussi, tourne et fait tourner la roulette. Par dessous le disque se trouve un petit cylindre qui lui sert d'axe et autour duquel s'enroule un fil de laiton toujours bien tendu. L'axe de la roulette fait tourner un petit pignon et l'aiguille du cadran divisé en 100 parties sur lequel on lit l'aire de la figure plane dont on a suivi le contour. Dans cinq épreuves, l'instrument nous a donné pour un polygone des résultats qui offraient une concordance très-satisfaisante pour l'évaluation des surfaces des parties d'un plan cadastral.

Cette machine, bien conçue, bien exécutée, d'une manœuvre commode, a été remarquée par le jury, qui l'a trouvée digne d'une récompense du second ordre.

Autres planimètres.

M. Hamann (France, n° 861) a exposé un planimètre sommateur, qu'il a construit sous la direction et avec les dessins de l'inventeur, M. Beuvière, ancien géomètre en chef du cadastre.

M. Beuvière conçoit un polygone décomposé en rectangles d'une petite hauteur, par des lignes parallèles terminées au périmètre. Voici comment il mesure ces lignes fictives, bases des rectangles. Une roue horizontale avec son cadran porte une règle de verre sur laquelle est gravée une ligne qui, prolongée, passe par le centre de la roue; cette ligne est divisée en petites parties égales, marquées des numéros 1, 2, 3, 4, etc. On place la roue contre une règle de fer qui forme une espèce de rail, de manière que la petite ligne n° 1 tombe à gauche sur le périmètre du polygone; on pousse le système mobile de gauche à droite, jusqu'à ce que cette petite ligne n° 1 soit arrivée sur le périmètre à droite. Dans ce mouvement, la règle de verre glisse sur le plan en restant perpendiculaire au rail; la petite verticale n° 1 parcourt le premier rectangle, et la roue, en tournant contre le rail, se développe d'une quantité égale à la base du rectangle; cette base est indiquée par la graduation du cadran. On ramène la règle de verre sur la gauche du polygone, après avoir relevé le rail pour que la roue ne tourne pas en sens contraire, et on obtient de même la base du rectangle qui a pour hauteur la ligne n° 2, et ainsi de suite. La somme des bases indiquée par le cadran, devant être multipliée par la hauteur commune, peut aussi représenter la somme des rectangles ou l'aire du polygone.

Au premier abord, cet instrument paraît d'un emploi un peu long, puisqu'à chaque rectangle il faut revenir sur ses pas; cependant l'opération s'exécute avec une grande rapidité.

Cet instrument, d'une grande simplicité, reposant sur les principes les plus élémentaires de la géométrie, a été reconnu par le jury digne d'une médaille du second ordre.

M. Sang (Angleterre, n° 338) a exposé un planimètre construit avec un cône, comme dans le système inventé par Oppikofer et réalisé par Ernst; cet instrument un peu lourd est d'une exécution médiocre. La manœuvre est assez difficile, parce qu'il faut faire marcher toute la machine sur le papier. Le mouvement n'est pas doux, surtout quand on marche obliquement par rapport à la ligne des deux galets; il n'est facile que dans les directions perpendiculaires à l'axe des galets. Il y a parfois des soubresauts dans le transport ou le roulement de l'appareil. Cependant, grâce à la bonté du principe sur lequel il repose, plusieurs mesures d'un même polygone ont donné des résultats qui ne s'accordent pas mal.

Le jury accorde une mention honorable à M. Sang.

M. Ausfeld (Gotha, n° 704). Dans le petit planimètre de cet exposant, la roulette verticale tourne sur son axe et se déplace sur un disque horizontal en verre qui tourne sur lui-même. Ce disque étant peu étendu, on ne peut mesurer chaque fois que de petits polygones. C'est avec une petite lunette dirigée sur la pointe du style que l'on suit le périmètre des figures que l'on veut carrer. Cet instrument n'est pas mal construit et entendu; cependant, en mesurant plusieurs fois de suite le même polygone, on ne retombe pas tout à fait sur le même résultat.

Le jury accorde une mention honorable à M. Ausfeld.

M. Laur (France, n° 567) a exposé un instrument qu'il

nomme *olarithme* ou calculateur graphique universel, pour mesurer les surfaces par une simple superposition sur le plan. L'équation $xy = a^2$ de l'hyperbole équilatère montre que le rectangle xy, construit sur l'abscisse x et sur l'ordonnée y d'un point, est constant et égal au carré a^2 de l'ordonnée a du sommet de la courbe; c'est sur cette propriété que se fondent la construction et l'usage de l'instrument de M. Laur. Cette propriété avait servi à M. Pouchet en 1796, pour construire son tableau graphique donnant les produits de deux nombres.

M. Laur trace dans un angle droit, sur une feuille de corne ou plutôt de gélatine solide et transparente, une suite d'hyperboles équilatères correspondantes à différentes valeurs de l'ordonnée a du sommet; il écrit en un point de chaque hyperbole, vers le sommet, en mesures de superficie, non le nombre qui exprime la valeur du carré a^2 ou du rectangle xy, mais seulement la moitié de ce nombre, parce que, dans la pratique, on ramène ordinairement un polygone à un triangle équivalent.

On pose l'instrument sur un triangle donné, de manière que la base se trouve sur l'axe des x à partir de l'origine qui est le centre commun de toutes les hyperboles. On voit sur quelle hyperbole tombe le sommet du triangle transporté perpendiculairement à l'autre bout de la base. Le nombre inscrit au sommet de cette hyperbole est l'aire du triangle.

L'auteur réduit le polygone que l'on veut mesurer à un triangle, par le procédé géométrique qui consiste à diminuer successivement d'une unité le nombre des côtés. Il emploie pour cela son instrument, qui, au moyen de deux rouleaux, peut glisser parallèlement sur le papier, et servir à tracer les parallèles dont on a besoin dans la réduction.

Cet instrument, simple, d'un prix extrêmement modéré, employé avec avantage dans le cadastre, a obtenu une mention honorable.

III.

INSTRUMENTS DE PESAGE.

CONSIDÉRATIONS GÉNÉRALES.

Les monnaies qui se fabriquent actuellement avec une grande perfection, et qui ne doivent différer en plus ou en moins du poids légal que d'une très-petite quantité, ne peuvent se peser qu'avec des balances sensibles, dont l'ajustement doit d'ailleurs présenter assez de stabilité, de permanence, pour que la vérification puisse s'opérer très-rapidement. Dans le commerce des matières précieuses, dans les essais d'or et d'argent, on a aussi besoin de balances sensibles pour peser avec exactitude et une grande facilité. Pour satisfaire à ces exigences, on a successivement perfectionné la forme, la disposition et les dimensions du fléau, des couteaux, des supports et des moyens de suspension dans ces petites balances qui sont maintenant d'un usage fort commode. L'Exposition en a offert une grande variété. Dans toutes, et c'est bien suffisant, on suit à l'œil nu les mouvements de l'index du fléau pour arriver à la détermination du poids des objets. Parmi les nombreux moyens employés pour arrêter les oscillations des bassins, on remarque particulièrement le joli petit appareil de WOLLASTON. C'est un levier articulé vers son milieu, posé sur le fond de la boîte de la balance. Un bout tourne autour d'un point fixe, l'autre est libre ; chaque bras du levier porte un petit cylindre vertical. On fait glisser horizontalement à la main le bras de levier libre qui est en partie en dehors de la boîte, les deux cylindres arrivent contre le bord du bassin et modèrent ses oscillations. On éloigne ensuite les cylindres par une manœuvre contraire.

Les recherches les plus délicates de la physique et de la chimie, la comparaison d'un poids à un poids étalon exigent des balances encore plus sensibles que les balances d'essais d'or et d'argent. Dans les moyens de pesage dont la science est heureusement en possession depuis assez longtemps, on a dû se mettre le plus possible à l'abri des erreurs pour parvenir à une grande précision. Comme on ne pouvait plus se contenter de voir et d'apprécier à la simple vue les oscillations de l'index du fléau, on a eu recours à une petite lunette. Le grossissement de cette lunette et une vive lumière portée par la réflexion sur l'arc gradué, devant lequel se meut l'index du fléau, permettent d'apercevoir dans cet index des déplacements extrêmement petits, que l'on soupçonne à peine à l'œil nu et que l'on peut évaluer en parties de l'arc gradué et en fraction de milligramme. La lunette a encore le grand avantage de faire toujours projeter l'index de la même manière sur l'arc gradué, et de garantir des effets de la parallaxe, qu'il est bien difficile d'éviter à l'œil nu en regardant plus ou moins obliquement. Dans ces délicats instruments de pesage le couteau du fléau repose sur un plan d'agate, et, aux extrémités du fléau, les bassins sont soutenus par un système de suspension à couteaux avec le double mouvement de Cardan. Tout le système est d'ailleurs soulevé et soutenu par un support quand la balance n'est pas en fonction, et quand on veut modérer les oscillations du fléau. Souvent, nous avons eu occasion, à l'Observatoire de Paris, de faire usage, dans des comparaisons de kilogrammes, d'une excellente petite balance de Gambey, que nous avions en vue dans les considérations précédentes, et qui permet d'apprécier à un demi-milligramme la différence de deux poids. Il est bien regrettable que les habiles artistes qui sont en possession de fournir aux sciences des instruments de ce genre n'aient pas cru devoir en faire figurer un seul à l'Exposition universelle.

Depuis une trentaine d'années, les instruments de pesage en usage dans le commerce ont reçu de grandes modifications. L'uniformité des poids et mesures, si nécessaire à la sécurité des transactions sociales, si heureusement opérée en France par l'établissement du système métrique décimal, a puissamment contribué aux progrès incessants qui ont été faits dans la construction de ces instruments.

La balance ordinaire, à deux bassins suspendus aux extrémités du fléau, s'est beaucoup améliorée; elle est devenue plus sensible. Mais une autre balance, avec deux bassins placés au-dessus du fléau, s'est rapidement répandue dans le commerce depuis quelques années. Elle est aussi exacte et bien plus commode que la balance ordinaire, dont les chaînes de suspension sont souvent gênantes pour le placement, dans l'un des bassins, des objets que l'on veut peser. Cette balance, avec deux bassins entièrement libres, découverts, repose sur les mêmes principes que l'instrument proposé par Roberval et relégué depuis longtemps parmi les objets de pure curiosité; d'heureuses modifications en ont fait un instrument de pesage très-usuel.

La romaine est une machine bien simple, qui laissait beaucoup à désirer sous le rapport de l'exactitude. A l'aide de dispositions bien entendues, on est parvenu à rendre le pesage plus facile, plus sûr. La superposition de deux romaines forme une machine d'une puissance dix et vingt fois plus grande, et, à l'aide de poids curseurs, on obtient des indications précises du poids. La romaine devient ainsi plus puissante, plus sensible, sans augmentation de longueur et même avec diminution, ce qui permet de l'appliquer à des pesages que l'on ne pouvait opérer qu'avec de bonnes balances.

Les combinaisons variées de deux leviers ont fourni des instruments à l'aide desquels on peut facilement peser des fardeaux d'un grand volume et d'un poids considérable avec une précision que l'on était bien loin d'atteindre anciennement.

La romaine, combinée avec un système de leviers sur lequel repose un tablier, se retrouve dans les bascules qui se sont répandues partout, sous toutes les formes, pour les opérations du grand commerce, et dans les ponts à bascule qui servent au pesage des voitures.

Pour bien apprécier les instruments de pesage, on doit

considérer le travail, la forme et la disposition des pièces, la sensibilité unie à une certaine permanence dans toutes les parties de l'ajustement. Les produits français, qui supportent parfaitement, sous ces derniers points de vue, la comparaison avec les produits similaires des autres pays, sont toujours remarquables par le fini du travail, la bonne disposition et l'élégance des formes.

Balances de précision.

M. Oertling, L. (Londres, n° 334) a exposé de remarquables instruments de pesage :

1° Une très-petite balance, avec un fléau de 14 pouces (0^{m},355) de longueur, qui peut peser jusqu'à mille grains anglais ou 65 grammes. Elle n'offre rien de particulier dans sa composition; mais elle est bien exécutée et a toute la sensibilité des instruments de ce genre;

2° Une petite balance pouvant peser 2 livres anglaises avoir du poids, ou environ 1 kilogramme. Le fléau en bronze, de 16 pouces anglais (0^{m},406) de longueur, a été recouvert par l'électricité d'une légère couche de palladium. Les trois couteaux du fléau et les trois plans sont en agate, savoir : le plan sur lequel repose le couteau du milieu du fléau, puis les deux plans auxquels sont suspendus les deux bassins, et qui reposent sur les deux couteaux extrêmes. Par suite de ces heureuses innovations, les organes principaux de la balance ne peuvent être altérés par des vapeurs acides. Le système du fléau et des bassins est soulevé et soutenu par un support quand la balance n'est pas en fonction.

Pour opérer la tare de la balance, ou évaluer une très-petite différence de poids, on se sert d'un petit poids en fil de laiton ayant la forme d'un compas, que l'on pose à cheval sur le bras du fléau portant des divisions, et que l'on promène jusqu'à ce que l'équilibre soit établi entre les deux bassins.

L'aiguille verticale de la balance a 10,5 pouces anglais (0,^{m}254) de longueur, et chaque partie de l'arc gradué devant lequel glisse l'index est d'un vingtième de pouce, ou à peu près 1 millimètre et quart.

Sous la charge de 10000 grains anglais (648 grammes), dans chaque bassin, l'index marche de 1,1 partie quand on ajoute dans un bassin un centième de grain ou 2/3 de milligramme, et de 4,8 parties pour l'addition de 5 centièmes de grain ou 3 milligrammes. Tous les essais que nous avons faits nous ont montré que cet instrument est aussi bon que bien construit.

3° Une grande balance, qui peut être chargée, dans chaque bassin, de 56 livres avoir du poids (un demi-quintal anglais ou 25,4 kilogrammes). Le fléau a 3 pieds anglais ($0^m,91$) de longueur. Le couteau du milieu du fléau repose de toute sa longueur sur un plan d'acier. Deux plans d'acier auxquels les bassins sont suspendus reposent sur les deux couteaux extrêmes du fléau. Un support en fonte un peu lourd, mais bien conçu, sert à soulever par les bouts les deux plans d'acier et à les éloigner des couteaux extrêmes. Quand la balance est au repos, le fléau et les bassins avec leur charge se trouvent soutenus séparément par ce support; on évite par là le contact et la fatigue des couteaux.

Avec la charge de 56 livres dans chaque bassin, l'index marche sur l'arc gradué de 1,1 partie, par l'addition de 1 grain anglais (65 milligrammes) dans un bassin; il marche de 1,75 parties pour 2 grains, et de 7,75 parties pour 3 grains.

Le fléau est beau, bien fait; on peut en dire autant des autres parties de ce bel instrument, qui nous a frappé dès le premier abord par ses bonnes dispositions et le fini du travail. Il a été construit par M. Oertling, habile artiste de Berlin, établi à Londres, et qui a travaillé plusieurs années à Paris, particulièrement chez le célèbre Gambey.

Le jury décerne une récompense du premier ordre à M. Oertling.

Balances de M. Deleuil.

M. Deleuil (France, n° 160) a exposé plusieurs balances de précision.

1° Une petite balance pour la chimie qui peut servir à peser de 150 à 200 grammes. Le couteau du fléau repose de toute sa longueur sur un plan d'agate. Les bassins en platine sont suspendus, par des fils d'argent, à des crochets en acier qui terminent le fléau. Avec cette simple suspension la balance est assez sensible. Après avoir placé 200 grammes dans chaque bassin, nous avons porté 1/2 milligramme dans le bassin de droite, puis dans le bassin de gauche. Alors l'aiguille du fléau, qui descend verticalement et qui a 27 centimètres de longueur, a un petit mouvement angulaire. Le bout de l'aiguille s'est déplacé sur l'arc gradué d'environ la moitié d'une partie dont la valeur est d'un millimètre et quart.

Un bassin et sa suspension peut être remplacé par un bassin particulier auquel on suspend un ballon en verre pour peser les gaz.

2° Une autre balance de mêmes dimensions que la précédente, mais capable de peser 200 à 300 grammes. Elle a été trouvée aussi sensible dans des épreuves analogues, sous la charge de 300 grammes par l'addition d'un demi-milligramme dans un bassin.

Ces deux balances, d'une construction simple et bien entendue, d'un prix modéré, peuvent servir à peser jusqu'à 300 grammes avec facilité et promptitude, et avec toute l'exactitude désirable dans le pesage pour lequel elles ont été établies. Une suspension à couteaux pour les bassins en augmenterait beaucoup le prix sans une grande utilité.

3° Une balance d'essai, pour l'or, de très-petites dimensions, construite avec soin et élégance, pouvant servir à peser deux grammes. L'index, qui a seulement 9 centimètres et demi de longueur, se déplace sur-le-champ d'une quantité sensible, quand, sous la charge de 2 grammes dans chaque bassin, on ajoute d'un côté un demi milligramme.

4° Une grande balance pouvant servir à peser 2 kilogrammes. Les trois couteaux du fléau sont en acier. Celui du milieu repose de toute sa longueur sur un plan d'agate. Les bassins sont suspendus à deux plans d'agate qui reposent sur toute la longueur des deux couteaux extrêmes. L'aiguille perpendiculaire au fléau a 47 centimètres de longueur, et chaque partie de l'arc gradué est de 1mm,25. Pour juger de la sensibilité de cette balance, nous avons placé 2 kilogrammes dans chaque bassin, et nous avons vu que l'addition de 1 milligramme dans un des bassins fait marcher l'index sur l'arc gradué d'une demi-partie ou de 6 dixièmes de millimètre, quantité que l'on peut facilement évaluer à la simple vue.

Un support facile à manœuvrer est toujours maintenu dans le plan vertical de l'axe du fléau. Quand il monte, il soulève d'abord par les bouts de ses bras les plans d'agate extrêmes avec les bassins qu'ils supportent, et ensuite le fléau, de manière qu'au repos les couteaux ne sont plus en contact avec les plans d'agate, et n'ont aucune charge à supporter.

Dans le fond de la boîte de la balance on a pratiqué une ouverture, afin de pouvoir accrocher par-dessous un bassin, un ballon en verre pour peser les gaz.

M. Deleuil a exposé, avec ses balances, une machine pneumatique, un appareil électrique à l'usage de la médecine, et son régulateur de la lumière électrique. Cet ingénieux appareil, mis en mouvement par le courant électrique, ramène sans cesse à la même distance les deux pointes de charbon en graphite à mesure qu'elles s'usent, de manière que, dans le passage de l'une à l'autre, la lumière électrique conserve une intensité constante. On peut l'employer avec avantage quand on a besoin d'une très-vive lumière.

Le jury décerne à M. Deleuil une récompense de premier ordre pour l'ensemble des instruments qu'il a exposés.

Balance de M. Sacré.

M. Sacré (Bruxelles, n° 504) a exposé une grande et belle balance qui peut servir à peser 2 kilogrammes. L'aiguille indicatrice a 48 centimètres de longueur et chaque partie de l'arc gradué est d'un millimètre et demi. Quand la balance est chargée de 2 kilogrammes dans chaque bassin, l'addition d'un milligramme dans un bassin produit un mouvement à peine sensible dans l'index; un centigramme le fait marcher de deux à trois parties. Après ces épreuves, M. Sacré a remis sa balance en meilleur état et elle a paru bien plus sensible.

Une petite balance d'essai, construite avec beaucoup de soin. L'aiguille du fléau est de 17 centimètres de longueur et chaque partie de l'arc gradué vaut à peu près 2 millimètres. Avec une charge de 2 grammes dans chaque bassin, l'addition d'un demi-milligramme produit dans l'index un déplacement de près de deux parties.

Les petites balances d'essais pour l'or et l'argent, qui se construisent ordinairement pour peser seulement 2 grammes, ont des bassins suspendus aux extrémités du fléau par des crochets. Avec ce simple arrangement, bien suffisant quand on ne veut peser que 1 à 2 grammes, ces balances d'essai coûtent encore de six à huit cents francs. Dans la petite balance de M. Sacré les bassins sont suspendus à des plans d'acier qui reposent sur des couteaux aux extrémités du fléau, comme dans de grandes balances de précision. Cette disposition, qui peut permettre de peser jusqu'à 20 grammes, et qui doit contribuer à rendre la balance plus sensible, entraîne malheureusement une notable augmentation de prix.

Avec la grande balance on ne pèse pas 2 kilogrammes à un demi-milligramme près, et avec la petite 20 grammes à la précision d'un vingtième de milligramme, comme l'annonce M. Sacré; cependant ces instruments sont bien faits, d'un bon travail et ils méritent la récompense du second ordre.

Balances de M. Bache.

M. Bache (États-Unis, n° 395 A) a exposé une grande balance avec laquelle on peut peser 56 livres (25,4 kilogrammes). Le fléau d'environ un mètre paraît un peu lourd, ses oscillations sont lentes. La tige verticale qui soutient les tringles de suspension des bassins traverse le support horizontal du fléau, et, dans de grandes oscillations, il y a frottement de cette tige contre le support. Les couteaux extrêmes du fléau ne sont pas des prismes triangulaires; ce sont des prismes d'acier à base carée; chaque prisme, dont une des quatre arêtes horizontales peut servir de couteau, est fixé dans l'intérieur d'un petit châssis, placé dans une entaille rectangulaire faite à l'extrémité du fléau. On fixe ce châssis par des vis, après l'avoir fait glisser, le long d'une rainure dans la direction du fléau, jusqu'à ce que l'arête supérieure du prisme ou le couteau soit ajusté au point convenable. S'il arrive que cette arête s'altère, on peut en prendre une autre pour couteau.

Un mécanisme particulier, placé par-dessous la boîte de la balance, fait monter deux cylindres à travers le fond. Ces cylindres viennent toucher, puis soutenir les bassins. Le fléau, par son support, les bassins, par ces cylindres, sont, à volonté, soulevés et rendus immobiles. Quand la balance est en expérience, on peut, sans ouvrir la boîte, arrêter les oscillations des bassins en les faisant toucher légèrement en dessous par les deux cylindres.

La balance, chargée de 20 kilogrammes dans chaque bassin, n'a pas paru bien sensible quand on ajoutait un petit poids d'un seul côté. Mais les épreuves elles-mêmes portent à croire que cet instrument, remarquable par le travail, par les bonnes dispositions de ses diverses parties, n'avait pas été monté dans le Palais de cristal avec tout le soin désirable.

Le jury accorde à M. Bache une récompense du second ordre.

Balances de MM. Collot frères.

MM. Collot frères (Paris, n° 1155) ont exposé : 1° une assez grande balance pour peser 2 kilogrammes. Avec la charge de 2 kilogrammes dans chaque bassin, elle laisse un peu à désirer sous le rapport de la sensibilité, de la stabilité. 2° une petite balance pour la chimie. Avec une charge de 200 grammes dans chaque bassin, un demi-milligramme porté successivement à droite et à gauche fait marcher l'index des huit dixièmes, puis des six dixièmes d'une partie de l'arc gradué. 3° une balance d'essai. Avec la charge de 2 grammes dans chaque bassin, un demi-milligramme d'un côté déplace l'index de trois parties; de l'autre côté la déplace de quatre parties. Le centre de gravité de cette balance ne paraît pas assez bas.

Ces trois instruments sont faits avec soin, dans de bons principes, par des artistes formés à bonne école.

Le jury accorde à MM. Collot frères une récompense du second ordre.

Balances de M. Auguste Oertling.

M. Auguste Oertling (Berlin, n° 87) a exposé une petite balance pour peser environ un kilogramme. A la hauteur de chaque bras du fléau se trouve un thermomètre, et un niveau sphérique sert à mettre la boîte dans une position horizontale. Les bassins sont suspendus à des agates qui reposent sur les couteaux d'acier du fléau et qui ont pour surface de contact deux plans faisant un angle très-ouvert dans lequel se place le tranchant du couteau. La surface d'un seul plan nous paraît bien préférable à cette espèce de gouttière.

Avec une charge de 500 grammes dans chaque bassin, un milligramme ajouté d'un côté fait marcher d'une partie sur l'arc gradué, ou d'un millimètre le bout de l'index dont la longueur est de 27 centimètres.

M. Oertling a encore exposé de très-petites balances où l'on retrouve le bon travail qui distingue la balance dont nous venons de parler.

Le jury accorde à M. Oertling une récompense du second ordre.

Balances de M. Dover.

M. Dover (Londres, n° 344) a exposé une petite balance pour les essais et les analyses chimiques. Le fléau, de 10,5 pouces anglais ($0^m,28$), oscille autour du tranchant d'un couteau d'acier qui repose de toute sa longueur sur un plan d'agate. Il est soulevé par les deux bouts à l'aide d'un support horizontal quand on veut l'amener au repos. Aux extrémités du fléau, on a pratiqué deux entailles inclinées de 45°. L'ajustement de la balance s'opère au moyen d'une vis qui diminue ou augmente la largeur de ces entailles, et modifie ainsi la longueur des bras du fléau. Avec ce mode d'ajustement, qui n'est ni commode ni étendu, on court la chance de briser le bout du fléau en élargissant un peu trop l'entaille. Les oscillations de chaque bassin sont arrêtées par un levier coudé qui amène deux petits cylindres verticaux contre le bord du bassin.

Cette balance, d'une construction un peu compliquée, d'une forme commune, d'un travail ordinaire, a été trouvée assez sensible dans plusieurs épreuves.

Le jury accorde à M. Dover une récompense du second ordre.

Balances de M. Dolberg.

M. Dolberg (Mecklembourg-Schwerin, Rostock) a exposé une petite balance pas mal exécutée, assez bonne; mais elle laisse bien à désirer dans la disposition de quelques parties. Les bassins sont suspendus à des plans d'acier qui reposent sur toute la longueur des couteaux extrêmes du fléau. Mais le grand couteau du milieu ne repose que par ses extrémités sur deux petites agates dont les surfaces peuvent ne pas être parfaitement dans le même plan, il est à craindre que le contact n'ait pas toujours lieu de la même manière sur les deux plans d'agate. L'aiguille index a 20 centimètres de longueur, et chaque partie de l'arc gradué est d'un millimètre et demi. Quand la balance est chargée de 100 grammes dans chaque bassin, un milligramme ajouté d'un côté produit dans l'index un déplacement de trois dixièmes de partie ou environ un demi-millimètre.

Une récompense de second ordre est accordée à M. Dolberg.

Balances de M. Kusche.

M. Kusche (Autriche, n° 135). M. Batka a exposé une très-petite balance de Kusche, de Vienne. Sous la charge d'un décigramme dans chaque bassin, un demi-milligramme posé d'un côté produit dans le bout de l'aiguille, dont la longueur est de 8 centimètres, un déplacement de deux parties de l'arc gradué ou de sept dixièmes de millimètre. Cet instrument délicat et bien construit a été trouvé digne d'une mention honorable.

Balances de M. Becker.

M. Becker (Hollande, n° 83) a exposé une balance assez sensible pouvant peser jusqu'à un kilogramme. Le couteau du milieu du fléau repose sur deux agates planes, ce qui est fâcheux. On soulève le fléau et les bassins au moyen de deux tringles qui, en s'inclinant, font monter les bras du support jusqu'à ce qu'ils atteignent le fléau. Ce système de soulèvement du fléau ne paraît pas heureux; il a d'ailleurs l'inconvénient de ne pas empêcher les déviations latérales. L'aiguille du fléau a 2 décimètres de longueur, et chaque partie de l'arc gradué est d'un millimètre. Avec 100 grammes dans chaque bassin, 1 milligramme d'un côté fait marcher l'index d'une partie. Quand on place 1 kilogramme des deux côtés, et que l'on ajoute 3 milligrammes à un bassin, l'index avance de deux parties un quart. Le jury accorde une mention honorable à M. Becker.

Balances de M. Nissen.

M. Nissen (Danemark, n° 20) a exposé une petite balance pouvant peser 100 grammes. Les couteaux en acier du fléau et de la suspension des bassins ne reposent que par leurs extrémités sur des plans ou supports aussi en acier. Les oscillations sont arrêtées au moyen d'un levier articulé pour chaque bassin. Ce levier marche à la main et amène deux cylindres contre le bord du bassin pour le rendre immobile. Avec la charge de 100 grammes dans chaque bassin, l'addition d'un milligramme donne à l'index un mouvement très-sensible sur l'arc gradué. Malgré quelques dispositions qui laissent bien à désirer, cette balance a obtenu une mention honorable.

Balances de M. Reimann.

M. Reimann (Berlin, n° 86). Petite balance assez bien construite. Mais le couteau du fléau est posé dans une espèce de gouttière en agate formée par deux plans, et l'ajustement des bras du fléau s'opère en augmentant ou en diminuant, à l'aide d'une vis, la largeur d'une entaille faite obliquement à chaque bout du fléau. La vis, comme on pouvait le craindre, ayant été forcée, une joue de l'entaille s'est brisée. L'aiguille du fléau a 24 centimètres de longueur et une partie de l'arc gradué vaut 1 millimètre un tiers. Sous la charge de 200 grammes dans chaque bassin un milligramme ajouté dans un bassin fait à peine marcher l'index d'un tiers de millimètre, 5 milligrammes donnent un déplacement de 3 millimètres. Une mention honorable est accordée pour cette balance.

Balances de M. Littmann.

M. Littmann (Suède, n° 15). Très-petite balance. L'aiguille du fléau a 19 centimètres de longueur et une partie de l'arc gradué est d'un millimètre deux tiers. Avec 20 grammes dans chaque bassin, 1 milligramme ajouté à un bassin fait à peine marcher l'index d'une demi-partie ou 8 dixièmes de millimètre ; il avance presque de 4 millimètres pour 5 milligrammes. Cette balance a obtenu une mention honorable.

Balances de MM. Hoffmann et Eberhardt.

MM. Hoffmann et Eberhardt (Berlin, n° 88) ont obtenu une mention honorable pour une collection de petites balances ordinaires à l'usage des pharmaciens. Il y a des fléaux de sept grandeurs, de 10 à 24 centimètres, et les bassins sont en corne. Ces petits instruments, qui paraissent construits uniformément en fabrique, sont livrés à bon marché au commerce.

BALANCES MONÉTAIRES.

Des balances exactes, d'une manœuvre sûre et prompte, sont indispensables dans les hôtels des monnaies. Elles peuvent aussi être d'une grande utilité pour vérifier avec soin, dans beaucoup de circonstances, le poids des monnaies que la circulation commerciale amène sans cesse et en masses considérables dans les grands établissements de banque.

Il serait impossible, ou au moins extrêmement difficile, de fabriquer promptement une grande quantité de monnaie, si chaque pièce devait avoir exactement ce qu'on appelle le poids *droit* fixé par la loi. Aussi on est obligé d'accorder, pour la fabrication des monnaies, une certaine tolérance en plus et en moins du poids droit. Cette tolérance, qui a été en diminuant à mesure que les procédés de fabrication se sont perfectionnés, est maintenant, en France, pour une pièce d'or de 20 francs, de 2 millièmes de son poids droit, qui est de 6,4516 grammes. Cette tolérance est donc de 0,0129 gramme ou presque 13 milligrammes, en sorte que le poids de cette pièce d'or peut varier de 25 à 26 milligrammes du poids faible, 6,4387 grammes, au poids fort 6,4645 grammes.

Quand les flans ont été découpés en disques circulaires dans des lames rectangulaires de métal amenées au laminoir à une épaisseur convenable, on doit les peser avant de les frapper. Pour cela on compare successivement, au moyen d'une balance délicate, chaque flan, d'abord à un étalon égal au poids droit, augmenté de la tolérance, ensuite à un étalon égal au poids droit diminué de la tolérance. Le flan qui pèse moins que l'étalon faible est rejeté et fondu, celui qui pèse plus que l'étalon fort est ajusté, ramené à la lime ou au rabot vers le poids droit, dans les limites de la tolérance. Le flan dont le poids est compris entre les deux étalons est admis. Chaque flan doit donc être pesé deux fois, et, quand il est frappé, il faut encore faire deux pesées pour savoir si la pièce est bien dans les limites de la tolérance. Ces quatre comparaisons avec les étalons sont faites ordinairement par des peseurs qui ont chacun une simple petite balance assez délicate; mais elles sont bien longues, et le travail peut être bien abrégé avec des balances monétaires spéciales, qui opèrent tout à la fois le pesage et la séparation des différentes pièces.

Balance monétaire de M. le baron Séguier.

M. Séguier [le baron] (France, n° 160) n'a exposé sa balance monétaire, construite par M. Deleuil, que pour montrer jusqu'à quel point on peut simplifier et abréger le pesage des monnaies; car, comme membre du jury, il devait rester en dehors du concours ouvert à l'Exposition universelle.

Dans la balance inventée par M. Séguier, un pesage mécanique rapide remplace l'opération manuelle des peseurs. Une seule opération suffit pour la double vérification des flans ou des pièces frappées et pour la séparation, dans trois récipients différents, de trois catégories de flans ou de pièces dont les poids sont faibles, forts, et compris dans les limites de la tolérance.

La balance et le mécanisme qui en règle le jeu sont renfermés dans une boîte surmontée d'une trémie dans laquelle on verse pêle-mêle les pièces que l'on veut peser. Chaque pièce arrive seule par un conduit incliné sur un plan ou poseur horizontal qui la pousse sur le plateau de la balance.

Passons maintenant à la constitution et à la marche de la balance. Chaque plateau est suspendu à une extrémité du fléau par une tige verticale dont une partie est enveloppée par un très-petit cône. Cette tige enfile librement un petit anneau porté par un bras implanté dans la pièce qui soutient le couteau central et qui sert à soulever le fléau. Le petit anneau, dont le poids est précisément égal au poids de tolérance, se trouve, dans l'état de repos, à une très-petite distance au-dessus du sommet du cône. Supposons que l'étalon ou le poids *droit* soit placé sur un plateau et la pièce sur l'autre. 1° Si la pièce a le poids de l'étalon, ou à très-peu près, le fléau reste horizontal; une pièce amenée par le poseur pousse celle qui est sur le plateau et la fait descendre par un canal du milieu dans la case des bonnes pièces; 2° si la pièce est plus lourde que l'étalon, le fléau tend à s'élever du côté de l'étalon, la tige monte avec son cône qui pénètre dans le petit poids annulaire, s'en coiffe, s'en charge, alors du côté de l'étalon on a un poids fort égal au poids droit augmenté de la tolérance. Si l'oscillation du fléau est arrêtée, la pièce est dans les limites de la tolérance et se rend dans la case des bonnes pièces. Mais, quand ce poids annulaire est insuffisant pour arrêter l'oscillation, la balance trébuche, et la pièce est poussée dans un canal latéral qui la conduit dans la case des pièces trop fortes; 3° enfin, si la pièce est plus légère que l'étalon, le fléau monte du côté de la pièce, le cône monte aussi et se charge de son poids annulaire. Si ce poids, ajouté à la pièce, arrête l'oscillation, la pièce s'en va par le canal du milieu; mais, s'il n'arrête pas l'oscillation, la pièce se rend par un autre canal latéral dans la case des pièces faibles. La séparation, le triage des pièces, s'opère au moyen d'une aiguille placée au-dessus du fléau et dirigée verticalement, entre deux touches, dans l'état d'équilibre. Quand une pièce est dans les limites de la tolérance, l'aiguille qui n'a que de petites oscillations ne heurte pas les touches, et la voie du milieu reste ouverte pour conduire la pièce au récipient des pièces acceptées. Mais, quand une pièce est trop légère ou trop lourde, l'aiguille vient heurter une des touches, et la pièce prend l'une ou l'autre des deux voies latérales conduisant aux récipients des pièces rejetées comme trop faibles ou comme trop fortes.

Avec cette balance on peserait 50 pièces par minute. On irait à 500 si la même trémie alimentait 10 balances. C'est la besogne de 16 peseurs qui pèseraient chacun 30 pièces à la minute. On peut encore dire que cette balance marcherait sans interruption pendant les 24 heures de chaque jour, tandis que le pesage à la main ne peut s'opérer que 10 heures par jour.

Balance monétaire de M. Cotton.

M. Cotton (Londres), qui a été gouverneur de la banque d'Angleterre, a inventé une balance monétaire. Celle qui a paru à l'exposition a été construite par D. Napier pour peser les demi-souverains. Elle peut aussi servir pour les souverains. Tout l'or monnayé qui arrive à la banque d'Angleterre est pesé; mais on ne pèse pas l'argent, qui n'est qu'une monnaie d'appoint. Dans les hôtels des monnaies de France, on est obligé de séparer les pièces en trois catégories : pièces lourdes, pièces légères, pièces comprises dans les limites de la tolérance. Mais, à la banque d'Angleterre, on ne distingue que deux catégories : les pièces d'or dont le poids est égal ou supérieur à l'étalon ou au poids légal, et les pièces qui sont plus légères que l'étalon. Les pièces lourdes sont toutes acceptées, les pièces légères sont détruites et envoyées à la fonte pour être converties de nouveau en monnaie.

La balance de M. Cotton, conformément à cet usage, pèse les monnaies d'or, et les sépare en pièces faibles et fortes. Elle est renfermée avec tout le mécanisme dans une boîte de verre; elle n'a qu'un seul bassin suspendu à une extrémité du fléau et contenant un disque en verre dont le poids est égal à l'étalon (*standard*) du demi-souverain. L'autre extrémité du fléau porte une pièce d'acier horizontale, une sorte de plate-forme destinée à recevoir la pièce de monnaie. Il y a dans cette plate-forme deux entailles rectangulaires inclinées de 45° sur la direction du fléau. Deux petits prismes rectangulaires, deux espèces de marteaux, s'introduisent dans ces entailles à l'instant du pesage et s'en écartent aussitôt qu'il est fait; ils s'approchent et s'éloignent par un mouvement analogue à celui des deux mâchoires d'une tenaille. Quand le fléau est horizontal, un marteau est affleuré avec la surface de la plate-forme, et l'autre plus haut passe par-dessus d'une très-petite quantité.

Les pièces d'or sont placées dans un canal incliné qui est par-dessus la boîte. Chaque pièce arrive à son tour, à travers une ouverture, dans le dessus de la boîte, sur un plan horizontal. Là elle est poussée aussitôt par une coulisse; elle arrive sur la plate-forme du bout du fléau, et les marteaux s'approchent des entailles :

1° Si la pièce est plus lourde que l'étalon qui est dans le bassin, elle tend à faire descendre le fléau qui ne peut s'abaisser que de l'épaisseur de la pièce, parce que, du côté du bassin, le bout du fléau est arrêté par une agate et ne peut monter que de l'épaisseur de la pièce. Le marteau le plus bas, en venant dans son entaille, n'est plus de niveau avec la plate-forme qui s'est un peu abaissée, il passe par-dessus; il rencontre la pièce, et la pousse dans un conduit qui aboutit à la case des pièces considérées comme bonnes et acceptées.

2° Si la pièce est légère, l'étalon descend, la plate-forme s'élève un peu avec la pièce, le marteau le plus bas n'est plus de niveau avec la plate-forme; il passe par-dessous en pénétrant dans son entaille. Mais le marteau le plus haut, se trouvant rapproché de la plate-forme qui s'est élevée, rencontre la pièce en arrivant dans son entaille; il la pousse dans une autre direction et elle tombe dans la case des pièces légères qu'on est obligé de détruire.

Avec cinq balances semblables pour les souverains, et deux pour les demi-souverains, on pèse moyennement 50000 pièces par jour à la Banque d'Angleterre.

La monture de la balance et les roues dentées sont en bronze. Tous les mouvements sont produits par un mécanisme simple, bien entendu et d'un bon travail. Le métal paraît mieux taillé, limé, que dans beaucoup de machines anglaises. On fait tourner l'axe horizontal moteur par une courroie, ou à la main avec une manivelle.

Le jury a décerné une récompense du second ordre à M. Cotton.

Balance monétaire du capitaine Smith.

M. Smith (Inde) a exposé une balance monétaire fondée sur le principe de la balance hydrostatique. L'organe principal est un levier dont les bras ont 13 et 63 centimètres de longueur. A l'extrémité du petit bras est suspendu, par une tige verticale, un bassin hémisphérique en métal de 5 centimètres de diamètre, percé d'un grand nombre de petits trous et plongeant entièrement dans de l'eau qui modère beaucoup ses oscillations. L'extrémité du grand bras de levier porte un étrier qui décrit un arc de cercle, en descendant dans l'intérieur d'une surface cylindrique, dont les arêtes horizontales sont des tringles de fer. De ces tringles, qui comprennent entre elles dix ouvertures rectangulaires horizontales, partent des plans inclinés qui aboutissent à dix compartiments ou cases d'un grand tiroir horizontal placé dans le bas de la machine.

Quand l'étrier est chargé d'une pièce de monnaie, il descend jusqu'à ce que le levier soit en équilibre. Alors l'étrier se trouve vis-à-vis une des dix ouvertures rectangulaires; on pousse la pièce qu'il porte; elle tombe dans l'intervalle de deux plans inclinés et arrive dans une case du tiroir. L'étrier, déchargé de la pièce, remonte aussitôt à sa position primitive pour recevoir une nouvelle pièce, et ainsi de suite. On peut ajuster les parties de la machine de manière que la différence de poids qui fait descendre l'étrier et la pièce d'une ouverture à la suivante soit fort petite. On peut aussi trouver à quelle ouverture descend la pièce qui a le poids droit ou légal, et par conséquent à quelle case elle arrive dans le tiroir. Les pièces qui diffèrent de l'étalon tombent dans d'autres ouvertures et arrivent à d'autres cases du tiroir. C'est par la position de ces cases que l'on saura de combien les pièces sont plus lourdes ou plus légères que l'étalon.

La machine qui a paru à l'exposition est composée de dix appareils simples comme celui que nous venons de considérer, montés avec tous les accessoires nécessaires pour être manœuvrés simultanément. Les pièces de monnaies sont placées dans des cylindres verticaux. On tourne une manivelle; elle fait marcher des coulisses qui font passer les pièces des cylindres sur les étriers. Quand les étriers sont descendus et arrivés au repos, on tourne une autre manivelle qui fait avancer pour chaque étrier deux châssis verticaux en tôle. L'étrier qui est étroit reste dans l'intervalle des deux châssis; mais la pièce qui est plus large est poussée des deux côtés par ces châssis; elle tombe dans l'ouverture rectangulaire correspondante au point où elle s'est arrêtée, et se rend dans une des dix cases du tiroir.

Avec cette ingénieuse machine on exécute à la fois deux opérations : on pèse les pièces de monnaie et on les sépare en dix catégories de poids très-peu différents les uns des autres; mais on ne peut guère espérer obtenir la précision qu'il est possible d'atteindre avec les deux balances monétaires dont nous venons de parler.

Une récompense du second ordre est accordée au capitaine Smith.

BALANCES ET INSTRUMENTS À L'USAGE DU COMMERCE.

Les instruments construits pour l'usage ordinaire du commerce, n'ayant pas été considérés comme instruments de précision, ont dû passer dans les attributions du Ve jury. Cependant nous allons rendre compte de l'examen auquel ils avaient donné lieu dans le sein du Xe jury.

Instruments de M. Béranger à l'usage du commerce.

M. Béranger (France, n° 761) a exposé une nombreuse et remarquable collection d'instruments de pesage construits avec soin pour l'usage du commerce.

1° *Balance-pendule.* C'est une heureuse modification de la balance du système de Roberval. Un mécanisme ingénieux soutient les deux bassins au-dessus du fléau dans une position toujours horizontale, et le pesage s'opère dans de bonnes conditions. Quand on met 50 kilogrammes dans chaque bassin et que l'on ajoute d'un côté 1 gramme, ou la cinquante millième partie de cette charge, on voit marcher sensiblement, dans un cadran analogue à celui d'une pendule, l'index du fléau. Dans une autre balance-pendule pouvant peser 20 kilogrammes, un demi-gramme fait marcher l'index quand les bassins sont chargés chacun de 20 kilogrammes.

2° *Peso-compteur.* C'est une bascule avec son tablier pour recevoir les marchandises et une romaine. Le poids curseur, qui porte un écrou dans sa partie inférieure, glisse le long du fléau ou du grand bras de la romaine au moyen d'une vis parallèle au fléau. Les divisions du fléau donnent les centaines de kilogrammes. Le pas de la vis est égal à l'intervalle de deux divisions, en sorte que le poids curseur avance sur le fléau d'une partie, ou d'une division à la suivante quand la vis fait un tour, et seulement d'un centième de partie quand la vis fait un centième de tour. La tête de la vis porte un cadran dont la circonférence est divisée en cent parties égales. On a ainsi, sur le cadran, des subdivisions bien distinctes, qu'il serait impossible de marquer sur le fléau entre deux centaines consécutives. Quand on a amené, à l'aide de la vis, le curseur écrou au point exact de l'équilibre, on lit les centaines de kilogrammes, les quintaux métriques, sur le fléau, et on compte les kilogrammes sur le cadran. Sous la charge d'une tonne sur le tablier, 100 grammes font marcher l'index. A un autre peso-compteur de même genre est adapté un appareil très-simple, qui enregistre les pesées successives sur un papier s'enroulant sur un cylindre. Cet instrument est très-commode pour les établissements dans lesquels le pesage doit s'exécuter avec une grande rapidité.

3° *Bascule en l'air.* M. Béranger a eu l'heureuse idée de combiner, avec un plateau pour recevoir les poids, deux leviers placés horizontalement au-dessus l'un de l'autre. Ce système, qu'il a nommé bascule en l'air, parce qu'il est suspendu en l'air à une barre fixe, se prête parfaitement au pesage des plus lourds fardeaux. Il peut aussi servir à peser avec précision depuis 1 décigramme jusqu'à 20 kilogrammes, en le ramenant à de très-petites dimensions.

Les leviers, dirigés en sens contraires, ont leurs bras dans le rapport de 1 à 10. A l'extrémité du grand bras du levier supérieur est suspendu le plateau des poids. Un corps placé à l'extrémité du petit bras de ce levier pèsera donc dix fois plus que le poids du plateau qui lui fait équilibre. Mais, si le corps est très-lourd, on l'accroche au petit bras du levier inférieur. Alors les deux leviers sont mis en jeu, et le poids du corps est égal à 100 fois le poids du plateau qui lui fait équilibre. Il faut donc, pour avoir le poids du corps, multiplier par 10 ou par 100 le poids qui est sur le plateau, suivant que l'on met en jeu un levier ou les deux leviers.

L'équilibre s'établit dans le système des deux leviers de la bascule en l'air avec les poids du plateau, et dans la double romaine avec des poids curseurs. On ne peut donc pas confondre ces deux instruments de pesage.

M. Béranger a exposé un modèle de *pont à bascule* avec trois tabliers, pour obtenir les poids supportés par chacune des six roues des locomotives. Le poids sous chaque roue est donné par une petite balance-bascule à levier triangulaire. A l'aide de cet appareil, on peut régler la tension des ressorts de manière que les deux roues d'un train de la locomotive supportent à peu près la même charge.

Le Xe Jury a reconnu que l'exposition faite par M. Béranger offre un ensemble de nombreux instruments bien conçus, bien exécutés et livrés à des prix modérés. Mais ces instruments étant tous à l'usage du commerce, c'est le Ve Jury qui a décerné à M. Béranger une récompense du second ordre.

Balances de M. Parent.

M. Parent (France, n° 944) a exposé, pour l'usage du commerce, des instruments construits avec soin : 1° deux balances assez grandes, pouvant peser, l'une, 50 kilogrammes, l'autre, 20 kilogrammes : sous les charges de 50 et de 20 kilogrammes dans chaque bassin, l'addition d'un demi-gramme fait marcher sensiblement l'index du fléau; 2° une petite balance pour peser 100 grammes : avec cette charge dans chaque bassin, un centigramme fait marcher sensiblement l'index; 3° une petite boîte ou *nécessaire* de vérificateur, contenant la collection des poids, des mesures de longueur et de capacité, et des instruments qui servent en France à la vérification et au poinçonnage des poids et mesures employés dans le commerce.

Le Ve Jury a accordé une récompense du second ordre à M. Parent.

IV.

DYNAMOMÈTRES.

CONSIDÉRATIONS GÉNÉRALES.

A mesure que les machines se sont perfectionnées, et que l'on est parvenu à augmenter leur puissance, on a été conduit à demander à l'industrie des instruments pour évaluer la force d'une machine et mesurer le travail avec toute la précision désirable. Ces déterminations sont indispensables pour la sécurité des transactions industrielles et commerciales.

Dans l'histoire des sciences, il y a des époques où l'on voit se produire des idées, des inventions qui semblent n'avoir rien de commun, et qui, rapprochées, réunies, donnent naissance à de nouveaux instruments : c'est ce qui est arrivé pour les dynamomètres. On trouve dans la description d'un anémomètre par d'Ons-en-Bray (Académie des sciences, année 1734, page 123) la première idée d'un appareil à indication continue, au moyen d'un crayon traceur, sur un papier mobile. Plus tard, Field, ajoutant le mouvement du papier au mouvement du crayon de l'indicateur de Watt, forme un curvo-trace. Plusieurs années après, Eytelwein emploie un appareil *traceur* pour étudier les mouvements de la soupape du bélier hydraulique. Gonnella imagine, en 1825, le planimètre à disque ou plateau circulaire pour mesurer l'aire renfermée dans une courbe plane. Ernst construit et perfectionne, en 1827, le planimètre à cône, inventé par Oppikofer. M. Poncelet propose, pour la mesure du travail, des ressorts droits, dont le profil longitudinal présente la forme parabolique des solides d'égale résistance, et indique la combinaison avec le dynamomètre, soit du traceur, soit du compteur planimétrique à plateau et à roulette, pour totaliser la quantité de travail. M. Coriolis présente à la Société d'encouragement, en

1829, le modèle d'un dynamomètre dans lequel on trouve, pour totaliser le travail, un compteur à cône et à roulette, comme dans le planimètre d'Ernst, et des ressorts droits agissant par torsion. M. Morin fait construire, d'après ses propres idées et celles des savants que nous venons de citer, différentes espèces de dynamomètres. Les trois organes fondamentaux de ces dynamomètres sont : les ressorts droits réduits à la forme du solide d'égale résistance, ou d'une lame élastique dont le profil longitudinal est parabolique; le traceur à indication continue; le compteur totalisateur ou appareil planimétrique à plateau. C'est à l'histoire, qui a enregistré ces idées, ces travaux, qu'il est réservé d'assigner la part d'invention qui revient à chacun.

Mais, depuis quelques années, les machines ont été portées successivement à une très-grande puissance, surtout dans les navires à vapeur et à hélice de l'État. On a senti le besoin d'avoir dans les ports des dynamomètres de rotation, pour soumettre à des épreuves convenables, avant de les recevoir, des machines dont la force nominale peut s'élever à 1200 chevaux. Il fallait encore avoir des dynamomètres de poussée destinés à mesurer la force utilisée par l'hélice ou la résistance de la carène de chaque bâtiment. M. Taurines, en profitant des travaux antérieurs et en créant de nouveaux organes élastiques, est parvenu à construire des instruments qui remplissent ces diverses conditions. Plusieurs sont déjà employés avec succès dans quelques ports, et ils résistent bien aux plus grands efforts.

Dynamomètre de M. Taurines.

M. Taurines (France, n° 386) a exposé le modèle d'un dynamomètre de rotation applicable aux machines fixes et aux bâtiments à hélice ou à roues. Les épreuves auxquelles il avait été soumis par une commission de la marine, dans le port de Lorient, ont été répétées à Londres; nous avons trouvé une marche régulière dans les indications de l'instrument en faisant croître, par degrés égaux, jusqu'à 720 kilogrammes l'effort de tension sur les ressorts dynamométriques dont le rayon était d'un quart de mètre.

Concevons un bras de la longueur R fixé à l'arbre de la puissance, et un autre bras R' appartenant à une roue folle sur cet arbre; mais liée à la résistance; puis un ressort circulaire RMR' concentrique à l'arbre. Les bouts de ce ressort sont encastrés dans les bras R et R', et son milieu M est attaché à une barre ou traverse tangente à l'arc circulaire. Ce ressort est l'intermédiaire entre l'arbre et la roue folle, entre la puissance et la résistance. Quand la force appliquée à l'arbre commence à agir, le bras R tourne avec l'arbre, mais le bras R' de la résistance reste immobile pendant que le ressort se tend et que sa flèche diminue. Une flexion semblable a lieu dans un second ressort circulaire égal et directement opposé au premier de l'autre côté de l'arbre. Mais la force, après avoir bandé les deux ressorts circulaires, entraîne la roue folle, et tout le système tourne avec l'arbre. Alors les milieux des ressorts sont plus ou moins rapprochés, suivant les variations de la puissance et de la résistance. C'est ce rapprochement qui indique à chaque instant l'intensité de l'effort moteur. L'ensemble de ces deux ressorts circulaires dynamométriques constitue l'organe principal de l'instrument présenté par M. Taurines.

Dans le modèle exposé, l'angle compris entre les rayons R et R' de l'arbre et de la roue folle, ou sous-tendu par le ressort circulaire, était de 80°. On peut augmenter la puissance du dynamomètre en faisant diminuer cet angle jusqu'à 40°, ou en raccourcissant le ressort circulaire. La largeur et l'épaisseur des ressorts ne devant pas dépasser certaines limites pour que la trempe soit complète, M. Taurines a adopté 6 à 7 centimètres de largeur et 15 millimètres d'épaisseur. Quand le ressort circulaire est bandé, son rayon de courbure diminue aux extrémités R et R'; mais au milieu M, où il s'aplatit le plus, le rayon de courbure augmente. On conçoit qu'entre l'extrémité R et le milieu M il y a un point neutre dont le rayon de courbure ne change pas, et qui n'éprouve qu'un effort de tension : on peut donc sans inconvénient diminuer l'épaisseur du ressort en ce point. Pour une machine de 350 chevaux, l'épaisseur peut être réduite à 4 millimètres et demi.

Passons maintenant au mécanisme employé par M. Taurines pour obtenir la flexion des deux ressorts dynamométriques, flexion qui ne peut se mesurer directement quand le dynamomètre est en fonction et que tout le système tourne. Ce mécanisme de transmission, qui constitue le second organe de la machine, a pour objet :

1° De transporter sur l'arbre même la flexion des ressorts dynamométriques;

2° De l'amplifier 2, 3, 4 ou 5 fois, suivant les circonstances, pour la rendre plus sensible et bien mesurable;

3° De corriger les écarts de proportionnalité, parce que les ressorts circulaires ne fléchissent pas tout à fait proportionnellement aux charges.

Les deux traverses parallèles et égales, tangentes au milieu des ressorts dynamométriques, reçoivent par encastrement à leurs extrémités deux ressorts d'une force bien moindre que celle des précédents, courbés en arc de cercle d'un plus grand rayon, et tournant leur concavité vers l'arbre. Ces deux ressorts, nommés *multiplicateurs,* et les traverses forment un quadrilatère dont le plan est perpendiculaire à l'arbre. Deux lames d'acier parallèles, séparées par l'arbre et articulées à leur point d'attache vers le milieu des ressorts multiplicateurs, ont une courbure en arc de cercle très-prononcée qui les écarte du plan du quadrilatère. Ces lames portent à leur milieu un cylindre ou manchon qui tourne sur l'arbre et avec l'arbre qu'il enveloppe, et qui glisse le long de cet arbre.

Quand les ressorts dynamométriques sont bandés par l'action de la puissance, les traverses tangentes à ces ressorts se rapprochent et compriment les ressorts multiplicateurs. Les milieu de ces ressorts s'écartent, et les lames d'acier sont bandées à leur tour; celles-ci entraînent le long de l'arbre le manchon, qui s'approche du plan du quadrilatère. Ainsi la flexion principale des deux ressorts dynamométriques, qui a lieu dans le plan du quadrilatère, est remplacée avec augmentation par la flexion des lames d'acier, qui a lieu parallèment à l'arbre, et qui se mesure facilement par le déplacement du manchon. M. Taurines dispose les parties de son dynamomètre de manière que dans le transport sur l'arbre, par l'intermédiaire des ressorts multiplicateurs, la flexion des lames d'acier, qu'il nomme aussi ressorts indicateurs articulés, soit 2, 3, 4 ou 5 fois plus grande que dans les ressorts dynamométriques.

A l'extrémité du manchon opposée à son point d'attache sur les ressorts indicateurs, on a pratiqué une gorge de poulie dans laquelle se trouve un collier qui suit le manchon le long de l'arbre sans pouvoir tourner, parce qu'il est soutenu par un support en dehors de l'arbre. Ce collier porte un style ou un crayon qui indique à chaque instant sur l'arbre le déplacement du manchon ou l'effort exercé par la puissance.

Voilà, à proprement parler, en quoi consiste le dynamomètre de M. Taurines. « Ce qui fait le mérite de cet instrument (Rapport d'une commission du port de Lorient au ministre de la marine, décembre 1852) et le place au-dessus de tous les autres, c'est d'abord la solidarité et l'élasticité parfaite de toutes les pièces, et ensuite la solidité des ressorts dynamométriques en arc de cercle qui agissent dans le sens longitudinal, c'est-à-dire suivant les tangentes aux deux extrémités, tandis que, dans tous les autres instruments, les ressorts agissent dans le sens transversal suivant des normales à leur courbure. D'après ce système, de faibles ressorts peuvent résister à de grandes tractions, tout en conservant une élasticité parfaite. »

L'instrument de M. Taurines devient un dynamomètre traceur en plaçant auprès du manchon un cylindre tournant uniformément, et recouvert d'une bande de papier sur laquelle le crayon trace la courbe des efforts, courbe dont l'aire donne le travail et d'où l'on peut déduire l'effort moyen pendant un certain temps. Il a aussi ajouté dans quelques dynamomètres un compteur planimétrique à cône, pour totaliser immédiatement le travail. Dans cet appareil, il a remplacé la roulette qui glisse et tourne sur le cône par une sphère qui tourne toujours, de manière que le frottement de glissement se réduit à un frottement de roulement.

Le dynamomètre de M. Taurines s'adapte facilement à l'arbre de couche d'une machine, et peut y rester constamment appliqué.

Quand l'effort rotatoire augmente, M. Taurines augmente aussi la puissance de son dynamomètre en diminuant l'amplitude du ressort dynamométrique et en mettant des deux côtés opposés de l'arbre, au lieu d'un seul ressort, deux ou quatre ressorts superposés, ou bien deux groupes juxta-posés de quatre ressorts. L'effort de tension étant de 4500 kilogrammes pour un ressort, d'un rayon moyen de $0^m,65$ et 40 degrés d'amplitude, il s'élève à 72000 kilogrammes quand on emploie deux groupes de quatre ressorts. Cet instrument, à huit ressorts dynamométriques de chaque côté, est destiné à mesurer le travail d'une machine de la force nominale de 1200 chevaux.

M. Taurines a déjà construit pour la marine des dynamomètres de rotation dont la puissance peut aller à 1200 chevaux et des dynamomètres de poussée destinés à mesurer la résistance de la carène des navires. Huit sont déposés dans les arsenaux de différents ports; deux sont à bord du *Primauguet*, et trois autres, destinés pour Toulon, se construisent actuellement.

Le Jury a décerné à M. Taurines une récompense du premier ordre.

V.

BAROMÈTRES ET MANOMÈTRES.

CONSIDÉRATIONS GÉNÉRALES.

Torricelli avait conçu, en 1643, le projet de vérifier les idées de son maître Galilée sur l'ascension de l'eau dans les corps de pompe en substituant à l'eau le mercure, qui est de treize à quatorze fois plus pesant. Cette ingénieuse expérience lui montra que c'était la même force qui soutenait dans le vide l'eau à 32 pieds et le mercure à 28 pouces; elle le conduisit à la découverte du *baromètre.*

Cinq ans plus tard, Pascal imagina de faire porter un baromètre au sommet du Puy-de-Dôme. On vit le mercure s'abaisser à mesure que l'on s'élevait sur la montagne. Cette belle expérience de Pascal a confirmé celle de Torricelli et a bien mis en évidence que la pression de l'atmosphère est la cause de l'ascension du mercure dans le tube barométrique. Depuis cette époque on a beaucoup perfectionné le baromètre, qui est indispensable dans un grand nombre de recherches expérimentales où l'on a absolument besoin de connaître la hauteur de la colonne de mercure qui fait équilibre à la pression atmosphérique. Maintenant on construit des baromètres à siphon et à cuvette qui donnent cette hauteur avec une grande précision et qui ne sont guère susceptibles de se déranger quand ils restent suspendus en repos. Mais, malgré toutes les précautions qui ont été prises jusqu'à présent, on n'a pas la même sécurité quand on est obligé de les transporter d'un lieu dans un autre; ils sont fragiles et plus ou moins susceptibles de se déranger dans le retournement. Parmi les baromètres qui ont été imaginés et construits pour les besoins des sciences et pour les voyageurs, nous devons citer particulièrement le baromètre de Fortin, avec sa cuvette à fond mobile et une aiguille d'ivoire dont la pointe marque le zéro de l'échelle, puis le baromètre à siphon de Gay-Lussac, construit à la manière de Bunten, avec un étranglement indispensable dans une partie du tube. Le baromètre de Fortin peut être transporté et employé avec plus de confiance que l'autre : il n'exige qu'une seule lecture, et il a le grand avantage de pouvoir se réparer facilement quand l'air est arrivé dans le haut de la colonne ou quand le tube est cassé; il suffit de faire bouillir le mercure du tube pour en chasser l'air. Le baromètre à siphon de Bunten est plus léger et moins cher que le baromètre de Fortin : aussi il est généralement préféré par les voyageurs.

Pour éviter les inconvénients des baromètres à mercure, on avait cherché depuis longtemps à construire des baromètres métalliques portatifs. On trouve dans le *Bulletin de la Société philomathique de Paris* (floréal an VI) la description d'un baromètre de ce genre, imaginé par Conté. Concevez un vase vide formé d'une calotte en acier mince et flexible et d'une autre calotte très-solide de fer ou de cuivre. La calotte flexible, qui s'appuie contre le fond de l'autre par des ressorts courbes, étant chargée du poids de l'atmosphère, rentre sur elle-même et comprime ces ressorts, qui la soutiennent; elle est relevée par son élasticité et par les ressorts intérieurs, quand la pression diminue. Le mouvement de cette calotte se communique par un mécanisme simple à une aiguille qui indique, par les arcs qu'elle parcourt, les variations de la pesanteur de l'air.

Dans ces derniers temps on est parvenu, après bien des essais, à construire des baromètres et des manomètres métalliques qui se sont beaucoup répandus. Malgré la confiance que l'on peut avoir dans les meilleurs instruments de ce genre, il est bon de les comparer de temps en temps, les uns avec des baromètres à mercure, les autres avec des manomètres à air libre ou comprimé, si l'on veut qu'ils fournissent des indications un peu précises : c'est le seul moyen de se mettre à l'abri des altérations que peut subir, à la longue, l'élasticité du métal.

Baromètre de M. Griffith.

M. Griffith (Angleterre, n° 331) a exposé un baromètre à siphon avec une disposition nouvelle et ingénieuse pour donner à l'observateur la facilité de rétablir au besoin le vide au-dessus du mercure dans la grande branche. Quand l'air a pénétré dans la chambre supérieure du baromètre, on est obligé pour le chasser de faire bouillir le mercure de nouveau. C'est pour éviter cette opération longue et délicate que le révérend John Griffith a imaginé de courber le haut du tube de manière à le terminer par un petit siphon. La chambre supérieure est ainsi partagée en deux parties séparées par le mercure qui se trouve dans le bas de ce siphon. Quand il y a de l'air au-dessus de la colonne de mercure, on incline un peu le baromètre, le mercure du petit siphon qui sépare les deux chambres passe dans le grand tube. Alors il n'y a plus qu'une seule chambre. On redresse le baromètre, une petite quantité de mercure passe dans le bout recourbé en refoulant l'air dans la seconde chambre et le vide a lieu dans la première au-dessus de la colonne barométrique.

Pour que le mercure de la petite branche à air libre du baromètre ne tombe pas quand on l'incline, il faut fermer un robinet qui est dans cette branche et boucher son ouverture avec un cylindre élastique qui la remplit entièrement.

On mesure la hauteur barométrique au moyen d'une règle qui porte deux mires fixes et qui peut glisser verticalement à l'aide d'une vis. On amène successivement les mires en contact avec le ménisque de la grande et de la petite branche du baromètre, et l'on voit sur une petite échelle ce qu'il faut ajouter à la distance connue des mires ou en retrancher pour avoir la hauteur du baromètre. L'auteur dit que son baromètre étalon est disposé de manière à donner la pression de l'air à un millième de pouce, ce qui correspond à deux centièmes et demi de millimètre. Le diamètre du tube varie de 10 à 15 millimètres.

Cet instrument laisse à désirer sous le rapport de l'exécution; il est d'une manœuvre un peu délicate quand on doit l'incliner, mais il renferme une disposition ingénieuse, et le Jury accorde à M. Griffith une récompense du premier ordre.

Baromètre anéroïde de M. Vidi.

M. Vidi (Londres, n° 326) a exposé un baromètre métallique qu'il a nommé *anéroïde*. L'organe principal de cet instrument est un vase cylindrique en cuivre clos et vide d'air, d'un assez grand diamètre et d'une petite hauteur. Les deux bases circulaires ont leur surface cannelée ou sillonnée circulairement. La base supérieure, pressée par l'atmosphère, est plus ou moins déprimée; son centre est plus ou moins près de la base inférieure. Ce mouvement rectiligne alternatif du centre de cette base est transformé par un mécanisme particulier en un mouvement circulaire imprimé à une aiguille qui marque la pression atmosphérique sur un cadran gradué.

M. Vidi avait d'abord placé dans le vase cylindrique, entre les deux bases, des ressorts à boudin. Ils étaient comprimés par la base supérieure quand la pression de l'air augmentait, et quand la pression diminuait, ils soulevaient cette base. Leur action était analogue à celle des ressorts courbes que Conté avait placés entre les deux calottes de son baromètre. Mais M. Vidi a abandonné les ressorts intérieurs à boudin; il les a remplacés par un seul ressort à boudin, extérieur au vase cylindrique. Quand la pression diminue, c'est ce ressort qui, par l'intermédiaire d'un levier, soulève la base supérieure, qui ne pourrait pas reprendre sa figure primitive par sa seule élasticité.

Au centre de la base supérieure du vase s'élève un petit cylindre qui fait corps avec elle et qui porte à son extrémité supérieure un couteau horizontal. Ce couteau repose sur un long levier dont un bout tourne autour d'un point fixe et l'autre est poussé sans cesse de bas en haut par le ressort à boudin. Quand la base supérieure pressée par l'atmosphère descend, elle entraîne le couteau, le bout du levier descend et comprime le ressort à boudin. Quand la pression diminue, la base supérieure se relève, le couteau monte, le levier poussé par le ressort monte aussi en suivant le couteau. La base supérieure en cuivre, qui n'a pas une grande élasticité, ne peut reprendre sa figure primitive que par l'action du ressort à boudin, qui la soulève par l'intermédiaire du levier.

Le déplacement vertical du couteau se trouve quatre à cinq fois plus grand dans le bout du levier. Ce mouvement amplifié est transformé en un mouvement circulaire au moyen d'une chaîne enroulée sur l'axe vertical de l'aiguille qui marque la pression sur un arc gradué.

Le jeu uniforme de la base supérieure du vase cylindrique est entretenu par l'action heureusement combinée du levier et du ressort à boudin extérieur. Le reste n'est qu'un simple mécanisme de transmission assez délicat, qui fonctionne régulièrement. L'anéroïde marche avec une précision très-suffisante pour les besoins ordinaires; il est plus commode que les baromètres à mercure : aussi il est déjà très-répandu.

Le Jury décerne une récompense du premier ordre à M. Vidi pour l'invention du baromètre anéroïde.

Baromètre et manomètre de M. Bourdon.

M. Bourdon (France, n° 1108) a exposé un baromètre et un manomètre métalliques dont l'ingénieuse construction repose sur le même principe, à savoir : le changement de courbure, dans un tube aplati, résultant d'une variation de pression.

Si l'on comprime un gaz dans un tube métallique courbe et très-aplati, on voit ce tube se gonfler, tendre à se redresser et changer de courbure; et ce qu'il y a de remarquable et de très-avantageux, c'est que la quantité dont le tube s'ouvre ou dont les bouts s'écartent est proportionnelle à la pression exercée. Si le tube est élastique, il tend à reprendre sa forme primitive à mesure que la pression diminue.

Un effet analogue se produit dans un tube vide fermé aux deux bouts. Quand la pression extérieure diminue, il se gonfle comme par une pression intérieure, il se redresse, sa courbure change et ses deux bouts s'écartent. Au contraire, ils se rapprochent quand la pression extérieure augmente, et le rapprochement est aussi proportionnel à la pression.

Le *baromètre métallique* de M. Bourdon est simple et très-portatif. L'organe principal de cet instrument est un tube élastique de cuivre, très-aplati, privé d'air, courbé à peu près circulairement en fer à cheval, fermé à ses deux bouts et fixé seulement par son milieu à la boîte sur le fond de laquelle il est posé de champ. La section transversale est celle d'une lentille très-mince, 3 à 4 millimètres d'épaisseur et 35 millimètres de diamètre. Les deux bouts du tube se rapprochent ou s'écartent suivant que la pression atmosphérique augmente ou diminue: leur changement de distance est transformé par un mécanisme très-simple dans le mouvement circulaire d'une aiguille qui indique sur un cadran la pression de l'atmosphère.

Les bouts du tube portent des tiges articulées aux extrémités d'un levier à bras égaux. Quand la pression diminue, le tube se gonfle un peu, se redresse, ses bouts s'écartent et les tiges articulées font tourner le levier autour de son axe qui est aussi celui d'une roue dentée réduite à un simple secteur. Ce secteur denté engrène dans un pignon et le fait tourner avec son axe. L'aiguille portée par cet axe vient indiquer la pression sur le cadran. Ce mécanisme de transmission est bien simple, mais on peut craindre qu'il n'ait pas toute la stabilité désirable pour un instrument portatif.

On voit, par ce qui précède, que le baromètre de M. Bourdon consiste principalement dans un tube courbe fermé et vide qui se comprime quand la pression augmente et qui, sans le secours d'aucun ressort intérieur ou extérieur, reprend seul sa figure primitive quand la pression de l'atmosphère diminue.

Le *manomètre métallique* de M. Bourdon a aussi pour organe principal un tube en cuivre courbé circulairement; mais ce tube à section transversale elliptique est plus épais et bien moins large que dans son baromètre. Un bout est fermé et la vapeur de la chaudière arrive par le bout ouvert au moyen d'un tuyau garni d'un robinet. Le tube, attaché à la boîte seulement par le bout ouvert, repose librement de champ sur le fond de cette boîte. Quand la vapeur arrive dans le tube aplati, il se gonfle, sa courbure diminue, il se redresse, le bout fermé s'écarte de l'autre bout qui est fixe. L'écartement, qui est proportionnel à la pression, est transmis avec augmentation à une aiguille indicatrice de la pression par un mécanisme extrêmement simple.

L'aiguille tourne sur un axe perpendiculaire au fond de la boîte; son petit bras est lié par une bielle articulée au bout fermé du tube. Quand ce bout s'écarte de l'autre, la bielle tire un peu le petit bras, l'aiguille tourne, sa pointe décrit un grand arc et indique en atmosphères, sur le cadran gradué, la pression de la vapeur.

M. Bourdon construit ainsi des manomètres qui peuvent servir jusqu'à 18 atmosphères, et qui sont d'un si petit volume que l'on peut les transporter très-commodément.

Ce petit manomètre de poche a été adopté au ministère des travaux publics. Il est remis comme étalon aux ingénieurs chargés de la surveillance des appareils à vapeur et de la vérification des différents instruments manométriques qui sont employés sur les chaudières. Il peut aussi servir dans les épreuves que l'on fait subir aux chaudières.

M. Bourdon construit des manomètres plus grands et encore plus simples, dont on se sert pour les machines à vapeur fixes. Le tube aplati, au lieu d'un tour, en fait deux sur lui-même; alors le bout fermé s'écarte bien plus de l'autre par l'action intérieure de la vapeur sur un long tube, et il porte immédiatement l'aiguille indicatrice de la pression. Dans cet instrument, le mécanisme de transmission destiné à donner un grand mouvement à l'aiguille n'est pas nécessaire.

Le Jury décerne à M. Bourdon une récompense du premier ordre, pour l'invention de son baromètre et surtout de son manomètre métallique.

Manomètre de M. Galy-Cazalat.

M. Galy-Cazalat (France, n° 1239) a exposé un manomètre à air libre, d'une construction particulière. Les manomètres ordinaires à mercure sont d'une longueur très-embarrassante, quad on veut atteindre une pression un peu élevée. M. Galy-Cazalat s'est proposé de rendre l'instrument plus commode en diminuant la longueur de la colonne de mercure, sans lui faire perdre de sa puissance.

Voici comment il parvient à contre-balancer une forte pression de la vapeur par une petite colonne de mercure. Un tube de verre qui plonge verticalement dans un réservoir de mercure est ouvert à l'air libre. Dans le fond de ce réservoir se trouve un piston dont la base inférieure est plus petite que la base supérieure. La vapeur de la chaudière arrive par un tube dans la partie inférieure de l'appareil; elle presse le piston par-dessous. Mais le mercure le presse en dessus : le piston est donc soumis à deux pressions verticales opposées. Quand la vapeur soulève le piston, le mercure du réservoir monte librement dans le tube jusqu'à ce qu'il y ait équilibre entre les deux pressions. Comme les pressions sont proportionnelles aux surfaces et que la base supérieure du piston est plus grande que la base inférieure, le mercure monte moins que si les bases étaient égales. Si elles sont dans le rapport de 1 à 4, le mercure montera dans le tube quatre fois moins que par la pression directe. Ce jeu s'obtient au moyen de deux rondelles en caoutchouc volcanisé placées par-dessus et par-dessous le piston.

Le Jury accorde à M. Galy-Cazalat une récompense du second ordre.

VI.

COMPARATEURS.

CONSIDÉRATIONS GÉNÉRALES.

Le comparateur est un instrument qui sert à comparer deux règles et à évaluer leur différence de longueur avec une grande précision.

On se sert depuis fort longtemps d'un comparateur bien simple. Une règle est placée sur un banc en fer, un bout appuyé contre un talon fixé sur ce banc et l'autre bout pressé par le petit bras d'un levier coudé. Le grand bras de ce levier, que l'on peut prendre dix fois plus long, rend très-sensible sur un arc gradué le plus léger mouvement du petit bras. Si les parties de l'arc sont, par exemple, des cinquièmes de millimètre et qu'elles soient subdivisées en dix parties par le vernier que porte le grand bras ou l'aiguille, chaque partie de ce vernier qui est bien appréciable vaut deux centièmes de millimètre, et correspond à un changement de deux millièmes de millimètre dans la longueur de la règle.

Cet appareil bien simple se retrouve en partie dans plusieurs instruments qui ont été construits pour comparer des mètres à bouts et des mètres à traits. On appelle mètre à traits celui qui est compris entre deux traits gravés sur une règle.

Dans le comparateur de Gambey, le talon fixe du banc est remplacé par une vis micrométrique horizontale. Un chariot qui marche parallèlement à lui-même, en suivant deux espèces de rails en fer, porte : 1° le levier coudé et une petite lunette verticale par-dessus l'extrémité du grand bras ; 2° deux microscopes ayant à leur foyer un réticule de deux fils en croix, mû par une vis micrométrique.

Les mètres à bouts se comparent au moyen du levier coudé et de la vis du talon. On place un mètre sur le banc, un bout en contact avec l'extrémité de la vis, l'autre pressé par le petit bras du levier. Le grand bras ou l'aiguille porte, au lieu d'un vernier, un seul trait longitudinal, qu'on amène sous la croisée des fils de la petite lunette en faisant marcher le chariot avec une vis ordinaire de rappel. Quand on met un autre mètre sur le comparateur, on fait avancer ou reculer la vis micrométrique du talon jusqu'à ce que le trait de l'aiguille revienne sous la croisée des fils. Le chemin fait par la vis du talon, indiqué par la division de son cadran, est précisément la différence des deux mètres.

Les mètres à traits placés sur le banc, à côté l'un de l'autre, se comparent au moyen de deux microscopes. Les traits des deux mètres se trouvant sous la croisée des fils des deux microscopes, on fait marcher le chariot jusqu'à ce que l'un des microscopes soit exactement sur le trait du mètre étalon. L'autre microscope doit tomber sur le trait du second mètre quand il est égal au premier. Si cela n'arrive pas, la différence des deux mètres est indiquée sur le cadran de la vis micrométrique par le chemin qu'elle a dû faire pour amener la croisée des fils sur le trait du mètre comparé à l'étalon.

Pour construire un mètre à traits, on fait passer un microscope d'un trait à l'autre du mètre étalon; un tracelet qui est aussi emporté par le chariot fera le même chemin : il pourra donc servir, dans ses deux positions extrêmes, à tracer sur une règle deux traits qui comprendront entre eux la longueur du mètre étalon.

On concevra facilement que l'on peut comparer avec ce bel instrument un mètre à bouts et un mètre à traits, au moyen d'un des microscopes et du levier coudé.

L'aiguille du comparateur a été heureusement combinée avec la vis micrométrique dans le sphéromètre construit il y a quelques années par M. Brunner. La disposition qu'il a adoptée offre un grand avantage. Au lieu du contact immédiat du bout de la vis micrométrique contre le corps dont on veut mesurer l'épaisseur, comme dans le sphéromètre ordinaire, on a, sans pression, sans frottement, le simple contact d'un levier de comparateur. Concevez un châssis qui porte au dehors un levier coudé et dans l'intérieur une vis micrométrique. Quand cette vis tourne, elle avance dans son écrou qui est fixe, elle emporte le châssis avec le levier, et le contact du petit bras s'opère avec une grande facilité en le faisant avancer jusqu'à ce que le trait unique du grand bras ou de l'aiguille tombe sur un point déterminé. L'épaisseur d'un corps qui est égale au déplacement de la vis est indiquée par les parties de son cadran. Avec cet instrument on peut facilement évaluer un dix-millième de millimètre de différence entre deux épaisseurs, car le pas de la vis est d'un cinquième de millimètre, la tête de la vis, qui est assez grande, est divisée en 200 parties, et l'on peut encore estimer les dixièmes avec un vernier de 10 parties.

M. Brunner a été naturellement conduit à employer cet appareil dans son comparateur. A chaque extrémité du mètre il y a un levier comparateur dont le petit bras touche le bout du mètre, et le grand bras ou l'aiguille est amené sur un point fixe de l'arc non gradué. Le contact du petit bras avec le bout du mètre s'établit, d'un côté, au moyen de la vis micrométrique semblable à celle du sphéromètre, de l'autre, avec une simple vis. Cette vis à écrou fixe fait marcher dans le sens de sa longueur une règle qui repose sur le banc et qui porte le mètre. Ici, le mètre doit s'approcher d'une petite quantité du levier coudé qui ne peut se déplacer. Là, c'est la vis micrométrique qui, en faisant marcher le châssis, amène son levier contre le mètre. Quand le contact est établi et que les deux aiguilles sont sur zéro, on voit le point de division où se trouve le vernier de la tête de la vis micrométrique. La distance entre les deux talons des petits bras de levier étant exactement la longueur du mètre, on l'enleve après avoir écarté un peu la vis micrométrique. On place le second mètre sur le comparateur, et on rétablit les contacts comme la première fois. Si les mètres sont égaux, le zéro du vernier retombe sur le même point de division du cadran de lavis micrométrique; s'il y a une différence de longueur, elle est donnée par la différence des lectures sur ce cadran.

Cet instrument peut aussi servir à comparer des mètres à traits, au moyen de deux microscopes verticaux, l'un fixe, l'autre mobile.

Comparateur de M. Baumann.

M. Baumann (Berlin, n° 76) a exposé un comparateur à niveau dans le système de Bessel. Dans le prolongement du mètre se trouve à chaque extrémité un cylindre horizontal terminé, d'un côté, par une calotte sphérique qui s'appuie contre le bout du mètre, de l'autre côté, par une pointe qui s'appuie contre la partie inférieure de la monture d'un niveau parallèle au mètre et à six millimètres au-dessous de son axe de rotation. Le cylindre additionnel intermédiaire entre le mètre et le niveau est porté par une plaque horizontale inférieure qui marche à l'aide d'une vis micrométrique.

Le mètre étalon étant placé sur des supports dans une position horizontale à la même hauteur que le cylindre additionnel, on fait marcher ce cylindre par la vis micrométrique de manière qu'il soit en contact, d'un côté, avec le bout du mètre, de l'autre, avec le levier du niveau et que la bulle soit dans ses repères; on en fait autant à l'autre extrémité du mètre : alors la distance entre les deux calottes sphériques est précisément égale à la longueur du mètre. On remplace le mètre étalon par un autre mètre, on établit les contacts, et la somme des chemins faits par les deux vis micrométriques pour amener les deux niveaux dans les mêmes repères est égale à la différence des deux mètres.

Il faut une grande stabilité dans le comparateur pour être sûr que le changement dans le niveau est dû seulement au mètre qui remplace l'étalon. On doit toujours craindre que, pendant la comparaison, il survienne des changements dans la monture des niveaux et que l'adhérence arrête parfois le libre mouvement de la bulle.

Cet instrument ingénieux et délicat ne peut servir que pour comparer deux mètres à bouts; il ne doit, d'ailleurs, être employé qu'avec les plus grands soins, si l'on veut se mettre à l'abri des erreurs qui peuvent provenir des variations de température et du défaut de stabilité. Dans les mains d'un homme aussi habile que Bessel, il peut donner des résultats satisfaisants, mais il n'est pas de nature à devenir un instrument usuel. Il exige de grandes précautions, et son usage paraît bien limité. Une mesure directe donnée par un simple levier semble préférable à celle que l'on obtient par des niveaux d'une manière si détournée.

Le Jury accorde une récompense du second ordre à M. Baumann pour le travail et la bonne exécution de cet instrument.

VII.

MACHINES POUR DIVISER LA LIGNE DROITE.

CONSIDÉRATIONS GÉNÉRALES.

La division de la ligne droite en parties égales est appliquée continuellement aux mesures de longueur de l'usage le plus ordinaire. La division en parties égales ou en parties inégales dans des proportions données doit surtout s'opérer avec une grande précision dans beaucoup d'instruments de physique, de chimie, de météorologie et d'astronomie. Le Jury a donc donné une attention particulière aux instruments destinés à tracer ou à graver les divisions de la ligne droite avec toute l'exactitude désirable pour les besoins des sciences; il a remarqué deux instruments dont l'organe principal est une vis métallique.

Machine à diviser la ligne droite de M. Perreaux.

M. Perreaux (France, n° 369) a exposé une machine pour diviser la ligne droite, dont la partie importante est une vis micrométrique de 65 centimètres de longueur. Un chariot lié à l'écrou de cette vis repose sur deux rails ou règles longitudinales attachées au banc de l'instrument. Quand on fait tourner successivement la vis d'un tour ou d'une fraction de tour, l'écrou avance, le chariot glisse le long des rails en emportant un tracelet qui sert chaque fois à graver des traits sur la règle que l'on veut diviser. Ce qui prouve l'égalité des pas de la vis et des divisions, c'est qu'en faisant glisser l'une contre l'autre deux règles de cuivre divisées séparément, les divisions coïncident toujours dans toute la partie commune des deux règles.

Le pas de la vis est d'un demi-millimètre, et comme le cadran qui forme la tête de la vis est divisé en 250 parties, l'écrou avance d'un millimètre pour deux tours ou pour 500 parties du cadran. Le déplacement est donc de deux millièmes de millimètre quand la vis tourne d'une partie du cadran.

Le chariot porte encore une petite lunette au foyer de laquelle se trouvent deux fils en croix. Quand on veut diviser en un certain nombre de parties égales l'intervalle compris entre deux traits marqués sur une règle, on fait aller d'un trait à l'autre le chariot ou la croisée des fils de la lunette; on compte les tours et fractions de tour, et on en déduit par la division la valeur d'une partie de la règle en parties du cadran. Cela fait, on place une cheville de manière qu'elle soit éloignée du point de départ zéro du cadran d'une quantité égale aux parties du cadran correspondantes à une partie de la règle. On tourne la vis jusqu'à ce que la cheville s'arrête contre un talon, et on marque un trait. On tourne la manivelle en sens inverse, le cadran seul tourne sans la vis, et on retombe sur le zéro du cadran. On tourne de nouveau, de gauche à droite, pour arriver à la seconde division, et ainsi de suite. Dans cette opération on a l'avantage de faire toujours des pas égaux avec le tracelet, sans avoir besoin de lire sur le cadran. Le principe sur lequel repose ce procédé se trouve dans la machine de Ramsden pour diviser le cercle.

Cet instrument peut aussi servir à diviser une ligne en parties inégales; mais alors on ne peut pas faire usage du procédé précédent, puisque le cadran tourne chaque fois de quantités inégales. Quand on connaît les longueurs des différentes portions de la ligne, on les transporte au moyen de la vis sur une règle d'une longueur donnée, après avoir calculé pour chaque portion sa valeur en parties du cadran.

Dans cet instrument il y a aussi avec le tracelet un système de roues à entailles de différentes profondeurs, à l'aide desquelles on peut graver sur la règle des traits de différentes longueurs, ce qui rend la lecture des divisions beaucoup plus facile.

Le Jury accorde à M. Perreaux une récompense du second

ordre, pour sa bonne et élégante machine à diviser la ligne droite.

Machine à diviser la ligne droite de M. Ackland.

M. Ackland (Londres, n° 368) a exposé une machine à diviser la ligne droite, principalement destinée à opérer la graduation des hydromètres et la division des échelles de baromètres, thermomètres, etc. La partie essentielle de cet instrument est une vis micrométrique de 32 centimètres de longueur, dont la tête est divisée en 40 parties égales d'environ 7 à 8 millimètres, sans aucun autre moyen de fractionnement. C'est sur un chariot qui a 25 centimètres de longueur que se place la règle que l'on veut diviser. Ce chariot est mû par l'écrou, au moyen d'une règle en cuivre de 30 centimètres qui le pousse. Le tracelet est fixé sur le plateau en bois qui porte tout le système. Quand la vis tourne de quantités égales, l'écrou avance, pousse le chariot avec la règle; si chaque fois on marque un trait avec le tracelet qui est resté en place, on obtient sur la règle des divisions égales.

Quand la règle que l'on veut diviser a plus de 25 centimètres de longueur, elle ne repose pas tout entière sur le chariot, qui n'en a que 25, et l'on peut craindre que les divisions ne soient pas égales dans la partie de la règle qui n'est pas soutenue.

Le tracelet est lié à un mécanisme à l'aide duquel on peut donner aux traits plus ou moins de longueur. Dans ce mécanisme compliqué, mû à la main acec un levier, il faut encore changer les roues entaillées toutes les fois qu'on change le mode de division.

Quand on veut diviser l'intervalle compris entre deux traits A et B marqués sur une règle en parties inégales qui soient entre elles comme les divisions marquées de *a* en *b* sur une bande de papier, on fait aboutir aux points A et B deux règles qui tournent autour d'un point fixe C et qui forment avec la règle donnée A B un triangle C A B. On place la bande de papier *a b* parallèlement à la base A B, de manière que les règles C A et C B tombent sur les points *a* et *b*. Alors on tourne la vis de l'instrument; la règle C A est poussée par un bouton de l'écrou; elle tourne seule autour du point C, et quand elle est arrivée à une division de *a b*, un index qui la suit sert à marquer sur A B la division correspondante. A chaque pas fait sur *a b*, on marque un trait sur A B, et la règle A B est divisée en parties proportionnelles aux parties de la graduation de *a b*. La règle mobile C A est maintenue à chaque instant dans sa position, au moyen d'une corde à boyau. Dans cette dernière disposition, qui peut servir à diviser en parties égales ou inégales, on a l'avantage d'obtenir sur A B des parties plus ou moins grandes suivant la distance entre *a b* et A B.

Cet instrument laisse à désirer sous le rapport du travail et des dispositions de quelques parties, mais l'idée en est ingénieuse, et le Jury accorde une récompense du second ordre à M. Ackland.

Mètre divisé de M. Froment.

M. Froment (France, n° 1609) a exposé un mètre en cuivre avec limbe d'argent, divisé en demi-millimètres; il y a joint un vernier de 50 parties qui donne les centièmes de millimètre. Les divisions sont belles et fines; elles ont été tracées à l'aide d'une vis qui a un peu plus d'un mètre de longueur. Cette vis, construite avec le plus grand soin pour diviser la ligne droite, est mue avec tout son mécanisme par un courant électrique. Avec le vernier de 2 à 3 centimètres de longueur, on ne trouve pas dans les divisions du mètre des différences qui s'élèvent à un centième de millimètre.

M. Froment a encore exposé un petit théodolite du système de Gambey. Dans le cercle azimutal et dans le cercle vertical, qui ont 18 centimètres de diamètre, le degré est divisé en 6 parties, et le vernier, qui est de 60 parties, donne

10 secondes. L'instrument est d'une bonne construction; les divisions, qui sont d'une grande netteté, ont été faites avec une plate-forme que M. Froment fait marcher par un moteur électrique.

Le Jury accorde à M. Froment une récompense du premier ordre.

Mètre du Conservatoire des arts et métiers.

Conservatoire des arts et métiers (France, n° 1568). Dans la belle collection de poids et mesures exposés par le Conservatoire des arts et métiers, on remarque un mètre en platine construit par M. Brunner. Lors de l'établissement du système métrique en France, Lenoir construisit trois mètres à bouts en platine : le mètre prototype des Archives, le mètre de l'Observatoire, enfin le mètre qui fut déposé au ministère de l'intérieur et qui est actuellement au Conservatoire. C'est à ce dernier mètre que MM. Silbermann et Brunner ont comparé, à la glace fondante, le nouveau mètre de M. Brunner. Ils ont trouvé qu'alors il est plus long que l'ancien mètre du Conservatoire de 19 millièmes de millimètre.

M. Brunner a fait à son mètre à bouts deux additions importantes :

1° A chaque bout du mètre, et seulement dans la moitié de la largeur, on a attaché un talon en platine après avoir placé dans le joint une feuille d'or qui paraît comme un trait d'or extrêmement fin : le mètre est ainsi devenu un mètre à traits;

2° Le mètre repose sur une règle de cuivre à laquelle il est attaché par un bout seulement. La règle de cuivre porte un vernier sur le côté et vers chaque extrémité, et vis-à-vis on trouve des divisions sur le mètre. Les lectures faites avec les deux verniers donnent l'allongement relatif du cuivre et du platine. La valeur des parties de l'échelle thermométrique a été déterminée en mettant successivement le système des deux règles dans la glace fondante et l'eau bouillante.

Le nouveau mêtre en platine du Conservatoire des arts et métiers est donc à la fois mètre à bouts et à traits, puis porteur d'un thermomètre métallique comme ceux que Borda avait appliqués aux règles de platine qui ont servi à la mesure des bases dans la grande opération de la méridienne de France.

VIII.

MÉLANGES.

M. le comte DE DUNIN (Londres, n° 210, A) a exposé un mannequin expansif pour représenter le corps humain. Dans le nombre considérable de pièces qui composent le mécanisme de ce mannequin, on remarque d'abord des organes généraux d'expansion et de contraction à l'aide desquels il peut être adapté à toutes les tailles, depuis la plus petite jusqu'à la plus élevée, tout en conservant les proportions naturelles; et ensuite des moyens particuliers pour faire prendre au mannequin la forme d'un corps qui ne serait pas dans des conditions ordinaires.

Le buste renferme trois plates-formes horizontales : une au-dessous de la clavicule, une au diaphragme, une au bassin. Chaque jambe a aussi trois plates-formes horizontales : au genou, au mollet, à la cheville du pied. C'est sur ces plates-formes que sont établis les mouvements généraux pour agrandir le mannequin dans tous les sens et dans de bonnes proportions; il en est de même des mouvements particuliers, qui servent ensuite à modifier convenablement les premières dimensions obtenues. Quand on a formé exactement le mannequin d'un individu, on peut s'en servir soit pour prendre des mesures et confectionner toutes sortes d'habillements, soit pour les essayer.

L'auteur emploie un gilet formé d'une espèce de réseau pour obtenir les dimensions du corps, ou plutôt les coordonnées qui servent à former le mannequin. A la rigueur, ces coordonnées suffisent à un tailleur pour faire un habillement, et c'est à peu près ce qui se pratique ordinairement; mais alors il n'a pas l'avantage de l'essayer d'avance sur un mannequin.

Le comte de Dunin a résolu d'une manière simple et complète, par des moyens rationnels et des organes bien entendus, un intéressant problème de mécanique : le Jury lui décerne une médaille du premier ordre.

M. Redier (France, n° 1425) a exposé, outre plusieurs pièces d'horlogerie de précision, des instruments à l'usage des chemins de fer. Celui qu'il nomme *horographe* est destiné au contrôle de la marche des convois : il imprime sur une feuille de papier, en caractères typographiques, en regard des heures réglementaires, les heures réelles d'arrivée et de départ dans chaque station d'un chemin de fer.

La boîte renferme une horloge qui donne continuellement le temps. A l'arrivée dans une station, le chef de gare abaisse un levier, et l'heure actuelle de l'horloge s'imprime en heures et minutes sur un papier placé dans le fond de la boîte : les heures d'arrivée se trouvent ainsi enregistrées pour toutes les stations. On pourrait aussi imprimer l'heure du départ de chaque station; mais comme le mécanisme de transmission opère par période de cinq minutes, par exemple, si l'on restait moins de cinq minutes à la station, l'impression du départ tomberait sur l'arrivée.

Pour éviter cette confusion et avoir la marche exacte d'un convoi, M. Redier a imaginé un autre instrument qu'il nomme *contrôleur*. Un crayon, mû par un mécanisme particulier, trace une courbe sur une feuille de papier placée dans le fond de la boîte. Les abscisses de cette courbe indiquent le temps. Les ordonnées vont en diminuant du point de départ au point d'arrivée, de Paris à Orléans, par exemple; mais entre l'instant de l'arrivée à une station et l'instant du départ, le crayon trace une ligne horizontale qui sert à reconnaître, sur l'axe des abscisses, le temps que le convoi est resté dans la station.

On a aussi le temps employé par le convoi pour aller d'une station à l'autre. Si les ordonnées diminuent uniformément d'une station à la suivante, la courbe est une droite plus ou moins inclinée, et la vitesse est constante. On peut voir, par l'inclinaison de la courbe, quand la vitesse diminue, augmente et atteint son maximum.

Le Jury décerne une récompense du second ordre à M. Redier pour un réveil construit avec soin, réduit à de très-petites dimensions, livré à un prix extrêmement modéré, et déjà fort répandu en France et en Angleterre.

M. Wilkins (Londres, n° 157) a exposé un appareil catadioptrique tournant, pour un phare du premier ordre à courtes éclipses. Sur son contour octogonal et à la hauteur de la lampe se trouvent quatre lentilles annulaires, entre lesquelles sont alternativement interposées quatre lentilles, composées d'anneaux prismatiques horizontaux. Les lentilles annulaires projettent au loin des faisceaux de lumière; les autres ne donnent que des rayons divergents parallèles à l'horizon. Pour utiliser les rayons inclinés de la lampe, il y a dans la partie inférieure de l'appareil huit lentilles, composées de prismes horizontaux, qui forment une première zone catadioptrique. Dans le haut de l'appareil, la lumière supérieure de la lampe est recueillie par une coupole formée d'une série d'anneaux prismatiques horizontaux. Cette coupole constitue une seconde zone catadioptrique, qui fournit, comme la première, des rayons divergents parallèles à l'horizon. Des lentilles auxiliaires à prismes verticaux, placées en avant et seulement au-dessus et au-dessous de chaque lentille annulaire, servent à ramener au parallélisme les rayons divergents produits par les zones catadioptriques. Par cette disposition, les grands éclats de lumière, qui se suivent pendant la révolution du système, arrivent dans la même verticale pour une lentille annulaire et pour les deux lentilles auxiliaires situées sur son prolongement. Ces grands éclats, qui occupent toute la hauteur de l'appareil, sont séparés à volonté par un intervalle de 1 à 4 minutes, au moyen d'une rotation plus ou moins rapide.

Ce phare se compose de lentilles annulaires et de zones catadioptriques construites dans le système de Fresnel; mais il diffère du phare français par des dispositions qui ne paraissent pas toujours bien entendues.

Les différentes espèces de lentilles et d'anneaux qui entrent dans cet appareil catadioptrique ont été fabriquées à Paris, avec du verre de Saint-Gobain, par M. Letourneau. On remarque beaucoup de stries dans ce verre, qui est heureusement sans couleur et d'une grande transparence. La monture du phare et le mécanisme de rotation sont sortis des ateliers deM. Wilkins. Il en est de même de la lampe à quatre mèches concentriques ; mais on peut craindre qu'elle ne soit pas construite dans de bonnes conditions.

M. Wilkins a déjà établi un grand nombre de phares, dont les lentilles et les divers éléments lui avaient été envoyés de Paris par deux constructeurs habiles, MM. Henry Lepaute et Letourneau.

Le Jury accorde une mention honorable à M. Wilkins.

MM. Chance frères (Angleterre, n° 22) ont exposé un appareil lenticulaire, pour un phare tournant du premier ordre, construit suivant le système de Fresnel, avec des lentilles et des zones catadioptriques.

Ce phare se compose de huit lentilles annulaires et d'un grand nombre d'anneaux prismatiques horizontaux, placés 1° au-dessous des lentilles, dans la partie cylindrique de l'appareil; 2° au-dessus, où ils formentune coupole. Ces anneaux constituent deux zones catadioptiques à l'aide desquelles on profite de la lumière de la lampe qui se perdrait dans le haut et dans le bas de la lanterne.

Les lentilles annulaires réfractent la lumière de la lampe et la portent au loin en faisceaux cylindriques. Leur révolution autour de l'axe du phare produit une succession d'éclats de lumière séparés par un intervalle de temps qui sert au marin pour reconnaître un phare.

La lampe, qui est à quatre mèches concentriques, a été faite à Paris par M. Henry Lepaute. Toutes les autres parties de l'appareil sont sorties de l'établissement de MM. Chance, à Smethwick, près de Birmingham. Le verre a été coulé par les soins de M. Bontemps, ancien directeur de la verrerie de Choisy; les anneaux continus dont se composent les lentilles et la coupole ont été travaillés d'après les épures de Fresnel pour le verre français et son indice de réfraction, sur des tours mécaniques, sous la direction d'un homme qui a été longtemps employé par la commission des phares de Paris; le mécanisme de rotation a été construit conformément au modèle adopté par cette commission. Le verre a beaucoup de stries; mais ce qui est plus fâcheux, c'est qu'il a une couleur verdâtre qui en altère sensiblement la transparence.

MM. Chance, puissamment secondés par M. Bontemps, ont fait de très-louables efforts pour obtenir du verre pur et de grandes dimensions à l'usage de l'optique. Parmi les nombreux disques de flint-glass et de crown-glass qu'ils ont exposés, le Jury a donné une attention particulière à un disque de flint-glass de 29 pouces (73,66 centimètres) de diamètre. Vers la fin des opérations du Xe Jury, quelques essais faits sur des parties de ce disque qui avaient été travaillées et polies, sans être bien concluants, avaient cependant déterminé MM. Chance à faire continuer ce travail. Le disque a été soumis plus tard, dans ce nouvel état, à des expériences plus décisives par des membres du Jury qui se trouvaient encore à Londres. Ces dernières épreuves ayant paru satisfaisantes, une médaille du premier ordre a été accordée à MM. Chance pour leur grand disque de flint-glass, réduit toutefois à 0^m,56 de diamètre.

M. Rouget de Lisle (France, n° 1455) a exposé un appareil très-simple pour faire une copie exacte, réduite ou plus grande d'un dessin, puis une chambre obscure pour dessiner sur une glace horizontale les images variées que l'on obtient avec le kaléidoscope.

L'idée de produire par la réflexion de la lumière des images multiples est fort ancienne : Porta, dans sa *Magie naturelle*, publiée en 1589, indique comment on pourra construire un appareil pour voir plusieurs images d'une seule chose. Ces premières notions ont été reproduites et étendues dans divers ouvrages de physique. On peut apercevoir effectivement plusieurs images d'un objet placé entre deux miroirs plans en approchant l'œil du sommet de l'angle de ces miroirs. Mais c'est seulement en 1817, et en partant de ce principe, qu'un physicien célèbre, M. Brewster, a imaginé l'instrument connu sous le nom de *kaléidoscope,* qui réalise ces merveilleuses images et qui dès le début a joui d'une si grande popularité. Malgré les perfectionnements que l'on avait apportés successivement dans la constitution du kaléidoscope, il était encore considéré comme un objet de pure curiosité, quand M. Rouget de Lisle eut, en 1838, l'idée de l'employer pour composer des dessins à l'usage des fabriques de tapis et d'étoffes dè soie. A l'aide d'un mécanisme simple, il fait varier l'inclinaison des miroirs réflecteurs de manière à produire à volonté des dessins de différents contours ou périmètres. Vers le bout par lequel on regarde, il place un miroir incliné de 45° sur l'axe horizontal du kaléidoscope. L'image formée dans son intérieur est réfléchie de bas en haut par ce miroir; elle atteint une glace horizontale dépolie sur laquelle on peut la voir avec ses couleurs et en faire une copie. On peut aussi recevoir l'image réfléchie sur une glace non dépolie et recouverte d'un papier transparent, puis tracer facilement le dessin. Pour avoir sur la glace une image nette et des couleurs vives, M. Rouget de Lisle place une lampe, avec un miroir parabolique, devant l'ouverture du kaléidoscope.

Le Jury accorde une mention honorable à M. Rouget de Lisle.

M. Guénal (France, n° 1589). Parmi les nombreux appareils uranographiques qui ont paru à l'Exposition, le Jury a particulièrement remarqué celui qui a été inventé par M. Guénal et exposé par MM. Destouche et Houdin. M. Guénal a eu l'heureuse idée de réduire son appareil aux trois corps, le soleil, la terre et la lune, dont il nous importe le plus de bien connaître les mouvements pour comprendre la variété des saisons, l'inégalité des jours et des nuits, les phases de la lune, les phénomènes des éclipses de lune et de soleil. Un chariot qui porte la terre et la lune avec son orbite se meut sur le contour d'une ellipse d'environ deux mètres de grand axe au foyer de laquelle se trouve une lampe dont le globe représente le soleil. Le mécanisme qui fait marcher le chariot fait tourner en même temps la terre sur son axe, la lune sur elle-même et autour de la terre. Dans une révolution entière du chariot, qui comprend l'année solaire et douze lunaisons, on peut suivre tous les phénomènes qui résultent des positions respectives du soleil, de la terre et de la lune.

Le Jury accorde une mention honorable à M. Guénal, ainsi qu'à M. Masset (Suisse, n° 95), pour une petite et très-simple machine planétaire d'un prix extrêmement modéré, et donnant seulement les mouvements de la terre et de la lune autour du soleil.

IX.

LUNETTES ASTRONOMIQUES ET DE LONGUE VUE.

CONSIDÉRATIONS GÉNÉRALES.

La découverte des lunettes a changé la face de l'astronomie. Il a suffi de diriger des lunettes sur le ciel pour apercevoir des astres dont on ne soupçonnait pas l'existence, pour observer des phénomènes inattendus, pour étendre prodigieusement le domaine de la science. C'est en regardant le ciel avec sa lunette, qui ne grossissait pas plus de 30 fois, que Galilée a découvert les satellites de Jupiter, les phases de la planète Vénus et observé les taches du soleil. D'un autre côté, les observations astronomiques qui reposent sur la mesure des angles ont acquis une précision inespérée par l'application des lunettes aux instruments gradués.

Il paraît que c'est vers l'an 1300 que les besicles furent inventées en Italie. A cette époque, on connaissait donc les principales propriétés des verres concaves et des verres convexes. Plus de deux siècles s'écoulent avant que l'on cherche à réunir ces deux espèces de verre. Fracastor a publié à Venise, en 1538, son *Homocentrica*, où l'on trouve :

« Si l'on regarde à travers deux verres oculaires, placés « l'un sur l'autre, on voit toutes choses plus grandes et plus « rapprochées. »

Dans la *Magie naturelle* de Porta, publiée en 1589, on trouve ce passage :

« Une lentille convexe montre les objets plus grands et plus « clairs. Une lentille concave, au contraire, fait voir les objets « éloignés plus petits, mais distincts; par conséquent, en les « combinant ensemble, on pourra voir agrandis et distincts tant « les objets voisins que les objets éloignés. »

Ces indications un peu vagues de Porta et surtout de Fracastor étaient restées sans application. Cependant il n'y avait qu'un pas à faire pour former une lunette par la réunion de deux lentilles, l'une convexe, qui fait converger les rayons parallèles incidents, l'autre concave, qui fait diverger ces rayons convergents pour les ramener au parallélisme. Il fut fait, par hasard, une vingtaine d'années après la publication de la *Magie naturelle*. On raconte que les enfants d'un fabricant de besicles de Middelbourg, nommé Lippershey, trouvèrent, en jouant avec des verres, que le coq du clocher de Middelbourg paraissait grossi quand ils le regardaient à travers deux lentilles convexe et concave, et que Lippershey, après avoir répété l'épreuve, trouva la lunette d'approche. Quoi qu'il en soit de ce récit, la lentille convexe et la lentille concave furent combinées et placées à la distance convenable; la lunette était découverte, et Lippershey demandait aux États généraux de Hollande, au mois d'octobre 1608, un brevet pour l'invention de son instrument, destiné à faire voir au loin.

La lunette de Middelbourg se répandit bien vite : elle se vendait déjà à Paris chez les lunetiers quand, au mois de mai 1609, Galilée, qui n'avait eu que des renseignements imparfaits sur cet instrument, le reproduisit et fit ainsi la seconde découverte de la lunette hollandaise. Galilée n'est pas le premier inventeur; mais il eut le mérite de faire servir à l'avancement de l'astronomie ses lunettes, dont le grossissement, d'abord assez faible, s'éleva bientôt à 30 fois les dimensions linéaires.

Le champ de la lunette hollandaise ou de Galilée diminuait beaucoup à mesure que l'on faisait croître sa longueur pour augmenter le grossissement et voir mieux les objets éloignés. Cet inconvénient fit abandonner cette lunette, qui avait été seule en usage pendant environ quarante ans après sa découverte. Elle fut alors remplacée par la lunette astronomique, la seule qui soit employée pour l'observation des astres et qui, d'après sa composition, comporte de forts grossissements, tout en conservant un champ assez étendu. La lunette de Galilée ne sert plus maintenant qu'à l'état de lorgnette, quand elle peut être fort courte, pour des objets qui n'exigent qu'un faible grossissement.

Vers le milieu du XVIIe siècle, on employait, dans les recherches délicates, des lunettes astronomiques dont la longueur variait de 12 à 36 pieds (4 à 12 mètres) et dont le grossissement linéaire s'élevait de 40 à 150 fois. On citait particulièrement les grandes lunettes construites à Rome par Campani, qui supportaient une ouverture de 4 pouces et un grossissement d'environ 150 fois. Toutes ces lunettes, même en réduisant beaucoup l'ouverture de l'objectif, avaient le grave inconvénient de donner des images colorées.

On a cru longtemps que l'on ne pourrait pas construire des lunettes achromatiques ou sans couleurs. On admettait, d'après une expérience de Newton, qu'un rayon de lumière ne pouvait pas être réfracté, dévié de sa route, sans être décomposé. A l'époque où Euler et d'autres grands géomètres s'occupaient de cette importante question, John Dollond répéta l'expérience de Newton avec un prisme de verre et un prisme d'eau à angle variable. Il trouva, en faisant varier l'angle du prisme d'eau, ces résultats remarquables : 1° quand un rayon de lumière sortait de l'ensemble des deux prismes parallèlement à sa direction initiale ou sans déviation, il était décomposé, tandis que Newton avait annoncé qu'il était blanc ; 2° quand le rayon sortait blanc, il était toujours dévié de sa route initiale. A la suite de cette belle expérience, qui renversait les idées reçues, il était naturel de concevoir la possibilité de construire avec différentes substances transparentes et inégalement dispersives des objectifs qui dévieraient la lumière sans séparer les rayons des diverses couleurs. Dollond construisit aussitôt, en 1757, des objectifs achromatiques composés de deux lentilles biconvexes de crown-glass séparées par une lentille biconcave de flint-glass. Il eut à peine publié son invention qu'elle fut revendiquée en faveur de Hall. On reconnut en effet que Hall avait fait plusieurs lunettes sans couleurs dès 1733, mais qu'il les avait conservées sans rien publier. C'est à John Dollond que l'astronomie est réellement redevable du grand perfectionnement apporté dans la composition des lunettes. Cet éminent artiste en a construit de 4 pouces (11 centimètres) d'ouverture qui passent encore pour excellentes. Les objectifs, longtemps composés de trois verres, comme ceux de Dollond, ont été réduits à deux : une lentille biconvexe de crown-glass achromatisée par une lentille de flint-glass concave d'un côté, légèrement convexe de l'autre.

La fabrication des lunettes astronomiques, après avoir été en grande partie concentrée en Angleterre, avait passé, il y a environ cinquante ans, sur le continent. Dès 1804, Lerebours avait fait la lunette qui servait à Napoléon au camp de Boulogne. C'était le premier objectif achromatique à deux verres de 11 centimètres (4 pouces) de diamètre qui eût été construit en France. Il présentait à l'Institut quinze objectifs de cette même grandeur en 1812, et en 1816 un excellent objectif de 19 centimètres (7 pouces) d'ouverture : c'était le plus grand réfracteur connu à cette époque; les Anglais n'atteignirent qu'en 1826 cette dimension, qu'ils n'ont guère dépassée depuis. Cet habile artiste ne s'arrêta pas là : il fit, en 1823, un objectif de 24 centimètres (9 pouces), pour l'observatoire de Paris, et plusieurs lunettes de 10 centimètres d'ouverture et d'un très-court foyer, $0^m,87$. M. Lerebours fils acheva, en 1844, sa grande lunette de 38 centimètres (14 pouces) d'ouverture et 8 mètres de foyer, qui appartient à l'observatoire de Paris. Cauchoix, à partir de l'année 1811, construisit aussi en France de bons objectifs achromatiques de 8, 10, 16, 22, 25 et 33 centimètres de diamètre. Parmi les plus grands, qui ont tous passé en Angleterre, on peut citer celui que l'on nomme à l'observatoire de Cambridge *Northumberland refractor*. En Allemagne, les bonnes lunettes étaient encore tirées d'Angleterre vers l'année 1800; peu de temps après, on commence à construire à Munich des objectifs de 9 à 11 centimètres (3 à 4 pouces) de diamètre. Ce n'est que sous la direction de Fraunhofer, en 1819, que l'on fabrique des objectifs un peu grands, de 11 à 16 centimètres. Cet éminent artiste, qui, dans sa courte carrière, a fait de si belles expériences d'optique, terminait en 1824 la lunette de Dorpat, de 24 centimètres d'ouverture; en 1826, l'héliomètre de Kœnigsberg, de 16 centimètres de diamètre. Son successeur, M. Merz, achève, en 1830 et 1833, des objectifs de 24 et 28 centimètres; il construit, en 1838, le grand objectif de 38 centimètres (14 pouces) pour l'observatoire de Poulkova et ensuite l'objectif de même grandeur pour l'observatoire de Cambridge (Amérique). Les plus grandes lunettes achromatiques qui existent maintenant sont celles des observatoires de Paris, de Poulkova et de Cambridge, qui ont toutes trois 38 centimètres (14 pouces) d'ouverture.

Les opticiens ont été longtemps arrêtés dans la construction des objectifs achromatiques, parce qu'ils ne pouvaient pas se procurer de bon flint-glass. Grâce aux efforts qui ont été faits en France et en Allemagne depuis une trentaine d'années, on est parvenu à en fondre de belles plaques sans stries. Cependant les difficultés croissent tellement avec la grandeur que l'on n'a pas pu encore obtenir des disques de flint-glass bien purs au delà de 38 centimètres de diamètre; et malheureusement, dans ces dimensions, le crown-glass ne se fond pas plus facilement que le flint-glass. Les progrès qui ont été faits en optique et dans l'art de tailler, de polir les verres, ont beaucoup simplifié la construction des objectifs; cependant la courbure des surfaces des lentilles est encore assez difficile à déterminer par le calcul et à exécuter par les moyens mécaniques connus.

La rareté du flint-glass de grandes dimensions, en Angleterre, avait conduit M. Rogers, de Leith, à faire des essais pour faciliter la construction des objectifs achromatiques. Au lieu d'appliquer la lentille de flint-glass contre celle de crown-glass, il proposait de la placer à une distance assez grande, afin que la convergence des rayons incidents, produite par la lentille objective de crown-glass, permît de n'employer qu'une petite lentille divergente de flint-glass pour opérer l'achromatisme. C'est en partant des mêmes considérations théoriques, appliquées avec succès, que M. Ploessl a exécuté en Allemagne, il y a une vingtaine d'années, des lunettes *dialitiques*, dans lesquelles il a placé entre l'oculaire et la lentille objective de crown-glass, soit une simple lentille divergente de flint-glass, soit un petit objectif de crown-glass et de flint-glass, dont on peut faire varier la position sur l'axe de la lunette, pour avoir au foyer des images sans couleurs. Les lunettes dialitiques sont peu répandues, et il ne paraît pas que l'auteur ait cherché à en faire au delà de 15 centimètres d'ouverture.

Les lunettes achromatiques étaient tirées d'Angleterre ou construites avec du verre anglais, lorsque, il y a une quarantaine d'années, on commença à faire de sérieux efforts en France et en Allemagne pour obtenir du flint-glass homogène, diaphane et d'une densité convenable. Ces précieuses qualités ont été atteintes en grande partie par M. Guinand. C'est avec du flint-glass et même du crown-glass de cet homme ingénieux qu'ont été construits les grands objectifs sortis des mains des opticiens français. M. Maës (France, n° 656) a composé une nouvelle espèce de verre avec une base d'oxyde de zinc et l'acide borique pour faciliter la fusion et la vitrification. Il a présenté à l'Exposition, outre divers objets d'art, des lentilles simples et des prismes qui ont particulièrement fixé l'attention du Xe Jury. Dans ces spécimens, le verre a paru très-pur, d'une grande limpidité, sans couleur, sans aucune apparence de bulles et de stries. Le Jury a pensé qu'il pourrait être employé avec avantage dans la composition des objectifs achromatiques et dans différents appareils d'optique. C'est principalement d'après ces motifs que le XXIVe Jury a décerné une médaille de premier ordre à M. Maes, pour son verre à base de zinc.

Lunettes de M. Buron.

M. Buron (Paris, n° 443) a exposé des lunettes astronomiques qui ont été essayées sur un signal placé à 150 mètres de distance. C'était une petite sphère de marbre bien polie, fortement éclairée par le soleil, qui paraissait très-brillante sur un fond noir.

1° Lunette de 1 m. 50 cent. de foyer et 108 millim. d'ouverture. Avec des grossissements de 70 et 100 fois, elle donne des images sans couleurs, bien terminées au centre et sur les bords du champ.

2° Une lunette de 1 m. 15 cent. de foyer et 75 millim. d'ouverture; elle termine bien avec un grossissement de 76 fois : c'est une des meilleures lunettes essayées.

3° Une très-bonne lunette à objectif de cristal de roche; longueur focale : 1 m. 45 cent.; ouverture : 108 millim. Avec un grossissement de 145 fois, l'image est sans couleur et d'une grande netteté dans toute l'étendue du champ. Pour éviter les effets de la double réfraction du cristal et obtenir l'achromatisme, il a fallu avoir égard à la position de son axe et tailler la lentille avec le plus grand soin.

M. Buron a aussi exposé des lunettes marines ou de longue vue. Des lunettes de 45 à 50 millimètres d'ouverture et environ 90 centimètres de longueur montrent par des essais variés qu'il a obtenu de bons effets avec divers grossissements, tout en conservant le plus possible de champ et de lumière. M. Buron est connu depuis longtemps par les bonnes lunettes qu'il fabrique en très-grande quantité, et qu'il livre au commerce à des prix fort modérés. Beaucoup de lunettes, qui se vendent sous des noms anglais, sont sorties de ses ateliers. Cet ingénieux artiste a prouvé par les lunettes astronomiques qu'il a exposées, et surtout par son excellente lunette de cristal de roche, qu'il connaît et pratique avec habileté les procédés les plus délicats de l'optique. Le Jury décerne à M. Buron une récompense du premier ordre.

Lunettes de M. Ross.

M. Ross (Londres, n° 254) a exposé des lunettes qui ont été essayées comme les précédentes.

1° Une lunette astronomique de 3 pieds (91 cent.) de foyer et 2 pouces 1/2 (63 millim.) d'ouverture : elle termine bien dans toute l'étendue du champ avec un grossissement de

85 fois; mais, avec le grossissement de 118 fois, on soupçonne des traces de couleur; l'image est nette au centre et un peu diffuse vers les bords du champ.

2° Une lunette de 4 pieds (1 m. 22) de foyer et 3 pouces 3/8 (86 millim.) d'ouverture : elle termine bien avec un grossissement de 60 fois, pas aussi bien avec les grossissements de 85 et de 115 fois, et l'on aperçoit quelque trace de couleur. La première lunette paraît meilleure que la seconde; elle est préférable, mais cependant avec un faible grossissement, pas plus de 85 fois. Toutes deux ne sont pas d'un aussi bon effet que les lunettes un peu plus longues de M. Buron. Les lunettes marines de M. Ross sont bonnes, faites avec soin; mais elles paraissent conserver un peu moins de lumière que celles de M. Buron.

M. Ross a aussi exposé d'excellents microscopes construits d'après les principes et les heureuses combinaisons imaginées par M. Lister, et généralement adoptées en Angleterre. Le Jury, tout en tenant compte des lunettes de M. Ross, a décerné une récompense du premier ordre à cet habile opticien pour ses microscopes.

Lunette de M. Merz.

M. Merz (Munich, n° 30) a exposé une lunette de 1 m. 35 cent. de longueur et 11 cent. d'ouverture, montée sur un pied parallactique très-simple. L'axe de rotation a 30 centimètres de longueur; le cercle de déclinaison, 20 centimètres de diamètre, de même que le cercle horaire, sur lequel on peut lire avec le vernier quatre secondes de temps. On regarde une grande carte de la Lune d'un bout à l'autre de la longue galerie du Palais de Cristal, à une distance d'environ 500 mèt., avec des grossissements de 90 et 120 fois : la lunette paraît achromatique; l'image est bien nette au centre et un peu moins sur les bords; il faut toucher à l'oculaire pour voir distinctement vers les bords jusqu'à un sixième du champ. Dans une seconde épreuve faite plus tard, on observe le soleil, dont les bords sont un peu ondulants, et quatre taches qui se trouvent sur son disque. Une belle tache et sa pénombre se voient assez bien au centre du champ de la lunette, mais avec beaucoup de diffusion vers les bords; et la couleur secondaire est bien sensible. Cette bonne lunette, d'un beau travail, digne des ateliers de Munich, a valu une récompense du premier ordre à M. Merz, l'habile successeur du célèbre Fraunhofer.

Lunette de M. Marratt.

M. Marratt (Angleterre, n° 454) a exposé une lunette astronomique de 5 pieds (1 m. 52 cent.) de longueur et 4 pouces (10 centimètres) d'ouverture. Essayée avec un grossissement de 120 fois, sur le signal éclairé par le soleil, elle donne un peu de couleur et une image mieux terminée au centre que vers les bords du champ. Une mention honorable est accordée à M. Marratt.

Lunette de M. Busch.

M. Busch (Berlin, n° 89) a obtenu une mention honorable pour une lunette de 5 pieds (1 m. 62 cent.) de longueur et 4 pouces (108 millimètres) d'ouverture, qui, soumise aux mêmes épreuves que la précédente, a paru d'un effet ordinaire.

Lunette dialitique de M. Kinzelbach.

M. Kinzelbach (Wurtemberg, n° 26) a exposé une lunette dialitique d'environ un demi-mètre de longueur. La lentille objective de crown-glass, de 6 à 7 centimètres de diamètre, est bien achromatisée par une lentille de flint-glass placée vers le milieu de la lunette et qui a seulement 35 millimètres de diamètre. Le Jury, voulant encourager les constructions de ce genre, a accordé une récompense du second ordre à M. Kinzelbach pour sa lunette dialitique, la seule qui ait paru à l'Exposition.

X.

INSTRUMENTS D'ASTRONOMIE ET DE GÉODÉSIE.

CONSIDÉRATIONS GÉNÉRALES.

Les instruments d'astronomie ont été d'une précision très-bornée tant que l'on a été réduit à observer les astres à l'œil nu, soit avec des gnomons, soit avec des instruments gradués garnis de pinnules. Les grandes dimensions qu'on leur donnait ne pouvaient atténuer les erreurs qui provenaient d'un pointé grossier. Cependant les observations faites il y a deux mille ans ont été et sont encore très-précieuses pour nous; si elles ne donnent pas des positions absolues exactes, elles servent au moins à constater et souvent à déterminer avec une certaine précision des mouvements séculaires. C'est ce qui est arrivé pour le mouvement général des étoiles, connu sous le nom de précession des équinoxes. On conçoit en effet que, dans la comparaison des observations anciennes et modernes, l'erreur du point de départ est compensée par le grand intervalle qui nous en sépare, et qu'elle disparaît, au moins en grande partie, quand elle est répartie sur un grand nombre de siècles.

L'astronomie ne pouvait faire des progrès réels qu'à l'aide de bons instruments pour observer les astres, déterminer leurs distances angulaires et mesurer le temps avec exactitude. Les instruments les plus importants ont été successivement imaginés dans le cours du XVIIe siècle; ils ont suivi de près la découverte, en 1608, de la lunette dite de Galilée, découverte que l'on doit mettre au premier rang de toutes celles dont l'astronomie s'est enrichie. Morin applique, en 1634, cette lunette aux instruments gradués destinés à la mesure des angles. L'invention de Morin n'est devenue réellement utile à l'astronomie qu'au bout de trente-deux ans, en 1666, quand Auzout, de concert avec Picard, appliqua au quart de cercle une lunette astronomique portant dans son intérieur un repère formé par deux fils en croix placés au foyer commun de l'objectif et de l'oculaire. Cet immense progrès ne pouvait être réalisé qu'avec la lunette à deux verres convexes dont Kepler avait donné la première idée, en 1611, dans sa dioptrique; car il était impossible d'adapter des fils à la lunette de Galilée, dont l'oculaire biconcave se trouve entre l'objectif et son foyer. Vernier avait décrit, en 1631, le petit appareil si simple qui porte son nom et qui est d'un usage si commode, si universel, pour la lecture des arcs divisés. Huygens avait appliqué, en 1656, le pendule aux horloges pour en régulariser la marche.

Le XVIIIe siècle a aussi ses découvertes et ses perfectionnements. Roemer imagine, en 1700, la lunette méridienne pour observer, dans le méridien même, les passages des astres que l'on concluait péniblement des hauteurs correspondantes. Graham complète, en 1715, l'heureuse invention de Huygens: il remplace le pendule à une seule tige par le pendule à compensation, qui est devenu un excellent régulateur. La lunette astronomique simple, après avoir servi pendant un siècle et demi, devient un instrument parfait dans les mains de John Dollond; ce grand artiste publie, en 1758, la découverte des lunettes achromatiques. Mayer donne, en 1752, la première idée de la répétition des angles, et Borda publie, en 1786, la description de son cercle répétiteur, également propre aux observations astronomiques et géodésiques.

Maintenant citons les grands artistes qui, en Angleterre, en Allemagne et en France, ont contribué à réaliser et à perfectionner les inventions que nous venons de signaler, et qui, depuis plus d'un siècle, ont construit les beaux instruments qui ont si puissamment concouru aux progrès de l'astronomie.

Les Anglais Sisson, Graham, Harrison, Dollond, Bird, Ramsden, Troughton, ont été longtemps en possession de faire des instruments astronomiques pour toute l'Europe. Dans les nombreux observatoires qui se sont établis sur le continent pendant le siècle dernier, on recherchait à tout prix les lunettes de Dollond, les grands quarts de cercle de Bird, les excellents secteurs, quarts de cercle, cercles entiers, lunettes méridiennes, théodolites, etc., de Ramsden, l'un des plus grands artistes qui aient paru. C'est vers le commencement de ce siècle que nous voyons s'élever à Munich deux établissements considérables qui ont été illustrés par les travaux de Reichenbach et de Fraunhofer. Leurs dignes successeurs, MM. Ertel et Merz, continuent à construire, pour le monde entier, de grands et beaux instruments. En France, nous pouvons citer, pour l'horlogerie, les Pierre Leroy, les Lepaute, les Berthoud, les Breguet; pour l'optique, les Lerebours et les Cauchoix. C'est vers 1790 que Lenoir, sous la direction de Borda, a construit les instruments et tous les cercles répétiteurs qui ont servi dans la grande opération de la méridienne de France. Fortin, à la même époque, commence à construire, pour les physiciens et les astronomes, des instruments remarquables par la précision, le fini du travail et une élégance de forme inconnue chez nous avant lui. Cependant nous demandions encore les grands instruments à nos voisins d'outre-Manche; mais, grâce aux sentiments de nationalité et à la puissante intervention d'Arago, ce vénérable et consciencieux artiste fut chargé en 1822, par le bureau des longitudes, d'exécuter un cercle mural de deux mètres de diamètre pour l'observatoire de Paris. Fortin eut ainsi le bonheur de terminer sa carrière par un magnifique instrument qui a remplacé le quart de cercle de Bird, qui servait seul à la mesure des hauteurs méridiennes. Arago avait deviné, en 1815, un grand artiste dans les premiers essais de Gambey; il le conserva à la France au moment où le découragement l'entraînait en Amérique. Quelques années après, Arago, par sa position dans la science et la faveur dont il jouissait dans le parlement, entreprit avec succès la régénération de l'observatoire de Paris et des instruments. Il chargea Gambey de la construction de la grande lunette méridienne qui a remplacé celle de Ramsden, d'un cercle mural de deux mètres de diamètre et d'un équatorial dont les deux cercles ont un mètre de diamètre. Ces beaux instruments, qui font l'ornement et la gloire de notre observatoire national, et une foule d'autres qu'il serait trop long d'énumérer ici, attestent la grande habileté d'un homme malheureusement enlevé aux sciences à un âge où il pouvait encore leur rendre d'éminents services. Après avoir été longtemps les tributaires de nos voisins, nous avons vu, à notre tour, les instruments de Gambey recherchés dans le monde entier. Ce grand artiste, dans sa courte carrière, a été appelé à fournir aux étrangers un grand nombre d'instruments de physique et d'astronomie, parmi lesquels il faut citer en première ligne la lunette méridienne de Bruxelles, l'équatorial et la lunette méridienne de l'observatoire de Genève.

Dans la construction des instruments de précision pour l'astronomie, la navigation, la géodésie, l'arpentage, le nivellement, la physique, nous n'avons rien à envier aux étrangers. Nos instruments se distinguent par la bonne disposition des différentes parties, la légèreté, la simplicité, l'élégance des formes. Dans l'école française, à la tête de laquelle on doit placer Gambey, comme dans l'école de Reichenbach qui l'a précédée, on coupe, on rabote, on lime, on tourne les métaux avec une grande netteté. On commence à trouver des traces de ces bonnes manières de travailler dans les instruments anglais et allemands construits par des artistes qui se sont formés à Munich ou à Paris. Quand on a pu voir les instruments faits par les plus grands artistes de l'Angleterre et de l'Allemagne, quand on a pu étudier avec soin les instruments inventés, modifiés et construits par Gambey, on ne craint pas de le placer parmi les hommes qui ont puissamment contribué aux progrès des sciences en fournissant aux physiciens, aux astronomes et à tous les expérimentateurs de grands moyens d'investigation.

A mesure que les instruments se perfectionnaient, les observations acquéraient une grande précision et conduisaient à de belles découvertes. La mécanique céleste, de son côté, sous la main des géomètres du XVIIIe siècle, faisait d'immenses progrès. La science astronomique, aidée de ces puissants auxiliaires, marchait rapidement vers un état de perfection inespéré. On a donc pu dire qu'avec tous les moyens d'observations et de recherches que nous possédons actuellement, un demi-siècle suffirait pour refaire une science qui a mis plus de deux mille ans pour se développer et arriver au point où nous la voyons.

Les établissements et les artistes qui ont acquis une juste célébrité par les grands instruments qu'ils ont construits pour les observatoires, ou n'ont rien envoyé à l'Exposition universelle, ou n'y ont envoyé, pour ainsi dire, que des échantillons dont ils pouvaient disposer. Voilà la regrettable circonstance qui explique l'absence à l'Exposition des instruments d'astronomie, et même de géodésie du premier ordre, qui auraient pu donner une juste idée de ce que produisent des hommes d'élite pour le service des sciences.

Pendule électrique de MM. Bond.

MM. Bond (Boston, n° 463) ont exposé un appareil pour obtenir avec une pendule électrique les passages des astres au méridien par des indications graphiques. Il consiste dans une horloge astronomique ordinaire, un cylindre recouvert en papier, un mécanisme qui lui imprime un mouvement uniforme et continu, une batterie galvanique, un électro-aimant dont l'armature porte une plume ; enfin des fils qui établissent la communication entre l'horloge, la batterie et l'électro-aimant.

Le cylindre fait un tour entier dans une minute, et dans ce temps la plume trace une spirale sur le papier qui l'enveloppe. Mais le circuit électrique est interrompu quand le pendule de l'horloge arrive à l'extrémité de son oscillation, quand l'ancre laisse passer une dent de la roue d'échappement. Cette rupture du circuit électrique par l'horloge est marquée, à chaque seconde, par une petite solution de continuité dans la spirale. Un observateur, en posant le doigt sur une touche particulière, peut aussi opérer la rupture du circuit électrique et donner lieu à une solution de continuité comprise entre les marques qui forment l'échelle des secondes de l'horloge.

Si, à l'instant où une étoile passe derrière le fil horaire d'une lunette fixe, l'observateur pousse la touche qui interrompt le circuit électrique, cet instant est marqué sur la spirale par une petite lacune. Il détermine une marque pareille au passage d'une seconde étoile derrière le même fil. La distance de ces deux marques, qui peut s'évaluer en secondes et fractions de seconde de temps au moyen de l'échelle des secondes, représente précisément la différence d'ascension droite des deux étoiles. On peut déterminer ainsi graphiquement les différences d'ascension droite d'un grand nombre de petites étoiles qui se suivent de très près. On a d'ailleurs l'avantage de rester toujours l'œil à la lunette, ce qui permet d'apercevoir sans interruption des étoiles très-faibles.

Dans l'observation ordinaire des passages des astres au méridien, on est obligé de compter mentalement les secondes par les battements du pendule, et d'estimer la fraction de seconde à l'instant où l'on voit l'étoile sous le fil horaire. Cette opération délicate, dans laquelle interviennent la vue et l'ouïe, n'est pas faite de la même manière par tous les observateurs : de là résulte ce que l'on nomme l'*erreur personnelle*. On a reconnu que tel astronome observe les passages au méridien plus tôt ou plus tard qu'un autre astronome, et que la différence des passages s'élève, dans quelques cas, à une seconde de temps. Bessel, après avoir signalé ces discordances à l'attention des astronomes, ajoutait : « Il serait à désirer que l'on « trouvât un moyen de faire sur le mystérieux phénomène des « expériences décisives ; mais je les regarde comme impossibles, « car l'opération sur laquelle les différences en question re- « posent se fait à notre insu. »

Arago a donné (Comptes rendus de l'Académie des sciences, t. XXXVI, p. 276) un moyen très-simple de s'affranchir des erreurs personnelles. Il avait imaginé, en 1842, que ces erreurs disparaîtraient quand les observateurs n'auraient à considérer que l'un des deux éléments dans lesquels réside une observation du passage au méridien. Il vérifia sa conjecture et s'assura de plusieurs manières que l'erreur personnelle disparaît quand, au lieu de compter mentalement la seconde et de faire intervenir l'oreille, on fait marquer le temps par un moyen mécanique. Vers le commencement de l'année 1843, il employa un chronomètre à pointage de Breguet sur lequel on pouvait lire deux dixièmes de seconde.

« Au moment où les étoiles arrivaient sous les fils, l'astro- « nome lâchait la détente; les marques laissées par la pointe « sur le cadran du chronomètre déterminaient les instants des « passages des astres derrière les fils. MM. Mauvais et Goujon, « dont les passages au méridien différaient de 0^s,58 lorsqu'ils « étaient observés à la manière ordinaire, se trouvent cons- « tamment d'accord en se servant de ce chronomètre à poin- « tage. »

Ces résultats furent confirmés en opérant, en 1853, avec un nouveau chronomètre à pointage que M. Breguet avait remis à Arago, et qui donnait sans équivoque le dixième de seconde.

« Par des observations répétées, parfaitement concordantes, « on avait reconnu que M. Goujon observait les passages au « méridien 0^s,45 plus tard que MM. Laugier et Ernest Liou- « ville. Lorsqu'on eut observé avec le chronomètre à pointage, « on trouva que la différence entre les passages des trois ob- « servateurs était devenue inappréciable. » Arago ajoute ensuite : « Quand on voudra, à l'avenir, se rendre indépendant « des erreurs personnelles, il faudra pour ainsi dire laisser à « un chronomètre à détente le soin d'évaluer la seconde et la « fraction de seconde correspondant aux passages des étoiles « derrière les fils du réticule. »

Voilà le moyen qui a été indiqué par Arago pour débarrasser les observations de passages au méridien d'erreurs, ou du moins d'incertitudes très-fâcheuses. Il est probable qu'il en est de même dans les passages observés par la méthode de MM. Bond, attendu que, dans cette méthode, c'est aussi par le toucher qui interrompt le courant électrique que l'on obtient graphiquement l'instant où l'étoile se voit derrière un fil horaire. Les choses se passent à peu près comme avec le chronomètre; l'ouïe est remplacée par le toucher.

MM. Bond, dans un mémoire (Compte rendu de l'association britannique pour 1851), disent en effet:

« Les limites des erreurs individuelles sont beaucoup plus « resserrées par cette méthode. Autant que les comparaisons « faites jusqu'ici suffisent à le prouver, les erreurs personnelles « des divers observateurs sont sinon tout à fait insensibles, du « moins réduites à un petit nombre de centièmes de seconde. »

MM. Bond sont donc parvenus, avec leur pendule électrique, à la conséquence qu'Arago avait déduite, dès 1843, des observations qu'il avait fait faire avec un chronomètre à détente. Maintenant c'est à l'expérience à prononcer, au point de vue de l'exactitude et de la commodité, entre le procédé électrique de MM. Bond et l'usage du chronomètre indiqué par Arago.

Le Jury a jugé digne d'une récompense du premier ordre l'invention de la pendule électrique exposée par MM. Bond.

Instrument universel de M. Ertel.

M. Ertel (Munich n° 25) a exposé un instrument universel pour faire des observations astronomiques et géodésiques. On y remarque principalement: 1° un grand cercle horizontal de 45 centimètres de diamètre à limbe intérieur d'argent divisé de 3 en 3 minutes, sur lequel on peut lire 2 secondes avec 4 verniers contenant chacun 90 parties; 2° une lunette centrale de 50 centimètres de foyer et 45 millimètres d'ouverture; 3° un petit cercle vertical pour les distances zénithales de 31 centimètres de diamètre à limbe d'argent, divisé de 5 en 5 minutes, sur lequel on lit 4 secondes avec 4 verniers contenant 75 parties; il est placé à une extrémité de l'axe horizontal de la lunette. A l'autre extrémité de cet axe se trouve un petit cercle vertical de 27 centimètres de diamètre à limbe d'argent avec un seul vernier qui donne la minute, ce qui est bien suffisant pour un cercle de recherche servant à caler la lunette à la hauteur de l'astre ou de l'objet que l'on veut observer.

La lunette est brisée : les rayons de lumière venant de l'objectif sont réfléchis par un prisme de verre placé dans l'axe de rotation; l'image se forme à l'extrémité intérieure de cet axe, où se trouve l'oculaire, et l'on regarde toujours dans la direction horizontale de l'axe de rotation. Par cette disposition, on peut observer à toutes les hauteurs avec la lunette centrale. Cet axe est rendu horizontal au moyen d'un grand niveau qui repose sur ses deux tourillons.

Le limbe intérieur du cercle horizontal tourne librement avec son axe vertical d'acier qui traverse le pied de l'instrument. Les petits mouvements de ce limbe gradué sont produits par une vis de rappel placée vers la partie inférieure de cet axe, qui, en tournant, entraîne le limbe. Ce système de rappel paraît bien loin du limbe intérieur. La rotation imprimée à l'axe dans sa partie inférieure se transmet-elle au limbe facilement, sans torsion? Un rappel appliqué directement, comme à l'ordinaire, sur le contour du limbe paraît plus sûr.

Cet instrument, comme le théodolite, donne l'angle de deux signaux réduit à l'horizon sur le grand cercle. S'il arrive, dans le passage de la lunette d'un signal à l'autre, que le cercle horizontal qui porte les verniers se déplace, on le remet dans sa position primitive à l'aide d'une lunette de repère (de 50 centimètres de foyer et 34 millimètres d'ouverture) que l'on ramène sur une mire fixe avec une vis de rappel qui fait tourner tout le système. L'angle réduit de deux signaux peut s'ajouter successivement à lui-même pour atténuer les erreurs de division et de pointé. La lecture des quatre verniers dans plusieurs parties du cercle horizontal a donné des angles dont l'accord montre bien l'exactitude de la belle division de ce cercle; on n'a trouvé qu'une seule fois une discordance de 3″,6 ou d'une partie et huit dixièmes du vernier. On peut aussi lire les angles sur le cercle horizontal avec deux microscopes. On conçoit que des microscopes placés sur un support indépendant restent immobiles dans le passage d'une observation à une autre; mais en est-il de même quand ils sont attachés à l'instrument et doivent-ils donner une précision supérieure à celle que l'on obtient avec les quatre verniers?

La lunette, dans son mouvement vertical, fait tourner le limbe extérieur, qui porte la division du cercle vertical des distances zénithales. Le cercle intérieur, avec ses quatre verniers, reste toujours dans la même position, ou bien on l'y ramène au moyen d'un petit niveau perpendiculaire à l'axe de rotation. Dans deux observations conjuguées d'un même objet la lunette décrit le double de la distance de cet objet au zénith. Cette double distance, qui se lit sur le limbe extérieur du cercle vertical, ne peut se répéter, s'obtenir, sur uneautre partie du limbe qu'en fixant le petit niveau dans une autre position sur le cercle intérieur des verniers.

M. Ertel a voulu étendre l'usage de son instrument universel aux observations astronomiques et géodésiques, et en faire à la fois un cercle méridien et un théodolite : c'est ce qui l'a nécessairement entraîné dans d'inévitables complications. Cet instrument, d'une belle et excellente exécution, a obtenu la récompense du second ordre.

Théodolite de M. Beaulieu.

M. Beaulieu (Bruxelles) a exposé un théodolite répétiteur construit dans le système de Gambey. Le cercle horizontal a 33 centimètres de diamètre; le limbe extérieur est divisé sur argent de dix en dix minutes centésimales, en sorte qu'avec les quatre verniers portés par le cercle intérieur, et renfermant chacun cent parties, on peut lire dix secondes centésimales ou 3",24 sexagésimales. Plusieurs lectures faites avec ces quatre verniers sur différentes parties du limbe ont donné des angles qui s'accordent bien et qui montrent l'exactitude des divisions. La lunette centrale d'observation a 52 centimètres de longueur et 45 millimètres d'ouverture; son axe de rotation est rendu horizontal avec un niveau mobile à cheval sur les deux tourillons. Sur le trépied qui supporte tout l'instrument repose un cercle azimutal de 24 centimètres de diamètre, avec limbe d'argent et un seul vernier qui donne cinquante secondes centésimales. Ce cercle porte la vis de rappel de la lunette de repère ou de sûreté, qui a aussi 52 centimètres de foyer et 45 millimètres d'ouverture. C'est avec deux niveaux fixes que l'on rend vertical l'axe de rotation de l'instrument.

Le cercle horizontal peut être amené dans un plan vertical et servir, au moyen d'un niveau fixe, à mesurer les distances zénithales par la répétition ordinaire de la double distance.

Le Jury accorda à M. Beaulieu une récompense du second ordre.

Instruments divers de M. Simms.

M. Simms (Londres, n° 741), qui a succédé au célèbre Troughton, est en possession de construire des instruments pour les astronomes et les expérimentateurs. Il a exposé plusieurs instruments d'astronomie et de géodésie, parmi lesquels nous citerons particulièrement : 1° un équatorial avec lunette de 2 mètres de longueur, équateur et cercle de déclinaison de 46 centimètres de diamètre, et mouvement d'horlogerie avec un régulateur à force centrifuge ; 2° une petite lunette méridienne (*transit circle*) de $1^{m},30$ de longueur avec un cercle de déclinaison de 67 centimètres de diamètre ; 3° un instrument (*transit instrument*) destiné pour l'Amérique, construit d'après les indications de M. Bache et approprié aux observations dans le méridien et dans le premier vertical ; 4° un instrument (*altitude and azimuth instrument*) pour observer la hauteur et l'azimut ; 5° une lunette sur un pied parallactique et un petit théodolite (*transit theodolite*) sans lunette de repère ou de sûreté. Ces instruments, construits ou achevés par M. Simms, sont arrivés à l'Exposition seulement quelques jours avant la fin des travaux de la X° classe ; ils n'ont pas pu être, comme ses instruments de marine (voyez plus loin, page 106, Instruments à réflexion), l'objet d'un examen spécial.

M. Dollond (Londres, n° 145) a aussi exposé des instruments d'astronomie et de géodésie qui sont arrivés encore plus tard que ceux de M. Simms et qui ont mis la Xe classe dans le même embarras. Au reste, elle avait déjà accordé à M. Dollond une récompense du premier ordre pour son ingénieux appareil atmosphérique qui enregistre simultanément et d'une manière continue tous les phénomènes météorologiques.

XI.

INSTRUMENTS D'ASTRONOMIE NAUTIQUE.

CONSIDÉRATIONS GÉNÉRALES.

Dans l'octant imaginé, en 1731, par Hadley, quand on voit en contact dans la lunette qui est fixe l'image directe d'un objet et l'image d'un autre objet formée par une double réflexion sur un grand miroir mobile et un petit miroir fixe, l'angle des deux objets est précisément le double de l'inclinaison des deux miroirs. C'est sur ce principe fondamental que repose la construction de tous les instruments à réflexion. L'alidade qui porte le grand miroir parcourt sur le limbe, entre le point où les deux miroirs sont parallèles et le point où les deux images sont en contact, un arc qui mesure l'inclinaison des miroirs et qu'il faut doubler pour avoir l'angle des deux objets. On évite cette multiplication en doublant les divisions du limbe, en comptant les demi-degrés pour des degrés. La mesure d'un angle avec l'octant exige donc deux observations : l'observation préparatoire du parallélisme des miroirs et l'observation du contact des images. La première ne comporte pas une grande précision, et l'on peut d'ailleurs craindre dans la graduation du limbe des erreurs que l'on ne peut ni reconnaître ni atténuer. Tobie Mayer a eu, en 1767, l'heureuse idée de remplacer l'octant de Hadley par un cercle de réflexion avec lequel on pourrait répéter l'angle de distance et diminuer les erreurs provenant des divisions du limbe. Mais cet instrument, comme l'octant, exige deux observations pour avoir une fois l'angle apparent des deux objets; car l'observation de la distance doit toujours être précédée de l'observation préparatoire pour le parallélisme des miroirs. Cette distance peut, à la vérité, s'ajouter à elle-même sur le limbe; mais chaque fois il faut faire deux opérations, et l'observation accessoire du parallélisme, qui n'est pas susceptible de précision, diminue beaucoup l'avantage de la répétition et peut même la rendre illusoire. Borda a publié, en 1775, la description et l'usage de son cercle de réflexion. A l'aide d'un changement dans la disposition des pièces du cercle de Mayer et dans la manière d'observer, il a supprimé l'observation du parallélisme des miroirs, et les opérations se trouvent ainsi réduites à moitié. La double distance angulaire des objets, qui n'exige plus que deux observations croisées, peut s'ajouter successivement à elle-même; tandis que dans l'instrument de Mayer deux opérations ne donnaient qu'une simple distance affectée de toute l'incertitude de l'observation du parallélisme des miroirs. Il ne reste plus de trace de cette opération accessoire par suite de la manière d'observer de Borda, qui consiste à faire chaque seconde observation après avoir renversé le cercle, en lui faisant faire une demi-révolution autour de la lunette. Borda, par des changements qui caractérisent l'homme supérieur, a fait du cercle de Mayer, qui était abandonné, un instrument nouveau. On peut donc regarder ce savant marin comme l'inventeur du cercle de réflexion dont on se sert maintenant, et qui est sans contredit le plus parfait des instruments à réflexion.

Dans les instruments gradués, le limbe doit être bien plan, afin que les angles soient toujours rapportés au même plan. Cette condition est surtout importante dans les instruments à réflexion, l'octant, le sextant et le cercle entier : car si l'alidade glisse le long d'un limbe qui ne soit pas bien plan, le miroir qu'elle déplace s'incline à chaque instant sur le plan général du limbe. Ces instruments, qui sont tenus à la main, doivent être construits avec légèreté et en même temps avec assez de solidité pour que le limbe n'éprouve ni flexion ni déformation. On remplit cette condition en fondant à la fois le limbe avec les rayons en forme de règle de champ, minces dans le sens du plan du limbe, mais larges dans le sens perpendiculaire. Le limbe a peu d'épaisseur, mais il est maintenu en dessous par une espèce de contre-fort; c'est une règle de champ circulaire, coulée en même temps et qui, sous un petit volume, empêche la flexion du limbe. Cette bonne disposition a été adoptée par Gambey et par les artistes français qui l'ont imité; elle est bien préférable aux deux limbes très-minces parallèles, placés l'un au-dessus de l'autre et liés par des cylindres ou chevilles. On ne construit plus, en France, des instruments avec ces deux cercles, et l'on s'étonne d'en trouver encore chez quelques fabricants anglais. Les constructeurs français ont depuis longtemps l'habitude de mettre dans leurs instruments à réflexion tous les moyens de vérification et de rectification dont l'observateur peut faire usage au besoin pour assurer lui-même l'exactitude de ses opérations.

Le cercle de réflexion de Borda est un instrument bien supérieur au sextant : car on est dispensé de déterminer le point du limbe qui correspond au parallélisme des miroirs, et par la répétition facile des angles on atténue à la fois les erreurs de division et de pointé. Cependant beaucoup d'officiers habiles, qui ont une grande habitude des observations, trouvent le sextant d'un usage prompt, commode, et d'une exactitude bien suffisante dans les observations ordinaires de la marine. Cela tient à deux choses : d'abord, les erreurs de division sont généralement faibles dans les sextants qui sortent des mains de nos habiles artistes, en sorte que l'on n'a pas grand'chose à craindre de ce côté; et ensuite, avec ces instruments on peut se contenter de faire l'opération du parallélisme des miroirs une seule fois au commencement et à la fin d'une série d'observations. On peut d'ailleurs avec le sextant refaire plusieurs fois une mesure d'angle, non pour diminuer l'erreur de division, puisqu'on retombe toujours sur la même partie du limbe gradué, mais pour obtenir autant que possible des résultats indépendants des erreurs accidentelles de pointé. On doit encore ajouter à ces motifs de préférence que le sextant est plus léger et d'un rayon plus grand que le cercle entier.

Dans beaucoup de sextants et de cercles de réflexion qui ont paru à l'Exposition, on n'a pas toujours donné assez d'attention à la construction des verniers : ils sont parfois trop longs ou trop courts. Souvent ils renferment un si grand nombre de parties, que la lecture par les coïncidences est extrêmement difficile et incertaine. L'exactitude que l'on croit obtenir en augmentant les divisions du vernier est souvent illusoire, et au lieu de lire péniblement 10″, il vaudrait mieux avoir un vernier qui permettrait de lire 15″ facilement.

M. le capitaine Beechey, de la VIIIᵉ classe, et M. Mathieu, de la Xᵉ classe, ont examiné ensemble les instruments à réflexion qui rentraient dans les attributions de ces deux classes, et c'est dans la Xᵉ classe que les récompenses ont été discutées.

Cercle de réflexion et sextant de M. Simms.

M. Simms (Londres, n° 711) a exposé plusieurs instruments, parmi lesquels on a remarqué : 1° un cercle de réflexion qui n'est pas répétiteur comme celui de Borda; il est construit dans le système qui avait été adopté par Troughton. Il est monté sur un pied, avec un mouvement qui permet de placer le plan du cercle dans une position horizontale, verticale ou inclinée. La petite lunette achromatique a un grossissement de 8 à 10 fois. Le cercle en cuivre est mince et léger; mais, pour lui donner de la force, il est lié à un cercle en cuivre parallèle par des cylindres implantés perpendiculairement aux deux cercles. Cette manière de consolider le limbe du cercle ne paraît ni simple ni suffisante pour l'empêcher de fléchir, de se déformer. Le cercle a 26 centimètres de diamètre; il est divisé sur argent de 20 en 20 minutes. Troughton, qui n'avait pas de confiance dans la répétition, se contentait d'employer trois verniers équidistants; avec ces verniers, qui renferment chacun 80 parties, on peut lire à 15″, sur différentes parties du limbe, les trois arcs, dont la moyenne donne, indépendamment des erreurs d'excentricité, la mesure de l'angle observé. 2° Un sextant de 21 centimètres de rayon sur lequel on lit 10″ avec un vernier de 60 parties. Il peut aussi se monter sur un pied; le limbe, d'une faible épaisseur, est renforcé par un arc de cercle parallèle.

Les deux instruments à réflexion exposés par M. Simms laissent à désirer sous le rapport de quelques dispositions, mais ils sont d'une bonne exécution, et le Jury de la Xe classe, d'accord avec le capitaine Beechey, de la VIIIe classe, les a trouvés dignes d'une récompense du second ordre.

Cercles de réflexion et sextants de M. Vedy.

M. Vedy (Paris, n° 719), qui est maintenant à la tête de la maison Jecker, a exposé un grand nombre d'instruments de marine. 1° Un cercle répétiteur à réflexion, de Borda, de 26 centimètres de diamètre. Le demi-degré ou plutôt le degré de cet instrument est divisé en trois parties, qui sont chacune de 20', et on lit 30" avec le vernier, qui couvre 13° ou 39 divisions du limbe et renferme 40 parties. De nombreuses lectures faites avec beaucoup d'attention sur le contour entier du limbe montrent la bonté de la division, qui est d'ailleurs fine et nette ; car quand le vernier ne couvre pas exactement 13°, ce qui arrive très-rarement, la différence en plus et en moins est au-dessous de 4/10 de parties du vernier. La vis de rappel est un peu paresseuse; il y a un léger temps perdu. 2° Un sextant de 22 centimètres de rayon. Chaque division du limbe vaut 15', et avec le vernier, qui contient 60 parties, on lit 15". Quand le vernier, promené sur le limbe, ne comprend pas exactement l'arc de 14° 45', la différence va rarement à 2 ou 3/10 de partie du vernier. La vis de rappel n'est pas mal; elle est meilleure que celle du cercle. 3° Plusieurs autres sextants et un horizon artificiel. 4° Enfin un cercle de réflexion construit d'après les idées du capitaine Richard, pour observer de grandes distances angulaires.

Les instruments à réflexion de M. Vedy se font remarquer par de bonnes dispositions, qui sont à peu près celles de Gambey, et par un travail soigné; le Jury leur accorda une récompense du second ordre.

Sextants de M. Beaulieu.

M. BEAULIEU (Bruxelles) a exposé plusieurs instruments à réflexion. 1° Sextant en bronze, modèle de Gambey, de 20 centimètres de rayon, avec contre-fort au limbe; belle division sur argent de 10 en 10 minutes, avec un vernier de 60 parties, qui donne 10 secondes. 2° Sextant de même grandeur que le précédent, mais moins soigné. La vis de rappel est beaucoup trop longue; la division est assez bien. 3° Sextant de 16 centimètres de diamètre; la division est un peu forte, mais assez bonne; le vernier donne 15 secondes. Instrument mieux que le précédent; les loupes et vis de rappel sont meilleures. 4° Sextant de 11 centimètres de diamètre. La division n'est pas mal, mais bien grosse. Le vernier ne donne que 30 secondes; il peut y avoir dans la lecture incertitude d'une demi-partie ou de 15″. 5° Enfin, deux horizons artificiels. Quoique ces instruments laissent à désirer dans les ajustements destinés à régler les miroirs, dans les dispositions de plusieurs parties, ils ont cependant concouru à faire accorder à M. Beaulieu une récompense du second ordre pour son théodolite répétiteur (voyez plus haut, p. 100, Instruments d'astronomie).

Autres instruments à réflexion.

M. BARRETT (Londres, n° 349) a exposé plusieurs sextants. Dans le plus grand, qui a 20 centimètres de rayon, le vernier comprend sur le limbe le même arc vers 0° et 120°, mais un arc un peu plus grand à 60° vers le milieu. Le vernier n'étant pas divisé au delà de ses extrémités, la lecture est difficile quand la coïncidence tombe près de ces points; l'incertitude peut être d'une partie du vernier ou de 10″. Comme la construction de ce sextant n'est pas mal entendue, le Jury accorda une mention honorable à M. Barrett.

M. CRICHTON (Londres, n° 452) a exposé : 1° un sextant avec deux limbes parallèles liés par de petits cylindres. Le vernier donne 10″, et la division sur argent n'est pas mal tracée, mais elle n'est pas bien exacte. Le vernier ne couvre pas le même arc divisé dans toutes les parties du limbe; la discordance s'élève à 10″ ou une partie du vernier. 2° Un sextant à limbe simple en bronze, avec renfort de champ par dessous. C'est un modèle meilleur que le précédent, mais la division est moins fine, moins soignée ; à la longueur constante du vernier ne répond pas toujours le même arc : la différence ou l'erreur de division va jusqu'à 16″. Cependant le Jury accorda une mention honorable à M. Crichton, qui a déjà obtenu une récompense du second ordre pour des instruments à dessiner.

M. Aug. Oertling (Berlin, n° 87) a exposé : 1° un sextant de 22 centim. de rayon, dont le limbe est divisé sur argent de 10′ en 10′. On lit 10″ avec le vernier, qui contient 60 parties et qui correspond sur le limbe à un arc de 9° 50′. En le promenant sur le limbe, on trouve des erreurs de divisions qui vont à 10″. La coïncidence est difficile à juger aux deux extrémités du vernier. La division est un peu forte, très-visible et assez nette; mais avec un vernier qui donne 10″, les lectures demandent la plus grande attention : elles se font lentement et toujours avec une certaine incertitude. La nature de la division et la grandeur du sextant ne comportent pas un vernier qui renferme tant de parties. M. Oertling aurait pu avec avantage se borner à lire seulement 15″ avec un vernier un peu moins long. 2° Un sextant de 14 centimètres de rayon. La difficulté de lire 10″ avec le vernier est encore plus grande que dans l'instrument précédent; les divisions sont nettes, bien visibles, mais pas assez fines pour un vernier qui porte tant de divisions. Le Jury accorda à M. Oertling une mention honorable.

MM. Molteni et Siegler (Paris, n° 649) ont exposé : 1° un cercle de réflexion, système de Borda, de 26 centimètres de diamètre. Le limbe est divisé sur argent de 20′ en 20′, et avec le vernier, qui contient 40 parties, on lit 30″. Le vernier est trop court d'environ 8/10 de partie ou de 24″. Les divisions sont fortes, assez nettes; la lecture est facile, mais on rencontre des erreurs de 20″ et plus. 2° Un sextant de 20 centimètres de rayon. Le limbe est divisé de 10′ en 10′, et on lit 10″ avec le vernier, qui renferme 60 parties. La longueur du vernier est à peu près exacte. Les divisions sont nettes, lisibles, meilleures que dans le cercle précédent; cependant les erreurs vont encore à 10″. Le Jury accorda une mention honorable à MM. Molteni et Siegler.

XII.

INSTRUMENTS D'ARPENTAGE.

INTRODUCTION.

La plupart des constructeurs qui ont exposé des instruments de géodésie et surtout d'astronomie nautique, et qui ont obtenu des récompenses ou des mentions honorables, avaient aussi des instruments d'arpentage, tels que petits théodolites, niveaux à lunettes, boussoles, équerres, etc. Il n'y a pas lieu d'en parler ici, bien qu'ils offrent parfois d'assez bonnes dispositions; il suffit de s'arrêter aux expositions spéciales de ce genre d'instruments qui ont particulièrement fixé l'attention du Jury.

Théodolites et niveau de MM. Breithaupt.

MM. Breithaupt (Prusse, Cassel, n° 670) ont exposé : 1° Un théodolite dont le cercle horizontal a 18 centimètres de diamètre. Le limbe argenté est divisé de 20′ en 20′, et avec le vernier, qui renferme quarante parties, on lit la demi-minute. Le limbe et les rayons sont couverts et garantis de la poussière, de la pluie, par un disque en bronze avec deux petites fenêtres rectangulaires fermées par des glaces derrière lesquelles se trouvent les deux verniers. La lunette centrale a 36 centimètres de longueur et 32 millimètres d'ouverture; elle est soutenue par deux supports triangulaires un peu trop élevés pour avoir une certaine stabilité. Ces supports reposent sur le disque en bronze qui tourne en emportant les verniers quand on fait passer la lunette d'un signal à un autre. Ce disque, porteur des verniers et de la lunette, est fixé sur le limbe divisé par une vis de pression, et quand on veut lui donner un léger mouvement pour amener le fil vertical de la lunette sur un signal, on se sert d'une vis de rappel qui a deux pas, deux écrous, et qui se meut lentement de la différence des deux pas. Quant au limbe, il est fixé à l'axe vertical par une vis de pression; il a aussi une vis de rappel à deux pas inégaux; on le rend horizontal au moyen d'un niveau sphérique. Le cercle vertical a 14 centimètres de diamètre, un limbe argenté divisé en demi-degrés, sur lequel on lit la minute avec le vernier, et une vis de rappel à deux pas inégaux. Après avoir rendu l'axe optique horizontal et parallèle au niveau placé sur la lunette, on la dirige sur le sommet d'un signal. La différence des lectures faites sur le cercle vertical dans ces deux positions de la lunette est précisément la hauteur du signal. Le trépied en cuivre de l'instrument, avec son axe vertical, repose sur la plate-forme en bois d'un pied ordinaire à trois branches. Il est pressé contre cette plate-forme au moyen d'une vis en dessous et d'un fort ressort à boudin. 2° Un second théodolite de même dimension à peu près que le précédent, mais différent par quelques dispositions. La lunette est excentrique; elle a un oculaire avec prisme pour regarder par côté et observer facilement à toutes les hauteurs; elle peut s'éclairer par le centre; son axe horizontal est un peu long, mais mieux soutenu que dans l'instrument précédent. Cet axe, que l'on rend horizontal à l'aide d'un niveau, porte à un bout la lunette et à l'autre le cercle vertical, qui se font équilibre. Le limbe intérieur du cercle vertical, qui a 16,5 cent. de diamètre, est argenté et divisé de 10′ en 10′, et on lit 10″ avec le vernier de 60 parties. Le limbe extérieur qui porte deux verniers étant fixe, on peut mesurer une double distance zénithale par deux observations conjuguées. 3° Un grand niveau à lunette, dans lequel on trouve tous les moyens de régler la lunette et le niveau qui se place par dessus. La lunette repose d'un côté par un couteau d'acier, de l'autre par une tête de vis, sur des plans d'acier. Le niveau, à son tour, repose sur la lunette par deux plans d'acier, d'un côté sur un couteau, de l'autre sur une tête de vis appartenant à la lunette.

L'heureuse idée de préserver les divisions en les couvrant par un disque, et la bonté du travail, annoncent un homme soigneux et intelligent. On le reconnaît surtout à une foule de petits détails qui ont pour objet d'éviter les dérangements et de fournir à l'observateur les moyens de tout vérifier et de régler les instruments. Il est seulement à regretter que les théodolites n'aient pas une petite lunette de sûreté. Le Jury accorda une récompense du second ordre à MM. Breithaupt, pour leurs bons instruments d'arpentage.

Instrument (solar compass) *de M. Burt.*

M. Burt (États-Unis, n° 187) a exposé un petit instrument (*Solar compass*) très-portatif pour l'arpentage des terres et pour la détermination des latitudes, du temps vrai et de la déclinaison de l'aiguille aimantée. On pourrait avoir quelque défiance à l'égard d'un instrument qui est destiné à fournir tant d'éléments différents; mais il faut bien remarquer qu'il s'agit principalement de la mesure parcellaire des terres, et que l'instrument renferme des moyens d'ajustement et de vérification pour assurer aux opérations de simple arpentage une exactitude suffisante et bien supérieure à celle que l'on obtient avec une boussole. Le Jury accorda à M. Burt une récompense du second ordre.

Autres instruments d'arpentage.

M. Schröder (Dusseldorf, n° 484) a exposé un théodolite de 16 centimètres de diamètre, construit à peu près dans le système de MM. Breithaupt, mais d'un travail qui n'est ni aussi bien entendu ni aussi soigné. Cet instrument a été trouvé digne d'une mention honorable.

Institut polytechnique de Vienne (Autriche, n° 130). Cet établissement a exposé un grand nombre d'instruments d'arpentage et de nivellement : 1° un théodolite de 13 centimètres de diamètre, avec limbe d'argent divisé de 20' en 20', sur lequel on lit 30" avec deux verniers de 40 parties. Les erreurs de division vont à une partie du vernier ou 30". La lunette centrale a 26 centimètres de longueur et 24 millimètres d'ouverture. L'axe de rotation par lequel on regarde est rendu horizontal avec un niveau qui ne peut se régler lui-même. On cale l'instrument au moyen de deux vis et de deux ressorts. On obtient une double distance zénithale sur le cercle vertical au moyen de deux observations croisées. 2° Un grand niveau dont la lunette, qui a 40 centimètres de longueur et 30 millimètres d'ouverture, peut se retourner et se régler par une vis micrométrique qui donne aussi les petites différences de niveau. Le niveau se règle par une simple vis. Le cercle horizontal, de 13 centimètres de diamètre, porte des divisions assez fines sur lesquelles on lit 30" avec un vernier de 30 parties. On peut lire à la minute l'angle de hauteur sur un petit secteur vertical. On cale le cercle horizontal sur un trépied au moyen de quatre vis. 3° Un autre grand niveau plus simple que le précédent n'a pas de secteur vertical. Le cercle horizontal se cale avec deux vis et deux ressorts. 4° Enfin trois petits niveaux placés chacun par dessus un très-petit cercle horizontal; on peut régler à la fois le niveau et la lunette, qui ne se retourne pas. Ces trois derniers instruments sont très-portatifs et bons pour des reconnaissances et pour trouver, dans un tour d'horizon, les points qui se trouvent à la même hauteur.

Tous ces instruments d'arpentage sont d'une construction ordinaire, les vis de rappel sont médiocres; cependant ils ont paru mériter une mention honorable.

M. Yeates (Angleterre, n° 332) a obtenu une mention honorable pour de petits théodolites très-portatifs d'une construction solide et assez bien entendue.

FIN.

TABLE DES MATIÈRES.

Xe JURY.

IIIe SUBDIVISION.

HOMMAGE

A LA MÉMOIRE DE M. ROUX,

AU NOM DE LA COMMISSION FRANÇAISE,

PAR LE BARON CHARLES DUPIN,

PRÉSIDENT DE LA COMMISSION.

La mort n'a pas épargné la Commission française. En trois années elle a perdu quatre de ses membres : M. Ebelmen, directeur de la manufacture nationale de Sèvres; M. le vicomte Héricart de Thury, ancien inspecteur général des mines; M. le docteur Lallemand, membre de l'Institut, le plus célèbre et le plus digne représentant de l'école de Montpellier; enfin M. le docteur Roux, l'un des professeurs les plus éminents de la faculté de médecine de Paris, et vice-président annuel de l'Académie des sciences.

Quoique ce dernier eût atteint sa soixante-treizième année, il était resté dans le plein exercice de son talent; il conservait sa prodigieuse activité. Il semblait promettre à l'humanité souffrante de la secourir longtemps encore par sa dextérité merveilleuse, que l'âge n'avait pas affaiblie, et par son expérience, ce trésor du médecin, que l'observation accumule en son esprit, par le bienfait du temps.

Il était né dans la ville d'Auxerre, dans la patrie de l'illustre Fourrier, son devancier de peu d'années. Il avait brillé comme celui-ci par la précocité du talent. Encore élève, il fut connu, apprécié et chéri par un autre jeune homme dont les premières découvertes conquéraient une gloire impérissable. Bichat sut choisir cet adolescent pour l'associer à ses travaux, et l'initier à ses grandes vues sur l'anatomie, sur l'organisation, sur la vie et la mort de l'homme.

Il n'avait que vingt années, en 1800, lorsqu'il concourait à l'élaboration du grand ouvrage de Bichat sur *l'anatomie descriptive*. Avec les matériaux fournis par le maître, il a rédigé tout un volume de ce livre, qui s'égalait pour le génie de l'auteur, à l'anatomie comparée, que Cuvier publiait alors.

Dès 1801, dans le concours public des écoles de santé, M. Roux obtenait un premier prix. L'année suivante, à l'âge où ses contemporains étaient encore assis sur les bancs de l'école, il osait disputer une place dans les hôpitaux de la capitale; il entrait en lutte avec le plus redoutable des concurrents, avec Dupuytren, comparable à Fourcroy, pour le don merveilleux des talents du professorat, pour la séduction d'un organe mélodieux et sympathique, enfin pour l'art de tout mettre en lumière avec une science infinie. Dupuytren possédait, au plus haut degré, ces précieux avantages; tandis que Roux, égal en profondeur de connaissances, mais desservi par un organe qui ne lui permettait pas même une prononciation limpide et suivie, fit pourtant acheter péniblement la victoire à son irrésistible antagoniste.

Après dix ans de nouveaux efforts et de nouveaux titres acquis à l'estime, à l'admiration publique, les mêmes rivaux renouvelèrent le combat. Celui qui ne fut pas supérieur sembla cependant si digne de récompense, qu'à la première chaire de chirurgie qui devint ensuite vacante, la Faculté, d'un accord unanime, la lui décerna.

Lorsque M. Roux, après avoir exercé quatre ans les fonctions de chirurgien dans l'hôpital Beaujon, fut appelé dans celui de la Charité, en 1810, il conquit à la fois l'estime et l'affection du célèbre Boyer. Celui-ci l'admit comme gendre au nombre de ses enfants, après l'avoir proclamé l'opérateur le plus habile d'une époque à jamais glorieuse pour tous les arts de guérir.

Le grand chirurgien est celui dont l'intelligence éminente juge avec une égale sagacité la partie invisible du mal et celle qui frappe les sens; il est celui qui saisit le moment précis où doit être accomplie chaque opération; il est celui qui, doué par la nature d'une extrême dextérité, joint la force à la souplesse, et la rapidité qui n'ôte rien à la sûreté de l'attaque avec des instruments qui deviennent supérieurs entre les mains de la supériorité. Voilà le talent complet d'exécution, par lequel le docteur Roux ne le cédait pas même à Dupuytren; parce qu'ici bien dire n'était rien, et bien faire était tout.

M. Roux ne se contentait pas d'exécuter avec une étonnante perfection les opérations chirurgicales par les meilleurs moyens connus. Il était lui-même créateur de nouveaux moyens; plusieurs infirmités, plusieurs affections, incurables avant lui, ont cessé de l'être. Des bienfaits de cette nature, une fois acquis à l'humanité, ne sauraient être payés que par une reconnaissance qui, comme eux, ne peut plus périr.

Au lieu de parler un langage spécial que je comprendrais à peine, qu'il me soit permis de rapporter ici l'appréciation, rapide et supérieure, donnée par notre célèbre confrère, M. Velpeau, parlant au nom de l'Académie des sciences, lors des obsèques de M. Roux.

« Soit par des créations nouvelles, soit par des mo- « difications importantes, il a marqué de son empreinte « une foule de questions; on lui doit d'avoir fait res- « sortir, dans ses leçons, l'importance de l'anatomie « chirurgicale. La suture du voile du palais, opération « qui a délivré l'humanité d'une désolante difformité, « lui est due tout entière. Une autre infirmité plus « triste encore, quoique moins apparente, la déchi- « rure du périnée, a disparu du cadre des affections « incurables, grâce au génie inventif de M. Roux.

« C'est lui qui a répandu en Europe ces opérations « ingénieuses ayant pour but de remédier aux diffor- « mités du visage et de la surface du corps en général. « La résection des articulations malades lui doit ses « plus belles pages et ses plus beaux exemples de « succès. La réunion immédiate des plaies, le traite- « ment des anévrismes par la ligature des artères loin « de la tumeur, n'ont pris droit de domicile dans les « hôpitaux de Paris et dans la pratique vulgaire, que « par les efforts et d'après les exemples de M. Roux. « Qui, plus que lui, a popularisé dans le monde l'opé- « ration de la cataracte par extraction?

« Un nombre infini de procédés opératoires, ima- « ginés par lui, font, depuis longtemps, partie du do- « maine public. »

Dès la première année de la paix générale, M. Roux

voulut visiter cette grande cité de Londres, qui comptait aussi des hommes de premier ordre dans toutes les parties de la médecine et de la chirurgie. Le résultat de son voyage fut un ouvrage important, qui fit connaître à l'Europe les progrès que ces deux parties de l'art de guérir devaient aux compatriotes des Hunter et des Jenner. Les Anglais les plus éminents ont pu reconnaître avec quel esprit impartial et libéral ils étaient jugés par un de leurs pairs.

Lorsque les diverses nations désignèrent les savants et les artistes qui devaient former, à Londres, le grand jury chargé de juger le concours universel des produits de l'industrie, la place de M. Roux était marquée, du côté de la France et du côté de l'Angleterre, par sa juste renommée et par l'ouvrage que nous venons de citer. Malgré l'importance et la multiplicité de ses fonctions et de ses travaux, en cédant à mes instances, il accompagna M. le docteur Lallemand, notre renommé confrère de l'Académie des sciences. Hélas! avant l'achèvement de nos travaux, l'un et l'autre ont payé le dernier tribut à l'humanité, qu'ils ont si dignement servie.

Le sous-jury dont ils ont fait partie avait à juger le matériel entier des appareils thérapeutiques et surtout les instruments de chirurgie.

Rien n'était plus remarquable, dans le Palais de cristal, que l'exposition de ces instruments. Il était impossible de mieux mettre en œuvre le cuivre, le fer et l'acier, que ne le font les Anglais; la solidité, le poli de leurs instruments, ne laissaient rien à désirer; plusieurs d'entre eux faisaient voir, par des combinaisons ingénieuses, qu'ils savaient aussi se montrer créateurs au besoin. Nous étions charmés de rendre justice à de tels mérites. Mais, au milieu de tous ces rivaux distingués, s'élevait, avec un éclat incomparable, un artiste du continent, qui, par la multiplicité, l'originalité des inventions et des perfectionnements, par les difficultés vaincues et les résultats obtenus, manifestait au jugement universel sa supériorité; c'était M. Charrière, véritable enfant de ses œuvres, d'abord simple ouvrier, puis devenu, par son génie, le chef du plus grand atelier de tout le continent européen.

Les membres du jury spécial des instruments de chirurgie, opinant comme le public, furent unanimes à décider qu'un Français, M. Charrière, méritait la médaille de premier ordre, qu'on appelait *médaille du Conseil.*

La liste des récompenses arrêtée, M. Roux, rappelé comme M. Lallemand par les devoirs de sa profession, partit pour la France en promettant de revenir, si leur présence était jugée nécessaire. Ils ne furent pas rappelés.

M. Charrière s'est trouvé rayé du premier rang, sans que les deux savants français en aient été prévenus; la proposition de cette récompense n'est pas arrivée jusqu'au Conseil des présidents, qui jugeait en dernier ressort.

Dans ce Conseil siégeaient M. le duc de Luynes, M. Dumas, M. le général Poncelet et l'auteur de cette notice; ils réclamèrent, non pas au nom de la France, mais au nom de l'art et de la justice. Le Conseil ne crut pas pouvoir décerner une récompense qu'on s'abstenait de lui proposer.

Quand le jugement de Londres fut connu de ce côté du détroit, l'opinion publique se fit jour avec une grandeur digne du caractère national. Cinquante-cinq artistes français avaient obtenu, dans le concours universel, des récompenses de premier ordre; on pensa que, parmi ces hommes éminents, ceux que recommandaient le plus l'étendue et l'élévation des services rendus, les premiers entre les premiers de toutes les nations, ceux-là méritaient d'obtenir, en France, une distinction supérieure à celles qu'on accordait dans les concours plus restreints de nos Expositions nationales.

On fut peu prodigue de cette haute faveur; on ne la décerna pas même au douzième de ces artistes, ainsi placés au rang le plus élevé que leur génie pût atteindre chez les nations industrieuses. A cette liste si restreinte le chef de l'État joignit, avant tous les autres, le nom de M. Charrière; et celui-ci, dans la séance solennelle où la France distribua ses récompenses par la main de Napoléon, reçut, le premier de tous, la croix d'officier de la Légion d'honneur. Des applaudissements d'un enthousiasme impossible à décrire sanctionnèrent cette manière magnanime de réhabiliter la renommée d'un grand artiste, victime au moins de l'oubli.

Dans le rapport de M. Roux, que le lecteur va lire à la suite de cette notice, il verra l'énumération des instruments, des inventions, dus à M. Charrière, appréciés par le plus éminent de tous les juges, par l'opérateur incomparable qui s'en est tant de fois servi pour opérer des cures merveilleuses; par le grand chirurgien qui, pendant plus d'un quart de siècle, a suivi le progrès des perfectionnements et des créations que l'artiste supérieur accomplissait pour marcher de pair avec la science, et pour rendre possibles les opérations nouvelles imaginées par la chirurgie française.

C'est l'honneur de notre nation d'être en même temps la plus sensible de toutes à la gloire de ses enfants, et la moins envieuse contre la gloire de l'étranger. Nous avons toujours été prêts, non-seulement à reconnaître, mais à défendre les droits des exposants d'un mérite extraordinaire chez les peuples concurrents; et, plus d'une fois, à les défendre même contre leurs compatriotes : nous en pourrions citer des exemples remarquables. Nous ne voulons rien affaiblir, rien rabaisser des renommées qui n'appartiennent pas à notre patrie. Mais, aussi, nous ne souffrirons jamais qu'on fasse descendre dans la foule ceux de nos concitoyens qui, par des services rendus à l'humanité tout entière, ont droit de siéger aux premiers rangs. Peu nous importe que des convenances commerciales et des calculs de trafiquants s'opposent à ce qu'on déclare la supériorité d'un grand artiste. Nous ne sommes pas des marchands, mais des juges. Le capital de la science, pur de basses cupidités, ne réclame d'autre intérêt que la gloire et la justice !

Terminons ce court hommage en exprimant les unanimes regrets éprouvés par les membres de la Commission française en apprenant la mort si prompte de leur célèbre collaborateur. Ils ne chérissaient pas seulement, chez lui, l'élévation et l'éclat du talent, mais l'aménité, la sûreté du caractère et tout ce qui donne du charme aux relations entre les hommes qui s'estiment. C'est le sentiment général partagé par l'Académie des sciences et l'Académie de médecine;

par les clients si nombreux qui sont les preuves vivantes de son grand art de pratiquer les opérations les plus redoutées avant lui; enfin, par tous les élèves qu'il initiait avec tant de zèle dans une carrière où chaque pas est précieux pour l'humanité.

X^{E} JURY.

IIIe SUBDIVISION.

INSTRUMENTS DE CHIRURGIE,

PAR M. LE DOCTEUR ROUX,

MEMBRE DE L'ACADÉMIE DES SCIENCES.

COMPOSITION DE LA IIIe SUBDIVISION DU Xe JURY.

MM. J. H. Green, Président et Rapporteur	Angleterre.
le docteur Thomas Chadbourne	États-Unis.
James Philp, fabricant d'instruments de chirurgie à Londres	Angleterre.
le docteur Roux, membre de l'Institut	France.
le docteur Lallemand, *idem*	France.
W. Lawrence, chirurgien de l'hôpital Saint-Barthélemy, à Londres	Angleterre.

CLASSIFICATION

DES PRODUITS SOUMIS À LA IIIe SUBDIVISION.

Soumis à un examen en quelque sorte philosophique, et considérés au point de vue de leur destination et de leur utilité, les si nombreux produits de l'industrie qui ont paru à l'Exposition de Londres pourraient être rapportés à des catégories distinctes.

A ce point de vue, on pourrait en faire une classification qui, si elle n'était pas d'une importance majeure, ne serait pas non plus sans offrir quelque intérêt. Une vaste catégorie de ces produits se rapportait directement à l'homme souffrant, à l'homme malade. Elle comprenait tous les objets autres que des médicaments proprement dits; les objets que la médecine et la chirurgie, mais celle-ci bien plus que la première, invoquent à leur aide et auxquelles elles ont recours, tantôt pour corriger, chez l'homme, des difformités, tantôt pour pallier certaines infirmités, tantôt pour suppléer à des organes qui manquent, ou bien pour mettre à exécution des actes cruels sans doute, mais indispensables dans beaucoup de cas, actes qui constituent les opérations chirurgicales. Tous ces objets servent à l'accomplissement d'un art scientifique qui compte parmi les plus éminemment utiles, parmi ceux dont l'humanité a le plus à profiter. Honneur donc aux hommes intelligents, ingénieux, qui, dociles aux conseils de la science, à ses inspirations, savent perfectionner ce qui existe déjà; et plus encore, savent créer, imaginer, soit en donnant un cours utile à leurs propres pensées, soit en réalisant celles qui leur ont été suggérées!

A l'Exposition de Londres, la France, déjà si renommée pour les industries du genre de celles dont il s'agit en ce moment, ne s'est pas montrée au-dessous de ce qu'on pouvait attendre d'elle, et son tribut a été des plus remarquables.

Trois grandes classes de produits y ont figuré :

1° Les imitations palpables et maniables du corps humain et de toutes les parties dont il est composé, qui constituent ce qu'on est convenu d'appeler *anatomie clastique*[1]; 2° les appareils, bandages et machines destinés à remplir quelque indication thérapeutique; 3° les instruments proprement dits qui servent aux opérations chirurgicales.

PREMIÈRE CLASSE.

MODÈLES D'ANATOMIE CLASTIQUE.

Qu'on ne soit pas étonné de voir cette première classe d'objets réunie aux deux autres, et comprise dans un même

[1] Κλαστική (à pièces brisées).

ensemble de produits. Difficilement eût-on pu lui assigner une autre place dans le cadre systématique de l'Exposition universelle. N'est-il pas vrai, d'ailleurs, que toute l'anatomie clastique, en ce qui concerne l'homme particulièrement (car elle applique ses procédés à d'autres êtres, à d'autres corps), vient en aide à la médecine, à la chirurgie? Comme l'anatomie faite ou étudiée sur les cadavres, elle prépare à saisir, à comprendre le jeu, l'action des machines, des appareils, des instruments, qui sont les principaux moyens de la thérapeutique chirurgicale. Ainsi que l'anatomie proprement dite, dont elle dérive, dont elle est comme le simulacre, mais qu'elle ne suppléera jamais complétement, et dont il serait fâcheux qu'on cherchât à dispenser les jeunes adeptes de la science, elle donne une connaissance assez parfaite de la situation, du nombre, de la forme des organes et des rapports qu'ils ont entre eux. Elle peut donc suffire, jusqu'à un certain point, pour toutes les applications à faire de ces seules notions anatomiques; mais elle est sans utilité, et presque sans valeur, pour tout ce qui se déduit de la structure ou de l'organisation intime de nos parties. Précisément ces notions de grandeur, de forme, de situation et de rapports sont celles qui se combinent le plus avec les principes de construction et le jeu des instruments, avec les principes de construction et le jeu des appareils et des machines employés comme moyens thérapeutiques. Le rapprochement qui a été fait était donc tout naturel; et, puisque nous avons été conduit à le justifier, parlons tout de suite des nouveaux progrès qu'a faits l'anatomie clastique, et disons dès à présent quelle part d'éloges revient au principal propagateur de cette industrie scientifique.

Après avoir demandé au dessin et à la peinture les moyens de rendre sensible à la vue, d'une manière permanente, tout ce qui, dans l'organisation de l'homme et des animaux, est particulièrement du domaine de ce sens, on a demandé à d'autres arts une reproduction approchant plus de la réalité, ou tout au moins plus materielle, des objets que le dessin ou la peinture faisaient voir sans qu'on pût les toucher. On a voulu des objets palpables, images bien imparfaites sans doute de ce que sont nos organes, alors même que la vie les a abandonnés et qu'on les étudie sur un cadavre; mais pouvant, du moins, faire illusion, à quelques égards, et servir à certaines études.

De là est venu l'art des *préparations en cire*. Créé d'abord pour l'anatomie proprement dite, cet art a été utilisé ensuite pour d'autres parties de l'histoire naturelle. De l'Italie, où il a pris naissance, en même temps qu'il y a été porté à une assez grande perfection, il s'est promptement répandu en France, en Angleterre, en Allemagne : mais, après avoir atteint ses dernières limites, il devait avoir d'heureux rivaux. Tout porte à croire que bientôt il ne sera plus affecté qu'à la reproduction inanimée de certains personnages et réservé à des spéculations théâtrales, du genre de celles qui, presque oubliées maintenant en France, prospèrent encore d'une manière remarquable dans la capitale de l'Angleterre. C'est qu'en effet, pour les études sérieuses, les préparations anatomiques en cire n'ont qu'une utilité très-bornée. Oui, sans doute, quand elles sont convenablement soignées et bien protégées, le temps les altère peu; mais encore exigent-elles un certain entretien. Remarquons, d'ailleurs, que la matière première qui entre dans leur composition et les moyens de fabrication les ont toujours maintenues à un prix très-élevé.

Le siècle présent, qui a été si fécond en découvertes et en inventions de tous genres, devait voir éclore des procédés nouveaux, avec des produits imitant de mieux en mieux la nature, d'une exécution plus simple, et dont l'acquisition des procédés n'oblige pas à de trop grands sacrifices.

En France, plusieurs hommes, qui avaient déjà par eux-mêmes une valeur scientifique, guidés par les connaissances qu'ils possédaient antérieurement, sont entrés dans cette nouvelle voie; ils ont réalisé l'une des plus heureuses alliances, celle de la science et de l'industrie.

M. Auzoux s'est distingué plus que tout autre dans ce genre.

Ses travaux, déjà si remarqués aux dernières Expositions françaises, auraient mérité plus qu'ils n'ont obtenu à l'Exposition de Londres. Il y a une puissance d'invention, et presque du génie, dans la manière dont il parvient, avec une matière susceptible de moulage, et pouvant donner un nombre illimité d'exemplaires à reproduire, quant à leurs attributs physiques, toutes les parties de l'organisation de l'homme et de certains animaux, depuis les plus grands jusqu'aux plus petits, depuis le cheval jusqu'à l'abeille. Ces parties, il les rassemble ensuite et les réunit, d'après leurs connexions naturelles, en groupes plus ou moins considérables, pour former telle ou telle autre grande division du corps, et constituer enfin l'être en totalité : être inanimé, factice, qu'on peut à volonté décomposer, refaire et décomposer encore, autant de fois que l'exigent les études auxquelles il est destiné, sans qu'il subisse aucune altération.

Les préparations de M. Auzoux ont été accueillies par toutes les nations où les sciences naturelles sont en honneur; elles ont pénétré dans presque toutes les parties du monde; elles sont surtout d'un grand secours dans les pays où règne habituellement une température trop élevée pour qu'il soit possible de consacrer beaucoup de cadavres aux travaux anatomiques ordinaires, comme dans ceux où le même empêchement tient à l'empire des préjugés.

Combien encore sont plus dignes d'éloges les efforts que M. Auzoux a faits pour porter à un haut degré de perfection l'art qu'il cultive en même temps que les objets qui en sont le produit, quand on pense qu'il y fait concourir un grand nombre de sujets d'âge assez différent dont il assure l'existence et le bien-être; qu'il a ainsi doté d'une industrie particulière et fort lucrative un petit village de la Normandie, où il a reçu le jour, et, que par sa surveillance et ses soins, les individus qu'il emploie doivent à la nature de leurs travaux une instruction spéciale assez étendue, et sont remarquables par leur moralité!

Bien que d'autres produits du genre de ceux de M. Auzoux

aient pris naissance en France, presque en même temps que les siens, et telles ont été les préparations de M. Thibert, leur caractère, à raison des objets qu'ils sont destinés à représenter, ne permettait pas qu'ils parussent à l'Exposition de Londres, de même qu'ils ne paraîtraient dans aucune autre exposition publique; ils ont une autre destination que ceux de M. Auzoux; ils ont été créés dans un autre but, ce qui n'exclut, d'ailleurs, ni leur mérite, ni leur importance, ni leur utilité. Par la perfection à laquelle il est déjà parvenu dans les siens, perfection qu'il surpassera peut-être encore, M. Auzoux a rendu, en ce genre de préparations, les autres peuples tributaires de la France.

II° CLASSE.

APPAREILS ET MÉCANISMES AUXILIAIRES DE LA THÉRAPEUTIQUE, OU NÉCESSAIRES À LA PROTHÈSE.

Viennent maintenant les objets de la seconde catégorie, qui ont déjà une part plus ou moins active dans la thérapeutique des maladies, mais qui n'ont pas le caractère d'instruments, et sont affectés à toute autre chose qu'aux opérations proprement dites. Ce qui les distingue particulièrement, c'est qu'ils sont destinés à une autre action continue, prolongée, ou même permanente; tel, un bandage avec lequel on contient une hernie, et qui doit rester en place, sinon toujours indéfiniment, au moins aussi longtemps que cette hernie tend à se reproduire; tel, un membre artificiel, ou tout autre des moyens destinés à remplacer une partie du corps qui manque, ou à corriger, au moins pour la vue, la difformité qui résulte de la mutilation de cette partie; ainsi agit un œil d'émail, les dents postiches et toutes ces imitations artificielles aussi du nez, de l'une des lèvres, de la conque ou du pavillon de l'oreille, les obturateurs d'ouverture à la voûte palatine ou du voile du palais, toutes choses imaginées en grand nombre pour les parties intérieures ou extérieures du visage : car c'est au visage que les difformités sont le plus choquantes; c'est là qu'on a le plus intérêt à les pallier, à les déguiser, à les cacher.

Et combien ne s'est-on pas exercé, de nos jours, à varier de toute manière, à perfectionner ces moyens prothétiques! Les bandages herniaires; certains autres appareils destinés à contenir ou à comprimer des parties autres que celles dont le déplacement constitue les hernies; les machines orthopédiques de toutes sortes, c'est-à-dire destinées à agir sur tant de régions différentes du corps, et à combattre leurs déformations ou leur état d'impuissance, les moyens si nombreux et si variés de prothèse par lesquels on supplée à un organe qui manque en totalité ou en partie, de manière à tromper l'œil sur ce que cet organe a d'apparent ou de visible, et quelquefois même aussi à en réhabiliter la fonction naturelle (et, parmi ces divers moyens, il faut ranger les membres artificiels dont quelques-uns comportent certaines combinaisons de la mécanique). Tels sont les objets dont se compose notre seconde division, et qu'on a pu remarquer à l'Exposition de Londres. Aucun de ces objets n'est d'invention tout à fait moderne; dès longtemps une impérieuse nécessité les a fait créer, et pour un bon nombre d'entre eux, il faut le dire, la France avait pris l'initiative. Ce sont des chirurgiens français, ou de simples artistes inspirés par ceux-ci, qui, les premiers, ont porté le goût et la précision dans la construction des bandages ou des appareils mécaniques simples, dans celle des machines orthopédiques, dans ces pièces artificielles destinées à remplacer, au moins de manière à tromper la vue, certains organes quand ils viennent à manquer, comme cela arrive si souvent pour l'œil, pour le nez, pour une des lèvres, pour le menton, pour une partie de la voûte palatine ou du voile du palais.

Incessamment aussi des efforts ont été faits, en France, pour perfectionner les produits industriels et à demi artistiques du genre de ceux dont il s'agit, pour en imaginer de nouveaux à mesure que de nouvelles exigences ou des circonstances nouvelles plus ou moins extraordinaires se sont présentées. Voyez surtout quel parti on a su tirer du caoutchouc, quelles transformations diverses on lui a fait subir, combien d'instruments, d'appareils de tous genres, il a servi à composer! Et, de nos jours, n'emploie-t-on pas utilement, pour des objets de même genre, et la gutta-percha et le caoutchouc vulcanisé? Ce dernier a même, sinon pour toutes choses indistinctement, au moins pour un bon nombre d'objets qui en comportent l'usage, plus d'avantages que le caoutchouc pur et simple; il les doit à ce qu'il est moins altérable, et à ce qu'il conserve plus longtemps sa souplesse et son extensibilité.

Besoin n'est pas de tenter ici, ni une classification méthodique, ni seulement même un dénombrement un peu complet de toutes ces choses de second ordre sur lesquelles nous venons de jeter un coup d'œil, ou plutôt que nous venons seulement de caractériser. Si remarquables qu'elles puissent être par le haut degré d'intelligence qui préside chaque jour à leur construction, et par la perfection de plus en plus grande que chaque jour aussi elles acquièrent, elles ne comportent ici ni un examen plus approfondi, ni une plus haute appréciation. Il faudrait les parcourir toutes; il faudrait citer tous les hommes dont les mains les ont enfantées, pour faire entre ceux-ci une juste répartition d'éloges, et signaler le mérite propre de chacun d'eux. Un motif plus puissant encore nous détourne de cet examen approfondi et d'une appréciation tant soit peu développée. Ces appareils de tant de sortes diverses, ces bandages, ces machines plus ou moins compliquées, tous ces moyens prothétiques, toutes ces choses que nous avons réunies dans un même groupe, sont bien soumises, dans leur construction, à quelques principes généraux; il est bien vrai aussi que l'usage en est très-répandu; mais elles ne sont pas d'une application aussi générale que les instruments proprement dits. Presque toujours il y a à modifier pour chacune des circonstances qui en réclament l'emploi. On pourrait dire qu'elles ont presque toutes, ou plutôt chacune en particulier, un caractère propre et une destination spéciale.

IIIe CLASSE.

INSTRUMENTS DE CHIRURGIE.

Bien différents des appareils dont il vient d'être question sont les instruments proprement dits. Ceux de chaque espèce ont presque toujours une destination très-étendue, très-variée; ils sont les auxiliaires constants, habituels, du chirurgien, pour les opérations qu'il doit faire ; car bien rarement ses forces et ses moyens lui suffisent. Le même instrument, qu'il soit ou général ou spécial, on peut l'appliquer à de nombreux cas, chez presque tous les individus, dans presque toutes les occurrences : on n'a guère à lui faire subir de modifications que pour des cas extraordinaires ou dans des circonstances imprévues. De même, il n'y a guère nécessité de créer ou d'imaginer des instruments nouveaux, ou de grossir utilement l'arsenal déjà si considérable dont l'art est en possession, si ce n'est pour satisfaire à des indications nouvelles.

Considéré dans son ensemble, l'art instrumental, c'est-à-dire l'art de fabriquer les instruments, lesquels doivent être distingués des simples outils et sont presque tous construits avec du métal, cet art, disons-nous, a deux grandes destinations : ou bien ce qu'il crée, ce qu'il produit, est affecté aux mille et une actions communes et ordinaires de l'homme vivant en société; ou bien les objets qu'il confectionne ont leur destination pour tel ou tel autre art en particulier.

A elle seule, la chirurgie en réclame un très-grand nombre : de tous les arts scientifiques, c'est incontestablement celui qui a l'arsenal le plus compliqué, un arsenal qui doit s'étendre chaque jour avec des besoins nouveaux. C'est l'art dont la pratique exige le plus d'instruments qui lui soient spécialement affectés. Cela est vrai de nos jours plus que cela ne l'a été dans aucun autre temps.

Tant de progrès, tant de perfectionnements, tant de créations nouvelles, qui ont eu lieu en chirurgie depuis le commencement du siècle, n'ont pu s'accomplir que par l'heureux concours d'hommes livrés, par état, à la fabrication des instruments : de là, ces moyens nouveaux, susceptibles eux-mêmes d'être modifiés et perfectionnés, ajoutés à ceux dont l'art était déjà en possession. Par un de ces hasards dont on ne prise pas toujours assez les conséquences, en même temps que le génie de la science marquait ses pas par de nouvelles conceptions, d'habiles industriels se montraient capables de les comprendre, de venir en aide à la chirurgie, de rendre exécutables les actes qu'elle avait imaginés, et faisaient prendre à leur art un caractère de grandeur qu'il n'avait jamais eu.

C'est en France particulièrement que ces deux choses se sont produites. Et quel contraste entre ce qui est maintenant et ce qui était il y a cinquante ans! C'est qu'en effet, depuis le commencement du siècle, la pratique de la chirurgie a fait d'immenses progrès. Des opérations nouvelles ont été instituées; presque toutes celles qui étaient déjà pratiquées ont été perfectionnées; d'autres méthodes ont pris place à côté de celles qui, depuis longtemps, étaient consacrées par l'usage. Ces opérations nouvelles, comme les méthodes nouvelles appliquées à des opérations déjà connues, ont presque toutes nécessité de nouveaux moyens d'exécution; même pour de simples modifications apportées aux procédés opératoires anciens, les instruments ont dû subir certains changements.

Dans aucun temps, à aucune époque de l'art, le génie industriel n'a eu autant à seconder et n'a mieux secondé les inspirations de la science. Si c'était ici le lieu d'entreprendre une revue rétrospective, il ne serait pas sans intérêt de signaler, à ce point de vue, les phases diverses par lesquelles la chirurgie a passé, d'en comparer les époques, et de faire remarquer combien, dans certains temps, ses moyens d'exécution ont été simples; combien dans d'autres, au contraire, ils ont été compliqués. Une telle étude devrait commencer par l'indication de ce fait historique des plus remarquables : c'est que la chirurgie, comme science et comme art, ayant pris naissance chez les Grecs et les Romains, c'est d'eux aussi que sont venus les premiers moyens spéciaux, les premiers instruments affectés à des opérations régulières, et différents de ceux qui sont consacrés dans les arts généraux. N'est-ce pas une chose plus remarquable encore, que quelques-uns de ces instruments aient été, d'abord, abandonnés ou perdus, puis retrouvés au milieu des débris de l'antiquité; et que, dans des temps modernes, avant que les modèles anciens fussent connus, on les ait imaginés de nouveau! Comme si, en beaucoup de choses, dans les arts, dans les sciences, les mêmes vues, les mêmes pensées, les mêmes projets, devaient germer et se produire à des époques différentes et plus ou moins éloignées les unes des autres, probablement, il est vrai, sous l'empire des mêmes circonstances et pour satisfaire aux mêmes besoins! Ne sait-on pas que, parmi les objets d'art remis au jour par les fouilles d'Herculanum et de Pompéi, qui forment la belle collection du musée de Naples, on trouve des instruments de chirurgie en nombre assez considérable? Quelques-uns n'offrent-ils pas la plus parfaite ressemblance avec des instruments modernes qu'on croyait d'invention toute nouvelle? Telle est particulièrement une algalie en S, sur laquelle semble avoir été calquée la sonde également à double courbure, dont on attribuait l'introduction dans l'art à J. L. Petit : instrument dont l'usage est de nouveau tombé en désuétude, mais qui a pu rendre quelques services jusqu'au temps où l'on a perfectionné les sondes flexibles en gomme élastique.

Mais c'est assez s'occuper des temps anciens; ne perdons pas de vue l'Exposition de Londres, et disons seulement comment, par l'œuvre des industriels français, elle a brillamment reflété les progrès de la chirurgie depuis le commencement du siècle, et ceux de l'art instrumental. Deux choses distinctes étaient à considérer et devaient frapper l'attention des membres du jury : 1° Ce qui concerne la fabrication en général, son caractère, sa perfection plus ou moins grande, sous le rapport de l'élégance et de la bonne qualité des produits; 2° ce qui avait le caractère de la nouveauté, de l'invention, et procédait, en quelque sorte, du génie industriel.

§ I.

DES INSTRUMENTS, AU POINT DE VUE DE LA FABRICATION.

Il faut en convenir, l'Angleterre a eu, pendant longtemps, pour ce qu'on nomme la coutellerie et pour la coutellerie en tous genres, une supériorité marquée sur la France et plus encore sur les autres nations de l'Europe. Soit que les ouvriers de cette nation employassent un acier plus pur, soit qu'ils excellassent dans la trempe, soit que leur travail fût dirigé par un génie plus parfait, ils savaient donner aux instruments qu'ils confectionnaient des formes gracieuses, un tranchant d'excellente qualité, et un poli qui en facilitait l'entretien et la conservation. Chacun connaît le renom des rasoirs anglais, que méritaient presque tous les autres instruments tranchants sortis des manufactures anglaises. Pendant combien de temps, en France, n'a-t-on pas désiré que l'usage du poli à l'anglaise fût plus répandu qu'il ne l'était; qu'il sortît du cercle des objets futiles et s'étendît à toutes choses en coutellerie fine! C'est bien le cas aussi de faire remarquer que les Anglais ont été, dès longtemps, plus soigneux que nous dans l'art de réparer les instruments détériorés, et de faire d'excellents repassages. J'ose à peine dire que, pendant un certain nombre d'années, après le rétablissement de nos communications avec l'Angleterre, en 1814, je me sentais, malgré moi, entraîné à n'employer d'autres instrumens tranchants que des instruments anglais, et que, par goût aussi, je faisais repasser mes bistouris à Londres.

Toutes ces qualités de la coutellerie anglaise, si remarquables et si recherchées dans les instruments de tous genres, mais plus précieuses encore dans les instruments destinés aux opérations chirurgicales, devaient se retrouver et se retrouvaient en effet dans les produits anglais à l'exposition de Londres. On ne voyait pas que les Savigny, les Coxeter, les

Weiss, les Philp et plusieurs autres fabricants des plus habiles, eussent perdu les bonnes traditions de leur art et fussent moins parfaits que leurs prédécesseurs.

Mais, depuis 1814, et surtout depuis 1820, la France s'est engagée dans la voie du progrès; elle y a marché rapidement. Non contents d'emprunter à nos voisins d'outre-mer et de s'approprier tout ce qu'il y avait de bien dans la fabrication anglaise, non contents de créer des formes gracieuses, d'obtenir une trempe parfaite, en puisant l'acier aux meilleures sources, puis d'y joindre un poli d'une beauté remarquable; non contents enfin d'être parvenus à rivaliser sous ces premiers rapports avec ce que les Anglais peuvent offrir de plus parfait, les artistes français ont conquis d'autres avantages.

Un homme s'est trouvé surtout, et d'autres sont venus après lui qui marchent hardiment sur ses traces et sont devenus ses émules, un homme, dis-je, s'est trouvé en France qui, jeune, actif, impatient de produire, et doué d'une grande intelligence, a opéré, presque à lui seul, ces premières innovations dans la fabrication des instruments. Est-il besoin de nommer M. Charrière, qui bientôt devait se montrer si habile, si ingénieux, dans la construction d'instruments nouveaux, et sans l'assistance duquel certaines conceptions chirurgicales auraient pu être comme non avenues, ou, du moins, rester momentanément stériles.

Il faut le dire, toutefois, le plus difficile a été, pour nos constructeurs français, d'obtenir ces tranchants à la fois doux, fins et solides, qui font l'excellence des instruments destinés à diviser les parties molles de notre corps, dont le chirurgien a tant et si souvent besoin; et peut-être nous laissent-ils encore quelque chose à désirer sous ce rapport. Mais bientôt aussi, et surtout sous la main de M. Charrière, certains instruments d'un usage commun, et quelques-uns de ceux qui ont une destination spéciale, acquéraient une qualité générale qu'ils n'avaient possédée qu'imparfaitement jusqu'alors, et de laquelle dépend cependant, dans beaucoup de cas, leur puissance et la sûreté de leur action. Nous voulons parler de leur force, de leur résistance, de leur inflexibilité, lorsqu'il faut, avec eux, vaincre de grands obstacles, surmonter une grande résistance, et alors même qu'on ne peut pas toujours leur donner un grand volume. C'est un élément de perfection qui résulte d'une trempe particulière de l'acier, qui éloigne la fragilité, et peut être utilisé, à des degrés différents, dans presque tous les instruments d'acier non tranchants, alors même que leur jeu, pour s'accomplir, n'exige pas de grands efforts. Il y a lieu de croire qu'on ne verra plus que bien rarement les instruments de ce genre, se fausser ou se briser, comme cela arrivait assez fréquemment autrefois.

Combien, sous le moindre volume possible, les forceps et tous les instruments faisant pinces, ne sont-ils pas plus solides maintenant qu'ils ne l'étaient jadis? Comment, sans cet heureux perfectionnement de la trempe, aurait-on pu, et amoindrir sans danger le volume des tenettes destinées à l'extraction de calculs tant soit peu volumineux, dans l'opération de la taille, et confier à des instruments d'un assez petit volume le broiement de la pierre dans la vessie, en un mot, réaliser la pensée de la lithotritie, et faire avec confiance l'application du céphalotribe, etc., etc. Nous ne citons ici que quelques-uns des principaux résultats d'une sorte de révolution, ou tout au moins d'un grand progrès, dans la confection générale des instruments destinés aux opérations chirurgicales, révolution ou progrès qui, de la France, s'est introduit chez la nation qui nous avait si longtemps surpassés dans l'art de manier l'acier, et de l'affecter à tant d'usages en lui faisant subir les transformations les plus diverses.

§ II.

INVENTION DES INSTRUMENTS.

Peut-être ne fallait-il que quelque perspicacité, avec un certain penchant à quitter les sentiers battus, pour parvenir à faire mieux ce qui avait été fait depuis longtemps par d'autres, pour imiter ce qu'il y avait d'un peu remarquable dans la coutellerie anglaise; en un mot, pour obtenir tous ces premiers perfectionnements dans la fabrication des instruments ordinaires ou communs de chirurgie. Mais il fallait du génie pour tant de produits nouveaux, dont l'invention a marché de front avec les progrès de l'art chirurgical lui-même, et, comme nous l'avons déjà fait entendre, y a réellement concouru. On peut le dire sans exagération, après les merveilles de la mécanique, qui ont préparé les grandes œuvres de l'industrie, et encore les procédés si ingénieux dont on a usé pour construire les instruments scientifiques de précision, les produits modernes de la coutellerie destinés à la pratique chirurgicale occupent le premier rang, comme création du génie industriel. Il ne s'agit pas, ici, d'assigner celui qu'ils méritent au point de vue de leur destination. Il faudrait agiter la question de savoir quelle place doit occuper l'art qui a pour but de soulager l'homme dans ses souffrances, de mettre un terme à ses maux, de prolonger son existence, en le comparant avec d'autres arts dont l'homme profite, et aux progrès desquels il s'intéresse parce qu'ils concourent à son bien-être et lui préparent des jouissances physiques ou morales; mais considérons seulement les choses en elles-mêmes et dans leurs rapports avec leur destination spéciale.

Toutefois, ce mouvement, par suite duquel l'arsenal de la chirurgie s'est tant agrandi et tant enrichi, n'est pas à louer sans restriction ou sans réserve. Il a eu, nous le croyons, du moins, ses inconvénients. Peut-être a-t-il fait que les chirurgiens se sont un peu méfiés d'eux-mêmes? Peut-être la facilité qu'ils ont trouvée à faire exécuter les moyens propres à l'accomplissement de leurs conceptions diverses, et quelquefois même de conceptions bizarres, les a-t-elle portés à abuser de l'emploi d'instruments remarquables par leur ingénieux mécanisme, mais très-compliqués? Peut-être ont-ils été trop enclins à abandonner, pour les opérations, les procédés simples d'exécution qui avaient suffi à leurs prédécesseurs? Peut-être, et pour tout dire en un mot, la chirurgie moderne est-elle devenue trop instrumentale, même dans les œuvres ordinaires et faciles? Peut-être tend-elle à perdre un peu de sa belle et noble simplicité, et oublie-t-elle trop que ses actes n'ont quelque chose de grand et d'élevé que par l'intelligence de la main qui les exécute? Il serait bien temps qu'elle s'arrêtât sur cette pente fâcheuse.

Quoi qu'il en doive être à cet égard, on ne pouvait pas s'empêcher d'admirer, à l'Exposition de Londres, tant de perfectionnements utiles apportés par nos fabricants français aux instruments déjà connus et dès longtemps en usage; et tant de produits nouveaux, d'inventions nouvelles, que les fabricants anglais s'étaient appropriées, c'est-à-dire, qu'ils avaient déjà imitées en reconnaissant la source où ils avaient puisé. Tous avouaient qu'ils avaient suivi l'impulsion donnée par la France, et que, s'ils nous avaient précédés, quant à ce qui concerne la fabrication générale des instruments et la perfection dans le travail qu'il est possible de donner à ceux-ci, nous avions le pas sur eux pour la création et la confection des instruments nouveaux que les progrès modernes de la chirurgie ont exigés.

Presque tous ces instruments nouveaux, comme beaucoup d'autres simplement perfectionnés, sortaient des ateliers de M. Charrière. Ce sont ceux-là que nous nous plairons le plus à signaler, ou sur lesquels nous avons l'impérieux devoir de jeter un coup d'œil rapide. Nous exprimerons tout d'abord le regret que, cédant peut-être à un petit sentiment d'orgueil national, le jury général de l'Exposition de Londres n'ait pas été mis en mesure d'agréer et de sanctionner la résolution qui avait été d'abord prise par le jury spécial, et que M. Charrière n'ait point obtenu la médaille à laquelle il avait tant de droit. C'eût été pour lui le couronnement des récompenses de plus en plus élevées qui lui avaient été décernées, à plusieurs époques, dans nos expositions françaises.

Mais, tout en reconnaissant la grande supériorité de M. Charrière et ses incontestables droits à la renommée qu'il s'est acquise en donnant une grande impulsion à l'une de nos industries les plus utiles, il faut être juste envers d'autres hommes qui, de simples ouvriers qu'ils ont été, comme il l'a été lui-même, et formés par lui, se montrent maintenant dignes de leur maître, marchent sur ses traces, et ont déjà attaché leur nom à d'ingénieux produits de leur art. M. Luër et M. Mathieu, M. Luër surtout, ont mérité, à l'Exposition de Londres, une place honorable à la suite de M. Charrière. Nous aurons à mentionner quelques-unes des inventions qui leur sont dues.

Inventions de M. Charrière.

Commençons par celles *du maître,* par celles de l'homme qui a été le plus fécond, mais dont, il faut le dire, les premiers travaux remontent déjà à plus de trente ans.

Peut-être n'est-il pas un seul instrument parmi les plus simples et les plus vulgaires, parmi ceux dont l'usage est le plus ancien, auquel il n'ait touché, pour en perfectionner le jeu, pour en rendre l'action plus efficace, et cela, par un changement des plus simples dans sa construction. Voyez les ciseaux, débarrassés de ce clou à vis destiné à joindre leurs deux branches croisées, et rendus susceptibles d'être montés, nettoyés, montés de nouveau en quelques secondes de temps, sans que jamais la rouille puisse encrasser l'entablure, et la jonction des deux lames conservant toujours la même solidité : les mêmes instruments, rendus, pour certains cas particulièrement, susceptibles d'une action plus régulière et d'une coupe plus nette, au moyen de la jonction des branches portée en dehors de leur axe, et par ce qu'on peut appeler une articulation excentrique : tous les instruments faisant pinces à anneaux, les uns légers, comme les pinces à pansement, les autres destinés à agir avec une certaine force, comme les tenettes, modifiés par le croisement simple ou le croisement double, ou le décroisement des branches, de manière à en réduire considérablement la grosseur, soit au dehors soit au dedans d'une plaie, soit en deçà des mors, soi-

au-dessus des anneaux. Ces mêmes instruments, pinces, tenettes ou forceps, rendus aptes à exercer une pression continue sans l'action permanente de la main du chirurgien ou sans le concours d'un aide, par l'adjonction d'un petit système à crémaillère. Les petites pinces élastiques ordinaires, telles que celles dont on use pour les dissections ou qui servent à saisir les vaisseaux pour en faire la ligature, transformées en pinces à pression continue, sans autre mécanisme que le croisement des deux parties dont elles se composent. Nos algalies de trousse et tous autres instruments en tube et brisés, ayant leurs deux parties soumises à un nouveau système de jonction, qui, momentanément, leur donne une grande fixité, système sans inconvénient aucun et presque indestructible. La seringue, cet instrument si vulgaire, mais qui, avec des formes et des dimensions variées, est usité dans un assez grand nombre d'opérations chirurgicales, soit pour aspirer soit pour injecter un liquide, ou en même temps comme pompe foulante et aspirante, comme dans le bdellomètre, dans le clysoir; la seringue, disons-nous, devenue un instrument presque nouveau, par un heureux emprunt fait à la pompe de Bramah et par l'application d'un système en usage dans la haute mécanique, celui du piston à double parachute, ou, si l'on veut, à double diaphragme ou double valvule. Les scies de tous genres, perfectionnées et devenues d'un usage plus simple et plus sûr, soit par une meilleure trempe, soit par une forme plus heureuse des lames. N'est-il pas reconnu maintenant, en effet, contrairement à l'opinion ancienne, qu'il n'est pas besoin, pour le jeu des scies ordinaires, que le bord dentelé soit plus épais que le bord opposé, et qu'en général les scies à lames minces coupent aussi bien que les lames épaisses et très-fortes?

L'indication des changements apportés à ce dernier instrument, la scie considérée sous sa forme la plus vulgaire et comme faisant partie des instruments généraux, nous conduit naturellement à ce qui concerne les instruments spéciaux dont la création exigeait un plus grand savoir et un plus grand effort de l'intelligence. Des scies d'une certaine sorte portent, en effet, jusqu'à un certain point, ce caractère, parce qu'elles ont une destination limitée; elles constituent les ostéotomes proprement dits. La scie à chaîne, cette scie flexible, qu'on nomme encore scie Jeffries, nous vient des Anglais : mais, en lui donnant plus de force, M. Charrière en a rendu le jeu plus sûr, et applicable à un plus grand nombre de circonstances. En inventant la *scie à molettes*, il a fait oublier la scie de Kleine, instrument d'un mécanisme fort ingénieux sans doute, mais par trop compliqué : voire même la scie ou plutôt l'instrument de M. Ferdinand Martin, qui fut un premier perfectionnement ou une première modification de la scie de Kleine. Par ses efforts, tant pour perfectionner la scie commune que pour corriger ou pour simplifier les ostéotomes proprement dits, M. Charrière a eu sa part dans les beaux actes qui ont signalé la chirurgie française depuis trente ou quarante ans, ou pour ce qui concerne l'ablation des tumeurs des os et les résections de tous genres.

Que si maintenant nous parcourons les différentes régions du corps, les divers appareils d'organes, et les opérations spéciales qu'on peut avoir à y pratiquer, difficilement pourrait-on énumérer tout ce qui s'est fait, soit en perfectionnement d'instruments déjà en usage, soit en instruments nouveaux par les actes chirurgicaux déjà institués, soit pour les indications nouvelles à remplir ou des opérations nouvellement conçues.

Tout ce qu'a pu produire l'esprit inventif de M. Charrière, sous ce double rapport, figurait à l'Exposition de Londres. Pour ne rappeler que les choses principales, on y voyait : le trépan à une manivelle pour la perforation de l'os unguis, trépan construit d'après les indications de Dupuytren; l'instrument de M. Félix Hatin pour la ligature de polypes des arrière-narines et du pharynx; ceux de M. de Pierris et de M. Guyot, par lesquels on a tenté de rendre plus facile et plus simple, sinon toute l'opération ou l'opération dans son ensemble, au moins telle ou telle autre des manœuvres si délicates dont se compose la staphyloraphie, ou suture du voile du palais; d'autres, trop mécaniques peut-être et dont le jeu laisse aussi trop en dehors l'adresse, le coup d'œil et l'intelligence du chirurgien, tels que ceux de M. Cloquet, de Fahnostock, pour la rescision des amygdales, et qui portent le nom d'amygdalotomes; une pompe à jet continu, imaginée d'abord pour opérer la prompte extraction des corps vénéneux introduits dans l'estomac, et dont on a étendu l'usage aux injections à faire dans le vagin et dans le rectum; les divers entérotomes avec lesquels on entreprend la cure d'une des infirmités les plus graves qu'il y ait, l'anus contre nature; les *speculum uteri* de toutes sortes et de tant de formes diverses, parce que chaque praticien a eu la prétention d'avoir le sien propre, instrument dont l'usage est devenu si général, soit seulement comme moyen d'exploration ou d'examen des parties intérieures de l'appareil génital chez la femme, soit comme moyen préparatoire ou auxiliaire dans plusieurs des opérations qu'on pratique sur ces parties, et sans lequel même quelques-unes de ces opérations seraient impraticables; divers urétrotomes ou simples scarificateurs, soit de l'urètre proprement dit, soit de la prostate, construits pour satisfaire aux vues des divers chirurgiens qui, dans les temps modernes, se sont le plus occcupés du traitement des maladies des voies urinaires; instruments près desquels il faut placer les différents porte-caustiques de l'urètre. Venait ensuite tout l'appareil instrumental affecté à la taille et à la lithotritie, appareil dans lequel, après une simplification apportée au lithotome, connu sous le nom d'instrument de frère Côme; après le lithotome double, dont l'invention fut provoquée par Dupuytren, quand il eut la pensée de faire revivre l'ancienne taille de Celse, qui a pris le nom de taille bilatérale; après les tenettes rendues d'un maniement plus facile et plus sûr, et aussi plus solides sous un moindre volume, comme cela a déjà été dit à propos des changements introduits dans la fabrication générale des instruments; après cela vient tout ce qui se rapporte à la *lithotritie*, opération qui n'a atteint que par des degrés lents et successifs la perfection à laquelle elle est maintenant parvenue. Et par combien de tâtonnements il a fallu passer! Que d'essais infructueux n'a-t-il pas fallu faire! A combien de tentatives sans fruit n'a-t-il pas fallu se livrer! Combien d'alliances des vues inspirées par la science et des élans du talent industriel n'ont eu que les plus faibles résultats et maintenant oubliés, ou sont, du moins, sans application immédiate, et ne figurent plus que pour mémoire dans l'histoire de l'art! Pour que cette opération toute française, la lithotritie, devînt une opération méthodique, praticable, comme la taille, par la généralité des chirurgiens, et offrant au moins les mêmes chances de succès que cette dernière, il a fallu que des chirurgiens tels que M. Civiale, M. Amussat, M. Leroy d'Étiolles, M. Heurteloup, M. Ségalas, trouvassent dans M. Charrière un artiste qui pût comprendre leurs vues, les suivre dans tous leurs projets, et concevoir ou réaliser des moyens d'exécution en rapport avec leurs pensées. On peut dire qu'en associant son intelligence avec celle des chirurgiens que nous venons de nommer, M. Charrière a contribué pour beaucoup à la création de la lithotritie. C'est par lui principalement, et presque par lui seul, qu'ont été construits es premiers instruments qui ont rapport à cette opération : le lithomètre avec lequel on parvient à connaître, d'une manière très-approximative, la forme et les dimensions d'un calcul contenu dans la vessie ; les différentes sortes de pinces droites à trois branches, avec tous les moyens de térébration de la pierre; l'instrument de Jacobson, les pinces à deux branches simplement coudées, qui sont celles dont on fait usage maintenant, et pour le jeu desquelles on emploie la percussion, ou la simple pression graduée, ce qui suppose pour celle-ci l'emploi ou d'une manivelle, ou d'un pignon où de quelque autre appareil mécanique propre à régler cette pression jusqu'à son degré extrême; ce qui suppose aussi que l'instrument principal est doué d'une grande force de résistance; et d'autres lithotriteurs d'un moindre volume, et d'une autre forme à leur extrémité terminale, pour extraire de la vessie les plus minces débris d'une pierre, ou briser de très-petits fragments; et des lithotriteurs urétraux, c'est-à-dire, de petits lithotriteurs droits destinés à agir seulement dans l'intérieur de l'urètre sur des fragments de pierre ou de petits calculs entiers arrêtés dans leur trajet; et la curette articulée à tige droite, instrument si avantageux pour extraire des fragments ou des calculs encore plus petits retenus dans quelque point de l'urètre, tous instruments dès longtemps imités par les fabricants anglais, et qu'on retrouvait parmi leurs produits à l'Exposition de Londres.

Après tous ceux-là venait une série d'instruments qui se rapportent à l'art obstétrical : différents céphalotribes, des forceps aussi de tous genres, céphalotribes et forceps dans la construction desquels M. Charrière a fait une si heureuse application de sa nouvelle manière de tremper l'acier; manière par laquelle, comme pour certaines pinces, pour les tenettes et pour tous les instruments destinés à exercer de fortes pressions, on peut concilier toute la force dont on peut avoir à disposer avec un volume médiocre de l'instrument lui-même; puis, à côté des scies à amputation perfectionnées, la grosse scie connue sous le nom de rachitome, dont la première idée appartient à un médecin anglais, M. Tarral, instrument très-fort, à double lame, en crête de coq, au moyen duquel on peut enlever nettement et avec rapidité la paroi postérieure de la colonne vertébrale, et procéder aux recherches à faire sur la moelle épinière ou ses dépendances.

Il ne faut pas oublier certains objets ou appareils qui n'appartiennent pas essentiellement à la coutellerie ou qui ne procèdent pas directement de l'art du coutelier, mais, qu'en artiste ingénieux autant qu'habile M. Charrière a su construire, sur les indications de la chirurgie : surtout des appareils de prothèse, tels que des obturateurs pour la voûte palatine et le voile du palais, des nez artificiels, un appareil pour obvier aux incommodités d'un anus contre nature, de nouveaux modèles pour des membres artificiels, principalement pour ceux qu'on adapte après l'amputation de la cuisse, après celle de la jambe au-dessous du genou, et plus spécialement encore après l'amputation sus-malléolaire : derniers appareils pour lesquels, il faut en convenir, M. Charrière, tout en ayant montré une grande habileté et ayant acquis une certaine perfection, avait été précédé, en France, par M. Ferdinand Martin, par M. Delacroix, par M. Duroir, et a peut-être été dépassé en pays étranger. C'est ainsi qu'on voyait, à l'Exposition de Londres, des modèles de jambe artificielle, avec pied mobile dans toutes ses parties, vraiment remarquables par leur solidité et leur légèreté, autant que par leur forme gracieuse et leur ingénieux mécanisme. L'artiste américain qui les avait présentés, obligé qu'il était de faire usage lui-même d'un membre artificiel, pouvait faire observer, sur sa personne, ce que son invention avait de bon et d'utile.

Une si grande disposition, de la part de M. Charrière, à perfectionner ce qui existait déjà, à produire incessamment des choses nouvelles pour répondre à des besoins nouveaux, attira de bonne heure l'attention sur cet artiste, et plusieurs récompenses, qu'il obtint successivement dans nos diverses Expositions françaises, avaient fait rechercher ses produits, non-seulement dans toute la France, mais encore dans les pays étrangers. Faut-il s'étonner si, de simple ouvrier qu'il fut d'abord, M. Charrière est devenu le chef d'un établissement industriel tel qu'il n'en avait jamais existé, chez nous, du même genre? si, de quelques ouvriers qu'il employait dans les premières années, il en fait travailler maintenant deux cent cinquante à trois cents? si, depuis déjà nombre d'années, il a conquis la confiance de l'administration militaire, celle de la marine et du plus grand nombre de nos hôpitaux civils, pour les collections d'instruments dont il a fallu pourvoir tant d'établissements consacrés à la pratique de la chirurgie? s'il a su donner une grande impulsion à une industrie qui était restée si limitée en France, et dans laquelle nous n'avions jamais pu lutter avec nos voisins d'outre-mer? Faut-il s'étonner qu'à son exemple, sous ses yeux, d'autres hommes se soient produits, encouragés qu'ils étaient par ses succès et désireux de conserver à notre nation un genre de supériorité dont elle est maintenant en possession, et auquel on a pu croire, dans un temps, qu'elle n'arriverait jamais ? Tout en signalant cet immense progrès d'un art particulier, il serait injuste, toutefois, de ne pas reconnaître la part d'initiative qui revient, pour beaucoup de choses, à la chirurgie. Bien souvent celle-ci a devancé et stimulé le génie industriel en l'appelant à son secours, et, soit qu'il en ait été ainsi, soit qu'ainsi que cela a eu lieu dans d'autres circonstances, la première inspiration soit venue de l'artiste fabricant, il y a toujours eu là une des plus heureuses alliances qu'on puisse voir de la science et de l'industrie.

Inventions des autres artistes français.

Bientôt, nous l'espérons, un fils de M. Charrière se montrera digne du nom qu'il porte, continuera l'école à laquelle il a été formé, et produira ses propres œuvres dans les prochaines expositions. Mais d'autres, qui l'ont précédé dans la vie, se sont montrés de brillants disciples et d'heureux émules du père, par les produits qu'ils ont présentés à l'Exposition de Londres. Tous ont soutenu l'honneur de la fabrication française, et le moment est venu de signaler leur talent réel et leur mérite incontestable. Deux surtout ont rivalisé pour la la qualité des objets qu'ils avaient fabriqués pour le Palais de cristal : même excellence de la trempe et des tranchants; même fini dans le travail; mêmes résultats et mêmes indices d'une fabrication comparable au moins à la fabrication anglaise : cela était même pour quelques produits d'une association qui ne paraît cependant pouvoir se maintenir, et dans ceux en petit nombre, d'un industriel de Brest, M. Boissard, qui n'avait pas craint, sinon de lutter avec nos grands fabricants de Paris, au moins de montrer quelques œuvres sorties de ses mains.

Entre les produits, toutefois, il y a à distinguer en premier lieu ceux de M. Luër, puis ceux de Mathieu. Que M. Luër persiste dans son amour du perfectionnement et son désir de faire bien; qu'ainsi qu'il l'a déjà fait tant de fois et si heureusement, il sache s'inspirer des pensées et des vues nouvelles qui peuvent surgir en chirurgie, et bientôt il sera placé sur la ligne de celui qui s'est élevé au premier rang. La mention honorable qu'il a reçue à l'Exposition de Londres de la part même du jury international est déjà la récompense bien méritée de ses travaux passés, et doit être, pour l'avenir, un grand encouragement. Il y a lieu d'espérer que le même zèle animera M. Mathieu, et que, déjà engagé dans une bonne voie, il saura, par de nouveaux efforts, conserver au moins la place qu'il s'est acquise après M. Luër.

Indépendamment du caractère qu'ils ont su donner à leur fabrication générale, chacun de ces deux artistes fabricants avait, à l'Exposition de Londres, des objets particuliers perfectionnés ou inventés par lui.

L'arsenal particulier de M. Luër, c'est-à-dire l'ensemble des instruments et appareils de son invention, est déjà fort considérable. Tous ces instruments ou appareils sont vraiment remarquables par le fini du travail et par le parfait accord de leur mécanisme avec les actes chirurgicaux qu'ils sont destinés à accomplir; tels sont particulièrement :

1° Sa pince pour la ligature des vaisseaux placés profondément dans une plaie;

2° Sa pince à mors larges, sans dents de loup, et fenêtrés, avec de longues branches pourvues d'une crémaillère qui rend fixe et invariable la pression exercée par l'instrument, pince destinée à saisir, sans le lacérer, un corps mou et d'un certain volume, comme la langue, comme le col de l'utérus, et à remplacer les érignes;

3° Une série assez nombreuse d'instruments particuliers et nouveaux pour quelques-unes des opérations si délicates qu'on pratique sur l'appareil de la vision, principalement pour l'opération de la cataracte faite ou par extraction ou par abaissement, et pour l'opération de la pupille artificielle;

4° Un *speculum oris*, remarquable par sa simplicité, et qui, s'il n'est pas applicable en toutes circonstances indistinctement, peut, néanmoins, être employé avantageusement dans beaucoup de cas pour les opérations à faire dans l'intérieur de la bouche;

5° Un amygdalatome d'un ingénieux mécanisme en soi, mais qui, ainsi que d'autres instruments de la même sorte, a l'inconvénient d'être un peu compliqué pour une opération généralement d'une exécution facile, de ne pouvoir bien fonctionner que là où cette opération, la rescision des amygdales, peut être exécutée avec des instruments très-simples et d'un usage commun;

6° Une pince tranchante et dilatrice, avec laquelle on peut rigoureusement, et dans quelques circonstances favorables, pratiquer presque en un seul temps la laryngotomie ou la laryngo-trachéotomie;

7° Une double canule à soupape, destinée à entretenir libre le passage de l'air après toute ouverture artificielle pratiquée aux voies aériennes;

8° Des brise-pierre modifiés, tel qu'un brise-pierre à pignon tournant et un autre à levier;

9° Un forceps à double pivot;

10° Un porte-aiguille pour la ligature des artères placées très-profondément;

11° Une pince-gouge pour de petites résections à la surface des os, heureux complément des instruments connus sous le nom de sécateurs endostéotomes de Liston;

12° La pince à brides élastiques aplaties, destinée à saisir, à étreindre l'une des parties les plus petites d'un membre, comme un doigt, et le pouce plus particulièrement, pour le soumettre à une extension, et surmonter ainsi des obstacles autrement insurmontables à la réduction dans quelques cas de luxation : instrument d'une heureuse invention et qui a déjà rendu de grands services.

Il faut ajouter qu'ainsi que l'ont fait d'autres industriels,

M. Luër a su manier heureusement le caoutchouc vulcanisé; il le fait servir à la confection de divers petits appareils qui ne sont pas des instruments proprements dits, et par lesquels on satisfait à des indications prothétiques. C'est ainsi que déjà on voyait de lui, à l'Exposition de Londres, et que, depuis, il a modifié et perfectionné des obturateurs du voile du palais ou de la voûte palatine, des nez artificiels, des parties de joues, des lèvres également artificielles, fabriquées avec cette substance si simple, si flexible, si légère et parfaitement inoffensive, le caoutchouc vulcanisé.

Après ces divers objets sortis de la fabrique de M. Luër et qui étaient de son invention, venaient les choses appartenant à M. Mathieu, qui déjà remarquables en elles-mêmes et se rapportant à quelques innovations plus ou moins heureuses en chirurgie, présagent, pour ce fabricant, un brillant avenir. Il y a peut-être cependant à dire de lui comme de M. Luër, comme de M. Charrière, que leur si grande aptitude à saisir toute inspiration nouvelle de l'art chirurgical, en même temps qu'à caresser les leurs propres, puis à imaginer, à construire des instruments, des appareils destinés à l'accomplissement de tel projet ou de tel autre, n'a pas été avantageuse absolument et sous tous les rapports. Nous aimons à le dire, elle a eu, comme elle a encore son mauvais côté. Peut-être a-t-elle trop détourné, et détourne-t-elle trop encore des procédés simples en chirurgie : peut-être entretient-elle trop, surtout parmi les jeunes praticiens, le goût des instruments compliqués : peut-être les éloigne-t-elle trop de ce qui constitue la simplicité en chirurgie, mais simplicité qui exige, il faut en convenir, une heureuse application des sens et l'intelligence de la main?

Quoi qu'il en soit, et en ne considérant que le mérite de l'artiste, plusieurs des instruments présentés par M. Mathieu à l'Exposition de Londres méritaient bien d'être remarqués à côté de ceux de M. Charrière et de M. Luër : tels étaient des aiguilles brisées et à charnière, pour l'opération de la cataracte par abaissement; un instrument pour pratiquer une pupille artificielle; un ophthalmostal à crémaillère, dont on peut faire varier les dimensions, et facilement maniable à cause de son peu de volume; un nouveau *speculum oris;* un amygdalatome oscillant ou à bascule, dont la partie tranchante agit comme il serait à désirer que pussent agir tous les instruments destinés à diviser nos parties, c'est-à-dire, en sciant; deux instruments différents pour la staphyloraphie; différents scarificateurs de l'urètre, ou urétrotomes, particulièrement celui de M. Reybard; différents brise-pierre, ayant chacun un mécanisme particulier, et des pulvérisateurs de la pierre avec autant de moyens d'action différents; un céphalotribe avec clef à pignon, double crémaillère et crochets mousses, pour assurer la fixité de la tête du fœtus entre les deux parties principales de l'instrument; des couteaux et des scies à amputation, à manche volant ou amovible, mais avec un nouveau mode de jonction de la lame sur le manche; enfin, divers objets en gomme élastique vulcanisée ou en gutta-percha : tels particulièrement de larges godets pouvant faire l'office de ventouses, et cela par la seule élasticité de leurs parois, après qu'on en a fortement déprimé le fond, des aspirateurs du mamelon agissant par le même mécanisme, etc.

A moins d'une sorte de révolution dans la science chirurgicale, ou d'une sorte de conceptions telles qu'il ne s'en produit en réalité que de loin en loin, de longtemps on ne verra l'art instrumental faire des progrès aussi remarquables que ceux que nous venons de signaler. Il n'y a presque pas de vœux à former pour une plus grande extension de l'arsenal de la chirurgie. Le plus légitime qu'on puisse faire, celui dont l'accomplissement est le plus à désirer, c'est qu'après s'être distingués comme ils l'ont fait depuis un quart de siècle, après être parvenus à égaler au moins, si même ils ne l'ont pas surpassée dans la construction générale des instruments, une nation qui avait avait acquis une véritable supériorité, après s'être fait remarquer par un grand esprit de perfectionnement et d'invention, nos fabricants français se maintiennent dans la voie qu'ils ont si heureusement parcourue;

c'est que d'autres se forment à leur exemple, et continuent à faire progresser une industrie qui a tant et de si belles applications.

FIN.

TABLE DES MATIÈRES.

X^E JURY.

IIe SUBDIVISION.

HORLOGERIE,

PAR M. LE BARON SEGUIER,

MEMBRE DE L'ACADÉMIE DES SCIENCES.

COMPOSITION DE LA IIe SUBDIVISION DU Xe JURY.

MM. E. B. Denison, Président........................ Angleterre.
le Bon Armand Seguier, Vice-Président........... France.
le professeur Daniel Colladon.................... Suisse.
E. J. Lawrence, avocat à Londres................ Angleterre.

FAITS GÉNÉRAUX

RELATIFS À L'EXPOSITION UNIVERSELLE.

L'art de mesurer le temps par des moyens mécaniques, l'horlogerie, était représenté, dans le Palais de cristal, par 177 exposants : la France y comptait 30 artistes; l'Angleterre, 81; la Suisse, 41; l'Autriche, 7; la Prusse, 5; l'Allemagne, 4; la Hollande, 4; le Danemark, 2 : la Sardaigne, 1; l'Amérique, 4.

Le jury a décerné à cette branche d'industrie 4 grandes médailles, 29 médailles dites *de prix*, 17 mentions honorables, 1 encouragement en argent.

Deux des quatre grandes médailles ont été décernées à la France, une à l'Angleterre, une à la Suisse.

Les médailles dites *de prix* ont été ainsi réparties : 7 à la France, 7 à l'Angleterre, 5 à la Suisse, 1 à la Prusse, 1 au Danemarck, 1 à la Sardaigne.

Sur les 17 mentions honorables, 4 ont été attribuées à la France, 4 à l'Angleterre, 3 à la Suisse.

C'est aussi un artiste suisse qui a reçu l'encouragement pécuniaire.

La France a donc obtenu 13 nominations sur 30 exposants; l'Angleterre, 12 sur 80; la Suisse, 10 sur 41; la Sardaigne, 1 sur 1; le Danemark, 1 sur 2; la Prusse, 1 sur 5; l'Amérique n'a obtenu aucune nomination.

Pour faire avec ordre l'exposé des travaux les plus remarquables des horlogers des neuf nations qui ont envoyé leurs œuvres à l'Exposition universelle, nous adopterons une classification basée sur la nature même des produits exposés, et non pas sur leur provenance; nous allons répartir tous les appareils d'horlogerie déposés dans le Palais de cristal en catégories distinctes, et, pour ne pas innover sans motif, nous adopterons les grandes divisions déjà consacrées par nos jurys nationaux dans nos expositions françaises; nous parlerons d'abord de la grosse horlogerie, c'est-à-dire de la fabrication des horloges publiques; nous signalerons ensuite ce que l'horlogerie civile contenait de plus remarquable en montres et pendules dites *de commerce;* nous réserverons pour notre dernier examen l'horlogerie de haute précision, celle qui vient en aide aux sciences, plus particulièrement à l'astronomie et à la navigation. Nous terminerons notre compte-rendu par la description de quelques machines auxiliaires de l'horlogerie.

HORLOGERIE.

PREMIÈRE PARTIE.

GROSSE HORLOGERIE.

HORLOGES PUBLIQUES.

Ce n'est pas sans un sentiment d'amour-propre national satisfait que nous avons étudié les produits de la grosse horlogerie, la supériorité des œuvres des artistes français était évidente; notre contentement ne nous empêchera pas de nous montrer justes et impartiaux envers nos rivaux; notre succès sera d'autant mieux constaté, que nous aurons plus fidèlement signalé tous les efforts tentés pour nous ravir notre victoire.

Les artistes français et anglais étaient seuls entrés en lice pour la construction de ces machines horaires assez puissantes pour faire mouvoir de grandes aiguilles sur de larges cadrans, pour soulever de pesants marteaux sur de grosses cloches.

Longtemps stationnaire, cette branche d'industrie n'a fait de véritables progrès que de nos jours; à quelques exceptions près, les grosses horloges avaient été bien plutôt des œuvres de serrurerie que des produits d'horlogerie; la substitution des moyens mécaniques de fabrication aux procédés purement manuels a été la cause principale de leur amélioration; que ce soit le pays même qui, le premier, a remplacé l'habileté de la main par la perfection de l'outil pour l'exécution des grands mécanismes industriels, qui soit resté en arrière pour la construction des grosses horloges, c'est là un fait digne d'être signalé. Jadis les grosses horloges étaient composées de roues de fer forgé, dont la denture était façonnée à la main, à l'aide de la lime et du burin, chaque dent l'une après l'autre; ces roues étaient montées sur des axes forgés et limés à pans; l'action rapide et précise du tour n'était pas toujours employée pour exécuter les pivots; des cages de fer forgé servaient à assembler les diverses parties; brutes de forge, ces cages ne recevaient d'ajustement qu'à leur point de réunion;

les places où devaient être insérés les pivots n'étaient pas toujours, de prime abord, garnies d'un bouchon de cuivre; l'usure des contacts incessamment répétés des pièces composant l'échappement n'était combattue que par la présence de l'huile; les vieilles horloges, avouons-le, n'étaient, pour la plupart, que des espèces de grossiers tourne-broches réglés dans leur marche par un pendule oscillant au lieu d'un volant à mouvement circulaire. La substitution du bronze au fer forgé pour les roues, la trempe en paquets ou l'emploi de l'acier pour les pignons, la division mécanique des dentures à l'aide de la plate-forme et de la fraise par les Hulot et les Salleneuve, la forme épicycloïdale donnée avec la hache à fendre ou crochet par les Pons, la fabrication des pignons par de semblables procédés, le tournage complet des axes par les Lépaute, les Janvier, les Wagner oncle et neveu, ont transformé en France ces machines. Nos vieilles horloges, dont les chocs fatiguaient les oreilles, ébranlaient même les planchers au moment des fonctions, sont désormais changées, grâce à ces habiles artistes, en admirables appareils de précision, cheminant avec douceur, n'interrompant le silence des lieux où ils sont installés que par le léger bruit inséparable de la chute de l'échappement et de la préparation à la sonnerie.

La France, qui a ouvert l'ère du progrès pour les grosses horloges, s'est maintenue à la tête de cette fabrication: la science de composition, la beauté et la bonté d'exécution, le bon marché de ses produits en ce genre défient le monde entier.

Les progrès que nous constatons dans la grosse horlogerie de l'Exposition sont de diverse nature. Les uns portent sur le régulateur lui-même et ont pour but de le soustraire aux variations de longueur résultant des changements de température; d'autres s'appliquent à la force motrice pour la rendre aussi constante que possible; tels sont les mécanismes appelés *remontoirs d'égalité* et *échappements à force constante*. Des artistes ingénieux pourtant, mais moins novateurs, se sont bornés à chercher la régularité des fonctions par de simples précautions prises pour assurer la durée des organes. Les mécanismes de sonnerie ont fait l'objet d'études sérieuses; on a voulu que leurs effets devinssent plus sûrs et plus précis; les organes destinés à mettre les aiguilles en relation avec le corps du rouage ont reçu de très-importantes améliorations; les indications des aiguilles sur les cadrans ont été rendues aussi visibles la nuit que le jour, par divers modes d'éclairage; enfin des mécanismes spéciaux ont été imaginés pour mettre, par le seul fait de la marche de l'horloge, la durée de l'éclairage des horloges publiques en relation avec le moment variable du lever et du coucher du soleil, suivant les saisons.

Perfectionnements apportés au régulateur des grosses horloges.

Un des perfectionnements importants consiste dans la substitution à la simple tige de fer qui supporte la lentille, d'une combinaison de métaux disposés de manière à compenser la dilatation de l'un par celle de l'autre à la façon du pendule à grille, fer et cuivre, de Harrisson, ou bien de celui à tube, fer et zinc, plus récemment construit, ou bien encore de celui à fer et mercure dont nous voyons de nombreuses applications dans les horloges astronomiques, plus simplement dans la construction de la tige du pendule en bois de sapin verni, enfin dans l'emploi de pyromètres métalliques agissant convenablement sur la suspension du pendule pour faire varier le centre d'oscillation suivant l'allongement ou le raccourcissement de la tige qui supporte la lentille. Des exemples de ces diverses modifications du balancier primitif des grosses horloges se faisaient remarquer dans les pièces exposées par MM. Wagner, Dent, Roberts, Gourdin et autres. La fécondité de l'esprit d'invention de M. Wagner se révèle par les combinaisons les plus variées pour obtenir sûrement la permanence de longueur de la tige du balancier régulateur. Cet artiste français semble avoir pris à cœur d'épuiser toutes les solutions du problème, balancier à grille, système Harrisson, balancier à trois tiges à leviers variables pour trouver expérimentalement la quantité dont il convient de soulever la lentille pour obtenir une rigoureuse compensation, compensation variable, mais avec une simple barre agissant, par l'intermédiaire d'un levier dont le point d'appui peut être déplacé sur la suspension, à la façon d'un pyromètre. Pour le balancier de sa grosse horloge, M. Dent, artiste anglais, avait donné la préférence à la combinaison fer et zinc, employée depuis longues années en France par MM. Jacob et Duchemin pour des régulateurs astronomiques; M. Roberts, de Manchester, tout en se servant, comme son compatriote Harrisson, de la dilatation différente du fer et du cuivre pour les opposer l'une à l'autre, a su trouver un moyen très-simple de faire varier les rapports d'effet des deux métaux, en façonnant le cuivre qui entre dans sa compensation en forme de tubes enfilés sur les tringles de fer. Son balancier, fer et cuivre, à tiges multiples, se trouve ainsi composé comme celui fer et zinc, à tige unique, dont nous avons parlé tout à l'heure.

Des suspensions des balanciers régulateurs des grosses horloges.

La suspension des balanciers des grosses horloges de l'Exposition était à couteau ou à lame de ressort; pourtant, un modèle de suspension d'un nouveau genre pour les très-lourds balanciers, figurait dans la partie anglaise, nous pourrions l'appeler suspension à rouleaux. Cette combinaison fort remarquable est le fruit des études théoriques et pratiques de M. Vuillamy, l'un des horlogers les plus habiles et les plus instruits de l'Angleterre : elle consiste à lier la tige du balancier à un cylindre d'acier dont chacune des extrémités roule sur des secteurs; les mouvements alternatifs du pendule impriment au cylindre d'acier un berçage qui entraîne les secteurs dans un mouvement angulaire; l'axe des secteurs taillé en couteau repose dans une gouttière, le roulement du cylindre sur les secteurs se convertit finalement en un frottement amoindri dans le rapport des rayons du cylindre d'acier très-petit et des secteurs très-grands. M. Vuillamy n'a exposé qu'un modèle de cette suspension qu'il n'a pas eu encore l'occasion de réaliser. Nous pouvons lui en garantir le succès, puisque, déjà, depuis longtemps, en France, un mode de suspension analogue est très-heureusement appliqué aux tourillons des lourdes cloches, notamment à ceux du gros bourdon de Notre-Dame de Paris.

Perfectionnements dans l'application de la force motrice aux grosses horloges.

Les combinaisons mécaniques employées pour rendre constante la force motrice qui fait cheminer les grosses horloges sont de bien des natures; on les désigne toutes sous le nom générique de remontoirs d'égalité: le principe général qui en fait la base consiste à subdiviser la puissance en deux parts inégales, la plus petite est appliquée directement à l'échappement pour entretenir les vibrations du balancier régulateur; l'autre, plus grande, est chargée de produire, à des intervalles périodiques, tous les effets attendus d'une horloge; grâce à cette division, on peut rendre constante la force qui sollicite le pendule dans ses oscillations, puisqu'on laisse toutes les résistances variables des effets d'aiguilles et de levée des marteaux de sonnerie à une autre puissance calculée en excès pour le travail dont elle est chargée.

Les remontoirs appliqués aux grosses horloges, toujours menées elles-mêmes par des poids, sont à ressorts ou à poids. Ceux à poids fonctionnent quelquefois par le fait de la pesanteur seule du rouage satellite ou intermédiaire qui unit l'échappement avec le corps de rouage principal. La belle pièce de M. Gourdin, dans la partie française, présentait l'application d'un remontoir de ce genre. Cette ingénieuse disposition est due au célèbre Robin, l'une des gloires de l'horlogerie nationale.

Les magnifiques horloges de M. Wagner offraient des exemples de remontoirs de genres très-divers. Nous nous bornerons à signaler la combinaison basée sur la théorie des engrenages satellites, consignés par feu Pecqueur dans un mémoire présenté à l'Institut, dans lequel ce savant mécanicien démontrait comment, au moyen des engrenages satellites, il est possible de diviser les nombres premiers et d'exprimer avec précision, par des rouages, toutes espèces de nombres fractionnaires.

La grande et belle horloge de M. Dent était pourvue d'une force constante puisée dans l'élasticité d'un ressort spiral périodiquement réarmé par l'une de ses extrémités par le poids moteur du corps de rouage principal, tandis que, par son autre bout, en se débandant, il communiquait à la roue d'échappement la vitesse angulaire, suffisante pour entretenir les oscillations du très-lourd pendule dont nous avons déjà parlé. Cette disposition, heureusement choisie, est celle appliquée aux chronomètres et aux horloges astronomiques depuis le commencement du siècle par les Bréguet, les Pons, les Lépine, les Biesta et plusieurs autres, dans des échappements dits à force constante; de nombreux exemples s'en faisaient remarquer dans la haute horlogerie de l'Exposition; nous les signalerons quand nous nous occuperons de cette partie.

Dans tout appareil de remontoir, il y a une fonction indispensable, celle du dégagement du rouage principal, pour qu'il vienne restituer, pour la rendre constante, la partie de force employée à l'entretien des oscillations du pendule; la manière dont cet effet est opéré n'est pas indifférente, car du mode de dégagement, dépend la vérité du principe de la force constante. Si l'on réfléchit aux résistances variables que le poids moteur principal du corps de rouage doit vaincre, par suite de la menée des aiguilles et des effets de sonnerie, on comprend que la pression exercée par le dernier mobile de ce corps de rouage sur l'arrêt n'est pas toujours la même, et que la portion de la force constante employée indispensablement au dégagement de l'arrêt doit varier aussi. Nous ne faisons qu'indiquer ici la difficulté, nous verrons dans l'horlogerie astronomique comment le problème d'un dégagement exigeant un effort variable peut être réalisé par une force néanmoins maintenue constante pour l'entretien des oscillations du pendule; il nous suffit de dire, maintenant, que, pour ses grosses horloges, M. Wagner a tourné la difficulté très-simplement, en faisant presser le dernier mobile du corps de rouage sur un arrêt taillé en plan incliné. Quelque variable que soit cette pression, décomposée par l'inclinaison du plan d'arrêt qui appartient au rouage intermédiaire, elle ajoute, en impulsion pour l'échappement, précisément toujours autant qu'elle absorbe pour le dégagement, l'inclinaison du plan d'arrêt étant calculée pour que la compensation s'opère.

M. Dent s'est borné à réduire l'inconvénient; il a pensé qu'en faisant arrêter le bout d'un des rayons du volant modérateur du gros rouage sur le pivot prolongé de la roue d'échappement, les variations de pression, se divisant par la différence des rayons du pivot et du volant, deviennent assez petites pour être négligées. Le dégagement, dans cette combinaison, a lieu au moment où deux échancrures de proportion différente, pratiquées sur l'extrémité du pivot de la roue d'échappement, livrent passage aux bras du volant, façonnés aussi de telle manière, que chacun d'eux ne peut passer qu'à son tour dans l'échancrure qui lui convient.

M. Dent a pu, sans témérité, employer pour une grosse horloge ce mode de dégagement qui fonctionne dans des chronomètres de poche, comme nous l'avons remarqué parmi les beaux produits de M. Houdin dans l'Exposition de la maison Destouches.

Entre tous les appareils de remontoirs exposés à Londres, le plus intéressant de tous par son originalité, sa nouveauté et l'efficacité de ses fonctions, est, sans contredit, le remontoir à mouvement continu de M. Wagner; nous allons essayer de le faire comprendre.

Un corps de rouage intermédiaire, du genre de celui décrit par Pecqueur dans son mémoire à l'Institut, unit à l'ordinaire le corps du gros rouage avec les organes de l'échappement; ce n'est plus, comme dans le remontoir de Robin, le poids seul de ce rouage intermédiaire agissant excentriquement qui entretient les vibrations du pendule; elles sont sollicitées par le poids d'une espèce de cloche, en forme de cylindre, suspendue à la cage du rouage satellite et destinée à recouvrir un petit ventilateur remplaçant le volant modérateur ordinaire du rouage principal; le petit ventilateur tourne d'un mouvement continu, à la différence du volant ordinaire qui ne se meut que périodiquement, après chaque dégagement. La vitesse du petit ventilateur est influencée par la position de la cloche et peut varier dans de grandes limites. Quand il est complétement recouvert et comme étouffé sous la cloche, il acquiert son maximum d'accélération; à mesure que la cloche le découvre, il se ralentit; il doit en être ainsi, puisque le travail du ventilateur est proportionnel à la masse d'air mis par lui en mouvement; dans le premier cas, il tourne rapidement dans une masse d'air qui ne change pas et à laquelle il a bientôt communiqué sa vitesse, tandis que, dans le second cas, il fonctionne dans un air sans cesse renouvelé par l'effet de la force centrifuge, qui exige de sa part un effort continu. La vitesse du ventilateur dépend donc de la position de la cloche par rapport à lui; or nous avons dit que c'était le poids de la cloche suspendue à la cage du rouage satellite qui entretenait les vibrations du pendule; la cloche tendrait à s'abaisser à chaque oscillation, si le corps du rouage principal, qui se déroule en même temps que l'échappement fonctionne, ne la relevait incessamment, en agissant de son côté sur le rouage intermédiaire qui la porte; il l'aurait bientôt relevé au delà du nécessaire pour compenser l'abaissement produit par les oscillations du pendule, si l'élévation de la cloche ne produisait pas immédiatement le ralentissement du ventilateur modérateur du déroulage du rouage principal; le ventilateur, en passant par toutes les vitesses qui dépendent de la position de la cloche, établit une si parfaite compensation entre son abaissement par le fait de l'échappement et son soulèvement opéré par le déroulage du gros rouage, moteur principal, que la cloche finit par entretenir, bien réellement par son poids, les oscillations du pendule en restant pourtant elle-même stationnaire.

Les changements de vitesse apportés dans le déroulage du

rouage principal par les résistances variables, telle que menée d'aiguilles à grande distance, levée de marteaux de sonnerie, ne peuvent elles-mêmes modifier que pendant un temps fort court ce très-curieux état normal, puisqu'il tend sans cesse à se rétablir. En effet, dans le cas de ralentissement de déroulage du rouage principal, la cloche, moins relevée qu'elle n'est abaissée, recouvre de plus en plus le ventilateur; celui-ci, agissant sur un air plus lentement renouvelé, s'accélère; la diminution de son propre travail compense exactement les résistances momentanément éprouvées par le corps de rouage principal dont la marche est ainsi promptement remise en rapport avec celle de l'échappement; l'état normal est rétabli, sans pouvoir être dépassé en sens inverse, car une accélération dans le déroulage du rouage principal ne pourrait succéder à un ralentissement, sans que la cloche, de plus en plus soulevée par l'échappement, ne laissât le ventilateur épuiser sa vitesse dans de l'air nouveau, et son propre ralentissement réagirait sur le gros rouage dont il est le modérateur. Pour démontrer l'efficacité de son remontoir à mouvement continu, M. Wagner suspend, pendant quelques instants, les fonctions de l'échappement de sa grosse horloge, en arrêtant le balancier; le rouage principal continuant à se dérouler, un écart égal au temps d'arrêt des oscillations du balancier s'intercale entre les aiguilles menées par le gros rouage et celles conduites, pour la démonstration, directement par l'échappement, il remet en vibration le balancier, et bientôt la plus exacte coïncidence entre toutes les aiguilles est rétablie. L'observation des astres sera rendue bien plus facile quand un mécanisme de ce genre sera appliqué au mouvement des lunettes parallactiques.

Des échappements.

Deux sortes d'échappement seulement, avant ces derniers temps, avaient été employées pour donner l'impulsion au lourd balancier des grosses horloges, l'échappement à palettes et celui à chevilles; l'introduction, dans la composition des grosses horloges, de l'échappement de Graham, si utilement appliqué aux horloges astronomiques, est un perfectionnement récent; il en est de même de l'échappement à recul et de tous ceux dits à force constante.

L'exposition de M. Wagner offrait des spécimens d'échappements de diverse construction appliqués aux grosses horloges. On y remarquait un échappement de Graham sans autre frottement que celui du bout de la dent sur le plan incliné de l'ancre. Le frottement de pénétration du bec de l'ancre contre le flanc de la dent de la roue d'échappement, pendant toute la durée de l'oscillation du balancier, était évité par le repos de la dent sur les bras d'une ancre auxiliaire, articulés au centre même de rotation de l'ancre principale. Par cette heureuse addition, le frottement de pénétration se trouve converti en un très-petit mouvement angulaire du pivot de l'ancre auxiliaire, les bras articulés reculant dès que la dent vient se reposer sur eux, après avoir glissé sur le plan incliné de l'ancre principale.

Un échappement à chevilles présentait aussi une disposition spéciale pour éviter le brisement des chevilles par la rencontre du bec de l'ancre, comme cela n'arrive que trop souvent quand le poids moteur, descendu à fin de course, laisse la cheville dans le plan d'oscillation de l'ancre. M. Wagner a paré à cet accident aussi fréquent que les omissions de remontage, en articulant les bras de l'ancre sur l'axe qui les porte, et en les tenant rapprochés l'un vers l'autre seulement par un ressort dont la tension, suffisante dans la marche normale pour que l'ancre communique l'impulsion au balancier, est inférieure à la résistance des chevilles; aussi, quand l'une d'elles reste dans le plan d'oscillation, les deux bras de l'ancre s'ouvrent tour à tour à sa rencontre, tant que durent les oscillations, sans l'endommager. M. Dent a combattu le même inconvénient en composant sa fourchette comme une pince à ressort qui s'ouvre et se ferme pour laisser osciller la tige du balancier dans le cas de butée de l'ancre contre les chevilles.

On voyait encore dans l'exposition de M. Wagner un échappement à recul dont les plans inclinés étaient adhérents à la tige même du balancier, disposition vraiment heureuse, puisqu'elle permet de supprimer les deux pivots de l'axe de l'ancre, et diminue ainsi l'influence des huiles sur un dernier mobile, mais non pas complétement nouvelle, puisqu'elle avait été pratiquée dans les carthorloges, c'est-à-dire horloges de carton, mécanisme horaire plein d'ingéniosité, que l'on voulait affranchir des fâcheux effets des dilatations métalliques par l'emploi d'une matière plastique moins dilatable, sans faire attention que la matière substituée au métal introduisait des causes de perturbation supérieures à celles que l'on se proposait d'éviter par cette substitution.

Au nombre des produits de cet artiste si fécond, une très-singulière disposition d'échappement à force constante par des poids appliqués directement au balancier se faisait remarquer par l'originalité de ses fonctions : deux petites masses relevées par le rouage principal, dégagées par leur propre poids, tombent tour à tour sur une traverse liée, à angle droit, avec la tige du balancier, les chutes périodiques entretiennent les vibrations. Hâtons-nous de dire que cette conception, que l'on rencontre répétée deux fois dans les produits de haute horlogerie, n'est qu'une illusion de force constante; en effet, puisque ce sont les masses qui se dégagent elles-mêmes, au moment où elles cessent d'être portées par la traverse du balancier sur laquelle elles ont chuté, on doit concevoir que leur action sur le balancier sera d'autant moindre, qu'une partie plus considérable de leur poids aura été absorbée par le dégagement dont la résistance varie comme la pression du moteur principal sur l'arrêt; l'emprunt fait à la force constante pour dégager n'étant pas uniforme, le reste de cette force constante, destinée à l'entretien des oscillations du pendule, ne saurait être constant.

Cet échappement, imaginé par un très-intéressant artiste de la ville de Beauvais, M. Vérité, a servi de thème à plusieurs horlogers. M. Gannery, enlevé trop tôt à son art, l'avait adopté pour le beau régulateur qui figurait dans son exposition posthume; M. Gowland, artiste anglais, en s'en servant pour une horloge astronomique à fusée et à barillet, en avait fait, sans y prendre garde, la plus sévère critique, puisqu'il avait jugé que la force constante des deux masses de l'échappement avait besoin de la constance de la force du moteur principal, et avait pris le soin d'éliminer, par l'emploi de la fusée, toutes les inégalités du grand ressort contenu dans son barillet.

Il était réservé à l'inventeur de perfectionner son œuvre, et nous exprimons le vif regret de n'avoir pas vu à l'Exposition universelle une horloge semblable à celle dont M. Vérité a pourvu le palais de justice de la ville de Beauvais. Dans sa construction perfectionnée, cet ingénieux artiste a su éviter, par l'emploi de quatre masses au lieu de deux, l'inconvénient capital que nous avons signalé; une paire de masses est chargée du dégagement, l'autre paire sert exclusivement à donner l'impulsion au balancier, et, cette fois, avec une force constante véritable, puisque nous avons pu faire varier dans de très-larges proportions la force du moteur principal, sans que le moindre changement soit survenu dans l'étendue des arcs décrits par le balancier.

L'horloge pyramidale, à rouages de fonte de fer, exposée par M. Roberts, de Manchester, et appelée par lui, à cause de sa forme appropriée, horloge de clocher, était remarquable à plus d'un titre; nous ne voulons parler ici que de sa composition générale, nous tâcherons de faire comprendre son mode de sonnerie, aussi original que nouveau, quand nous décrirons les modifications subies par les grosses horloges dans cette partie de leurs fonctions, bornons-nous à dire que la nouveauté se faisait remarquer dans tous les organes : en nous expliquant sur les régulateurs, nous avons fait mention de son balancier; disons maintenant que son échappement était à rouleau agissant directement sur la tige du pendule, une seule fois par chaque double oscillation. Le rouage principal de cette grosse horloge à remontoir à poids était mû lui-même par un poids de forme prismatique, supporté par une chaîne à maillons ovales, engrenant dans la gorge d'une poulie convenablement façonnée pour recevoir la chaîne et l'empêcher de glisser, à peu près comme cela se pratique sur les cabestans pour les chaînes de marine. La forme aplatie du poids moteur révélait la pensée de l'auteur préoccupé de ménager l'espace; son désir de réduire le volume de son horloge se manifestait plus encore dans la superposition de tous les organes suivant une forme pyramidale; par cette composition, cette horloge se trouve spécialement appropriée à l'espace vide laissé dans un clocher. M. Roberts est un très-habile mécanicien, il a compris tous les avantages d'un calibre qui permet de démonter séparément chaque mobile; aussi, à l'exemple de l'horloge de l'hôtel des Postes à Paris, exécutée par M. Lepaute il y a déjà longues années, chaque roue a ses paliers distincts installés sur le bâti général et peut sortir de place sans exiger le démontage préalable d'aucune autre pièce. Toutes les roues de l'horloge de M. Roberts étaient brutes de fonte, la régularité des dentures attestait la supériorité du moulage. Nous avons personnellement regretté de n'avoir pas pu faire apprécier par nos collègues, jurés de la Xe section, cette très-remarquable horloge autant qu'elle méritait de l'être suivant nous.

La magnifique horloge de M. Gourdin, du Mans, attirait l'attention des amateurs de belle horlogerie, non-seulement par l'exécution très-soignée de toutes ses parties, par la perfection de ses engrenages, roues de bronze, pignons d'acier, mais aussi par une disposition spéciale de son échappement, qui permettait à une aiguille de seconde de continuer régulièrement sa marche sur un cadran particulier, alors qu'une perturbation momentanée était subie par le balancier; nous ne décrivons pas un échappement dont l'auteur avait pris soin de dissimuler les fonctions. Il n'en est pas de même de l'ingénieux stratagème par lequel M. Gourdin tire parti de la pression de la corde du poids moteur sur un levier inséré dans le cylindre enrouleur, pour opérer un désembrayage entre la manivelle destinée à remonter le poids et le cylindre enrouleur; les accidents qui peuvent arriver quand, par un remontage trop longtemps continué, le poids moteur est élevé au delà de sa course normale, sont ainsi sûrement évités.

Les grosses horloges de MM. Chavin et Bailly-le-comte, à échappement, soit à ancre, soit à chevilles, se distinguaient toutes par une modicité de prix qui eût paru vraiment inconciliable avec leur bonne exécution, si l'on n'eût réfléchi que ces horloges sont exécutées par milliers dans une localité où la division du travail et le bon marché de la main-d'œuvre permettent d'obtenir de si avantageux résultats.

Un échappement ingénieux, du genre de ceux dits à *force constante à poids*, entretenait les vibrations d'un pendule ouvrant et fermant les circuits d'un courant galvanique destiné à donner à de puissants électro-aimants la puissance nécessaire pour mouvoir les colossales aiguilles qui indiquaient l'heure sur la façade extérieure du transsept du Palais de cristal; c'était aussi l'action des piles qui, par un petit électro-aimant particulier, relevait, après chaque chute, le poids de la force constante. M. Shepered, inventeur de cette horloge électrique, avait judicieusement compris que, pour mettre la marche de son horloge à l'abri des irrégularités produites par les variations d'intensité dans l'action des piles dont il empruntait la puissance pour le jeu de tout son mécanisme, il fallait agir sur l'échappement par l'intermédiaire d'un poids, réduisant le rôle de l'électricité au remontage du poids de la force constante, et à la menée directe des aiguilles; le commutateur, pour ouvrir et fermer le circuit, était mû sans inconvénient par le pendule, puisqu'il ne lui opposait qu'une très-faible résistance restant toujours la même.

L'horloge électrique de M. Shepered n'était pas, à l'Exposition, la seule application de l'électricité à la mesure du temps. L'inépuisable M. Wagner, lui aussi, faisait mouvoir, sur un cadran à grande distance, des aiguilles de secondes, de minutes et d'heures, par l'électricité; il lui avait suffi pour cela de placer sur l'axe d'un des mobiles de son remontoir à mouvement continu, un disque de cuivre façonné comme une roue dentée dont les espaces vides entre chaque dent seraient remplis par de l'ivoire; en faisant frotter sur la circonférence de ce disque l'extrémité d'un fil métallique en relation avec un des pôles d'une pile, tandis qu'un autre fil, venant du pôle opposé, restait constamment en communication avec l'axe qui portait le disque, M. Wagner établissait ou rompait le courant autant de fois que les dents de cuivre étaient remplacées, dans le mouvement angulaire du disque, par l'intervalle d'ivoire, sous le fil métallique frottant. Les alternatives de circuits, ouverts ou fermés, déterminaient, dans la pièce de contact d'un électro-aimant placé derrière le cadran, dont il fallait mouvoir les aiguilles, des attractions qui transmettaient, par l'intermédiaire de leviers en pied de biche, un mouvement de rotation saccadé à une roue taillée en rochet, portant sur son axe l'aiguille des secondes. Les autres aiguilles étaient conduites par une minuterie ordinaire engrenant avec un pignon porté par l'axe de cette espèce de roue de secondes. Une autre manière d'entretenir les vibrations d'un pendule par l'électricité se rencontrait encore dans le régulateur de M. Bain; nous en ferons la critique en décrivant les pièces remarquables de l'horlogerie de précision.

Nous ne terminerons pas ce que nous avons à dire sur les perfectionnements apportés aux échappements des grosses horloges sans exprimer notre regret de n'avoir pas vu parmi les objets exposés, au moins un modèle de l'échappement à ancre articulée appliqué par l'habile M. Wuillamy à sa belle horloge de Windsor, l'une des meilleures horloges publiques d'Angleterre. En homme instruit des vrais principes de la théorie des frottements, M. Wuillamy n'a pas cru que la diminution des surfaces de contact les amoindrissaient. Il a pensé, tout au contraire, que les molécules composant les pièces frottantes, éprouvaient d'autant moins d'altération qu'elles étaient en plus grand nombre pour supporter l'effort exigé d'elles; aussi, au lieu de réduire la longueur des chevilles de sa roue d'échappement et de limiter à une faible épaisseur les becs de son ancre, il a donné aux unes et aux autres de larges proportions pour multiplier les surfaces de contact; mais, pour que le but qu'il se proposait fût sûrement atteint, il fallait assurer, entre le bec de l'ancre et le flanc de la dent, un parallélisme d'autant plus difficile à obtenir, que les chevilles sont plus longues et le bec de l'ancre plus épais. Cette condition a été très-heureusement réalisée par l'articulation du bec de l'ancre. Dans l'échappement de l'horloge de Windsor, le bec forme une pièce à part reliée au bras de l'ancre par une double articulation. Par suite de cet ingénieux emmanchement, le bec de l'ancre se maintient toujours parallèle à la cheville de la roue d'échappement, alors même que l'usure des pivots ou des bouchons aurait permis à l'arbre de la roue d'échappement de sortir du plan d'oscillation de l'ancre. La conception de M. Wuillamy, si judicieuse en principe, a reçu la plus irrécusable sanction de la part du temps. Malgré le nombre considérable de millions d'oscillations déjà accomplies par l'horloge de Windsor depuis sa mise en fonction, on n'aperçoit pas la plus légère trace d'usure entre les parties frottantes de l'échappement, le poli même des plans inclinés des becs de l'ancre est conservé dans tout son éclat.

La sagesse de composition de cette belle horloge nous porte à croire que la palme pour les grosses horloges, dans l'Exposition anglaise, aurait fort bien pu advenir à M. Wuillamy, s'il lui eût convenu d'exposer une de ses œuvres entières.

De la sonnerie des grosses horloges.

Depuis longtemps, et à l'une de nos expositions nationales, M. Schwilgué, le savant restaurateur de l'horloge de Strasbourg, avait montré, dans des pièces de sa composition, comment il fallait s'y prendre pour préparer la levée des marteaux, de manière que la chute sur la cloche coïncidât précisément avec l'oscillation du pendule qui mesure la période d'heures, de demies, de quarts, qu'il s'agit de sonner. Les enseignements de l'illustre ingénieur des ponts et chaussées ont porté fruit; nous nous sommes aperçus avec bonheur qu'en Angleterre, comme en France, l'art de la grosse horlogerie en avait profité.

La position des marteaux qui frappent sur les cloches est susceptible de controverse: les uns veulent, pour faciliter le départ du rouage de sonnerie que le marteau, au repos, pende perpendiculairement au bout de son levier, et qu'il présente, à mesure qu'il est soulevé, une résistance progressivement croissante pour venir ainsi en aide au volant à ailettes chargé de modérer le déroulage du rouage qui tend à s'accélérer; d'autres prétendent que la position du marteau au départ doit être telle, qu'il perde de sa pesanteur à mesure qu'il est soulevé pour compenser les inégalités d'effort que le rouage de sonnerie éprouve quand la résistance augmente et que la puissance diminue par suite des modifications de rapport entre les pièces des mécanismes agissant comme leviers; d'autres encore veulent que les efforts restent constants, et remplacent les rouleaux par des cames calculées de façon à maintenir la résistance et la puissance dans une relation compensée; ainsi le préfère le savant M. Denisson dans l'horloge exécutée par M. Dent, sous ses inspirations.

M. Roberts, de Manchester, s'est hardiment placé en dehors de cette controverse, et il fait frapper son marteau comme nul autre ne l'a fait avant lui. Le marteau, attaché à un levier à coulisse, décrit, pour chaque pulsation, un cercle complet. Le poids du marteau allonge le levier quand il arrive au point le plus bas de sa révolution; la force centrifuge, résultant de la vitesse angulaire du marteau, le maintient allongé jusqu'à ce que la cloche placée tangentiellement à la partie supérieure du cercle parcouru par le marteau ait été frappée; la vitesse acquise est épuisée par le choc, le marteau prend même, par suite de son rebondissement sur la cloche, un léger mouvement rétrograde, pendant lequel la masse du marteau, soustraite à l'action centrifuge, agit perpendiculairement sur la coulisse du levier, force celui-ci à rentrer sur lui-même et à diminuer suffisamment de rayon pour laisser passer le marteau sous la cloche sans plus la heurter; en continuant à décrire un second cercle, le marteau réallonge le levier à coulisse qui lui sert de manche par le fait de sa propre masse, à laquelle s'ajoute encore la force centrifuge; il le prépare ainsi à frapper un nouveau coup sur la cloche, à moins qu'il ne se trouve subitement arrêté par la roue de compte dans la position du plus grand allongement du levier, c'est-à-dire quand sa masse occupe la partie inférieure de son cercle.

Des aiguilles des grosses horloges.

Nous avons dit comment, par les remontoirs à force constante, on parvient à débarrasser l'échappement de la résistance variable des aiguilles des grosses horloges, soit à cause de leur poids imparfaitement équilibré, soit à cause des frottements nombreux que les arbres de transmission présentent pour transporter l'heure sur des cadrans à grande distance; mais l'influence perturbatrice la plus considérable qu'elles subissent est celle du vent; sur les aiguilles placées à de grandes hauteurs, elles présentent à la prise du vent des surfaces assez considérables, par suite de leurs proportions, pour réagir sur le moteur, au point de l'arrêter. Il importait de prévenir cette réaction, M. Wagner l'a fait très-heureusement, en plaçant, entre le moteur et les aiguilles, un rouage satellite, combiné avec un pendule, dont la masse, écartée momentanément de la verticale par l'action du vent sur les aiguilles, en reprenant la position perpendiculaire, le coup de vent passé, remet les aiguilles à leur véritable indication.

Éclairage des cadrans.

Les gardiens de nuit, articulant à haute voix les heures pendant leurs rondes, prouvent combien l'éclairage des cadrans pendant la nuit était un besoin senti.

La première fois qu'un appareil d'éclairage lenticulaire et à réflecteur fut installé devant un cadran, ce progrès obtint l'approbation générale; maintenant le devoir d'indiquer la durée du temps d'une façon aussi visible la nuit que le jour semble imposé à toute horloge publique.

Il était réservé à M. Doré, du Havre, de trouver la solution la plus satisfaisante, je dirais presque la plus merveilleuse de ce problème. Grâce à lui, les navigateurs peuvent, de plusieurs kilomètres de distance, voir l'heure que leur indique l'horloge de la municipalité du Havre, avec ses aiguilles de feu, sur un cadran à chiffres ardents. Pendant le jour cependant, le cadran de cette horloge n'offre d'autre aspect que des aiguilles et des chiffres blancs très-visibles sur un cadran à fond noir.

Ce merveilleux éclairage, qui fait l'étonnement de tous ceux qui le voient pour la première fois, est basé sur la propriété qu'ont les corps opaques d'arrêter la lumière à son passage, tandis que les corps transparents se laissent traverser.

M. Doré forme son cadran d'un disque de glace sans tain sur lequel il fixe des chiffres découpés dans du verre dépoli ou opaque et maintenus en place par une très-légère sertissure métallique. Les aiguilles sont composées de même. Il place derrière son cadran un écran de velours noir; il installe, dans un plan plus bas que le bord inférieur du cadran, entre l'écran et le cadran un puissant éclairage, dont les rayons lumineux sont dirigés vers le ciel; les aiguilles et les chiffres arrêtant seuls la lumière à son passage, s'illuminent, le cadran transparent se laisse traverser, et, ne faisant voir que l'écran noir, placé derrière lui, reste complétement obscur. Disons pourtant, et pour la faire mieux comprendre, que cette très-ingénieuse manière d'éclairer un cadran n'est praticable que pour des localités où le cadran ne doit être consulté d'aucuns points culminants, car, pour ces points, les rayons éclairants arriveraient directement du foyer d'éclairage à l'œil de l'observateur, et il ne pourrait plus y avoir de différence d'aspect entre les aiguilles et le fond du cadran devenu, lui aussi, lumineux.

La durée d'éclairage d'un cadran doit égaler celle de la nuit, elle est donc variable, et plus longue en hiver qu'en été. Pour dispenser un surveillant de la double obligation d'allumer et d'éteindre quotidiennement, au moment convenable, l'appareil d'éclairage de l'horloge de Douvres, le bec de gaz, dont le robinet est établi de façon à ne pouvoir être jamais complétement fermé, reste constamment allumé; c'est l'horloge même, qui, par une courbe tracée suivant les moments du lever et du coucher du soleil pour la position de Douvres, manœuvre le robinet, l'ouvre complétement quand la nuit arrive, le ferme assez pour réduire le bec de gaz à l'état de veilleuse quand le jour reparaît.

Un mécanisme spécial, pour suppléer à cette assujettissante fonction de l'éclairage d'une horloge, figurait dans la partie angulaire de l'Exposition; il était l'œuvre de M. Blaylock, de Carlisle. Son auteur l'avait disposé de manière à pouvoir entrer en relation avec une horloge ordinaire.

SECONDE PARTIE.

HORLOGERIE CIVILE, DITE DE COMMERCE.

FABRICATION DES BLANCS ET ROULANTS DE PENDULES ET DE MONTRES.

Le nombre, la variété, la qualité, et la modicité du prix des produits des établissements de MM. Japy frères, dans le Haut-Rhin, avaient placé ces industriels habiles au premier rang à l'Exposition universelle; pourtant leurs conditions de production, qui font qu'ils n'ont pas de rivaux dans le monde entier, auraient été insuffisantes pour leur mériter la première récompense, si les moyens d'exécution à l'aide desquels de tels résultats sont obtenus n'avaient été exposés au jury, puisque, dans le sous-comité B de la Xe classe, la grande médaille ne pouvait être attribuée qu'à un mérite d'invention.

Nous les indiquons ici sommairement :

La première opération, après la fusion et le laminage du cuivre destiné aux pièces d'horlogerie, est son écrouissage par le martelage; ce travail, très-important, est opéré, chez MM. Japy, par de petits martinets frappant cinq cents coups à la minute; les platines des pendules et des montres sont découpées dans le laiton ainsi durci par des balanciers à vis ou à excentriques; les bords sont dressés, pour les platines carrées, à la machine à raboter, par douzaine à la fois; pour les platines rondes, sur un tour spécial; puis les surfaces des unes et des autres sont planées sur le tour au support à chariot; tous les trous qui se trouvent dans les platines ont été préalablement percés à l'aide de forets conduits par des calibres qui déterminent rigoureusement leur place avec une rapidité telle, que cent douzaines de trous, payées 8 centimes de main-d'œuvre, permettent à l'ouvrière chargée de cette besogne de gagner une journée de 1 fr. 75 cent., bien suffisante pour le salaire d'une jeune fille.

Les tours spéciaux sur lesquels les platines sont planées

après leur perçage pour enlever d'un même coup les bavures des forets, remplissent leurs fonctions avec une telle facilité d'emmandrinage et de démandrinage, qu'un tourneur peut, en dix heures de travail, façonner sur les deux faces cinquante douzaines de platines, quelle que soit leur grandeur. Les axes des roues, fusées, barillets, balanciers, sont faits en acier anglais tréfilé dans les établissements de MM. Japy. Les pignons sont fendus par des machines qui passent d'elles-mêmes d'une dent à l'autre, jusqu'à ce que toutes les dents d'un pignon soient taillées. Une seule femme peut servir plusieurs machines à pignons.

Après la trempe, les arbres, les faces et les pivots sont terminés par des procédés qui assurent leur parfaite concentricité; les roues, découpées et croisées au balancier, sont montées sur leur assiette avec une promptitude qui permet à un seul ouvrier d'en monter soixante-dix douzaines par jour. Les ponts des roues sont taillés à la scie tournante dans de grands cercles préalablement tournés au burin fixe, ou dans des lames droites profilées convenablement à la machine à raboter; les vis de toutes grosseurs qui servent à assembler les diverses parties des pendules et des montres sont faites par de jeunes filles sur des tours spéciaux qui en débitent cent cinquante douzaines par jour et par tour.

Le fendage des roues est fait avec des fraises sur une machine à diviser, qui change elle-même de division et fonctionne seule; douze roues superposées sont fendues à la fois, les dentures sont arrondies et finies par des fraises à vis sans fin, agissant sur la roue, de façon à lui imprimer un mouvement angulaire, convenable pour mettre la fraise en rapport avec chacune des dents successivement jusqu'à la fin de l'arrondi.

Les piliers des cages de pendules ou de montres sont taillés dans du fil de laiton étiré et martelé, sur le tour au burin fixe qui, d'un même coup, fait leurs portées et les arase de longueur; le fil de laiton s'avance de lui-même au travers de l'arbre du tour percé dans toute sa longueur pour recevoir le fil. Tous les outils-machines employés dans les ateliers de

MM. Japy sont de leur composition et exécutés dans leurs établissements. Ingénieurs et directeurs de leurs usines, ils ont fait sortir de leur cerveau les moyens d'action qui leur ont permis d'obtenir les plus grands résultats industriels qui puissent être désirés, ceux d'une production annuelle de plus de six cent mille blancs de montres et de quatre-vingt-dix mille blancs de pendules, lampes, pièces à musique et télégraphes. La nouveauté et l'ingéniosité de tous ces moyens contrastent singulièrement avec la simplicité et l'ancienneté des procédés suivis dans les fabriques anglaises de Liverpool, de Birmingham, de Coventry et de Londres; tout s'y exécute encore comme il y a quarante années: les axes des ancres et des balanciers sont faits à la main comme du temps de Julien Leroy, et un pignon de montre, qui vaut, en France, en Suisse ou en Savoie, de 5 à 10 centimes, y revient encore à 1 fr. 25 cent. Malgré ces anomalies chez ce grand peuple manufacturier, il n'en est pas moins vrai que l'Angleterre produit annuellement pour plus de 40 millions d'horlogerie, représentée par cent cinquante mille montres de commerce en or et argent, et cent mille mouvements sans boîte, exportés en Amérique et aux colonies; on cite, à ce sujet, un monteur de boîtes, à New-Yorck, qui en confontionne dans son seul atelier plus de quarante mille par an.

Les spécimens les plus remarquables de la fabrication anglaise se voyaient dans l'exposition des produits de MM. Rotheram et fils, de Coventry, et de M. I. Roskell, de Liverpool; les montres de ces fabricants, toutes destinées à l'exportation, sont dans de bonnes conditions d'exécution et d'un prix peu élevé; les détails de fabrication sont indiqués par la plupart des fabricants anglais par une série de différentes pièces détachées, passant successivement par toutes les phases de la main-d'œuvre, depuis l'état de métal brut jusqu'à l'achèvement complet. Nous devons leur savoir gré de ce genre d'explication muette qui initie les praticiens dans leurs procédés de fabrication bien plus rapidement que s'ils étaient obligés de les étudier dans des notices manuscrites ou imprimées.

Les montres de toutes les fabriques anglaises se ressemblent; elles ont toutes des proportions suffisantes pour assurer la régularité et la durée des fonctions; on remarque dans leur composition l'esprit positif des Anglais, qui ne voient dans un objet quelconque que le but auquel il est destiné, et ne sacrifient rien aux caprices de la mode, alors que les formes qu'elle conseille pourraient nuire au résultat désiré. Ce que nous louons et proposons, comme exemple bon à imiter pour les montres, ne saurait être conseillé par nous pour les pendules anglaises; leur genre, dit squelette, est tellement dépouillé d'ornements accessoires, si strictement réduit aux organes mécaniques qui entrent dans la composition d'une machine horaire, que les aiguilles destinées à montrer l'heure se confondent avec les bras des roues, qu'aucun cadran ne recouvre; leurs indications deviennent ainsi difficiles à saisir.

Dans la partie française, on trouvait encore les produits de la fabrique de M. Marti, de Montbéliard, honorés d'une *médaille de bronze* à nos précédentes expositions nationales; les excellents mouvements de la fabrique établie par feu M. Pons, à Saint-Nicolas-d'Aliermont, ne s'y rencontraient nulle part, et leur absence était d'autant plus regrettable, qu'ils eussent incontestablement valu à la France une distinction de plus dans une section où le mérite d'invention et de composition était la base des récompenses. A Londres comme à Paris, les efforts de M. Pons pour faire atteindre à l'horlogerie de commerce les qualités de l'horlogerie de précision auraient été appréciés comme ils méritent de l'être.

Dans la partie américaine on trouvait des mouvements de pendules à bas prix, dont toutes les pièces étaient découpées au balancier dans du laiton; ces rivales des pendules de bois de la forêt Noire ne nous semblaient avoir d'autre supériorité que celle du prix de la matière qui entre dans leur confection.

Nous n'en dirons pas autant des pendules de fer et cuivre de MM. Reydor et Colin, et surtout de celles à 8 francs, de M. Chavin, aussi remarquables par leur bonne exécution que par leur bon marché.

Nous placerons, à la suite de ces produits de fabrique, les mouvements de réveil faits en grand nombre par M. Redier et M. Pierret, de Paris, et Born, de Berlin; leur principal mérite est dans l'importance de leur production.

La grande fabrication des montres, en Suisse, a pour siége la Chaux-de-Fond, Saint-Smier, la vallée de Joux, le Locle, la ville de Genève; les produits réunis de ces diverses localités s'exportent en Amérique, en Chine et en France; ils s'élèvent à une somme de plus de 50 millions de francs. Nous tâcherons, en décrivant tout à l'heure plus en détail ce que l'Exposition renfermait de remarquable en pendules et montres à l'usage civil, de faire ressortir le mérite particulier des œuvres des nombreux artistes de ces pays. C'est alors aussi que nous payerons un juste tribut d'éloges aux produits de la fabrique de Cluse, en Sardaigne, dirigée par M. Benoit, de Versailles.

PENDULES CIVILES.

Une des expositions les plus remarquables en horlogerie civile était sans contredit celle de M. Brocot, de Paris; on y voyait des pendules à échappement ou à demi-cylindre d'agathe, désignés sous le nom d'*échappement Brocot*, d'autres avec échappement à double roue par le même principe, susceptible d'être mise à recul variable par un levier à vis de rappel pour obtenir l'isochronisme des arcs du pendule; les pièces de M. Brocot sont pourvues de cadratures de sonneries différentes; l'une d'elles a l'avantage de supprimer les repères du rouage intérieur.

Un mécanisme spécial de quantième perpétuel, pouvant être mis en relation de différentes façons avec le mouvement d'une pendule quelconque, mérite d'être signalé. L'esprit inventif de M. Brocot s'est aussi exercé sur les remontoirs d'égalité: il a cherché à en imaginer un qui pût, par la simplicité et la modicité de sa main-d'œuvre, s'appliquer aux pendules civiles; ce remontoir à ressort spiral est du genre de celui dont M. Dent, de Londres, a pourvu sa grosse horloge: nous en parlerons de nouveau en décrivant, dans des pièces de haute horlogerie, les échappements à force constante.

Quand nous arriverons à l'examen des machines auxiliaires de l'horlogerie, nous appellerons aussi l'attention sur un très-ingénieux mécanisme de M. Brocot, pour régler rapidement la longueur des balanciers des pendules.

Un genre de pendules civiles, qui a pris, depuis plusieurs années, un très-grand développement, est celui dit *pendule de voyage* ou *pendule portative*, la différence essentielle qui existe entre ces pendules et les autres consiste principalement dans le régulateur; dans ces pièces, le pendule ordinaire est remplacé par le balancier circulaire des montres.

Ces pièces sont à sonnerie, à répétition; il y en a même à grande sonnerie et à réveil; on en voyait de nombreux modèles dans les parties anglaise, française et suisse; la pièce la plus remarquable de ce genre était, sans contredit, dans l'exposition de la maison LEROY et fils de Paris; cette pendule de voyage, d'une main-d'œuvre très-soignée, avait une cadrature tout en acier du plus beau travail, attestant l'habileté des ouvriers qui avaient concouru à son exécution.

MONTRES CIVILES.

Les montres civiles, ces petites machines horaires que nous portons sur nous pour connaître le moment de la journée où nous devons accomplir quelques-unes de nos actions, sont, pour les femmes surtout, un bijou, un objet de parure plus encore qu'un mécanisme à mesurer le temps; cette destination explique les efforts faits pour orner et décorer leur enveloppe, pour réduire, dissimuler même leur volume. C'est pour satisfaire aux caprices de la mode que nous trouvions, dans les produits de la Suisse, des montres si richement emboîtées, d'une épaisseur tellement minime, qu'on reste étonné que des rouages puissent exister et se mouvoir entre des parois aussi rapprochées; d'autres, plus surprenantes encore par l'exiguïté de toutes leurs dimensions, que nous pourrions appeler *montres microscopiques*, sont perdues dans les ornements d'un bracelet ou insérées dans le manche d'un porte-plume, vrais bijoux mécaniques, qui doivent être regardés plutôt comme de rares tours de force d'exécution, que comme des produits industriels susceptibles d'être plusieurs fois répétés.

Aussi, sans nous étendre trop longtemps sur ces chefs-d'œuvre de la main de MM. Patech et Elfroth, de Genève, qui ne sont guère plus des pièces d'horlogerie que ces oiseaux automates, qui s'élancent d'une pièce à musique pour remuer le bec, battre des ailes et rentrer dans leur cachette, ou que le pistolet lilliputien de cinq millimètres de long, composé de vingt pièces réunies par des vis qui ne se voient qu'à la loupe, pesant ensemble vingt-sept milligrammes, merveille enfantée par la patience et l'habileté de M. Audemars; nous arrivons de suite à l'examen des montres civiles déposées dans le Palais de cristal par les artistes des diverses nations.

M. Dent, de Londres, offrait aux amateurs de la belle horlogerie des montres civiles d'une exécution très-soignée; parmi elles on en distinguait une dont l'aiguille des minutes semblait devoir être arrêtée dans sa course par l'axe de l'aiguille des secondes d'un cadran excentrique, mais qui, au moment de cette rencontre, sautait en arrière de presque un tour entier pour aller se placer de l'autre côté de l'axe des secondes infranchissable à cause de sa longueur laissée tout exprès pour causer la surprise; M. Dent eût été de beaucoup dépassé dans cette espèce d'escamotage horaire, s'il eût plu à la maison Bréguet de faire figurer dans le Palais de cristal une de ses pendules dites *sympathiques*, montant et remettant à l'heure une montre, qui n'entre en relation avec elle que par son simple dépôt dans un croissant métallique, installé sur la partie supérieure de la pendule. Les appréciateurs de difficulté vaincue auraient eu la satisfaction de trouver dans cette pièce un très-ingénieux stratagème, par lequel une poussée par la ligne des centres était rendue impossible, même pour le cas où le piston mû par la pendule pour opérer la mise à l'heure de la montre, en agissant contre le flanc d'un levier adhérent à l'axe de l'aiguille des minutes, viendrait à butter contre l'extrémité de ce levier, comme cela arriverait, sans cette précaution, toutes les fois que la mise à l'heure devrait être opérée, alors que le piston rencontre le levier dans la ligne passant par l'axe de l'aiguille des minutes.

Au nombre des pièces civiles de M. Dent on voyait encore une montre à tact, dans laquelle l'artiste anglais prétendait avoir utilement modifié le mécanisme primitif de feu Bréguet, afin de soustraire le rouage aux accidents d'un toucher maladroit.

Les montres civiles de M. Charles FRODSHAM portaient, comme tout ce qui sort des ateliers de cet habile horloger, le cachet de l'artiste instruit. On reconnaissait que M. Frodsham a hérité des enseignements du célèbre Arnold, auquel il succède si dignement. Ses montres à échappement à ancre peuvent être soumises à l'épreuve des plus violents exercices; le grand trot du cheval n'occasionne point de perturbation dans leur marche; une pièce à échappement à doubles rouleaux se faisait particulièrement remarquer par le rapport de l'arc d'échappement de 25 degrés et de l'arc de vibration de 630 degrés, d'où il résulte que le balancier est soustrait à l'influence du corps de rouage pendant 24/25 de son oscillation; en parlant de l'horlogerie de haute précision nous rendrons plus complétement justice aux admirables produits de cet habile artiste.

Dans l'exposition des produits suisses, ceux de M. A. LECOUTTRE, du canton de Vaud, se distinguaient par la perfection de la forme des dents des roues et des ailes des pignons. Cet horloger a eu l'heureuse pensée d'adopter, pour l'exécution de ses montres civiles, des calibres tellement précis, qu'une pièce quelconque de l'un de ses mouvements de montre peut être déplacée et adaptée à un autre mouvement, sans que l'ajustement et le rapport des pièces cessent d'être parfaits. M. A. Lecouttre est auteur de plusieurs inventions et perfectionnements applicables à la haute horlogerie; au point de vue de l'horlogerie civile, on lui doit une construction nouvelle très-bien conçue pour remonter les montres à deux barillets indépendants, et mettre les aiguilles à l'heure par la rotation d'un bouton moleté inséré dans le pendant de la montre.

M. Audemars, du même canton, expose aussi des montres à double mouvement, se remontant et se mettant à l'heure sans clef, par le pendant; il a su combiner le mécanisme délicat qui opère le remontage de façon à ce que l'inexpérience de celui qui le met en action ne puisse occasionner aucune perturbation dans la pièce, quand le mécanisme de remontage quitte un barillet pour attaquer l'autre. La modération de leur prix rehausse le mérite des beaux produits des ateliers de M. Audemars; nous nous en occuperons plus longuement en examinant ses pièces de haute précision.

Les montres de M. Mercier, de Genève, étaient remarquables par le bon goût qui avait présidé à leur ornementation; dans sa nombreuse collection il s'en trouvait à l'usage des sourds et des aveugles. M. Mercier est auteur d'un nouvel échappement composé de deux roues engrenant ensemble et ayant des dents alternativement de longueur différente; cet échappement solide est facile à établir à bas prix.

Nous ferons les mêmes éloges de la grâce de l'ornementation des montres de MM. Patech, Philippe et Cie. La bonne exécution de leurs produits est obtenue avec économie de main-d'œuvre; la modération du prix assigné à chacune de leurs pièces ajoute un mérite auquel les acheteurs ne sont pas insensibles. Ces exposants se flattent d'avoir placé à Londres, sous les yeux du public, la plus petite montre de toute l'Exposition.

MM. Baron et Uhlman, de Genève, se recommandaient par la bonne fabrication de leurs montres à cylindres et autres échappements. M. Boch, du Locle en Suisse, et M. Bolton, de Coventry, en Angleterre, offraient des assortiments de montres à boîte d'argent et de métal plus commun plaqué d'or et d'argent, remarquables par leur bon marché.

Parmi les montres anglaises, nous en trouvons une suspendue par M. W. Pettit, de Londres, dans un bocal plein d'eau, afin de bien constater l'imperméabilité de fermeture du drageoir de son verre et des diverses parties de sa boîte d'argent. Nous avouons que la nécessité de garantir un mouvement de montre des influences de l'humidité atmosphérique ou de celle résultant de la sueur de celui qui la porte, ne nous a point semblé assez généralement ressentie pour que nous ayons cru devoir étudier par quel moyen la fermeture de la boîte de cette montre était rendue si parfaitement étanche. Mais la vue du singulier spectacle d'une montre dont les aiguilles se mouvaient au milieu du même liquide dans lequel un poisson rouge prenait ses ébats nous a remis en mémoire une autre idée bien autrement utile, et pourtant que nous avons le regret de ne voir appliquée nulle part, nous voulons parler de la judicieuse pensée de M. Henry Robert, de Paris, qui, pour éviter l'introduction de la poussière dans les machines horaires les munit d'un diaphragme élastique permettant à l'air renfermé sous la cloche d'une pendule ou même dans la boîte d'une montre de se dilater ou de se condenser sans jamais se renouveler. Cette précaution, appliquée aux pièces marines, les soustrairait infailliblement à l'oxydation; leurs huiles, peut-être même, pourraient s'en bien trouver.

Plusieurs horlogers ont tenté de prolonger la durée de la marche des montres, d'éloigner le moment du remontage du grand ressort. Nous rencontrons des tentatives de ce genre dans les produits de la France, de l'Angleterre, de la Suisse; ainsi nous voyons des montres marchant huit jours, par M. Vuillemier, du canton de Berne, Mermooz, du canton de Vaud; un mois, par M. Boyer, du Jura; un an et plus par M. Bovet; même trois ans par M. Bell, de Londres. Ces résultats obtenus par une augmentation considérable de la force du grand ressort et de plus nombreux engrenages, ou par l'addition de barillets auxiliaires, ne constitue pas un réel progrès en horlogerie. Nous n'en dirons pas de même des montres à masse, se remontant seules par le fait de la marche de la personne qui porte ces montres, comme on en voyait une dans l'exposition de M. Fraigneau de Paris, invention d'origine allemande, singulièrement perfectionnée dans la maison Breguet, adoptée par M. Mugnier pour la montre qui lui avait été commandée par S. M. l'Empereur Napoléon Ier.

Une montre à ressort, dit de fusil, parce que le ressort moteur est composé d'un morceau d'acier façonné comme le grand ressort d'une arme à feu, se trouvait dans la partie anglaise à l'exposition de M. E. Höll, de Londres; le peu de mouvement opéré par le ressort très-roide, a besoin d'être multiplié par une série d'engrenages dont la complication surpasse de beaucoup la prétendue simplicité du moteur.

M. Jackson, de Clerkenwell, a adopté, pour le remontage de ses montres, le principe inverse de celui généralement employé; dans ses pièces, c'est l'axe du barillet qui est percé et équarri, et c'est l'extrémité de la clef qui est façonnée en prisme quadrangulaire; il a donné le nom nouveau de montre soliclave, à cette construction, qui est loin de constituer une invention à son profit, puisqu'elle n'est que la reproduction d'une très-vieille pratique de feu Breguet pour ses pièces de très-petit volume.

La beauté et la bonté des mouvements exposés par M. Benoît dans la partie sarde, comme spécimen des produits de la manufacture de Cluze, faisaient faire des vœux pour le succès de cet établissement, fondé par le roi de Sardaigne afin de naturaliser dans ses États une industrie qui peut devenir, pour ses sujets, une source de richesses. On reconnaissait à leur calibre que ces montres avaient été exécutées sous la direction habile de l'artiste français qui s'est efforcé vainement de développer à Versailles, dans sa patrie, une industrie qui eût affranchi la France du lourd tribut qu'elle paye à la Suisse, pour ses montres de commerce, dont l'importation annuelle s'élève à près de 12 millions de francs.

DE L'HORLOGERIE DE HAUTE PRÉCISION.

Nous allons classer en diverses catégories ce qu'il y avait de remarquable à l'Exposition en ce genre d'horlogerie, vrai triomphe du génie de l'homme, puisque, pour atteindre le but si difficile d'une exacte mesure du temps, il a dû mettre à contribution la mécanique appliquée, la géométrie, la physique, la chimie. En effet, ce n'est que par d'intelligentes combinaisons de leviers, par la perfection des courbes épicycloïdales des dentures, par l'isochronisme des spiraux, par l'égalité de la force motrice, par la compensation des balanciers, par la diminution des frottements, par le choix des huiles, qu'un artiste en haute horlogerie peut obtenir le succès.

Nous nous expliquerons d'abord sur le mérite des régulateurs astronomiques à pendule; nous examinerons ensuite les progrès qu'ont pu faire les chronomètres marins à suspension et ceux dits *garde-temps* de poche; nous parlerons de quelques pièces d'horlogerie destinées à l'étude de phénomènes spéciaux. Nous terminerons cette partie de notre compte rendu par la description de quelques appareils et l'indication des perfectionnements subis par certains outils employés pour l'exécution de la haute horlogerie.

Des régulateurs astronomiques.

La plupart des régulateurs astronomiques exposés étaient à poids et à pendule compensé par le mercure; la construction la plus ordinaire de ces sortes de pendule consiste en une tringle d'acier terminée en étrier et supportant une éprouvette de verre contenant la quantité de mercure convenable pour compenser, par sa dilatation propre, les variations de longueur de la tringle qui la supporte; la simplicité de ce pendule, son mécanisme sans frottements entre les diverses parties, comme cela arrive dans les combinaisons fer et cuivre à leviers ou à grille, lui a fait généralement donner la préférence; une compensation exacte est facilement obtenue entre les limites du calcul par quelques essais qui font connaître la quantité précise de mercure qu'il convient d'employer pour compenser une certaine tringle d'acier; rien d'aussi facile que d'ajouter ou d'ôter du mercure jusqu'à ce que sa hauteur dans l'éprouvette soit à la longueur de la tringle d'acier dans les mêmes rapports que leurs dilatations réciproques. Quelques artistes ont pensé, à juste raison, qu'il fallait aussi, dans ces sortes de pendules tenir compte de la conductibilité, pour que la masse du mercure puisse être mise en équilibre de température avec l'air ambiant dans le même temps que la tige d'acier. Ils ont eu l'heureuse pensée de diviser le mercure en une série de capacités pour augmenter ainsi les surfaces touchées par l'air. Cette disposition se faisait remarquer, dans la partie française, au régulateur de M. Gannery, enlevé à son art si jeune, et alors pourtant qu'il avait déjà si bien prouvé tout son amour pour lui. On la voyait, dans la partie anglaise, dans un très-curieux régulateur de MM. Aubert et Klaftenberger, pièce très-remarquable sous d'autres rapports encore, que nous avons eu le regret de ne pas voir suffisamment appréciée. Disons, pour rester juste envers ceux qui ne sont plus, que la première pensée de la division du mercure pour assurer la rapidité de la compensation appartient à M. Duchemin, l'une des gloires de l'horlogerie française. Cet habile artiste avait su encore, en articulant au bout de la tringle le faisceau de tubes de verre dans lesquels il renfermait son mercure, faire varier, par le seul fait de l'inclinaison des tubes, le rôle que joue le centre de gravité du mercure par rapport à la dilatation de la tringle d'acier; en cherchant le degré convenable d'inclinaison, M. Duchemin avait l'avantage de trouver expérimentalement la compensation sans modifier le poids de son pendule, puisque l'inclinaison du faisceau remplaçait pour lui les additions et les soustractions de certaine quantité de mercure.

La disposition aussi simple qu'élégante du pendule à mercure de M. Loseby, dans la partie anglaise, mérite d'être décrite : au lieu de terminer sa tringle d'acier en étrier, pour supporter le réservoir à mercure, il se borne à faire passer cette tringle restée droite au travers du réservoir, et les choses sont disposées de façon, grâce à deux bouchons bien rodés, qu'un écrou placé à l'extrémité inférieure de la tige peut soulever ou abaisser le réservoir à mercure pour régler la longueur du pendule sans qu'il y ait fuite de mercure; un petit orifice spécial placé sur le réservoir permet, à l'aide d'une pipette, de mettre ou d'ôter du mercure jusqu'à ce que l'exacte compensation soit trouvée. M. Dent enferme son mercure dans un cylindre de fer dont la conductibilité rend les effets plus prompts, mais dont la dilatation, en augmentant la capacité du réservoir, les diminue. Feu Pecqueur avait su tirer de la conductibilité du fer les deux avantages à la fois. Le mercure compensateur du pendule de l'horloge astronomique qui lui valut la médaille d'or à l'une de nos expositions nationales, était contenu dans l'espace annulaire laissé entre un cylindre de verre et un cylindre de fer placé concentriquement; les changements de volume du cylindre intérieur de fer se convertissaient, par cette disposition, en une diminution de capacité du réservoir, par conséquent en un exhaussement du centre de ravité du mercure. L'effet inverse se produit dans le réservoir tout métallique de M. Dent.

M. Elisha, de Londres, combine la dilatation du mercure avec celle d'une lame bimétallique; deux éprouvettes remplies de mercure sont supportées par les extrémités recourbées de la lame bimétallique. A l'élévation du mercure dans les éprouvettes s'ajoute l'exhaussement des éprouvettes mêmes qui le contiennent par suite du mouvement d'ouverture des bras recourbés de la lame bimétallique.

La suspension des pendules était, dans presque tous les régulateurs astronomiques de l'Exposition, formée d'une lame de ressort : cette disposition est bien préférable à la suspension à couteau oscillant dans une gouttière d'acier, même d'agate ou autre matière très-dure; non pas qu'il faille une moindre puissance pour entretenir les vibrations d'un pendule suspendu à une lame, puisque l'effort nécessaire pour faire fléchir la lame sans frottement peut dépasser la résistance du couteau berçant son tranchant dans la gouttière.

La vraie raison de préférence consiste dans la propriété qu'on peut donner à la lame de suspension de rendre les grands et les petits arcs isochrones comme sont les arcs cycloïdaux décrits par une boule suspendue à un fil oscillant entre deux secteurs, contre lesquels le fil vient se courber pendant chaque oscillation. L'honneur de l'isochronisme trouvé dans une lame de suspension, convenablement façonnée, appartient incontestablement à M. Winnerl. Ferdinand Berthoud en avait eu la pensée, mais il avait vainement cherché la solution du problème dans la flexibilité et la longueur du ressort. Clément, de Londres, n'avait pas été plus heureux en suivant la même route : tous deux tournèrent le dos au but, puisque c'est la brièveté et la rigidité de la lame qui assurent le succès. M. Laugier, membre de l'Académie des sciences, le démontre dans le savant mémoire où il fait connaître les rapports de longueur et d'épaisseur que doit avoir la lame avec le poids de la lentille pour obtenir l'isochronisme des arcs, quelle que soit leur amplitude. M. Loseby, de Londres, en faisant battre la tringle de son pendule contre un ressort, avait eu une pensée analogue pour arriver au même résultat. Voici la disposition qu'il a choisie : il forme avec une lame de ressort un cercle complet qu'il place dans le plan d'oscillation, de façon à être touché par la tringle du pendule une fois par chaque double oscillation; le diamètre du cercle, le point de contact avec la tringle, sont variables pour trouver expérimentalement l'effet le plus convenable.

Nous ne terminerons pas cette énumération des différents pendules employés dans les régulateurs astronomiques sans parler de celui à tringle d'acier et de cuivre auquel M. Dubois, du Locle, a ménagé une compensation variable au besoin par la possibilité de modifier le rapport de longueur de chacune des tiges des deux métaux, dont la dilatation doit se mutuellement compenser.

Nous indiquerons, pour mémoire seulement, le balancier du régulateur de M. Hutton, de Londres, dont la lentille oscille entre deux écrans pivotant sur leur axe par le fait de l'élévation ou de l'abaissement d'une colonne barométrique de mercure; l'auteur s'est proposé de compenser ainsi les différences de résistance qu'un pendule peut rencontrer dans l'air par suite des changements de sa densité; cette pensée est louable, puisqu'elle prouve l'extrême désir de l'artiste de soustraire sa machine horaire à une cause d'irrégularité dont, jusqu'ici, on ne s'était pas préoccupé; des expériences longtemps suivies et des observations exactement faites peuvent seules faire juger de l'utilité de cette innovation. Nous ne citerons le pendule conique de M. A. Gerard, d'Aberdeen, que pour rappeler que cette invention d'Huyghens, reproduite en France à plusieurs de nos expositions, était aussi devenue le but des études de M. Pecqueur; en combinant un pendule conique à verge flexible avec un secteur sur lequel la verge s'infléchissait à mesure que la lentille s'éloignait du centre par l'effet de la force centrifuge pendant le mouvement giratoire, M. Pecqueur était parvenu à l'isochronisme des grands et des petits arcs décrits par un tel pendule.

Des échappements des régulateurs astronomiques.

Poursuivons notre description des régulateurs astronomiques; en remontant des effets à la cause, passons du pendule à l'échappement, c'est-à-dire au mécanisme par l'intermédiaire duquel la force motrice, que nous avons dit être presque toujours un poids pour ces sortes de pièces, entretient les oscillations du pendule.

L'échappement le plus généralement employé dans les régulateurs de l'Exposition était celui à ancre de Graham. Quelques exceptions pourtant pourraient être signalées : ainsi nous avons vu avec intérêt une ingénieuse modification de cet échappement par M. Airy, directeur de l'Observatoire royal de Greenwich, exécuté par M. Dent, dans un régulateur astronomique placé par lui à côté de sa grosse horloge comme pour en contrôler la marche; la modification imaginée par le savant astronome, dans le but d'obtenir des arcs toujours égaux dans les oscillations du pendule, consiste principalement à avoir doublé toutes les pièces de l'échappement pour faire agir le premier échappement sur le second par l'intermédiaire d'un ressort spiral. Le premier échappement, dont l'ancre n'a point de plans inclinés, règle le déroulage du rouage et tend le ressort spiral qui, en se débandant, mène le second échappement, chargé seul d'entretenir les oscillations du pendule.

Le régulateur de M. E. W. Dubois, du Locle, était pourvu d'un échappement n'agissant que de deux vibrations l'une, ayant le double mérite de réaliser incontestablement les conditions si recherchées et généralement si peu obtenues dans les échappements dits libres et à force constante; en effet, dans tous ces mécanismes, que la force constante soit puisée dans un poids ou dans un ressort, pour que la perte résultant de l'impulsion donnée au pendule soit restituée par le moteur principal, à poids ou à ressort lui-même, il faut nécessairement, comme nous l'avons dit en traitant des remontoirs des grosses horloges, qu'une certaine fonction, appelée *dégagement,* s'opère pour laisser agir le rouage principal sur l'appareil intermédiaire de force constante. Nous avons fait remarquer que ce travail était lui-même variable, puisque le dégagement reste soumis aux inégalités d'action du moteur principal, qui exerce sur l'arrêt une pression pas toujours semblable. Le dégagement peut être opéré de deux façons : si c'est le pendule qui l'exécute pendant les oscillations, comme dans l'horloge de M. William Broking, de Hambourg, plus de régularité dans l'amplitude des arcs, partant plus d'isochronisme ; si c'est la roue d'échappement, plus de force constante, puisque l'impulsion donnée au pendule sera amoindrie de la quantité d'effort absorbé pour le dégagement, et nous venons de répéter qu'il est fatalement variable. Dans ce second cas, comme dans le premier, les arcs d'oscillation du pendule ne seront pas constamment égaux. Aussi M. Gannery, dans la partie française; M. Gowland, dans la partie anglaise; M. Nie-

BERG, dans la partie hambourgeoise, tout comme M. WAGNER, dans la partie française, en sollicitant les vibrations de leur pendule par la chute d'un poids dont une partie de la gravité est absorbée par le dégagement opéré pendant la chute qui donne l'impulsion, n'ont-ils fait que des régulateurs à balancier libre, mais non pas à force constante; l'artiste anglais, M. Gowland, en faisant agir, par l'intermédiaire d'une fusée, son barillet pour relever ses deux petits poids de force constante, semble avoir pris le soin d'avertir lui-même qu'il avait manqué le but.

M. HOUDIN, de Paris, dans ses régulateurs, dont la belle exécution provoquait les éloges les mieux mérités, a su annihiler l'inconvénient en faisant arrêter l'extrémité d'un levier adhérent à l'axe du dernier mobile du rouage chargé de relever le poids ou de réarmer le ressort de la force constante sur un petit cylindre fendu en quatre, monté sur l'extrémité du pivot de la roue d'échappement. Les fentes laissent passer le levier et filer le rouage toutes les fois qu'elles se présentent dans la ligne d'appui du levier; la pression variable du corps de rouage se trouve divisée par la différence très-grande des rayons du levier et du cylindre fendu, elle se trouve ainsi tellement réduite, qu'elle reste sans influence sur le pivot de l'échappement, qu'elle presse sans inconvénient suivant la ligne du centre, comme nous l'avons expliqué en parlant d'une disposition analogue, employée par M. Dent pour sa grosse horloge; cette construction a été reproduite par lui dans son horlogerie de haute précision, pour régler la marche d'une pendule portative.

M. F. W. DUBOIS, du Locle, en artiste habile, a tourné la difficulté autrement : le dégagement opéré par son échappement n'est plus celui variable du rouage, mais bien celui à résistance uniforme de la force constante, qui n'occasionne aucune perturbation dans les oscillations de son pendule; son mécanisme à poids étant sur le même principe que celui à ressort de M. Marenzeller et de M. Louis Richard, dans des chronomètres à suspension, de M. Retor, dans un chronomètre de poche, nous en donnerons la description en rendant compte des montres marines. Ce problème, très-difficile à bien résoudre, préoccupe les artistes en horlogerie depuis des siècles; la première solution en fut proposée par Huyghens, en 1675; une autre par Gaudron, en 1730. Halley et Breguet ont tenté de le résoudre pour les montres, il y a déjà plus de 70 ans. Depuis eux, une foule de solutions ont été proposées, notamment par l'infatigable M. Pons, qui semblait en avoir fait l'occupation habituelle de son esprit si ingénieux et si fécond; mais nous sommes forcé de reconnaître que presque toujours les inconvénients pratiques résultant de la complication de ces mécanismes ont dépassé les avantages théoriques que l'on attendait de leur savante combinaison.

On remarquait dans la partie anglaise, aux expositions de M. Dent et de M. Bain, deux régulateurs, dont les pendules recevaient leur impulsion par la lentille. L'un n'était que la reproduction d'une idée exécutée par feu M. Brosse, horloger très-instruit de Bordeaux, qui avait eu aussi la pensée de faire des régulateurs astronomiques portatifs et destinés aux observations pendant les stations d'un long voyage, dont les ancres de l'échappement à la Graham étaient portées par la tige même du pendule, comme le pratique avec grand succès, pour ses régulateurs à demi-seconde, le très-habile M. Winnerl; comme l'a exécuté, pour une horloge publique, M. Wagner, avec un échappement à recul.

Le balancier du régulateur de M. Bain est aussi sollicité par la lentille, mais non plus par un échappement mécanique, mais par l'action de deux électro-aimants, entre lesquels oscille la lentille, qui en renferme elle-même un troisième, changeant de pôle à chaque oscillation; or, comme il est très-difficile de régler d'une façon uniforme et durable l'action des piles, les arcs décrits par ce balancier participent naturellement à toutes les variations d'intensité du courant, qui détermine le pouvoir alternatif des électro-aimants servant de moteur au régulateur de M. Bain. M. Shepered, mieux avisé, tout en employant l'électricité comme moteur de son régulateur, mais en l'appliquant seulement au réarmement d'une force constante puisée dans un poids, a su, pour sa grande horloge qui donnait l'heure sur la façade du pavillon central du Palais de Cristal, éviter un tel inconvénient.

Nous pouvons citer, pour mémoire seulement, n'ayant pas pu en contrôler la marche, le régulateur très-bien exécuté de M. Funch, dans la partie danoise, dont l'échappement ne communique l'impulsion au pendule que toutes les dix secondes.

Nous mentionnerons, comme des régulateurs tous dignes d'éloges, quoique ne contenant aucunes dispositions nouvelles, ceux de MM. Parkinson et Frodsham, de Londres, et de M. Hohwn, d'Amsterdam.

Nous ne dirons qu'un seul mot de l'échappement à rouleau de M. Deshays, de Paris, abandonné depuis longues années par son auteur, repris par l'horloger anglais Mac-Dowal et exposé comme son invention personnelle sous le nom nouveau de *single pin escapement*. Notre déférence pour les décisions du jury, alors que, dans cette circonstance comme dans plusieurs autres, nous nous sommes trouvé d'un avis différent de la majorité de nos collègues, ne nous permet pas d'infirmer par une discussion critique le mérite de cet échappement jugé digne d'une médaille de prix; il nous suffira, pour expliquer notre opinion défavorable, de faire remarquer qu'un tel échappement exige, de la part du dernier mobile, un tour complet pour chaque double vibration du pendule.

Le singulier régulateur de MM. Aubert et Klaftenberger, de Londres, mérite d'être décrit. Cette pièce, très-originale, était à balancier à mercure, fractionné dans une série de tubes de verre, comme nous en avons signalé précédemment l'avantage, à échappement à ancre de Graham; elle était, de plus, pourvue d'un remontoir tout exceptionnel, à échappement lui-même à ancre et à pendule oscillant.

Entre deux platines formant cage commune, sont groupés verticalement l'un au-dessus de l'autre, à une certaine distance, deux corps de rouage distincts, l'un mû par deux barillets à ressort, l'autre par un poids léger; chacun est pourvu de son échappement et de son pendule; les corps de rouage sont reliés entre eux par une roue insérée dans l'espace qui les sépare, et portée elle-même sur une traverse appartenant à un triangle articulé par son sommet avec un point fixe rivé sur le haut de la cage, engrenant, par sa base curviligne dentée en forme de rateau, avec une dernière roue ou pignon, dont l'axe est pourvu d'une poulie à double gorge.

Dans les gorges de cette poulie double sont enroulés en sens opposé deux cordons; l'un supporte le poids de force constante du rouage principal, l'autre sert de suspension au balancier à demi-secondes du rouage à barillet du remontoir. Si l'on se donne la peine de réfléchir sur une pareille composition, on concevra que la roue intermédiaire portée sur la traverse du triangle, engrenant elle-même à la fois avec les deux corps de rouage qui marchent en sens inverse, ne subira qu'un mouvement angulaire autour de son propre axe tant que la vitesse des deux corps de rouage restera la même, mais qu'elle éprouvera au contraire une tendance au déplacement de son centre de rotation dès que les vitesses des deux rouages ne seront plus semblables; or elle ne pourra pas être entraînée par la différence de marche des rouages sans déplacer le triangle sur la traverse duquel elle est installée; par conséquent sans que celui-ci, par sa base dentée, n'imprime à la roue ou pignon, dont l'axe porte la poulie aux deux gorges, un certain mouvement angulaire, qui aura pour effet d'allonger ou de raccourcir le cordon du poids moteur principal, et celui qui sert de suspension au balancier à demi-secondes qui règle le déroulage des barillets du remontoir.

Le déroulage variable du remontoir à barillet sera ainsi constamment mis en rapport avec le cheminement régulier du rouage principal mû par la force constante, puisque toute différence de vitesse entre les deux rouages se traduirait finalement, par suite de cette composition mécanique, en une modification des oscillations du petit pendule du remontoir, justement convenable pour rétablir l'uniformité de marche. Disons, pour terminer cette description, que le balancier à demi-secondes ne fait pas, par sa masse, équilibre au poids moteur, et que c'est précisément cette différence qui constitue la force constante chargée seule d'assurer l'isochronisme des oscillations du pendule à mercure de ce très-singulier régulateur

Nous voudrions pouvoir laisser l'honneur de cette ingénieuse invention aux deux habiles artistes étrangers qui l'ont exposée, mais le besoin de rester vrai et juste envers nos compatriotes nous oblige à réclamer, pour M. Brocot, de Paris, le mérite d'exécution du double corps de rouage du régulateur, dont l'idée première appartient incontestablement à feu Pecqueur, puisqu'elle a été par lui déjà réalisée il y a longues années dans son appareil à régler les montres en quelques instants, par la réaction d'une pendule en l'absence même de l'horloger; cet appareil, qui constitue l'une des plus utiles applications de ses engrenages satellites, est malheureusement trop peu connu et trop rarement employé : nous le ferons sortir de l'oubli en traitant des machines auxiliaires de l'horlogerie.

Nous venons d'essayer de faire comprendre une disposition bizarre de remontoir, appliqué à un régulateur astronomique, nous ne quitterons pas ce sujet sans en avoir signalé une autre qui a aussi son cachet d'originalité, nous voulons parler du remontoir de M. Pescheloche, d'Épernay. Nous nous bornerons à en indiquer le principe; lui aussi emploie un barillet à ressort pour relever un poids servant de force constante, mais, pour se débarrasser des inégalités d'efforts du ressort, il n'a rien trouvé de plus simple que d'opposer le ressort à lui-même en le faisant agir par ses deux extrémités sur un même rouage; un état d'équilibre s'ensuivrait si le poids de la force constante agissant seulement sur l'une des extrémités ne le détruisait; par ce stratagème, le ressort se débande et relève le poids de force constante toujours dans les mêmes conditions, jusqu'au moment où sa tension ne fait plus qu'égaler ce poids lui-même, auquel cas l'équilibre s'étant établi entre tous les organes, le mécanisme cesse de fonctionner.

Des chronomètres marins.

Les machines horaires destinées à donner la longitude en mer sont de deux natures : les unes, d'un volume plus ou moins gros, sont installées au centre de deux anneaux de cuivre articulés à diamètre croisé, comme les suspensions de boussole ; les autres, de la dimension d'une montre seulement, s'appellent, à cause de cela, chronomètres de poche.

Les principes adoptés et suivis pour la construction des uns et des autres sont les mêmes, ils ne diffèrent entre eux que par la dimension donnée aux organes ; il ne sera donc pas nécessaire d'en faire deux catégories séparées comme pour les horloges astronomiques.

Nous allons nous expliquer successivement sur les parties principales de ces intéressantes machines, en remontant, comme nous l'avons fait déjà pour les autres pièces d'horlogerie, de l'organe régulateur qui termine le rouage jusqu'à la force motrice qui le fait cheminer. Nous parlerons tout d'abord des balanciers circulaires des chronomètres : les fonctions de cet organe sont absolument les mêmes que celles du pendule, quoique le mouvement en soit très-différent ; le pendule oscille lentement, c'est-à-dire le plus ordinairement une fois par seconde, deux fois dans les pendules à demi-seconde ; le balancier prend sur son axe un mouvement angulaire alternatif, rapide, qui se reproduit suivant les nombres adoptés pour les dentures des roues, depuis deux vibrations doubles jusqu'à cinq par seconde. Cet organe régulateur, comme le pendule, doit être soustrait aux influences de température ; en agissant non-seulement sur lui, mais encore sur le ressort spiral qui détermine son mouvement alternatif, les variations de température tendent à changer la durée des oscillations. On comprend, en effet, que, si le balancier est augmenté en diamètre par la chaleur, les oscillations seront nécessairement plus lentes ; elles deviendront plus brèves, au contraire, s'il est diminué par le froid; par contre, le ressort spiral allongé par la chaleur est rendu par elle plus flexible; il se raccourcit et devient plus résistant par le froid.

La tâche de l'artiste en chronomètre n'est donc pas facile, car ce sont ces effets contraires qu'il doit concilier et annuler. Des constructions très-diverses de balanciers ont été essayées et abandonnées; nous nous contenterons de décrire celles le plus généralement employées.

Comme dans le pendule, la compensation du balancier circulaire a été cherchée et trouvée dans la différence de dilatation des métaux. Un disque d'acier, placé dans un creuset avec de la grenaille de cuivre, est environné, par la fusion, de ce dernier métal; cet assemblage métallique est façonné sur le tour en forme de cercle, dont l'épaisseur est tout à la fois composée d'acier et de cuivre. On a bien fait quelques balanciers en joignant, par une soudure ou par des rivets, une lame d'acier à une lame de cuivre, mais ce procédé, donnant une union moins intime, n'est guère suivi que pour les balanciers non circulaires dont nous parlerons un peu plus tard. Le cercle bimétallique est adhérent à un ou plusieurs bras, un axe à pivot est installé au centre du tout. Le cercle du balancier est coupé en autant de segments qu'il y a de bras; chaque bras se trouve ainsi muni de son secteur; au bout de chaque bras se place la masse dite de réglage de temps; sur les secteurs et à une place que l'expérience détermine se fixe la masse dite de compensation; c'est elle qui est destinée à combattre par un effet inverse le rapprochement ou l'éloignement des masses de réglage, par suite des modifications apportées dans la longueur des bras du balancier par les changements de température. Disons comment cet effet de compensation est obtenu : il est le résultat de la différence de dilatation de l'acier et du cuivre; la lame de cuivre placée à l'extérieur est plus dilatable que celle d'acier qui forme le cercle intérieur; elle réagit sur elle et la force à se fermer ou s'ouvrir, suivant qu'elle s'allonge ou se raccourcit elle-même davantage. C'est ainsi que les masses portées par les secteurs sont, de leur côté, éloignées ou rapprochées du centre de rotation. Des effets inverses de ceux subis par les masses de réglage de temps compenseront leurs déplacements, s'ils sont en juste proportion. Le déplacement étant proportionnel à la longueur des secteurs, le réglage de la compensation consiste à trouver quelle longueur de secteur il faut intercaler entre les deux genres de masse.

Comme pour les pendules à grilles (système Harrisson), l'acier et le cuivre sont les métaux le plus généralement employés pour la confection des balanciers bimétalliques ; pourtant, la pensée d'éviter les perturbations de marche résultant de l'influence magnétique, si les bras d'un balancier acier et cuivre viennent à se polariser, a conduit M. Vissière, jeune artiste français, dont les chronomètres se distinguent entre tous par leur excellente exécution, à chercher la compensation dans la différence de dilatation de l'or et du platine.

M. Loseby, de Londres, a voulu faire concourir le mercure à la compensation d'un balancier circulaire, tout comme à celle d'un pendule ; en cela, il n'aurait fait que reproduire une tentative de Pierre Leroy ; mais disons avec justice que l'artiste anglais, dont les œuvres à l'Exposition attestent une préoccupation constante pour le perfectionnement de son art, a su tirer de la dilatation du mercure un parti tout spécial en l'employant concurremment avec les arcs bimétalliques, comme compensation supplémentaire. Pour bien faire comprendre le mérite de cette addition, expliquons ce qu'elle est et son but : l'expérience a prouvé qu'un chronomètre cessait d'être parfaitement réglé par des températures extrêmes ; cette anomalie a plusieurs causes ; la résistance croissante que les arcs bimétalliques éprouvent à s'ouvrir ou à se fermer au delà d'une certaine limite, par suite de la tension que subissent les lames qui doivent être suffisamment récrouies pour faire ressort et ramener le balancier à sa forme, dès que la température est redevenue semblable à celle par laquelle le balancier a été construit, joue le moindre rôle. Quelques esprits subtils attribuent aussi une influence à la force centrifuge, puisqu'elle agit contrairement à l'effet à produire; quand il importe, par exemple, que les masses de compensation se rapprochent du centre pour obtenir l'accélération du balancier, cette accélération même dans sa vitesse angulaire, en développant la force centrifuge, tend à les éloigner. La véritable cause est par-dessus tout dans les modifications de longueur et de flexibilité apportées au ressort spiral par les températures extrêmes.

M. Loseby a eu l'heureuse pensée de former sa masse de compensation avec le réservoir d'un petit thermomètre à mercure, dont la tige se dirige vers le centre du balancier, en suivant une courbe tracée de façon à faire jouer à la colonne de mercure, malgré sa marche uniforme et proportionnelle à la température dans le tube recourbé, un rôle pourtant très-variable pour le déplacement du centre de gravité, la courbure étant d'autant moins prononcée qu'elle se rapproche plus du centre.

Un allongement d'un millimètre de la colonne de mercure aura une influence tout autre s'il se produit dans la partie du tube la plus courbée et qui fait presque partie du cercle du balancier, ou bien si c'est dans la partie redressée et qui se rapproche du centre en suivant un rayon que le mercure se dilate. En soumettant le tracé de la courbe à certaines conditions mathématiques, et en articulant le thermomètre avec l'arc bimétallique qui le porte, il est possible, avec cet auxiliaire, de faire disparaître, pour les températures extrêmes, les anomalies de compensation que nous avons signalées comme défaut inhérent aux balanciers bimétalliques circulaires.

MM. Eiffe et Dent sont les premiers horlogers qui se sont donné cette tâche difficile. M. Dent avait cru arriver facilement au but en faisant son ressort spiral en verre et en formant son balancier d'un disque de même substance; la très-petite dilatation de l'un et de l'autre, par suite du choix de cette matière si peu dilatable, devait être compensée par deux petites lames de platine portées par le balancier. Abandonnant ces essais, il a jugé plus convenable d'opposer les inconvénients des lames bimétalliques à eux-mêmes, et, par une ingénieuse construction, il y est parvenu. La variation seule du plan dans lequel les masses de compensation sont déplacées résout son problème. Son balancier n'a plus la forme circulaire; il se compose d'une traverse bimétallique rectiligne reliée, à chacune de ses extrémités, avec une seconde lame bimétallique rectiligne repliée sur elle-même en forme de pincette; à la branche de la pincette, qui n'adhère pas à la traverse, il fixe une tige filetée sur laquelle la masse de compensation se visse.

La compensation pour toutes les températures résulte du jeu combiné de ces organes; tâchons d'en faire saisir la raison. La traverse bimétallique, en se courbant par suite de la dilatation inégale de l'acier et du cuivre qui la compose, rapproche ou éloigne du centre de rotation de ce balancier les masses de compensation vissées sur les tiges rivées au bout de l'un des bras des pincettes bimétalliques installées sur chacune de ses extrémités. Après une certaine flexion à peu près uniforme et suffisamment efficace pour les températures moyennes, commencent, pour les températures extrêmes, les anomalies de compensation.

A ce moment, c'est aux pincettes à suppléer à l'insuffisance du déplacement du centre de gravité des masses, par le fait seul de la courbure de la traverse. Voici comment elles complètent la compensation : en s'ouvrant elles soulèvent, en se fermant elles abaissent les masses qu'elles portent à leur extrémité; elles ajoutent ainsi aux effets propres de la traverse. Or il est possible de régler leur action pour trouver exactement la quantité de compensation supplémentaire désirable, il suffit pour cela de faire varier l'angle sous lequel la pincette est articulée à la traverse. Si la pincette faisait suite à la traverse, en s'ouvrant elle éloignerait du centre la masse de compensation que la courbure de la traverse en avait rapprochée, et en annihilerait ainsi les effets; si, au contraire, elle lui était superposée parallèlement, les deux effets de déplacement de la masse de compensation s'ajoutant, le but pourrait être dépassé. Une certaine position angulaire, que l'articulation de la pincette avec la traverse permet de trouver expérimentalement, fournit exactement, par le soulèvement ou l'abaissement des masses le complément de compensation convenable pour les températures extrêmes, chaudes ou froides. La hauteur où les masses sont vissées sur les tiges est un premier moyen de régler les effets de compensation; les masses de réglage du temps sont vissées sur une traverse particulière d'un seul métal et formant la croix avec celle bimétallique.

Pour obtenir la compensation additionnelle, M. Charles Frodsham a superposé, sur la traverse de son balancier bimétallique circulaire construit à l'ordinaire, une barrette bimétallique portant des masses vissées sur des tiges filetées rivées à ses extrémités. Cette barrette est solidement unie par son point milieu avec l'axe du balancier; des vis, taraudées dans son épaisseur, à certaines distances des deux extrémités, permettent de lui donner, en prenant leur point d'appui sur la traverse du balancier, une courbure préalable qu'un excès de température peut seul augmenter pour rapprocher du centre les masses dont la hauteur variable sur les tiges filetées est aussi un moyen de régler l'influence; cette barrette bimétallique est l'invention de Dallas.

MM. Barraud et Lund, de Londres, offraient aussi, dans leur exposition, un balancier circulaire exécuté sur grande échelle avec des combinaisons métalliques pour obtenir le même résultat; il serait difficile d'en faire comprendre la disposition assez compliquée, sans un dessin.

Nous venons de parler des balanciers. Avant de passer aux échappements qui les mettent en mouvement, arrêtons-nous un instant sur les ressorts spiraux.

On en voyait de formes variées. Nous venons de parler de ceux en verre de M. Dent, mentionnons aussi ceux en or de M. Jurgensen, de Copenhague; mais, par-dessus tout, signalons ceux de M. Lutz, de Genève, pour leur inoxydabilité et leur très précieuse propriété de résister aux déformations, alors même qu'on les redresse complétement après les avoir soumis à une température suffisante pour les recuire.

Sans la décrire, nous appelons l'attention sur la manière dont M. Frodsham arrête l'extrémité du ressort spiral pour assurer l'isochronisme des vibrations du balancier. Nous citerons encore le procédé employé par M. Lecoultre pour empêcher le renversement ou retournement du balancier dans les pièces à échappement, à ressort ou à la Duplex, très-peu différent, du reste, de celui pratiqué par M. Nicole, dans la maison Dent, de Londres. Nous indiquerons, enfin, les spiraux sphériques d'Houriet, appliqués par M. Grand-Jean, du Locle, à des chronomètres de poche.

Des échappements des chronomètres.

La plupart des chronomètres de l'Exposition étaient pourvus d'échappement à ressort de l'invention d'Arnold, modifié par Earnshaw, presque tous à détente à ressort; les détentes à pivot, qui augmentent l'influence si fâcheuse des huiles, étaient rares. Pourtant, quelques échappements du genre dit à force constante se faisaient remarquer par leur belle exécution.

Parmi ceux-ci, nous citerons celui de M. Retor, de Genève. Une double roue sert à armer un petit ressort spiral auxiliaire, porté par une longue pièce servant à communiquer l'impulsion au balancier; deux ressorts de détente, portant chacun un repos en rubis, servent à l'accrochement et au décrochement de la pièce d'impulsion d'une part, et de la roue qui la réarme de l'autre.

La pièce d'impulsion dégage elle-même, par un très-petit mouvement angulaire de cinq degrés seulement, la roue qui la réarme; c'est le balancier qui dégage la détente de la force constante. Ce mécanisme est compliqué, puisqu'il présente deux repos et quatre levées et un doigt d'impulsion en rubis; néanmoins, le peu d'inertie de toutes les pièces lui permet de très-bien fonctionner, et il a pu servir à son auteur à faire d'intéressantes expériences sur l'isochronisme d'un même ressort spiral pour des longueurs différentes. L'éloge que nous donnons au peu d'inertie des nombreuses pièces qui composent le nouvel échappement à force constante de M. Retor ne peut pas malheureusement s'appliquer à l'échappement à tourbillon reproduit dans une de ses pièces, par M. Auguste Favre, du Locle. Il était vraiment regrettable de voir tant d'habileté de main consacrée à l'exécution d'un mécanisme aussi peu conforme aux principes théoriques; pour éviter les anomalies de marche dans des positions diverses résultant du défaut d'équilibre d'un balancier qui peut être facilement réglé de poids, de manière à ce que le centre de masse passe par le pivot dans toutes positions, faire valser autour d'un des mobiles toutes les pièces de l'échappement, y compris le coq qui porte le balancier, c'est introduire, par suite des chocs qui résultent de l'arrêt brusque d'une telle masse et de son inertie, alors qu'il faut la remettre en mouvement à chaque impulsion, des perturbations de marche bien supérieures à celles que l'on veut prévenir. Parmi les échappements à force constante se voyait encore celui inventé par feu Jurgensen, exécuté par son fils, dans un très-beau chronomètre marin. Cette pièce et un thermomètre à ressort bimétallique, indiquant les maxima et les minima, faisait, de l'exposition de cet artiste danois, l'une des plus remarquables dans l'horlogerie de haute précision. Au point de vue théorique, l'échappement de même nature de M. Marenzeller, de Vienne, bravait toute discussion; l'artiste allemand avait très-bien compris qu'il n'y a pas de force constante si le dégagement variable du rouage du remontoir est opéré directement par le balancier, ou si une partie quelconque de la force d'impulsion est employée à cette fonction; aussi avait-il eu soin de ne faire décrocher directement, par le balancier, que l'arrêt de la force constante, laissant à la roue d'échappement le soin de dégager le rouage du remontoir, alors que tout rapport a cessé entre la dent de cette roue et la levée portée sur l'axe du balancier. Le mécanisme très-compliqué de l'horloger allemand est la reproduction, par des organes plus nombreux, d'une même pensée, beaucoup plus simplement rendue par M. Lépine, de Paris, dans les échappements de ses pièces de voyage. Pour terminer ce que nous avons à dire sur les échappements à force constante appliqués aux chronomètres marins, nous parlerons de celui de M. Louis Richard, arrière-petit-fils du premier horloger neufchâtelois, qui soutient dignement la réputation d'habileté et de savoir que ses ancêtres ont acquise dans l'art de l'horlogerie importé par eux dans cette localité. Cet échappement, dont la force constante peut être puisée dans un poids lorsqu'il est appliqué aux régulateurs astronomiques, est, pour les chronomètres, du même genre que ceux que nous venons de citer.

Comme dans celui de M. Retor, l'impulsion est donnée par une pièce intermédiaire liée à un ressort spiral; cette pièce est armée par la dent d'une roue; son dégagement est opéré par le balancier, et c'est elle-même, après l'impulsion et lorsque toute pénétration a cessé entre le doigt qu'elle porte et la levée fixée sur l'axe du balancier, qui dégage le rouage du remontoir pour opérer son réarmement.

M. Laumain, de Paris, avait exposé deux chronomètres de poche fort bien traités; ils étaient à échappement à ressort ordinaire, mais pourtant ils offraient cette particularité, que l'échappement complet, c'est-à-dire la roue, la détente, le balancier, étaient encagés à part entre deux petites platines particulières, de façon à pouvoir être mis en place tout montés et prêts à fonctionner. Cette construction, qui facilite le réglage, est celle que M. Henry Robert a, depuis longues années, adoptée pour ses pièces marines.

Un chronomètre à deux mouvements complets insérés entre des platines communes se voyait dans l'Exposition française, parmi les produits de M. Redier; un autre à deux balanciers, ayant chacun leur échappement, mais mus par un seul et même barillet, se trouvait dans la partie suisse, à l'exposition de M. Grosclaude. Cette insertion de deux mouvements entre les mêmes platines est la reproduction des pièces doubles de feu Bréguet, qui avait observé l'influence qu'exerçaient les unes sur les autres plusieurs pendules placées sur un même rayon, et avait voulu en profiter pour diminuer leurs erreurs de marche, en les réduisant à la moyenne des écarts en avance et retard subis par ces diverses pièces.

Nous serions injustes si nous passions sous silence les chronomètres de MM. Parkinson et Frodsham, Hutton, de Londres; Baron et Ulmann, de Genève; Grand-Jean, du Locle; Audemars et Mermooz, du canton de Vaud; Courvoisier, de la Chaudefond. Toutes ces pièces, d'une remarquable exécution, attestaient l'habileté de main des ouvriers qui les ont construites.

Les blancs et roulants de chronomètres exposés par MM. Huard frères, de Versailles, fabriqués avec le plus grand succès, à l'aide des machines et outils tous de l'invention de ces ingénieux artistes, méritent d'être signalés, puisque, si les ateliers de MM. Huard pouvaient exécuter d'aussi beaux produits en nombre suffisant, ils deviendraient, pour les horlogers parisiens, ce que sont les ateliers de Clerkenwell pour ceux de Londres. Nos pièces marines pourraient ainsi lutter de bon marché avec celles des Anglais et n'auraient plus rien à leur envier.

Tous les chronomètres déposés dans le Palais de cristal n'étaient point destinés à prendre la longitude en mer; plusieurs d'entre eux étaient appropriés aux besoins des sciences et avaient pour but de mesurer la durée de certains phénomènes, en indiquant leur commencement et leur fin. Le plus ancien de ces utiles appareils, où l'art de l'horlogerie semble avoir montré tout ce qu'il pouvait produire, est l'œuvre de M. Rieussec, nommé par lui chronographe pointeur, parce qu'une aiguille de seconde, munie à son extrémité d'un encrier, dépose tout en cheminant un point noir sur un cadran d'émail blanc. Le mécanisme de M. Rieussec fonctionne à la volonté de l'observateur, qui peut, par la simple pression du doigt sur un bouton, sans cesser d'observer le phénomène dont il veut enregistrer la durée, faire poser à l'aiguille de seconde autant de points successifs qu'il lui convient de distinguer de phases ou périodes dans son observation. L'ingéniosité des combinaisons mécaniques employées par M. Rieussec pour obtenir commodément et sûrement un résultat aussi précieux pour les expérimentateurs avait tellement frappé le jury, à Londres, que l'auteur de ce mécanisme, trouvé unanimement digne de la première récompense, ne s'en est vu frustré, au très-grand regret de tous ses juges, que par l'article du règlement, qui ne permettait pas d'accorder la plus haute récompense à une invention de plus de vingt années de date. Le chronographe pointeur pendant longtemps n'a eu d'autre rival que lui-même. Dans l'origine, c'était l'encrier fixe qui déposait le point d'encre sur le cadran mobile; la marche de l'aiguille chargée d'encre, posant, tout en marchant, le point sur le cadran laissé immobile, fut la seule modification que son auteur lui a fait subir, tout en restant fidèle à son ingénieux principe. Ce long espace de temps écoulé depuis l'invention du chronographe en usage encore aujourd'hui prouve que le difficile problème avait été tout d'abord complétement résolu et rehausse le mérite, des solutions trouvées par M. Rieussec.

Parmi les très-remarquables produits de la fabrique fondée à Cluze par le roi de Sardaigne se voyait habilement reproduit, par la main si exercée de M. Benoît, son directeur, l'étonnant compteur à double aiguille de M. Winnerl, solution la plus élégante et la plus simple du problème de la mesure de la durée d'une expérience par un appareil horaire. L'arrêt d'une première aiguille marque le commencement de l'observation, la suspension de marche d'une seconde aiguille détermine sa fin. La lecture de la distance angulaire qui s'est établie entre elles deux est rendue très-commode par le repos des aiguilles. Celles-ci rendues libres, après s'être rejointes et superposées de façon à ne plus présenter que l'aspect d'une aiguille unique, vont prendre sur le cadran la place précise qu'elles auraient si leur marche n'avait pas été suspendue. Cette merveilleuse propriété de la double aiguille du compteur Winnerl maintient entre les mains de l'observateur une montre bien réglée en heures, minutes et secondes du temps moyen, malgré tous les arrêts qu'elle a pu subir pendant des expériences multipliées.

On trouvait dans la partie suisse, à l'exposition de M. Gros-claude, de Fleurier, deux chronomètres à double série d'indication d'heures, minutes et secondes, dont une série pouvait être arrêtée et remise en marche pour inscrire, par la différence survenue entre chacune des mêmes aiguilles de chaque série parfaitement d'accord d'abord, la durée d'une observation.

M. Audemars exposait un chronomètre compteur du même genre, mais dont les aiguilles de secondes étaient quadruples. Une paire de ces aiguilles, rendue indépendante, pouvait au besoin servir à fractionner par cinquième ce court espace de temps. A côté de cette pièce s'en trouvaient d'autres mesurant de longues périodes, indiquant, par exemple, les jours de la semaine, ceux du cours de la lune, la succession des mois; dans leur boîte était encore renfermé un thermomètre métallique donnant, à l'aide d'une aiguille, sur un cadran spécial, les degrés de la température; une boussole se trouvait aussi dans le bouton qui couronnait leur pendant. Si l'exécution très-remarquable de ces pièces ne leur faisait trouver grâce à nos yeux, nous les laisserions silencieusement aller parer les magasins des marchands de Londres qui en ont fait l'acquisition.

M. Auguste, Favre, du Locle, avait aussi parmi ses magnifiques produits un chronomètre-pointeur, posant le point d'encre comme celui de M. Rieussec; quoique ce fût par un stratagème très-différent, l'honorabilité de cet artiste ne lui faisait réclamer pour son œuvre que le mérite d'une solution autre du principe graphique, que M. Rieussec a eu l'incontestable avantage d'imaginer, il y a longues années, pour le service des courses de chevaux.

MM. Cousens et Whiteside, dans la partie anglaise, exposaient un compteur pour la même destination; le temps du parcours de l'hippodrome est indiqué par l'arrêt de diverses aiguilles, dont l'une fractionne la seconde en six parties.

L'âme de tous les appareils d'horlogerie portative est le grand ressort; nous ne pouvons donc point passer sous silence leur fabrication dans ce compte rendu. Les producteurs les plus importants dans ce genre sont sans contredit MM. Montandon frères; chaque année 2,000 kilogrammes d'acier fondu et plus de 12,000 kilogrammes d'acier de Styrie, sont par eux convertis en ressorts de pendules et de montres. Des procédés de fabrication mécanique très-ingénieux, des moyens très-efficaces pour obtenir la régularité de la trempe et du recuit, assurent à leurs ressorts une qualité qui les fait rechercher par les horlogers de tous les pays.

La fabrication mécanique des aiguilles de montres, des clefs à rochet, de l'invention de feu Bréguet, était représentée à Londres par les produits de M. Darier, de Genève. Nous avons vivement regretté de ne pas voir figurer dans la partie française les aiguilles pour pendules, montres et régulateurs à seconde, si finement découpées par M. Basely, de Paris. Plus de dix-huit cents grosses d'aiguilles, confectionnées avec plus de 200 kilogrammes d'acier, d'or et de composition imitant l'or, sont livrées annuellement au commerce par ce fabricant. Son moyen ingénieux de façonner à l'aide du brunissoir le canon des aiguilles montées à frottement, aux dépens de la matière même du centre de l'aiguille découpée dans une tôle d'acier laminée d'égale épaisseur, eût valu bien certainement à la France une récompense de plus.

DES MACHINES ET OUTILS AUXILIAIRES DE L'HORLOGERIE.

Nous allons parler tout d'abord des calibres tracés par M. Frodsham, et des tables dressées par ce savant horloger, pour trouver sans tâtonnement la proportion exacte des pièces principales d'un chronomètre. La démonstration et la publication des principes très-simples révélés à M. Frodsham par sa longue pratique, et si complétement justifiés par ses excellents chronomètres de dimensions variées, mais de composition identique, est un service rendu à l'art, dont la haute importance n'a point été, suivant nous, suffisamment apprécié par le jury. En effet, déterminer d'une manière certaine les dimensions de la fusée et du balancier d'après celle du barillet, déduire le poids du balancier le plus convenable pour un bon réglage, par la multiplication des deux dimensions du barillet et la conversion des dixièmes de pouce de son cube en grains anglais, dont un certain nombre devient précisément le poids du balancier, est une méthode pratique que les ouvriers désireux de s'affranchir de longs tâtonnements suivront avec reconnaissance.

C'est par la même raison qu'ils sauront un gré infini à M. Roberts, de Manchester, de son photographe, pour transformer du grand au petit ou du petit au grand, toute espèce de mouvement d'horlogerie, en maintenant les rapports de dimensions entre tous les organes; leur gratitude ne sera pas moindre envers M. Brocot, de Paris, qui leur offre un appareil pour déterminer expérimentalement dans un temps très-court, la longueur exacte du pendule d'une horloge quelconque. Le mécanisme de M. Brocot est tel, que la longueur convenable du balancier est trouvée, sans qu'il soit nécessaire de le suspendre à la pendule même, dont il doit régler la marche. Feu Pecqueur avait voulu qu'une pendule marchant régulièrement pût déterminer, à elle seule, et sans le secours de la main de l'horloger, le réglage d'une montre : il y a réussi! Disons par quel stratagème ingénieux ce singulier résultat a été par lui obtenu.

Devant une pendule on place une montre maintenue dans un support, de façon à ce que les axes respectifs des aiguilles des deux machines horaires soient vis-à-vis l'un de l'autre; la montre et la pendule sont conjuguées par un arbre brisé. Chacun des bouts extrêmes de cet arbre est façonné en forme de clef appropriée au carré de l'axe aux aiguilles de minutes de la pendule et de la montre; sur chaque fraction de l'arbre brisé est monté un pignon d'angle. Les bouts intermédiaires de cet arbre brisé se réunissent à frottement doux dans le moyeu d'une grande roue dentée à sa circonférence, et portant, comme enfilé sur un de ses rayons, un pignon d'angle. Ce troisième pignon, que M. Pecqueur appelle *pignon satellite,* engrène tout à la fois avec chacun des autres pignons d'angle, monté près des bouts intermédiaires de l'arbre brisé. Il résulte de cette disposition que, si la pendule et la montre marchent d'un mouvement identique, mais en sens opposé, les pignons d'angle de l'arbre brisé imprimeront un simple mouvement giratoire sur lui-même au pignon satellite porté par la roue dentée, sans que celle-ci éprouve aucun déplacement angulaire. Mais, si au contraire une différence de marche existe, elle se traduira nécessairement en un certain déplacement de cette même roue, par suite du mouvement composé du pignon satellite sur lui-même et autour des pignons de l'arbre brisé; un second arbre, installé sur des paliers appartenant au support de la montre, est pourvu de roue dentée à chacune de ses extrémités; par l'une il engrène avec la roue au pignon satellite, par l'autre avec un dernier mobile monté sur le carré de l'avance et du retard de la montre; c'est par l'intermédiaire de ce second arbre que le moindre déplacement de la roue au pignon satellite se convertit finalement en une modification de longueur du ressort spiral; le réglage de la montre s'ensuivra nécessairement, puisque ce n'est que lorsque la marche de la montre sera devenue semblable à celle de la pendule, que les effets de déplacement de la roue du pignon satellite cesseront de se faire sentir sur le carré de l'avance et au retard.

Au nombre des machines-outils dignes d'être mentionnées dans ce compte-rendu, nous citerons le petit appareil de M. Benoît, directeur de la fabrique de Cluse, pour polir sans les déformer les marteaux des roues d'échappement à cylindre.

La machine à tracer les courbes épicycloïdales des dentures des roues, employées en horlogerie, mérite des éloges à son auteur, M. Favre-Brandt, du Locle.

La société des arts de Genève, en acquérant de M. A. Keigel

son outil universel planteur d'échappement, a donné à cet artiste une preuve d'estime que nous sommes heureux de publier dans ce compte rendu. Nous le finissons en félicitant M. Kralik, de Pesth (Hongrie), sur sa démonstration pratique des échappements les plus usités. Sa pendule portative, qui peut successivement les recevoir les uns après les autres, est une de ces œuvres qui attestent à la fois la science et l'habileté de l'auteur.

TABLEAU DES RÉCOMPENSES.

Grandes médailles (*Council medals*).

ANGLETERRE.

M. E.-J. Dent, pour son horlogerie de haute précision et sa grosse horloge à remontoir.

FRANCE.

MM. Japy frères, pour leurs mouvements de montres et de pendules exécutés par procédés mécaniques en très-grand nombre et à prix réduits.

M. J. Wagner, neveu, pour diverses grosses horloges et un mécanisme de remontoir à mouvement continu.

SUISSE.

M. Lutz, pour des ressorts spiraux indéformables et inoxydables.

Médailles de prix (*Prize medals*).

FRANCE.

M. Brocot, pour des pendules portant un échappement de son invention à leviers d'agate.

MM. Destouche et Oudin, pour régulateurs astronomiques et horlogerie de précision et pendules de luxe.

M. V. Gannery, pour un régulateur astronomique.

M. J. Gourdin, pour une grosse horloge à remontoir.

MM. Montaudon frères, pour des ressorts de pendules fabriqués mécaniquement.

M. A. Redier, pour ses réveils à pas prix.

MM. Redor frères et Colin, pour leurs horloges à bas prix.

M. Rieussec, pour son chronographe pointeur.

M. Vissière, pour ses chronomètres marins.

ANGLETERRE.

M. C. Frodsham, pour ses chronomètres et ses montres à échappement à ancre.

M. J. Gowland, pour un régulateur astronomique.

M. J. Hutton, pour ses chronomètres.

M. E.-T. Loseby, pour son nouveau balancier circulaire à compensation supplémentaire par le mercure.

M. C. Mac-Dowal, pour un échappement de pendule appelé par lui *single pin escapment.*

MM. Parkinson et Frodsham, pour leurs chronomètres et leurs montres à échappement à ancre.

M. R. Roberts, pour une grosse horloge et un outil pantographe pour augmenter ou réduire les calibres des pièces d'horlogerie.

M. J. Roskell, pour sa collection de montres et ses pendules pour les usages civils.

MM. Rotherham et fils, pour leur collection de montres civiles.

MM. W,-H. Jackson et fils, pour leurs clefs de montres dites *solid key.*

DANEMARK.

MM. Jurgensen et fils, pour leurs chronomètres et leur thermomètre métallique à maxima et minima.

PRUSSE (ZOLLVEREIN).

M. L. Richard, pour son chronomètre marin à échappement à force constante.

SARDAIGNE.

M. A. Benoît, pour des montres civiles et un outil à polir les dents des roues d'échappement à cylindre.

SUISSE.

M. L.-A. Audemars, pour sa collection de montres de luxe.

M. F.-W. Dubois, pour un régulateur astronomique.

M. H. Grandjean, pour des chronomètres de poche.

M. C.-H. Grosclaude, pour des chronomètres de poche.

M. A. Lecoultre, pour ses montres, ses blancs de montres et ses pignons pour l'horlogerie.

M. S. Mercier, pour ses montres civiles.

Prix en argent (*Prize money*) : 50 livr. sterl.

M. F. Retor, pour un chronomètre de poche avec échappement à force constante.

Mention honorable (*Honorable mention*).

FRANCE.

MM. Bailly le Comte et fils, pour leurs grosses horloges.

M. Chavin frère aîné, pour grosses horloges.

M. Laumain, pour chronomètre de poche.

MM. Leroy et fils, pour pendule de voyage.

M. Pierret, pour ses réveils.

ANGLETERRE.

MM. Auber et Klaftenberger, pour montres.

MM. Barraud et Lund, pour montres et balancier circulaire à compensation.

M. T. Bolton, pour montres civiles à bas prix.

MM. Cousens et Whiteside, pour compteur.

M. C. Shepered, pour une horloge électrique.

SUISSE.

MM. Baron et Ulmann, pour chronomètres et montres civiles.

M. H. Bock, pour montres civiles.

M. F. Courvoisier, pour chronomètres et montres.

M. D.-H. Ellfroth, pour une montre dans un porte-plume.

M. Favre-Brandt, pour une machine à tracer les courbes épicycloïdales des dents des roues employées en horlogerie.

M. H.-A. Favre, pour un chronographe pointeur et un compteur à quadruples aiguilles de seconde pour fractionner la durée d'une seconde par $\frac{1}{5}$.

MM. Mermooz frères, pour chronomètres et montres civiles.

TABLE DES MATIÈRES.

X^E JURY.

Ire SUBDIVISION.

INSTRUMENTS DE MUSIQUE,

PAR M. HECTOR BERLIOZ,

BIBLIOTHÉCAIRE DU CONSERVATOIRE IMPÉRIAL DE MUSIQUE ET DE DÉCLAMATION.

COMPOSITION DE LA Ire SUBDIVISION DU Xe JURY.

Sir Henry BISHOP, Président et Rapporteur, professeur de musique	Angleterre.
MM. Sigismund THALBERG, Vice-Président, professeur de musique	Autriche.
W. STERNDALE BENNETT, professeur à l'Académie royale de musique, à Londres	Angleterre.
Hector BERLIOZ	France.
J. Robert BLACK, médecin	États-Unis.
Chevalier NEUKOMM	Zollverein.
Cipriani PORTTER, principal de l'Académie royale de musique, à Londres	Angleterre.
le docteur SCHAFHAUTL, professeur de géologie, etc.	Zollverein.
Georges SMART, organiste de la chapelle royale	Angleterre.
Henry WILDE, professeur à l'Académie royale de musique, à Londres	Angleterre.

ASSOCIÉS.

Rév. W. CAZALET, surintendant de l'Académie royale de musique, à Londres	Angleterre.
James STEWART, fabricant de pianos, à Londres	Angleterre.
William TELFORD, fabricant d'orgues, à Dublin	Angleterre.

Bien qu'on puisse difficilement prévoir le point où les perfectionnements des instruments de musique pourront parvenir un jour, il faut reconnaître que l'art de les fabriquer est aujourd'hui l'un des plus avancés. Cet art difficile était resté dans l'enfance pour certaines parties, à une époque où, sous d'autres rapports, il avait atteint déjà un degré d'excellence qui n'a été ni surpassé, ni même égalé depuis lors.

Quand les Stradivarius, les Amati, les Guarnerius, produisaient ces admirables instruments à archet, violons, altos et violoncelles, si recherchés aujourd'hui par les virtuoses, la plupart des instruments à vent, mal faits, d'après des procédés empiriques, manquaient de justesse, de sonorité et n'avaient qu'une échelle de sons peu étendue.

Aujourd'hui ces mêmes instruments, construits d'après des principes rationnels, ne laissent que très-peu à désirer. Leur échelle musicale s'est enrichie de nouveaux sons, leur timbre s'est épuré, et leurs familles mêmes se sont à peu près complétées.

C'est en France et en Allemagne qu'on a vu se développer presque simultanément les deux mouvements progressifs qui ont amené, dans la fabrication des instruments à vent, la révolution que nous signalons.

Il serait hors de propos d'indiquer ici tous les facteurs qui y ont contribué. Ceux dont les ouvrages ont figuré à l'Exposition universelle de 1851 doivent seuls nous occuper.

Quant aux pianos qui, par l'usage qu'on en fait dans tous les coins du monde où la civilisation a pénétré, sont devenus l'objet d'une branche si importante de commerce, les perfectionnements successifs qu'ils ont reçus d'un facteur français d'abord, et ensuite des facteurs anglais et allemands, en font aujourd'hui des instruments d'une puissance et d'une beauté de sons, dont les meilleurs qu'on pût entendre, il y a quarante ans, ne donnaient, certes, aucune idée.

La harpe, à la même époque, devait se borner à la pratique d'un petit nombre de tonalités et plusieurs accords lui étaient interdits. Aujourd'hui tous les tons et toutes les harmonies lui sont accessibles.

Les orgues, dont le principe même semble être l'immobilité, ont acquis divers perfectionnements de détail. Il est à regretter que quelques-uns des jeux admis dans leur construction, dans un temps sans doute où la science harmonique n'existait pas, et quand le goût des musiciens était grossier, soient encore, à la honte de l'art, conservés et d'un usage à peu près général. Quelques facteurs avouent que l'emploi de ces jeux est une tradition de la barbarie; aucun d'eux cependant n'oserait encore, à l'heure qu'il est, heurter de front le préjugé en les supprimant.

Les instruments à percussion ont fait peu de progrès. Si l'on en excepte un mécanisme nouveau adapté aux timbales pour les accorder rapidement, tout est resté dans le même état depuis un demi-siècle.

Malgré la sévérité avec laquelle le conseil des présidents a contrôlé les opérations des jurys spéciaux, dont l'auteur de ce rapport faisait partie, peut-être même par suite de cette sévérité, on reconnaît assez généralement la justice avec laquelle les récompenses ont été distribuées.

Ce point admis, le jury français ne peut éprouver aucun embarras à reconnaître l'immense supériorité des produits de la France dans ce concours ouvert à toutes les nations, puisqu'il était *seul* à défendre les intérêts de ses compatriotes quand l'Angleterre comptait quatre représentants, et que l'équité des nations rivales a fait, dans la distribution des récompenses, la part la plus belle aux exposants français.

Le nombre des *médailles de prix* accordées à des facteurs français pour la fabrication des instruments de musique, opposé à celui que les facteurs étrangers ont obtenu, prouve officiellement la supériorité des premiers. Si je pensais le contraire, je n'hésiterais point à le dire. Loin de là, un examen scrupuleux et, je le crois, absolument impartial, m'a donné la conviction que la France, aujourd'hui, occupe le premier rang dans l'art de fabriquer les instruments de musique en général. L'Angleterre et l'Allemagne viennent ensuite et se disputent, au second rang, la palme pour quelques spécialités. On regrette de dire que l'Italie et l'Espagne, dans cette circonstance solennelle, n'ont pris à la lutte aucune part sérieuse, et que plusieurs facteurs allemands et français qui, sans doute, y eussent figuré avec distinction, se sont également abstenus.

Parmi les facteurs français dont le succès à l'Exposition universelle a été le plus brillant et le moins contesté, il faut citer tout d'abord MM. Érard, Sax, Vuillaume et Ducroquet.

Les deux premiers figurent surtout en première ligne parmi les inventeurs.

M. Érard a enrichi, perfectionné et complété le mécanisme du piano, et ajouté à la harpe le système de pédales à double mouvement, grâce auquel cet instrument est devenu, sinon chromatique (il ne le sera jamais), au moins libre d'aborder *toutes les tonalités*, ainsi que je l'ai dit plus haut, et de faire entendre *tous les accords*. Il serait superflu de faire ressortir ici l'excellence des pianos de M. Érard, au point de vue de la beauté des sons, de la sensibilité du clavier, et de la solidité de construction de l'instrument. Leur diffusion dans toutes les parties du monde, la préférence que leur accordent presque tous les grands virtuoses, parlent assez haut en leur faveur. L'influence des inventions de cet habile facteur, de son mécanisme à répétition surtout, a été très-grande sur les progrès de l'art du pianiste, et telle, que les meilleurs fabricants de pianos, aujourd'hui, sont ceux qui imitent les siens le plus fidèlement.

Les instruments à vent en cuivre à embouchures et à anches, de M. Sax, jouissent d'une célébrité acquise à juste titre. M. Sax a complété et perfectionné la famille des instruments de cuivre à embouchure et à cylindres; elle occupe maintenant l'intervalle immense existant entre le petit saxhorn aigu en *si b* et la gigantesque contre-basse d'harmonie à quatre cylindres, en *si b* également. La justesse de chacun de ces divers membres de la famille des saxhorns et saxo-trombas, qu'il a créée, la beauté de leur timbre et la facilité d'émission de leurs sons, au grave, au médium et à l'aigu, sont incomparables. Ces qualités rendront désormais à peu près impossible l'introduction, dans les nouveaux orchestres militaires, de la plupart des informes instruments à clefs dont les anciennes bandes de cavalerie et certains orchestres d'infanterie font encore un usage si cruel pour les oreilles civilisées. Ses cornets à pistons sont les meilleurs que l'on connaisse.

M. Sax a créé, en outre, le saxophone, délicieux instrument de cuivre à bec de clarinette, dont le timbre est nouveau, qui se prête aux nuances les plus fines, aux plus vaporeux effets de la demi-teinte, comme aux majestueux accents du style religieux. M. Sax nous a donné la famille entière du saxophone, et, si les compositeurs n'apprécient pas encore la valeur de ce nouvel organe qu'ils doivent au génie de l'inventeur, l'inexpérience des exécutants en est seule la cause. Le saxophone est un instrument difficile, dont on ne peut posséder le mécanisme qu'après des études longues et sérieuses, et il n'a, jusqu'à présent, été que fort imparfaitement et fort peu pratiqué.

M. Sax a encore apporté divers perfectionnements aux clarinettes basses et aux clarinettes ordinaires. Il a accru l'étendue de ces dernières d'un demi-ton au grave et de quelques notes à l'aigu, en facilitant l'émission de plusieurs sons à peu près inabordables auparavant. Il a, de plus, au moyen d'un seul cylindre que le pouce de la main gauche de l'exécutant fait mouvoir, comblé la lacune qui existait, sur le trombone à coulisse, entre le dernier son de l'échelle diatonique au grave, et les notes inférieures, dites *pédales*, dont la première, sur tous les trombones à coulisse, est séparée de la dernière note grave de la gamme supérieure, par un intervalle de quarte augmentée, c'est-à-dire par cinq intonations impraticables sans le secours du nouveau mécanisme de M. Sax.

Son basson de cuivre, avec un nouveau système de clefs et de trous, est vraiment parfait.

M. Sax a également inventé, pour les instruments de cuivre à pistons, une disposition aussi simple qu'ingénieuse, au moyen de laquelle le son peut être porté (glissé) sur ces instruments, comme sur le violon, le trombone à coulisse, etc., etc., ou avec la voix, en passant d'une note à une autre, par tous les intervalles enharmoniques.

Enfin, M. Sax a ajouté, aux *bugles-horns* (clairons) des musiques d'infanterie, une série de tubes portatifs, qui, adaptés à ces instruments, les transforment en clairons à pistons de différents tons, changeant ainsi le caractère monotone du clairon simple, en lui donnant les moyens de produire tous les intervalles de l'échelle musicale.

La fabrication des instruments à archet, violons, altos, basses et contre-basses, paraît avoir été portée à son plus haut point de perfection par les anciens facteurs dont j'ai cité les noms plus haut. On ne cherche donc point aujourd'hui à innover dans cet art, mais bien à imiter le plus fidèlement possible les bons instruments anciens, à deviner le secret de leur fabrication. Plus qu'un autre, M. Vuillaume s'est avancé dans cette voie. A force de recherches, il est parvenu à découvrir la principale cause de l'excellente sonorité des vieux violons des facteurs célèbres, et il les imite avec une fidélité remarquable. Il en résulte que la plupart des artistes qui ne pourraient, vu l'énormité de leur prix, acheter des instruments des grands maîtres, tels que Stradivarius et Amati, se procurent, pour une somme modique, des instruments modernes qui leur ressemblent par le timbre, par la force du son et même par la forme et l'air de vétusté que le savant contrefacteur sait leur donner. M. Vuillaume a exposé une grande contre-basse descendant à l'octave grave de la quatrième corde du violoncelle. Un mécanisme spécial de touches remplace les doigts de la main gauche de l'exécutant, dont la force ne serait pas suffisante pour agir sur des cordes aussi énormes et aussi tendues.

L'*octo-basse* (c'est ainsi que M. Vuillaume appelle son nouvel instrument), produit des sons d'une rare beauté, pleins et forts sans rudesse. Il serait à désirer qu'on en pût compter au moins deux dans tous les orchestres de quelque importance.

L'orgue exposé par M. Ducroquet a été remarqué des innombrables visiteurs du Palais de cristal pour la puissance et la variété de ses jeux. Plusieurs perfectionnements de détail, que l'on remarque dans sa construction, ont valu, en outre, à son auteur, le suffrage de tous les juges compétents.

Les jurys ont, néanmoins, accordé une grande médaille à trois facteurs d'orgues anglais : ce sont MM. Willy, Hill et Davison. L'art compliqué de la fabrique des orgues est, en effet, très-avancé en Angleterre.

Bien que MM. Broadwood et Collard aient été privés, l'un par le jury des groupes et l'autre par le conseil des présidents, de la grande médaille que le jury spécial leur avait accordée, il faut, néanmoins, reconnaître l'excellence de leurs pianos, qui, après ceux de M. Érard, sont évidemment les meilleurs qu'on ait entendus à l'Exposition universelle.

M. Boëhm (de Munich) a obtenu une grande médaille pour l'application d'un nouveau système de *perce* aux instruments à vent à trous, tels que les flûtes, les hautbois, les clarinettes et les bassons. Le véritable inventeur du système se nomme Gordon; mais l'application ingénieuse que M. Boëhm en a faite, pour les flûtes surtout, méritait sans doute qu'on attirât sur elle l'attention des artistes et du public par la distinction qui lui a été accordée. M. Boëhm fait la plupart de ses flûtes en argent. Le son de ces instruments est doux, cristallin, mais moins plein et moins fort que celui des flûtes en bois. Ce nouveau système a pour avantage de donner, aux instruments à vent à trous, une justesse presque irréprochable, et de permettre aux exécutants de jouer sans difficulté, dans des tonalités presque impraticables sur les instruments anciens.

Le doigté des instruments de Boëhm diffère essentiellement de celui que l'on emploie sur les autres de la même espèce; de là, l'opposition que font beaucoup d'artistes à la généralisation du nouveau système. Il leur en coûte trop de recommencer l'étude de leur instrument, et l'on conçoit que, même parmi les jeunes virtuoses, l'exemple donné par MM. Dorus et Brunot, qui n'ont point hésité à recommencer leur éducation pour la flûte, trouve peu d'imitateurs. Nous ne doutons pas, néanmoins, qu'avant peu le système de Gordon-Boëhm ne triomphe, et il faut féliciter les jurys de l'Exposition universelle de l'avoir compris.

Nous n'avons pas d'autres distinctions hors ligne à signaler parmi celles qui ont été distribuées aux facteurs d'instruments de musique; elles se réduisent à huit, dont quatre appartiennent à la France, trois à l'Angleterre (pour les orgues seulement) et une à la Bavière.

Parmi les médailles du second ordre, dites *médailles de prix*, dont le nombre est assez considérable, il faut citer MM. WARD et PARK (de Londres), l'un pour ses bassons, l'autre pour ses instruments de cuivre; MM. RUDAL et ROSE (de Londres), pour leurs flûtes faites d'après le système de Boëhm; M. MAHILLON (de Bruxelles), pour ses clarinettes; M. UHLMANN (de Vienne en Autriche), pour ses hautbois, clarinettes et cors de Basset.

La France a été remarquée encore pour les excellentes flûtes de M. GODEFROY, pour les hautbois de M. TRIEBERT et les clarinettes de M. BUFFET. Dans ces trois spécialités, les facteurs de Paris que je viens de nommer ont eu un succès très-prononcé.

M. ANTOINE COURTOIS et M. GAUTROT (de Paris) ont bien mérité la médaille de prix qui leur a été donnée pour leurs instruments de cuivre, cors, trompettes, bombardons et cornets.

Signalons encore, parmi les exposants couronnés, MM. PAPE, ROLLER et HERTZ (de Paris), pour leurs pianos; M. DEBAIN, pour ses harmoniums; et, enfin, M. STODDART (de Londres), pour ses pianos carrés.

Les conclusions qu'il est facile de tirer de ces observations sont donc tout à fait à l'avantage de l'état actuel de l'art en général et de l'art français en particulier. Nous ne combattrons point une opinion respectable qui tend à faire considérer les récentes inventions des facteurs d'instruments de musique comme fatales à l'art musical. Ces inventions exercent, dans leur sphère, la même influence que toutes les autres conquêtes de la civilisation; l'abus qu'on peut en faire, celui même qu'on en fait incontestablement, ne prouve rien contre elles.

FIN.

TABLE

DES MATIÈRES PRINCIPALES

CONTENUES

DANS LA 2e PARTIE DU IIIe VOLUME.

NOMBRE de pages.

www.ingramcontent.com/pod-product-compliance
Ingram Content Group UK Ltd.
Pitfield, Milton Keynes, MK11 3LW, UK
UKHW022316190726
13856UKWH00001B/35

9 782013 387125